城市与区域空间研究前沿丛书

国家自然科学基金项目(51178097,50708017)
江苏省"333高层次人才培养工程"资助项目(江苏省人才领导小组[2013-11-13]文)
江苏省普通高校研究生科研创新计划项目(KYLX15_0054)
江苏高校优势学科建设工程资助项目(城乡规划学,第二期)

基于社区视野的特殊群体空间研究

——管窥当代中国城市的社会空间

吴 晓 强欢欢 等 著

东南大学出版社
SOUTHEAST UNIVERSITY PRESS
南京·2016

内 容 提 要

"特殊群体空间"作为我国城市社会变迁大背景下普遍萌生或是正在经历剧烈变化的一类典型空间，其边缘化属性和必然性存在已然成为解析和影响我国城市社会空间结构的核心变量和关键样本之一。本研究立足于"城市规划 & 城市社会学"的学科视角，以"社区"视野来解析和串联各类特殊群体及其聚居空间，展开了不同以往的兼顾广度和深度的类型化、跨学科研究。

本书以京、沪、宁、常、锡、深等城市为例，分类涵盖和解析了不同的特殊群体及其聚居空间：(1) 新就业人员聚居区——基于"预期-现实"的多重比较，揭示了聚居区的预期落差和现存问题，探讨了聚居区的改善策略；(2) 工人新村——基于转型背景的多维阐释，梳理了聚居区社会属性和空间属性的演化轨迹，探讨了聚居区的更新策略；(3) 流动人口聚居区——基于形成机制的深度发掘，剖析了聚居区结构形态的现状特征，探讨了聚居区的改造策略；(4) 回族聚居区——基于演化阶段的合理划分和动态回溯，发掘了聚居区在现代化浪潮冲击下所呈现出来的变迁规律，探讨了聚居区的优化策略；(5) 老龄化社区——基于时间地理学的思路框架，聚焦于老年人口日常活动的时空特征及其群体分异，探讨了老年人口日常活动的时空提升策略；(6) 保障性住区——基于对居民不同出行范围的调研和评估对象的界定，分区、分级和分类地测度和阐释各类公共服务设施(城市级和区级)的供给水平和供给规律，探讨了保障性住区公共服务设施的供给完善策略。

该研究希望通过特殊群体空间的微观视角来勾勒和管窥当代中国城市社会空间的宏观概貌，不但契合了我国十八大以来在发展理念、模式和导向上所面临的重大调整，对于城市空间格局调控、产业结构优化、和谐小康社会的建设来说，也有着显见的研究价值和现实意义，可供城市规划学科、地理学科、社会学科和经济学科的教学、研究和管理人员阅读参考。

图书在版编目(CIP)数据

基于社区视野的特殊群体空间研究：管窥当代中国城市的社会空间/吴晓等著. —南京：东南大学出版社，2016. 8

(城市与区域空间研究前沿丛书)

ISBN 978-7-5641-6723-3

Ⅰ. ①基… Ⅱ. ①吴… Ⅲ. ①城市空间—空间规划—研究—中国 Ⅳ. ①TU984. 2

中国版本图书馆 CIP 数据核字(2016)第 213311 号

基于社区视野的特殊群体空间研究：管窥当代中国城市的社会空间

著　　者 吴　晓　强欢欢　等
责任编辑 宋华莉
编辑邮箱 52145104@qq. com

出版发行 东南大学出版社
出 版 人 江建中
社　　址 南京市四牌楼 2 号(邮编：210096)
网　　址 http://www. seupress. com
电子邮箱 press@seupress. com

印　　刷 南京玉河印刷厂
开　　本 787 mm×1 092 mm　1/16
印　　张 27. 75
字　　数 658 千字
版　　次 2016 年 8 月第 1 版　2016 年 8 月第 1 次印刷
书　　号 ISBN 978-7-5641-6723-3
定　　价 88. 00 元

经　　销 全国各地新华书店
发行热线 025-83790519　83791830

参与研究人员

【第 1 章】 吴　晓　强欢欢

【第 2 章】 强欢欢　吴　晓

【第 3 章】 王松杰　吴　晓

【第 4 章】 吴　晓　徐华林　顾　萌

【第 5 章】 刘西慧　吴　晓　刘　佳

【第 6 章】 李泉葆　吴　晓

【第 7 章】 汤林浩　吴　晓

序

学院的青年骨干教师吴晓教授有新著《基于社区视野的特殊群体空间研究——管窥当代中国城市的社会空间》即将出版，请余指正为序。初步批阅书稿，引发本人关于当下城市规划、社会转型和社区研究的些许思考和体会。

总体看，这一论著在不少方面做出了个人有价值的尝试、探索和判断，其中给人印象最深的是两点：一是借助于"社会学"的跨学科视角，来审视和推进我们目前所从事且将持续发挥重要效用的城市规划工作；二则是依托于"社区"研究的尺度和多元方法，研究城镇化浪潮下的城市系统。

我们为何要建立城市规划的社会学视域？我们为何要聚焦于各类群体（尤其是弱势群体）的聚居型社区，抑或可引申为社区研究的价值何在？这是本书致力于回答的两个重要问题。

关于建立城市规划的社会学视域，可以结合以下两方面的背景加以把握：

一方面是当前国际城市规划学科演进的前沿需求。近几十年来，城市规划学科与相关各学科门类之间不但出现越来越明显的专业分工倾向，同时也产生了某些基于人类共识的跨学科综合研究领域，其中前沿之一即是对于区域和城乡空间中社会、文化、经济、政策等人文属性的关注，这同样也意味着任何关于空间议题的有效研讨均需置于更为全面的社会生产条件中加以考量，社会学和城市规划的交互渗透和彼此辐射，无疑已成为当前城市规划国际前沿的内生动力和必然走向之一。

另一方面则源于当前国内城市规划工作的转型诉求。在改革开放后的很长一段时期内，我国的城市规划部门逐步由计划经济时期政府主导下的技术型职能部门，转而承载起更多的经济职能，其工作重点也由过去的资源调配和社会分配更多地转向促进经济增长、解决就业和收入问题。新一届政府提出了"三个1个亿"落实新型城镇化的路径构想，其中不论是农业转移人口落户还是棚户区和城中村改造，在该论著中均有不同程度的思考和表述。

那么，社区研究的价值何在？自滕尼斯创建"社区"这一核心概念的上百年来，众多学者对此持续探究，形成了不同专业视角下相对成熟而又渐趋完善的理论成果与方法体系；与之相比，虽然以吴文藻、费孝通等为代表的本土社会学家早在20世纪初即已取得部分独具特色和广泛影响的社区研究成果，但国内的城市规划学界目前仍处于一个从"住区研究"迈向"社区研究"的转型成长期。在很多人眼里，"社区"往往被视为整体的抽象和"社会"的具体而微，而社区研究作为一种研究方法和研究范式的最突出特点或者说最大价值也恰恰在于其“见微知著”的“透视”功能，即以“社区”来透视“社会”，以“微观尺度”来勾勒“宏观结构”。基于这一认知，从论著中我们可以感受到作者及其课题组多年来难能可贵的执著和努力——尝试以“社区”尺度和视野为主线，来串联和梳理十几年如一日的成果积累，来推进和解析我国城市社会变迁背景下具有典型样本意义的多元“特殊群体空间”，并以此触及和揭示当代中国城市社会空间的某些普遍性规律。这一探寻不仅需要敏锐的眼光、坚守的态度、执著的勇气，同样也需要通过跨学科的研习来覆盖和应对“社区研究”的繁芜内容、类型分异和多元技术需求。

该论著延续了吴晓教授及其课题组对于弱势群体空间的长期关怀和研究特色，通过对京、沪、宁、常、锡、深等城市案例的研究，涵盖和解析了包括新就业人员聚居区、工人新村、流动人口聚居区、回族聚居区、老龄化社区、保障性住区等在内的多元特殊群体及其聚居空间。这一研究选题对于我国城市错综复杂的社会变迁而言，实质上是提供了解析城市社会空间的关键窗口和重要路径。以作者及其课题组的长期研究积累为基础，这一成果在我国推进和谐社会建设、探讨转型期城市规划理论与实践、体现社会公正与人本内涵的重要领域内，其实是又一次做出了自身的积极探索，提交了自身的思考和答案。

我熟识吴晓教授多年，他勤奋过人，作风扎实，教科相长，成果丰硕。他曾经获得教育部“新世纪优秀人才支持计划”、江苏省“333 高层次人才培养工程”培养计划资助。在研究领域上，该同志长期关注城市社会学与社区发展、弱势群体空间及其保障体系、城市设计理论与方法等方向的研究并取得诸多创新成果，尤其是立足于“城市规划 & 城市社会学”的学科视角而形成了自身体系化的、具有一定独创性与领先性的特色成果。

显然，结合“社会学”视域的跨学科研究还将延续，关于“社区”研究的思考也永无止境，祝愿吴晓教授在今后的学术道路上不忘初心，再结硕果。

是为序！

中国工程院院士，东南大学建筑学院教授，博士生导师

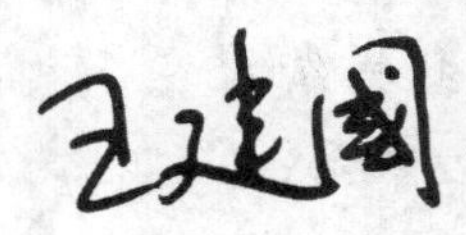

前　言

自滕尼斯在《通体社会与联组社会》一书中创立"社区"这一核心概念以来，西方的社区研究之路先后经历了 1920—1950 年代的兴盛期、1950—1960 年代的沉寂期和 1970 年代的复兴期，并随着多次方向性转型而积累了一大批具有影响力的学术成果；而关于"社区"的概念，芝加哥学派的罗伯特·帕克也有着自己独到而经典的一番认知——"社区的基本特点可以概括如下：① 它有一群按地域组织起来的人群；② 这些人口不同程度地深深扎根在其所生息的那块土地上；③ 社区中的每个人都生活在一种相互依赖的关系之中"。

然而同国外相比，我国城市规划界的社区研究之路则呈现出不同的演化轨迹与阶段特征：

在政府调控绝对主导的计划经济时期(1950—1970 年代后期)，我国的社区功能实质上就是所属单位高度行政化功能的延伸，而该阶段的社区研究也带有明显的单位属性和体制色彩，由于缺乏应有的社会基础和相应的体制支撑，而难以突破住区实践的常规范畴，是一种面向"亚社区"的非完整意义上的社区研究。及至社会经济体制的转型重构时期(1980 年代以来)，一方面人们对于政府和单位的依赖惯性，使单位制度在转型初期依然发挥着稳定社会的作用；另一方面，市场力量随着改革的深入开始渗透到社会的方方面面，并作为政府力量之外的一股新生力量介入到社区的发展与建设；与此同时，国内学术界也意识到社区研究的必要性与紧迫感，在倡导和推行社区理念和文化的同时，开始引介西方社区研究的理论方法与实践经验。因此同以往相比，该阶段的社区研究虽在理论认知上有所拓展，但在实践层面上仍需突破住区规划的固有束缚，通过完整意义上的社区营建来充实和优补我国现有的城市规划内涵。

由此可见，国内城市规划学界正处于一个从"住区研究"到"社区研究"的转型期；与此同时，伴随着党的十八大召开和相关报告文件的出台，"人本"主线的强力彰显和"三生(生产、生活、生态)协调""四化协调""五位一体"等方略的集群宣立，以及中央政府关于加强社会建设、创新社会治理、调谐社会关系、改善民生状况等社会性议题的系列探讨，无不预示着我国将在发展理念、模式和导向上做出不同以往的重大调整。在此背景下，项目组将引入"社会属性"和"空间属性"两条相互关联的主线，尝试以"社区"视野来串联和解析我国城市社会变迁背景下具有样本意义与典型特征的各类"特殊群体空间"，再以"特殊群体空间"的微观视角来勾勒和管窥当代中国城市社会空间的宏观概貌。实质上，这一研究初衷和方向延续了项目组对于弱势群体空间的长期关注，既是对我国现有社区研究体系的充实，更是当前我国推进和谐社会建设、探讨转型期城市规划理论与实践、体现社会公正与人本内涵的重要领域之一。

本书立足于“城市规划 & 城市社会学”学科视角，尝试将“社会特殊群体”与“居住空间”相结合展开类型化、跨学科研究；从最初的筹划、架构到最终的统稿完成，结合多届研究生的学位论文开题和撰写指导工作，经历了近十载的摸索、探寻、优化和增补，最终形成了目前这一稿以“社区”视野来整合架构的内容体系；而各章节从资料采集到基础研究再到分工撰写，均由项目组成员合作完成，其中本人的研究生为本书贡献了基础内容和核心思考。全书根据不同的特殊群体及其聚居空间划分为7章，分类涵盖了新就业人员、流动人口、传统产业工人、少数民族、老年人口等主要特殊群体及其各类聚居空间。其中既有关于社会空间的静态剖析，也有关于社区演化的动态把握；既有覆盖社区现状系统的整体调研，也有聚焦某一局部层面（如日常活动、公共服务和预期愿景）的深度探讨；既有定性和定点的归纳分析，也有对数字手段和定量技术的多方尝试……尽管本次研究的地域范围集中在了以南京为主的京、沪、宁、常、锡、深等部分典型城市的典例社区身上，但还是希望能在理论、方法和实践方面提供更具普遍意义的启示和参考，从而建构一个更为完整系统的、兼顾普适性与特殊性的“特殊群体空间”（社区）研究框架，并以点带面、知微知彰地触及和揭示当代中国城市的社会空间。

其中需要一提的是，第4章（关于流动人口聚居区的研究）的部分成果曾作为以往专著的一部分而正式出版过，这次因其不可替代的典型性，部分内容经更新和补充后，再次纳入本书“特殊群体空间”的研究序列；除此以外，其他各类特殊群体（包括新就业人员、少数民族、老年人口等）的空间研究成果此前尚未完整系统地整理发表过，故借此次机会，以“社区”的视角和尺度将多年研究积累的阶段性成果串接、汇集和梳理，并首次付诸出版；即使有局部章节涉及业已发表的成果，也在形式和内容上按统筹立意做出了较大取舍和调整。

最后需要补充的是，本书汇集和梳理了项目组近年来的主要研究成果和阶段性进展，并得到国家自然科学基金项目（51178097，50708017）、江苏省“333高层次人才培养工程”资助项目（江苏省人才领导小组[2013-11-13]文）、江苏省普通高校研究生科研创新计划项目（KYLX15_0054）、江苏高校优势学科建设工程资助项目（城乡规划学，第二期）等的大力支持与资助。

著　者

撰于东南大学文昌桥

目　　录

1 绪　论

1.1 研究背景

1）多元化变迁：城市特殊群体的形成和变化

新中国自成立以来，前半程多伴随着政府计划经济的强力干预和历次政治运动的轮番冲击。受其影响，该阶段的社区功能实质上就是所属单位高度行政化功能的延伸，社区研究也带有明显的单位属性和体制色彩，而社区结构和城市社会空间作为静态、封闭和均质社会大结构的空间映射更是长期趋于停滞甚至遭到破坏（如少数民族聚居区）；而同改革开放相伴随的后半程既是我国高速发展的黄金期，也是社会经济转型和政策制度重构的关键期，城市社会在人口结构、产业经济、社会文化、生活方式等方面均发生了不同程度的变迁。在该阶段，不同的变迁主线或此起彼伏、或相互叠应，不但催生了一批新兴的城市特殊群体，同时也改变着一批传统特殊群体的特征和走向。

比如说改革开放后步入正轨和快速推进的城市化进程——随着工业布局的展开，沿海、沿江、交通便利处和资源富集地区出现了一批新兴的中小城市；随着城市空间的重构与扩张，城市数量及其人口都有了稳步增长（2011 年的城市化率达到 51.72%）；随着市场机制的引入，单位人转变为社会人，企业和国际资本、市场的联系也日益紧密……其中，曾在城乡分治政策下长期受到管控与压制的农村剩余劳动力，也随着农村体制的改革、乡镇企业的转型和农民观念的变化，而在城乡社会经济条件的差距和推拉效应下，演绎成数以亿计的从乡村到城市、从内地到沿海的“民工潮”。

再比如说转型期社会阶层结构的根本性变迁——长期以来以工人、农民、知识分子为主体的“两阶级一阶层”结构产生了前所未有的动摇和分化，尤其是曾掌控多方优势资源、长期居于领导地位的产业工人更是随着社会经济的转型、国有企业的改革、产业结构的调整而在政治、经济、社会地位上全面跌落，沦为当前社会结构的中下层和底层；及至 1990 年代中后期，从他们中间又分化出一类庞大的群体——下岗工人群体。

此外还有新世纪以来日趋显化的老龄化进程——曾经只有发达国家才面临的老龄化问题，如今却出现在了包括中国在内的不少发展中国家[①]。自 1970 年代中期加强计划生育和控制人口快速增长以来，我国的人口生产已由高出生、低死亡、高增长转向低出生、低死

---

① 像瑞典、英国、德国、法国等发达国家在进入老龄化时，人均 GNP 均已达到 1 万～3 万美元；在全球 72 个人口老龄化国家中，人均 GNP 达到 1 万美元的国家占到 36%。与发达国家相比，第五次人口普查资料却表明，我国的人口年龄结构只用了 18 年（1981—1999 年）便已跨入老年型，比世界人口的老龄化进程整整快了 10 年，而且老龄化的速度还在不断加快。

亡、低增长，因短程突破临界值而与日俱增和大量积累的老年人口群体已使我国呈现出“老龄化速度快于经济发展、经济发达地区率先老龄化、传统大家庭向核心家庭演变”等特征。

2）择居和聚集：特殊群体聚居区的萌生和演化

在我国错综复杂的社会大变迁背景下，一方面新兴的各类特殊群体基于主客观诸多因素，往往会通过主动或被动择居的方式来选择不同的居住方式和场所，形成或分散或聚集的居住格局，这就会促生一批新型的特殊群体聚居空间；另一方面，原有的特殊群体聚居空间往往会因为城市社会的多元变迁及其持续冲击（如社会经济转型和现代化浪潮），而在社会属性、空间属性等方面引发重大变异和多重变迁。

比如说快速城市化背景下的大量农民工——这类流动群体通常会基于房源、租金、通勤、管理等多方因素的综合考量，而自发聚集在城市边缘地带形成流动人口聚居区。[①] 其中，缘聚型聚居区的生成主要源于传统乡土观念在现代城市条件下的顽强延伸，而混居型聚居区的生成源于构成混杂的农民工做出共同区位选择的被动性结果。这些社区的萌生均有其内在的合理性和必然性，是农民工的规模分布、就业分布及城市住宅租赁市场的房源分布为其创造了外在条件；而城市房源的供应状况、“连锁流迁”的多源性、流入地的社会结构、农民工的相对规模等因素，则改变了农民工对于聚居方式的选择和倾向。

再比如说转型期的产业工人阶层——其传统的聚居空间（工人新村）作为我国计划经济时期所大力推广和建设的住宅主体类型，在经历了长期而稳定的封闭状态之后，也伴随着国内社会阶层的分化、工人阶层地位的跌落、居住空间分异的彰显和住房权属关系的变化，而连锁引发了自身社会属性（如居民构成、年龄结构、文化程度、收入构成等）和空间属性（如功能结构、空间布局、住宅套型、服务设施等）的剧变和重构，从而由过去专属于工人的理想家园，逐渐沦落为当前城市中低收入阶层的又一聚居空间。

此外还有 1998 年高校扩招后新兴的新就业人员——这类被排斥在现有住房保障体系之外的尴尬群体，依托于城市不同区位和空间载体而自发形成的多类聚居区（如城乡结合部居住区、城市老居住区和大学生求职公寓）往往源于客观和主观两方面的原因：前者包括高校的教育体制与就业市场的需求错位、大城市保障体系的缺位和民间房源的规模化供给等，后者则包括新就业人员对个体成就感的追求和对群体归属感的追求，从而在工作时间短、经济收入有限和社会资源缺乏的条件下自发形成了不同类型的新就业人员聚居区（表 1.1）。

3）特征和策略：社区视野下特殊群体空间研究的难点和重点

“特殊群体空间”既是我国城市社会多元变迁背景下普遍萌生或是正在经历变化的一类典型空间，也是互馈影响所在城市社会结构和空间格局的基本变量之一；而本研究所重点遴选的边缘化群体不但在演化规律和空间特征的系统发掘方面拥有显著的样本意义与典

① 调研发现，我国规模庞大的农民工在居住方式及场所选择上已呈现多元化趋向。其中，“租赁房屋”作为农民工的主导性择居方式，不但所占比重持续上升，在空间分布上也逐渐形成了不同的特点——租居在市区的农民工分布密度虽高，但规模相对有限，往往以散居型空间为主；与之相比，聚居型空间更有条件出现在农民工、企业和房源相对集中的城市边缘地带，由此形成了一系列主动或是被动的聚居点。本书所关注的“流动人口聚居区”即属于一类典型的主动聚居点，其规模大小不一，居民也从数万人（如 1996 年的北京“浙江村”约聚集了农民工 110 000 人）到数百人（如南京所街“安徽村”的农民工则不足 1 000 人）不等。

表 1.1　1998 年以来我国高校扩招与就业率统计

年份	普通本专科招生数(万人)	增长率(%)	GDP 增长率(%)	毛入学率(%)	高考录取率(%)	就业率(%)
1998	108.0	15.0	7.8	9.8	36.3	76.8
1999	160.0	47.4	7.2	10.5	49.0	79.3
2000	220.0	25.0	8.3	11.0	57.0	90.0
2001	268.0	21.6	7.3	13.2	57.0	82.0
2002	320.0	10.0	8.0	14.0	58.0	80.0
2003	382.0	19.0	9.1	17.0	60.0	70.0
2005	504.0	20.0	11.3	20.0	57.0	76.0
2010	657.0	30.0	10.6	28.0	69.0	90.7
2015	738.0	12.0	6.9	36.5	74.3	76.3

* 资料来源:http://www.gotoread.com/article/bbs.aspx? id=585689.

型价值,其合理引导和有效整合也已成为目前社区研究体系中备受关注、亟待解决的一项理论与实践难题,是我国推进和谐社会建设、探讨社会变迁背景下城市规划理论与实践、体现人文内涵和关注社会弱势的重点领域之一。

比如说流动人口聚居区——由于城乡二元结构的长期桎梏以及政策引导和高效管控的缺失,许多聚居区于自然生长间,已呈现出无序和失控的一面来:社区功能布局紊乱、公共基础设施缺乏、空间景观杂乱无章、属地管理存在明显疏漏、社会问题与犯罪事件频发、居民缺乏社会保障和文化教育水平低下①……从某种意义上来说,它们在推动我国社会经济发展、满足市民日常需求的同时,也演变成一个破坏当地和谐生活秩序,并使原有的社会结构在宏观和微观上趋于动荡的不安定因素。

再比如说新就业人员聚居区——这类新型社区不但在社会属性方面呈现出混杂化、年轻化、高知化、向心化等典型特征,还在空间分布、租居房型、通勤成本、公共服务等方面拥有自身独特的规律,同时也存在着现状-预期之间的多重落差以及由此带来的系列问题,如住房信息获取不充分、住房市场供需不匹配、住房面积差距大、住房配套标准低、社区交通不完善、城市公共服务设施配置不合理、社区配套服务设施良莠不齐等等。

此外,还有少数民族聚居区和老年人口聚居区——前者在人口构成、就业方向、空间格局、家庭结构、宗教功能、内部组织和传统文化等方面所经历的现代化冲击和所展现的演替轨迹,以及后者在老年抚养系数、医疗保障体系、传统养老模式、老年生理心理和日常活动需求等方面所面临的严峻挑战,都亟待通过兼顾广度和深度的类型化、集成式研究,来积极探讨上述各类特殊群体空间的形成发展、现状特征、问题影响和整合策略,进而通过这一微观视角来勾勒和管窥当代中国城市社会空间的宏观概貌(表 1.2)。

① 以南京市红山片区的流动人口聚居区为例,外来居民中有 79.24%的居民为初中以下文化水平,49.41%的居民未受过相关职业培训,53.26%的居民每天工作超过 8 小时,而享有工伤保险和医疗保健的则只有 1.97%和 4.92%,对现有居住环境满意的也仅为 10.49%。

表 1.2　我国主要经济发达地区的老年抚养比统计

地区	上海	浙江	天津	北京	江苏	湖北	重庆	广西	全国平均
老年抚养比	17.7%	15.4%	14.4%	13.9%	13.9%	12.9%	12.8%	12.5%	11.6%

* 资料来源：http://baike.baidu.com/view/725231.htm.

当然，这一研究的展开还须置于我国发展的新动向和宏观背景之下——尤其是十八大以来中央政府关于加强社会建设、创新社会治理、调谐社会关系、改善民生状况等社会性议题的系列探讨，在强力彰显“人本”主线的同时，预示着我国将在发展理念、模式和导向上做出不同以往(经济导向)的重大调整，也意味着城乡规划领域将在促进城乡统筹协调、提升民众福祉、推演社会正义等方面，承载起较以往更为艰巨的社会职能和专业挑战。在此背景下，聚焦于“社区”尺度下的“特殊群体空间”，无疑将成为当前城乡规划工作中体现社会公正与“人本”内涵的重要理论和实践领域之一。

1.2　研究意义

作为我国城市社会多元变迁背景下正在萌生或是发生变化的一类特定空间，特殊群体及其聚居空间在形成发展、现状特征、问题影响、整合策略等方面往往拥有自身独特的规律动因、显著的样本意义和重要的研究价值。因此，关注社区视野下的特殊群体空间，可望体现以下意义和价值：

(1) 关注特殊群体需求方面：各类特殊群体作为城市社会结构的重要组成部分，往往是伴随着我国城市社会的变迁和转型而分化和衍生的。以相关理论和现实背景为依托，遴选新就业人员、流动人口、少数民族、老年人口等作为特殊群体的典型代表，解析各类特殊群体千差万别的形成机制和特征规律，发掘各类特殊群体独特分异的社会、经济、生活、空间等需求，有助于把握我国城市社会结构、揭示各类群体(尤其是弱势群体)亟待解决的多重问题，对于推进和谐社会构筑和小康社会建设来说其意义不言而喻。

(2) 改善城市人居环境方面：不同的特殊群体通常会因其差异化的个体特征和环境条件而派生出多元化的择居方式，其中因主动或被动聚居而生成的各类聚居区不但在区位分布、空间布局、职住通勤、日常活动、公共服务等方面呈现出不尽相同的空间属性和类型模式，往往还会随城市社会的变迁而呈现出独特的演化轨迹和动态规律。系统关注这一类特殊社区的产生和演化、特征和问题、改善和更新，无疑有助于以点代面地整合和优化城市空间结构、化零为整地提升城市人居环境和空间品质。

(3) 充实社区研究体系方面：本研究基于特定的“社区”视角，通过引入社会属性和空间属性双线来遴选、串联和剖析多类特殊群体的聚居空间，一方面可延续项目组对于弱势群体空间的长期关注，对于我国城市错综复杂的社会变迁而言，其提供了解析城市社会空间的关键窗口和重要路径；另一方面则首次集成展开了不同以往的兼顾广度和深度的类型化、跨学科研究，并重点关注各类特殊群体集聚区的演化规律、现状特征和整合策略，对于我国从“住区研究”到“社区研究”的学术转型而言，意味着研究体系的充实——研究对象的增补、研究思路的拓展和研究方法的探讨。

1.3 研究进展

本研究将以京、沪、宁、常、锡、深等典型城市为例，遴选和聚焦我国新就业人员、流动人口、少数民族、老年人口等特殊群体的聚居区。总体观之，国外对于各类特殊群体聚居区的关注其实起步很早，基本上是伴随着19世纪以后城市贫困问题的恶化而产生的，而国内的研究则大多是伴随着1970年代后全球化经济重组、国内社会转型所加剧的新城市贫困问题而逐渐产生、发展和成型的。鉴于本研究所涉类群众多，有必要采取对位聚焦、分类概述的方式筛滤外延、删减枝节，重点锁定和梳理国内外直接相关的研究成果。其中，除了研究积累薄弱的新就业人员聚居区和学术成果丰厚的保障性住区外①，同其他群体聚居空间密切相关的研究进展（社区层面）分别概述如下：

1）工人住宅/单位大院

国外学者对于工人住宅的关注主要伴随着西方工业时代的来临，面向工人阶级的各类居住和生活问题而开启的从理论到实践的系列探讨——前者主要基于社会考察和实证调研的方式，探析了传统产业工人的居住环境、生存状况及其相应的改造建议[如恩格斯(1956)；芒福德(1989)②；Chapman(1971)③；Burnett(1986)④；贝纳沃罗(2000)等]；后者则主要表现为各国将早期工人住宅纳入城市建设和改造的重点计划，并为改善工人阶级的现实居住状况而展开的实践努力：从英国背靠背住宅的取缔和“政府住宅区”的兴建⑤，到德国为解决工人住房紧缺难题而做出的多方努力⑥；从美国伴随资源经济涨落而兴盛和衰败的工人村镇，到前苏联大规模推行和建设的“工人镇”。尤其是“工人镇”的相关理念和实践，已经广泛而长远地影响到了我国单位大院（包括工人新村）的选址、布局、户型、环境等规划建设的方方面面。

而国内学者对于工人阶级居住问题的研究则相对滞后且成果积累有限，且多聚焦于计划经济体制下国有企事业单位职工生产生活的空间载体“单位大院”而展开——其中社会学领域多以单位大院作为切入的窗口和样本，来管窥和揭示转型期我国城市社区分化和社

---

① 其中，新就业人员是我国社会经济转型和重构背景下所萌生的一类新兴群体，但目前直接关注新就业人员及其居住空间的学者和成果少之又少（如李智、张建坤等）。与之相比，反倒是一些同“新就业人员”相似或相近的群体受到了国内外学者的更多关注——如美国的青年打工者、欧洲的Generation 1000Euro、韩国的88万韩元世代以及国内对蚁族、蜂族等群体及其居住空间的关注（如周选、蔺奂、张补峰、廉思等）；至于保障性住区的规划和建设，实质上国内外已有大量学者就其理论、方法、实践乃至政策体制等方面提供了丰硕而成体系的成果，相关的综述性研究也不在少数，故这里限于篇幅不再赘述。

② [美]刘易斯·芒福德. 城市发展史——起源、演变和前景[M]. 倪文彦，宋俊岭，译. 北京：中国建筑工业出版社，1989.

③ Chapman S D, A S Wohl. The History of Working-class Housing: a Symposium[J]. David and Charles, 1971, 60(5): 72-73.

④ Burnett J. A Social History of Housing 1815—1985 [M]. 2nd. London: Methuen, 1986.

⑤ [英]约翰·哈罗德·克拉潘. 现代英国经济史(上)[M]. 姚曾廙，译. 北京：商务印书馆，1997.

⑥ 比如说，在1847年一次试图改变柏林工人住宅区恶劣境况的尝试中，胡贝尔曾与建筑师C. A. 霍夫曼联手、在与私有企业的竞争中通过合作建造住宅的方式，建立了柏林第一家拥有公共设施服务的社区。虽然成效有限，但引人瞩目的是，他们面向工人住宅提出了一个相对完善的城市住区开发模式。

会结构变迁的宏观规律和特点[如张鸿雁等(2000)①等];城市规划学和人文地理学领域则偏重于单位大院空间布局和规划更新[如乔永学(2004)②;张帆(2004)③等]、单位大院空间演化及其对城市社会转型和空间分化的多重影响等方向[如柴彦威等(2007)④;柴彦威,张艳,周千钧(2009)⑤等];而工人新村作为其中生产型企业单位大院的一类生活区,直接涉足者却属寥寥,目前仅有丁桂节(2008)⑥、于一凡(2010)⑦等学者有所涉及。

2) 流动人口聚居区

国外学术界对于流动人口(或是移民)聚居区的关注,主要始于社会学与哲学界的持续研究与长期论辩。他们围绕着"传统/现代"这一经典命题,针对高速城市化背景下的人口流动建构了多类相异甚至相悖的认知模式——"对立/同化"模式[如 Thomas,Zanaiecki;芝加哥学派;Kearney(1986)⑧等]、"并存"模式、"依附"论和"联结"模式[如 Frank(1967)⑨;Meillassoux(1981)⑩;Castell(1975)⑪]以及"嵌入"理论模式[如 Portes(1998)等]等。在不同理论认知体系的影响或引导下,规划界更多的是立足于实践,面向人口流动和聚居所伴生的各类城市问题(如贫民窟和旧城衰退问题),进行了长期的整治摸索、反复调适和政策修正,并因此积累了丰富的经验教训及相关成果,也深化了学界对于流动人口及其聚居区和城市的关系认知。只不过受制于结构体制、文化背景等方方面面的固有差异,我们在参照国外经验时,既要同其保持一定的借鉴性和延续性,又要在很大程度上体现出自身的分异和特色。

而国内整体地看,能跨学科将"流动人口"与"居住空间"的研究结合起来,直接锁定农民工"聚居空间"而展开研究的,目前尚处于一种不完善和非均衡的状态:其一,比较成体系、有影响的研究成果多集中于社会学和经济学领域,不少学者围绕着"浙江村"等典型个案而展开[如项飚(2000)⑫;王春光(1995)⑬;刘林平(2002);周晓虹(1998)等],同时也有于洪涛(2002),刘梦琴(2000),李梦白(1991)⑭,胡苏云,赵敏(1997)⑮等学者关注了同聚居区社会融合、人口管理等相关的局部问题;其二,在其他领域(尤其是城市规划学),有关流动人口聚居空间的研究则处于初始阶段。其成果大多成形于 1990 年代之后,而且除了本项目

① 张鸿雁,殷京生. 当代中国城市社区社会结构变迁论[J]. 东南大学学报(哲学社会科学版),2000(4):32-41.

② 乔永学. 北京"单位大院"的历史变迁及其对北京城市空间的影响[J]. 华中建筑,2004(5):91-95.

③ 张帆. 社会转型期的单位大院形态演变、问题及对策研究——以北京市为例[D]:[硕士学位论文]. 南京:东南大学,2004.

④ 柴彦威,陈零极,张纯. 单位制度变迁:透视中国城市转型的重要视角[J]. 世界地理研究,2007(4):60-69.

⑤ 柴彦威,张艳,周千钧. 中国城市单位大院的空间性及其变化[J]. 国际城市规划,2009(5):20-27.

⑥ 丁桂节. 工人新村:"永远的幸福生活"[D]:[博士学位论文]. 上海:同济大学,2008.

⑦ 于一凡. 城市居住形态学[M]. 南京:东南大学出版社,2010.

⑧ Kearney M. From the invisible hand to visible feet: anthropological studies of migration and development[J]. Annual Review of Anthropology, 1986(15): 331-361.

⑨ Frank A G. Capitalism and Underdevelopment in Latin American[M]. New York: Monthly Review Press, 1967.

⑩ Meillassoux C. Maidens, Meal and Money: Capitalism and the Domestic Community[M]. Cambridge: Cambridge University Press, 1981.

⑪ Castell M. Immigrant workers and class struggle in advanced capitalism: the west European experience[J]. Politics and Society, 1975(5): 33-66.

⑫ 项飚. 跨越边界的社区——北京"浙江村的生活史"[M]. 北京:生活·读书·新知三联书店,2000.

⑬ 王春光. 社会流动和社会重构——京城"浙江村"研究[M]. 杭州:浙江人民出版社,1995.

⑭ 李梦白,等. 流动人口对大城市发展的影响及对策[M]. 北京:经济日报出版社,1991.

⑮ 胡苏云,赵敏. 流动人口社区服务型管理模式研究[J]. 中国人口科学,1997(4):22-29.

组所提供的阶段性进展[①][②][③](2001—2010)外,其他相关的学术成果较为有限和分散,其中又以袁媛(2014)[④]、饶小军(2001)[⑤]、张敏(2000)[⑥]、杨春(2003)[⑦]、张高攀(2006)[⑧]等学者的特色研究成果为代表。

3) 少数民族聚居区

国外学者曾在长期关注种族(民族)迁移与聚居的过程中,确立了一系列各具特色的理论体系——地域分层理论认为聚居区和家庭单元的空间特征是决定住宅选址的重要因素[如 Logan & Molotch(1987)[⑨]等];区域语境理论认为大城市存在更严重的歧视、更严苛的土地政策或更大的独立的少数民族聚居区,导致城市总体规模和居住隔离休戚相关[Logan 等];空间同化理论则观点两分,一派认为空间同化是文化适应和社会结构同化之间的过渡步骤[Massey & Mullan(1988)[⑩]等],另一派则认为空间同化源于社会经济的变化性[Massey,Denton(1985)等],且少数民族群体的社会经济状况与隔离模式相关度较低[Denton,Massey(1988);Iceland 等(2005);Iceland,Wilkes(2006);Logan 等(2004);Massey,Fischer(1999)等]。同时,部分学者专门针对黑人社区的就业机会、职住空间匹配等展开了实证研究[如 Kain(1968)[⑪];Holzer(1991);Ellwood(1986)[⑫]等];此外也不乏地理学者从更为宏观的区域和城市层面,剖析了少数民族的空间特征、演化规律及其动因[如 Goodman(1978)[⑬];Emília(2010)[⑭];Eric Fong,Chiu Luk 和 Emi Ooka(2005)[⑮]等]。

而国内学者多是围绕着回族、维吾尔族、白族等少数民族聚居区的典型个案,基于不同的学科视域展开了多层面研究——社会学领域重点针对少数民族聚居区的文化特征、社会结构及其变迁规律等做出了诠释[如白友涛(2005)[⑯];张鸿雁等(2004);周传斌,马雪峰(2004)[⑰]

① 吴明伟,吴晓,等.我国城市化背景下的流动人口聚居形态研究——以江苏省为例[M].南京:东南大学出版社,2005.

② 吴晓.城市中的"农村社区"——流动人口聚居区的现状与整合研究[J].城市规划,2001,25(12):25-29.

③ 吴晓,等.我国大城市流动人口居住空间解析——面向农民工的实证研究[M].南京:东南大学出版社,2010.

④ 袁媛.中国城市贫困的空间分异研究[M].北京:科学出版社,2014.

⑤ 饶小军,邵晓兆.边缘社会:城市族群社会空间透视[J].城市规划,2001,25(9):47-51.

⑥ 张敏,石爱华,孙明洁,等.珠江三角洲大城市外围流动人口聚居与分布——以深圳市平湖镇为例[J].城市规划,2002,26(5):63-65.

⑦ 杨春.莲坂流动人口聚居地社会状况调查[J].城市规划,2003,27(11):65-69.

⑧ 张高攀.城市"贫困聚居"现象分析及其对策探讨——以北京市为例[J].城市规划,2006,30(1):40-46,54.

⑨ Logan J R, Molotch H L. Urban Fortunes: The Political Economy of Place [M]. Berkeley,CA: University of California Press, 1987.

⑩ Massey D S, Mullan B P. Processes of hispanic and black spatial assimilation [J]. American Journal of Sociology, 1988, 89(4): 836-873.

⑪ Kain J F. Housing segregation, Negro employment and metropolitan decentralization [J]. Quarterly Journal of Economics, 1968(82): 175-197.

⑫ Ellwood D T. The Spatial Mismatch Hypothesis: Are There Teenage Jobs Missing in the Ghetto? [M]. Chicago: University of Chicago Press, 1986: 147-190.

⑬ Goodman J L. Urban Residential Mobility: Places, People and Policy [M]. Washington, D. C.: The Urban Institute, 1978.

⑭ Emília M R. A methodology to approach immigrants' land use in metropolitan areas [J]. Cities, 2010, 27(3): 137-153.

⑮ Eric F, Chiu L, Emi O. Spatial distribution of suburban ethnic businesses [J]. Social Science Research, 2005, 34(1): 215-235.

⑯ 白友涛.盘根草——城市现代化背景下的回族聚居区[M].银川:宁夏人民出版社,2005.

⑰ 周传斌,马雪峰.都市回族社会结构的范式问题探讨——以北京回族聚居区的结构变迁为例[J].回族研究,2004(4):33-38.

等];城市规划学领域主要立足于空间视角,对其空间结构、更新改造、文化保护、用地控制、社会空间演化等展开了研究[如高永久(2005)①;陈忠祥(2000)②;王超(2012)③;董卫(1996,2000)④;杨崴,曾坚等(2004)⑤;张棣,侯学钢(2006)⑥;吴晓等(2008)⑦;宋向奎(2012)⑧;黄嘉颖,吴左宾等];建筑学领域则在微观层面上聚焦于少数民族聚居区的地域建筑特点和空间演替规律,尝试探讨全球化和城市化背景下民族地域建筑的发展方向和设计思路[如李卫东(2009)⑨;杨驰(2009)⑩;王思荀(2009)⑪等];而地理学领域更多从区域地理尺度上,揭示了少数民族空间集聚特征及其多元影响因素[如周尚意等(2002)⑫;陈轶,吕斌等(2013)⑬等]。

4)老年人口聚居区

西方学者对于老年人口居住空间的研究是同发达国家本身的老龄化进程相伴相生的,起步早且积累的实践经验和学术成果较多。早期的探索多表现为同老年人口相关的福利服务设施建设、老年社区开发等实践活动:一方面英国等欧洲国家通过制定的相关社区照顾法令,确保老年人口高水平的服务和供养;另一方面则是组织、规划和建设了大量的老年社区和老年照顾中心(如美国的"太阳城中心"、日本的 Kanagawa 太阳城、Chofu 太阳城等)。而后期的研究多是从社区的户外空间出发,对老年人口户外活动的方式、特点、需求及其属性的影响等展开专项研究[如 Castens(1985)⑭;伯顿(2009)⑮;Chou K. L. 等(2004)⑯;森冈清美(2003)⑰等]。此外,还有部分学者关注老年人口的社区活动领域,尤其是老年个体在时间和空间维度下的活动规律,如 Takemi & Catharine(2008)⑱调查了英国邻里开放空间和老年人口步行消遣及交通

---

① 高永久. 西北少数民族地区城市化及社区研究[M]. 北京:民族出版社,2005.

② 陈忠祥. 宁夏回族聚居区空间结构特征及其变迁[J]. 人文地理,2000,15(5):39-42.

③ 王超. 少数民族聚居区与城市现代化协调发展问题研究——从西安回坊谈起[J]. 青海民族大学学报(社会科学版),2012(2):94-99.

④ 董卫. 自由市场经济驱动下的城市变革——西安回民区自建更新研究初探[J]. 城市规划,1996(5):42-45;董卫. 城市族群社区及其现代转型——以西安回民区更新为例[J]. 规划师,2000(6):42-45.

⑤ 杨崴,曾坚,李哲. 保护与发展——中国内地城市穆斯林社区的现状及发展对策研究[J]. 天津大学学报(社会科学版),2004(1):71-74.

⑥ 张棣,侯学钢. 少数民族聚居城市开发与民族文化保护——以湖南省古丈县为例[J]. 规划师,2006(8):29-32.

⑦ 吴晓,吴珏,王慧,等. 现代化浪潮中少数民族聚居区的变迁实考——以南京市七家湾回族聚居区为例[J]. 规划师,2008,24(9):15-21.

⑧ 宋向奎. 城市社会空间结构转型下的少数民族流动人口城市适应研究——以兰州市为例[D]:[硕士学位论文]. 兰州:兰州大学,2012.

⑨ 李卫东. 宁夏回族建筑研究[D]:[硕士学位论文]. 天津:天津大学,2009.

⑩ 杨驰. 壮族景观建筑的演变与传承研究[D]:[硕士学位论文]. 哈尔滨:东北农业大学,2009.

⑪ 王思荀. 大理白族民居的演变与更新研究[D]:[硕士学位论文]. 昆明:昆明理工大学,2009.

⑫ 周尚意,朱立艾,王雯菲,等. 城市交通干线发展对少数民族社区演变的影响——以北京马甸回族聚居区为例[J]. 北京社会科学,2002(4):34-50.

⑬ 陈轶,吕斌,张纯,等. 拉萨市河坝林地区回族聚居区社会空间特征及其成因[J]. 长江流域资源与环境,2013,22(1):32-39.

⑭ Castens D Y. Site Planning and Design for the Elderly[M]. New York: John Wiley & Sons, Inc. 1985.

⑮ [英]伊丽莎白·伯顿,琳内·米切尔. 包容性的城市设计——生活街道[M]. 费腾,付本臣,译. 北京:中国建筑工业出版社,2009.

⑯ Chou K L, Chow N W S, Chi I. Leisure participation amongst Hong Kong Chinese older adults[J]. Ageing & Society, 2004, 24(4): 617-629.

⑰ [日]森冈清美,望月嵩. 新家庭社会学[M]. 东京:培风馆,2003.

⑱ Takemi S, Catharine W T. Associations between characteristics of neighborhood open space and older people's walking[J]. Urban Forestry & Urban Greening, 2008(7): 41-51.

的内在关联,中钵奈津子等则引入了时间地理学的日常活动路径概念,对老年人口的外出活动及其居住地迁移进行研究等等,这一分支方向可望为本书的相关研究提供思路和技术上的借鉴。

而国内学者对于老年人口居住问题的研究成果相对迟缓和有限,早期是以胡仁禄、马光等学者的老年居住环境研究为代表的,随后的研究方向逐渐分化为二——其一,为改善老年人口居住状况而展开的系列实践活动,尤其是老龄化背景下同老年人口相关的福利服务设施、老年社区和老年照顾中心等的建设,其中仅近年来建成的老年社区就有北京太阳城、北京东方太阳城、上海绿地 21 城孝贤坊、广州的颐年园等;其二,对于老年人口相关活动规律的关注,除了活动意愿、需求、特征、影响等常规内容外,重点是城市规划学和人文地理学领域从时间和空间维度上揭示老年人口日常活动的特征和轨迹[如傅桦,赵丽娟(2009)①;曹丽晓,柴彦威(2006)②;柴彦威,李昌霞(2005)③;成志芬(2012)④;刘勰(2011)⑤等],其中也有部分学者借鉴了时间地理学的技术方法,来解析样本社区老年人口活动的时空特征[如孙樱等(2001)⑥;张纯等(2007)⑦等]。

5）综合评述

综上所述,同"特殊群体空间"相关的社区研究进展往往是伴随着城市贫困问题的衍生和恶化而发展和确立起来的,只是限于结构体制、历史沿革、文化背景等方方面面的固有差异,国内外学者在部分特殊群体及其聚居区的内涵界定、特征影响和生长阶段上尚存一定差异,这也从某种意义上决定了对西方经验的借鉴和延续仍需在立足本土实情的基础上加以甄别和取舍。

然而就总体而论,国外相关的理论研究和实践探索确实起步早、历时久,由此而积累的学术成果、技术手段和实践经验也更成体系和成熟丰厚;而国内的研究虽依托于不同的学科领域而展开,但除了社会学等局部领域取得的少数成体系、有影响的成果之外,现有的成果文献往往散见于局部的个案研究,侧重于以社会实践调查为基础的现状分析、定性描述和经验总结,而在典例样本的扩充、动态研究的展开、数字技术的应用、社会属性与空间属性的兼顾等方面依然存在一定的欠缺与盲区,因而也为本研究留下了较大的发掘空间和潜力。

因此,本研究将从"社区"的微观视角出发,针对我国城市社会变迁大背景下普遍萌生或是正在经历剧烈变化的典型空间——新就业人员、流动人口、少数民族、老年人口等特殊群体的聚居区,展开理论和实证研究相结合、静态与动态研究相结合、定性与定量研究相结合、社会属性与空间属性相结合的跨学科研究,进而勾勒和管窥当代中国城市社会空间的宏观概貌。

---

① 傅桦,赵丽娟.北京地区老年人口日常活动的时空特点[J].首都师范大学学报,2009,30(3):48－51.

② 曹丽晓,柴彦威.上海城市老年人日常购物活动空间研究[J].人文地理,2006,21(2):50－54.

③ 柴彦威,李昌霞.中国城市老年人日常购物行为的空间特征——北京、深圳和上海为例[J].地理学报,2005,60(3):401－408.

④ 成志芬.北京老年人户外文化活动空间差异分析[J].社会研究,2012(2):33－34.

⑤ 刘勰.老年人户外交往行为及其空间模式研究——以成都地区为例[D]:[硕士学位论文].成都:西南交通大学,2011.

⑥ 孙樱,陈田,韩英.北京市区老年人口休闲行为的时空特征初探[J].地理研究,2001,20(5):537－546.

⑦ 张纯,柴彦威,李昌霞.北京城市老年人的日常活动路径及其时空特征[J].地域研究与开发,2007,26(4):116－120.

1.4 研究对象和范围

1）研究对象

在目前社会经济转型和政策制度重构的关键期，“特殊群体空间”已成为解析我国城市社会空间结构的核心变量和关键窗口之一。有鉴于此，本书拟从各类社会群体中遴选新就业人员、流动人口、少数民族、老年人口等特殊群体及其各类聚居空间（其概念界定详见正文各章节）作为研究对象——除了共同的边缘化属性和普遍性存在（其“边缘性”所代表的已不是狭义的空间区位，而是其社会地位的相对弱势和社会构成的异质性）之外，它们更拥有其他社群和社区所未有的样本意义和典型特征，而且彼此之间也是千差万别：不仅有着截然不同的形成背景和演化规律，有着差异化、多元化的个体特征和社会属性，在区位分布、空间布局、职住通勤、日常活动、公共服务等方面也有着不尽相同的空间属性和类型模式。

2）研究范围

本研究的地域范围集中在了以南京为主的京、沪、宁、常、锡、深等部分典例城市，但希望能在理论、方法和实践方面提供更具普遍意义的启示和参考；另一方面主要基于微观层面的“社区”视野和尺度来重点聚焦于各类特殊群体及其聚居空间，旨在以点带面地勾勒和审视当代中国城市社会空间的宏观概貌。

1.5 研究内容和方法

1）研究内容

本研究希望通过引入“社会属性”和“空间属性”两条相互关联的主线，以“社区”视野来解析和串联各类典型的特殊群体空间，再以特殊群体空间来勾勒和管窥当代中国城市的社会空间概貌。全书按照不同类型的特殊群体及其聚居空间来划分和设置章节，形成主体的内容结构如下：

（1）绪论

主要对本研究的相关背景、国内外相关研究进展进行了介绍和评述，明确了本研究的对象和数据，并阐释了本研究的内容、方法和特色。

（2）预期与现实：新就业人员聚居区研究

本章首先界定了新就业人员及其聚居区等相关概念，探讨了新就业人员聚居区的形成类型及其机制；然后，通过遴选和调研南京市三类新就业人员聚居区的4个典型案例——南湾营、四方新村、大巴士求职公寓和万和大学生求职公寓，从社会属性和空间属性两方面剖析了新就业人员聚居区的现状特征，预测了新就业人员聚居区的未来需求；随后又基于“预期-现实”的比较，进一步揭示了新就业人员聚居区的现存问题，发掘影响新就业人员聚居区产生预期落差的个体化因素；最后，分别从房源供给、住宅设计、职住关系和服务设施四个层面入手，系统探讨了新就业人员聚居区的改善策略。

(3) 演化与更新:工人新村研究

本章首先界定了工人阶层及其工人新村等相关概念,探讨了工人新村形成和建设的理论背景和现实背景,通过多元背景的阶段性转换确定工人新村演化的阶段划分;然后,通过对沪宁两地典型工人新村案例——曹杨新村、南京三步两桥小区、线路新村的调研,就工人新村的社会属性演化特征进行梳理,并就其特征的形成动因分别做出相应的解析;随后,又就工人新村的空间属性演化特征进行梳理,并就其各阶段特征所形成的动因分别做出相应的解析;最后,分别从土地利用、空间环境、居民保障、社区管理四个层面入手,系统探讨了工人新村的更新策略。

(4) 形成与特征:流动人口聚居区研究

本章首先界定了流动人口及其聚居区等相关概念,并从外在条件和内在机制两个方面剖析和揭示了流动人口聚居区的生成规律;然后,侧重于结构形态的角度,对我国流动人口聚居区的现状特征进行了多方面的剖析,涉及区位分布、人员构成、就业结构、土地使用、空间布局、居住环境等几个方面;随后又对北京、南京、无锡、深圳等城市的典型流动人口聚居区展开重点考察,同时也为前文的阐述补充了必要的第一手资料和客观依据;最后,在总结流动人口聚居区所存各类问题的基础上,从文化教育、社会保障、地方管理、居住环境等方面入手,系统探讨了流动人口聚居区的改造整合策略。

(5) 现代化冲击:回族聚居区的变迁研究

本章首先界定了现代化、少数民族聚居区等相关概念,并通过回族聚居区演化背景的多线分析确定了社区演化阶段的合理划分;然后,聚焦于南京市典型的少数民族聚居区——七家湾回族聚居区,紧扣族群特定的社会文化背景和鲜明的民族特性,调研和回溯了聚居区社会空间在现代化浪潮冲击下所呈现出来的变迁规律,其中既包括聚居区社会属性的演化(如人口构成、家庭关系、社区组织、生活习俗等方面),也包括聚居区空间属性的演化(如用地功能、居住时空、就业时空、配套设施等方面),并剖析了回族聚居区在现代化浪潮下变迁的动因与机制;最后,在揭示聚居区现存问题的基础上,综合探讨了基于文化认同的回族聚居区的优化策略。

(6) 老龄化图景:老年人口日常活动的时空特征研究

本章首先界定了老龄化、老年人口、日常活动等相关概念,勾勒了老年人口在空间分布、生理心理、日常活动等方面所呈现出来的总体概貌;然后遴选南京市典型的老龄化社区,基于时间地理学的思路框架来发掘老年人口日常活动的时空特征及其群体分异规律;随后又以购物活动和休闲活动为重点,进一步细化剖析了老年人口亚类活动的时空局域特征及其群体分异规律;最后,依循以时间为辅、空间为主的时空双线,归纳了南京市老年人口日常活动的时空问题,进而探讨了老年人口日常活动(以购物活动和休闲活动为代表)的时空提升策略。

(7) 公平化服务:保障性住区的公共服务设施供给研究

本章首先界定了保障性住区、公共服务设施等相关概念,梳理了南京市保障性住区的建设概况和公共服务设施(以城市级和区级为主)的供给现况;然后,确定本书抽样研究的保障性住区及其相关设施类型,基于居民"最大出行圈层"的调研来划定各类设施评估对象,并通过层次分析法分区、分类和分级地测度和阐释各类公共服务设施的供给水平与供给规律;最后,总结保障性住区相关设施供给的主要问题及其成因,综合探讨了保障性住区公共服务设施的供给完善策略。

2) 研究方法

本研究立足于"城市规划 & 城市社会学"的学科视角,将"社会特殊群体"与"居住空间"

的研究相结合，兼顾广度和深度地展开了类型化、跨学科的社区研究，综合应用的具体方法如下（表1.3）。

表1.3　本研究基本方法的应用概况

研究方法		主要实施对象	方法应用目的
资料收集阶段	实地观察法	同各类特殊群体相对应的不同聚居空间	获取同各类特殊群体相关的空间属性资料（如区位分布、空间布局、职住通勤、日常活动、公共服务等），以社区层面的微观数据为主
	问卷统计法	新就业人员、流动人口、少数民族、老年人口等各类特殊群体	获取同各类特殊群体社会、经济及空间属性相关的一手数据（如就业、收入、教育程度、居住面积、厨厕布局、日常活动等），以社区层面的个体抽样数据为主
	专题访谈法	各级职能主管部门（统计局、三房办、公安局、各街道办事处、居/村委会等）	获取同各类特殊群体相关的总体概况、背景资料和统计数据（如各类特殊群体的城市分布、形成发展、社区规模、就业情况等）
	文献查阅法	专著、报刊、互联网等	引介和借鉴同研究背景——社会变迁（包括转型期、城市化、现代化、老龄化等）及研究主体（各类特殊群体及其聚居空间）相关的社区研究理论与方法
研究分析阶段	分类分析法	各类特殊群体及其聚居空间	分类剖析不同特殊群体及其聚居空间的社会属性和空间属性
	统计分析法	各类特殊群体及其聚居空间的结构特征	定量分析不同特殊群体的收入构成、职住通勤、日常活动的时空特征、公共服务设施的供给水平等
	比较分析法	各类特殊群体及其聚居空间的社会属性和空间属性	比较阐释各类特殊群体空间在形成类型、预期-现实、人员构成、空间布局、日常活动、公共服务等方面所存在的差异及其动因

1.6　研究创新和特色

对于“社区”视野和尺度下特殊群体空间的关注，主要源于其不同于其他社群和社区的样本意义和独特规律，而这同样也是我国探讨社会变迁背景下城市规划理论与实践，体现社会公正与人本内涵的重要领域之一。本研究聚焦于新就业人员、流动人口、少数民族、老年人口等特殊群体及其各类聚居空间，力求在以下方面做出创新与尝试：

（1）研究对象的特殊化：本研究以微观层面的“社区”作为研究的空间性主体，以“特殊群体”作为研究的社会性主体，关注的是我国城市社会变迁大背景下萌生或是正在经历变化的各类典型社区，采取的是理论和实证研究相印证、静态与动态研究相补充、定性与定量研究相结合的跨学科思路。在积极扩充典例样本、首次集成多类群体和深度发掘空间规律的同时，也在一定程度上弥补了以往“社区研究”在特殊群体方面的局限和不足。

（2）研究思路的双线化：本研究面向各类特殊群体，在传统的“空间属性”解析之外有意识地引入了“社会属性”解析这一参照系，希望通过个体属性和人文特征的发掘，来架构各类聚居群体“社会性-空间性”的共轭双线和完整生活图景，进而以点带面地揭示当代中国城市的社会空间概貌。相比于以往研究的单主线结构和单一空间导向，该社区研究思路更为全面，因而其结论也更具参照意义。

（3）研究方法的数字化：本研究除了实地观察、问卷统计、专题访谈等传统的数据采集方法外，还将进一步完善与拓展数字技术的应用领域和路径。这也是项目组继“流动人口空间”研究的数字化试点之后，所寻求的新的技术性优化与拓展的可能性。重点是对不同特殊群体的收入构成、职住通勤及其迁移轨迹、日常活动的时空特征、公共服务设施的供给水平等方面展开定量评估、统计分析和空间图解，形成对定性研究的验证和修正。

2 预期与现实:新就业人员聚居区研究

我国社会正在经历城市化、人口结构转变、劳动力市场转型、高校扩招及教育体制改革等一系列结构性因素的变化，在这些因素的综合作用下，许多城市开始普遍出现高校毕业生“毕业易，就业难”的滞留现象；与此同时，经济发达地区和大城市的比较优势还在持续吸引着源源不断的新就业人员前来寻求发展机遇。因而，大批收入不高且未被纳入既有住房保障体系的新就业人员，在上述地区和城市居高不下的居住成本压力下，被迫选择了集体蜗居和自发聚居的生活方式，也由此产生了住房条件差、安全系数低、居住环境恶劣等一系列的问题。

新就业人员作为典型的“夹心层”和阶段性居住弱势群体，其聚居区的形成和发展有其内在的合理性和必然性，在目前我国各类居住弱势群体中也具有独特的典型意义和样本价值。因此，本章将以南京市为例，以新就业人员的自发型聚居空间为研究对象，基于“预期-现实”的视角来比较和分析该类中低收入群体居住空间的特征、问题及其原因，从而进一步探讨改善提升当前新就业人员居住空间的策略和措施。

2.1 研究对象的界定

1）关于毕业生最低收入标准

关于大学毕业生的最低收入在我国并没有统一的标准，只有海南大学校长李建保在十一届人大五次会议上提出制定大学毕业生就业上岗的最低工资标准，建议是：不同地区大学毕业生的最低工资标准可以有所不同，但是一定要明显高于当地的最低工资标准[①]。目前我国各地的大学毕业生最低收入标准，由于其自身的发展需求和市场职业竞争力等因素的影响而差距颇大，尤其是在欠发达的中西部地区和发达的东部地区之间；同时在不同类型的企业、行业和学历之间，大学毕业生的最低收入也有所不同。据2008年调查显示：不同类型的企业中，国企起薪最低只有1 946元/月，民企有2 106元/月，而独资企业则以2 957元/月遥遥领先；不同行业中，金融行业毕业生的起薪最高为2 725元/月(图2.1)；而不同学历中，大专学历的平均起薪则只有1 583元/月(图2.2)。此外这些标准也会随着我国经济的发展和城市消费水平的增长而不断的提高，2008年我国的薪酬增长率为11.7%，到2011年已增长到13.1%，尤其是2011年专科和硕士毕业生的起薪增长率最高[②]，这也从侧面反映出大学毕业生的最低收入标准每年都在不断提高。

---

① 参见李季. 2012. 人大代表建议为大学毕业生制定最低工资标准[EB/OL]. [2012-03-07]. http://www.chinanews.com/edu/2012/03-07/37725968.shtm.

② 正略钧策商业数据中心. 2012年度中国薪酬白皮书[R]. 北京：正略钧策管理顾问有限公司，2012：22-23.

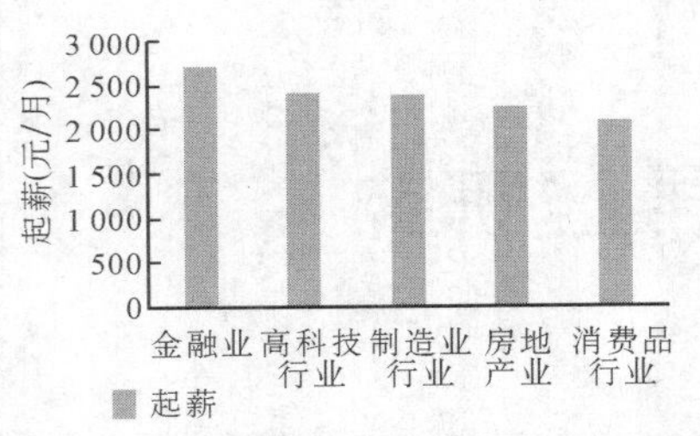

图 2.1　不同行业毕业生的起薪标准

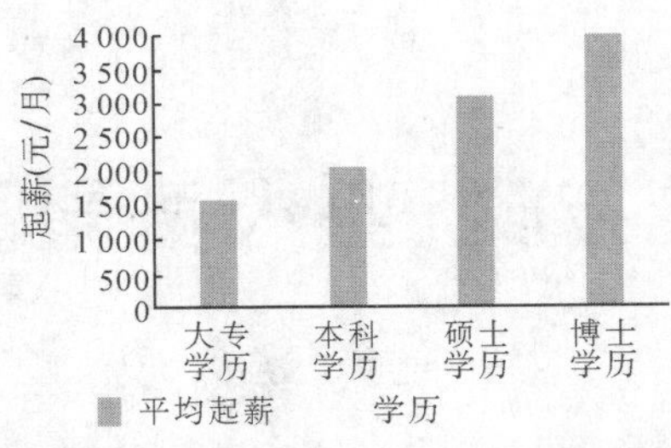

图 2.2　不同学历毕业生的平均起薪

＊资料来源：今年广州大学毕业生平均起薪为 2 561 元/月[EB/OL].[2008-09-05]. http://edu.dayoo.com/edu.node_2549/2008/09/05/1220576581480968.shtml.

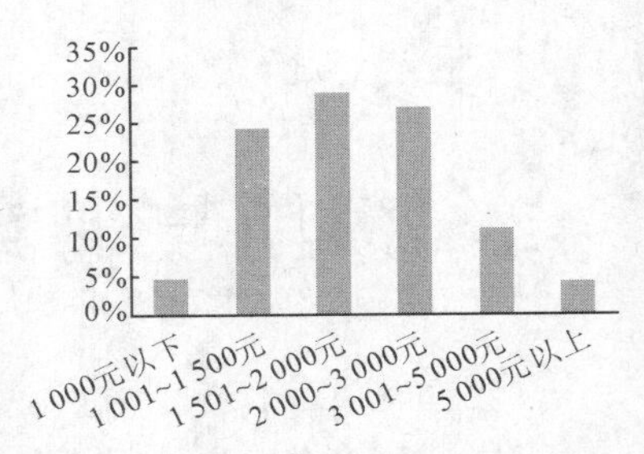

图 2.3　南京市“蚁族”月收入水平

＊资料来源：刘洪辞.开发中国青年“蚁族”人力资源的调查报告[J].珞珈管理评论，2012(1)：112.

本章所要研究的是南京市 2010 年以后的新就业人员，因此对于其收入的界定应以南京市 2010 年以后的大学毕业生最低收入为基础；同时考虑到这一特殊群体同目前国内学者热议且成果较多的“蚁族”关联度较高，故还可以参照我国“蚁族”的平均收入水平；最后叠合上述两者结论，即可得到我们“新就业人员”概念中关于收入部分的界定标准。

根据 2010 年南京市青年“蚁族”抽样调查显示：“蚁族”全职人员的月平均收入为 2 447 元；其中，月收入在 1 501～3 000 元的人居多，占总数的 55.61%，月收入介于 1 000～3 000 元之间的更是占到 80%左右；而 3 000 元以上者仅占 15.47%(图 2.3)。但相较于“蚁族”而言，新就业人员的职业更稳定且收入普遍更高，加之近两年来物价快速上涨且工资普遍有所增长，故本章将南京市新就业人员的月收入界定为 2 000～5 000 元之间。

此外值得一提的是，根据有关人力资源研究调查机构发表的全国各大中城市人均薪资榜(2013 年第一季度)显示，南京市人均月薪为 4 460 元，较之于绝大多数的新就业人员而言，南京市人均月收入普遍偏高；同时参考我国城市对中低收入群体的准确定义——“处于城市人口收入水平线附近或低于平均线(或者其生活状态处于平均生活或以下)的群体”，不难判定：新就业人员属于典型的中低收入阶层，他们既无力购买或租赁商品住房，又享受不到面向低收入阶层的保障房政策，处于所谓的“夹心层”①。

2) 新就业人员的界定

目前国内外关于“新就业人员”的说法较少提及；即使是国内各地提及的新就业人员，在界定标准上也各不相同，其中相对通用的标准主要有以下 4 种(表 2.1)。

其中，统计局标准的“新就业人员”可能还包括部分“低保”和“再就业人员”，故存在人群认定混乱、政策交叉覆盖等问题；高层次人才标准与人才落户标准虽符合政策实施要求，但在人群认定上过于单一；而新毕业标准则基本涵盖了高层次人才标准与人才落户标准，具有覆盖面广、公平性好的特征，同时还考虑到了新毕业人员的住房困难并不是长期性问题，完全可能通过自身收入的不断提高来解决，只是在短期内需要政府的补贴或政策支持以改善居住条件。

除了不同的统计口径和部门标准外，国内部分城市出于自身发展要求、本地人才引进和住房政策等方面的特点，对新就业人员的范围也做出了不同的界定(表 2.2)。

① 陈伯庚，顾志敏.中低收入群体住房社会保障政策走向探索[J].上海房地，2007(7)：22－23.

表 2.1　目前国内新就业人员主要的界定标准

标准	对象
统计局标准	城镇各类单位(包括国有单位、城镇集体单位、其他经济类型单位)、私营个体经济组织、社区公益性岗位累计的新就业人数，以及通过各种灵活就业形式的新就业人数总和。其中，既包括初次就业的各类人员，也包括实现再就业的下岗失业人员
新毕业标准	规定年限毕业的各类学历人员，包括本科及以上毕业生、大中专毕业生及各类职业技术学校的毕业生
高层次人才标准	一般特指规定年限以后毕业的、国家承认的大学本科以上学历的毕业生
人才落户标准	以南京为例，特指外地生源应届大专以上毕业生且符合南京就业政策规定的人员；外地生源往届大中专毕业生但已被南京的单位录、聘用且连续工作满3年以上，在人才服务机构办理过人事代理和社会保险且具有合法固定住所的人员；人事劳动关系虽非市内隶属但具有独立法人资格的单位录、聘用的具有大专以上学历或中级以上职称的管理技术人员和具有特殊专长的技术工人；经省、市人事或劳动部门鉴证并纳入南京社会保险管理，具有合法固定住所的人员

*资料来源：李智，林炳耀. 特殊群体的保障性住房建设规划应对研究——基于南京市新就业人员居住现状的调查[J]. 城市规划，2010(11)：25-26.

表 2.2　目前国内部分城市对新就业人员的界定标准

城市	定义
浙江湖州	指在2000年3月以后毕业且受到国家承认的大学本科以上学历的毕业生；引进人才是指从外地引进的具有中级以上专业技术职务或硕士学历以上的人才
福建厦门	主要指新毕业的大学生与来厦打工年限较长、企业业务骨干等外来务工人员、工业职工区内农民工家属
福建福州	主要针对的是外来务工人员、新就业大学生、人事(劳动)部门认定引进的人才等特殊住房困难群体
四川成都	指五城区内工作满3年且具有本科以上学历的单身大学毕业生，同时重点支持六大产业、高新技术产业或市政府重点培育的大企业、大集团的专业技术人员
江苏	在《江苏省公共租赁住房管理办法》中做出了明确定义，特指大中专院校毕业、具有就业地户籍的城镇新就业人员。其第二条第四款明确指出：大中专院校毕业不满5年，在就业地城市有稳定职业，并具有就业地户籍的从业人员

*资料来源：南京市新就业人员住房问题调研报告[R]. 南京：房地产经济研究中心，2008：20.
江苏省公共租赁住房管理办法[Z]. 江苏省人民政府公报，2011(16)：3.

综上所述，由于本章的研究对象是南京市的新就业人员，所以江苏省的界定标准及南京市“蚁族”的平均收入水平将成为笔者主要的参考依据。因此，本章所要研究“新就业人员”原则上指规定年限内毕业、参加工作5年以内、有稳定职业与就业地户籍，且月收入基本上不超过5 000元的各类学历人员所组成的群体，其中包括本科及以上毕业生、大中专毕业生及各类职业技术学校毕业人员等。

3) 其他相关人群的界定

虽然国内外较少提及“新就业人员”这一概念，但是仍然存在着诸多与该类人群相似或相同的人群。比如说，国外的青年打工者、一千元族等相关人群(表2.3)和国内的“蚁族”、校漂族、流动人口、弱势群体等相关群体(表2.4)。

4) 新就业人员聚居区的界定

聚居是人类居住活动的现象、过程和形态，希腊学者道萨迪亚斯(C. A. Doxiadis)在人类聚居区学中提出了“人类聚居地”概念，即指由人、社会、自然、建筑物和基础设施这五种要素构成的相互作用的整体①；而同济大学的刘滨谊教授等则提出了“聚居社区”的概念，即指人类相对集中的部分，发生有组织的人类活动的地方②。其他学者也由于不同的研究目的，

① 吴良镛. 人居环境科学导论[M]. 北京：建筑工业出版社，2001.
② 刘滨谊，毛巧丽. 人类聚居环境剖析——聚居社区元素演化研究[J]. 新建筑，1999(2)：14.

表 2.3　目前国外与新就业人员相关的人群

相关人群	定义
Young Workers（青年打工者）	指在美国刚从大学毕业走上社会的年轻群体，虽获得更多的受教育机会，毕业后却未获得更高的收入和更完善的社会保障，反而面临着大学文凭贬值之后所带来的诸多难题
88 万韩元一代	指在韩国由于贫富差距而产生的月收入在 88 万韩元（约人民币 5 000 元）左右的低收入群体
Mileurolista（一千元族）	指接受过高等教育的年轻毕业生，毕业后一段时期内薪水在一千欧元左右（购买力相当于北京的 3 000 元）的一类人群。在英国，这个群体被称为"另类 IPOD"，即"缺乏安全感、承受着巨大的负债压力"的一代

* 资料来源：Peter D. Young Workers：A Lost Decade[R]. Hart Research Associates，2009.
"蚁族"，城市化进程中的新物种.[EB/OL].(2010-01-07). http://ycdtb.dayoo.com/html/2010-01/07/content.827770.htm.
Antonio Incorvaia，Alessandro Rimassa. Generazione 1000Euro[M]. Bolin：Goldman wilhelm GmbH，2007.

表 2.4　目前国内与新就业人员相关的人群

相关人群	户籍状况	经济收入	教育程度	概念界定
蚁族	多离开户籍所在地	较低	受过高等教育	指毕业后由于没有工作或收入很低而聚居在城乡结合部的大学毕业生
校漂族	多为集体户籍或离开户籍所在地	较低	受过高等教育	指已经毕业但为考研或找更加理想的工作抑或害怕面对激烈的就业环境而继续滞留在母校及附近其他学校周围的大学毕业生群体
流动人口	离开户籍所在地	较低	以初中及以下水平为主	指一定时期内离开常住户口所在地，在另一行政区域内暂时居住的暂住人口，尤其是改革开放之后以谋生营利为目的，自发在社会经济部门从事经济和业务活动的城市暂住人口，但不包括与户籍相伴随的迁移人口和短暂逗留的差旅过往人口
弱势群体	—	较低	涵盖面广，故受教育水平也参差不齐	主要指社会性弱势群体，是由于某些障碍及在经济、政治和社会资源分配方面缺乏机会，而在社会上处于不利地位的人群；其并非真正的群体，只是同类处于不利地位的社会成员的集合

* 资料来源：廉思."蚁族"：大学毕业生聚居村实录[M].桂林：广西师范大学出版社，2009：12－15.
吴晓.我国城市化背景下的流动人口聚居形态研究——以京、宁、深三市为例[D]：[博士学位论文].南京：东南大学，2002：5－6.
刘爱娣.我国社会新生弱势群体问题研究[D]：[硕士学位论文].哈尔滨：哈尔滨理工大学，2005：6－7.

对不同类型的聚居区有不同的定义，如流动人口聚居区、少数民族聚居区等。而对于"新就业人员聚居区"这一概念的界定目前学界还没有相关研究。

本章所要研究的"新就业人员聚居区"实质上是基于社区视野（微观层面）的新就业人员自发性聚居空间，是随着这一特殊群体的出现与集聚而形成的居住型空间。该类群体由于高等教育程度同低级收入水平之间的固有矛盾，而被迫在大城市中过着集体"蜗居"的生活，并因此形成了一大批以新就业人员为居民主体，以短期房屋租赁为主导居住方式，在城市不同地区自发聚居而成的集中居住区，我们将其称之为新就业人员聚居区。该类聚居区的形成具有临时性与自发性的特点，并反映出新就业人员择居的内在合理性、普遍性和必然性，可作为中低收入群体空间研究的典型样本。

5）预期的界定

所谓"预期"（expectation），是指行为当事人在进行某项活动之前，对未来的情况及变化进行估计和判断，以便采取必要的行动或策略，实现预想目标（薛志勇，2012）。目前各学科领域中对预期提及较多且有深入研究的当属经济学，发展至今已经拥有诸多理论成果，其中最为重要的是理性预期。

本章所要研究的"预期"就是一种理性的预期,主要以可量化的新就业人员收入现状情况为预测基准,结合过去新就业人员收入方面的历史信息,对未来一段时间之内新就业人员的收入作出合理预想,并在此基础上对其生活的其他方面(如住房使用、就业出行和服务设施等)作出连带性推导和预测,是一种基于现实状况的合理有效的预期。

2.2 新就业人员聚居区的形成

1) 新就业人员聚居区的形成类型

我国由于高校的持续扩招,致使大学毕业生总体规模增大;同时由于各地区间的发展不均衡,造成了大学毕业生的择业地点主要集中在经济发展较快的部分大城市,如北京、上海、广州、深圳等。根据相关调查显示,有相当多的大学毕业生把沿海开放城市或直辖市作为了自己未来工作与生活的首选场所。其中,南京作为我国第三大高等教育中心,科教综合实力仅次于北京、上海(截至 2012 年南京市的在校大学生及研究生已达 81.53 万人),而且是长三角经济发展圈内辐射和带动中西部发展的门户城市①,因而成了大量新就业人员的首选之地,每年都会有大量的高校毕业生来宁或是留宁工作生活,并自发聚集形成了不同类型的聚居区(表 2.5)。

表 2.5 南京市新就业人员聚居区类型

类型Ⅰ 城乡结合部居住区			
区位分布	房屋租金	聚居规模	居住条件
该类聚居区距离市区较远,如南京市的江宁区东山和栖霞区马群等地区 	聚居区内的住房租金在 500～1 000元/人,以套房为主,适合与朋友或者同学等合租 	该类住区多属于城郊安置房、城中村、保障房等,即为失去土地和房屋的当地居民所建住房,规模较大 	该类住区建设年代晚,住房质量好,但有很多属于毛坯房,设施较为欠缺 
类型Ⅱ 城市老居住区			
区位分布	房屋租金	聚居规模	居住条件
该类聚居区主要分布在老城之外的主城边缘区,如中华门、四方新村、城北、迈皋桥等地区 	聚居区内的住房租金基本是每月每人 300～600 元。住房租赁方式一般以单人间为主 	该类住区规模不大,聚居区内的新就业人员数量也相对较少 	该类住区属于少数老居住小区或棚户区,住房年代较早 

① 南京教育.[EB/OL].[2016-03-24]. http://www.05935.com/baike/nanjingjiaoyu/

续表 2.5

类型Ⅲ　大学生求职公寓			
区位分布	房屋租金	聚居规模	居住条件
该类聚居区遍布主城区，采用旅馆式的经营模式，对入住人员有严格的规定和要求。如南京水一芳求职公寓、金陵求职公寓、红苹果之家求职公寓等	该类聚居区的租住方式按床位，即一张床每月300元/人左右且每个房间里都是以上下铺的形式进行布置，类似于大学的集体宿舍，属于一种典型的群租房	由于此类聚居区广泛地分布在城市内部的各个区域，且多以连锁店形式运营(尤以老城内居多)，故形成了许多分散而规模有限的聚居点	这种求职公寓属于非官方性质的租赁房屋，由民间个体组织和筹集房源并进行规模化的经营与管理，在住房配套条件方面有规定且基本统一

＊资料来源：网络图片。

2）新就业人员聚居区的形成机制

新就业人员聚居区现象是随着我国快速城市化和高等教育大众化所出现的一种特殊现象，它是我国传统体制与城市就业及发展政策等因素共同作用的结果，即城乡二元体制下的户籍制度、城市实行的市场型就业政策和城市快速发展下的强大吸引力等几方面因素共同作用的产物。

(1) 新就业人员聚居区形成的客观因素

其一，高校的教育体制与就业市场的需求错位。当前，我国大部分的高校发展宗旨是"高大全"，即办学高层次、招生大规模、学科全覆盖，致使越来越多的学生在拥有机会进入大学深造的同时，也表现出了毕业后在专业上的同类化和技术上的低质化现象，市场对他们的需求趋于饱和或过剩，甚至还出现了部分专业的毕业生与市场需求不对称的倾向，造成高校专业结构与就业市场需求相错位。这从侧面反映出由于我国高校教育体制的缺陷，造成大量大学毕业生面临着就业困难、就业质量和水平均较低的局面；加之城市房价、物价的迅速上涨和生活成本的重压，迫使毕业时间不久的新就业人员只能以各种类型的聚居方式在大城市中生活和工作。

其二，大城市保障体系的缺位和民间房源的规模化供给。一方面，大城市拥有的独特吸引力，能为新就业人员提供更多就业选择、公平竞争以及实现理想的机会，因此每年都有大量的新就业人员涌入或滞留在大城市，但城市虽有教育、医疗等社会保障性服务，却将不符合既有政策标准的新就业人员排斥于居住保障的范围之外，使新就业人员面对城市既有保障却只能在大城市中自发寻求居住地点；另一方面，随着大城市的高速发展，建成区迅速向近郊区扩张，城市边缘的农业用地转为非农建设用地，出现了大量的城中村、失地农民安置房及保障性住区，拥有许多符合新就业人员要求的出租住房；同时市区内部也在不断的更新改造，部分私人投资商从中觉察到商机，在市区内筹集运营具有区位交通优势的房源进行出租；此外城市老住区由于自身居住条件限制以及居民生活水平的不断提高，出现了一定规模的空置房用于出租，如此就产生了大量类型多样且房价低廉的出租房源，为新就业人员的集聚和择居提供了必要的条件。

(2) 新就业人员聚居区形成的主观因素

其一,对个体成就感的追求。自我国高校扩招以来,农村户籍的大学生在高校中的比重日益增大,早在2003年高校中的农村大学生与城市大学生就已经基本持平,到2005年该比例已达到53%,第一次超过城市大学生。该类人群毕业后即成为城市内的新就业人员,且均希望能够"顺理成章"地留在大城市生活与工作,主要原因是:一方面是他们认为大城市拥有更好的就业发展机会,可以通过借助其经济、社会等方面的资源条件改变自身的生活和命运;另一方面是大多数新就业人员出身于农村或小城镇,其家庭条件艰苦且多希望不辜负父母家人的辛苦供读和殷切期许,在新天地打拼出一番事业。因此无论是从理智的利益权衡还是从强烈的感情需求而言,新就业人员都愿意在压力与机遇并存的大城市寻求发展,长此以往就形成了许多大小不同且类型各异的新就业人员聚居区。

其二,对群体归属感的追求。新就业人员刚刚步入陌生而竞争激烈的社会,熟悉的人群能给他们带来社会资本的支持及其精神上的安全感与归属感,并且当其在城市生活中遇到困难时,父母、同学和朋友将是他们最主要支持者。其实,父母的帮助主要限于经济方面,而工作和生活等问题则主要源于同学和朋友的扶助。以南京新就业人员为例,有38.1%的人遇到困难时都会在自己的社会网络中求助于同学、老乡、朋友等,因此往往会在毕业前夕与自己的师兄师姐或同学取得联系,并希望在毕业工作以后经由他们介绍和牵线而进入同一居住地,在寻求同源归属感的过程中,逐渐形成了由同类群体"连锁集聚"而成的聚居区。

2.3 基于现实的新就业人员聚居空间解析

1) 研究对象

(1) 典例遴选

通过上文的研究分析可以看出,由于城中村及城乡结合部等适配房源集中地的改造和拆迁,使南京市新就业人员相较于北京、上海、广州等地区的集中聚居而言,聚居地更加零散,往往广泛分布于城市的不同地区,自发形成了众多规模有限、类型各异、布点分散的聚居区,呈现出"大散居、小聚居"的总体特征。

目前南京市新就业人员的自发聚居区基本分为三种类型,结合微观层面的"现实"视角、新就业人员聚居区的基本特点以及实际调查研究的可行性,将从每一类聚居区中遴选典型的1~2个案例,进行深度调查研究。至于案例的选取,主要遵循如下的基本原则:

① 所选聚居区案例应具有一定的规模,即自发集聚了一定数量的新就业人员居住于此(根据大范围的预调研,该群体多占到小区居民总数的1%以上);

② 所选聚居区案例应具有类型覆盖性和特征典型性,例如大学生求职公寓,由于自身规模小且分散,因此对其案例的选取应考虑到集聚效应和自身的种类特征;

③ 所选聚居区案例应具有明晰的住房原始产权,即属于原居民个人所有或已合法租赁他人用于经营,目前的居住人员只拥有使用权;

④ 所选聚居区案例应主要分布在主城区或周边邻近区域,以便于深度调研。

有鉴于此,本章在经过大范围勘察和摸底之后,从中遴选了4个典型的新就业人员聚居区案例——南京栖霞区的南湾营、南京白下区的四方新村(一村到七村)以及两个南京市老城区内的大学生求职公寓(大巴士求职公寓、万和大学生求职公寓)(图 2.4)。通过对这三类聚居区的现状进行研究和比较,发掘其自身特有的规律、特征和问题,对于中低收入群体的居住空间研究和小康和谐社会的建设来说,具有显见的参考价值和现实意义。

(2) 数据采集

由于本章研究的是基于"预期-现实"比较的新就业人员自发型聚居空间,因此在数据的采集过程中,需要一种现实加预期的比照式调查问卷,并综合应用问卷统计法、实地调研法以及访谈法等多类方法,获得关于新就业人员现状情况和预期设想的第一手资料与基础数据,以此作为新就业人员聚居空间解析的基本依据。

其中在实地问卷调查方面,本章采用分类和分块的抽样方法,以最终从三类新就业人员聚居区中遴选出的四个案例为调研对象,从中随机抽取调查者 400 名,其中各案例之间调查者的抽样比主要是根据各聚居区内新就业人员的数量而定;然后通过问卷的整理和审核,确定总共回收有效问卷 359 份,有效率达到 89.75%(具体抽样情况见表 2.6)。

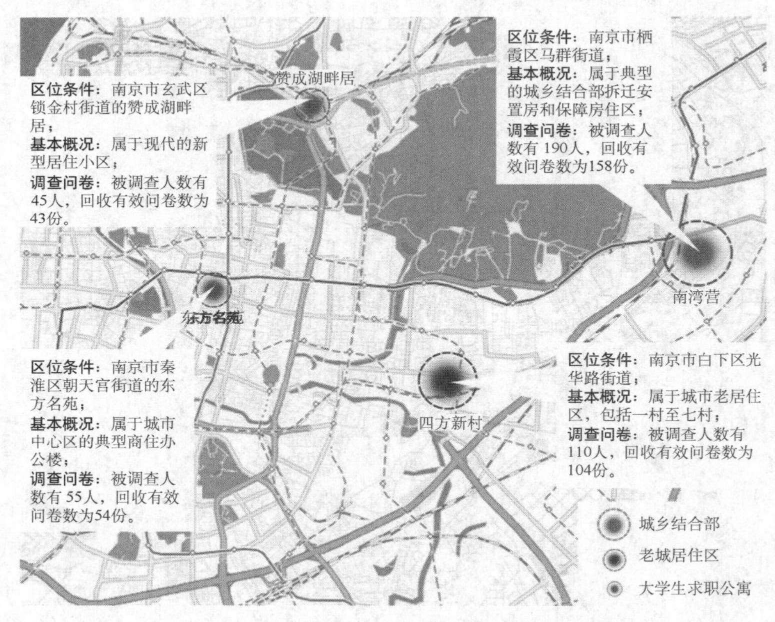

图 2.4　各类新就业人员聚居区的分布示意图

* 资料来源:笔者根据相关资料及实际调研绘制。

表 2.6　各类新就业人员聚居区案例的人口规模和抽样问卷数量

名称	人口情况			问卷数量	
	总人口规模(人)	新就业人员(人)	新就业人员比例(%)	发放数量	回收数量
南湾营	约 20 000	约 2 800	14	190	158
四方新村	约 10 000	约 1 200	12	110	104
大巴士求职公寓(赞成湖畔居)	约 150	约 130	86.6	45	43
万和大学生求职公寓(东方名苑)	约 200	约 200	100	55	54

* 资料来源:笔者根据相关资料、实际调研和整理绘制。

(3) 区位分布

根据上述遴选出的四个新就业人员聚居区案例自身的特征以及分布情况,对其具体的区位条件和特点做出如下详解(表 2.7)。

表 2.7 遴选的新就业人员聚居区案例概述

类型	类型Ⅰ:城乡结合部居住区	类型Ⅱ:城市老居住区	类型Ⅲ:大学生求职公寓	
特征	距离市区较远,规模较大但租金较低	距离市区较近,规模不大且住房年代早	以私人住宅为载体出租的散点式公寓	以宾馆、招待所、商住办公楼为基础改建的集中式公寓
名称	南湾营	四方新村 (一村到七村)	大巴士求职公寓 (赞成湖畔居)	万和大学生求职公寓 (东方名苑)
现状概况	位于南京市栖霞区马群街道,属于典型的城乡结合部安置房。整个地区包含南湾营康居城所在的6个小区(融康苑、润康苑、文康苑、宁康苑、馨康苑、煦康苑)和白水芊城、白水家园2个小区,总人数超过2万,其中近一半人由包括新就业人员在内的外来居民组成。 本章调研对象主要是南湾营康居城6个小区内的新就业人员	位于南京市老城白下区光华路海福巷,总共由8个村组成。各村的建设年代与房屋性质均不相同,其中1~6村建成最早且以拆迁安置房为主;7村稍迟些且属于教师公寓;而8村建成最晚,属于南航教师楼。整个四方新村的人数约超过1万,而新就业人员在其中占据有一定的规模。 本章调研对象主要是1~7村的新就业人员	位于南京市玄武区龙蟠路赞成湖畔居内,该小区分A区和B区,A区由9幢小高层住宅组成,共702户。同时该小区距离南京火车站较近,因此其区位优越、交通便捷、配套完善。 本章的调研对象就是位于A区大巴士求职公寓内的新就业人员	地处南京最繁华的新街口商业中心,位于石鼓路与丰富路交汇处的东方名苑属于典型商住办公大楼,周边商业、服务配套设施一应俱全,城市公交系统相对完善,且紧邻新街口地铁站。 本章的调研对象就是位于东方名苑B座南京万和大学生求职公寓内的新就业人员 大学生求职公寓在老城区内的集聚程度较高且类型齐全,具有一定代表性。
现状区位分布	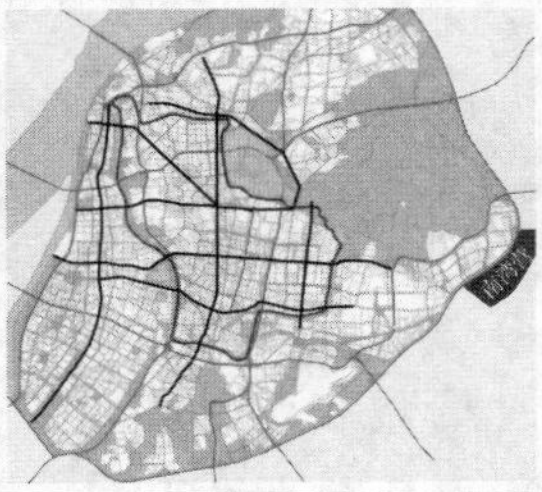	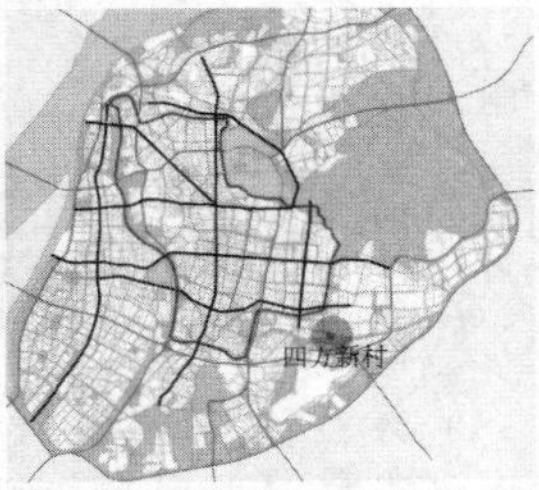	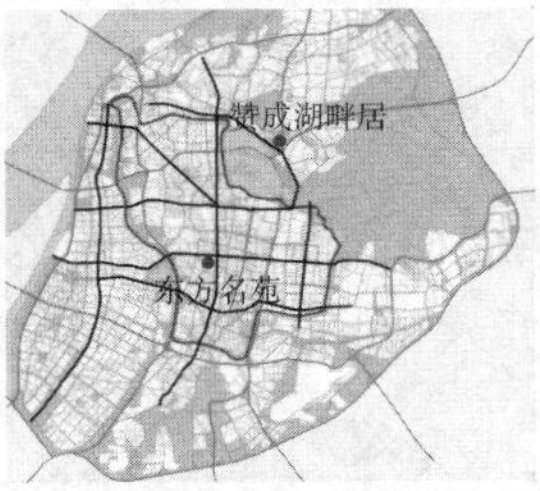	
现状平面布局	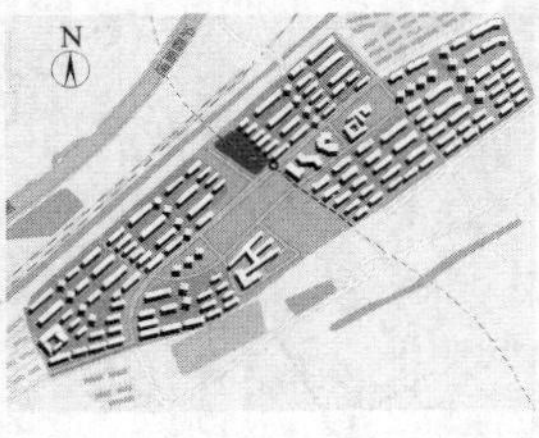	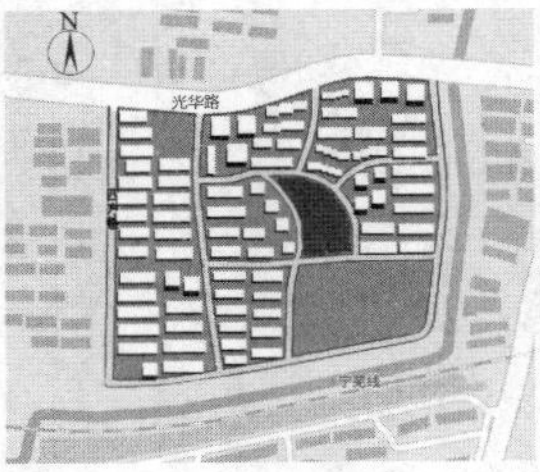	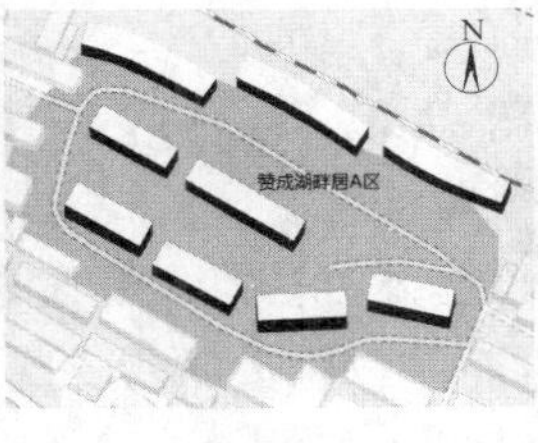	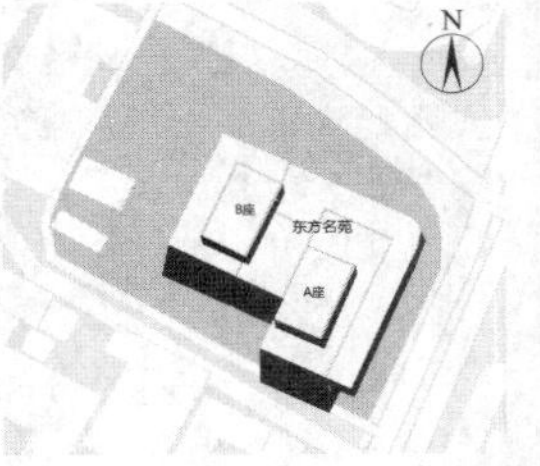

*资料来源:根据住区网站及地图整理绘制。

2) 社会属性

基于本章所遴选的各类新就业人员聚居区的典型案例,重点从人员构成、年龄结构、受教育程度、来源地分布和年均收入等各方面的社会属性出发,对不同类型的新就业人员聚居区现状进行解析和横向比较,以揭示南京市新就业人员聚居区社会属性的一般规律和特征。相关数据资料的主要来源为问卷统计、实地调研和文献查阅等。

(1) 人员构成

① 人员构成特征

新就业人员是伴随着我国高校扩招、城市发展等多种因素而产生的,其出现的时间较短而集聚形成聚居区的时间更短。从调查研究中可发现，新就业人员在城市住房商品化和市场化的作用下，已大量进驻城市新老住区、拆迁安置房、商住办公楼等各类住宅，一方面使得老城边缘和城乡结合部的居住区呈现出“原有居民不断外流，外来居民不断侵入”的人员构成特征；另一方面也使城市许多零散新小区或商住办公楼因为对外经营群租而表现出“原有居民与外来居民相混杂”的人员构成特征。

具体对三类新就业人员聚居区进行分析，发现：城乡结合部南湾营作为南京市的保障房住区，目前拥有近一半包括新就业人员在内的外来居民(图 2.5)；老城边缘区四方新村聚居的外来居民比例则低于前者(图 2.6)；而大学生求职公寓是专门为刚毕业大学生或异地求职人员提供的规模化合租房，其多散布于城市中高档居住小区或商住办公楼内，故总体比例更低(图 2.7)。

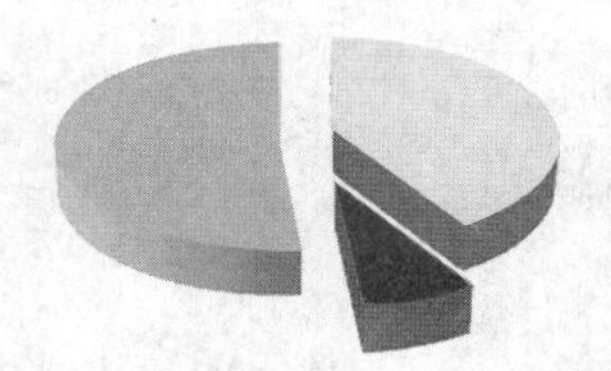

图 2.5　南湾营住区人员构成图示意

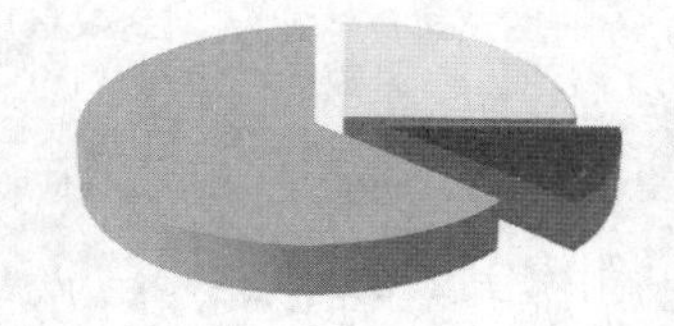

图 2.6　四方新村住区人员构成图示意

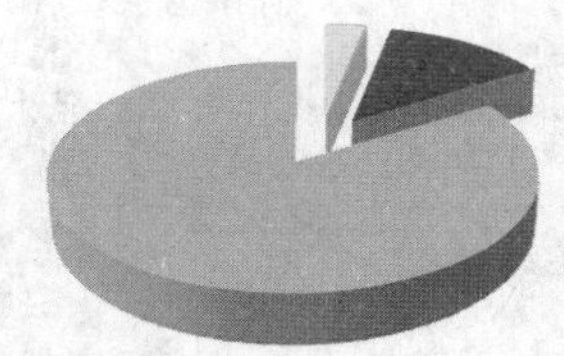

图 2.7　赞成湖畔居住区人员构成图示意

＊资料来源：课题组关于新就业人员的抽样调研数据(2013 年)。

② 人员构成解析

新就业人员聚居区内外居民的“混杂化”特征主要源于两类群体(原有居民和外来居民)基于多方因素综合考量之后的相异择居行为(迁入和迁出)。

随着城市的发展、住房的商品化以及居民生活水平的提高，原有住区越来越无法满足居民的居住和生活要求，加之居民与所在居住区的依存关系不断削弱，已逐渐表现出明显的职住分离趋向，因此在主动择居能力不断提升的前提下，部分老居住区和城乡结合部居住区的居民选择迁出(尤以老居住区为代表)，并将原住房作为一种投资进行出租。对于外来人员而言，城市老居住区租金尚可承受且区位交通优势明显，具有较强的吸引力；而城乡结合部的住区租金低廉外、房源集中、通勤条件良好且聚集了大量外来居民，归属感与认同感较强，故成为大量新就业人员的首要选择。因此以上两类住区集聚了包括大量新就业人员在内的外来居民，并逐渐改变着社区原有的人员构成。

大学生求职公寓作为近年来大量出现的一种集体租房形式，多分布在城市交通便利、经济活跃的地区，住房相对于所在的区位租金已属低廉，同时由于居住方式灵活、方便而受到许多刚毕业大学生的青睐。该类公寓大都插建于城市新建的居住区和商住楼内，数量众多且人员构成更加复杂化。

综上所述，主动择居能力的提高以及对于更高生活条件的追求等主客观原因，为原有居民的迁出创造了可能；而对于归属感的向往以及区位交通优势、低廉租金和集中房源等主客观原因，则为外来居民的涌入提供了条件。因此在上述迁出与迁入的综合因素作用下，造成了目前新就业人员所在住区的混杂化现象(表 2.8)。

表 2.8 新就业人员聚居区居民混杂化的动因解析

原有居民			外来居民		
迁出原因	客观原因	职住分离:大部分原居民由于退休、下岗等原因削弱与自身就业地点的关系,并因此降低了对现有住区的依存度(类型Ⅱ)	迁入原因	客观原因	区位交通:新就业人员聚居区大部分位于主城区内及其边缘,整体交通条件良好且距就业地点较近,方便工作和生活(类型Ⅱ、Ⅲ)
		住房条件:住区房屋建设年代较早,其内部户型、面积以及外部环境均与现代生活需求有差距(类型Ⅱ)			住房租金:住区相对低廉的租金,对于经济实力有限的新就业人员而言,是最为理想的租住选择地(类型Ⅰ、Ⅲ)
		生活条件:配套设施和外部环境均较差,且距离中心城区较远,带来出行和生活上的不便(类型Ⅰ)			住房来源:失地农民安置区可供出租的住房类型多、数量足且相对集中(类型Ⅰ);而大学生求职公寓布点广泛且拥有交通区位优势,具有很强的吸引力(类型Ⅲ)
	主观原因	主动择居:随着部分住区居民自身经济实力及消费水平的提升,自发选择具有更好环境条件和满足自身需求的现代居住区(类型Ⅰ、Ⅱ)		主观原因	归属感强:大多数新就业人员在选择居住地时,往往倾向于"连锁流"迁入既有朋友或同学的住区,以确保社会资本所带来的归属感和认同感(类型Ⅰ、Ⅱ、Ⅲ)

* 资料来源:课题组关于就业人员聚居区的原居民和新就业人员的访谈资料。

(2) 年龄结构

① 年龄结构特征

聚居区内的新就业人员作为一种新兴的弱势群体,同所在城市人口相比,其年龄明显呈现出"结构单一,整体年轻化"的格局特征——新就业人员的年龄主要集中在22~26岁之间,平均年龄在25岁左右,有超过90%的属于典型的"80后"(图2.8),其中2010年后毕业的人员接近80%(图2.9)。据南京市六普数据计算显示,南京市人口的平均年龄在37岁左右,且对其人口年龄构成采用三种统计指标进行衡量①:第一种是老年人口系数(65岁以上老年人口占总人口的比重),系数在0.07以上的就属于老年人口型;第二种是少年儿童系数(14岁及以下少年儿童人口占总人口的比重),系数在0.30以下的就属于老年型人口;第三种是老少比系数(老年人口与少年儿童人口数的比值),系数在0.30以上的也属于老年型人口。按照这些系数计算,目前南京市老年人口系数为8.73%;少年儿童系数为9.23%;而老少比也都接近95%。由此得知,目前南京市属于典型的老年人口型城市,相比之下,其内部的

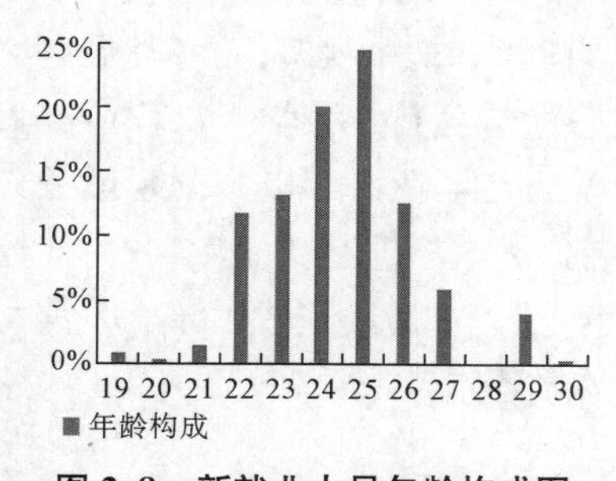

图 2.8 新就业人员年龄构成图

* 本书图表中年龄构成、毕业年限、来宁时间、收入、通勤时间租金、开销等的横线段表示的是统计样本的一类群体,而非等比关系具体数值。

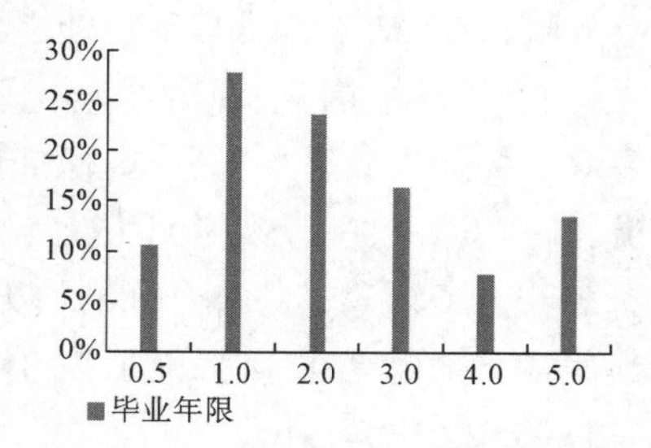

图 2.9 新就业人员毕业年限图

* 资料来源:课题组关于新就业人员的抽样调研数据(2013年)。

① 其中Ac指老年人口系数(Aging coefficient)计算公式为:Ac=EP/TP;Cc指少年儿童系数(Childhood coefficient)计算公式为:Cc=CP/TP;ECr指老少比系数(Elder Children ratio)计算公式为:ECr=EP/TP:CP/TP;EP、CP和TP分别指老年人口、少年儿童人口和总人口(Elderly Population,Childhood Population,Total Population)。

新就业人员普遍较为年轻。

具体对三类新就业人员聚居区进行分析，发现：各类聚居区之间存在某些较为明显的差异。老城边缘四方新村和城乡结合部南湾营内的新就业人员年龄结构与毕业年限均跨度较大；而大学生求职公寓内几乎没有超过 28 岁的，大多数集中在 24～25 岁之间，且有超过一半的人员毕业不超过 1 年；同时，大学生求职公寓内男女比例相较于四方新村和南湾营而言，存在更为明显的差异（男生超过女生的 3 倍）（图 2.10，图 2.11）。

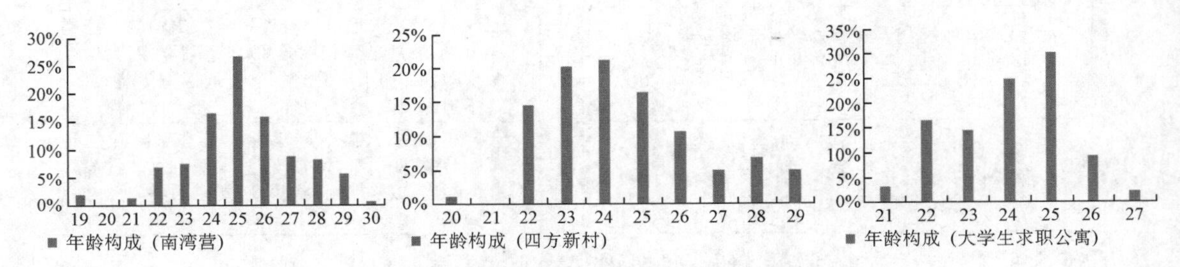

图 2.10 各类聚居区内新就业人员年龄构成图

* 资料来源：课题组关于新就业人员的抽样调研数据（2013 年）。

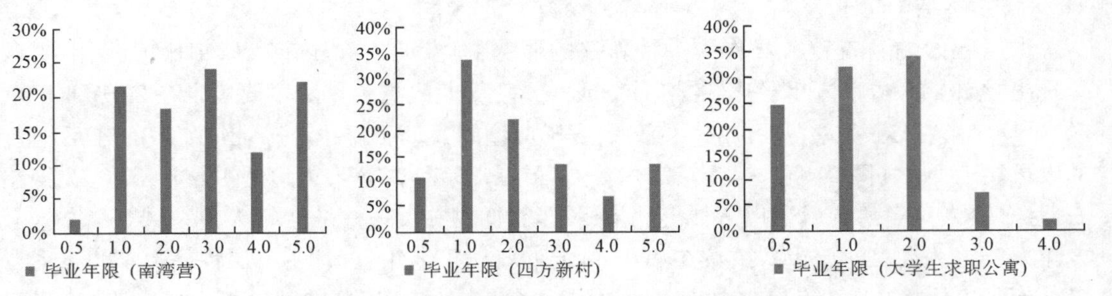

图 2.11 各类聚居区内新就业人员毕业年限图

* 资料来源：课题组关于新就业人员的抽样调研数据（2013 年）。

② 年龄结构解析

新就业人员聚居区的“年轻化”年龄结构主要源于其主体固有的特殊性——毕业不久、工龄有限、收入拮据、以租为主，处于步入社会和个体创业的起步阶段和初始状态；而各类聚居区之间的“年龄结构微差”则源于房源供给方的人为筛选和主观过滤，尤其是大学生求职公寓大多对求租的人员有严格要求，比如说要求只有具有大专以上学历且毕业 5 年以内的新就业人员、异地求职人员以及考研大学生才能入住，同时要提供身份证、大学毕业证或学生证；另外还有部分公寓则只容许符合标准的男生入住或有意控制女生的数量。如此便造成了该类公寓与其他两类聚居区在年龄结构、毕业年限及男女性别比例方面的显著差异（图 2.12）。

（3）文化程度

① 文化程度特征

新就业人员聚居区的主体作为一类受过高等教育的高智群体，在文化程度上呈现出“以大专及大专以上水平为主的高知化”特征——大专以上学历的新就业人员占到 86.4%，其中有 46%为本科学历，2.2%为硕士学历（图 2.13）。同时，在被调查的对象中大约有 60%的人员所学专业为理工类（IT 类从业者尤其多），其次是经管类占 11%，最少的是艺术与体育类毕业生，仅占5%左右（图2.14）。

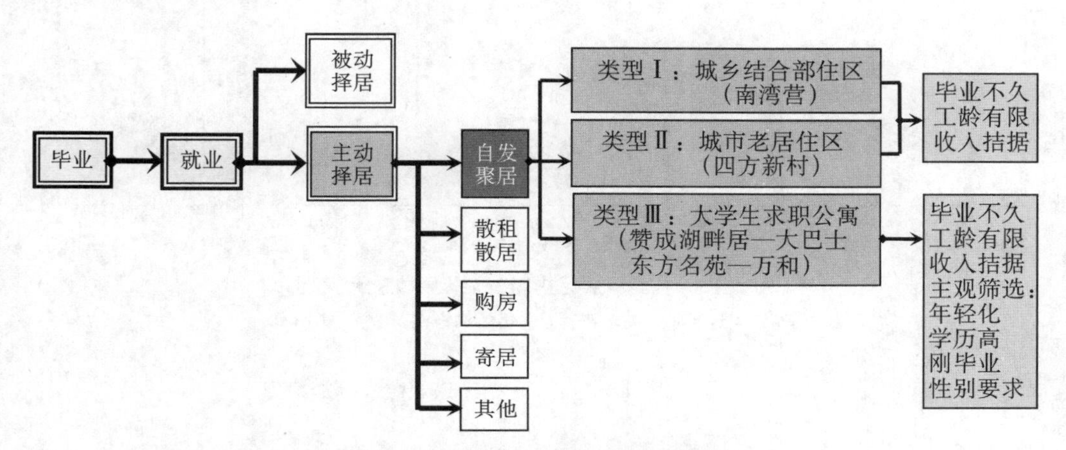

图2.12　新就业人员择居示意流程图

＊资料来源：课题组关于新就业人员的抽样调研数据（2013年）。

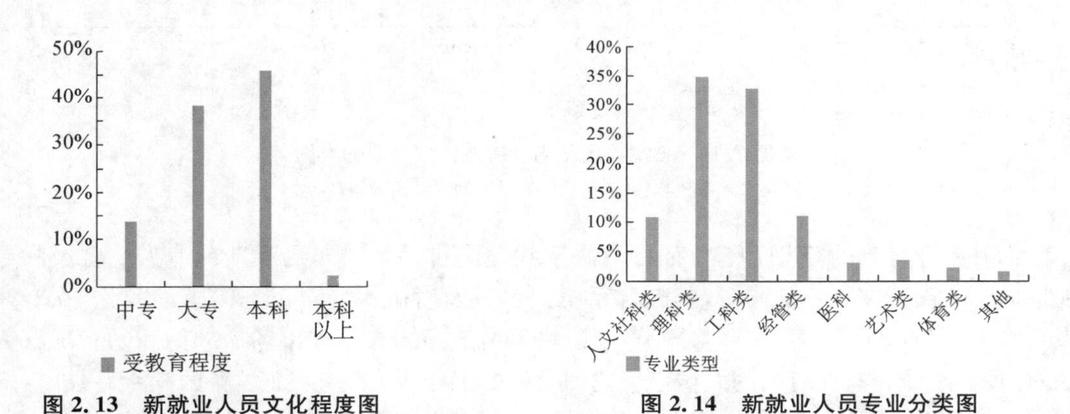

图2.13　新就业人员文化程度图　　**图2.14　新就业人员专业分类图**

＊资料来源：课题组关于新就业人员的抽样调研数据（2013年）。

具体对各案例中新就业人员的文化程度进行分析发现：三类聚居区之间的差异并不明显，均是本科学历的新就业人员最多。其中，老城边缘四方新村内新就业人员的文化程度较其他两类集聚区而言略高；而大学生求职公寓由于自身的条件限制，以本科生聚居为绝对主导（图2.15）。在所学专业方面，各类聚居区之间的差异则较为显著，老城边缘四方新村和大学生求职公寓内的新就业人员专业较为单一，前者主要以经管类、工科类居多，后者则以人文社科类和理科类为主；城乡结合部南湾营住区内的新就业人员专业分布较为广泛，但仍以理工科类的比例为高（图2.16）。

② 文化程度解析

新就业人员聚居区的“高知化”趋向源于其主体普遍化的高教育程度——我国高校持续扩招所带来的教育大众化，致使绝大多数的新就业人员都曾接受高等教育；同时随着城市的快速发展、人们生活水平的提高和就业竞争的加剧，也使人们在各大中城市接受高等教育成为一种共识和必然，这就为新就业人员的普遍高知化提供了可能。

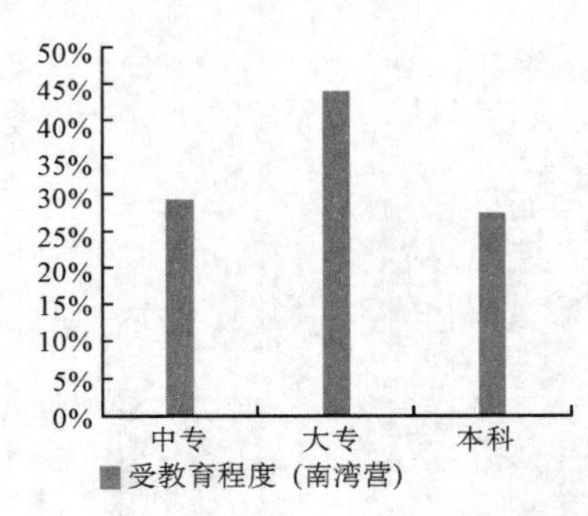

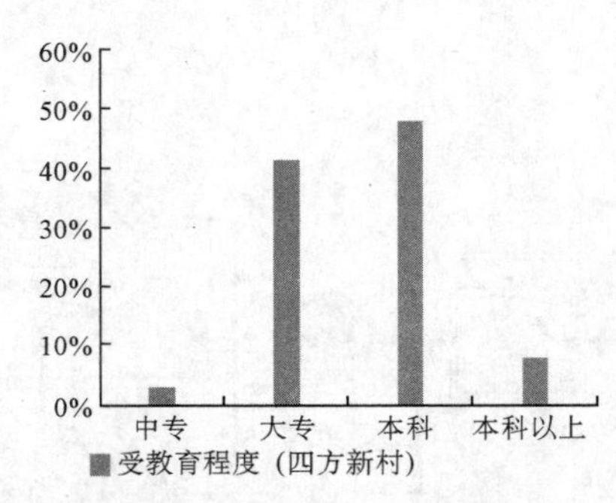

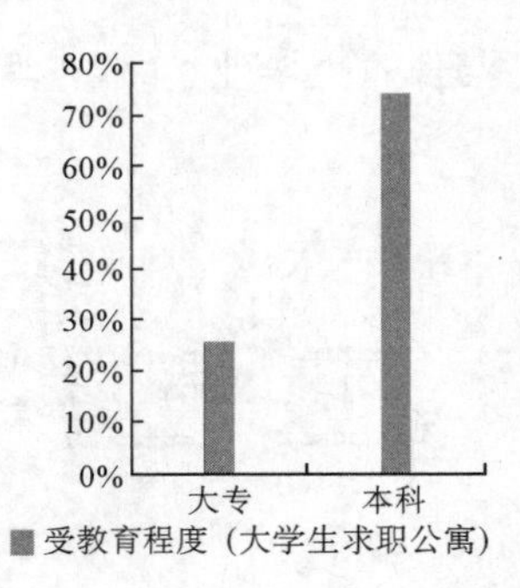

图 2.15　各类聚居区内新就业人员文化程度图

＊资料来源：课题组关于新就业人员的抽样调研数据(2013 年)。

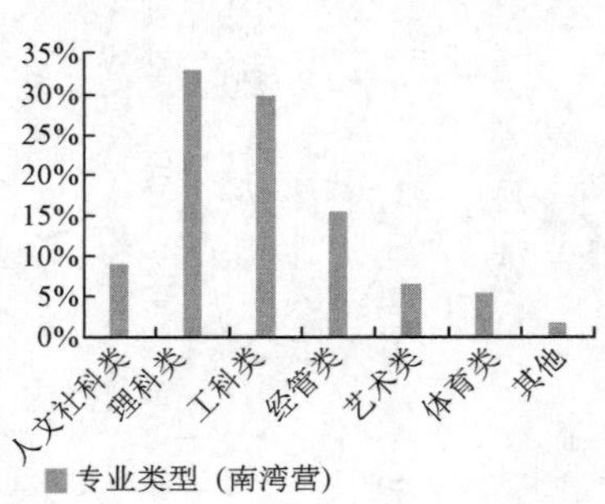

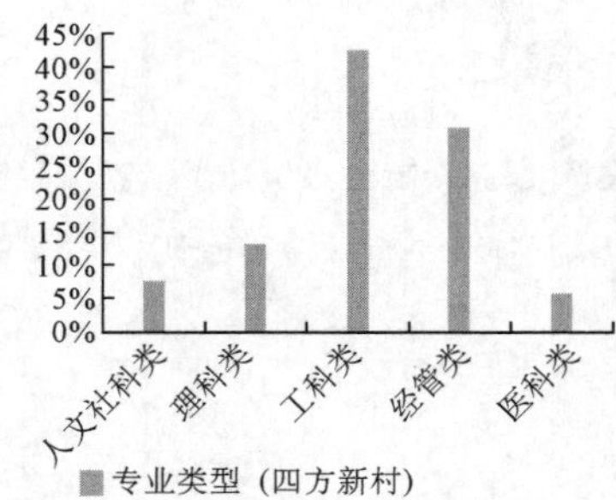

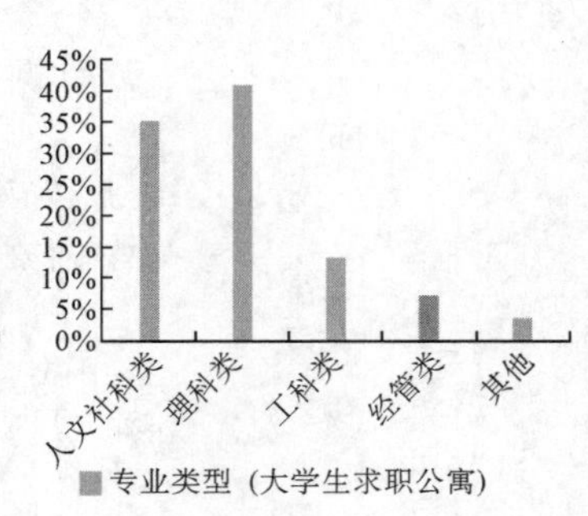

图 2.16　各类聚居区内新就业人员专业分类图

＊资料来源：课题组关于新就业人员的抽样调研数据(2013 年)。

而其专业背景的“理工化”特征则取决于我国高校的学科布局和新就业人员曾经的专业取向——高校在扩招的同时，其教育系统并没有及时敏锐应对市场需求的变化，在专业设置等方面与市场现实需求严重脱节，导致培养出的高知人员在市场需求饱和的状况下无法对口就业，或只有在有限的大城市里找到合适的工作(如某些人文学科的学生)；加之，新就业人员在专业选取方面的主观偏好和跟风盲目，使大部分新就业人员以未来能找到工作为前提、人云亦云地跟随大流，导致“部分专业爆满而部分专业成为冷门”的招生失衡现象，毕业后就会自然产生理工科类毕业生供大于求、不少人员错位就业且收入低位徘徊的极端化现象。

(4) 来源地分布

① 来源地分布特征

新就业人员聚居区的主体在来源地分布上，已呈现出“以偏远乡县为主的外来化、向心化”趋势——从其家乡分布情况来看，超过 80％的被调查者来自农村或县城，有超过一半的新就业人员来自省外，且多流向区域中心城市就业(图 2.17)；调查还发现高校的地理区位对新就业人员的选择同样具有重要影响：接近 30％的新就业人员是在南京高校毕业后就地就业，而超过一半的人员则是从江苏其他城市(苏北占绝大多数)或者安徽、湖北等地毕业后流入南京等经济发达地区寻找发展机会，这些人往往来宁的时间都较短，其中来宁 2 年以下的新就业人员有 50.4％，而来宁 5 年及以上的新就业人员只占 8.5％(图 2.18)。

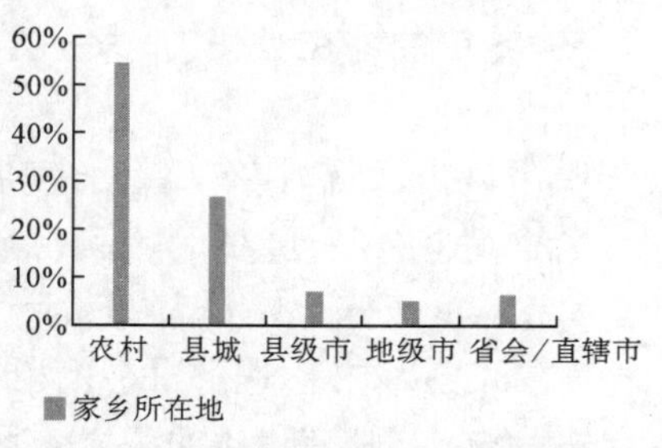

图 2.17　新就业人员来源地分布图

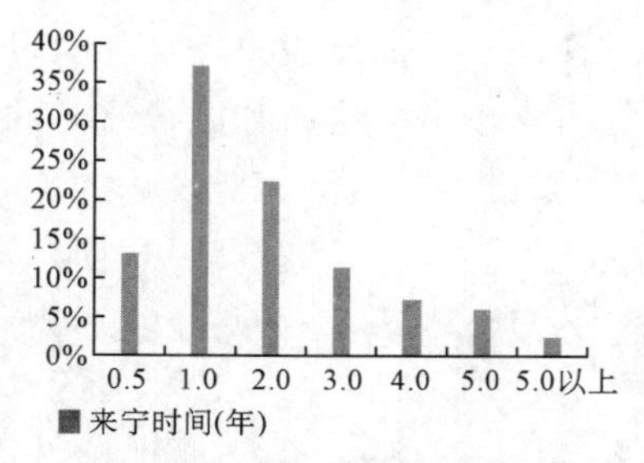

图 2.18　新就业人员来宁时间图

* 资料来源：课题组关于新就业人员的抽样调研数据(2013 年)。

具体对每类聚居区进行分析发现：新就业人员中来自农村与偏远县城的占绝大多数，经济基础和收入水平一般，尤其是居住在城乡结合部南湾营居住区和大学生求职公寓内的新就业人员，其所占比例均超过 87%(图 2.19)，主要原因是这两类聚居区相较于城市老居住区而言，生活条件有限却更能契合新就业人员压缩居住成本、拥有更多选择的现实诉求；与此同时，这两类聚居区也是来宁时间较短的新就业人员首选目标(图 2.20)，如南湾营居住区内来宁 2 年以下的新就业人员就达到了 64.1%，可见是城乡结合部的居住优势(房源充足、群体认同感较强等)和大学生求职公寓的居住优势(灵活性大、区位交通条件优越等)吸引了初到南京的新就业人员。

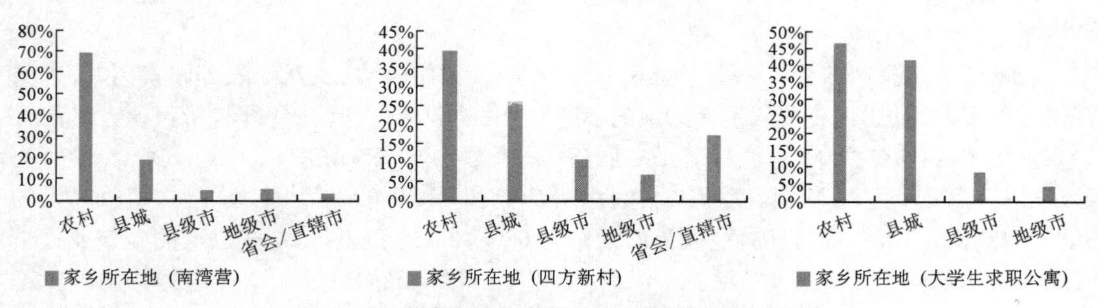

图 2.19　各类聚居区内新就业人员来源地分布图

* 资料来源：课题组关于新就业人员的抽样调研数据(2013 年)。

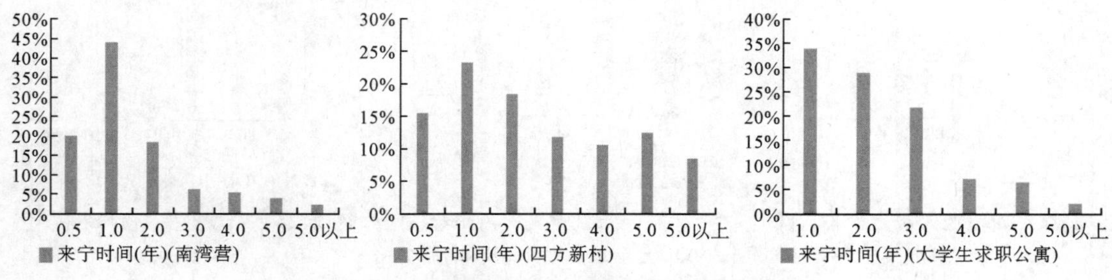

图 2.20　各类聚居区内新就业人员来宁时间图

* 资料来源：课题组关于新就业人员的抽样调研数据(2013 年)。

② 来源地分布解析

新就业人员聚居区的主体无论是毕业后的就地就业，还是从边缘地区流向中心城市，其“向心化”取向一方面反映出经济相对发达地区和大城市的外在吸引力;另一方面也体现出新就业人员对于个人成就和向上流动的内在企图。

首先,大城市以及经济相对发达的地区相较于中小城市而言,拥有更好的发展机会、更多的就业岗位、更高的薪酬待遇,以及更加完善的福利保障体系;同时大城市的信息来源更为广泛,服务水平也相对要高;另外大城市还拥有优越的区位交通条件和优良的设施配套,这些客观因素对大部分新就业人员来说拥有很大的吸引力。据调查数据显示,绝大部分的大学毕业生都有大城市向心取向,也更愿意在大城市或经济发达地区工作和生活(图 2.21)。

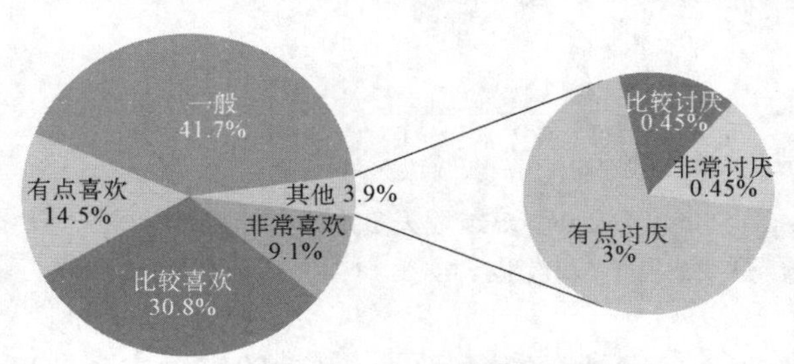

图 2.21　对大城市的喜欢程度图

＊资料来源:朱芹.南京“蚁族”研究:基于社会分层的视角[D]:[硕士学位论文].南京:南京大学,2012:35.

其次,新就业人员都是刚毕业不久的学生,对于未来有各种规划且充满期望,同时急于通过闯荡大城市来证明自己,进而有所成就来实现自己价值和抱负;或是愿意留在大城市,希望拥有相对稳定的工作和较高的收入,进而实现自身社会经济地位的提升。这种想要实现自我价值以及向上流动、追寻优越的心理因素,也成为他们逗留在大城市或经济发达地区努力拼搏的强大动力。

(5) 收入与开销

① 收入与开销特征

新就业人员聚居区的主体由于受限于所学专业、工作经验、就业年限等因素,在收入与开销方面多呈现出“正相关的量入为出的节制和理性”倾向——调研发现,新就业人员的月均收入主要集中在 2 000～5 000 元之间,占总人数的 85.5%(图 2.22),其收入均值为 2 903 元。其中,绝大多数新就业人员的租房消费在 400～600 元/月之间,占其总收入的 30%左右;而在其他方面,新就业人员的开销为 600～2 000 元不等,七成以上的新就业人员开销集中在 800～1 500 元,平均为 1 066 元(图 2.23,图 2.24)。

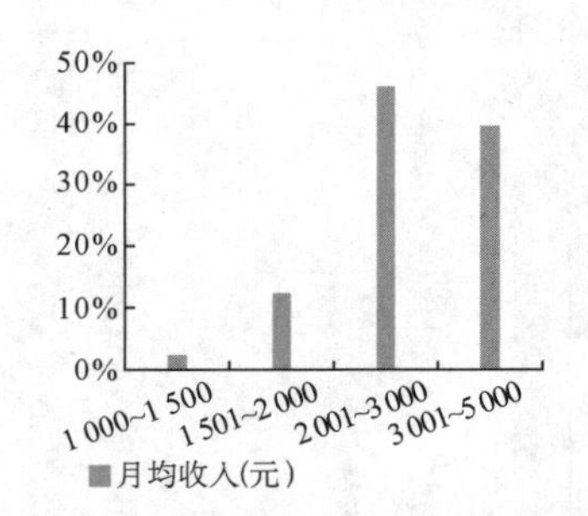

图 2.22　新就业人员月均收入图

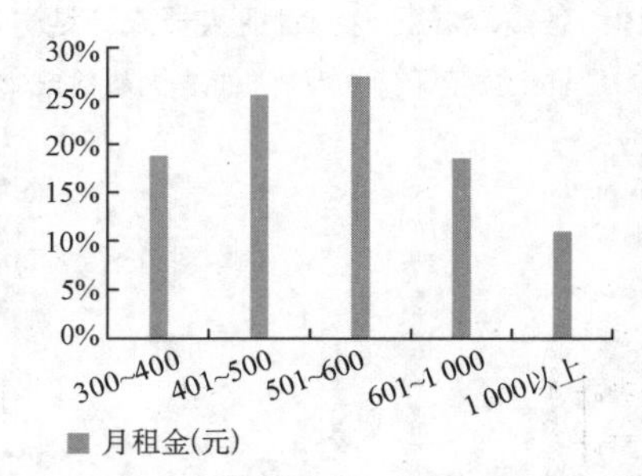

图 2.23　新就业人员月租金图

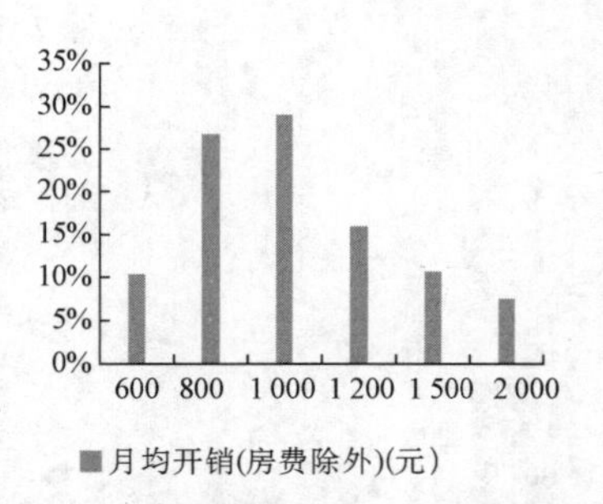

图 2.24　新就业人员月均开销图

＊资料来源:课题组关于新就业人员的抽样调研数据(2013 年)。

对新就业人员的月均收入和月租金、月均开销进行交叉分析可发现,新就业人员对于住房租金的接受度会随着收入的提高而不断增加(图 2.25);同理,对于房租以外开销的控制也会随收入的增长而不断放松,呈现出一种正相关关系(图 2.26)。进一步用恩格尔系数[①]对新就业人员的生活消费进行分析发现:新就业人员的食品支出总额占个人消费支出总额的比重为 48.8%,而我国东部地区目前的恩格尔系数为 36.3%,可见新就业人员的生活水平与城镇居民的生活水平相比刚过温饱线,仍然较为明显地处于贫困状态。

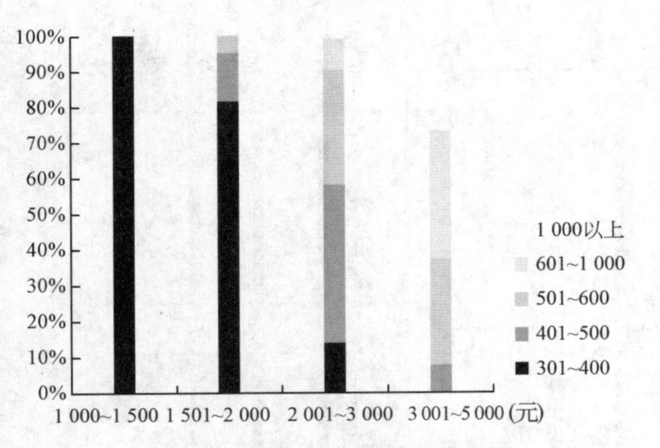

图 2.25 新就业人员月均收入图

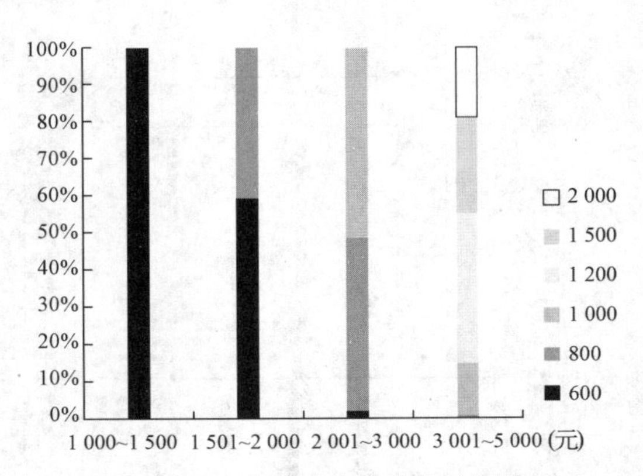

图 2.26 新就业人员月均开销图

* 资料来源:课题组关于新就业人员的抽样调研数据(2013 年)。

具体对每类新就业人员聚居区进行研究,发现城市老居住区新就业人员的月均收入、租金及开销均最高且差异较大,其次是城乡结合部的南湾营;而大学生求职公寓内的新就业人员在收入、租金与开销方面则处于最低水平且基本相似,尤其是租金一般不会超过 600 元;同时分别对各类聚居区新就业人员的月均收入和月租金、月均开销之间进行交叉分析发现:其收入与租金、开销之间均呈现出正相关关系——各类聚居区内的新就业人员在收入增加的同时,也会提高租金与开销的档次,尤其是大学生求职公寓,由于相对的低租金水平,其他开销通常会随收入增加而明显提升(表 2.9)。

表 2.9 各类新就业人员聚居区月均收入、月租金、月均开销及其关系

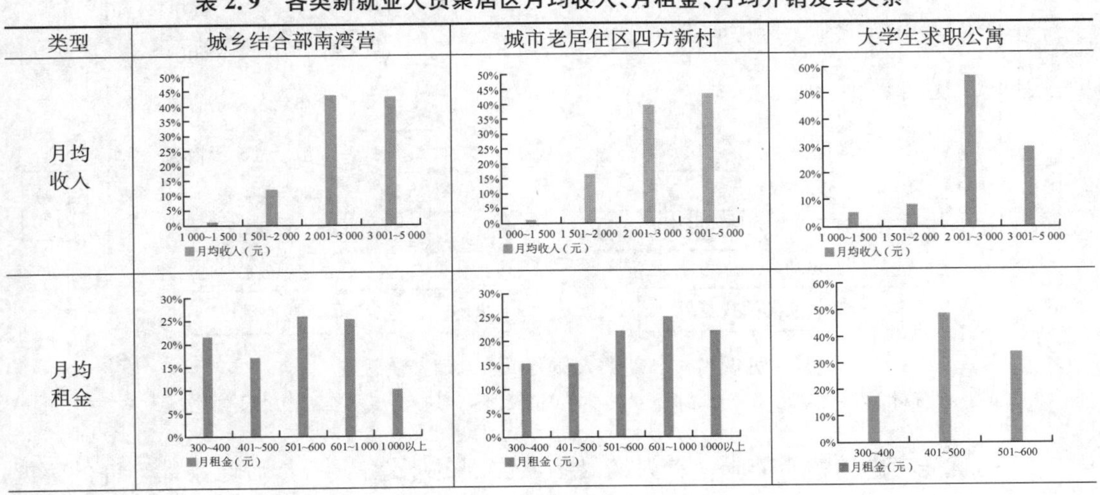

类型	城乡结合部南湾营	城市老居住区四方新村	大学生求职公寓
月均收入			
月均租金			

① 恩格尔系数(Engel's Coefficient)是食品支出总额占个人消费支出总额的比重。

续表 2.9

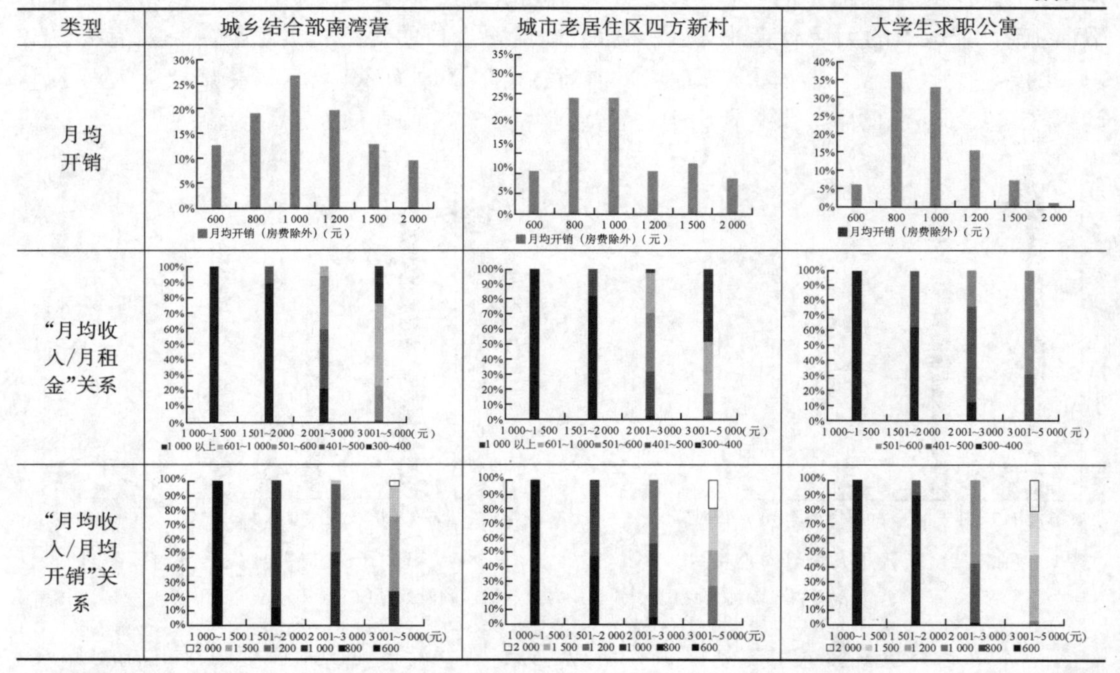

* 资料来源：课题组关于新就业人员的抽样调研数据(2013 年)。

② 收入与开销解析

新就业人员聚居区的“收支平衡和理性开销”导向在很大程度上源于聚居区主体对诸多需求的综合排序和权衡取舍(图 2.27)。

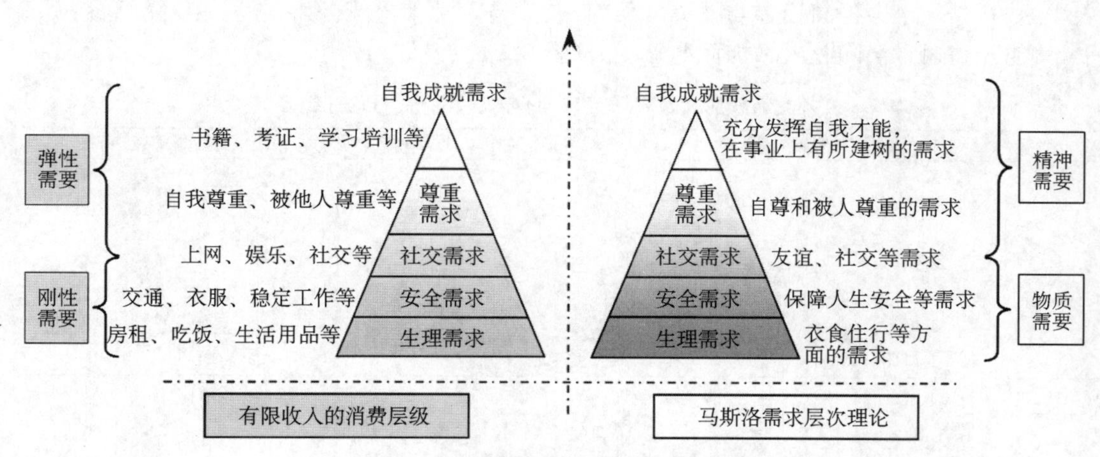

图 2.27　新就业人员有限收入消费层级图

* 资料来源：课题组关于新就业人员的抽样调研数据(2013 年)及马斯洛需求层次理论①

其一，优先考虑的物质需求。首先满足物质层面的刚性需求，然后在条件容许的情况

① 马斯洛需求层次理论(Maslow's Hierarchy of Needs)，亦称“基本需求层次理论”，是行为科学的理论之一，由美国心理学家亚伯拉罕·马斯洛于 1943 年在《人类激励理论》论文中所提出。

下再考虑精神层面或是享受性需求，即处于"先生存、后生活"的境遇。在具体的消费支出方面，则优先考虑房租、吃饭和交通，衣服次之，而娱乐、健身、社交和培训等方面的开销基本让位于衣食住行。

其二，失衡的饮食消费结构。恩格尔系数的分析也表明，大部分新就业人员的饮食消费比重明显高于城市居民，这一刚性消费也在一定程度上加重了贫困危机，更需个人的合理计划和节制消费。

其三，存储先行的传统观念。部分新就业人员其实处于"收大于支"的状态，之所以压制弹性消费，主要原因在于生活重压下对于稳定状态和物质保障的基础考量，通过把大部分的收入存储起来以备不时之需，来寻求一种经济上的安全感和支撑。

(6) 小结

上文从人员构成、年龄结构、文化程度、来源地分布以及收入与开销等方面对新就业人员的社会属性进行了研究，在此基础上总结新就业人员的现状特征及其成因如下(表2.10)。

表2.10　新就业人员聚居区的社会属性总结表

社会属性	特征	原因
人员构成	新就业人员聚居区的人员构成因其类型不同而有所差异：老居住区和城乡结合部住区表现出"原居民不断外流而外来人员不断侵入"的特征，大学生求职公寓则表现为"原有居民与外来人员相混杂"的特征	"混杂化"源于原有居民迁出与外来居民迁入的推拉作用：主动择居能力的提高以及对于更高生活条件的追求等主客观原因，为原有居民的迁出创造了可能；而对于归属感的向往以及区位交通优势、低廉租金和集中房源等主客观原因，则为外来居民的涌入提供了条件
年龄结构	新就业人员聚居区主体在年龄上均表现出"结构单一，整体年轻化"的特征，但各类聚居区之间仍存在一定的差异，城市老居住区内的新就业人员年龄结构跨度较大	"年轻化"年龄结构源于该类人群毕业不久、收入较低、以租为主等固有的特点；各类聚居区之间的"年龄结构微差"除上述原因外，还源于房源房主的人为筛选与主观过滤，尤以大学生求职公寓最为显著
文化程度	新就业人员聚居区主体基本都受过高等教育，表现为"以大专及大专以上水平为主的高知化"特征。各类聚居区之间的差异较小，均以本科学历占大多数，其专业则以理工类为主	"高知化"源于聚居区内新就业人员普遍的高教育程度；而其所学专业的理工化特点则主要源于我国高校的学科设置和新就业人员曾经的专业取向
来源地分布	新就业人员聚居区主体在来源分布上呈现出"以偏远乡县为主的外来化、向心化"特征；同时，绝大部分的新就业人员来自农村或县城，且来宁时间均不长	"向心化"源于各种主客观因素的双重影响：一方面是大城市及发达地区强大的吸引力和诱惑力这一客观现实因素；另一方面则是聚居区主体对于个人成就和向上流动的内在企图
收入与开销	新就业人员聚居区主体的收入与开销多表现为"正相关的量入为出的节制和理性"特征；各类聚居区之间在收入与开销上的差异则较为明显，尤其是城市老居住区普遍高于其他两类聚居区	源于新就业人员在收支预算平衡及个人理财方面的理性控制：首先是满足自身的物质刚性需要，然后在此基础上做出合理的开支分配，最后是我国自古由来的传统理财观念以及对于未来住房等其他生活需求的综合考虑

3) 空间属性

本节以各类型新就业人员聚居区所选取的案例为基础，从空间布局、住房使用、就业出行及服务设施等空间属性方面出发，对不同类型新就业人员聚居区案例的现状进行解析和横向比较，以阐释新就业人员聚居区空间属性的一般规律和特征。相关数据资料的主要来源为问卷统计、实地调研和文献查阅等。

(1) 空间布局

目前，南京市新就业人员聚居区已在整体空间布局上表现出"大散居、小聚居"的特征。但具体到新就业人员聚居区的各类型而言，其在空间中的形态及其内部的布局则根据类型的不同而呈现出不同的状态，因此本章将从各类聚居区在城市中的空间分布情况及聚居区内部的平面布局两个层面进行研究，从而分析发现不同类型聚居区各自的空间分布特征及形成原因。

① 空间布局特征

【空间布局之一：空间分布】

从城市整体空间层面而言，新就业人员聚居区的空间分布较为分散，各类型之间在区位分布、规模大小等方面的差异较大。具体对各类新就业人员聚居区分别进行分析发现——

类型Ⅰ——城乡结合部的居住区的整体空间分布呈现出“以市中心为原点的近城化单扇面”特征。从该类新就业人员聚居区的空间分布来看，其分布多集中于主城区东南片的城乡结合部，与新街口中心的空间距离基本相当，同时也和南京市四大保障性住区的分布区域大体吻合，基本上属于城中村、拆迁安置房、保障房等房源类型(图 2.28)。

类型Ⅱ——城市老居住区的整体空间分布呈现出“环老城区的边缘化环带”特征。从该类新就业人员聚居区的空间分布来看，其主要围绕着老城区呈环带状散布，且多为规模较小的老居住区；各聚居区的分布点相对于老城区而言有远有近、有密有疏，其中城南中华门附近的住区距老城区更近，城北迈皋桥附近的住区分布点则更加密集(图 2.29)。

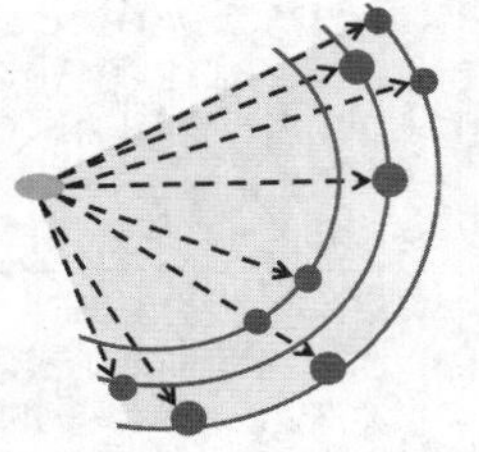

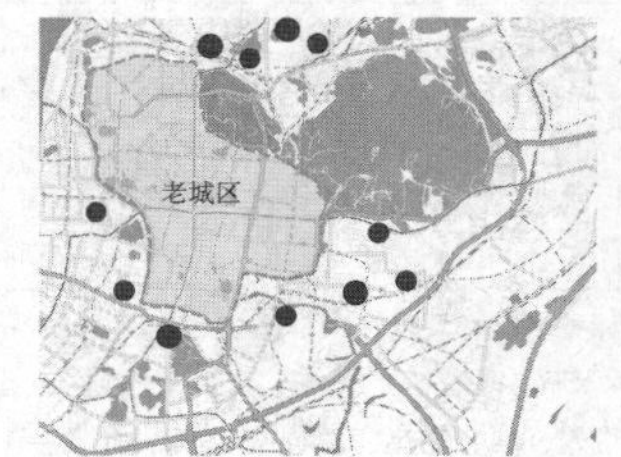

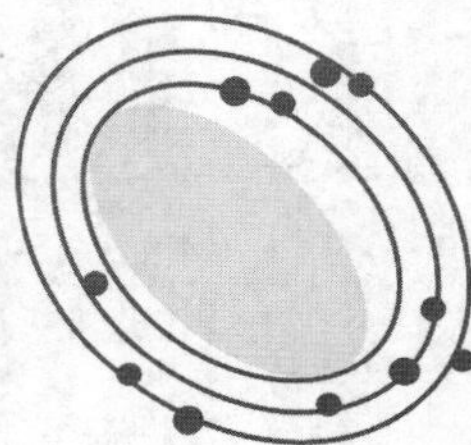

图 2.28　类型Ⅰ：城乡结合部居住区的空间分布抽象图　　**图 2.29　类型Ⅱ：城市老居住区的空间分布抽象图**

＊资料来源：根据网络数据资料及南京地图进行绘制。

类型Ⅲ——大学生求职公寓的整体空间分布呈现出“主城区内中心集聚与线性延伸相结合”特征。大学生求职公寓由于其自身的特点，存在着个体(微观)散布、群体(宏观)集聚的明显差异，其中就整个主城区层面而言，大部分求职公寓均集聚在老城区内且围绕着新街口、湖南路、夫子庙三大商圈及地铁呈线性分布(图 2.30)。

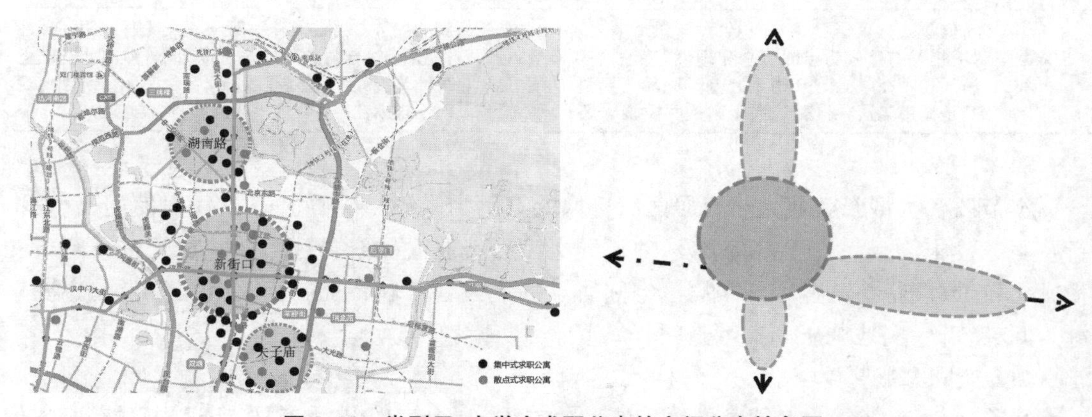

图 2.30　类型Ⅲ：大学生求职公寓的空间分布抽象图

＊资料来源：根据网络数据资料及南京地图进行绘制。

综上所述，三类新就业人员聚居区在城市中的空间分布各具特点，将三者的空间分布叠加并重新整合和抽象，可推导出新就业人员聚居区的整体空间分布模式，基本呈现出“中心集聚＋线性扩展、边缘环带＋近城扇面”的总体特点(图 2.31)。

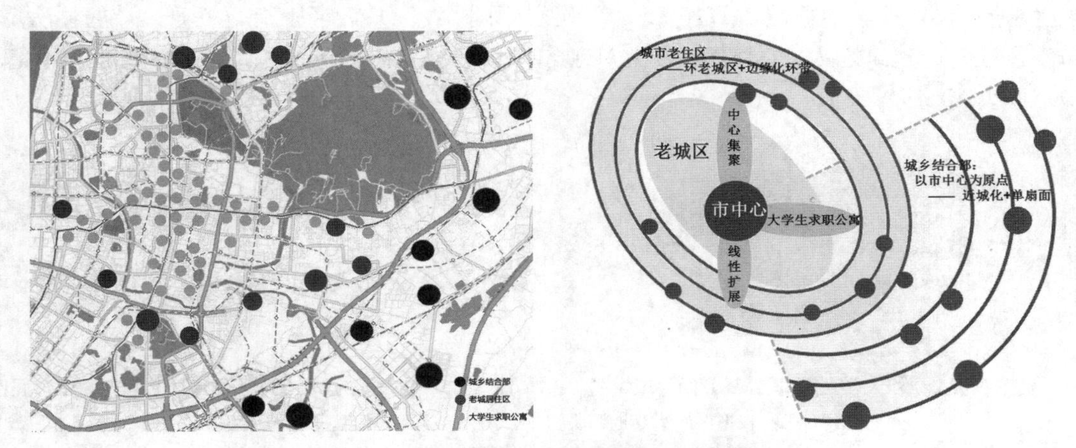

图 2.31　三类聚居区的总体空间分布及抽象图

＊资料来源：根据网络数据资料及南京地图进行绘制。

【空间布局之二：平面布局】

新就业人员聚居区由于自身的建筑布局特点、出租住房的区位分布及新就业人员的主观选择等因素，已呈现出不同的平面布局特点。具体对各类型的新就业人员聚居区进行分析发现——

城乡结合部南湾营住区内的新就业人员住房呈现出“以融康苑为中心圈层规模递减”的空间布局特征，而在各个小区内新就业人员的住房布局则呈现出较为均质的状态，即新就业人员较均匀地散布在小区的各住宅楼内(图 2.32)；老城边缘四方新村的新就业人员住房布局呈现出“行列式的均质分布”特征(图 2.33)。

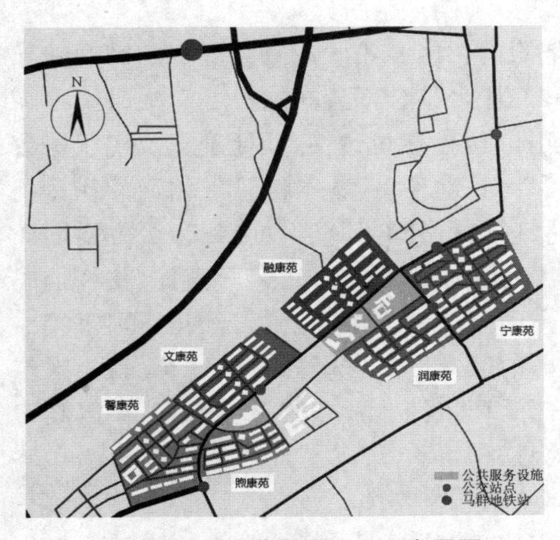

图 2.32　南湾营聚居区平面布局图

图 2.33　四方新村聚居区平面布局图

＊资料来源：根据课题组实地调研(2013 年)及各类聚居区的平面图绘制。

而大学生求职公寓的平面布局与前两类聚居区相比，具有显著的独特性和差异性，可大体分为集中式、散点式两类——前者指公寓房源集中布置在部分住宅或商住楼内，相对于平面布局而言，主要在竖向布局中呈现出明显的高层集聚状态，如东方名苑内的万和大学生求职公寓，即集中选位于 B 座 18～23 层之间(图 2.34)；后者则指新就业人员的住房散布于住区各处建筑之内，在平面布局上呈现出“随机散点式”的特征，如赞成湖畔居的大巴士求职公寓(图 2.35)。

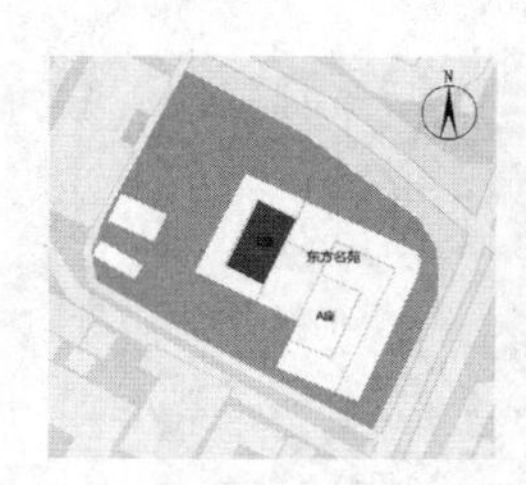

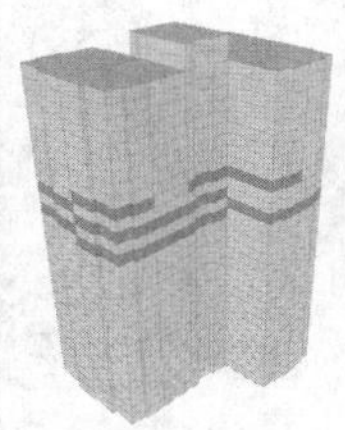

图 2.34　东方名苑(万和大学生求职公寓)平面布局图

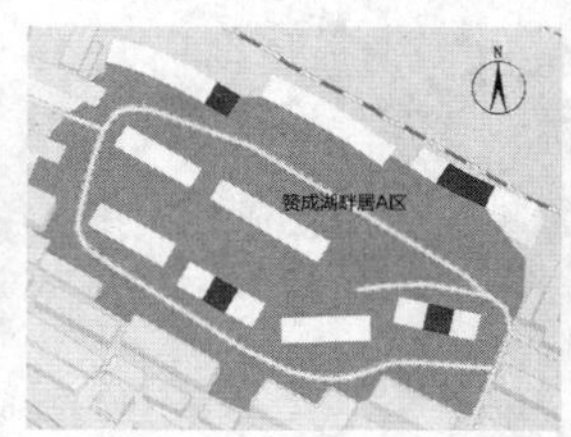

图 2.35　赞成湖畔居(大巴士求职公寓)平面布局图

＊资料来源：根据课题组实地调研(2013 年)及各类聚居区的平面图绘制。

② 空间布局解析

新就业人员聚居区在城市中空间分布的“中心集聚化、边缘化与近城化”分异化布局，主要源于城市多元适配房源分布和新就业人员主动择居等因素的共同作用；而各类聚居区“差异化平面布局”则主要源于住区既成的物质环境和新就业人员的主观心理等主客观因素影响。

首先在空间分布方面，一方面城市边缘区随着城区拓展、新城开发和村镇建设，出现了一批城中村和各类保障性住区，环境条件一般但房源充足、租金低廉；另一方面，在主城区内部甚至中心区附近，区位交通优势和高昂生活成本也让私人投资商洞察商机，组织筹建了大量求职公寓吸引新就业人员；同时，城市居民的外迁也让许多老居住区留出大量的出租房源，交通条件较好且租金相对合理。上述房源由于契合了后者对于生活成本、职住通勤、房源分布以及群体安全感等主动择居需求，而吸纳了大量新就业人员聚居成区，反之既有的房源分布态势也在客观上决定和制约了其聚居区不同的空间分布特征。

其次在平面布局方面，一方面各类聚居区所依附的住区由于既成物质环境的客观差异和条件限制，间接影响了新就业人员的住房选择——城乡结合部各居住小区建成时间存在差异，同周边公共交通和服务设施的距离也不尽相同，虽然在可达性、便捷度以及出租房数量上存在天然差距，但各小区内部的行列式布局和均好性环境，基本保障了相近的住房条件；而城市老居住区往往建成年代较早，因而在建筑排布、外部环境、设施配套等方面同样呈现出早期整体环境的均质性；而大学生求职公寓所采取的私人旅店经营模式，往往也居住条件相仿，但房源有限且住房布局分散。另一方面个人心理层面的主观因素，则直接决定了新就业人员的住房选择，新就业人员优先考虑的通常是聚居区外在的房源房租、区位交通等条件是否契合群体择居需求，而聚居区内部的环境细节并非其关注重点，只要其房源具备某些基本的设施条件且彼此相差不大(均好性)即可。

(2) 住房使用

本节基于实地调研和问卷访谈的一手资料，重点从新就业人员的租房方式、住宅套型及人均住房面积三方面，对各类新就业人员聚居区的整体住房现状和形成原因做出详细解析。

① 住房使用特征

【住房使用之一:租房方式】

新就业人员聚居区的主体多来自于外地,且以自主租房的方式解决个体居住问题,已在租房方式上呈现出"以合租为主的多元化"特征——有高达87.4%的新就业人员在租房时会选择合租或同居的方式,其中合租者的人数超过了70%,而选择单住的人员仅有12.5%。合租的新就业人员往往会选择朋友或同事作为其合租的同伴,但也有部分人员选择与陌生人合租或是与朋友、同事合租后,再二次转租给他人(图2.36)。

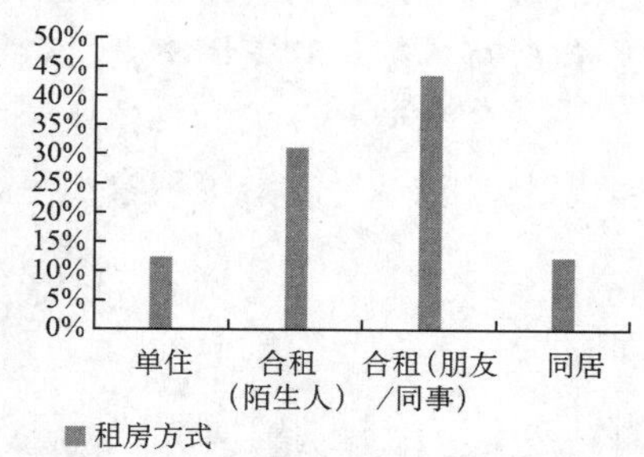

图2.36　新就业人员租房方式图

*资料来源:课题组关于新就业人员的抽样调研数据(2013年)。

具体到每类新就业人员聚居区的分析可以看出:大学生求职公寓和其他两类聚居区之间存在显著差异,不仅主导的合租方式以陌生人拼房方式为主,而且合租人数也较多(每间房内最少4人,最多可达10人);而老城边缘四方新村和城乡结合部南湾营内,虽有超过60%的合租者但绝大多数都与朋友或同事合租;同时相比于公寓单一的合租、群租方式,四方新村与南湾营已在租房方式上呈现出了单住、同居、合租等多元化倾向(图2.37)。

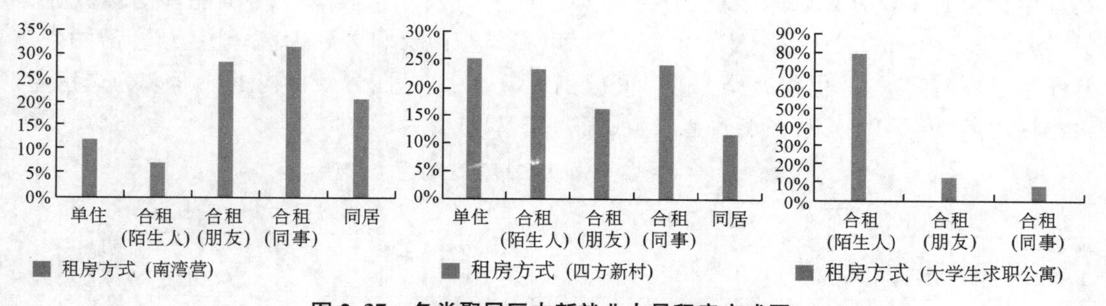

图2.37　各类聚居区内新就业人员租房方式图

*资料来源:课题组关于新就业人员的抽样调研数据(2013年)。

【住房使用之二:住宅套型】

新就业人员所租的住宅套型均是原有或新建的居民住宅,或是在此基础上经过简单改造而成的住房,即将原有住房客厅封起来作为卧室,而将餐厅用来作为公共空间而形成的住宅套型,现有的三房一厅、四房一厅和五房一厅的住宅套型基本都经过此类改造,因此住宅套型内主要包括卧室、客厅、厨房、厕所等。

新就业人员聚居区的租居房型已呈现出"以设备基本齐备的中小套户型为主的择居"导向——大多数合租人员所选套型较为适中,而单住、同居人员选择的套型则较小,故一房一厅、两房一厅和三房一厅的户型占到总数的83%,而四房一厅、五房一厅或是两房两厅、三房两厅的户型仅有17%(图2.38);而且本着简单实用的原则,相对于住区整体环

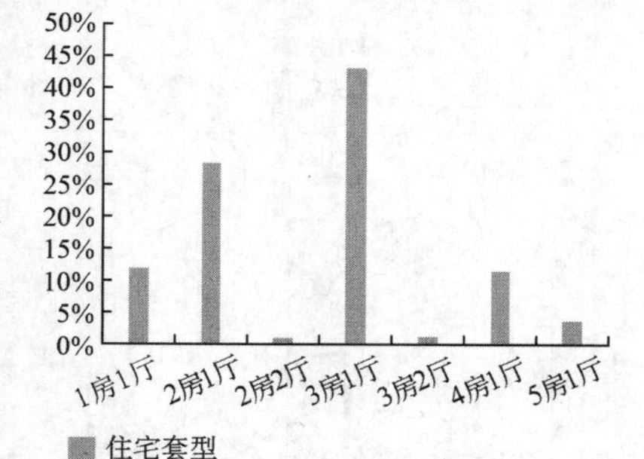

图2.38　新就业人员住宅套型图

*资料来源:课题组关于新就业人员的抽样调研数据(2013年)。

境，他们更加关注房屋的通风朝向与配置条件。调查发现：新就业人员所租住的大部分房屋内部只有简单的装修，甚至还有少量的毛坯房，但其内部的配套条件相对齐全和完善，主要包括基本家具和家用电器，以满足租户基本的生活需求。

从各类型聚居区的具体比较中可以看出：各类聚居区内的房屋由于建设年代、标准、大小以及是否经过改造等因素而呈现出不同的套型特征（图 2.39）。

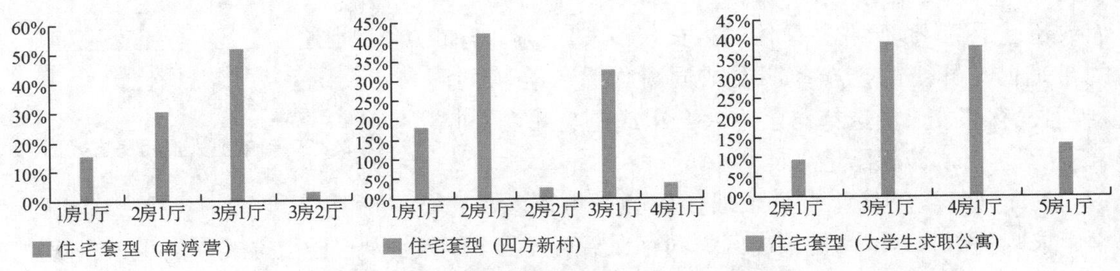

图 2.39　各类聚居区内新就业人员住宅套型图

＊资料来源：课题组关于新就业人员的抽样调研数据（2013 年）。

首先在住房改造方面，以大学生求职公寓内住房的改造最明显和彻底，其内部采用的是学生宿舍的布置方式，即尽量增加卧室和摆放上下铺来扩容安置尽可能多的新就业人员，导致住房内部的二次分割较为严重，尤以集中式连锁求职公寓为甚；城乡结合部的南湾营住宅建成时间虽短，但也有局部的空间分割现象；反倒是四方新村内的住房多为老房屋，大都保留了既有的装修且户型改造较少（表 2.11）。

表 2.11　各类新就业人员聚居区的住宅套型

	城乡结合部居住区	城市老居住区	大学生求职公寓	
	南湾营	四方新村	赞成湖畔居（大巴士求职公寓）	东方名苑（万和大学生求职公寓）
户型 1	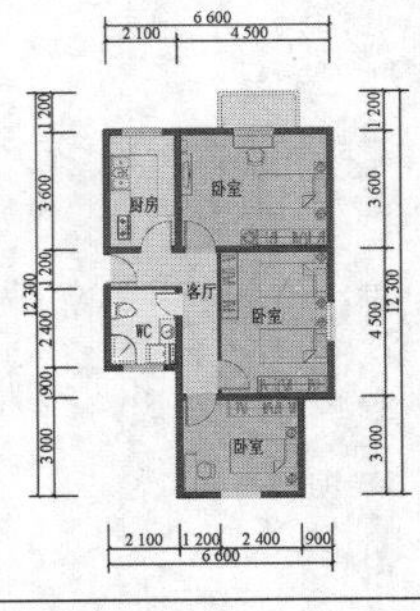	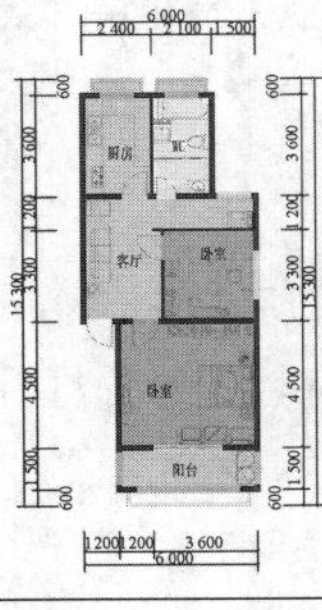	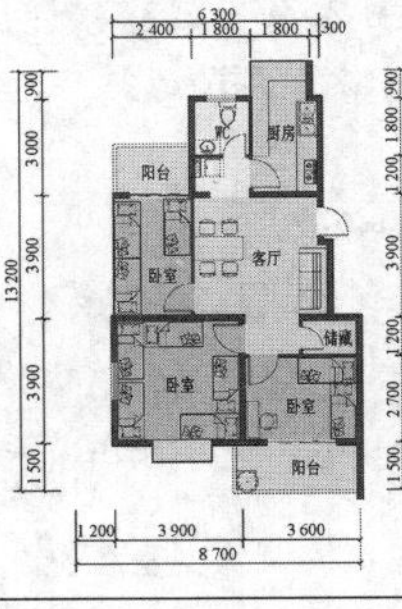	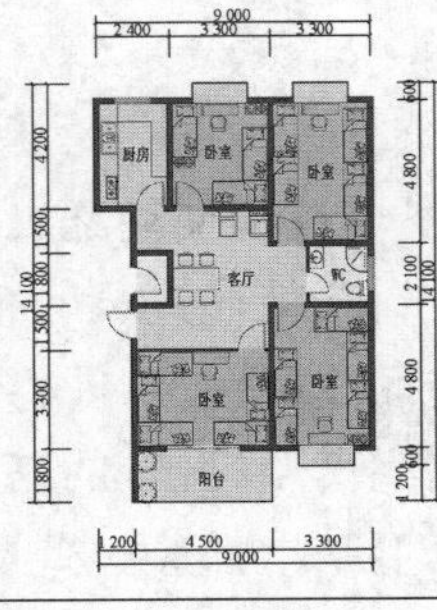
户型 2	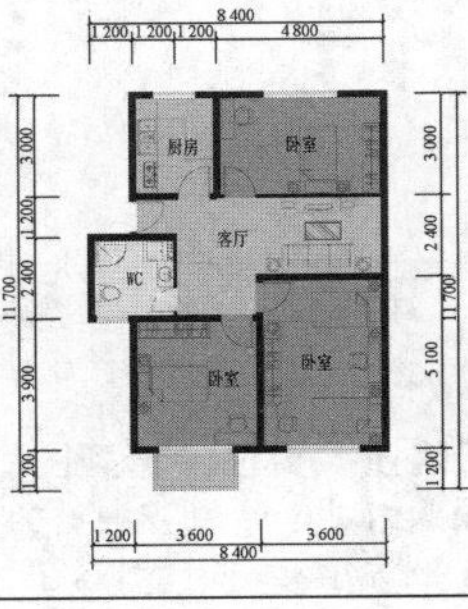	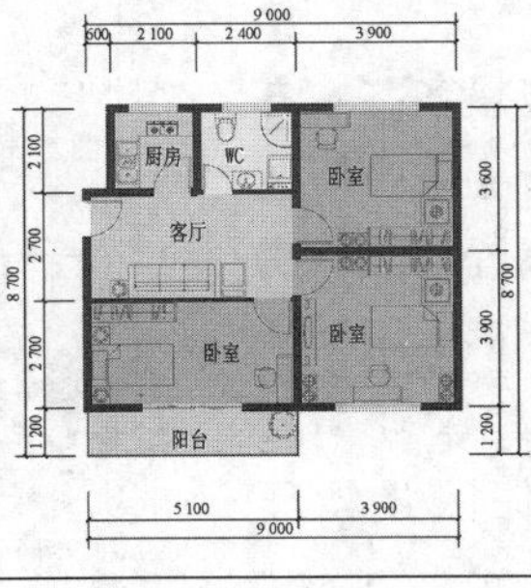	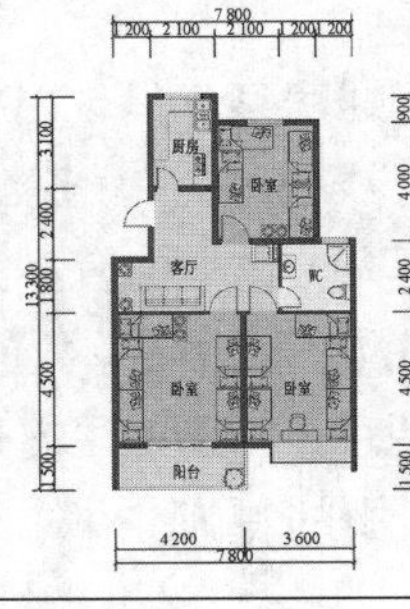	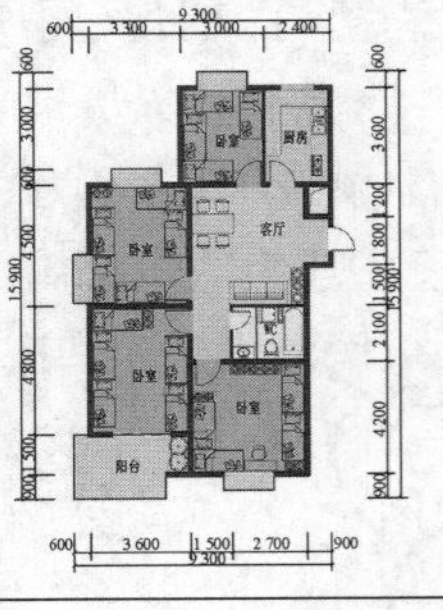

续表 2.11

	城乡结合部居住区	城市老居住区	大学生求职公寓	
	南湾营	四方新村	赞成湖畔居 (大巴士求职公寓)	东方名苑 (万和大学生求职公寓)
户型3	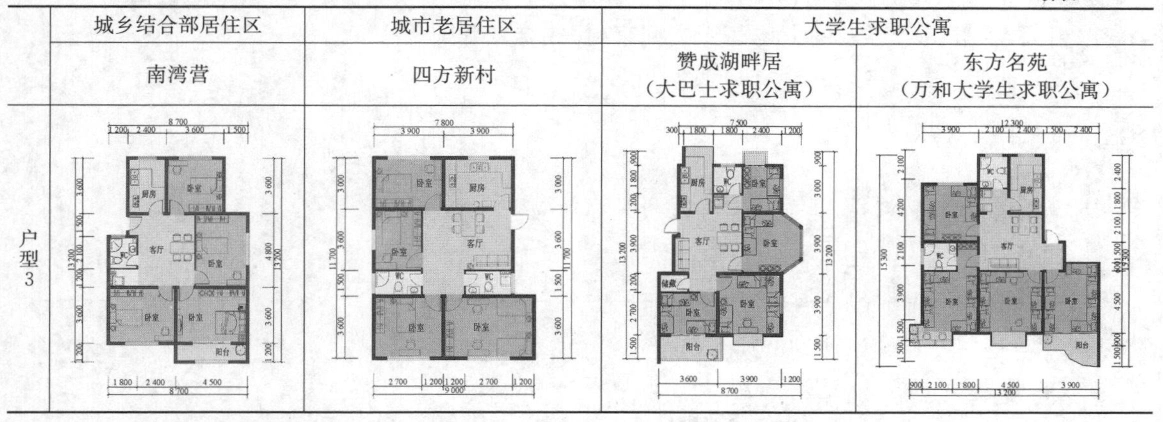			

* 资料来源:根据课题组实地调研观察及访谈(2013 年)绘制。

其次在住房的配套条件方面,由于老城边缘四方新村建设年代较早,因此原有的配套条件也最为完善且有许多额外的设施配备,但绝大部分设施偏旧;大学生求职公寓采用旅店的经营模式,因此内部的配套除了厨房的部分设施(如油烟机)外,也较为完善;城乡结合部南湾营内的住房较新,但很多都属于毛坯房或只经过简单的粗装修,其内部的配套条件不如前两者完善,有超过一半的住房既没有空调、电视机等家用电器,亦没有厨房家具(图 2.40)。

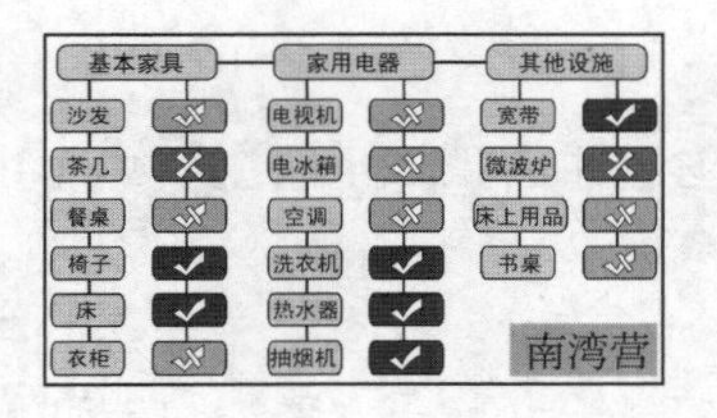

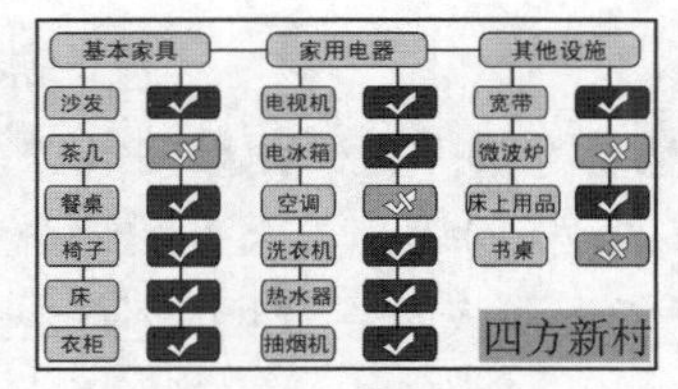

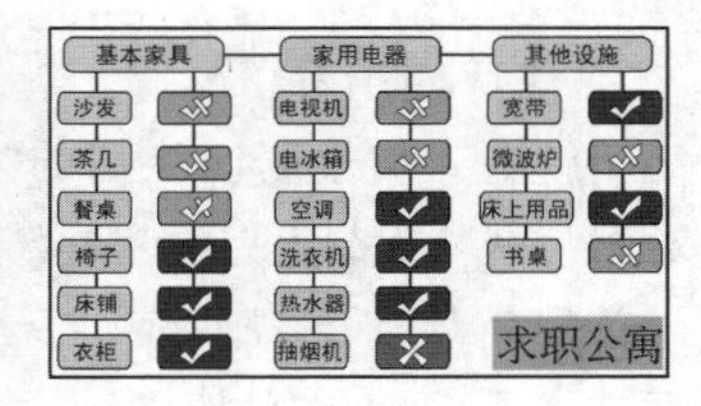

图 2.40 各类聚居区内新就业人员住宅配套条件

* 资料来源:课题组关于新就业人员的抽样调研数据(2013 年)。

【住房使用之三:住房面积】

新就业人员聚居区的住房总面积虽大,但也存在“普遍化合租方式所导致的人均居住面积不足”问题——因为高额的租金使更多的新就业人员只能通过挤压个人空间的合租方式来减少和分摊租金。调查发现,有 67.7%的新就业人员人均居住面积在 15 m^2 以下,其中 5 m^2 以下的占 34.8%,而仅有 6.7%的人员面积在 50 m^2 以上,其中又以同居的新就业人员为多(图 2.41)。

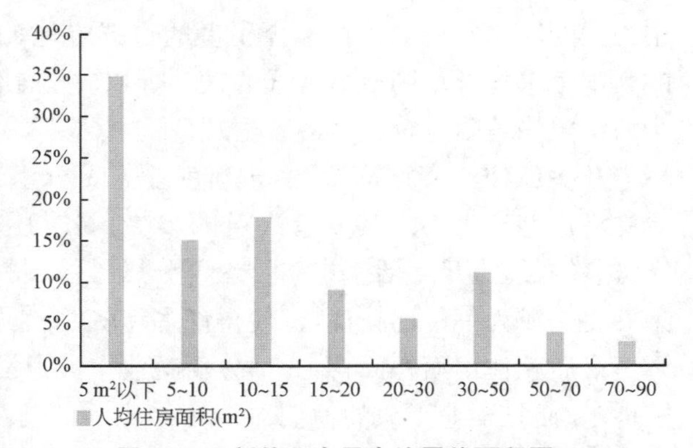

图 2.41 新就业人员人均居住面积图

* 资料来源:课题组关于新就业人员的抽样调研数据(2013 年)。

具体到每类聚居区的分析,可以看出:大学生求职公寓内的新就业人员人均居住面积均在 5 m^2 以下,也就是说个人居住面积狭小且几乎没有私密性可言;而四方新村和南湾营的新就业人员人均居住面积则以 5～15 m² 的居多，其中四方新村的人均标准总体上要高于南湾营，且在 50 m² 以上的人均面积中拥有更高的比例(图 2.42)。

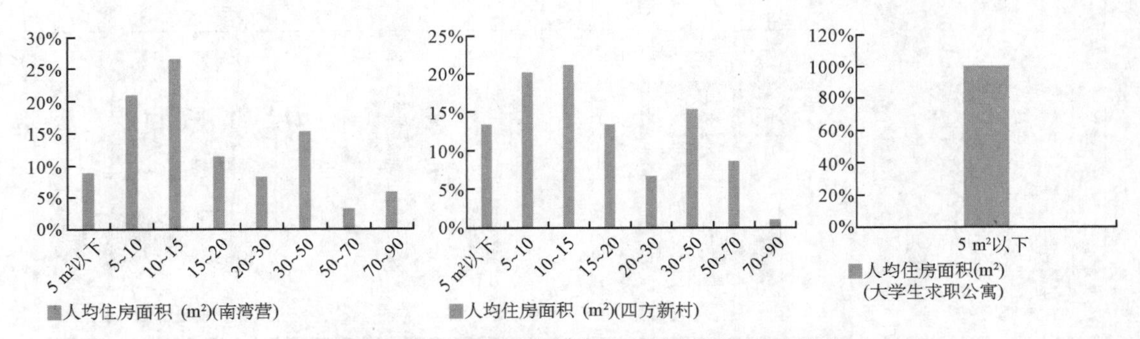

图 2.42　各类聚居区内新就业人员人均居住面积图

＊资料来源：课题组关于新就业人员的抽样调研数据(2013 年)。

综上所述，新就业人员聚居区整体的住房使用状况都不理想，但就具体各类聚居区而言，城市老居住区的住房人均标准最高，其次是城乡结合部的南湾营，最差的是大学生求职公寓，其无论是租住方式、住房套型或是居住面积均选择有限，唯一的优势是其租金低、租房时间灵活且配套设施较齐全，对于刚毕业找工作或来宁时间不长的年轻人来说还是比较适宜和匹配的。

② 住房使用解析

新就业人员聚居区住房的“合租倾向、中小套导向和人均居住面积不足”，主要源于主体对居住成本、社会资本、配套条件、租房渠道等因素的综合考虑——

首先就租房方式而言，由于新就业人员多是刚毕业或毕业不久的学生，在工作经验与人际交往方面积累较少，造成了其收入较低且住房的信息来源较为匮乏，主要通过互联网或是经朋友、前辈等的介绍寻租，而且市场所能提供的租房类型也有限，因此大量倾向于与朋友、同事共同租赁住房的新就业人员往往会选择以整套房承租的形式，故而使整套房出租为主的四方新村成为许多合租者的首选之地；而以单间出租为主、采取旅馆式管理模式的大学生求职公寓则使宿舍式的被动合租成了他们的无奈之选，从而也就造成了大学生求职公寓内均是陌生合租者的普遍现象。

其次就住宅套型而言，由于新就业人员合租者较多，在选择住宅户型时往往会着重考虑住宅户型的大小及其安置人员的多少，同时还会考虑住房的配套条件与卧室的通风采光，这样既能满足生活基本需要又可分摊居住成本。尤其是求职公寓相对完善便利的标配条件更是成为一种比较优势，使得许多新就业人员只需拎包入住即可，非常的经济实用。

最后就住房面积而言，一部分新就业人员为了节省租金开支而愿意压制个人空间的私密诉求；而且毕业不久的他们对于集体生活的适应能力较强，甚至有些人更愿意居住在如此狭小却可自由交流的环境中。但对于收入较高的新就业人员而言，尤其是已有恋人的新就业人员，其有能力承担也愿意拥有更为宽裕的人均住房面积。

(3) 就业出行

新就业人员聚居区一般都没有建立自身覆盖社区的产业体系(基本上以居住功能为

主),因此无法依托聚居区自主就业的新就业人员多在社区之外各自就业。因此本章将通过通勤方式和通勤时间方面的具体数据资料对新就业人员的就业出行成本进行比较分析;然后采用自足性测度对各类聚居区新就业人员的职住分离模式进行测度分级,揭示各类新就业人员聚居区在就业出行方面的现状特征。

① 就业出行特征

【就业出行之一:通勤成本】

新就业人员聚居区主体的通勤呈现出“时间以半小时为度,方式以公交为主,费用相对扁平化”的总体特征——根据调查研究发现,新就业人员在就业出行方面往往会依据通勤距离的长短,选择不同的通勤方式、通勤时间和通勤费用。其中,通勤距离是指的直线距离(基于公共交通工具的平均速度,当平均通勤的空间距离为 5 km 时,平均通勤时间为 30 min),而新就业人员单程通勤时间在 20～40 min 之间的占到 66.5%,表明大部分新就业人员的居住与就业地点之间有 5 km 以上的距离;进一步对新就业人员的通勤时间与通勤方式进行交叉分析,发现二者之间存在明显的正相关关系,即公交是绝大部分长距离新就业人员主要选择的交通工具,而就近工作的人员则主要是采用步行或自行车(图 2.43～图 2.45);同时新就业人员的单程通勤费用最多不会超过 6 元,其中费用超出 3 元的仅占 14.2%,表明其在花费上的差距并不大(图 2.46)。

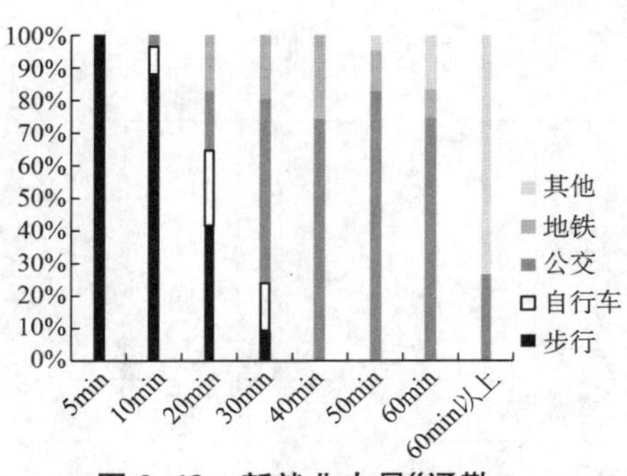

图 2.43 新就业人员“通勤时间/方式”的关系图

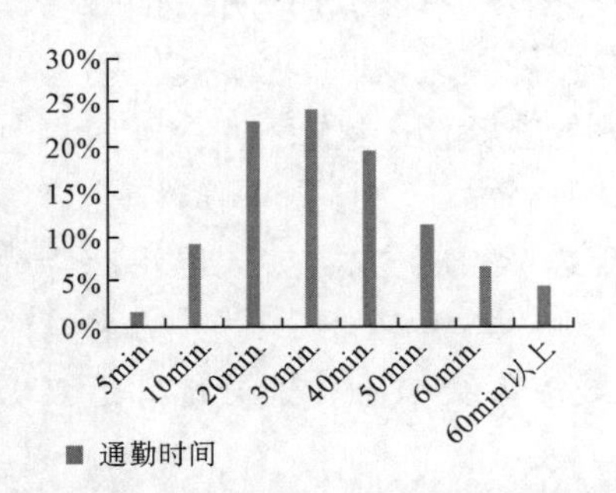

图 2.44 新就业人员的通勤时间图

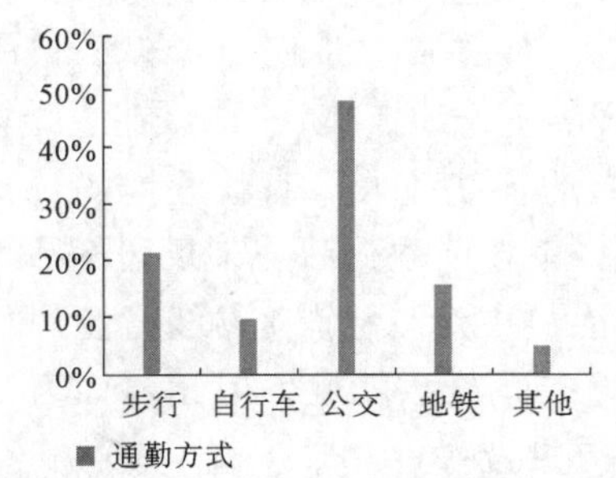

图 2.45 新就业人员的通勤方式图

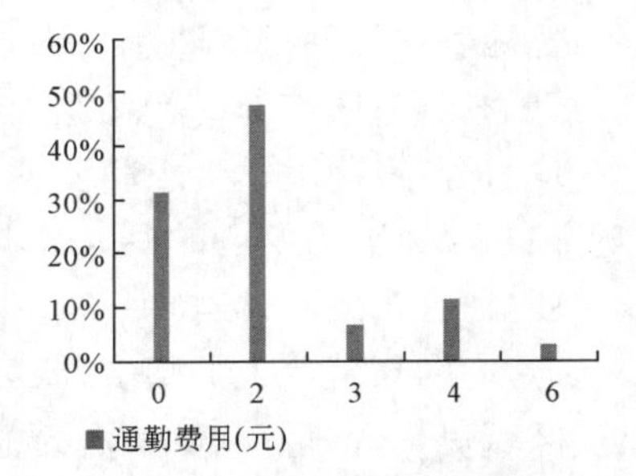

图 2.46 新就业人员的通勤费用图

* 资料来源:课题组关于新就业人员的抽样调研数据(2013 年)。

具体对每类新就业人员聚居区进行分析,发现:就业出行的时间、方式和费用与聚居区的空间分布及交通便捷度存在很大的关联——城乡结合部的南湾营在通勤时间、花费上明显高于老城边缘的四方新村和大学生求职公寓,且在通勤方式上出现了复合的交通方式,即需要换乘不同的交通工具才能到达就业地点(11.4%的新就业人员是公交与地铁相结合);老城边缘的四方新村在出行时间与花费上较低但在出行方式上选择较少,尤其是长距离出行只能依靠公交系统;而大学生求职公寓则在出行时间与方式上较为灵活,且出行花费也不高(表 2.12)。

表 2.12　各类新就业人员聚居区的通勤时间、方式与费用比较

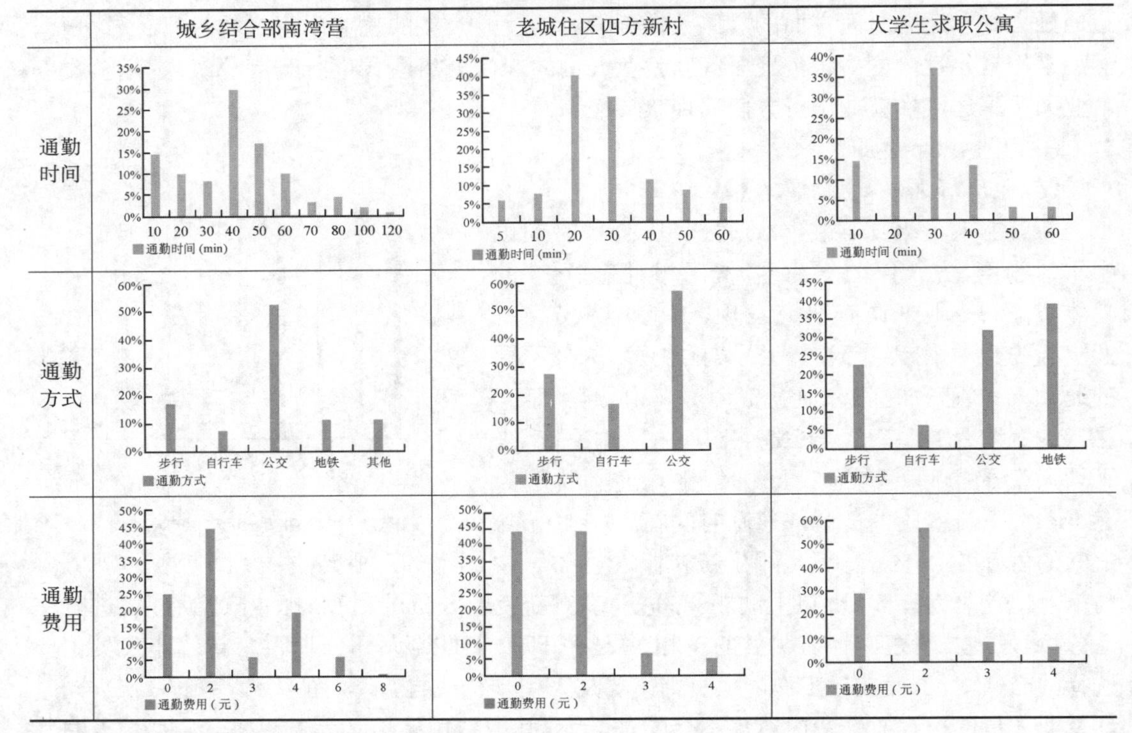

＊资料来源：课题组关于新就业人员的抽样调研数据（2013 年）。

进一步从新就业人员具体的就业空间分布来看，城乡结合部南湾营内新就业人员的就业地表现为明显的两点集聚倾向：一是在白下区接近新街口中心的区域，二是在聚居区附近的区域；四方新村新就业人员的工作地点较为分散，在老城内的玄武区、秦淮区和白下区均有分布；而大学生求职公寓内的新就业人员对就业地的选择则更加广泛且具有弹性，往往在以公寓为中心的更大范围内就业或根据就业地反过来灵活选择租居公寓，如大巴士求职公寓（赞成湖畔居）内新就业人员主要沿地铁 1 号线就业，而万和大学生求职公寓（东方名苑）内的新就业人员则多以其为中心分散就业。但相对而言，城市各级中心和聚居地邻近区域仍是新就业人员就业的主导性选择（图 2.47）。

【就业出行之二：自足性测度】

自足性是通过对某聚居区所在街道内居住并就业的新就业人员与居住地、就业地不在同一街道的新就业人员的量化分析，来反映新就业人员在职住空间结构上的均衡关系。考虑到新就业人员聚居区的居住主导功能，本节将以街道为统计单元，重点选用“居住独立指数”对各类聚居区的自足性进行测量和分析。

街道单元 i 区域新就业人员“居住独立指数”（Rs_i）计算公式如下：

$$Rs_i=\frac{N_i}{\mathrm{Avg}(N_i)}\quad (i=1,2,\cdots,n)$$

即以某一聚居区的街道单元内新就业人员居住独立比重（N_i——在 i 区域内仅居住但就业在其他区域的人数占该区域内总居住人数的比值）与所有聚居区街道单元新就业人员该比重均值的比值作为该聚居区的街道单元内新就业人员“居住独立指数”（Rs）。该值越高,表明居住独立性越强,分散在其他单元就业的新就业人员比重越高,且职住空间分离模式越倾向于分散就业。

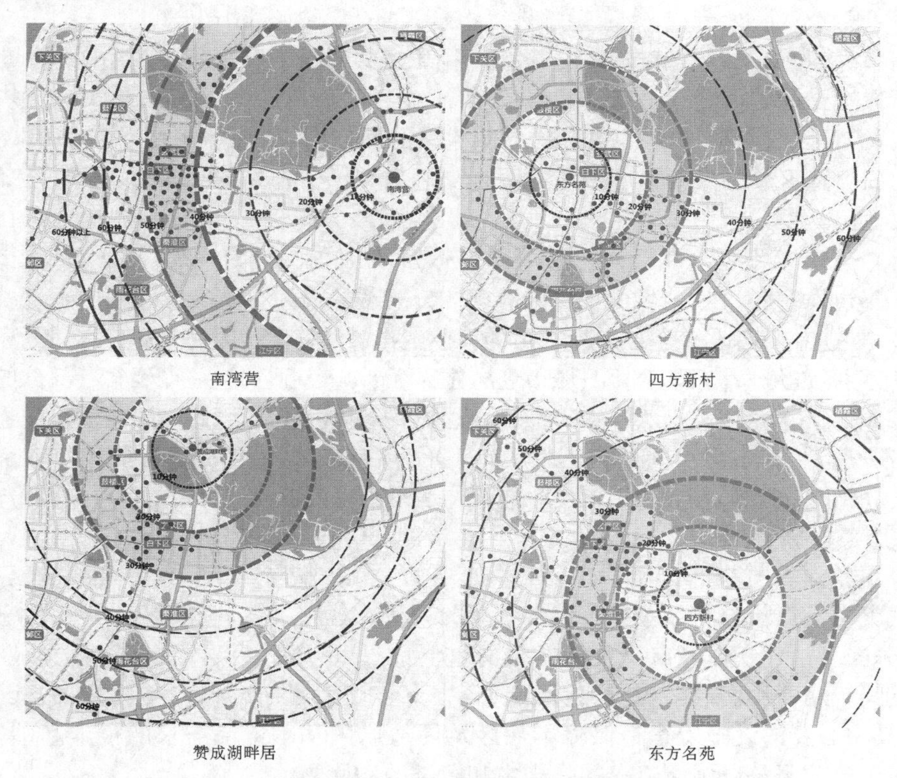

图 2.47 各类聚居区内新就业人员就业分布点图

*资料来源:课题组关于新就业人员的抽样调研数据(2013 年)。

将各类聚居区所在的街道单元数据代入公式进行计算,以 1 为临界点划分,可以看出:以自足性为依据的新就业人员聚居区已在职住空间分离模式上呈现出"大学生求职公寓以分散就业为主,而城乡结合部和城市老居住区则以就近就业为主"的差异化特点——具体对各类新就业人员聚居区的空间自足性进行解析,发现:大学生求职公寓比南湾营和四方新村的居住独立指数高,其两个典型案例的居住独立指数均大于 1,表明该类型聚居区内的居住者以分散就业为主;而四方新村和南湾营的居住独立指数则小于 1,表明其内部的新就业人员相对倾向于选择就近就业(图 2.48)。

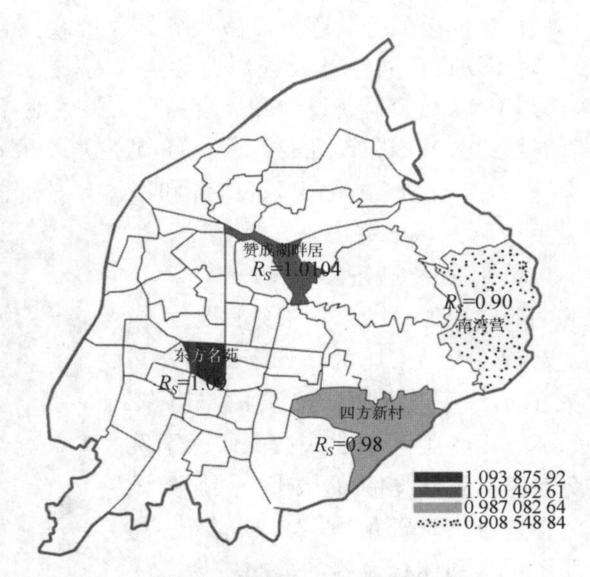

图 2.48 各类聚居区居住独立指数空间分布图

*资料来源:课题组关于新就业人员的抽样调研数据(2013 年)。

② 就业出行解析

新就业人员聚居区通勤的“公交化、散就业、向心性和近邻化”特征，主要源于主体对于就业机会、职业特性、出行成本、通勤条件等综合因素的权衡考量——

首先在通勤成本方面，由于绝大多数的新就业人员经济收入有限，往往要通过租房成本及出行成本之间的博弈权衡来选择居住地与就业地，而目前南京市主城区的公共交通系统较为完善，且公交与地铁的费用均处于可承受范围之内，故住房租金开销和出行时间成本已成为新就业人员主要的考虑因素，从而形成以长距离“一站式”通勤或短距离就近就业为主的就业出行模式。

其次在自足性测度方面，新就业人员聚居区是居住功能主导的社区，大部分的人员选择在聚居区以外分散就业，尤以老城内聚居区的职住分离现象最为显著。主要是由于老城内工作机会较多、交通优势明显，使得新就业人员的就业选择灵活、广泛，因而其职住空间分离模式以分散就业为主(如大学生求职公寓)；城市老居住区距老城较近，周边往往聚集有部分的服务机构和私营企业公司，故新就业人员多可借此就近就业；而城乡结合部距老城较远且交通条件相对不便，分散就业受到制约，同时考虑到远距离通勤所带来的精力、时间等方面的消耗，多数新就业人员也选择就近就业，致使后两类聚居区均表现出以就近就业为主的职住空间分离模式。

(4) 服务设施

关于新就业人员聚居区所共享的公共服务设施可分两个层级：其一是城市层面，主要体现为城市中呈点状分布并服务于城市大众的教育、医疗、文体、商业等社会性设施的配置区位，充分的可达性是保障市民生活质量的重要前提，所以城市层面上公共服务设施所追求的是空间布局的均衡；其二是居住区层面，主要体现为居住区内各类公共服务设施的配套情况，其中必要的设施配置是保障本住区及周边居民基本生活需求的根本基础，因此居住区层面上公共服务设施所追求的是规模和门类的均衡。

① 服务设施特征

【服务设施之一：城市公共服务设施】

城市层面上的公共服务设施服务的人群较广且设施种类也较多，根据《城市公共设施规范》对于城市公共服务设施用地的定义，其主要包括行政办公、商业金融、文化娱乐、体育、医疗卫生、教育科研设计和社会福利七类用地；而本研究考虑到新就业人员的社会属性及其对城市公共服务设施的需求差异，故着重研究对新就业人员有较大影响的四类公共服务设施：商业服务、文化娱乐、体育和医疗卫生设施。从研究方法的角度，本章将通过城市公共服务设施的现状布点，来简明判断聚居区的公共服务状况。

新就业人员聚居区在分享城市公共服务方面，已呈现出“因类而异的非均等”现象——以各类新就业人员聚居区案例的分布为参照，对相关的城市公共服务设施分布进行比对研究(图 2.49)，发现：商业服务设施和体育设施的分布较为广泛和分散，各类聚居区均较易获得此类服

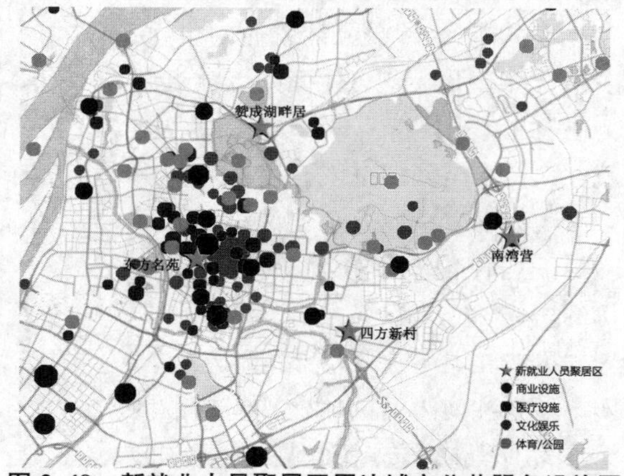

图 2.49　新就业人员聚居区周边城市公共服务设施图

*资料来源：课题组关于新就业人员的抽样调研数据(2013 年)。

务,因而可达性较高;而医疗卫生与文化娱乐设施的分布则较为集中,主要集聚在老城内部,对于大学生求职公寓内的新就业人员来说,可达性高且选择性多,但对于城乡结合部甚至城市旧居住区的新就业人员而言,则难以被城市的医疗和文化服务均等覆盖。

进一步对上述各类公共服务设施按级别进行研究发现:在商业服务设施方面(图 2.50),南京市商业服务设施的空间布局较为均质且设施等级明确,各个新就业人员聚居区的周边均有商业设施网点的分布,且以地区级设施为主,其中距市中心最远的南湾营住区到最近商业网点的空间距离也仅有 1.5 km,因此基本能覆盖聚居区内新就业人员的多重需求;在医疗卫生设施方面(图 2.51),南京市医疗设施在空间分布上较为集中,但在老城区内外存在着设施质量和数量上的失衡现象(三级综合医院基本都聚集在老城内),四方新村和南湾营附近 2 km 范围内虽有医院,但级别较低,且均属于区县二级;在体育设施方面(图 2.52),南京市的体育设施和公园布点虽较为分散,但距离各类新就业人员聚居区较远(尤其是体育设施),除去位于市中心的大学生求职公寓外,其他聚居区到最近体育设施点的空间距离均大于 5 km;在文化娱乐设施方面(图 2.53),南京市的文化娱乐设施种类繁多

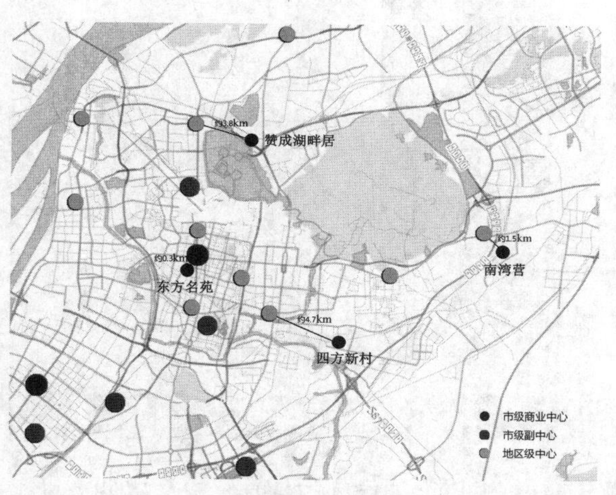

图 2.50 新就业人员聚居区周边城市商业服务设施图

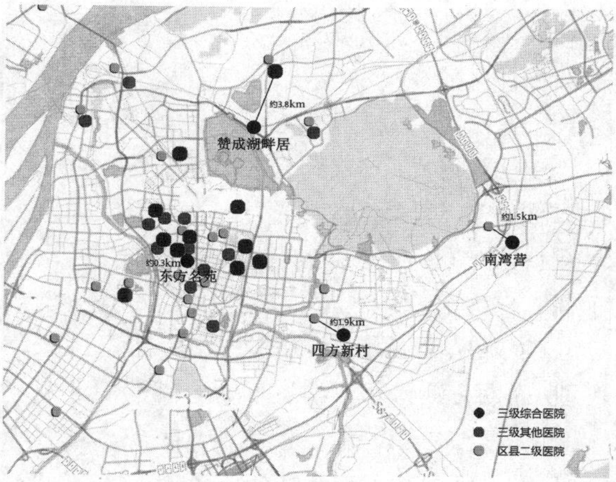

图 2.51 新就业人员聚居区周边城市医疗卫生设施图

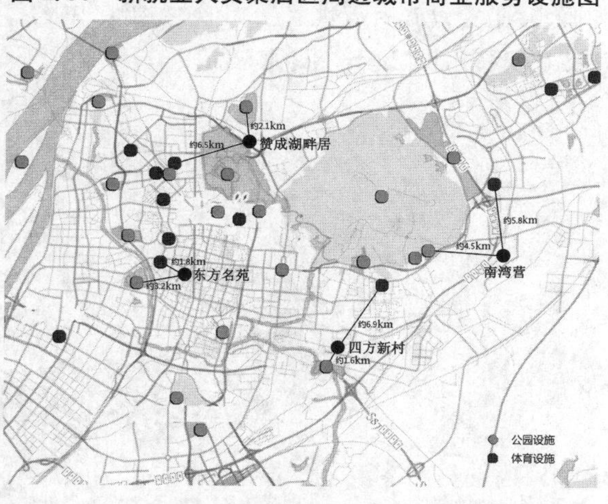

图 2.52 新就业人员聚居区周边城市体育公园设施图

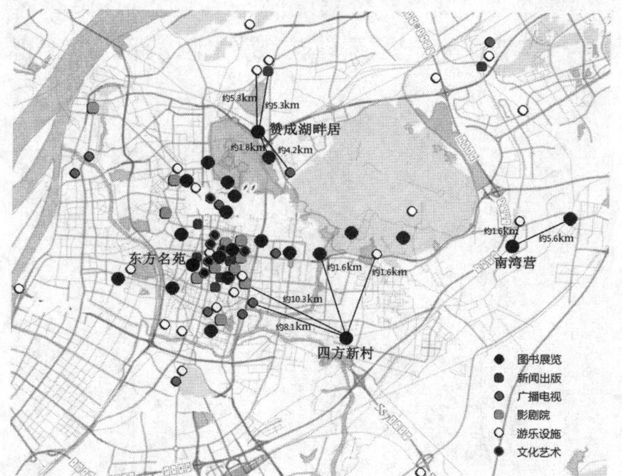

图 2.53 新就业人员聚居区周边城市文化娱乐设施图

*资料来源:课题组关于新就业人员的抽样调研数据(2013 年)。

却分布不均，且像医疗设施一样大多聚集在老城范围内（尤其是影剧院），因此对于各类聚居区而言，对文化娱乐设施的共享既有空间距离上的差异，又有种类上的区别（如南湾营附近即以娱乐、图书设施为主）。

【服务设施之二：住区配套服务设施】

住区层面上所涉及的配套服务设施同样复杂多样，会因居住区的规模、类型等因素而在门类与规模上有所不同。以实用功能为分类标准，居住区的公共服务设施在《城市居住区规划设计规范》(GB50180—1993)中共分为教育、医疗、文化体育、商业服务、金融邮电、市政公用、行政管理和其他八类；考虑到新就业人员自身的独特属性需求和关注点，本章在住区服务设施的配套方面将重点关注那些对新就业人员有较大影响的配套服务设施，并对其进行相应的筛选和重新分类，包括：医疗卫生、商业服务、文化休闲和邮电市政。

新就业人员聚居区在共享住区配套服务方面，已呈现出“商业服务和文化休闲设施良莠不齐，邮电市政设施良好，而医疗卫生设施不足”的共同特征。具体对每类新就业人员集聚区进行分析，发现：各类聚居区所处住区的规模和性质之间虽存在差异，但在公共服务设施的门类及规模上并没有呈现出明显区别（图 2.54），尤其是在医疗卫生方面，三类聚居区都表现为门类严重缺失且规模偏小；在商业服务与文化休闲方面，南湾营住区的商业配套设施门类相对齐全但规模较小，有部分设施仍处于居住组团级别，而四方新村和大学生求职公寓的商业服务与文化休闲设施无论是门类或规模均较低；在邮电市政方面，各聚居区的设施配套状况整体较好（尤以交通设施为佳），其中又以四方新村和大学生求职公寓略胜一筹；同时各类聚居区的公共服务设施布点也趋于相似，主要在住区外围沿道路呈线性布点，而住区内部的设施布点却既少且散（图 2.55～图 2.58）。

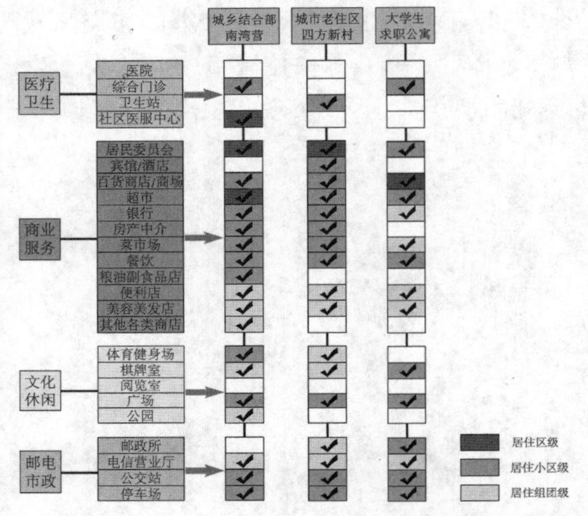

图 2.54　新就业人员聚居区内配套服务设施图

* 资料来源：课题组关于新就业人员的抽样调研数据(2013 年)。

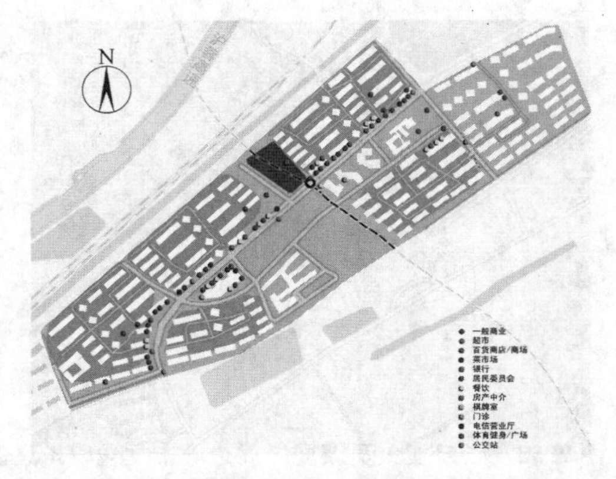

图 2.55　南湾营聚居区配套服务分布设施图

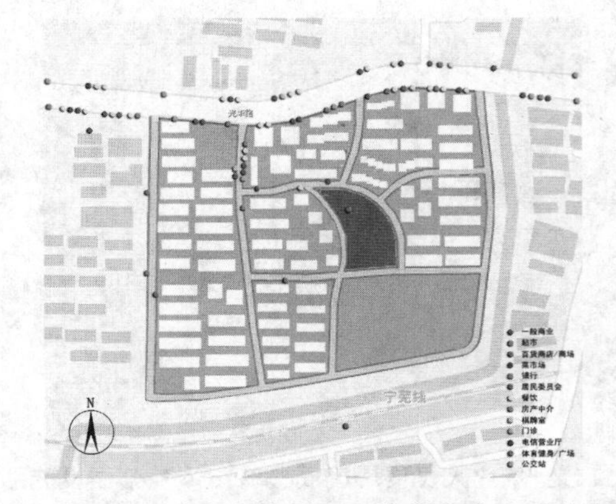

图 2.56　四方新村聚居区配套服务分布设施图

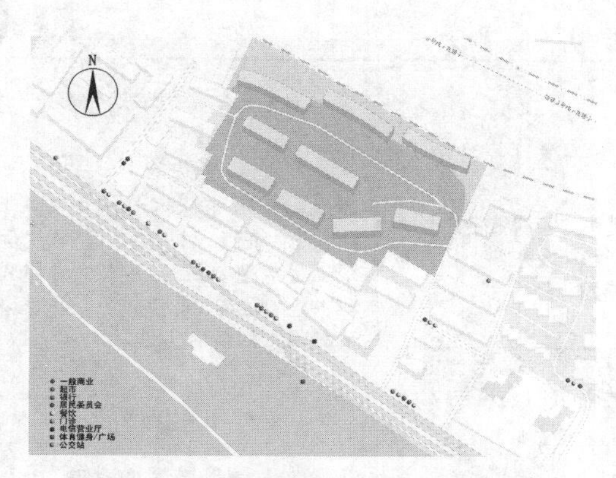

图 2.57　赞成湖畔居(大巴士求职公寓)聚居区配套服务分布设施图

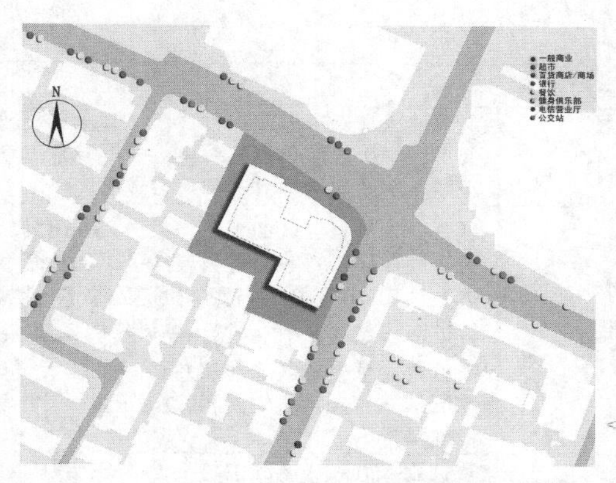

图 2.58　东方名苑(万和大学生求职公寓)聚居区配套服务分布设施图

* 资料来源:课题组关于新就业人员的抽样调研数据(2013 年)。

② 服务设施解析

新就业人员聚居区在服务设施配套上的“因类而异和非均等化”现象,主要受制于不同层级服务设施的实际配建状况——

在城市层面上,南京市的公共服务设施在老城内过度集中,而在其周边或更远的地区则分布较少且等级、门类严重不足,其中以医疗卫生和文化娱乐设施最为突出,而新就业人员聚居区则大多分布在老城边缘和城乡结合部且公交联系不便,这便提升了他们共享老城公共服务设施的门槛和障碍。

在住区层面上,各类聚居区在配套服务设施的门类与规模方面均存在参差不齐的现象,其中邮电市政设施配置良好而医疗卫生设施严重不足。城乡结合部南湾营属于拆迁安置房等保障性住区,加之区位条件先天不足,故服务设施配置标准偏低、建设滞后且结构失衡;城市老住区四方新村的服务设施多为计划经济下统一配建,设施门类较为单一且规模较小,难以满足新就业人员的需求;而大学生求职公寓则因区位条件的优势和投资建设成本的考量,主要依托城市服务设施网络运营,从而在不同的设施配套思路和建设背景下,生成了上述不同的配套结果。

(5) 小结

上文从空间布局、住房使用、就业出行及服务设施等方面对各类新就业人员聚居区的空间属性进行了研究,在此基础上总结新就业人员的现状特征及其成因如下(表 2.13)。

表 2.13　新就业人员聚居区的空间属性总结表

空间属性		特征	原因
空间布局	空间分布	新就业人员聚居区的整体空间分布表现为“中心集聚+线性扩展、边缘环带+近城扇面”的特点,同时各类聚居区亦存在不同特点:城乡结合部住区的空间分布呈现出“以市中心为原点的近城化单扇面”特征,城市老居住区呈现出“环老城区的边缘化环带”特征,而大学生求职公寓群则表现出“主城区内中心集聚与线性延伸相结合”的特征	新就业人员聚居区在城市中空间分布的“中心集聚化、边缘化与近城化”分异化布局,主要源于城市多元适配房源分布和新就业人员主动择居等因素的共同作用;而各类聚居区“差异化平面布局”则主要源于住区既成的物质环境和新就业人员的主观心理等主客观因素影响
	平面布局	各类型聚居区的新就业人员住房布局存在显著的差异:城乡结合部居住区呈现出“以融康苑为中心圈层规模递减”的布局特点,城市老居住区则呈现出“行列式的均质分布”特征,而大学生求职公寓内呈现出“随机散点式”的特征	

续表 2.13

空间属性		特征	原因
住房使用	租房方式	新就业人员聚居区租房方式已呈现出“以合租为主的多元化”特征，其中大学生求职公寓的合租方式同其他类型之间存在显著差异，以同陌生人拼房为主且合租人数较多	新就业人员聚居区住房的“合租倾向、中小套导向和人均居住面积不足”，主要源于主体对居住成本、社会资本、配套条件、租房渠道等因素的综合考虑
	住宅套型	新就业人员聚居区的租居房型已表现出“以设备基本齐备的中小套为主的择居”特征；而各类聚居区不同的套型特征体现在：在住房改造上，以大学生求职公寓内住房的改造最明显；在配套条件上，各聚居区间的差异较小，以城市老居住区最为完善	
	住房面积	新就业人员聚居区的住房总面积虽较大，但也存在“普遍化合租方式所带来的人均居住面积较低”问题，其中大学生求职公寓的人均标准严重不足	
就业出行	通勤成本	新就业人员聚居区的主体通勤呈现出“时间以半小时为度，方式以公交为主，费用相对扁平化”的总体特征，而且各类聚居区的空间分布对就业出行时间、方式和费用有很大影响	新就业人员聚居区通勤的“公交化、分散就业、向心性和近邻化”特征，主要源于主体对于就业机会、职业特性、出行成本、通勤条件等综合因素的权衡考量
	自足性测度	新就业人员聚居区已在职住空间分离模式上呈现出“大学生求职公寓以分散就业为主，而城乡结合部和城市老居住区则以就近就业为主”的差异化特点	
服务设施	城市公共服务设施	新就业人员聚居区在城市公共服务的共享上，已呈现出“因类而异的非均等”特征	新就业人员聚居区在服务设施配套上的“因类而异和非均等化”现象，主要受制于不同层级服务设施的实际配建状况
	住区配套服务设施	新就业人员聚居区在住区配套服务方面的共享，已表现出“商业服务和文化休闲设施参差不齐，邮电市政设施良好，而医疗卫生设施不足”的共同特征	

2.4 基于预期的新就业人员聚居空间评估

1)“预期—现实”的经济收入

本节的“预期”是以新就业人员的“预期月均收入”为主线，进而对新就业人员其他方面的状况（尤其是聚居区的空间属性）做出合理的推导和预测，即在对预期的实际调查问卷中，有关新就业人员聚居区住房使用、就业出行及服务设施等方面的预期均是以该类人员预期的月均收入为考量标准做出的选择。因此，首先须对新就业人员的预期收入进行理论校核，以验证调查问卷的有效性；然后对新就业人员的预期收入与现实收入进行比较，并采用“预期—现实”的交叉分析来阐明收入差异的内在成因。

(1) 预期经济收入分析

① 理论预期估算

为了比较合理地预测未来南京市新就业人员的月均收入，本节将引入统计学中的年均增长率，计算新就业人员在过去几年中的年收入平均值，然后以此为基础推导出新就业人员未来两年的年均收入，具体计算公式如下：

$$M=\sqrt[n]{\frac{B}{A}}-1$$

其中，M 表示收入的年均增长率，n 表示年数，A 表示计算数据中第一年的年均收入，B 表示计算数据中最后一年的年均收入。

在没有新就业人员早期收入数据资料的背景下，本节将参照极具相似性和类比性的

“蚁族”收入状况:曾有研究表明,“蚁族”2009年的年均收入主要集中在1.2万～3万元之间,且均值约为2.3万元(图2.59);考虑到新就业人员比“蚁族”的现实状况要好一些,所以选取其收入区间内的中等偏上值作为新就业人员2009年的收入依据,即介于在1.8万～3.6万元之间,其均值为2.6万元;而实际调研表明,2013年新就业人员的月均收入主要集中在2 000～5 000元之间,年均收入则在2.4万～6万元之间,其均值为3.8万元(图2.60)。

将上述年度收入数据代入计算公式,得出新就业人员2009—2013年的年均收入增长率为8%,且以未来的2015年为预测节点,可推算出2015年南京市新就业人员的预期年收入将集中在2.6万～7.3万元之间,其均值约为4.5万元,也就是说未来两年的月收入理论值主要在2 166～6 050元之间,而其均值约为4 000元。

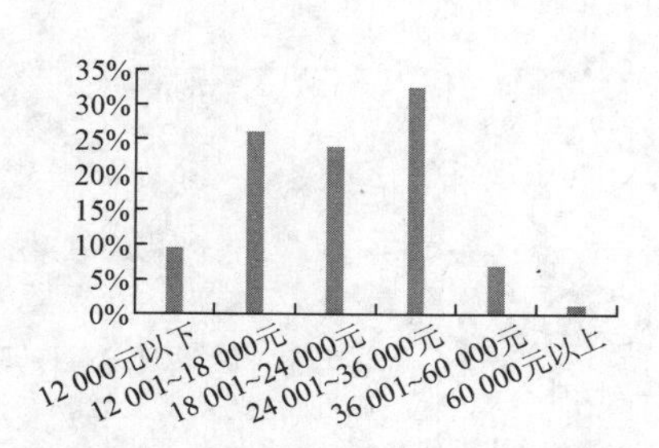

图2.59 “蚁族”2009年年均收入图

＊资料来源:廉思,等.中国青年发展报告(2013)No.1[M].北京:社会科学文献出版社,2013:28.

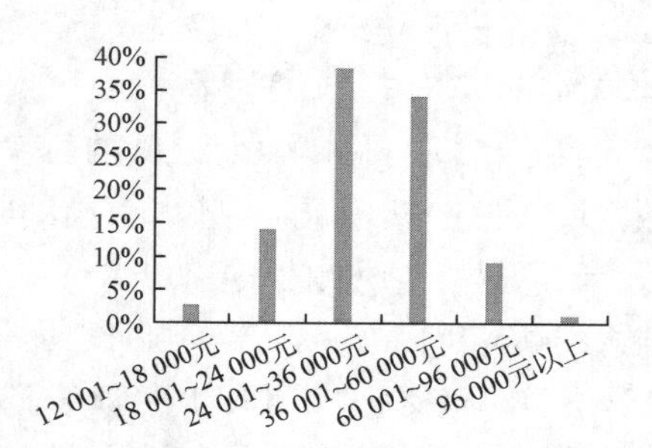

图2.60 新就业人员2013年年均收入图

＊资料来源:课题组关于新就业人员的抽样调研数据(2013年)。

② 预期收入校核

借助于一式两份的比照式调查问卷,本研究对南京市新就业人员的现实与预期状况做了细致调查,其中在预期部分对调查对象有两方面的基本限定:一是在预期的标准上,要求被调查的新就业人员须以目前的现实收入情况为基准作出收入预期,而非不切实际的奢望和缺乏依据的空想;二是在预期的时间上,考虑时间因素所带来的不定性以及同理论预期时间的对照性,统一规定被调查人员对两年后(2015年)的经济收入及其空间属性作出合理的预测和计划;同时考虑到本节所有预期及研究均以“经济收入”为基线,故需要对现实调查中的收入预期和理论预期中的收入预测相互匹配和校核,旨在确保各类预期的合理性和可信度。

通过实际调查问卷在预期收入方面的数据整理,发现:新就业人员预期月均收入在2 000～8 000元之间的人数占到93.6%,8 000元以上的仅占2.8%,且月收入均值为4 243元(图2.61)。

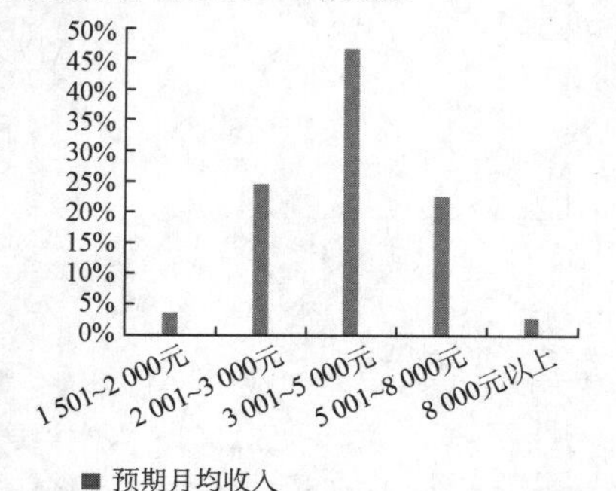

图2.61 新就业人员预期月均收入图

＊资料来源:项目组抽样调研数据整理(2013年)。

综上所述,新就业人员聚居区的预期收入在理论预测和现实调查之间呈现出“可容忍的可解释性微差”,也验证了包括收入在内的各类预期在理论诠释上的合理性和数据采信上的可参照性——这主要表现为理论预期收入稍低,究其原因主要有两方面:一方面是引用“蚁族”的收入作为新就业人员的早期收入参照值,可能存在一定的偏差；另一方面，利用公式计算缺乏对于城市发展、经济政策、货币膨胀、工资调整等弹性因素的考虑，使得估计结果相对保守。但总体而言，二者之间的差异并不明显，表明绝大部分的新就业人员在预估其未来收入时能够较为理性地做出预测，并以此作为基准和依据而衍生出新就业人员关于居住生活等其他方面的合理推导和预期，由此可见本节在预期方面的调查结果较为真实与可靠，在与现实的比较研究中具有实际意义。

(2) 预期与现实的比较

将新就业人员聚居区主体的预期月均收入与现实月均收入进行对比，可以看出：新就业人员月均收入在预期与现实比较中，呈现出“近似同比增长的同时涨幅趋减”的特征(图 2.62)——绝大多数的新就业人员对于未来收入的预期基本较为理性，其增长值主要在 1 000～2 000 元之间浮动，其中现实收入在2 001～3 000 元之间的新就业人员对于未来预期收入增长值的期望最高，基本都预期收入能增至3 001～5 000 元或更高；而现实收入在 3 001～5 000 元的人员对于预期收入的估计反而较为保守。调研数据也表明：预期收入在 5 001～8 000 元及 8 000 元以上的新就业人员占 25.3%，其中现实收入在 3 001～5 000 元的人员仅占 39.6%，由此表明此收入区间的新就业人员对于未来收入的增长幅度期望较小，究其原因，可能是考虑到个人的上升空间、目前工作的发展趋势或是更换工作等客观不定因素的影响。

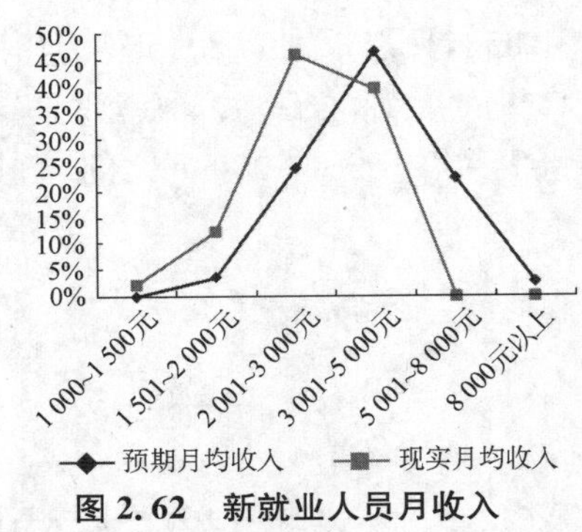

图 2.62 新就业人员月收入的现实/预期比较图

＊资料来源：课题组关于新就业人员的抽样调研数据(2013 年)。

具体对各类新就业人员聚居区的月均收入差值进行分析，可以看出：各聚居区主体对未来收入的预期均表现出了收入区间越高而预期收入增幅越弱的特点，尤其是现实收入在 1 000～3 000 元之间的新就业人员，其预期收入的增幅基本在 1 000 元左右；而现实收入在 3 000 以上的新就业人员对未来收入的预期则更低，其中南湾营和大学生求职公寓内现实收入在 3 001～5 000 元的新就业人员中仅有不到一半的人预期收入在 5 000 元以上，四方新村的预期收入稍好些，但预测 8000 元以上者仍属极少数(图 2.63)。

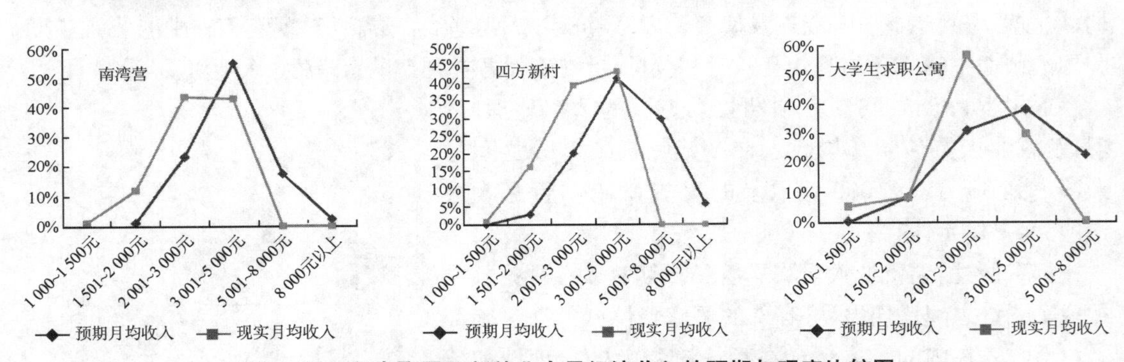

图 2.63 各类聚居区新就业人员经济收入的预期与现实比较图

＊资料来源：课题组关于新就业人员的抽样调研数据(2013 年)。

(3) “预期—现实”的交叉分析

虽然新就业人员的经济收入会受到所处城市的经济发展、消费水平及居民平均工资等外部因素的影响,但其个体的内在因素,如年龄、文化水平、工龄、职业构成等社会属性则往往起决定作用。根据调查问卷及相关数据的分析结果,将新就业人员预期与现实的经济收入差值与其年龄构成、毕业年数、文化程度、专业类型、来源地分布、来宁时间等6个社会因子进行交叉分析,发现影响新就业人员聚居区主体“预期收入较现实增长幅度渐缓”的因子包括文化程度、毕业年数和专业类型(表2.14)。

表2.14 新就业人员社会属性与经济收入相关度

经济收入指标	年龄结构	毕业年限	文化程度	专业类型	来源地分布	来宁时间
相关度	−0.688	0.878	0.977	0.989	−0.183	0.673

* 资料来源:课题组关于新就业人员的抽样调研数据(2013年)。

就上述4类社会因子对收入差值的具体影响进行分析,可以看出:新就业人员的经济收入差值与毕业年数、文化程度之间均存在正相关关系,而与专业类型的关系则较复杂。

在毕业年限方面,毕业半年的新就业人员预期收入增长基本上在1 000元以内,毕业2～3年的新就业人员预期收入涨幅较大(以毕业2年为最),其收入差值以2 001～3 000元为多,而毕业4～5年的新就业人员则以3 001～5 000元的预期收入增长为主,说明新就业人员的预期收入差值随其工龄的增长而不断扩大(图2.64)。

在文化程度方面,中专学历的新就业人员预期收入增幅最小且基本在1 000元以内,大专学历的预期收入增长也在3 000元以下,而本科以上学历的预期收入增幅最大且分布广泛(以4 000元以上为主),且有近六成的新就业人员预期收入涨幅在1 001～5 000元,说明学历越高的新就业人员对收入增长值的预期越高(图2.65)。

在专业类型方面,就读艺术、体育、医科及其他专业的新就业人员,其预期收入差值基本在2 000元以内,就读理科、工科与经管专业的新就业人员预期收入增幅较大,其中工科以3 001～4 000元的收入增长为主,经管以4 001～5 000元增长为主,人文社科专业的收入增幅却表现出显著差异(从1 000元以内到5 001～7 000元不等)。由此表明,新就业人员因专业的不同而拥有不同的预期收入增长值,其中理、工科以及经管专业的新就业人员预期增幅较大且相对集中,人文社科专业的预期收入跨度较大,其他专业的预期收入则增长较少(图2.66)。

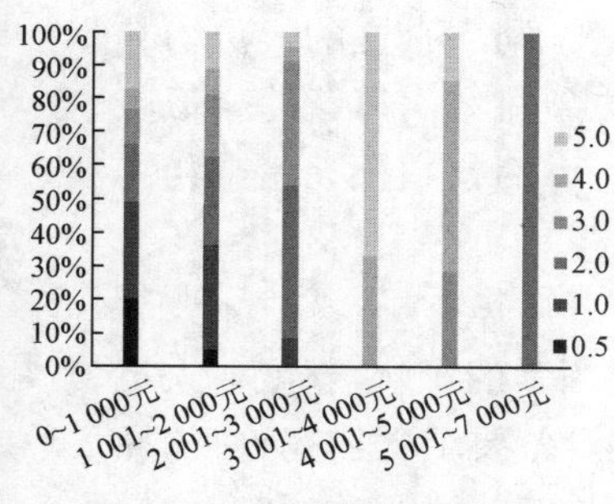

图2.64 新就业人员“毕业年限/收入差值”关系图

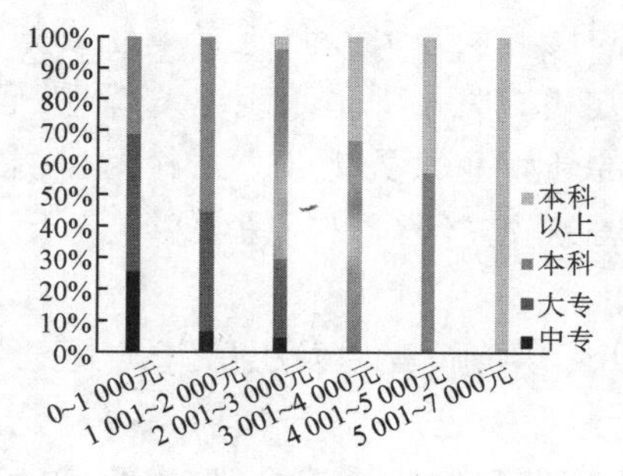

图2.65 新就业人员“文化程度/收入差值”关系图

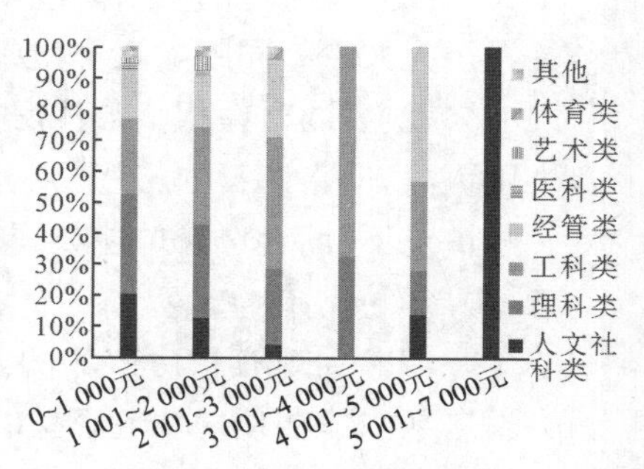

图2.66 新就业人员“专业类型/收入差值”关系图

* 资料来源:课题组关于新就业人员的抽样调研数据(2013年)。

2）“预期—现实”的住房使用

对于新就业人员预期住房使用的研究，主要从租房方式、住宅套型及人均居住面积三方面进行详细解析，并以预期租金为基础，对新就业人员在住房私密性及可支配面积方面的需求度进行评估；然后对住房使用的预期与现实做差值化比较，发现新就业人员在住房使用方面的差异；最后进行预期与现实的交叉分析，以研究在住房使用的预期与现实差异中起决定作用的个体社会经济属性。

（1）预期住房使用分析

① 预期租房方式

新就业人员聚居区主体的预期租房方式已呈现出“以单住和熟识人合租为主导”的私密安全模式——调研发现：绝大部分的新就业人员希望拥有独立的居住空间，有超过六成的人员希望可以单住或与恋人同居，还有34.5%的人员预期与少数朋友或同事合租住房，而选择与陌生人合租的人员仅有1.7%（图2.67）；同时引入新就业人员的预期租金，与租房方式进行交叉分析，发现：预期单住或同居的新就业人员基本都能够接受较高的住房租金，且基本上预期租金都在500元以上（其中约三分之一的预期租金超过1 000元）；而合租者则更加关注和受限于住房的租金，其大部分所能承受的最高租金在501～600元之间（图2.68）。

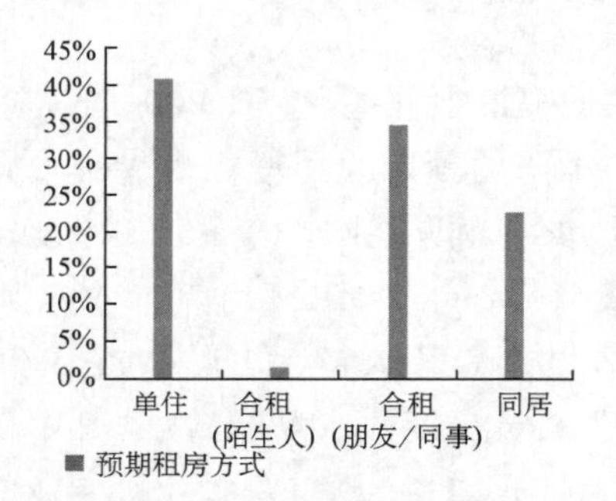

图2.67　新就业人员预期租房方式图

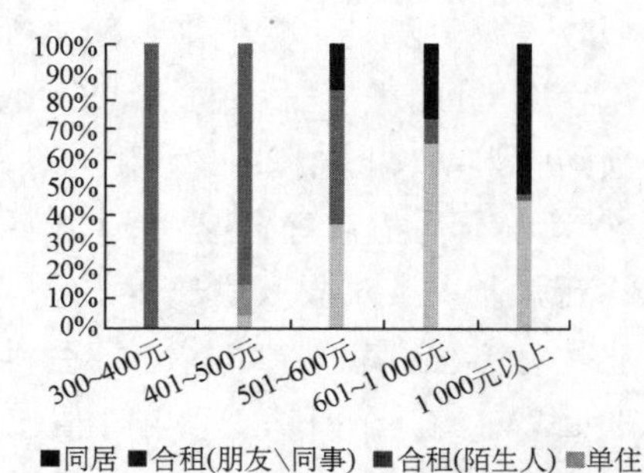

图2.68　新就业人员“预期租金/租房方式”关系图

＊资料来源：课题组关于新就业人员的抽样调研数据（2013年）。

具体对每类新就业人员聚居区的预期租房方式进行分析，并与预期租金之间做交叉比较，可以看出：三类聚居区之间的差异并不明显，希望单住和同居的新就业人员基本均在60%以上且租金的可承受能力对其择居方式有较大影响。其中，大学生求职公寓的新就业人员无人希望同陌生人合租（同现实反差大），且选择单住或与朋友、同事合住的人员均有35%以上，同时在租金与住房方式的关系中也表现出均衡性；四方新村和南湾营的相似度则更高，但南湾营内希望同居的新就业人员比四方新村的比例更大，而且在预期租金相同的情况下，前者选择单住或同居的较多（图2.69，图2.70）。

② 预期住宅套型

考虑到现有租房市场的实际供应情况以及租房方式、租金等因素的影响，新就业人员聚居区主体在预期住宅套型的选择上呈现出“户型需求多样化且设备要求更加完善”的择居导向——新就业人员对于住宅户型的选择较多，除去两房两厅与四房两厅外，其余住宅套型所选比例相对均衡（图2.71）；但对住宅套型与租房方式进行交叉分析发现：选择单住的新就业人员对于住宅套型的预期主要集中在一房一厅、一房两厅和两房一厅，而三房一厅、三房两厅及四房两厅的户型则成为大多数同居者与合租者的预期(图 2.72);同时在住房配套条件方面,新就业人员希望条件配备尽可能齐全,除床铺之外,宽带已成为新就业人员必不可少的配套设施;同时新就业人员对家用电器中的空调、热水器及椅子、餐桌等基本家具也较为关注(图 2.73)。

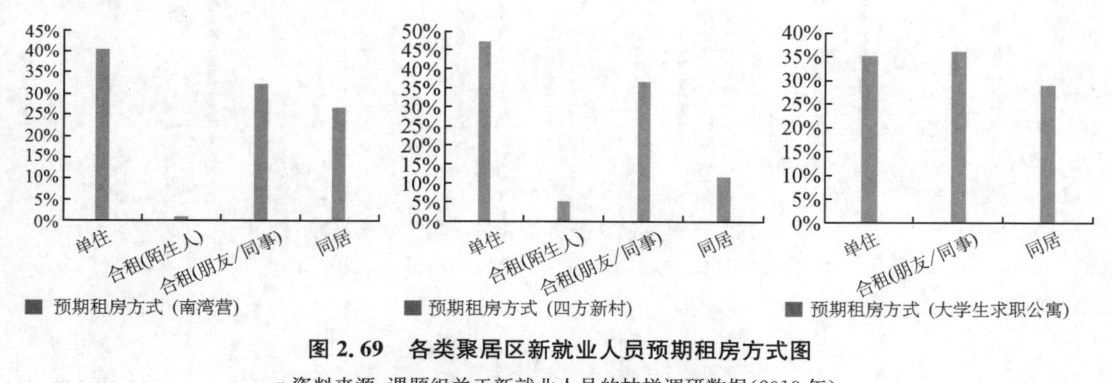

图 2.69　各类聚居区新就业人员预期租房方式图

*资料来源:课题组关于新就业人员的抽样调研数据(2013 年)。

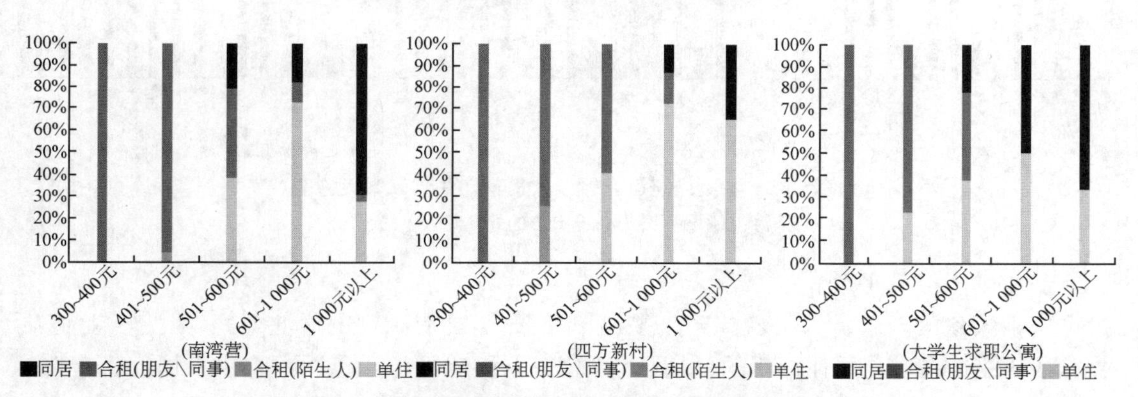

图 2.70　各类聚居区新就业人员"预期租金/租房方式"关系图

*资料来源:课题组关于新就业人员的抽样调研数据(2013 年)。

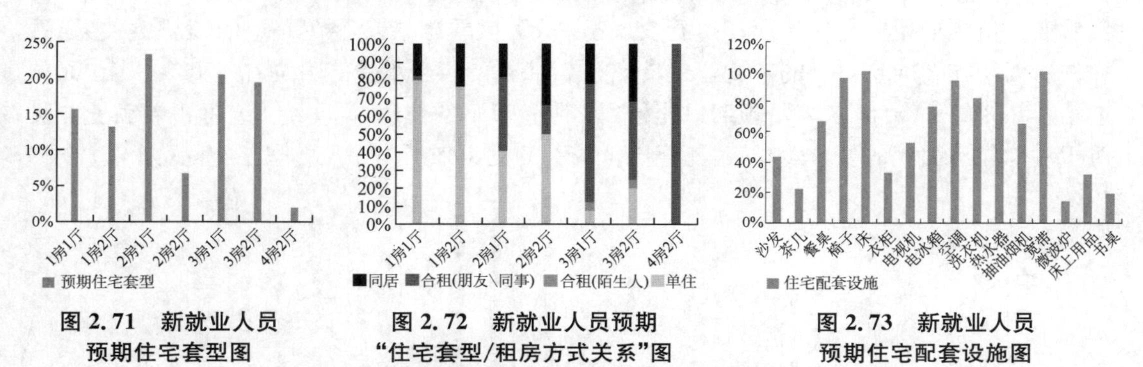

图 2.71　新就业人员预期住宅套型图

图 2.72　新就业人员预期"住宅套型/租房方式关系"图

图 2.73　新就业人员预期住宅配套设施图

*资料来源:课题组关于新就业人员的抽样调研数据(2013 年)。

对各类型聚居区进行具体比较分析,可以看出:南湾营与四方新村的新就业人员对于住宅套型的需求较为多样,尤其是四方新村预期的各类户型所占比例均在 16%左右(除四房两厅外)(图 2.74);在住房配套条件方面,大学生求职公寓内的新就业人员整体要求偏低，而四方新村内的配置要求更高（尤其是对空调、热水器、餐桌和椅子的需求更大），总体注重住宅内基本家具及电器的配置，但较少提及沙发、茶几及床上用品的配置（图 2.75）。

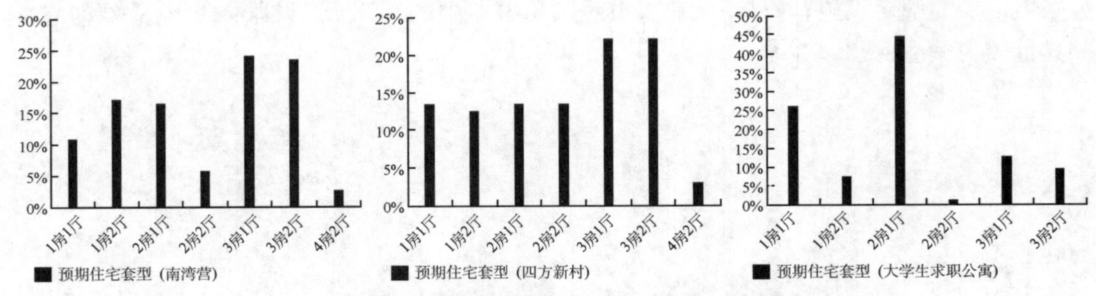

图 2.74　各类聚居区新就业人员预期住宅套型图

＊资料来源：课题组关于新就业人员的抽样调研数据（2013 年）。

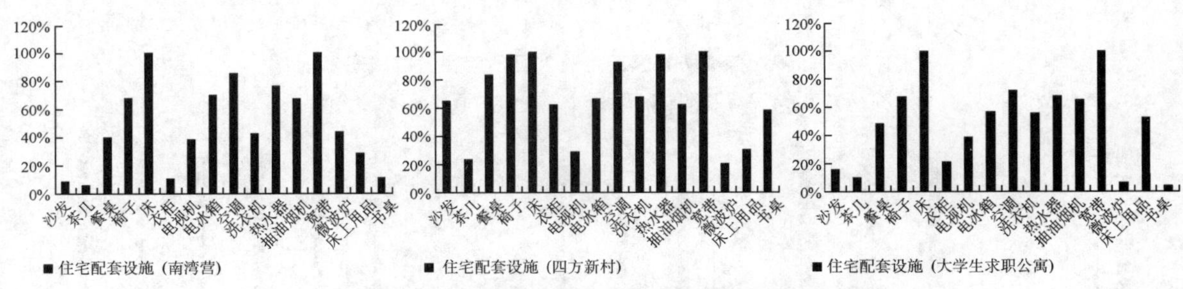

图 2.75　各类聚居区新就业人员预期住宅配套设施图

＊资料来源：课题组关于新就业人员的抽样调研数据（2013 年）。

③ 预期住房面积

由于大量的新就业人员希望未来能够单独居住，拥有独立的居住空间，因此新就业人员聚居区主体在人均居住面积的预期上呈现出“在租金可承受范围内追求高居住标准”的需求特征。调研发现（图 2.76）：有 68.5%的新就业人员预期人均居住面积在 20 m² 以上，其中 20～50 m² 预期的占到了 43.7%，而人均居住面积在 10 m² 以下的仅有 4.2%；进而对新就业人员预期租金与住房面积进行交叉分析，可以看出二者存在一定的正相关关系：选择住房面积在 20 m² 以上的新就业人员中有 67.5%的租金承受能力均在 600 元以上，而预期租金在 300～400 元的人员预期只能租到 15 m² 以下的住房，说明绝大多数的新就业人员对于人均住房面积的要求较高，也愿意支付较高的租金来扩大自身的居住空间（图 2.77）。

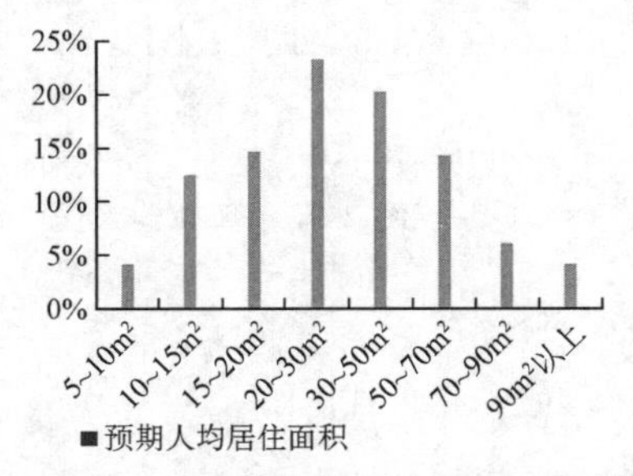

图 2.76　新就业人员预期住房面积图

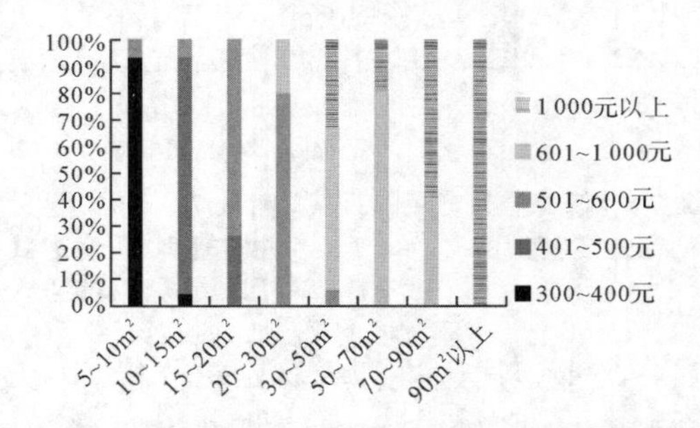

图 2.77　新就业人员“预期租金/住房面积关系”图

＊资料来源：课题组关于新就业人员的抽样调研数据（2013 年）。

具体对每类聚居区进行分析，可以看出：各类新就业人员聚居区之间在预期人均居住面积方面存在较大差异，大学生求职公寓有 13.4%的新就业人员预期居住面积仍在 10 m^2 以下，而预期面积超出 50 m^2 的仅有 6.2%；南湾营与四方新村内的新就业人员对住房面积的预期较大，其中四方新村的预期分布更为均质，而南湾营的预期住房面积则主要集中在 20～70 m^2 之间(图 2.78)。同时对各类聚居区内新就业人员预期租金和住房面积做交叉分析，也可看出：大学生求职公寓内的新就业人员对租金的承受能力较弱，其主要选择租金在 600 元以下的小住房；而南湾营和四方新村的新就业人员对预期租金的投入较大，而且在住房面积相同的情况下，四方新村比南湾营新就业人员的预期租金投入更高(图 2.79)。

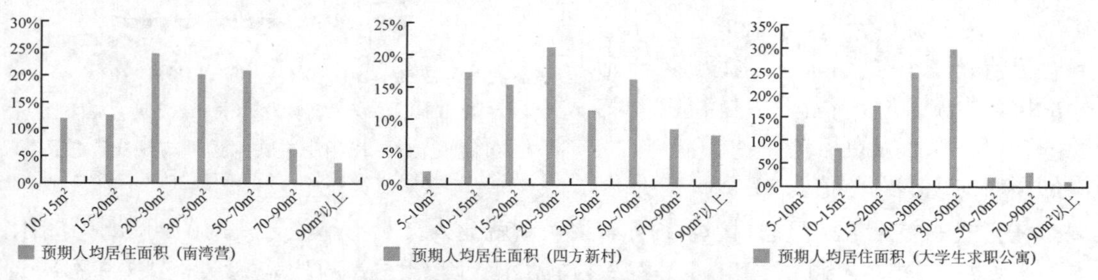

图 2.78 各类聚居区新就业人员预期人均居住面积图

＊资料来源：课题组关于新就业人员的抽样调研数据(2013 年)。

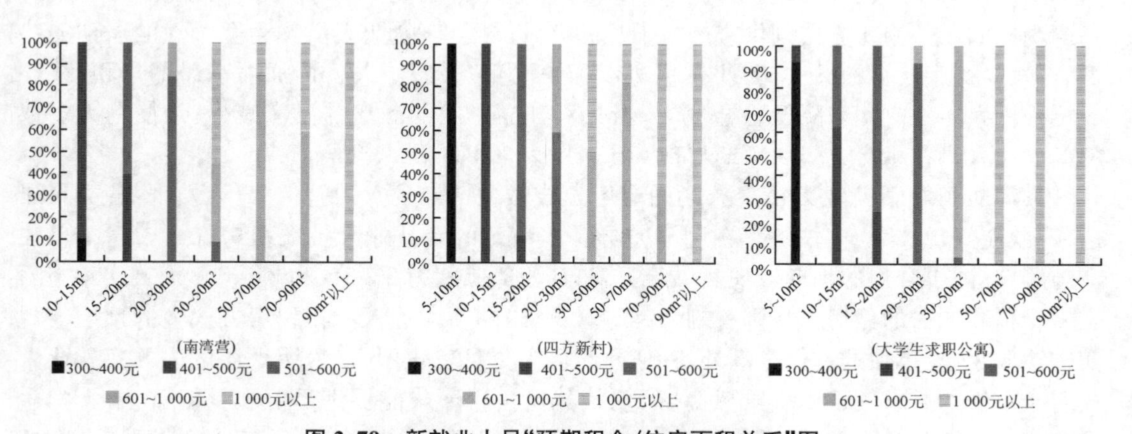

图 2.79 新就业人员“预期租金/住房面积关系”图

＊资料来源：课题组关于新就业人员的抽样调研数据(2013 年)。

(2) 预期与现实的比较

下面对新就业人员的住房使用进行预期与现实之间的比较，分析发现新就业人员聚居区主体的租房方式、住房套型以及住房面积在预期与现实中的差异，从而认识到现状住房使用中亟待解决的问题。具体方法是采用统计学中的差值法，计算公式为

$$\Delta G = G_2 - G_1$$

其中 ΔG 表示预期住房使用与现实住房使用之间的差距，G_2 代表新就业人员预期的各类租房方式、住宅套型及住房面积在总预期中的比重，G_1 代表新就业人员的现状租房方式、住宅套型和住房面积在总现实中的比重。ΔG 的绝对值越高表明预期与现实之间的差异越

大,当$|\Delta G|=0$时,表示预期与现实完全吻合,说明现状的住房使用情况完全可以满足新就业人员的预期需求;而当$|\Delta G|=100\%$时则表示预期与现实的差距最大,说明现状的住房使用情况与新就业人员的预期需求恰恰相反。

① 租房方式

将新就业人员聚居区租房方式的预期与现实数据代入公式中得出其主体在租房方式上的差值如图 2.80 所示,可以看出新就业人员聚居区主体的租房方式在预期与现实的比较中,呈现出“单住和与陌生人合租差异最大,而同居和与朋友/同事合租差异较小”的特征——在预期与现实的比较中,大部分新就业人员相较于现状的合租方式而言更希望单住或同居,两者的预期与现实总差值为38.7%,其中尤以单住方式的差距最为显著(接近 30%),说明新就业人员对于单住方式的预期与现实相比有明显增加。同时在预期合租对象方面,与陌生人合租方式的比较差值较大(基本接近−30%),而与朋友/同事合住的比较差值较小,表明现实所能提供的租房方式与新就业人员的预期需求反差较大,即现状存在太多“与陌生人合租”这一令人不满的租房形式,但对高度预期的单住租房方式则供应严重不足。究其原因,新就业人员作为暂时性的居住弱势群体,较少受到社会的关注,因此在租房市场中属于“夹心层”人群,面对高昂的房租,往往靠牺牲个人居住空间来降低租金成本;但其对独立空间的需求并没有减少,致使绝大多数的新就业人员在租房方式的预期与现实比较中表现出明显的差异。

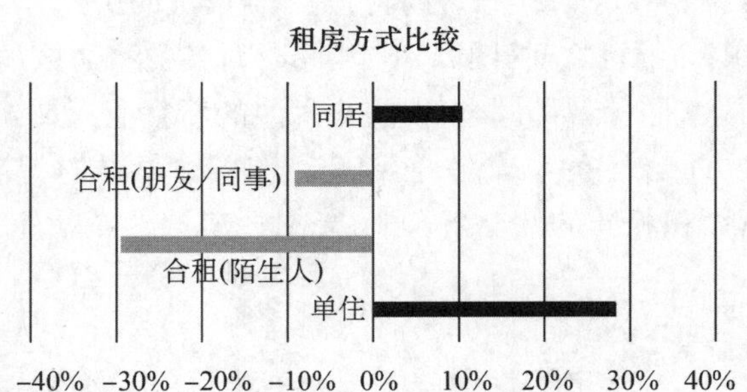

图 2.80　新就业人员租房方式的预期与现实比较图

* 资料来源:课题组关于新就业人员的抽样调研数据(2013 年)。

具体对每类新就业人员聚居区的租房方式做预期与现实的差值分析,发现:各类聚居区在“预期—现实”的比较中存在明显差异。南湾营的新就业人员在租房方式中对于单住和与朋友/同事合租的预期较现实供给更高,其差值分别为 26.8%和 31.5%,而现实中与陌生人合租和同居的租房方式则有剩余;四方新村内的新就业人员在租房方式上的预期与现实差距较小,除单住的差值较高外,其他差值均为负且变化不大,表明聚居区内的新就业人员对于单住的需求较现实供给更高,而现状其他住房形式能够满足需求且有富余;大学生求职公寓内新就业人员的预期租房方式主要为单住、同居或与朋友/同事合租,且三者的差值比重较为均衡,但在与陌生人合租的租房方式上出现了$\Delta G=-100\%$的现象,表明该类聚居区主体对此租房方式极为不满,迫切希望改变现状(图 2.81)。

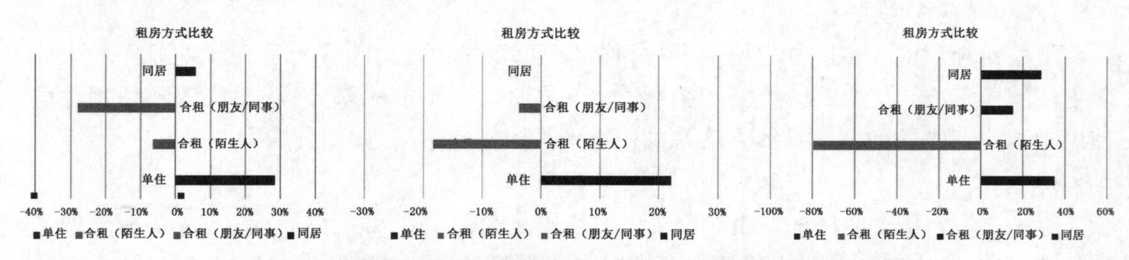

图 2.81　各类聚居区新就业人员租房方式的预期与现实比较图

* 资料来源:课题组关于新就业人员的抽样调研数据(2013 年)。

② 住宅套型

将住宅套型数据代入公式进行计算,得出新就业人员住宅套型的预期与现实差值如图 2.82 所示,可以看出新就业人员聚居区主体的住宅套型在预期与现实比较中,呈现出“住宅套型差异小且均质化,而配套设备差异明显”的特征——新就业人员在住宅套型选择方面的预期与现实差值较小,整体住宅套型的 $|\Delta G|$ 最大值为 20%左右,主要表现为一房两厅和三房两厅的现状供给量低于预期,而三房一厅和四房一厅高于预期,只是预期与现状在一房一厅、两房两厅、四房两厅及五房一厅上的绝对差值均在 5%以下,表明上述套型基本可以满足新就业人员的预期需求。同时对住宅配套条件进行差值比较,发现:新就业人员对于家用电器的需求较高,导致现状配置尚存一定差距,其中电冰箱的差值最大(49.2%),而对于床上用品、衣柜及书桌等基本家具的关注却少于现状配置(图 2.83)。

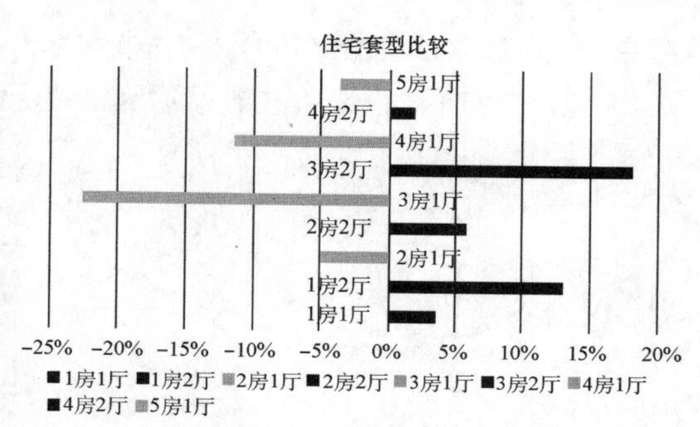

图 2.82 新就业人员住宅套型的预期与现实比较图

*资料来源:课题组关于新就业人员的抽样调研数据(2013 年)。

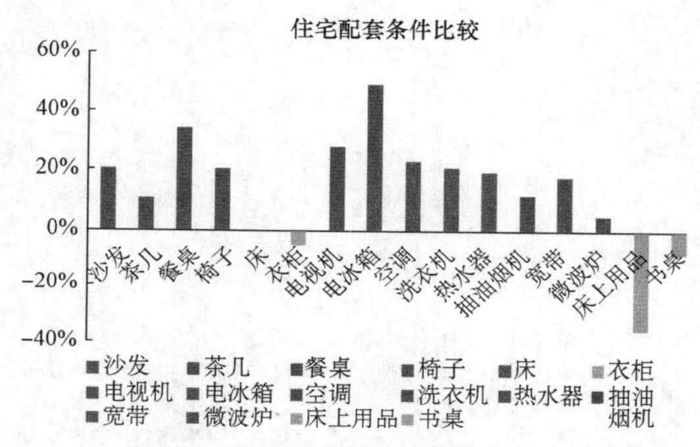

图 2.83 新就业人员住宅设施的预期与现实比较图

*资料来源:课题组关于新就业人员的抽样调研数据(2013 年)。

究其原因,首先在住宅套型选择方面,中高额租金与拮据收入的现实反差,致使大多数新就业人员在租房成本投入和个人空间追求上产生了较大矛盾,故往往借助合租适中套型来达到平衡;但预期中新就业人员多选择单住或同少数熟人合租,因此多希望租住套型更小的住房,在降低租金的同时可拥有较为私密、温馨的居住环境。加之,现有的私人住房投资商为获得更多的房间与床位,基本都会筹集中等或较大套型住宅来分割出租,从而更加剧了住房套型在预期与现状之间的差异。其次在住宅配套条件方面,现有房源在住房设备配套的考量上多以节约成本为出发点,多配置满足基本需求的设施(床、衣柜、床上用品等),或是利用现有设施(如抽油烟机、微波炉、茶几等),而对于房客的需求则关注较少,因此现状配套条件与新就业人员的预期需求存在差距,尤以家电设施最为显著(包括电冰箱、宽带、空调等)。

具体对每类聚居区进行研究,可知在住宅套型方面,四方新村和南湾营的住宅套型差值较为相似,新就业人员对一房两厅和三房两厅的预期需求较高但现状供应量有限;与之相反,现状在两房一厅和三房一厅上的数量则比新就业人员的预期多,其中四方新村的两房一厅和南湾营的三房一厅差值分别达到 26.5%和 25%;大学生求职公寓内的大部分新就业人员对于两房一厅、一房一厅和一房两厅的住宅套型预期需求较高,尤其是两房一厅,其预期与现实的差值已达到 35.7%,但四房一厅的现状供给却高于预期,差值为－38.8%(图 2.84)。在住宅配套条件方面,四方新村与大学生求职公寓内的设施配置较为齐全、且能基本满足新就业人员的预期需求,特别是四方新村住房内家用电器的配置比新就业人员的预期更多；而南湾营聚居区内家用电器的配套相对缺乏，其中电冰箱、空调、微波炉的差值超过 40%，表明现有的家用电器远远无法满足新就业人员的预期要求（图 2.85）。

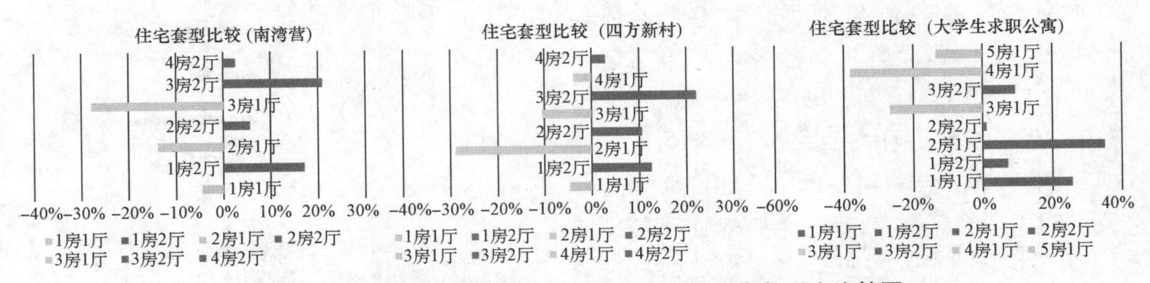

图 2.84　各类聚居区新就业人员住宅套型的预期与现实比较图

＊资料来源：课题组关于新就业人员的抽样调研数据（2013 年）。

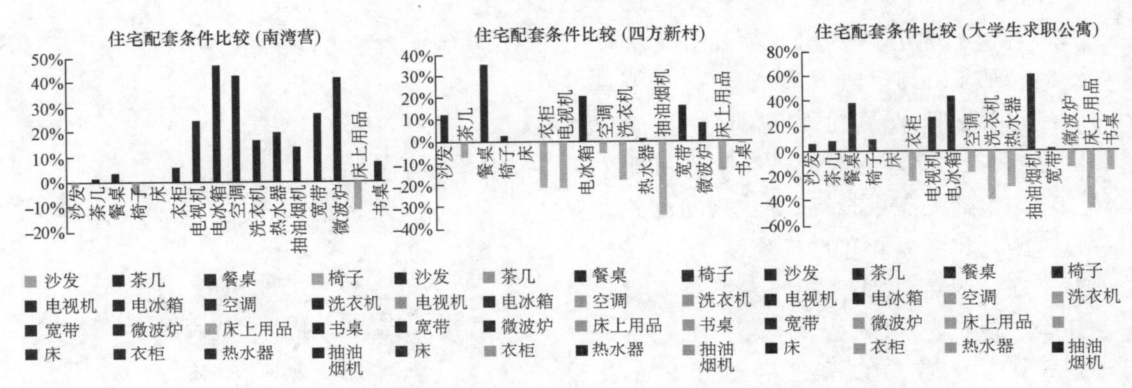

图 2.85　各类聚居区新就业人员住宅设施的预期与现实比较图

＊资料来源：课题组关于新就业人员的抽样调研数据（2013 年）。

③ 住房面积

通过对新就业人员人均居住面积的预期与现实数据进行计算，得出其差值如图 2.86 所示，可以看出就业人员聚居区主体的人均居住面积在预期与现实中，呈现出“人均居住面积在预期需求与现实供给之间不对等的显著错位”特征——新就业人员在居住面积上的预期与现状差值较大，其中人均居住面积在 5 m² 以下的差值超过－30%，而住房面积在 15 m² 以下的差值均为负，说明现状提供的住房以多人合租的小面积（尤其是人均居住面积小于 5 m²）住房为主，远非其预期所需；而新就业人员对住房人均面积的需求主要在 15～70 m² 之间，尤其是 20～30 m² 区间的住房预期最高，其差值接近 20%。由此表明新就业人员对住房面积的需求同现实供应之间呈现出较为明显的互补错位关系。究其原因，新就业人员在现实操作中为了压缩居住成本，往往会采取压缩个人居住空间（合租或租赁小面积住房）的方式；但在预期中，其对于居住空间的独立性、私密性和舒适规模却有着潜在的诉求，从而造成新

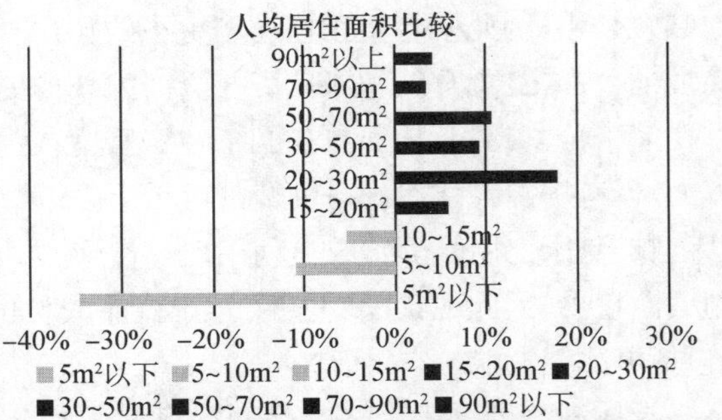

图 2.86　新就业人员住房面积的预期与现实比较图

＊资料来源：课题组关于新就业人员的抽样调研数据（2013 年）。

就业人员在预期与现实之间的错位差异。

具体对各类型新就业人员聚居区进行差值比较分析,发现:南湾营与四方新村的差异较小,其新就业人员对人均居住面积的需求与现实状况之间的差距基本都在20%左右,其中现状大于预期的人均居住面积主要集中在5~10 m²,而预期大于现状的面积主要集中在20~30 m²;但四方新村与南湾营相比,其预期与现实的差异更小;大学生求职公寓内的现状人均居住面积均在5 m² 以下但无人对其有预期,说明该聚居区内的新就业人员对现状面积非常不满,亟须改善。由此表明各类新就业人员聚居区在住房面积的供应与需求之间均表现出错位反差的态势,尤以大学生求职公寓最为显著(图 2.87)。

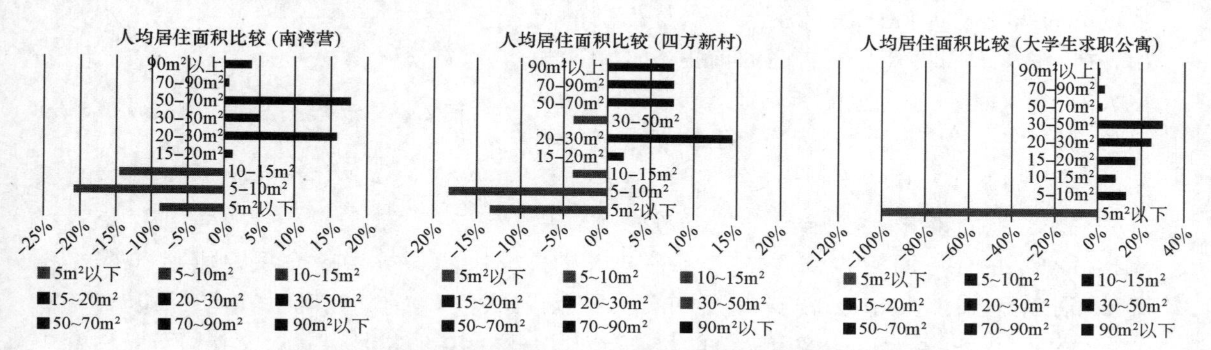

图 2.87 各类聚居区新就业人员住房面积的预期与现实比较图

* 资料来源:课题组关于新就业人员的抽样调研数据(2013 年)。

(3) “预期—现实”的交叉分析

造成新就业人员聚居区主体住房使用在预期与现实中差异化的因素可谓是多种多样,既包括市场房源供给等外在因素,也包括个体因素的内在影响。因此,新就业人员在综合考量居住成本、配套条件、居住空间大小等因素的基础上,在住房使用的三个因子方面形成了“租房方式中单住需求大而合租需求小,住宅选择中套型差异小而配套要求高,人均居住面积需求与现状相错位”的预期择居方式。

当然,上述外在因素的影响最终都将通过内在的个体因素来加以实现。对于新就业人员而言,这主要取决于其个体的特征,如年龄、毕业年数、文化程度、专业类型、来源地分布、来宁时间、经济收入等社会经济属性。将新就业人员住房使用的三个方面“预期—现实”差值同新就业人员的 7 项社会经济因子进行交叉分析,发现:影响租房方式的因子有毕业年限、文化程度、专业类型、来宁时间和收入差值,影响住房面积的因子有年龄结构、来源地分布和收入差值,但各类社会经济因子均未对住宅套型产生明显影响(表 2.15)。

表 2.15 新就业人员社会经济属性与住房使用相关度

住房使用	年龄结构	毕业年限	文化程度	专业类型	来源地分布	来宁时间	收入差值
租房方式	−0.617	0.925	0.952	0.999	−0.252	0.900	−0.812
住宅套型	0.501	0.462	−0.186	0.137	−0.455	0.371	0.448
住房面积	0.795	0.294	−0.161	0.023	−0.940	−0.131	−0.856

* 资料来源:课题组关于新就业人员的抽样调研数据(2013 年)。

以“人均居住面积/年龄结构、来源地分布以及收入差值”的关系为例,分析各因子对住房使用中人均居住面积的具体影响，可以看出，新就业人员的人均居住面积差值与经济收入、来源地分布之间基本表现为正相关关系，而与年龄结构的关系则较复杂。

在年龄结构方面，20 岁以上的新就业人员在人均居住面积的预期与现实比较中差异显著，其中 24～26 岁的新就业人员有五成以上住房面积差值在 −50～60 m^2 之间浮动，21～23 岁的人员住房面积差值以 2～40 m^2 为主，而 27～30 岁的人员则以 −50～−20 m^2 和 65～80 m^2 的居多。由此表明，随着年龄和收入的关联性增长，绝大多数 23 岁以下的新就业人员往往对住房面积有更高的预期，并将在其未来收入不断提高的前提下选租面积更大的住房；但 26 岁以上的新就业人员会随收入的增长，而考虑买房等问题，反而有部分人员会选择合租的方式，以减少租房成本来增加储蓄（图 2.88）。

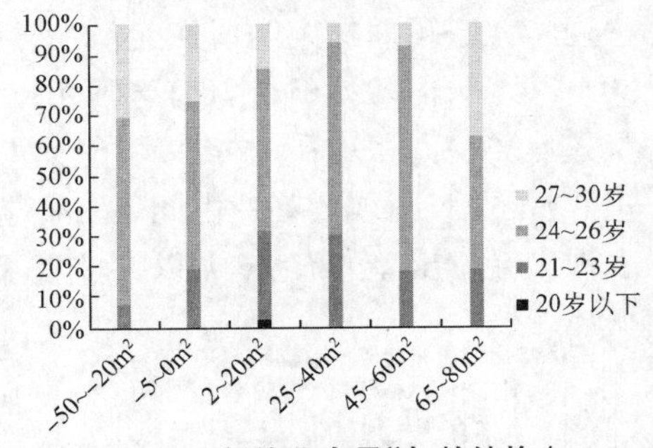

图 2.88　新就业人员"年龄结构/人均居住面积差值"关系图

＊资料来源：课题组关于新就业人员的抽样调研数据(2013 年)。

在来源地分布方面，来自农村的新就业人员中有超过 50%的住房面积差值在 −50～60 m^2，来自县城的人员住房面积差值则以 65～80 m^2 居多，而来自县、地级市与省会/直辖市的人员虽人数多，但其住房面积差值仍以 65～80 m^2 为主，说明：来自大中城市的新就业人员对住房面积的需求较高且愿意在经济条件容许下支付较高的租金；而来自欠发达地区的新就业人员则由于各种内外因素的制约较多，对住房面积的预期同现状差距较大（图 2.89）。

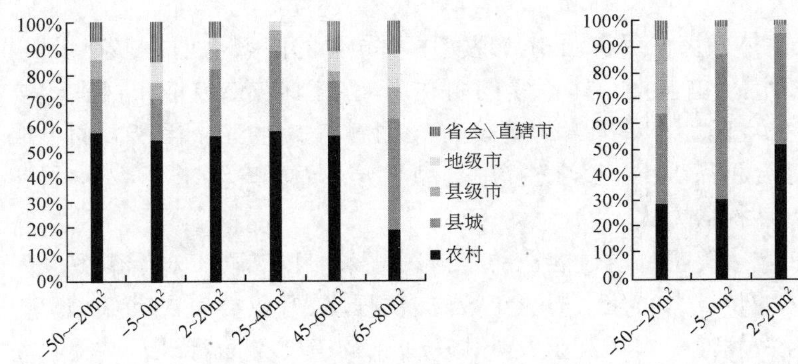

图 2.89　新就业人员"来源地分布/人均居住面积差值"关系图

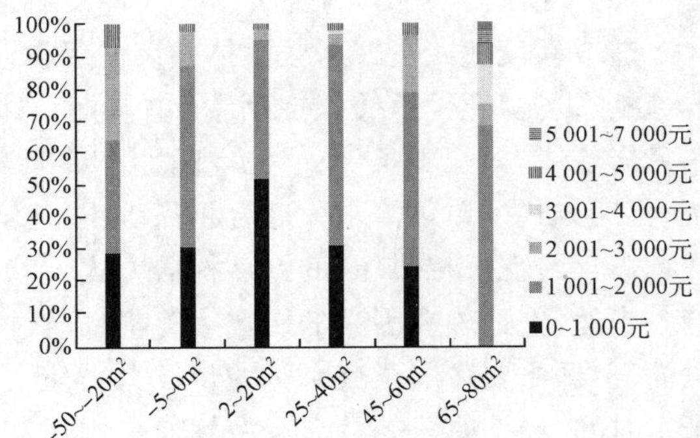

图 2.90　新就业人员"收入差值/人均居住面积差值"关系图

＊资料来源：课题组关于新就业人员的抽样调研数据(2013 年)。

在收入差值方面，收入差值在 1 000 元以内的新就业人员中有超过 50%的住房面积差值在 2～20 m^2，有六成以上收入差值在 1 001～2 000 元的新就业人员住房面积差值在 25～80 m^2，而收入差值在 3 000 元以上的新就业人员，其住房面积差值基本都在 65～80 m^2，说明新就业人员随收入差值的增长而对住房面积的预期需求不断提高（图 2.90）。

3）"预期—现实"的就业出行

关于新就业人员在预期就业出行方面的研究由两部分组成：其一是对预期通勤成本的分析，主要从预期通勤方式、预期通勤时间及预期通勤费用三方面进行；其二是采用自足性测度公式对新就业人员预期的职住分离模式进行测度分级;最后,在此基础上展开“预期—现实”的比较分析,发掘新就业人员在预期与现实之间的差距及现存问题,并采用“预期—现实”的交叉分析,探讨影响新就业人员就业出行差异的个体因子。

(1) 预期就业出行分析

① 预期通勤成本

新就业人员聚居区主体的预期通勤成本,呈现出“以职住通勤距离为依据的预期时间两极化、预期方式多样化及预期费用更加扁平化”的特征——通过预期调查研究发现,绝大多数的新就业人员在预期通勤时间方面表现出明显的两极分化趋势,即希望就业出行时间在 10～30 min 和 60 min 的新就业人员人均较多,但预期在 30～60 min 之间的人员却相对较少(图 2.92);结合城市公共交通工具的平均速度,可测算出新就业人员预期居住与就业地之间的距离主要集中在 5 km 以下和 10 km 以上,且选择步行与公交作为预期通勤交通方式(图 2.93)。对新就业人员的预期就业通勤时间与通勤方式进行交叉分析,也可看出:新就业人员对于预期交通方式的选择主要以 20 min 为界,即 20 min 内主要采用步行,而 20 min 以上多选择公交(图 2.91)。同时新就业人员对单程通勤的预期费用均不超过 6 元,其中预期低于 3 元的人员占 80%左右(图 2.94)。

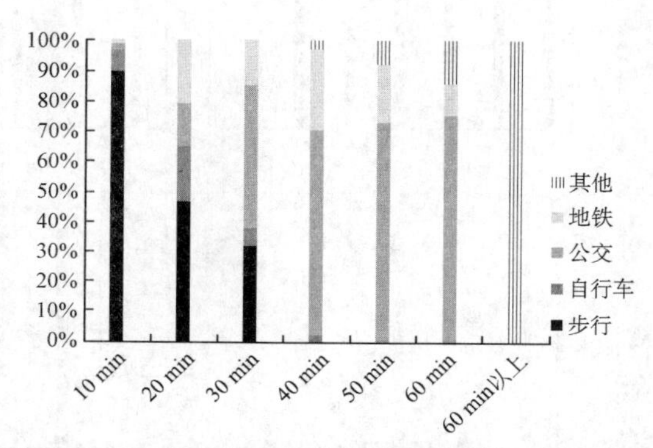

图 2.91　新就业人员“预期通勤时间/方式”的关系图

* 资料来源:课题组关于新就业人员的抽样调研数据(2013 年)。

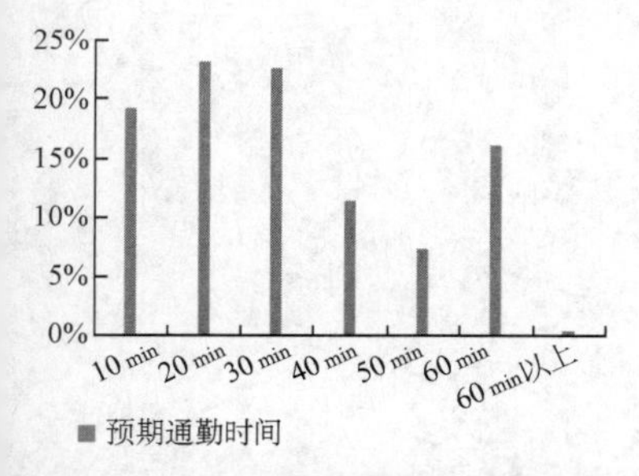

图 2.92　新就业人员预期通勤时间图

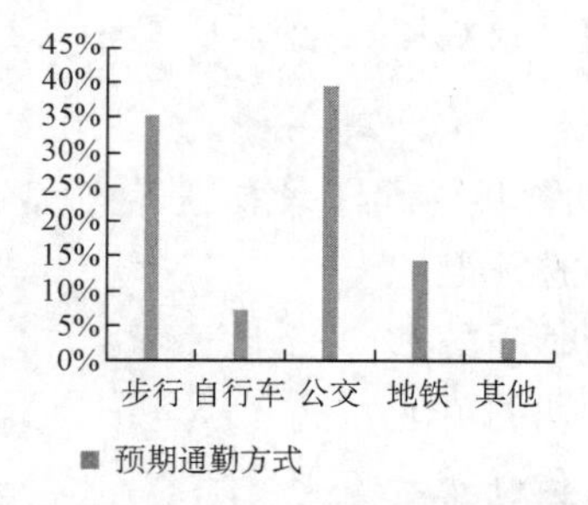

图 2.93　新就业人员预期通勤方式图

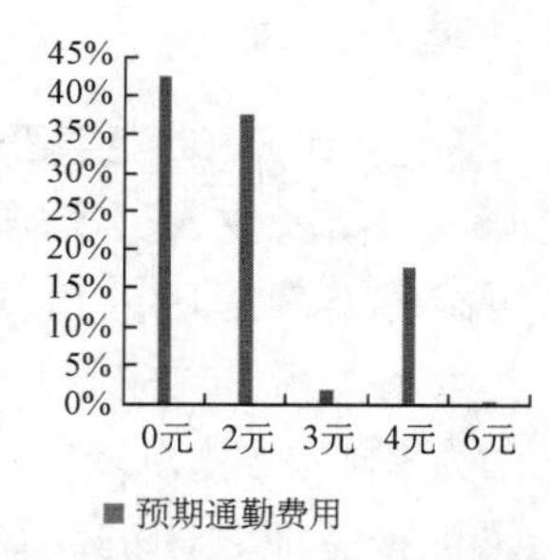

图 2.94　新就业人员预期通勤费用图

* 资料来源:课题组关于新就业人员的抽样调研数据(2013 年)。

具体对每类新就业人员聚居区的预期通勤成本进行研究,发现:各类聚居区内的新就业人员对于就业通勤时间、方式及费用的预期存在较大的差异。在预期通勤时间方面,大学生求职公寓内的预期主要集中在 20～30 min 之内;老城边缘四方新村的预期时间大多在 30 min 以内,而城乡结合部南湾营的预期通勤时间以 10 min 与 60 min 最多,呈现出明显的两极分化;在预期通勤方式方面,大学生求职公寓内的新就业人员主要采用地铁与公交,步行和公交则是四方新村与南湾营的主要预期通勤方式;在预期通勤费用方面,南湾营的单程交通花费以 2 元和 4 元为主,大学生求职公寓以 2 元为主,而花费最少的是四方新村(表 2.16)。

表 2.16　各类新就业人员聚居区预期通勤时间、方式与费用比较

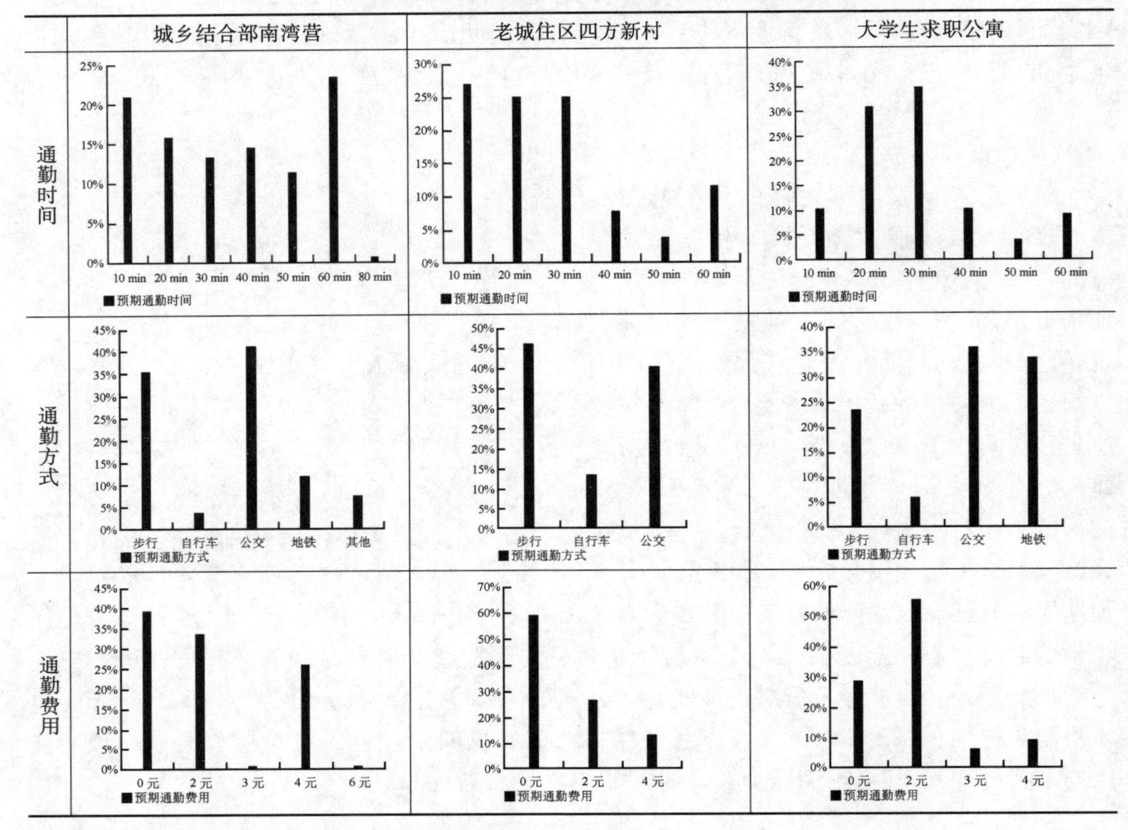

＊资料来源：课题组关于新就业人员的抽样调研数据(2013 年)。

② 预期自足性测度

对新就业人员聚居区的预期自足性同样采取“居住独立指数”(Rs)进行测量，以量化分析出各类聚居区内新就业人员的预期职住均衡关系。首先，以预期通勤时间的数据为基础，推算出新就业人员预期的就业地与居住地之间的距离；然后，经过初步计算得知，只有预期通勤时间在 10 min 以上的新就业人员才发生职住分离现象(即这些新就业人员居住在本街道，但就业点可能在其他街道)；最后，以上述限定标准为依据对各类聚居区进行数据统计，并代入公式进行计算，以 1 为临界点划分，可以看出新就业人员聚居区预期职住空间的分离模式呈现出“城乡结合部和城市老居住区以就近就业为主，而大学生求职公寓以分散就业为主”的差异化特征——

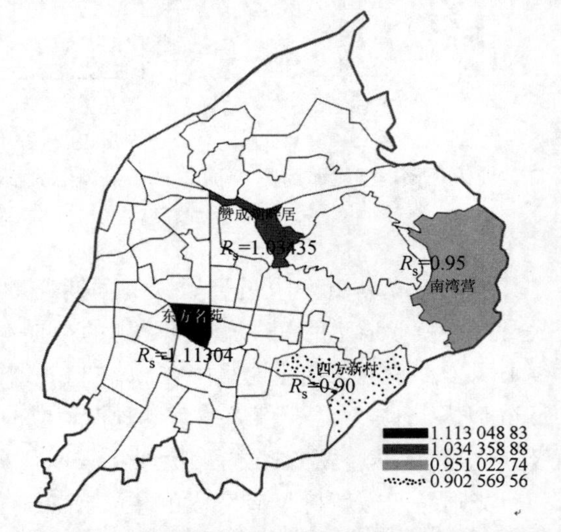

图 2.95　各类聚居区预期居住独立指数空间分布图

＊资料来源：课题组关于新就业人员的抽样调研数据(2013 年)。

将各类新就业人员聚居区之间的自足性测度结果投射到街道单元的空间分布图上，发现各类新就业人员聚居区预期居住独立指数的差异较小，其中四方新村与南湾营的独立指数均小于1；而大学生求职公寓的居住独立指数都大于1(东方名苑更是达到1.1以上)。由此表明，四方新村和南湾营聚居区的预期职住空间分离度较低，其大部分的新就业人员预期选择就近就业；而大学生求职公寓内则以预期在其他街道分散就业的新就业人员居多，尤以东方名苑的万和大学生求职公寓最为显著(图2.95)。

(2) 预期与现实的比较

下面对新就业人员聚居区就业出行的预期与现实进行比较分析，重点从通勤成本、自足性测度两方面做出差异化解析，发现新就业人员聚居区在就业出行方面亟须解决的现实问题。

① 通勤成本

从新就业人员的通勤时间、通勤方式及通勤费用三方面入手，对新就业人员聚居区主体的通勤成本做预期与现实的比较；具体方法是采用差值计算法，其公式为 $\Delta G = G_2 - G_1$；其中 ΔG 表示新就业人员预期的通勤时间、方式及费用与现实通勤时间、方式及费用之间的差值百分比，G_2 代表新就业人员预期的通勤时间、方式及费用在总的预期通勤时间、方式及费用中的比重，G_1 代表新就业人员的现状通勤时间、方式及费用在总通勤时间、方式及费用中的比重。ΔG 的绝对值越高表明预期与现实在通勤时间、方式及费用方面的差距越大，当 $|\Delta G| = 0$ 时，表示预期与现实之间的差距为零，说明现状通勤时间、方式及费用与新就业人员的预期要求完全相符；当 $|\Delta G| = 100\%$ 时表示预期与现实的差距达到最大，说明现状的通勤时间、方式及费用根本无法达到新就业人员的预期需求。

将通勤时间、通勤方式和通勤费用的数据分别代入计算公式中，计算出新就业人员在上述三方面的预期与现实差值，可以看出新就业人员聚居区主体在通勤成本的预期与现实比较中，呈现出“通勤方式差异相对明显，而通勤时间和费用差异较小”的整体特征——新就业人员聚居区主体在通勤方式的最大差值接近15%，而在通勤时间与费用上的差值均小于10%，究其原因，目前的城市公共交通系统虽相对完善，但仍难以做到无缝衔接的一站式通勤，多种交通工具的换乘会给新就业人员带来精力消耗、成本增加、就业地受限等障碍，尤以通勤距离较远且交通不便的聚居区较为明显，导致新就业人员在通勤方式上的预期与现实差值较为显著，希望采用步行方式出行的人员较现状更多；而在通勤时间与费用方面，由于新就业人员基本是主动择居，时间花费与交通开销均在其择居考量因素之中，同时南京市公交费用相对合理，与高昂的月租金成本相比大体处于可承受范围，因此二者的预期与现实差距较小。

从通勤成本的三个方面详细比较发现：首先，聚居区主体在通勤时间的预期与现实比较中表现出“10 min、60 min的正向差异与40 min的逆向差异均较明显”的特征——表明新就业人员在上述通勤时段内无论正值还是负值，现实的通勤时间均无法满足新就业人员的预期(见图2.96)；其次，在通勤方式中表现出“步行方式的差异

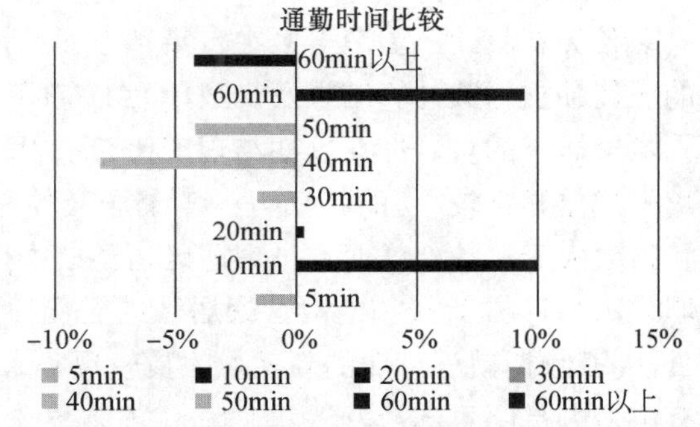

图2.96 新就业人员通勤时间的预期与现实比较图

*资料来源：课题组关于新就业人员的抽样调研数据(2013年)。

最为显著,而公交方式次之”的特征——步行的预期与现实差值最大且为正,表明希望步行就业的新就业人员较现实增长显著;而其他通勤方式的差值均为负值且以公交的差值最大,表明新就业人员对公交的预期较现状而言明显减少(见图 2.97);最后,在通勤费用中表现出“0 元的正向差异最大,2 元的负向差异次之”的特征——在预期与现实的比较中,通勤费用整体差距较小,相对而言单程交通费用为 2 元的差值为-10%,0 元的差值为 10.9%,表明绝大多数的新就业人员虽能承受,但还是希望降低交通开销(图 2.98)。

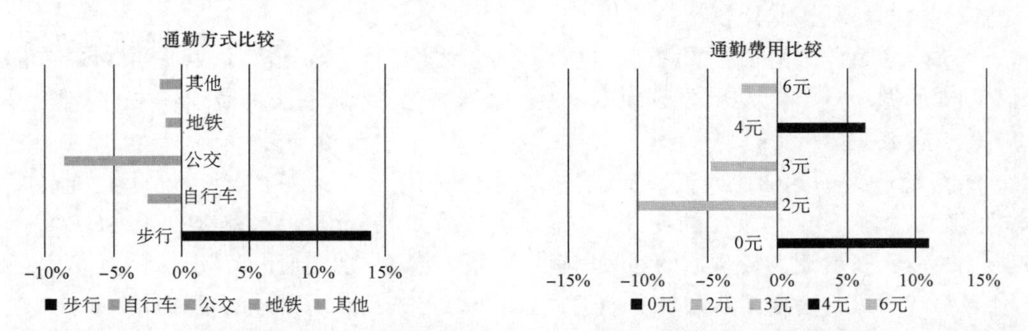

图 2.97　新就业人员通勤方式的预期与现实比较图　　图 2.98　新就业人员通勤费用的预期与现实比较图

* 资料来源:课题组关于新就业人员的抽样调研数据(2013 年)。

具体对各类新就业人员聚居区做通勤成本的差值化比较,发现:在通勤时间上,大学生求职公寓的差异较小,说明其基本能够满足新就业人员的通勤要求且现状在短距离通勤方面有较大优势;而南湾营与四方新村的差异则较明显,四方新村内希望通勤时间为 10 分钟的人员较现实有显著增加,相反对于 20 分钟的预期则比现实有所减少;同样南湾营现状通勤时间为 40 分钟的人员预期明显较少,60 分钟则有大幅增长。在通勤方式上,大学生求职公寓内的新就业人员对地铁的预期需求减弱,但对公交的需求有明显增加;而南湾营与四方新村内的新就业人员对步行和公交的预期需求均较高,但现实的出行方式则以公交为主,造成其公交需求富余而步行无法得到满足的现实状况,尤以四方新村最为显著。在通勤费用上,大学生求职公寓的差异甚微,表明新就业人员对于现状通勤费用较为满意;而四方新村和南湾营的差值均较大,尤其是四方新村的现状单程费用以 2 元居多,且无法满足 0 元开销的预期(表 2.17)。

② 自足性测度

对各类新就业人员聚居区在自足性方面的预期与现实进行比较,运用其在预期与现实中的居住独立指数计算结果及街道单元的空间分布图进行比照式分析,可以看出各类新就业人员聚居区的自足性在预期与现实比较中,呈现出“居住独立指数相似度较高,职住空间分离模式差异化较小”的特征——各聚居区的居住独立指数在预期与现实中的差异甚微,现状指数大于 1 的新就业人员聚居区在预期中仍表现出较高的居住独立性(尤其是大学生求职公寓);四方新村和南湾营聚居区的居住独立指数都小于 1,但南湾营的预期略高于现实,说明其预期就近就业的新就业人员较现实有所减少;而四方新村的预期比现实更低,表明有更多人员愿意选择就近就业(图 2.99,图 2.100)。

表 2.17　各类聚居区新就业人员预期通勤时间、方式与费用的预期与现实比较

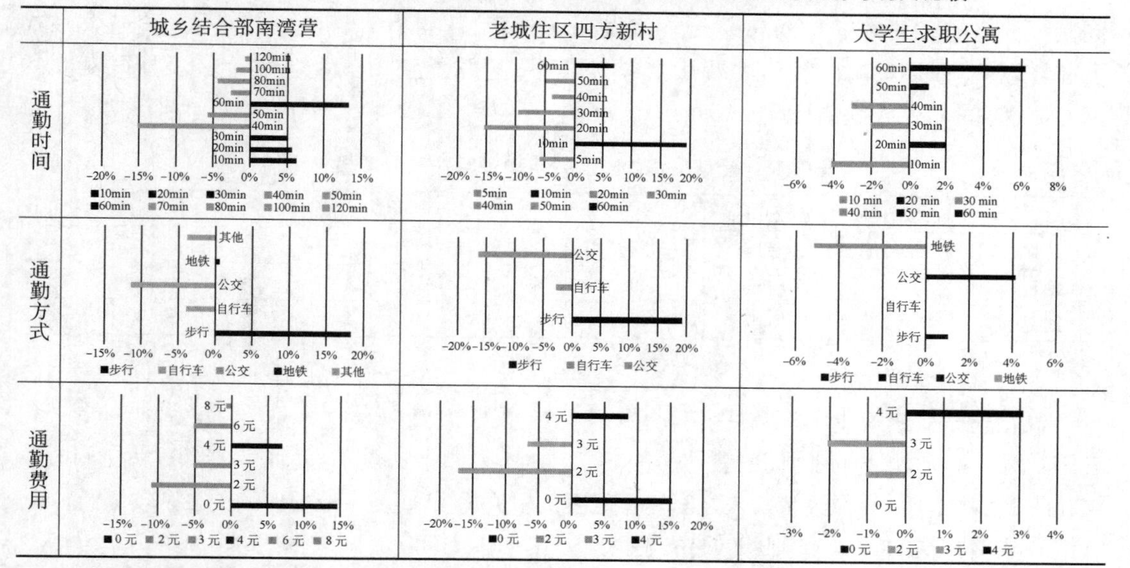

＊资料来源:课题组关于新就业人员的抽样调研数据(2013 年)。

图 2.99　各类聚居区现状居住独立指数空间分布　　图 2.100　各类聚居区预期居住独立指数空间分布

＊资料来源:课题组关于新就业人员的抽样调研数据(2013 年)。

究其原因,大学生求职公寓大多散布于就业机会更多的老城区,周边交通条件优越且就业选择广泛,加之老城区街道较小且密集,使其居住与就业在不同街道的可能性大大增加,从而造成该类聚居区的预期与现实差异较小;而城市老居住区所处街道一般面积更大,且周边与新就业人员相符的就业点也较多(如私营企业),因此预期就近就业的新就业人员也较现状多;而城乡结合部南湾营则因交通条件相对不便,且适配工作岗位有限,故预期中选择分散就业的新就业人员反而有所增加。

(3)“预期—现实”的交叉分析

影响新就业人员聚居区主体就业出行的因素有聚居区的区位分布、交通条件、就业机会等外部现实条件,也有新就业人员自身的年龄结构、受教育程度、毕业年限、来宁时间、所学专业、经济收入、来源地分布等个体内在属性。本节主要对新就业人员的社会经济因子同其聚居区通勤成本的预期与现实差值做交叉分析，从而发现影响新就业人员“通勤方式上差异较大，而通勤时间和通勤费用上差异较小”的因子包括毕业年数、文化程度、专业类型、来宁时间和收入差值(表 2.18)。

表 2.18　新就业人员社会经济属性与通勤成本相关度

通勤成本	年龄结构	毕业年限	文化程度	专业类型	来源地分布	来宁时间	收入差值
通勤方式	−0.564	0.924	0.960	0.997	−0.341	0.846	−0.844
通勤时间	−0.677	0.902	−0.946	0.988	−0.157	0.925	−0.796
通勤费用	−0.632	0.915	−0.960	0.998	−0.240	−0.891	−0.827

＊资料来源：课题组关于新就业人员的抽样调研数据(2013 年)。

以“通勤时间/毕业年限、文化程度、专业类型、来宁时间以及收入差值”的关系为例，分析各因子对通勤成本中通勤时间的具体影响，可以看出，新就业人员的通勤时间差值与毕业年数、文化程度、来宁时间以及经济收入之间均呈现出负相关关系，而与专业类型的关系则较复杂。

在毕业年限方面，毕业 1 年的新就业人员中近七成通勤时间差值为 45～50 min，毕业 2 年的新就业人员通勤时间差值以 5～20 min 为主，而毕业 3～5 年的新就业人员，其通勤时间差值则以−60～0 min 居多，说明新就业人员的通勤时间差值随其毕业年数的增加而逐渐减少(见图 2.101)。

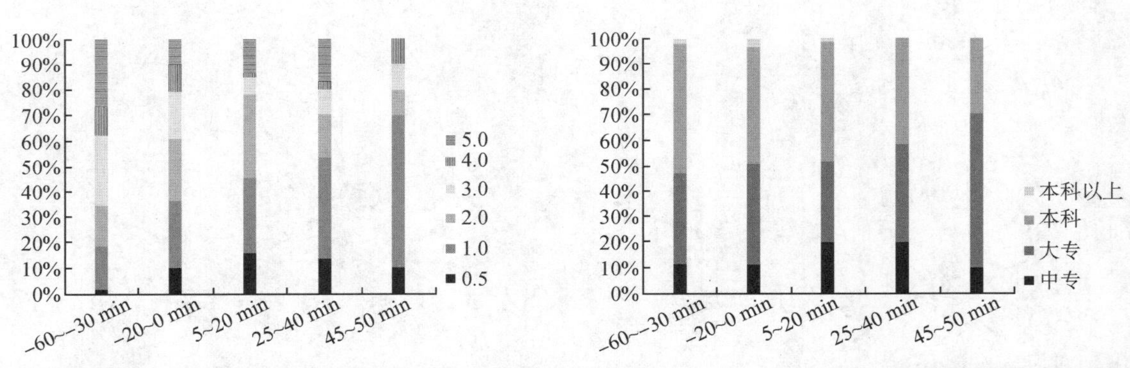

图 2.101　新就业人员“毕业年数/通勤时间差值”关系图　**图 2.102　新就业人员“文化程度/通勤时间差值”关系图**

＊资料来源：课题组关于新就业人员的抽样调研数据(2013 年)。

在文化程度方面，中专和大专学历的新就业人员通勤时间差以 5～50 min 为主，本科学历的通勤时间差值跨度虽较大，但以−60～20 min 的人员居多，而本科以上的新就业人员通勤时间差值均为负，表明新就业人员的文化程度越高，就越注重时间成本问题，故其预期通勤时间也较现实有明显减少(图 2.102)。

在来宁时间方面，来宁 1 年以内的新就业人员通勤时间差值主要集中在 25～50 min，而 1 年以上的新就业人员通勤时间差值则以−60～20 min 居多，尤其是 4 年以上的新就业人员，其大部分的预期通勤时间较现实更低，说明新就业人员来宁时间越长，越希望就近就业以减少通勤时间(图 2.103)。

在收入差值方面，有 60%收入差值在 1 000 元以内的新就业人员通勤时间差值在 45～

50 min;收入差值在 1 001～2 000 元的新就业人员虽在各通勤时间差值中均有分布,但近六成的人员通勤时间差值在－60～0 min;而收入差值在 3 000 元以上的新就业人员通勤时间差均为负值,表明新就业人员预期就近通勤的人员随其收入差值的增加而增加(图 2.104)。

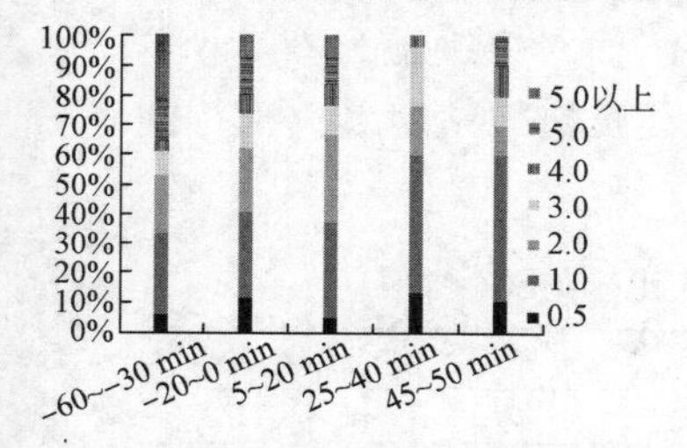

图 2.103 新就业人员"来宁时间/通勤时间差值"关系图

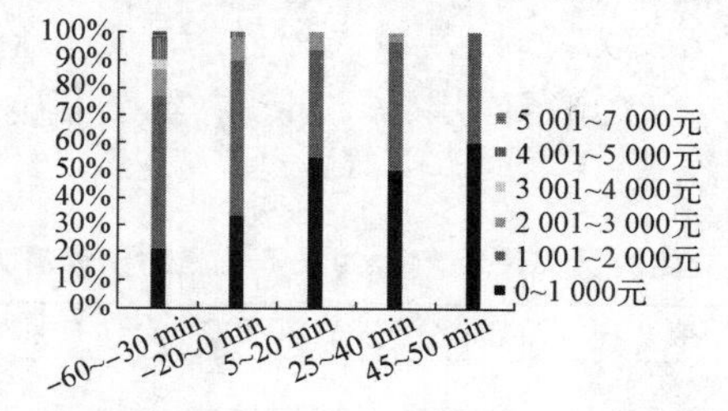

图 2.104 新就业人员"收入差值/通勤时间差值"关系图

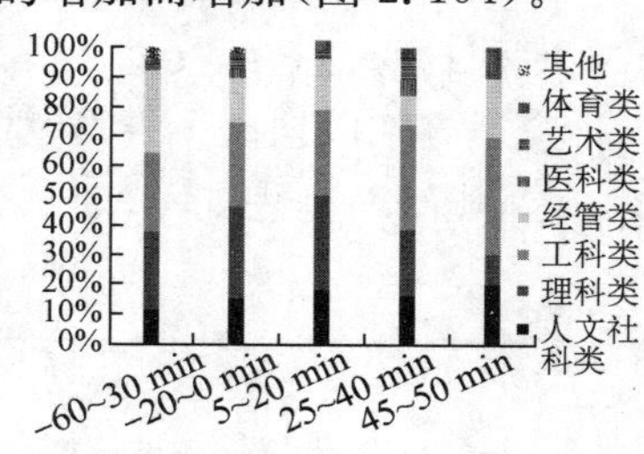

图 2.105 新就业人员"专业类型/通勤时间差值"关系图

＊资料来源:课题组关于新就业人员的抽样调研数据(2013 年)。

在专业类型方面,人文社科、工科、理科及经管专业的新就业人员在各通勤时间差值中均有分布,其中理科以 0～20 min 的居多,工科和人文以 25～50 min 为主,而经管则多为－60～－20 min,说明新就业人员的通勤时间随专业类型的不同而呈现出不同状态,大部分经管类专业的新就业人员预期通勤时间较现实有所减少,而工科、理科及人文社科类专业的预期通勤时间有所增加,尤以工科最为明显(图 2.105)。

4) "预期—现实"的服务设施

关于服务设施的预期研究,主要是从城市和社区两个层面进行阐述,且各层面将采用不同的分析方法;然后对预期与现实的服务设施做比较,以解析其差异并发掘目前设施配建的问题;最后基于"预期—现实"的交叉分析,揭示影响社区服务设施差异的各类社会经济因素及其个体化影响。

(1) 预期服务设施分析

① 预期城市公共服务设施

城市层面上的公共服务设施种类繁多且布点广泛,故一方面对城市公共服务设施的类型进行筛选,着重研究对新就业人员有较大影响的公共服务设施:商业服务、文化娱乐、体育公园和医疗卫生四大类;另一方面考虑到城市公共服务设施的等级规模及服务范围,对其预期出行范围的限定应以各类新就业人员聚居区为中心,根据设施不同的类型和等级来确定出行半径,重点是判断预期出行范围内的设施布点是否均衡。

具体研究方法是根据新就业人员到达各类公共服务设施的预期可容忍最大时间及其选择的交通工具,计算新就业人员聚居区周边的预期最大出行圈层,亦即新就业人员预期公共服务设施点的最大分布范围。计算公式为:

预期最大出行圈层(W)＝交通工具的直线速度(V)×预期可容忍最大时间(T)

其中,交通工具直线速度将采用 12 km/h(公交车)和 20 km/h(地铁)为距离计算系数,预期可容忍时间则源于实际调查数据;同时考虑到公共服务设施等级所带来的预期可容忍时间上的差距,将按分市级与地区级分别测度。下面且以商业服务设施为例进行,位于南湾营的新就业人员对地区级的预期最大容忍时间为 0.5 h 且交通工具以公交为主,计算其最大出行圈层为 6 km;而对市级预期最大容忍时间为 1 h 且交通方式为公交加地铁,对其进行叠加换算得出其最大出行圈层为 12.4 km；位于四方新村的新就业人员对地区级和市级的预期最大容忍时间分别为 0.3 h 和 0.5 h，且交通工具均以公交为主，计算其最大出行圈层分别为 3.6 km 和 6 km；位于大巴士求职公寓的新就业人员对地区级的预期最大容忍时间约为 0.5 h，交通工具以公交为主，则其最大出行圈层为 6 km；而对市级虽为 0.5 h 但交通方式以地铁为主，计算其最大出行圈层为 10 km。至于其他类设施的预期最大出行圈层，则统一列表如下（表 2.19）。

表 2.19　新就业人员关于城市公共服务设施的预期最大出行范围

聚居区	设施类型	等级	预期最大容忍时间(h)	交通方式	最大出行圈层(km)
南湾营	商业服务	地区级	0.5	公交	6
		市级	1	公交＋地铁	12.4
	医疗卫生	地区级	0.7	公交	8.4
		市级	1	公交＋地铁	12.4
	体育公园	地区级	0.5	公交	6
		市级	0.9	公交	10.8
	文化娱乐①	地区级	0.5	公交	6
		市级	1	公交＋地铁	12.4
四方新村	商业服务	地区级	0.3	公交	3.6
		市级	0.5	公交	6
	医疗卫生	地区级	0.5	公交	6
		市级	1	公交	12
	体育公园	地区级	0.3	公交	3.6
		市级	0.5	公交	6
	文化娱乐	地区级	0.3	公交	3.6
		市级	0.6	公交	7.2
大巴士求职公寓	商业服务	地区级	0.5	公交	6
		市级	0.5	地铁	10
	医疗卫生	地区级	0.5	公交	6
		市级	0.5	地铁	10
	体育公园	地区级	0.5	公交	6
		市级	0.5	地铁	10
	文化娱乐	地区级	0.3	公交	3.6
		市级	0.6	地铁	7.2

* 资料来源：课题组关于新就业人员的抽样调研数据（2013 年）。

通过对预期问卷的整理和计算发现：新就业人员聚居区主体在预期共享城市公共服务方面，呈现出“以区位交通条件为依据的预期出行范围的合理化差异”特征——不同类型的聚居区在城市公共服务设施的预期方面表现出不同特征，这往往基于聚居区现实的区位交通状况而作出的判断。比如说万和大学生求职公寓本身即位于城市中心区，各类公共设施无论是等级、规模还是种类均齐全而近便，因此对于其新就业人员而言并不存在所谓的预期容忍时间；而位于城乡结合部的南湾营，对各类公共服务设施的预期容忍时间均较高，致使其预期的出行圈层范围最大。同样，聚居区周边交通条件和交通工具选择的不同，也会对预期最大出行圈层产生较大影响，比如说南湾营与大巴士求职公寓，在市级公共服务设施的预期时间上就会因公

① 在文化娱乐设施方面，由于新就业人员较为关注的是电影院及娱乐设施，因此对于该类设施的预期以到达电影院或娱乐设施的预期可容忍最大时间为主要衡量标准。

交或地铁的不同而有所差异,通常快速便捷的地铁拥有比公交更大的预期出行范围。

② 预期住区配套服务设施

对住区层面上配套公共服务设施的预期分析仍要从新就业人员的社会属性特征出发,着重分析对新就业人员有较大影响的住区配套服务设施:医疗卫生、商业服务、文化休闲和邮电市政四类。因此,本节将重点对聚居区内上述四类设施的规模和门类进行预期研究。

从新就业人员对住区配套服务设施的预期需求分析中发现:新就业人员聚居区主体在预期共享住区配套服务方面,已呈现出"预期需求普遍较高,而类型需求不均等"的特征——新就业人员对住区配套设施的希望均较高。具体而言,新就业人员首先考虑的是邮电市政设施中的公交站点,对其需求为100%;其次是超市、餐饮、银行以及部分商业服务设施(如理发店、零售店等),需求均在75%以上;对医疗卫生设施和部分不可或缺的服务设施(如菜市场)需求也在70%左右;至于文化休闲设施,其对于健身场所、公园等设施的配置需求相对较低(图2.106)。

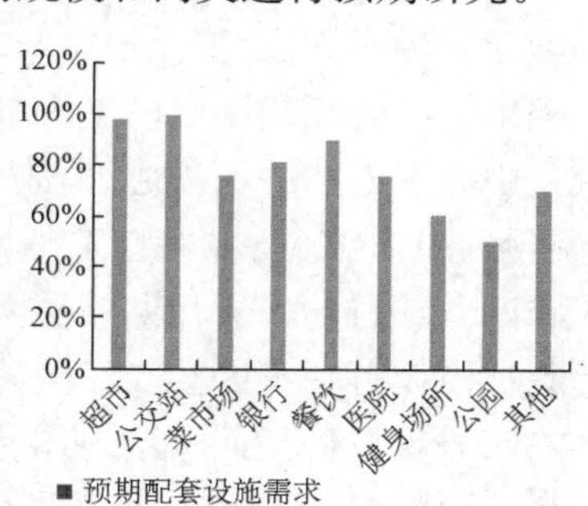

图2.106　新就业人员聚居区预期配套设施需求图

*资料来源:课题组关于新就业人员的抽样调研数据(2013年)。

具体对每类新就业人员聚居区进行预期研究发现:除对公交站点的预期外,大学生求职公寓相较于南湾营和四方新村而言,在配套服务设施的预期上具有明显差异。前者对于各类设施的需求较低,但预期差异较大,尤其是对文化休闲设施的预期(如对健身场所及公园的需求在45%左右);而南湾营与四方新村内的新就业人员对各类配套设施的需求均较高(尤其是南湾营聚居区),且各类设施之间的需求相差不大,其中医疗卫生、文化休闲及各类小型商业服务设施的需求略高(图2.107)。

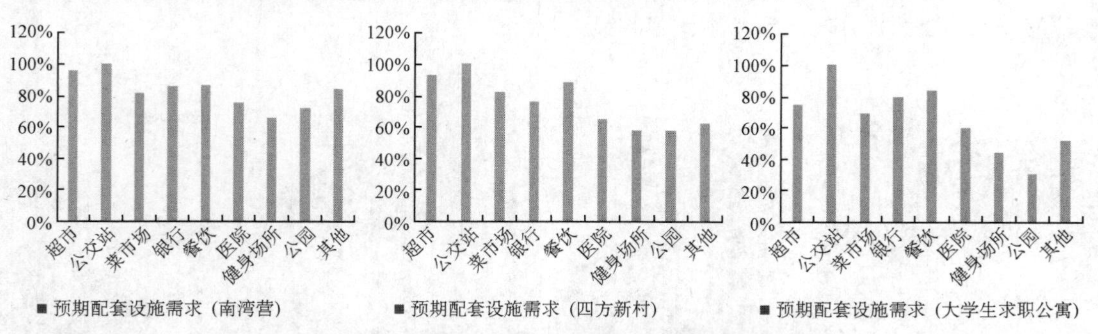

图2.107　各类新就业人员聚居区预期配套设施需求图

*资料来源:课题组关于新就业人员的抽样调研数据(2013年)。

(2) 预期与现实的比较

本节仍然从城市和住区两个层面,对新就业人员聚居区的服务设施做预期与现实的比较分析:在城市层面上采用空间叠图法,对新就业人员预期的出行范围和公共服务设施的现状布点作直观的差异解析;在住区层面上则采用差值比较法,测算各类聚居区在服务设施配套方面"预期—现实"的差值,进而对其差异进行分析,梳理与总结各层级服务设施的现存问题。

① 城市公共服务设施

将上节预期的最大出行圈层(两级)落在空间上,并与城市公共服务设施的现状分布进行叠加发现:各类新就业人员聚居区在城市公共服务共享的预期与现实比较中,呈现出“因现状公共服务设施分布严重失衡,而造成的城市边缘区设施类型缺失且规模较小”的特征——由于区位差异造成的城市公共服务设施共享度依然存在较大区别,尤其是城市边缘地带的聚居区,即使是在人们预期的最大出行范围内,仍然存在设施缺失、规模不足等问题。

具体到各类设施现状布点与预期需求的比较,则呈现出“商业服务设施与体育公园设施差异较小,医疗卫生设施与文化娱乐设施差异明显”的特征——在商业服务设施方面,各类聚居区的预期圈层内基本都分布有地区级商业网点,甚至大学生求职公寓还处于市级商业中心湖南路的覆盖之下,表明商业服务设施的现状布点基本能覆盖现有的新就业人员聚居区(图 2.108);在医疗卫生设施方面,各类聚居区之间存在较大差异,除大学生求职公寓和四方新村的市级预期圈层内分布有较多的地区级和市级医疗卫生设施外,南湾营的预期圈层内仅有一家区县二级医院(图 2.109);在体育公园设施方面,各类聚居区的差距较小,除四方新村的预期圈层内体育公园较少外,大学生求职公寓和南湾营的周边均有较多的体育公园设施(图 2.110);在文化娱乐设施方面,各类聚居区的预期圈层内文化娱乐设施的布点均较少,尤其是四方新村周围没有任何电影院或娱乐设施,而大学生求职公寓和南湾营周边的文化娱乐设施以图书展览居多、娱乐设施较少(图 2.111)。

究其原因,南京市正处在快速发展与持续扩张时期,但城市公共服务设施仍过多集聚于老城区,而其边缘区、新城区及城乡结合部往往存在设施门类缺失、规模较低(尤以医疗卫生和文化娱乐设施为重)等问题,加之这一带的交通出行也相对不便,加大了聚居区新就业人员对于城市公共服务的共享难度,从而造成老城区新就业人员(如大学生求职公寓)可满足预期而城市老住区和城乡结合部预期落差较大的现象。同时从设施类型上看,优先配建的商业服务设施和外围适合大型体育设施建设的富裕用地,不仅缩小了二者“预期—现实”的差异,也带来了医疗与文化设施的显著反差。

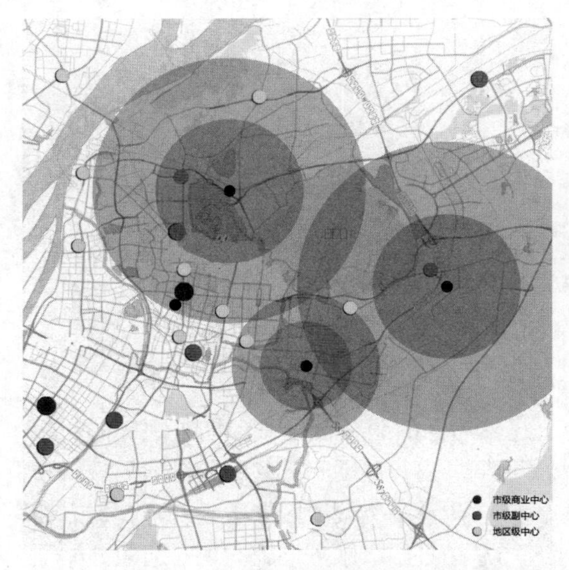

图 2.108 聚居区周边商业服务设施最大距离圈层图

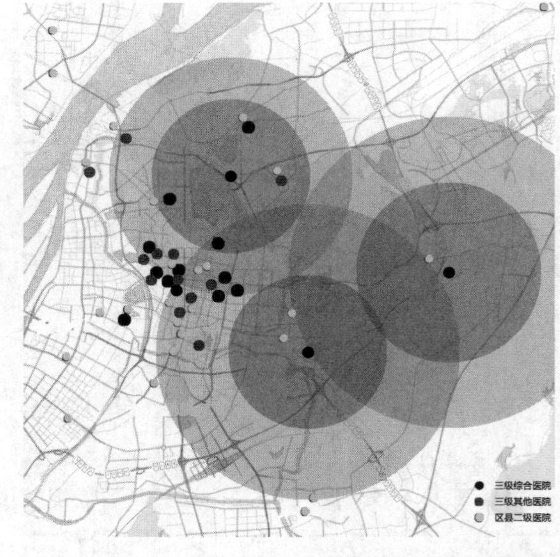

图 2.109 聚居区周边医疗卫生设施最大距离圈层图

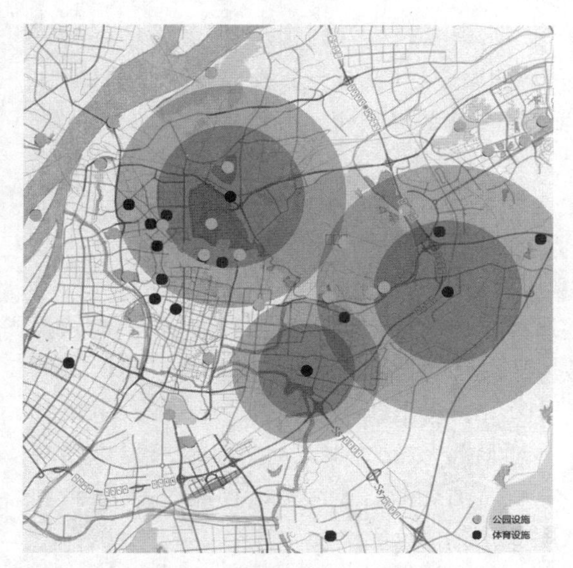

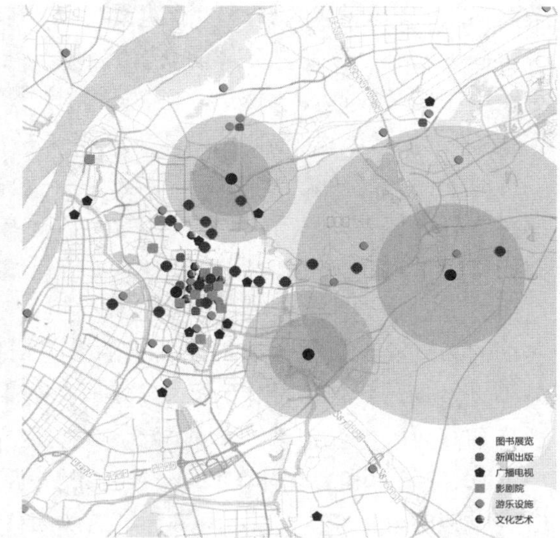

图 2.110　聚居区周边体育公园设施最大距离圈层图　图 2.111　聚居区周边文化娱乐设施最大距离圈层图

＊资料来源：课题组关于新就业人员的抽样调研数据（2013 年）。

② 住区配套服务设施

对新就业人员聚居区的配套设施进行“预期—现实”的比较分析，仍然采用差值比较法，计算公式为 $\Delta G = G_2 - G_1$；其中 ΔG 表示住区的预期配套设施与现实配套设施之间的差距，G_2 和 G_1 分别代表新就业人员预期的各类聚居区配套设施在总预期配套设施中的比重和新就业人员的现状聚居区配套设施在总配套设施中的比重。ΔG 的绝对值越高表明预期与现实之间的差异越大，当 $|\Delta G| = 0$ 时，表示预期与现实完全吻合，说明聚居区现状配套设施完全可以满足新就业人员的预期需求；当 $|\Delta G| = 100\%$ 时则表示预期与现实差距最大，说明聚居区配套设施的现状与新就业人员的预期需求恰恰相反。

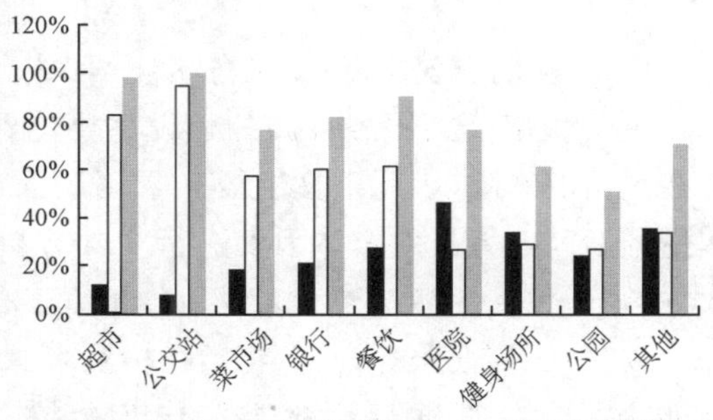

图 2.112　聚居区配套设施需求预期与现实比较图

＊资料来源：课题组关于新就业人员的抽样调研数据（2013 年）。

将各类聚居区配套设施的预期与现实值都代入公式进行计算得出其差值如图 2.112 所示，可以看出新就业人员聚居区在住区配套服务共享的预期与现实比较中，呈现出“整体预期需求与现状配置差距大，医疗卫生与文化娱乐设施差异最为明显”的特征——无论是在设施门类还是规模，各类聚居区现状都无法满足新就业人员的预期需求。具体研究发现：新就业人员对于邮电市政设施和商业服务设施的需求较大，同时现状供给也多，因此在预期与现实中的差距尚小；在医疗卫生及文化娱乐设施方面，新就业人员的预期需求仍然较高但现实供给少，从而造成该两类设施的明显差距，尤其是医院的预期与现实差值已接近 50%。

究其原因，新就业人员作为年轻、高知的弱势群体，对配套服务设施的质量与规模均有较高需求，但其居住的聚居区因建设规模、配套标准、资金投入等因素，在服务设施的配置方面尚无法满足预期。具体而言，位于城乡结合部的城中村、拆迁安置房及保障性住区，由于距中心城区较远，人员对住区设施的依赖度颇高，但过于粗放和标准较低（尤其是医疗卫生设施）的现状建设，致使预期需求和现实差异显著；而城市老居住区的设施大多源于计划经济时期的统配统建，类型单一、规模有限且老化严重，尤其是娱乐设施同新就业人员的预期存在较大偏差；至于位于主城区的大学生求职公寓，在完善设施、稀有土地和高昂成本的共同作用下，住区的配套服务更多的是依托城市既有的服务设施，而自行配建较少。

具体对每类新就业人员聚居区作住区配套服务设施的预期与现实比较发现：南湾营聚居区的新就业人员在预期与现实上的差值最大，其次是四方新村，大学生求职公寓的差值最小。但具体到各种设施的需求差值，三类聚居区又表现出较为明显的一致性：邮电市政设施和商业服务设施现状配置较为齐全且有一定规模，故新就业人员虽有需求但差值较小；而医疗卫生和文化休闲设施的现状配置原本就少，加之新就业人员的预期较高，导致这两类设施的落差较大，尤以南湾营聚居区为甚（图 2.113）。

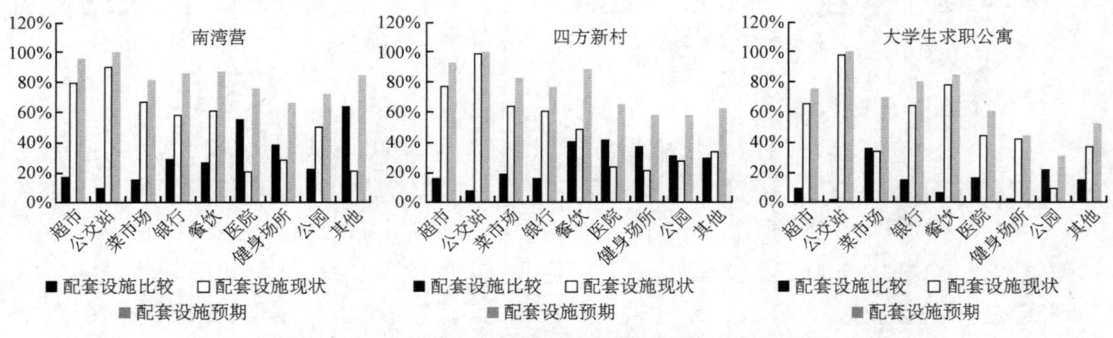

图 2.113　各类聚居区配套设施的预期与现实比较图

＊资料来源：课题组关于新就业人员的抽样调研数据（2013 年）。

(3)“预期—现实”的交叉分析

由于城市公共服务设施的建设主要受到城市层面上区位交通、服务人群、建设经营等外在因素的影响，因此下文主要从住区层面出发，将聚居区配套服务设施的“预期—现实”差值同新就业人员的个体因素进行交叉分析，发现影响“住区配套服务预期与现实差异较大”的因子包括年龄结构和来源地分布（表 2.20）。

以“住区配套服务设施/年龄结构及来源地分布”的关系为例进行具体分析，可以看出，新就业人员的住区配套设施差值与年龄结构之间表现出正相关关系，而与来源地分布表现出分化现象。

表 2.20　新就业人员社会经济属性与住区配套服务设施相关度

住区配套服务服务设施	年龄结构	毕业年数	文化程度	专业类型	来源地分布	来宁时间	收入差值
相关度	－0.640	－0.289	－0.036	－0.120	－0.970	－0.188	－0.091

＊资料来源：课题组关于新就业人员的抽样调研数据（2013 年）。

在年龄结构方面，20 岁以下的新就业人员对住区配套设施的预期类型较少，主要包括菜市场、餐饮、医院、公园等,其中对医院的需求最高;而20岁以上的新就业人员则对所有类型的服务设施均有需求,尤其对医院、餐饮等的预期较高,表明随着年龄的增长,新就业人员对于住区配套服务设施的预期也在不断增加(图2.114)。

在来源地分布方面,新就业人员对住区服务设施的门类需求均较高,尤其关注医院、健身场所、公园等设施。其中,来自省会/直辖市的新就业人员对餐饮的预期较高,而来自县级市的人员则对菜市场的配置较为关注,说明在对住区配套服务现状低满意度的前提下,来自不同地区的新就业人员,其关注点和预期值往往也会因类而异、有所分化(图2.115)。

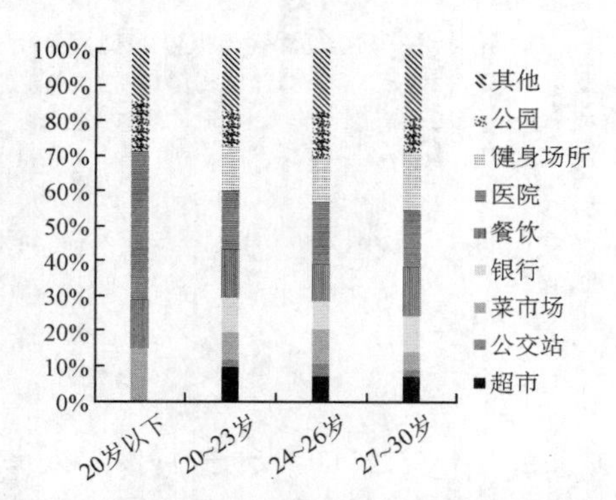

图2.114 新就业人员"年龄结构/服务设施差值"关系图

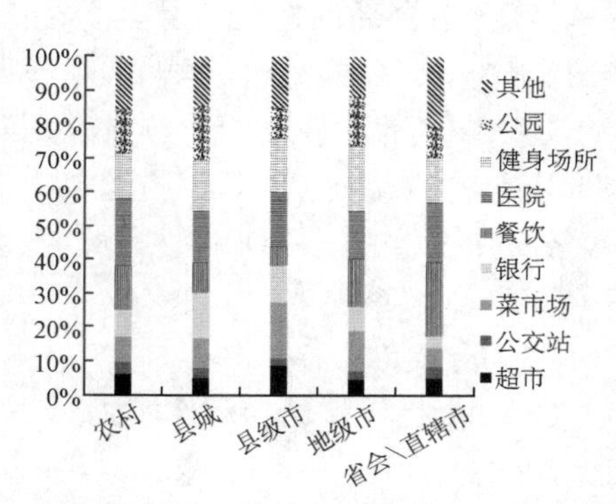

图2.115 新就业人员"来源地分布/服务设施差值"关系图

*资料来源:课题组关于新就业人员的抽样调研数据(2013年)。

2.5 从现实到预期:新就业人员聚居空间的改善策略

1) *房源供给层面*

(1) 现存问题

由于高额的房价和不断上涨的租金价格,迫使新就业人员在无力购买住房的同时只能靠合租来减少租房成本。新就业人员聚居区主体的租房方式现状是以与朋友、同事或陌生人合租为主,存在因房源类型单一和租金价格过高而形成的合租住房面积较小等问题;但新就业人员对住房的预期需求较大,大部分新就业人员选择的预期租房方式是单住或与熟人合租的模式;如此就造成了新就业人员在预期与现实比较中,又存在"对单住方式的预期较现实大,对与陌生人合租的预期较现实小"的问题。具体表现在以下方面:

其一,住房信息获取不充分。新就业人员刚毕业进入社会,对于社会资本的积累较少,加之,现有租房租赁市场的信息公开程度低,对于房屋租赁数量、类型、价格等消息的获取方式较少,致使新就业人员不仅收入较低且对住房的信息也较匮乏,尤其是来宁时间较短的新就业人员,其租房信息基本来自互联网。

其二,住房市场供需不匹配。通过上文的分析发现,新就业人员对于人均居住面积的预期需求以20~50 m² 为主,且对其租金的可承受能力主要集中在500~1 000元之间。但相关资料显示,租赁市场中住房面积在50 m² 以下且租金在401~1 000元的住房供给量仅占7.1%,而50~80 m² 的住房市场供应量则较多,但其租金基本在1 200元以上(以1 500元以上为最多)，其住房供应比例为33.9%。这说明市场目前所能提供的住房与新就业人员的需求差异显著、匹配度不高(图 2.116)。

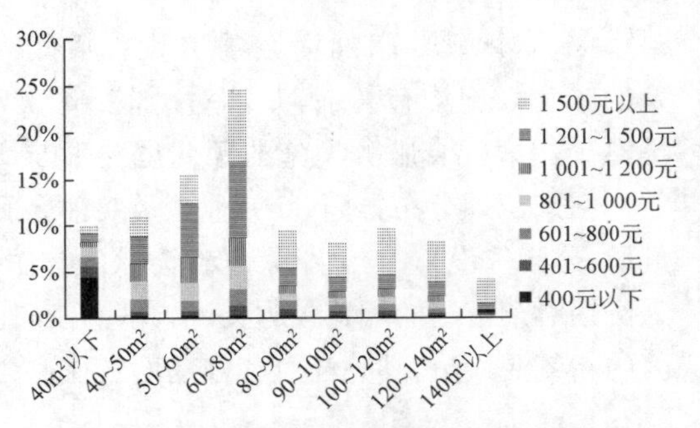

图 2.116　市场供给住房建筑面积与租金的交叉分析

＊资料来源：李智，林炳耀. 特殊群体的保障性住房建设规划应对研究——基于南京市新就业人员居住现状的调查[J]. 城市规划，2010(11)：27 - 28.

其三，租房市场房源不充裕。当前住房市场中多是以利润为驱动的商品房开发和保障性住房建设，对于新就业人员这类“夹心层”的关注极少，因此可供新就业人员租赁的市场房源(以城乡结合部的拆迁安置房、城市遗留老住房和散布市区的私人大学生求职公寓为主)对于越来越庞大的新就业人员来说，存在规模与价位上的双重挑战：既要有足够的房源数量，又要在租金方面同新就业人员的收入水平相匹配。如此的房源供应差距不言而喻，亟待得到改善。

(2) 改善策略

① 改革租赁市场的运作模式

国内关于中低收入群体的住房问题研究较多且理论成果已不乏见。但由于该群体界定标准的多样性及其内部的非均质性，致使群体内部差异较大，其中对新就业人员而言具有较大借鉴意义的是与之相似群体——“蚁族”的住房供给研究。

我国学者在分析了国内外相关住房模式的理论和实践之后，结合我国的实际情况，构建了两种面向特定弱势群体的租赁住房供给模式，对新就业人员的租赁市场改革有很大启示作用：一种是 CMAT 模式，是根据“蚁族”的居住需求状况，提出的一种解决“蚁族”群体住房问题的新路径；另一种是 PPP 模式，是通过融资来建设大学毕业生低收入群体的过渡性住房——“青年公寓”，并将其纳入到住房保障体系之中，成为该类群体的暂时住所。具体分析如下(表 2.21)。

表 2.21　两类租赁住房供给模式总结表

供给模式	CMAT 模式	PPP 模式
针对群体	“蚁族”群体	大学毕业生低收入群体
住房产权	所有权归政府，开发商只有承租改造权	政府主导、产权共有
建设模式	政府将开发权在一定时期内转让给开发商，并主张利用现存房屋，尽量少进行新建。具体包括三种：政府转换空置房、政府收购二手房、城市功能转变带来的旧厂房、校舍、医院等。 政府 空置房 统一收购 土地置换 二手房 政府收购 旧厂房、校舍、医院等 政府收购 开发商 改造、设计、精装修 蚁族公寓 低价出租 蚁族 低价出租 经营期限满 政府收回改变用途 续租、继续经营项目 **承租改造政府房屋的建设模式图**	是一种公共部门与私营机构的合作模式，通过吸引民间资本，来建设针对大学毕业生低收入群体的保障性“青年公寓”。 政府 PPP协议 民间资本 土地 财税优惠 投资建设 资金 技术 服务等 产权收益 公积金转付房租、租金补贴 共有产权性质“青年公寓” 委托服务合同 每月实际交纳租金 租金 大学毕业生低收入群体 入住 运营、管理、维护 专业服务公司 **PPP 模式的“青年公寓”建设、运作图**

续表 2.21

供给模式	CMAT 模式	PPP 模式
运营模式	依建设模式而异——(a) 闲置房承租:开发商负责旧房改造和经营,特许权期满后,再将项目移交给政府;(b) 协同新建:开发商根据合同建设住房,其权益通过租金、政府补贴获得,同时还有一些相应的信贷优惠政策和土地开发使用权;(c) 代理经营:政府按照 CMAT 理念,将成熟且精装修的蚁族公寓交由相关企业经营	首先政府对划拨的土地及相关财税优惠作价格评估,并与民间提供的资金、技术、服务等按比例形成 PPP 协议,然后成立公司负责"青年公寓"的建设与运营,收益按比例分成。而在"青年公寓"的建设营运中须要有政府的补贴
进住机制	首先须具备一定程度的教育水平,其次要有相对稳定的工作且须设置一个合理的本地最低工作年限,最后须采用"租金支出收入比"作为蚁族进住的准入条件	必须是大学毕业生中的低收入、未婚群体且毕业年限应有所限定
退出机制	(a) 收入超过当地的 CMAT 模式申请条件;(b) 擅自改变住房用途;(c) 学历造假;(d) 将承租的住房转借(租);(e) 连续 6 个月以上未居住;(f) 已购买商品房	大学生低收入群体的收入增长到一定水平,或者结婚成家的,须脱离此保障范畴,进入现行的社会住房体系
独特之处	为"蚁族"群体提供居住、出行、社区服务和创业帮助等一体化的平台("蚁族"社区),其不仅为蚁族提供简单的居住服务,还根据需求提供独具特色的创业办公室,以更好改善"蚁族"的生活和创业环境	PPP"青年公寓"的产权属公私共有,充分融入对民间资本的激励思想,拥有强大的吸引合力来引导民间资本积极进入,增加"青年公寓"自身的造血功能,减少政府财政和管理压力,具有可持续发展的特点

* 资料来源:刘洪辞. 蚁族群体住房供给模式研究[D]:[博士学位论文]. 武汉:武汉大学,2012:126 - 147.
张建坤,等. 基于"公私合作"模式的大学毕业生低收入群体保障性住房价格研究[J]. 经济问题探索,2011(3):148 - 152.

由于很多城市的租赁市场处于管理缺位的非规范状态,急需对住房租赁市场现有的操作方式和机构组织做出重大改革。新就业人员相较于其他中低收入人群而言,具有阶段性强、流动性大的特点,因此应该参照上述住房供应模式,建构符合新就业人员的租赁住房体制,有助于解决此类人群在租房方式中面临的问题。其中,CMAT 模式更具借鉴价值,在其建设运营模式中,承租政府闲置房和代理经营蚁族公寓,均对解决新就业人员租房问题有较大启发且可行性较高。

② 改善房源的供给渠道

对于租赁市场的改革,只能从一定程度上规范和缓解新就业人员的租房问题,但在兼顾出租房的低租金和高质量方面,远非一般私人住宅租赁市场所能解决的,这最好能由政府出面,大力鼓励和扶持经济适用房、廉租房、公共租赁房等建设,以此来改善新就业人员所面临的租房难与购房难问题。

其中,公共租赁房是解决新就业职工等夹心层群体住房困难的过渡性产品,也契合新就业人员收入低、潜力大、居住融合性好等特点;而共有产权住房则与新就业人员的购房能力相符,适合有购房需求的新就业人员。具体策略如下:

【租房供给渠道:公共租赁住房】

2010 年 6 月 12 日由住房城乡建设部等七部门联合制定的《关于加快发展公共租赁住房的指导意见》中提到有条件的地区,可以将新就业职工和有稳定职业并在城市居住一定年限的外来务工人员纳入供应范围,目前部分城市已有试点(表 2.22)。

从中可以看出,各城市制定的公租房政策皆以城市自身特点为依据,具有较强的针对性与可行性;仅就公租房中的保障对象——新就业人员而言,各城市的保障政策却存在较大漏洞,除杭州市外,其他城市仅在供应对象中对新就业人员有所提及,而未在户型设计、租金定价、住房补助等方面同步细化和跟进。尤其是户型基本上以家庭为单位进行设计，导致住房面积与新就业人员的需求不符。江苏省2011年6月颁布了的《江苏省公共租赁住房管理办法》从供应人群、房源筹集、融资渠道、申请方式、租赁管理等方面都做了原则性规定，但没有具体的户型设计等要求。因此，公共租赁住房的建设应有别于其他保障性住房，在遵循相关规章的基础上，具体研究新就业人员的社会特征、住房需求等，细化户型设计、空间分布以及规模标准，提出适合其租赁的公共住房。

表2.22 我国部分城市的公共租赁住房策略总结表

城市	供应对象	特点	不足
北京	廉租房、经济适用房、限价房轮候家庭、刚就业的职工及外省市来京连续稳定工作一定年限的人员	房源筹集：北京要求在普通商品房住区内，可按照最高30%的比例配建公租房	(a)户型设计参考不合理：以住房困难的家庭为基本单位，由家庭成员数量决定户型设计
重庆	年满18周岁，在主城区工作的本市无住房或家庭人均住房建筑面积低于13 m² 的住房困难户；大中专院校及职校毕业后就业和进城务工、外地来主城区工作的无住房人员	配给公正：拥有完善的公共租赁住房信息平台和管理系统，申请审核严谨且信息公开透明。 租售并举：租赁5年期满后，符合条件的承租人可按综合造价确定的价格购买。但购买后不得进行出租、转让、赠予等市场交易	(a)租金设定依据较为单一，仅考虑贷款利率和相应维护费用。 (b)申请人的收入与公租房提供的住房面积之间存在矛盾：因住房人均面积过大，使得租金对申请人构成了经济负担
上海	无户籍限制，除本市青年人口以外，也包括引进人才和外来务工人员及其他符合条件的常住人口，且无收入限制	租期限制：租期下限为2年(如需续租，需另行申请)，租期上限则为5年，如此有利于管理，也可避免出现"富人"入住现象	(a)租金设定依据不明确：仅强调略低于市场租金水平。 (b)"只租不售"的规定，在一定程度上具有制约性
杭州	(a)在杭州市区工作，或是杭州市区生活的本地居民且自身或配偶在杭州市区均无房。 (b)创业人才，除符合前款规定外，还需具有全日制普通高校本科以上学历，或中级以上职称，或高级以上职业资格证书	针对特定群体：为缓解外来创业人才(大学毕业生)、外来务工人员住房压力，建设包含创业人才(大学毕业生)公寓、外来务工人员公寓和解决"夹心层"住房困难户的经济租赁房。2010年，统一更名为"公共租赁住房"	(a)房源供给与需求之间存在不匹配现象，实际承租率不高：弃租群体以单身创业人员和大学毕业生居多，主要原因是职住不平衡且租金难以负担。 (b)住房租赁时间过短，缺乏居住稳定感
深圳	以拥有深圳户籍的低收入家庭为主体，同时还包括非户籍常住人口、高级人才、行政事业单位初级人员	重点支持各类企业及其他机构投资建设公租房，并提供两种补贴形式：一是提供公共租赁；二是提供货币补贴	(a)租金补贴水平明显偏低，租户需承担市场租金的60%～70%，住房负担沉重。 (b)户型供需存在矛盾，特别是小户型的供求矛盾最大

* 资料来源：http://baike.baidu.com/view/2555570.htm#16.
郎启贵，等.我国公共租赁房运作模式的实践与探索——基于部分城市公共租赁房运行情况的比较分析[J].中国房地产，2011(10):33-40.
徐嘉阳.浅析杭州市公共租赁房存在的问题[J].现代物业(中旬刊)，2011(10):41-46.
方和荣.我国公共租赁房政策的实践与探索——以厦门、深圳为例[J].中国城市经济，2010(1):52-55.

【购房供给渠道：共有产权住房】

"共有产权房"理论最早提出于2004年①，2007年首先在江苏省淮安市试点，随后在上海、贵州及江苏其他城市推广，北京(称为"自住房")也出现了类似的保障性住房。随后，根据相关报道显示，住建部将北京、上海、深圳、成都、黄石和淮安6个城市确立为为全国共有

① 该理论由南京市建委高级经济师陆玉龙在2004年提出，即在共有产权模式下，政府与个人的产权比例是可变的，申购者可按自己现有财力购买部分的住房产权并住进去，然后可选择按市场价格逐年向政府购买住房产权；当其超出申购标准时就要退出共有产权住房，此时其可按市场价购买政府手中的剩余产权以买下整套房子，或可按市场价格将自己拥有的产权返还政府，抑或在市场上卖出此住房，然后按照产权比例与政府平分收益。

产权住房试点城市①。此类保障中低收入住房困难家庭的购房政策,符合新就业人员阶段性收入低、积蓄少的特征,对亟须购买住房的新就业人员而言,可较早获得住房,同时对其他人员来说也可减轻因房价高昂而带来的强大心理压力。

因此,建议面向新就业人员实行"共有产权住房"政策,针对其制定相应的购房限制条例,使其成为新就业人员的辅助性购房渠道。如此一来,新就业人员可在保障期结束时获得一套商品房或一笔出卖产权的市场收益(在房价上涨的大趋势下,该收益也是增值的);而政府亦可有一套继续发挥保障作用的住房,或有一笔用于继续建设新保障性住房的资金,从而实现保障性住房的循环使用。

2) 住房设计层面

(1) 现存问题

新就业人员属于典型的"夹心层"群体,收入拮据却持续时间不长,具有明显的阶段性特征,因此其主要选择租赁社会住房这种主动择居的方式来解决居住问题,但目前租赁市场所服务的主要对象较新就业人员而言收入更高,故现状新就业人员多选择与熟人合租配套条件基本齐全的中套住房或是与许多陌生人合租大套住房,从而产生人均居住面积严重不足的现实问题;同时与预期需求相比,新就业人员在收入较低的状况下租赁的住房,还存在"对住房人均居住面积及其内部配套条件的预期需求较高,而现实却无法满足其要求"的问题。具体表现在以下方面:

其一,住房面积差距大。由于新就业人员年轻且高知化,对独立的居住空间需求较高,其在人均居住面积的预期中以 20～50 m^2 为主,但现实中新就业人员在租金可支付前提下,租居的住房人均居住面积多不超过 15 m^2。这说明现实中的租赁住房对新就业人员来说,存在面积与租金之间无法契合的尴尬局面:若租金合理则人居居住面积太小且无独立空间,若面积适合则又租金太高。

其二,住房配套标准低。目前,新就业人员所租住的房屋主要为城乡结合部的拆迁安置房、城市老住房和私人经营的大学生求职公寓,其均属于私人住房且以营利为目的,讲求利润最大化。同时由于租赁市场对于住房配套条件并没有统一、标准的硬性规定,使得房源配套条件的自定标准普遍较低且同预期差异明显。

(2) 改善策略

① 借鉴国际住房设计经验

面向新就业人员的居住空间设计,须以其主动择居的预期住房面积为依据,探讨出其需要且合理的住房面积标准。住宅空间的标准一般包括质和量,国际上将该标准划分为三个等级,其中最低标准是人均一张床(人均居住面积在 2 m^2),家有一间房②。这种标准只能满足个人底限需求,新就业人员虽也属于住房困难户,但主要源于房源租金与居住标准之间的固有矛盾。因此需要通过借鉴国外青年群体的居住空间设计标准,来取舍和限定新就业人员的住房标准。

美国的学生住宅主要面向刚参加工作的青年群体,由于其住房租赁市场发达,因此供给青年人的租赁房屋种类也较丰富,主要包括公寓、居住大厅、合住独立住宅以及寄宿房屋,且不同种类的住房均有自身的特点(表 2.23)。

---

① 中国广播网.全国 6 城市试点共有产权住房[N].南京晨报,2014-04-07.

② 张彧.流动人口城市住居——住区共生与同化[D]:[硕士学位论文].南京:东南大学,1999.

表 2.23　美国学生的居住空间类型及其特点总结

类型	公寓	居住大厅	合住独立住宅	寄宿房屋
人群	年龄较大的研究生或已参加工作的青年人	为青年人(尤其是学生)提供集体居住的房屋类型	大多是年纪较轻的本科生	
户型	"工作室"(studio)是单身公寓最常见的户型,通常形状为L型(又称为L型公寓)	类似于集体宿舍公寓,但多拥有独立空间或交流空间	独立住宅,但分室居住	房主居住的一整套房屋中出租的闲置单间
空间设备配置	由一个大开间构成,配备带淋浴的卫生间与厨房	前者:4人共用卫生间(2个面池、1个马桶、1个淋浴间) 后者:2人共用卫生间(每个卫生间配1个面池、1个马桶。其中一个卫生间配备1个淋浴间),4人共用公共活动空间	一层为起居室、厨房等功能性用房,上层为卧室;且多数卧室配备独立卫生间	多数房主提供洗衣、厨房设施。近年来,各居住房间还配备了厕所

＊资料来源:齐际.适应青年人居住需求的公租房单体设计研究[D]:[硕士学位论文].北京:清华大学,2011:16－20.

日本的学生住宅多位于高校周边,属于市场化产品,其单位面积的租金与市场价格大致持平,但因低面积所带来的低总价是青年人所能承受的。户型设计则是根据青年人的需求,可满足单身或是情侣的居住需要且在设施配备方面优于公营住宅。其中,学生公寓与合住青年住宅是该类住宅的主要形式,均体现了青年人集体居住的模式,且在租赁时无年龄限制(表 2.24)。

表 2.24　日本学生住宅的类型及其特点总结

类型	单身学生公寓		合住青年住宅	
特点	多数为单人间		由普通集合式商品住宅分室租赁	
平面	类型1	类型2	两人合住类型1	两人合住类型2
	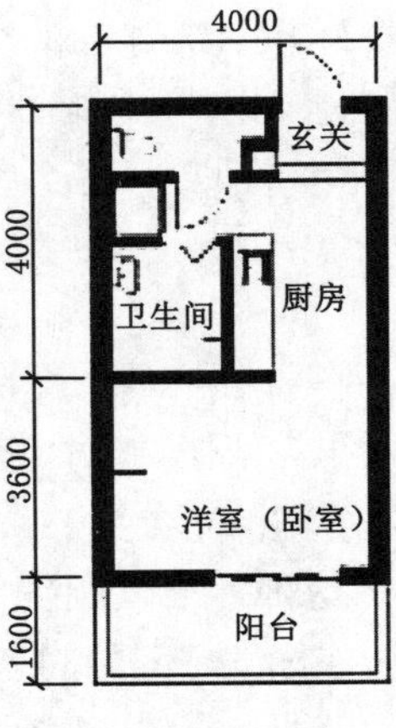 4000 玄关 卫生间 厨房 洋室(卧室) 阳台 4000 3600 1600	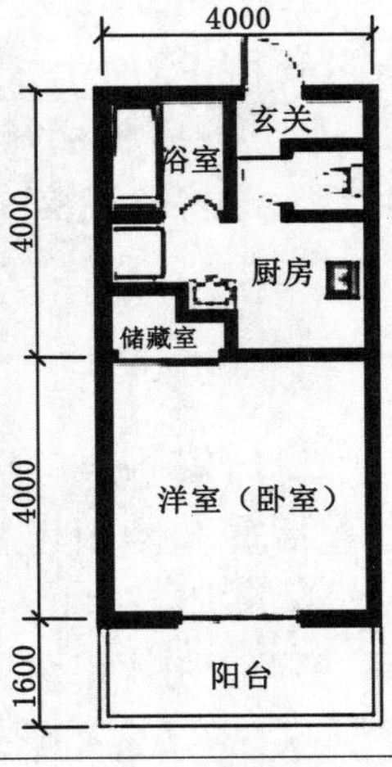 4000 浴室 玄关 厨房 储藏室 洋室(卧室) 阳台 4000 4000 1600	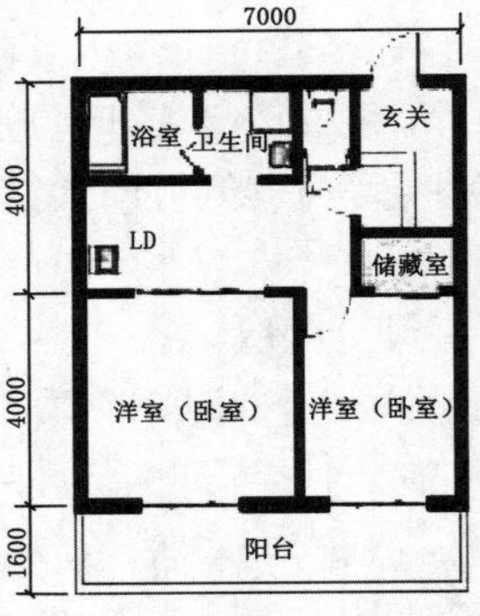 7000 浴室 卫生间 玄关 LD 储藏室 洋室(卧室) 洋室(卧室) 阳台 4000 4000 1600	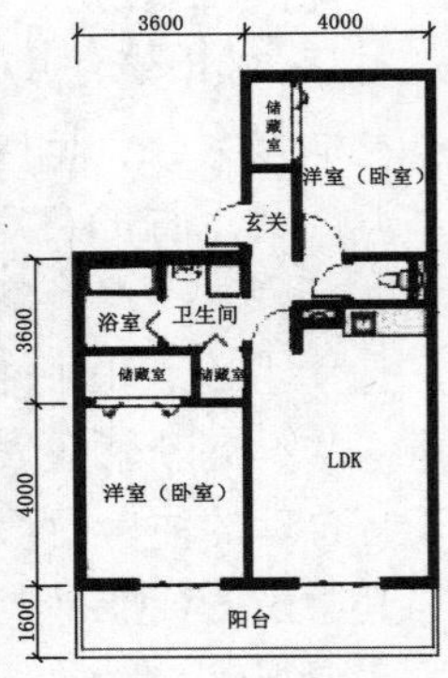 3600 4000 储藏室 洋室(卧室) 玄关 浴室 卫生间 储藏室 储藏 洋室(卧室) LDK 阳台 3600 4000 1600
面积	28 m²(不含阳台)	32 m²(不含阳台)	56 m²(不含阳台)	61 m²(不含阳台)
独立空间			洋室(卧室)	洋室(卧室)
空间设备配置	玄关、卧室、厨房(炉灶、洗池)、卫生间(面池、马桶、淋浴)、洗衣机	玄关、卧室、厨房(炉灶、洗池)、卫生间(面池、马桶、淋浴)、洗衣机	玄关、LD空间、卫生间(面池、马桶、浴缸)	玄关、卧室、厨房(炉灶、洗池)、卫生间(面池、马桶、淋浴)、阳台
人均面积	—	—	28 m²	30.5 m²

＊资料来源:[日]彰国社.集合住宅实用设计指南[M].刘东卫,等,译.北京:中国建筑工业出版社,2001.

日本青年住宅的房租虽是青年人生活开支的最大部分,但对其生活极少构成负担。以月计算,绝大多数日本青年的房租开支占总收入的3成以下,如上述合住青年住宅,其租金大约在7万日元/月(约合人民币5 000元/月),价格相对于多数青年人的工资水平来说仍处于合理范畴。

② 确立新就业人员住房标准

依据以上分析,结合新就业人员自身的社会属性特征及对住房标准的预期需求,将其居住空间设计标准确立为:公共租赁住房以居住面积在30~50 m^2 的家庭式居室为主,以人均居住面积在10~15 m^2 的宿舍式居室为辅。不同人员可根据自身实际情况,因类而异地寻租住房(表2.25)。

表2.25 面向不同类型新就业人员的户型选择

新就业人员	单身		情侣(夫妇)	
可选择类型	家庭型套型或其中的单人间	宿舍型套型	家庭型套型	
户型类型	一室一厅(独用)或一室(独用)一厅(共用)	一室	一室一厅(独用)	二室一厅(独用)
人均使用面积	15~20 m^2	10~15 m^2	15~20 m^2	20~30 m^2

* 资料来源:根据上述分析研究绘制。

对上述面向新就业人员的公租房户型进行具体设计时,除重点关注住房人员的基本生活需求外,还需对各空间的面积标准及配套设施提出控制性要求和设计要点,既可保证公租房的经济性,又可通过对面积、设施等的控制来实现户型的多样性,恰到好处地满足新就业人员的差异化需求。比如说家庭型公租房,若是朋友/同事共同合租,应注意其私密性与独立性,即除公共活动区、厕所、洗漱等空间外,还需保证合住住户的卧室面积充足。下面对家庭式(主要是合租的)和宿舍式住房的具体空间设计要求进行分析(表2.26)。

表2.26 面向新就业人员的不同类型公租房设计要求

设计要点	家庭式(合租)	宿舍式
门厅	应考虑使用人数及设计方式,且应设置足够的储藏空间	
卧室	在合租方式中,卧室属于主要空间。其大小应以三个主要的功能:休息、学习和生活(内含储藏)为依据。其中生活区面积可缩小。配套设施主要有床及床头柜、书桌及椅子、衣柜等	卧室是主要的起居、学习和休息的空间,因此要适当增大生活区的面积,同时还应适当增大储藏面积。配套设施主要有床、书桌、椅子、衣柜、储藏柜等
客厅(公共空间)	需满足多用途需要,客厅不宜过大,但至少需要保证4人桌(桌子以可折叠型为佳)的摆放,且客厅要留有墙面,用于摆放电视或储藏柜等;同时应避免对卧室产生干扰	须满足居住者的集体活动需要;设置位置也应考虑到噪声干扰与安全问题
卫生间(公共)	应避免使用冲突,马桶、面池及淋浴尽量独立设置,且应根据使用人数来确定洁具数量	满足多人使用的要求,洁具数量需参考宿舍标准(包括洗衣机),且设置位置避免对各居室产生干扰
厨房(公共)	考虑到多人使用的需要,面积应大于现行《住宅设计规范》的要求	公共厨房的位置应易于监控且本身应封闭;同时需要加强监管
阳台	应考虑设置服务型阳台,便于晾晒和储藏。同时应设置洗衣机位置并配给上下水管	应在卧室外设置阳台,便于使用

* 资料来源:齐际.适应青年人居住需求的公租房单体设计研究[D]:[硕士学位论文].北京:清华大学,2011:103-110.

2011年底，住房和城乡建设部根据国务院指示，委托中国建筑标准设计研究院组织全国26家优秀设计单位和大专院校的技术骨干共同研究攻关、历经专家组多轮审查、修改和优选形成了《公共租赁住房优秀设计方案汇编》(以下简称《汇编》)。《汇编》根据公共租赁住房的不同居住对象，提供了不同系列的住宅户型，主要有30 m²、40 m² 和50 m² 三种建筑面积系列，其中"30、40"面积系列中单身型和居家型的住宅套型对新就业人员来说，较为合理且符合其预期需求。同时住房设计还涵盖了6层以下、6～11层、12～18层以及19层以上等不同建筑高度的7套标准化方案，适合不同的建筑高度与用地要求；且住宅套型的规模虽较小，但室内强调空间多功能化，具有"面积集约、功能齐全、设施完备、空间灵活"的突出特点，户型设计中设有门厅，方便换鞋收纳，卧室中也有较大的衣柜作为储物空间等等(图2.117，图2.118)。

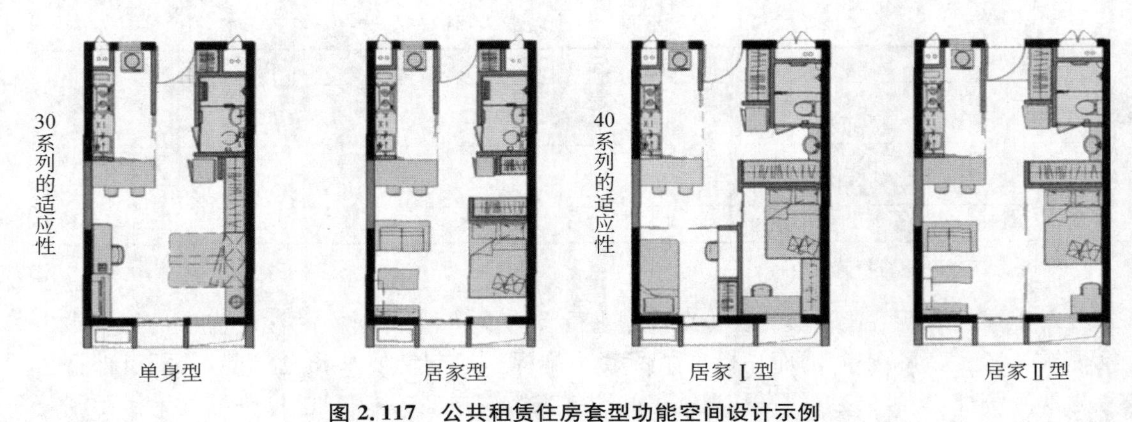

图2.117 公共租赁住房套型功能空间设计示例

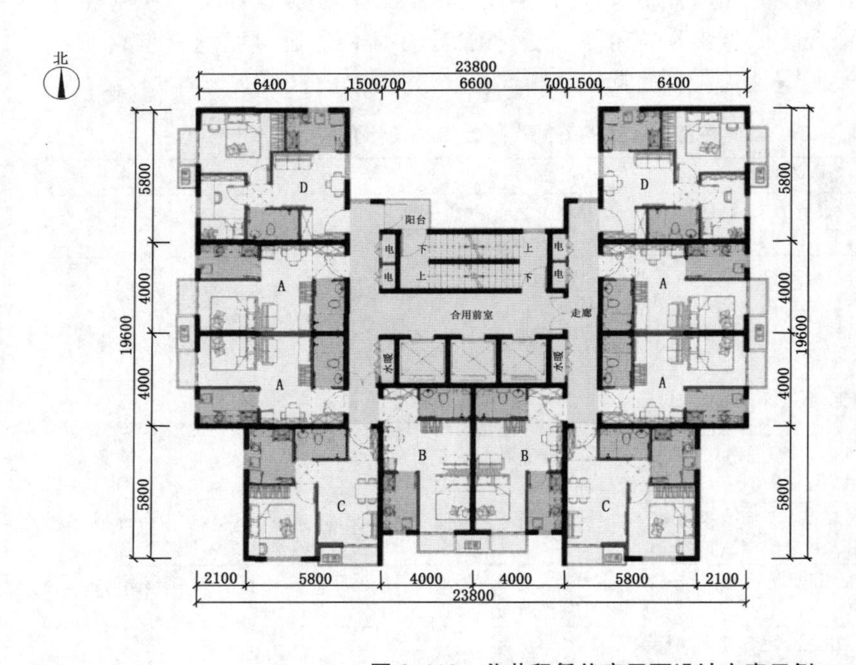

◀ 07号方案
标准层户数：一梯十户
建筑类型：塔式
朝向：南北向
使用层数：19层及19层以上
A套型
居室数：一室
建筑面积：34.6㎡
模块尺寸：4000㎜×6400㎜
B套型
居室数：一室
建筑面积：34.6㎡
模块尺寸：4000㎜×6400㎜
C套型
居室数：一室一厅
建筑面积：43.26㎡
模块尺寸：5800㎜×5800㎜
D套型
居室数：二室一厅
建筑面积：50.14㎡
模块尺寸：6400㎜×5800㎜

图2.118 公共租赁住房平面设计方案示例

*资料来源：刘东卫，等.设计方式转变下的公共租赁住房建设——《公共租赁住房优秀设计方案汇编》与标准化设计[J].建筑学报，2012(5)：6－8.

3) 职住关系层面

(1) 现存问题

新就业人员聚居区主体的就业出行,依其所在住区的空间区位不同而表现出明显的差异:大学生求职公寓主要集中在市区,就业选择较多且交通优势明显;而城市老居住区和城乡结合部居住区则在区位交通与就业机会等方面均处于相对的劣势地位,且与新就业人员的就业空间匹配度较低,故现状中存在通勤方式复杂且选择较少、时间成本较高且就业地点受限等问题(尤以城乡结合部住区最为明显);而在预期中,上述两类聚居区的新就业人员多选择就近就业,因此在预期与现状的比较中存在"预期通勤方式较现实更简洁,预期就近就业的需求也较现实更高"的问题。具体表现为两点:

其一,现状聚居区交通不完善。以城乡结合部和城市老居住区的新就业人员聚居区最为显著:前者主要集中在城中村、城市拆迁安置住区和保障房住区内,虽有公交、地铁等交通工具,但公交线路较少且各交通工具之间缺乏衔接;后者多位于老城之外的老居住区内,其周边公共交通类型单一(以公交为主)且线路覆盖有限。

其二,现状聚居区分布不合理。现状符合新就业人员的就业点多位于老城街道和城市特定区域,而新就业人员聚居区则主要分布在老城之外以及城乡结合部(大学生求职公寓除外),这类居住空间与就业空间的错位导致新就业人员的就业选择受到较大限制。

(2) 改善策略

① 导控聚居区的选址及规模

目前,我国正在大力建设包括公共租赁住房在内的保障性住房,但对其具体选址和规模均缺乏更为深入与完善的研究。关于新就业人员这类住房"夹心层"群体,租房成本和生活便利度是其较为注重的两个因素,所以对面向该类人群的公共租赁住房进行选址时,应综合考虑土地价格与租金可承受能力、交通条件与租金可承受能力之间的制衡关系,从而推出多类公共租赁住房产品供选择。

首先,新就业人员聚居区的选址,应结合其就业地点的分布范围及城市的公共交通系统。重点发展以新就业人员居住地和工作地为起止点,城市公共交通为纽带的居住模式(图 2.119)。由于新就业人员受经济收入水平的限制,其住区不可能离城市交通枢纽或市中心太近,因此可以布局在直通就业地的公共交通走廊周边,比如说在地铁沿线、距离站点步行时间在 10～15 min 的地段内选址,建设高层高密度的公租房,在兼顾地价的同时方便新就业人员通勤。

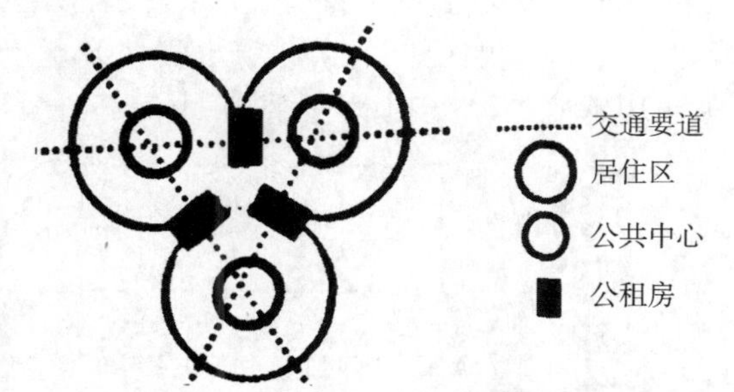

图 2.119 新就业人员公共租赁住房空间选址示意图

＊资料来源:李智,林炳耀.特殊群体的保障性住房建设规划应对研究——基于南京市新就业人员居住现状的调查[J].城市规划,2010(11):30.

其次,要对新就业人员住区的建设规模进行控制,鼓励适度的混合居住方式,提倡各类住房的搭配建设。由于新就业人员具有较强的暂时性及流动性特点,应根据其社会属性特征,提倡小规模、散点式混居,既可提高选择的多样性,又能共享住区的公共服务设施。如香港公屋为避免贫民集聚所带来的城市负面效应,就主要通过两种模式实现商品房与公租房的混合配置:其一,普通商品住房楼栋与公租屋楼栋以一定比例混建在社区中;其二,在同一楼栋中的不同层混置普通商品住宅与公租屋(表 2.27)。

表 2.27　香港公屋的混合配置形式

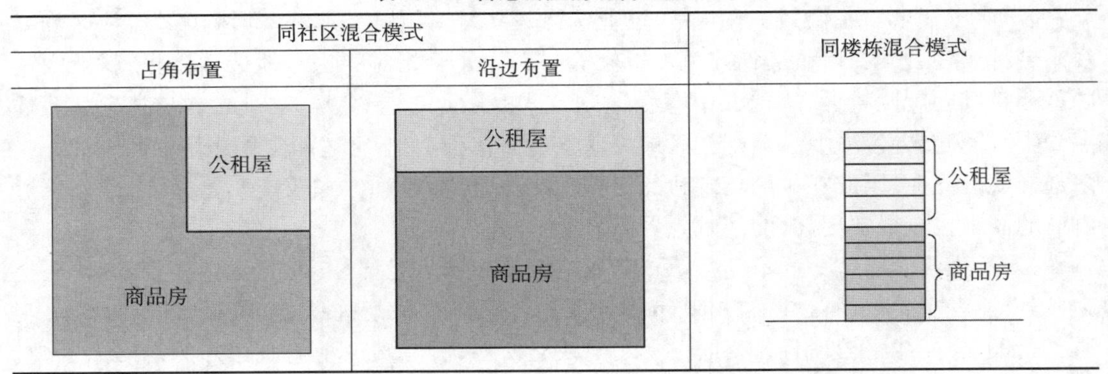

* 资料来源:齐际.适应青年人居住需求的公租房单体设计研究[D]:[硕士学位论文].北京:清华大学,2011:28.

② 规范大学生求职公寓的建设

从新就业人员就业出行的现状分析中可以看出,市区内散布的大学生求职公寓不但拥有显著的区位交通优势和就近就业的主体特点,在预期与现实的比较中也表现出了更小的差异,尤为契合刚毕业不久的大学生和来宁时间较短的高知年轻人需求。同时,大学生求职公寓也普遍存在人均居住面积低、居住环境拥挤、安全感低等问题,因此须对现状大学生求职公寓进行规范化与标准化的改造,并由政府制定相关规章制度,将其转化为新就业人员除公租房之外的另一辅助型租房产品。

例如,上海市出台的《上海市居住房屋租赁管理办法(征求意见稿)》中禁止包括求职公寓在内的群租行为,并制定措施①以保障"夹心层"人群的居住问题。具体比如说,对现有大学生求职公寓制定"严格禁止、立即整改、规范租房以及联合物业公司共同监督管理"的政策(图 2.120);再比如说,由政府出资建设正规的大学生求职公寓,并提供相应的政策支持(如希望求职旅社、泉山学子公寓、上海开心学生公寓等)。

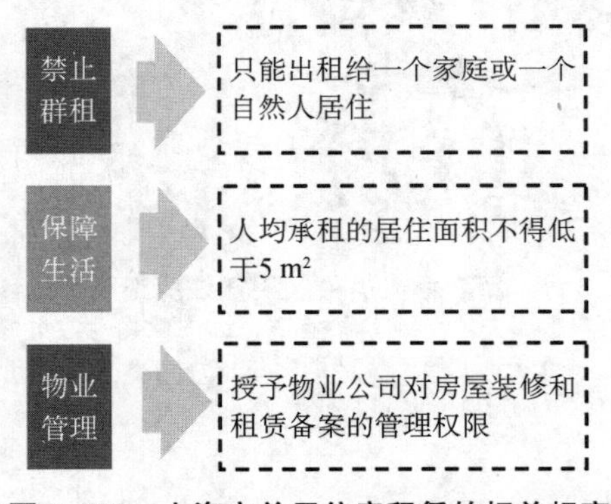

图 2.120　上海市关于住房租赁的相关规定

* 资料来源:上海市居住房屋租赁管理办法。

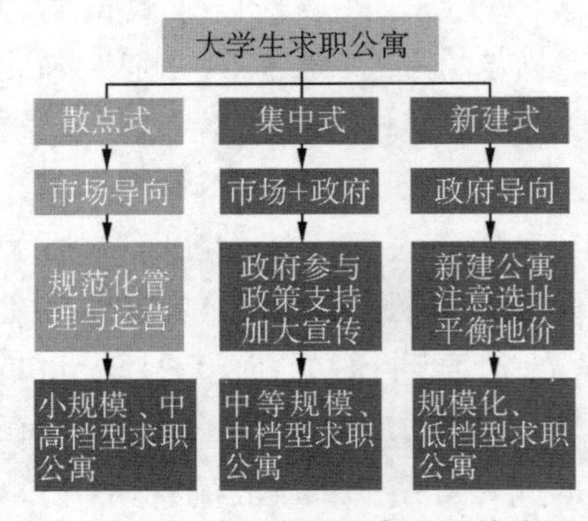

图 2.121　关于求职公寓建设的建议

* 资料来源:笔者自绘。

① 上海市住房保障和房屋管理局,2010 年 12 月 21 日(沪府发〔2010〕32 号)《贯彻〈本市发展公共租赁住房的实施意见〉的若干规定》。

根据上述分析,以南京市大学生求职公寓的自身特点为基础并结合上海市经验,可根据目前大学生求职公寓的不同类型(散点式和集中式),制定不同的改造政策,具体如下(图 2.121):

其一,现有的散点式公寓多源于民宅改造,存在规模与质量上的参差不齐以及管理松散、入住标准不一等问题。这需要政府出台专门的管理监督办法,并提出严格的居住标准,以控制人均居住面积和居住人数,实现公寓的规范化管理。

其二,现有的集中式公寓基本位于商住楼内或由旅店改造而来,且多采用连锁店的经营管理模式,标准化程度高,但其运营成本也相对较高,若无固定客流,将难以为继。因此,针对这类公寓,政府须给予适当补贴,或注资并参与经营;同时须提供政策扶持,以确保客流量稳定,从而实现公寓合营化。

其三,政府应投资新建、管理和运营大学生求职公寓。但考虑到求职公寓的高选址要求,政府可以考虑统一收购老城区甚至中心区附近经营不善的宾馆和旅店,实现公寓的规模化经营。

此外,上述各类大学生公寓的信息还需公开化、透明化,对其区位分布、交通条件、住区环境、房间类型、配套条件等因素提供详细介绍;同时尝试同高校合作,为刚毕业的新就业人员优先提供就业信息、职业培训、择居等方面的服务。

4) 服务设施层面

(1) 现存问题

新就业人员因自身的社会属性特征,对城市层面和社区层面的服务设施需求均表现出因类而异的特点。城市层面上,新就业人员对商业服务、医疗卫生、文化娱乐和体育公园设施的关注程度较高;而社区层面上,则对商业服务、文化休闲、邮电市政及医疗卫生的需求更高。但现状中城市公共服务设施的配置呈现出显著的非均等化现象,社区配套服务设施也存在设施门类与规模层次的不齐问题,因此在新就业人员预期与现实的比较中,服务设施存在"城市方面,现状医疗卫生与文化娱乐设施无法满足预期;住区方面,各类现状服务设施均无法满足需求"的问题。具体分析如下:

其一,城市公共服务设施配置不合理。目前南京市虽在不断进行城市更新与扩张,但公共服务设施仍过度集中于老城区,使周边区域的设施出现整体配置不足、门类缺失、等级较低的现象,同时老城边缘和城乡结合部因交通条件所限,也使城市公共服务难以覆盖整个区域。

其二,社区配套服务设施良莠不齐。各类新就业人员聚居区多依附于城中村、拆迁安置房、保障性住区或是城市新老住区,其服务设施因建设背景和标准的不同,在门类和规模方面存在着明显的参差不齐现象,其中邮电市政设施配置尚好而医疗卫生设施严重缺乏。

(2) 改善策略

① 实现城市公共服务设施的多级化配置

城市公共服务设施是指在城市中呈点状分布,且服务于城市居民的教育、医疗、文体等社会性基础设施,其合理的空间分布关系到城市公共资源配置的公平与公正性,也是反映居民生活质量的重要标志。目前,我国部分城市已有针对设施配建问题的研究与实践,例如重庆"大型聚居区"根据经济发展目标、规划功能定位和居民的需求,提出了"类新城级—

规划单元—社区级”的三级设施配置方式，杭州“公交社区”以交通系统为主导，提出了“城市型—社区型”的两级设施配置。因此，须从城市发展定位出发，借鉴现有城市在新建区域的公共服务设施配置标准，重点针对以居住功能为主、距老城区区较远的新就业人员聚居区进行研究，并结合所在区域的自身发展特点、居民需求、交通可达性等提出多级划分标准，从而实现公共服务设施的多级化配置（表 2.28）。

表 2.28　国内其他城市规划单元划分模式及构成特征

单元划分标准	单元划分名称	范围界定	特征
人口规模	居住区 国家标准	居住人口规模（3 万～5 万人），面积（0.5～1 km^2）。居住区范围与街道办的管辖范围一致	能有效支撑一整套较完善的公共服务设施
	上海“控制性编制单元”	以内环线为准，内外规模差别对待。环线以内：居住人口（5 万～10 万人），面积（1～3 km^2）；内外环之间：居住人口（5 万～10 万人），面积（3～5 km^2）	实现了规划单元按地区不同的差异划分；并落实了社区级公共服务设施配置，强调单元内区域平衡
	重庆市 “大型聚居区”	居住人口规模（5 万～10 万人），面积（1～3 km^2）	以设施均衡布局且内部设施服务自足为基础，实现各功能的均衡混合
使用需求	杭州 “公交社区”	“城市型”公交社区：步行至快速公交（地铁、轻轨）站点约 5～10 min，半径约 800 m 的空间尺度范围	有明确的中心及边界，确立两级设施配置标准，强调土地混合使用和集约式开发
	北京市 “万米网格”	按 1 000 m×1 000 m 进行划分，面积较大的社区，划分单元也相应扩大	以网格作为现代化城市管理的基础单位，实现小区域针对式的分层、分级专人监控管理
用地功能	洛阳市 “规划单元”	中心型单元用地（1～2 km^2）；居住型单元用地（3～5 km^2）；产业型单元用地（6～10 km^2）	按照用地功能的不同，做差异化单元划分，有助于区域公共设施的建设和规划的制定、实施及管理
	杭州市 “公交社区”	中心型公交社区中心用地（800 m×400 m）；居住型单元中心用地（200 m×200 m）；产业型公交社区中心用地（800 m×400 m）	在公交服务半径的基础上，叠合城市用地功能，更有效地配置公共服务设施

* 资料来源：覃文丽. 重庆市大型聚居区公共服务设施规划研究[D]:[硕士学位论文]. 重庆：重庆大学，2011:71－80.

其中，杭州市“公交社区”对于城乡结合部的新就业人员聚居区有较大借鉴意义：可将此类聚居区作为城市边缘的“公交社区”，建立步行 5 min 可到达公交站点的公交系统；同时结合新就业人员自身的社会经济特点及其对城市公共服务设施的预期，以公交站点为中心，在半径 600～1 200 m 的空间范围内，选择靠近老城区的方向分别布置区级和市级公共服务设施，以满足该类聚居区人群的需求。

② 实现住区配套服务设施的多元化建设

当前，住区规划中服务设施的配建标准主要依据“千人指标”，且多采取市场化、社会化经营已造成新就业人员聚居区在配套服务方面的上述系列问题，加之聚居区内公益性设施的缺失和混杂人群所带来的多元需求，亟待在兼顾效率与公平的前提下，实现社区配套设施的多元化配置。因此，无论是哪一类新就业人员聚居区，也无论是自我配建还是依托城市已有的服务设施，均可以从设施的供给来源和配套标准两方面进行探讨：

其一，细致分类住区的配套服务设施，采取因类而异的供给模式。首先，按照住区设施种类配置标准，将其分为必备型和提升型；然后依据设施是否盈利，分为营利型和公益型。其中，对必备型设施中的公益型须严格控制指标并加强管制与监督；对提升型设施中的公益型，则需要政府投资建设或给予补贴、优惠等政策方面的支持；而对于提升型设施中的营利型，也需要政府的调控与引导，以避免市场建设中因投入减少而造成的设施规模偏小(图 2.122)。

其二,优化住区现有的设施配置标准,完善契合新就业人员需求的配套服务。以用地和人口总量作为参考依据的传统住区服务设施配置方式,已无法满足不同住区、不同人群的多元要求,应根据住区现有的社会群体构成及其需求的不同,以人口密度、年龄构成、文化程度、经济状况等社会经济属性作为配套标准的修正性参数,总体上采取因类制宜、区别对待的配置标准,共同构筑反映住区服务差异性的配置标准。就新就业人员而言,其对于医疗卫生、商业服务、文化娱乐和邮电市政的配套服务关注度较高,且需求也不尽相同,建议采取不同的策略、引入不同的设施(表 2.29)。

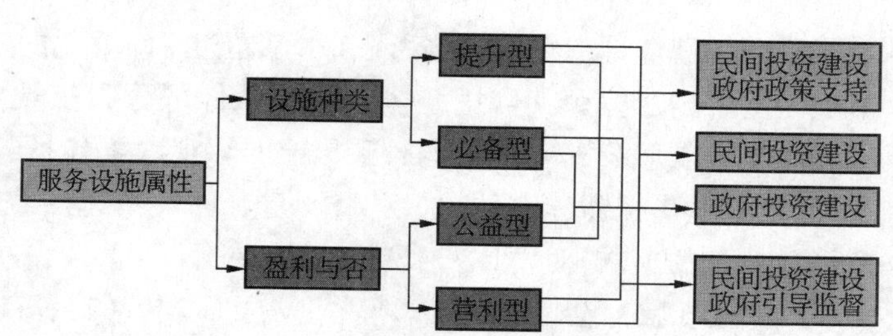

图 2.122　住区配套服务设施的不同供给模式

表 2.29　新就业人员聚居区的配套服务设施优化策略

设施类型		优化措施	项目
医疗卫生		按现状住区配套标准配置即可	社区卫生服务中心、社区卫生服务站、保健院、诊所等
商业服务	生活类	应提高现状配置标准,并丰富生活服务设施种类,尤其是需要增加超市的面积和服务功能	菜市场、24 h 超市、理发店、洗衣店、洗浴、照相馆、电气维修部等
	餐饮类	在现状配套标准的基础上,新增符合新就业人员特点的餐饮类型	24 h 餐馆、外卖餐店、休闲餐厅、西饼屋、水吧、食杂店等
	金融类	在现状设施配套标准基础上,扩增自助金融服务设施,并可考虑设置投资理财的咨询机构	银行、储蓄所、信用社等
文化休闲	文化类	降低现状图书馆等文化设施的配置指标,整合为复合式文化设施,其中可考虑新增虚拟图书馆及多媒体中心等	图书馆、文化馆、虚拟图书馆、多媒体中心等
	娱乐类	增大现状体育设施配置标准、扩充娱乐设施配置类型,主要是符合新就业人员的娱乐设施	运动场、网吧、KTV、游戏厅等
邮电市政		降低邮局设施配置标准,新增快递服务网点;合理分配公交站	邮局、公交站、快递网点等

* 资料来源:根据分析研究绘制。

2.6　本章小结

本章首先界定了新就业人员及其聚居区等相关概念,探讨了新就业人员聚居区的形成类型及其机制;然后,通过遴选和调研南京市三类新就业人员聚居区的典型案例——南湾营、四方新村、大巴士求职公寓(赞成湖畔居)和万和大学生求职公寓(东方名苑),从社会属性和空间属性两方面剖析了新就业人员聚居区的现状特征,预测了新就业人员聚居区的未来需求;随后又基于"预期—现实"的比较,进一步揭示了新就业人员聚居区的现存问题,发掘影响新就业人员聚居区产生预期落差的个体化因素;最后,分别从房源供给、住宅设计、职住关系和服务设施四个层面入手,系统探讨了新就业人员聚居区的改善策略。

本章主要结论包括:

(1) 在对象界定方面,"新就业人员"原则上指规定年限内毕业、参加工作 5 年以内、有稳定职业与就业地户籍，且月收入基本不超过5 000元的各类学历人员所组成的群体；而新就业人员聚居区按照其依托载体和区位条件可分为三类：城乡结合部居住区、城市老居住区和大学生求职公寓。这些聚居区形成的客观因素包括：高校的教育体制与就业市场的需求错位，大城市保障体系的缺位和民间房源的规模化供给；聚居区形成的主观因素包括：对个体成就感的追求，对群体归属感的追求。

(2) 在现状社会属性方面，新就业人员聚居区的人员构成表现出“原有居民与外来人员相混杂”的特征，年龄结构表现出“结构单一，整体年轻化”的特征，文化程度表现出“以大专及大专以上水平为主的高知化”特征，来源地表现出“以偏远乡县为主的外来化、向心化”特征，收入与开销表现为“正相关的量入为出的节制和理性”特征。

(3) 在现状空间属性方面，新就业人员聚居区的空间分布表现出“中心集聚＋线性扩展、边缘环带＋近城扇面”的整体特征，平面布局则因各类聚居区自身的规模、布局等原因而有所差异；租房方式表现出“以合租为主的多元化”特征，租居房型表现出“以设备基本齐备的中小套为主的择居”特征，住房面积表现出“普遍化合租方式所带来的人均居住面积较低”特征；通勤成本表现出“时间以半小时为度，方式以公交为主，费用相对扁平化”的特征，职住分离模式表现出“大学生求职公寓以分散就业为主，而城乡结合部和城市老居住区则以就近就业为主”的差异化特点；城市公共服务设施表现出“因类而异的非均等”特征，住区配套服务设施表现出“商业服务和文化休闲设施良莠不齐，邮电市政设施良好，而医疗卫生设施不足”的特征。

(4) 在预期经济收入方面，新就业人员聚居区的预期与现实比较呈现出“近似同比增长的同时涨幅趋减”的特征。该经济收入差值与毕业年数、文化程度之间均存在正相关关系，而与专业类型的关系则较复杂。

(5) 在预期住房使用方面，新就业人员聚居区的租房方式在预期与现实的比较中呈现出“单住和与陌生人合租差异最大，而同居和与朋友/同事合租差异较小”的特征；住宅套型在预期与现实的比较中呈现出“住宅套型差异小且均质化，而配套设备差异明显”的特征；人均居住面积在预期与现实的比较中呈现出“人均居住面积在预期需求与现实供给之间不对等的显著错位”特征。其中，影响新就业人员租房方式的因子有毕业年限、文化程度、专业类型、来宁时间和收入差值，影响住房面积的因子有年龄结构、来源地分布和收入差值，但各类社会经济因子均未对住宅套型产生明显影响。

(6) 在预期就业出行方面，新就业人员聚居区的通勤成本在预期与现实的比较中呈现出“通勤方式差异相对明显，而通勤时间和费用差异较小”的特征；自足性在预期与现实的比较中呈现出“居住独立指数相似度较高，职住空间分离模式差异化较小”的特征。其中，影响新就业人员就业出行的因子包括毕业年限、文化程度、专业类型、来宁时间和收入差值等。

(7) 在预期服务设施方面，新就业人员聚居区的城市公共服务设施在预期与现实的比较中呈现出“因现状公共服务设施分布严重失衡，而造成的城市边缘区设施类型缺失且规模较小”的特征；住区配套服务设施在预期与现实的比较中呈现出“整体预期需求与现状配置差距大，医疗卫生与文化娱乐设施差异最为明显”的特征。其中，影响新就业人员服务设施的因子包括年龄结构和来源地分布等。

(8) 在房源供给策略层面，面对住房信息获取不充分、住房市场供需不匹配等问题，建议：改革租赁市场的运作模式（如CMAT模式和PPP模式）和改善房源的供给渠道（如公共租赁住房和共有产权住房）。

（9）在住房设计策略层面，面对住房面积差距大、住房配套标准低等问题，建议：借鉴国际住房设计经验和确立新就业人员住房标准（如公共租赁住房以居住面积在 30～50 m^2 的家庭式居室为主，以人均居住面积在 10～15 m^2 的宿舍式居室为辅）。

（10）在职住关系策略层面，面对聚居区交通不完善、聚居区分布不合理等问题，建议：导控聚居区的选址及规模（如结合就业地点的分布范围及城市的公共交通系统选址，鼓励适度的混合居住方式，提倡各类住房的搭配建设）和规范大学生求职公寓的建设（包括散点式、集中式和新建式）。

（11）在服务设施策略层面，面对城市公共服务设施配置不合理、社区配套服务设施良莠不齐等问题，建议：实现城市公共服务设施的多级化配置（可参考"公交社区"做法）和住区配套服务设施的多元化建设（如细致分类住区的配套服务设施、采取因类而异的供给模式，优化住区现有的设施配置标准、完善契合新就业人员需求的配套服务）。

3 演化与更新:工人新村研究

新中国成立之初,国家在高度集中的计划经济体制下,采取了优先发展钢铁、煤炭、电力、机械等重工业的工业化发展政策。在此背景下,为解决数以百万计的产业工人住宅问题,以1951年上海曹阳新村的建设为发端,全国各大工业城市都掀起了工人新村的建设热潮,并一直持续到城镇住房制度改革前的1980年代。但如今伴随着社会经济的转型、社会分层和空间分异现象的凸显、工人阶级地位的跌落以及住房体制改革的深化,曾经风光无限的工人新村开始发生不容乐观的巨大变化,经过阶段性的演化与衰退,如今已在诸多问题中沦为典型的中低收入聚居空间。

因此,本章以转型期中国大城市典型的居住邻里——工人新村为研究对象,以沪宁两地的典型工人新村为例,比较分析这类产生于计划经济时代的单位分配制住房所经历的转型背景、演化阶段以及当前所呈现出来的不同以往的社会空间特征,并在此基础上探讨工人新村的现存问题和更新策略。这对于当前社会转型和和谐社会的构建而言,无疑是具有现实意义和研究价值的。

3.1 研究对象的界定

1) 工人阶层的界定

工人阶层是指计划经济时期国营、集体企业中的传统产业工人,也是构成工人新村居民的主体。改革开放以前,作为"两阶级一阶层"(工人阶级、农民阶级和知识分子阶层)中对政府最积极的拥护者,工人阶级在社会各阶层中获得较多"强助权利"的保护,是具有很高社会地位的阶层群体。

而改革开放以后,随着社会阶层的分化、产业结构的调整和国有企业的改革引起的就业结构调整,工人阶层在经济收入、社会地位等方面逐渐跌落并迅速分化,加之大量产业工人的下岗失业,使得工人阶层现在逐渐沦为城市中下阶层甚至底层。

2) 单位大院的界定

单位大院是指我国以单位为核心来组织建设、管理和使用空间的特别用地组织形式,其在明确的用地范围内通常兼有多种用地功能,包含日常工作和生活所需的基本功能。因此可以说,单位制属于意识形态范畴,而大院就是单位这种特殊组织形式的物质载体。

单位大院按照职能分类大体可以分为机关、企业单位和事业单位大院三大类。机关是指体现国家行政职能的机构;事业单位是指受国家机关领导,不实行经济核算的部门或单位,所需经费由国家支出;企业单位是指追求利润的营利单位,又可以分为生产性企业单位和经营性企业单位。其中,从事生产活动的企业单位大多拥有独立的大院,而且限于生产的流程要求和污染干扰,生产区与生活区一般都相对独立;而从事经营活动的企业单位由于商业流通开放的特性,拥有封闭大院的较少。

本章所要研究的"工人新村"主要聚焦于生产性企业单位大院的典型性生活区(图 3.1)。

3) 工人新村的界定

工人新村是指从新中国成立初期的"一五"计划期间到住房商品化之前(1994 年颁布的《国务院关于深化城镇住房制度改革的决定》)的 1980 年代,为了改善国企职工住房条件,并为大量的下放回城人员提供住房,政府和国有企业合作在城市工业集中区规划配建的大规模工人住宅。其作为我国"一五"时期城市住宅的主体形式,为了缩减开发成本和建设周期,住房建设的标准往往较低,且建筑密度很大。

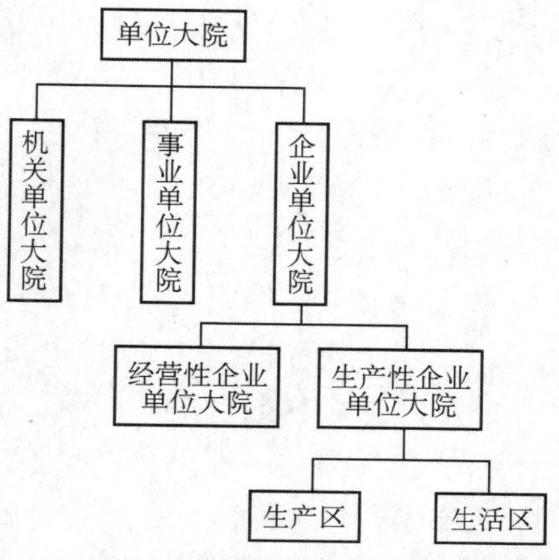

图 3.1 单位大院与工人新村的关系示意图

* 图片来源:自绘。

时至今日,在社会分层与空间分异彰显、住宅供给市场化以及国企改革等因素的综合影响下,这类住区经历产权的调换和人口的迁居,已经由原来相对独立的单位社区向开放的城市社区演化,并大部分沦落为城市户籍中低收入群体的主要聚居空间。

3.2 工人新村的建设与演化

1) 工人新村建设的理论背景

(1) "新村"理念的借鉴

西方工人居住区是在工业化发展的历史背景下形成的。由于工业化和城市化进程迅速,大量农业人口向城市集中,从事工业生产活动,工人阶级在城市中逐渐形成,并集聚在居住环境恶劣的工人住宅区。J. H. 特雷布尔通过对当时利物浦工人阶级的住房研究,总结出工人住宅的三大特点:① 地下室发挥着重要作用;② 背靠背住宅的数量在增加;③ 住房拥挤是工人阶级中许多人熟悉的经历。一般一所房屋要住 18~20 人,地下室到角楼都挤满了人。①

伴随着工业时代初期乌托邦思想的萌发和基于对工人安康的诚挚关注,有识之士为解决工人阶级的居住问题做出了有益的探索,"新村"理念逐渐产生和得以发展。早在 18 世纪下半期,法国书刊上就出现了一系列组织"公社"的方案,多为当时实行自治的城镇;圣西门、欧文、傅立叶则希望建立生产消费公社,如 1802 年傅立叶提出的以"和谐制度"组织"法伦斯泰尔(Phalanstery)"的试验方法;1853 年"新村"理念的先锋倡导者 Titus Salt 公爵在约克郡付诸实践,他为其制衣厂工人建造的工人新村被公认为是第一个建成的、与大工业相联系的模范社区;在此影响下,1887 年肥皂生产商 Lever 兄弟又在利物浦郊外建立阳光港工业村,如今被称为"阳光村"(Village of Port Sunlight),其特点在于"大街区"布局和良

① 资料来源:Chapman D S. The history of working-class housing[J]. David and Charles, 1971, 60(5): 72 - 73.

好的绿化等。“新村”理念的探索和实践涵盖了形式、结构、社区供给、公共所有权等诸多方面，虽然成功案例寥寥，但是其探索的精神内核一脉相承，可以从中得到许多有意义的启示。新中国成立后工人新村的建设，从某种程度上看也是受到了“新村”理念的影响。

“五四”运动后的中国伴随着各种新思潮的广泛流传，在“新村主义”与多元思想的相互激荡中表现出极大的吸引力和感召力。信仰“新村”主义的知识分子们企图通过建立人道主义“新村”实现救国救民的美好愿望，并结合中国社会的现实状况，提出了在中国建设新村的种种设想，主要内容包括：

① 建立新村的原因：新村的人不满现今的社会组织，想从根本上改革它；

② 建立新村的手段：通过“和平改革”而非“暴力革命”建立理想的新村，以至扩大到全世界；

③ 建立新村的目的：“在于过正当人的生活”，人人平等，互助友爱；

④ 建立新村的理想：实现“各尽所能，各取所需”的社会。[①]

当时共产党人也深受新村主义思潮的影响，以至于在社会主义新中国成立之初的许多政治措施，都能看到这种鲜明的“新村”情结；而且从现实角度看，对于一个新政权来讲，越是空白的土地越有利于执政者根据新的意志来建造理想新村、选择理想居民、树立新的生活规范——新政权的建立也为“新村主义”理想的实现提供了良好的政治与体制保障。

(2) 空间结构等级化思想的推行

受到前苏联“居住区”规划思想的影响，新中国成立之初住区设计理念强调社会主义意识形态在城市社会结构上的体现——社会主义大城市中，应以“区”为单元配置相应的社会文化教育、生活供应等完整的服务系统，为“人民的社会政治生活”提供服务。[②] 也就是说城市居民的日常生活空间应当与国家政治生活相适应，这种关系在工人新村中的体现，就是“与基层行政组织相匹配的空间结构的等级化”。

在工人新村的实际建造过程中，规划师们特别注意空间等级和行政等级的对应关系，工人新村的设计逐渐地从单纯的技术手段演变成一种含有“制度安排和行政组织”的实施手段。如上海曹杨新村在空间结构上分为8个小区，每个小区由若干街坊群构成，街坊里还有若干居住组团，与之对应的基层行政组织为四级：① 大住宅区(卫星镇或人民公社分社)——街道委员会(63 400 人)；② 小区——区委会(8 000～10 000 人)；③ 街坊群或建筑群——工区(2 000～3 000 人)；④ 居住组团——小组(300～500 人)(组长：一般为读报员或楼长)[③](图 3.2)。

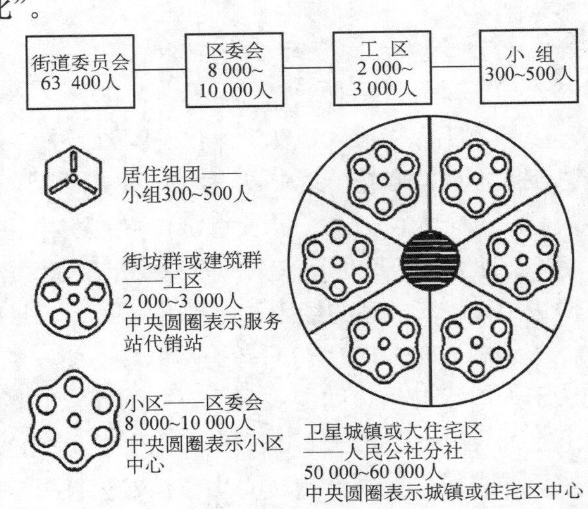

图 3.2 曹杨新村规划结构示意图

*资料来源：汪定曾，徐荣春.居住建筑规划设计中几个问题的探讨[J].建筑学报，1962(2)：6.

① 资料来源：丁桂节.工人新村——“永远的幸福生活”[D]：[博士学位论文].上海：同济大学，2008：23.

② [俄]刘宾·托聂夫.城市住宅区的规划与建筑[J].建筑学报，1958(1)：34.

③ 汪定曾，徐荣春.居住建筑规划设计中几个问题的探讨[J].建筑学报，1962(2)：6.

(3) 住宅工业化思想的引入

由于历史及意识形态的原因,新中国成立后与前苏联在政治、经济文化等方面建立了广泛的联系与合作,前苏联也因此成为新中国在许多方面模仿的对象,同样也包括城市规划领域中的住宅设计、住区规划、组织体制等。前苏联城市规划的显著特征是体现"有计划、按比例协调发展的原则",住区规划也不例外。在具体实践中表现为建筑设计的程式化、居住指标的统一化、各类建设标准的制度化等等,带来的后果则往往是空间形态的单调和僵化,住区建筑都呈兵营式行列布局,整个住区显得规整有余而灵活不足(图 3.3)。

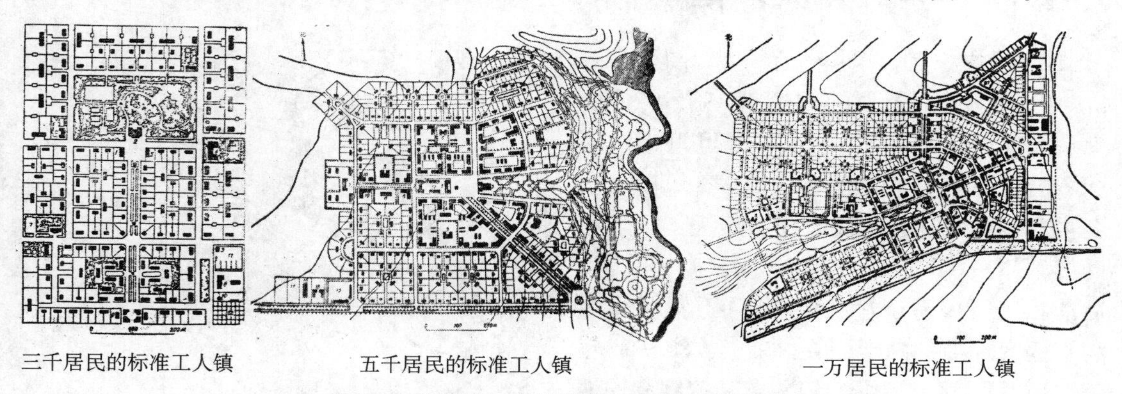

三千居民的标准工人镇　　五千居民的标准工人镇　　一万居民的标准工人镇

图 3.3　指标统一化的苏联工人镇平面示意图

*资料来源:[俄]M. H. 库连诺依. 工人镇的规划与修建[Z]. Mockba,1956:13,101,102.

随着社会主义工业化的启动,我国工人新村的设计也开始效仿前苏联的工业化住宅模式,大量采用了标准化单元设计方法。所谓的"标准化",指的是户型设计不是根据居民实际生活的需要,而是根据国家当时的经济条件和工业化水平,按照标准构件和模数原则设计成标准户型单元,再通过标准单元的组合变化形成住宅建筑;同时以标准设计方案为基础而形成的标准图集,也成为城市住宅区规划建设的主要依据。

新中国成立初期我国工人新村空间结构的等级化和住宅单元的标准化设计,也让我们看到了美国学者詹姆士·C. 斯考特所称谓的"国家视角":面对复杂而混乱的社会现实,国家总是希望通过制度或者空间的手段使之简单化、标准化和秩序化。①

(4) 国内住区规划理念的演变

① "邻里单位""成街成坊"和"人民公社"(20 世纪五六十年代)

新中国成立之初,为了恢复国民经济和适应大量住宅建设的需要,政府在协调各相关部门和单位的基础上采用了统一规划、统一投资、统一设计、统一施工、统一分配、统一管理(六统一)的建设模式。"邻里单位""成街成坊"以及 1958 年的"人民公社化"运动在对于当时的住宅规划设计思想具有重要影响。

1961 年,中央开始对国民经济进行全面调整,提出了"调整、巩固、充实、提高"的八字方针。随着专业技术的标准化和规划管理的官僚化,城市规划工作逐渐被套上指标数据的框框,操作过程如同机械流程,失去了发挥相关学科主观创造性和能动性的良好机制(表 3.1)。

① [美]詹姆士·C. 斯考特. 国家的视角:那些试图改善人类状况的项目是如何失败的[M]. 王晓毅,译. 北京:社会科学文献出版社,2004.

表 3.1　1950—1960 年代国内主要的规划住区理念

规划理念	原则主张	实践案例
邻里单位	由美国人佩里提出的规划理念，主张以城市干道包围的街区作为集合居住的单位。邻里单位中除了住房之外，还应配建公共服务设施和户外休闲空间，在不穿越城市交通干道的情况下满足儿童、老人的出行需要	曹杨一村
成街成坊	先成街后成坊，由线到面，纵深发展，利用街景和建筑轮廓塑造群体空间形象，同时通过街道和群体空间塑造城市面貌	上海闵行一条街 北京百万庄街坊
人民公社	住区增加生产功能，强调它是生产、交换、分配和人民生活福利统一，工农商学兵五位一体、政社合一的组织；强调日常生活的集体化和军事化	曹杨新村 控江新村

＊资料来源：于一凡. 城市居住形态学[M]. 南京：东南大学出版社，2010：79.

② 居住小区(20 世纪 70～90 年代)

“居住小区”规划的理论是 1950 年代中期从前苏联引进的，其理论基础可以追溯到西方的邻里单位规划思想，而内容却根据社会主义现代化建设的需要而改造为了标准化的技术体系(图 3.4)。在 20 世纪 60 年代以后的工人新村建设过程中，“小区规划”思想随着国家标准的制定而在 20 世纪 80～90 年代逐步得到广泛应用——以人口、家庭和用地规模为基础，住宅区的规模得到明确界定，按照居住区—小区—组团三级组织(图 3.5)；但它的隐含前提是忽略地域和人群差异，忽略土地作为资源的经济属性。这与计划经济体制及其住房福利分配制度是密切相关的，却与逐渐深化的住房市场化改革矛盾重重。[①]

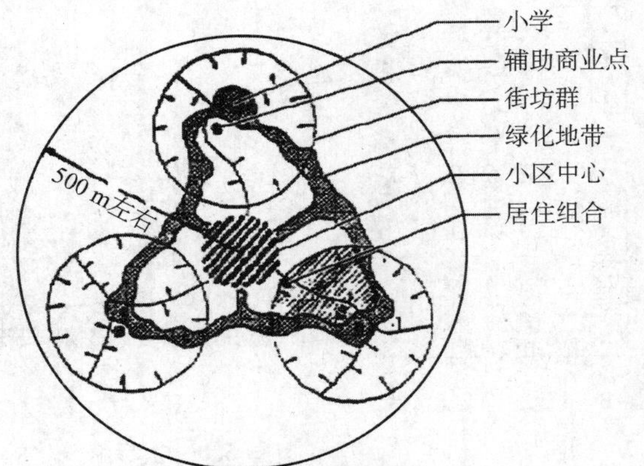

图 3.4　小区模式的组织结构

＊资料来源：于一凡. 城市居住形态学[M]. 南京：东南大学出版社，2010：80.

③ 新世纪住宅区规划思想的转变

当经济规律逐渐成为住房供给领域的主导因素，住宅的建设标准、住宅区的开发模式、公共服务设施的运营等都不得不面临市场的竞争和资金的选择，小区规划模式开始表现出种种的不适应。1980 年代以来，住宅区规划思想方法的转变随着认识的不断深入，逐渐从技术层面的修补演变为理论体系的变革，而且带来了住宅区规划设计思想理念的重要转变，其大体包括五方面(表 3.2)。

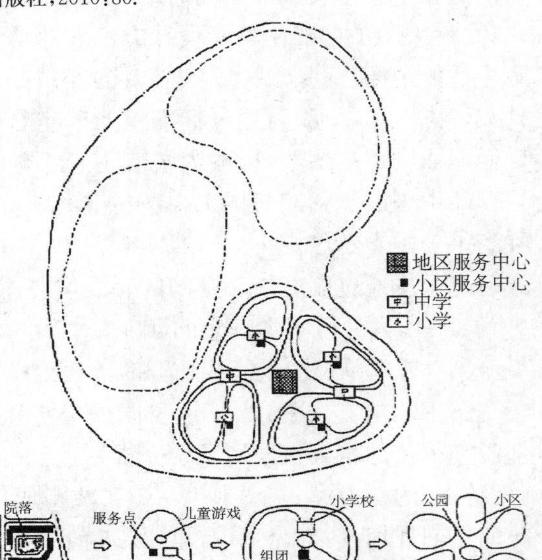

图 3.5　住宅—住宅区—城市构成示意图

＊资料来源：周俭. 城市住宅区规划原理[M]. 上海：同济大学出版社，1999：34.

① 于一凡. 城市居住形态学[M]. 南京：东南大学出版社，2010：80，83.

表 3.2 新世纪住宅区规划思想的转变

转变理念	产生的原因	实践中的应用与思考
人本主义的回归	新世纪中国城市居住问题的焦点由“量”转变为“质”	经过近 10 年的充实完善后，从强调人自身的需要，拓展到与自然、社会和谐发展的科学发展观
自组织理论的应用	住宅区需要具有适应环境变化而自我调节的能力，通过适度的功能混合，利用功能互补、互惠共生原则激发或延续居住形态的活力	规划管理部门明确提出大型住宅区的开发建设应注意对人口容量和开发强度控制，导入其他城市功能，提高空间组织和功能的多样性
社区规划的兴起	居民生活的满意度和社会的和谐发展成为重要目标，主体的社会属性受到关注	新世纪的城市居住空间形态在住区层面已突破居住区概念，强化城市社区整体发展的理念
科学技术的发展	网络的发展、快速交通工具的出现使人们能够在更大的范围内组织工作和生活	城市空间的组织方式更多样、更复杂，住宅区的传统聚居模式也因此受到冲击
可持续发展的目标	生态住区、绿色建筑、节约资源能源的要求成为新世纪住宅区规划设计中的重要内容	《节能省地型住宅技术要点》《绿色建筑评价标准》等先后出台，对住区规划提出了新的要求

* 资料来源：于一凡. 城市居住形态学[M]. 南京：东南大学出版社，2010：84－85.

综上所述，我国各时期住宅区的空间形态与当时的规划设计理念密不可分。我国的工人新村就是从建国初期到此后四十余年中，在不同历史阶段、不同社会环境下逐步累积建设而成的，不同时期的规划设计理念在价值评判和目标体系上有着显著差异。这些差异不仅体现在城市物质空间形态上，更像一扇由物质空间眺望社会生活的窗户，帮助人们了解特定历史条件下的政治、经济和社会价值取向。

2）工人新村演化的现实背景

我国工人新村从建成至今所经历的演化离不开其现实背景的多元转换，并且其演化特征也通过社会分层与重构、居住空间分异、住房体制改革以及国企改革等得以同步、多层面地呈现。

(1) 转型期国内社会阶层的分化

1978 年以来的经济体制改革使中国的社会阶层结构发生了根本性变化，由所谓的“两阶级一阶层”（工人阶级、农民阶级和知识分子阶层）构成的阶层结构日益分化消解，一些新的阶层开始出现。到了 1980 年代中后期以及 90 年代上半期，经济高速增长、人民生活水平显著提升、大众致富奔小康的热潮，使人们把与“阶级”相关的话题和讨论逐渐抛之脑后。然而到 90 年代中后期，情况逐渐发生变化。这一时期社会经济分化急剧拉大，阶级阶层分化现象显现并不断增强，逐渐形成新的社会阶级阶层格局。①

基于这样的现实背景，学界提出了各种各样的阶级阶层划分。其中具有代表性的是“当代中国社会结构变迁研究”课题组于 2001 年根据全国抽样调查数据进行的阶层划分。其划分的十个阶层是：① 国家与社会管理者阶层；② 经理人员阶层；③ 私营企业主阶层；④ 专业技术人员阶层；⑤ 办事人员阶层；⑥ 个体工商户阶层；⑦ 商业服务业员工阶层；⑧ 产业工人阶层；⑨ 农业劳动者阶层；⑩ 城乡无业、失业、半失业者阶层。② 依据各阶层对组织资源、经济资源和文化资源这三种资源的拥有量和其重要程度，又可将十大社会阶层进行社会等级的高低排列，即形成社会上层、中上层、中中层、中下层和底层五种社会地位等级。十大社会阶层和五大社会等级的对位关系如图 3.6 所示。

① 陆学艺. 当代中国社会阶层研究报告[M]. 北京：社会科学文献出版社，2002：53，86－87.

② 陆学艺. 当代中国社会阶层研究报告[M]. 北京：社会科学文献出版社，2002：9.

综上所述,伴随着改革开放以来我国社会转型的全面推进,在计划经济中长期以工人、农民、知识分子为主体的三大阶层在转型进程中产生了前所未有的分化。传统产业工人阶层无论是经济地位还是社会地位,较计划经济时期都有明显的跌落趋势,如今大多处于社会地位等级划分中的中下层和底层;而社会分层现象的加剧也必然投射到空间上,表现为居住社区的过滤和社区等级空间重组的过程,导致了转型期我国居住空间分异现象的凸显。

(2) 转型期工人阶层地位的跌落

① 工人阶层经济地位的跌落

综合考察转型期以来工人阶层的经济收入状况,可以发现该阶层绝对经济收入在提高,但是相对收入水平却呈下降趋势。工人阶层作为改革开放初期的受益群体,总体收入水平逐步提高,生活水平得到改善,但随着改革的深入,对比于全民收入水平的普遍提高,该阶层的相对收入却处于较低的水平(表 3.3)。

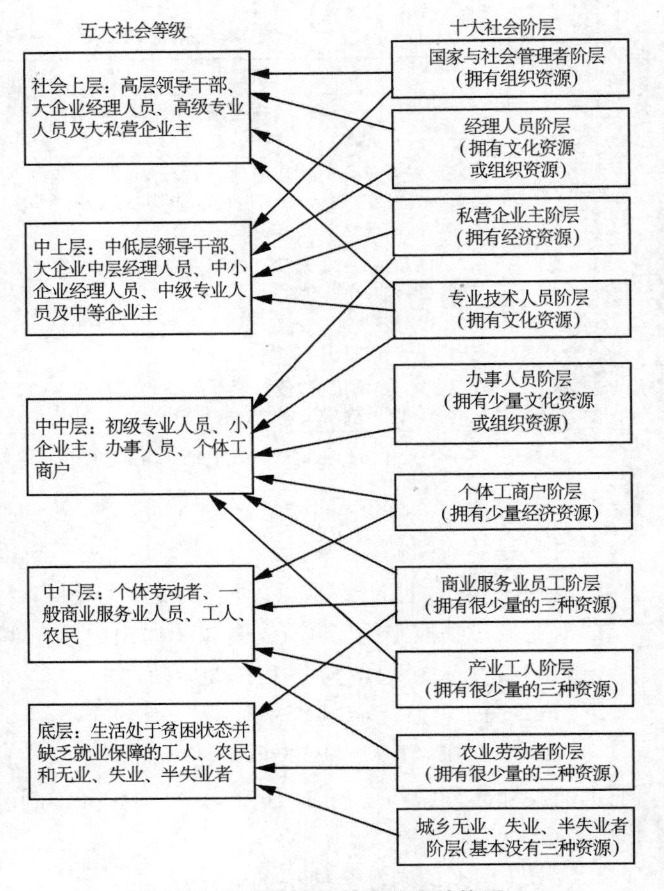

图 3.6 当代中国的社会阶层结构图

* 资料来源:陆学艺. 当代中国社会阶层研究报告[M]. 北京:社会科学文献出版社,2002:9.

表 3.3 全国职工平均工资 (单位:元)

经济类型	1978 年	1986 年	1992 年	1998 年	2005 年	2010 年	2014 年
国有单位	644	1 414	2 878	7 668	18 978	38 359	57 296
城镇集体单位	506	1 092	2 109	5 331	11 176	24 010	42 742
平均	615	1 329	2 711	7 479	18 200	36 539	56 360
其他单位		1 629	3 966	8 972	18 362	35 801	56 485

* 资料来源:《中国统计年鉴》(1999).
《中国统计年鉴》(2015).

从转型期新划分的社会阶层角度来看,将十大阶层按照收入水平等分为最低收入组、较低收入组、中等收入组、较高收入组和最高收入组五组。如表 3.4 所示,根据各阶层在五组中的分布情况,十大阶层又可以大体归纳为四大类——

第一大类包括国家与社会管理阶层、经理人员阶层和私营企业主阶层。这三个阶层大都处于最高收入组,少部分处于较高收入组。

第二大类包括专业技术人员阶层、办事人员阶层和个体工商户阶层。这三个阶层成员中,大约 3/4 的人收入水平位于最高收入组和较高收入组,接近 1/5 的人位于中等收入组,极少人位于较低和最低收入组。

第三大类是商业服务业员工阶层和产业工人阶层。这两个阶层的收入水平在全国收入体系中处于中等偏下位置,特别是产业工人阶层,基本都位于较低收入组以下。

第四大类是农业劳动者阶层和城乡无业、失业、半失业者阶层。这两个阶层构成了最低收入组和较低收入组的主要部分。

表 3.4 个人月收入五等分组中十大阶层的分布(全国)

类别		十大阶层										
		国家与社会管理者	经理人员	私营企业主	专业技术人员	办事人员	个体工商户	商业服务业员工	产业工人	农业劳动者	城乡无业、失业、半失业者	总体
1. 最低收入组	频数					4	16	2	4	920	2	948
	在五等分组中的比例(%)					0.4	1.7	0.2	0.4	97.1	0.2	100.0
	在各阶层中的比例(%)					1.2	2.7	0.3	0.8	39.5	8.7	20.0
2. 较低收入组	频数				14	15	29	53	37	791	7	946
	在五等分组中的比例(%)				1.5	1.6	3.1	5.6	3.9	83.6	0.7	100.0
	在各阶层中的比例(%)				7.7	4.4	4.9	9.2	7.1	33.9	30.4	20
3. 中等收入组	频数	2	3		34	65	99	182	125	427	9	946
	在五等分组中的比例(%)	0.2	0.3		3.6	6.9	10.5	19.2	13.2	45.1	1.0	100.0
	在各阶层中的比例(%)	5.0	4.7		18.6	19.2	16.6	31.6	23.9	18.3	39.1	20.0
4. 较高收入组	频数	13	13	5	54	128	168	194	215	154	4	948
	在五等分组中的比例(%)	1.4	1.4	0.5	5.7	13.5	17.7	20.5	22.7	16.2	0.4	100.0
	在各阶层中的比例(%)	32.5	20.3	8.2	29.5	37.8	28.1	33.7	41.1	6.6	17.4	20.0
5. 最高收入组	频数	25	48	56	81	127	285	145	142	38	1	948
	在五等分组中的比例(%)	2.6	5.1	5.9	8.5	13.4	30.1	15.3	15.0	4.0	0.1	100.0
	在各阶层中的比例(%)	62.5	75.0	91.8	44.3	37.5	47.7	25.2	27.2	1.6	4.3	20.0
总体	频数	40	64	61	183	339	597	576	523	2 330	23	4 736
	在五等分组中的比例(%)	0.8	1.3	1.4	3.9	7.1	12.6	12.2	11.0	49.2	0.5	100
	在各阶层中的比例(%)	100.0	100.0	100.0	100.0	100.0	100.0	100.0	100.0	100.0	100.0	100.0

注:表中的城乡、无业、失业、半失业者指此阶层中有收入者,不包括无收入者,大约 88.4%城乡无业、失业、半失业者是无收入者。

* 资料来源:李春玲.断裂与碎片——当代中国社会阶层分化实证研究[M].北京:社会科学文献出版社,2005:140.

综合表 3.3 和表 3.4 再次表明:转型期以来工人阶层的绝对收入虽然提高了,但是其提高幅度较之全民收入的整体提高水平而言还是非常有限,也就是说他们的相对收入实际上在下降。时至今日,产业工人阶层特别是原计划经济时期国有、集体企业中的产业工人阶层,在城市中的经济地位几乎都处于中下底层。

② 工人阶层社会地位的跌落

工人阶层在社会阶层等级中的地位,不仅取决于其收入水准,还取决于所处的社会制度空间。转型期以来,社会制度空间发生了巨大变化,而同工人阶层社会地位切实相关的主要是三点:其一,社会目标从巩固政权、社会稳定转向经济效率、社会发展;其二,生产资料所有制从公有制转向多种所有制共存、资源配置从政府行政配置转为市场配置;其三,社会生存方式从集体生存转向单体生存,政企一体转向政企分离,行为主体趋于独立化、单体化。

首先,在社会转型前,政府的目标是巩固政权,从社会各阶层中获得权利的合法性支持,因此当时力求改变现状的工人阶层成为新政权的最积极支持者;而政府为换取他们的继续支持,也对工人的权利予以保护,使其获得"强助权利",①其结果之一便是促使政府设

① 陆学艺.当代中国社会阶层研究报告[M].北京:社会科学文献出版社,2002:154.

定平均的分配政策，这也导致了生产效率的低下。社会转型后，经济效率和社会发展成为中心目标，政府并不特殊地保护工人，而是根据各阶层拥有的社会经济资源及其对生产力发展的贡献提供支持，能为中心目标做出更大贡献的管理阶层逐渐获得更多的政府支持，享受更多的强助权利，而工人阶层的强助权利则逐渐减少，几乎只剩下由自身资源产生的自助权利。

其次，随着社会转型以来资源配置的市场化，社会经济资源组织的效率越来越成为经济发展的重要考量。管理阶层拥有更多的资源支配权，能在资源组合中发挥更大的作用，也能在生产发展中承担起更大的职责，于是政府也更多地向他们下放权力。同时，管理者为了提高生产效率，开始越来越多地行使权力和加强管理，这样就势必触及工人的利益、加强工人和管理者之间的权力竞争，而逐渐失去“强助权利”且资源影响力低下的工人阶层在面对竞争时逐渐选择了屈从。

再次，转型前集体生存的社会生活方式给工人创造了安全宁静的生产生活环境，即使生产效率低下也不必担心自己的生存受到威胁，导致自身的生产技能单一和工作态度涣散，部分甚至出现“贵族化”倾向：既不能承受高强度劳动，也缺乏进一步学习和提高自身技能的动力和动机。社会转型后社会生存方式转向单体生存，即将社会经济组织和个人更多地视为独立生存的单体，每个人须依托自身拥有的资源，通过和市场的交易建立合约进而获得生存。[①] 因此，转型前的工人在面对转型后更年轻、更富进取心、体力和操作技能也更强的新一代劳动者时，便难以在竞争激烈的劳动市场中胜出，而不得不流入下岗、失业者的行列。

总之，转型期以来我国计划经济时期的工人阶层的地位经历了由政府“强助权利”带来的社会强势地位到和管理阶层权力的博弈并屈从于管理者，再到面对新一代劳动者的竞争并逐渐被淘汰的跌落过程。到 20 世纪 90 年代中后期，这部分工人阶层又逐渐衍生出一个庞大群体，即下岗工人群体。

③ 下岗工人群体的产生

我国自改革开放以来所涉难题无数，最难的莫过于国有企业的改革，其过程贯穿了中国改革开放的主线，也是中国经济体制改革的缩影。国企改革从最初的放权让利、搞承包制，再到如今的产权制度改革，走出了一条清晰的发展之路，那就是要让国有企业成为产权明晰、权责分明、自我约束和自我发展的市场主体，走社会主义市场经济的道路。在这个过程中，政府为最大限度地激发企业活力，利用利益激励，通过由非产权改革到产权改革的探索，逐步完成了对国有企业进行的市场微观主体塑造改革，使得参与市场生产和经营活动的单位从国家机器上的“附属物”中解放出来，成为相对独立的主体。30 年来的国有企业改革带来了结构性的深远变革，也取得了伟大成就，但同时产生了一系列问题，其中最引人关注的就是职工的大规模“下岗”现象。

1990 年代中期，“下岗”这个新的概念开始逐渐被全社会所知晓，并成为大众媒体和社会人群中的常用词汇。这是在国有企业改革深化和产业结构调整的时代背景下出现的。随着国企改革的逐步深入，国有和集体企业关、停、并、转、破的数量逐渐增多，下岗工人数也随之不断增加。

---

① 陆学艺. 当代中国社会阶层研究报告[M]. 北京：社会科学文献出版社，2002：149.

如表3.5所示,1990年代中期开始出现大规模地国有、集体企业职工下岗,到1996年形成高峰,人数达到800万以上。随后从1998年到2000年人数一直呈上升趋势。2000年后,随着大部分企业关、停、并、转、破逐步完成,下岗人数逐年下降。但多年以来累计人数已达数千万,在城市形成庞大的下岗职工群体。

表3.5 历年全国下岗职工人数统计表

年份	1995	1996	1998	1999	2000	2001	2002	2003	2005	2010	2015
全国下岗职工人数(万人)	560	814.8	594.8	652.5	657.2	515.4	409.9	260.2	—	908	—

*资料来源:钟鸣,王逸.两极鸿沟·当代中国的贫富阶层[M].北京:中国经济出版社,1998:277;《中国劳动统计年鉴》(2005).

职工下岗后一般进入再就业服务中心,由其负责发放基本生活费,并为下岗职工提供就业培训、工作介绍等。据政府有关部门统计,1998年以来累计有2 100万国有企业下岗职工进入再就业服务中心,有1 300多万下岗职工实现了再就业。但另有调查表明:下岗工人的再就业率一般低于50%。① 需要特别指出的是,尽管有相当一部分下岗职工实现了再就业,但由于年龄、学历和社会关系等方面因素的影响,他们一般是在第三产业低收入职业中就业,其收入状况大都仍然较差,且工作常常处于不稳定、基本生活处于勉强维持的状态。虽然实现了再就业,但他们仍然未摆脱其处于城市贫困群体的地位(图3.7)。

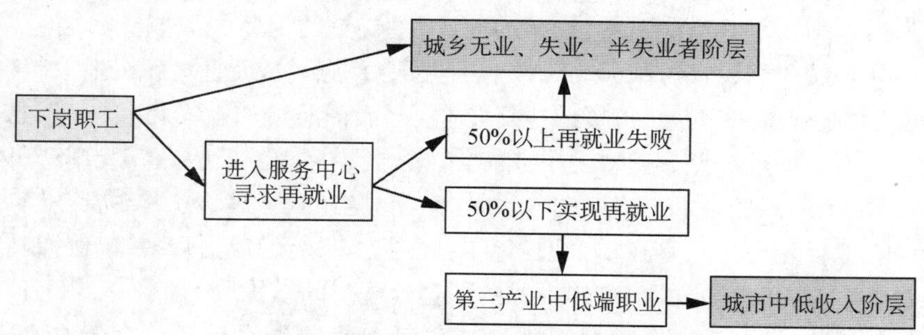

图3.7 下岗职工群体演化示意图

*资料来源:笔者自绘。

总之,随着转型期以来中国社会阶层结构的巨大变迁,社会分层现象逐渐彰显,产生了新的社会阶层划分体系。工人新村的居住主体——原本风光无限的新中国工人阶级在经历社会转型的大潮后,经济和社会地位逐渐跌落,其中部分甚至沦为下岗失业人员。按照转型期十大阶层划分的对位关系,工人新村的原住民基本可列为产业工人阶层、商业服务业员工阶层以及城乡无业、失业、半失业者阶层,再按照社会等级划分的对位关系,他们均处于社会中下层和社会底层。②

(3) 转型期我国居住空间分异的彰显

① 社会分层与空间分异的互动

随着城市社会经济的发展,城市收入阶层不断分化并形成序列,不同收入阶层在空间

① 郭宝刚.挑战与机遇——中国劳工权利问题探讨[J].二十一世纪,1999(8):76.

② 陆学艺.当代中国社会阶层研究报告[M].北京:社会科学文献出版社,2002:22.

上的聚集与重组必然导致城市社会收入格局的空间分异。这种收入阶层的演化在地域上、空间上往往表现为居住社区的过滤与社区等级空间的重组过程。城市居民收入水平的空间显像往往与其住房水平有着高度的互拟。著名城市社会学家桑德斯(Saunders)认为观察一个人的住屋状况比留意他的工作更为重要,说明社区住房的差异对人们的生活质量和生活方式将产生决定性的影响,因此行为地理学家认为收入差异影响不同阶层的人群对该城市生活空间印象的构成。居民以一定的思维方式"认识"城市环境,理解城市社区与场所对居民自身的生活"意义",以此构建自身的城市生活空间的地域体系。①

城市居住空间分异(Residential Differentiation)是社会经济关系分化推动作用与物质环境对社会经济分化的响应、限制和时空整合的结果。②居住分异的实质是社会阶层分化的反映:一方面它是社会阶层在经济收入、社会地位等方面差异性的空间表现;另一方面,居住空间分异也可通过区域化过程,促进和强化不同社会阶层在亚文化层次上的再次分化。因此可以说居住空间隔离和社会分层二者相互促进、互为因果(图 3.8)。

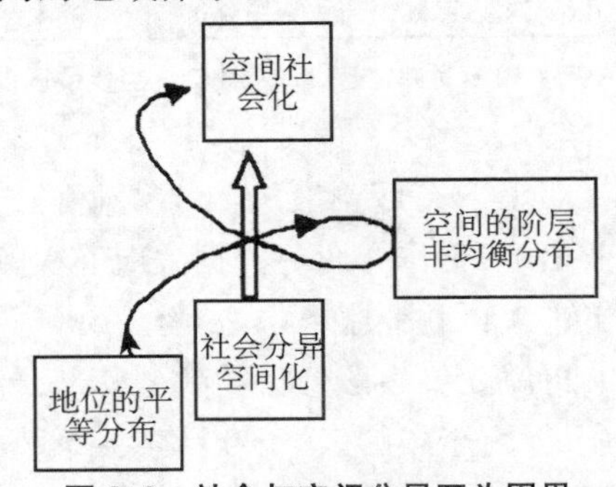

图 3.8　社会与空间分异互为因果

＊资料来源:吴启焰.大城市居住空间分异研究的理论与实践[M].北京:科学出版社,2001:119.

② 我国居住空间分异的凸现

改革开放前,城市居住空间基本没有分异。这主要是因为新中国成立后通过一系列运动消灭了资产阶级,城市居民仅被区分为干部与工人这两种身份,而且被严格地限制在一个个的单位里。人们通过单位组织获得的资源维持了全方位、普遍性的平均化,其在职业、受教育程度、个人能力等方面的客观差异基本上不能转化为社会经济地位上的差异,群体分化不明显且缺乏主动择居的个体权利,因而也就失去了居住空间分异的本源动力。"尽管在'单位'居住空间内存在一定的等级分化,但是在整个城市空间尺度上,只能形成由众多'单位'制居住组团相互组合而成的相对平等、均一的巨型蜂巢式的社会地理空间结构"。③

改革开放以来,我国进入经济社会的全方位转型期。城乡劳动力的自由流动、多种分配方式的并存推动社会逐步走向阶层化,贫富差距日益拉大,也形成了不同的经济收入群体。这使得在计划经济条件下建立起的空间资源均质分配的状况也逐步瓦解,社会贫富差距开始越来越明显地反馈于空间布局之上(图 3.9～图 3.11)。单位福利分房制度逐步取消,大规模的商品住宅建设开始在全国各大城市展开(表 3.6)。不同阶层对住房的潜在需求和有效需求并不同,针对这一现象,多元化的住宅开发模式和商品化经营方式是当前城市居住区空间布局的一个新特点。于是,居住空间由均质走向异质,居住空间分异逐步形成并扩大,成为城市社空间结构中的一个显著特点。其中,也包括原有计划经济时期的"单位制"福利型住房形态,而工人新村作为昔日"单位制"住房的典型代表和成本周期压缩的产物,时至今日,无论从区位环境品质、空间布局、公共配套设施、物业管理水准还是住宅价格等来看,大多处于非常低的水准。

① 王兴中,等.中国城市生活空间结构研究[M].北京:科学出版社,2004:107.

② 吴启焰.大城市居住空间分异研究的理论与实践[M].北京:科学出版社,2001:119.

③ 吴启焰,崔功豪.南京市居住空间分异特征及其形成机制[J].城市规划,1999,23(12):23-35.

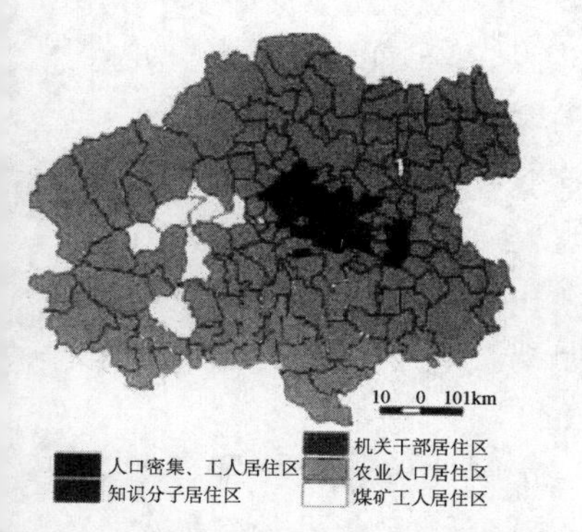

图 3.9 1982 年北京市社会区域分布图

*资料来源:冯健,周一星. 北京都市区社会空间结构及其演化[J]. 地理研究,2003,22(4):465-483.

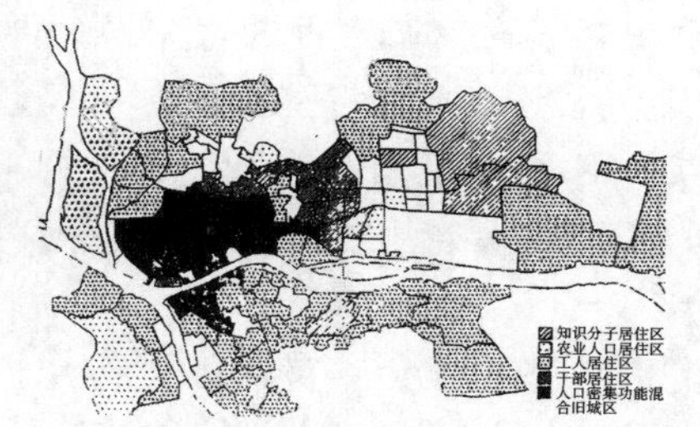

图 3.10 1989 年广州市社会区域分布图

*资料来源:许学强,等. 广州市社会空间结构的因子生态分析[J]. 地理学报,1989(4):385-399.

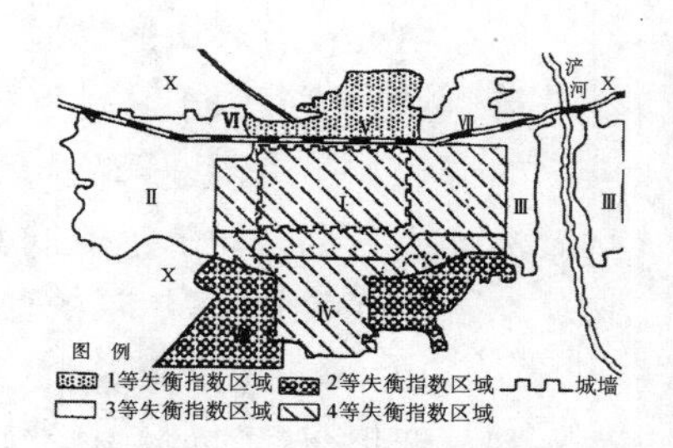

图 3.11 2000 年西安社会区域收入失衡等级的空间结构

*资料来源:王兴中,等. 西安市社会收入空间的研究[J]. 地理科学,2004(4):115-121.

表 3.6 上海市历年商品房开发建设投资情况统计(1986—2014 年)

年份	年度完成投资额(亿元)			施工面积(万 m²)		竣工面积(万 m²)	
	合计	中央	地方	合计	新开工	合计	住宅
1986—1991	36.95	6.34	30.61	7 816.06	335.79	402.08	357.99
1992	12.55	2.12	10.43	432.27	214.13	116.73	112.25
1993	83.70	2.70	81.00	1 521.00	1 018.00	320.00	307.30
1994	117.43	1.47	115.96	1 305.82	391.75	341.21	319.87
1995	286.45	67.59	218.86	5 074.80	1 749.55	700.39	529.77
1996	454.79	17.62	437.17	6 005.46	1 469.08	1 207.86	992.30
1997	515.78	52.03	463.75	5 341.79	1 431.88	1 464.96	1 176.14
1998	440.47	31.82	408.65	5 416.10	1 361.80	1 565.34	1 242.00
1999	401.44	27.44	374.00	5 083.18	1 308.60	1 468.62	1 229.23
2000	566.17	27.80	538.37	5 523.23	1 992.31	1 643.62	1 388.01
2001	630.73	24.78	605.95	5 986.18	2 426.75	1 791.36	1 524.21
2005	1 246.86	—	—	14 477.85	—	4 873.82	2 819.35
2010	1 980.68	—	—	11 295.03	3 030.59	1 941.25	1 396.05
2014	3 206.48	—	—	14 690.18	2 782.02	2 313.29	1 535.55

*资料来源:《上海市房地产市场统计年鉴》(2002).
《上海市房地产市场统计年鉴》(2006).
《上海市房地产市场统计年鉴》(2015).

总之,转型期以来日益彰显的社会分层现象,投射到空间上形成了明显分异的居住空间格局。在这样的背景下,曾经作为工人理想家园的工人新村如今无论从空间的外部表征,还是从空间的内部主体来看,大多已经不可避免地沦为典型的城市中低收入聚居空间。

(4) 转型期住房权属关系的变化

① 住房的国有化——从“以租养房”到住房福利制

新中国成立之初,广大人民群众虽然获得了政治上的解放,但经济上仍然处于低收入的贫困状态,这使城镇居民的住房供给不可能通过民间或个人途径,只有依赖于国家。解决住房问题的基本模式为:国家出资建设,然后以实物形式分配或配租给个人。

【“以租养房”思路的确立】

政府作为城市公有住房的所有者,既要负责建设又要负责管理,背负着沉重的经济负担。因此,国家住房经营策略明确提出,公有住房必须以租赁形式经营,不能无偿供给,而且租金标准以占劳动者工资的6%~10%为宜,使租金不会成为劳动者的经济负担。1952年在中央政府颁布的《关于加强城市公有房产管理的意见》中,再次强调了"以租养房"的政策思路。然而由于缺乏系统的制度设计和绩效评估,该制度问题多多,如开"小灶"的风气就带到了住房领域,即国家机关工作人员规定了较低的租金标准,由于控制不严使低租金标准成为全国的示范,"低租金加补贴"也因此成为了通行的住房原则。

【福利制住房体系的形成】

1958年的"大跃进"让人民愈加坚信社会主义制度的优越性,优越性的表现就是高福利。低租金住房的优越性再次被强调,房屋出租价格失控性进一步降低,逐渐成为一种象征性支出,自此"低租金、高福利、无偿分配"的住房体制持续了整整几十年。这种以福利性为导向的住房制度在当时对于缓解城市住房问题、保障百姓生活、稳定社会秩序、巩固新生政权、恢复发展国民经济来说发挥了积极作用。

② 住房体制改革探索——从公房的私有化到住房"双轨制"

【从住房"福利"到住房"短缺"】

从1949到1978年,90%以上的城镇住宅建设投资都来自中央和地方政府。在福利制住房只投入、不产出的前提下,政府失去了不断追加投资的必要来源,也渐渐地失去了建设热情和动力,住房投资规模逐年削减。据资料显示,1952—1978年的27年间,国家用于住宅建设的投资共348.33亿元,仅占同期国民生产总值的6%,1949—1978年30年间我国住宅竣工面积仅53 172万平方米,供给严重不足,城镇人均居住面积竟然由20世纪50年代的4.5平方米下降到1978年的3.6平方米(表3.7)。[①] 同时由于住房实物分配缺乏公平严格的标准,带来了干部和群众、效益好和效益差单位之间的住房分配不公现象,住房供给的不足已成为严重的社会问题,促使政府寻求有效的解决途径。

表3.7　1949—1980年我国住房建设的投资额

时期(年份)	基本建设投资额(亿元)			占投资总额的比重(%)		
	生产性建设	非生产性建设		生产性建设	非生产性建设	
		合计	其中住房		合计	其中住房
1949—1952			8.31			10.8
一五时期(1953—1957)	394.5	193.97	53.79	67.0	33.0	9.1
二五时期(1958—1962)	1 029.66	176.43	49.56	85.4	14.6	4.1
1963—1965	333.05	86.84	29.09	79.3	20.7	6.9
三五时期(1966—1970)	818.02	158.01	39.02	83.8	16.2	4.0
四五时期(1971—1975)	1 455.16	308.79	100.74	82.5	17.5	5.7
五五时期(1976—1980)	1 729.94	612.23	277.29	73.9	26.1	11.8
其中:1978	396.24	104.5	39.21	79.1	20.9	7.8

* 资料来源:《中国统计年鉴》(1984).

【以公房私有化为突破口的住房体制改革尝试】

1980年4月,邓小平发表关于住宅政策问题的谈话,正式揭开了我国住房制度改革的大幕。这一阶段住房制度改革进行了多种形式的探索和创新,主要表现在三方面措施:首

① 张琪,曲波.怎样让人人住有所居——如何理解住房制度改革[M].北京:人民出版社,2008:24.

当其冲就是出售新旧公房,逐步实现公房的私有化,到1981年,试点扩展到23个省(市、区)的60多个城市;其次是住房商品化的尝试,1984年国务院决定"建立城乡综合开发公司,对城市土地、房屋实行综合开发","实行有偿转让和出售"。第三是租金改革。主要做法有"按成本计租,定额补贴""超标加租"以及对新建住房实行"新房新租"等。1986年1月成立"国务院住房制度改革领导小组和领导小组办公室",同年,住房社会化经营问题被提出,为今后中国房地产业预留了试点的发展空间。

【"双轨制"阶段住房体制改革的探索】

1980年代初住房改革的初衷是解决住房短缺问题,第二阶段改革则主要是逐渐向市场化改革,其显著特征是:公共福利住房建设和商品化住房发展的双轨并行。1988年1月国务院召开第一次全国住房改革工作会议,目标是实现住房商品化,思路是提高房租、增加工资、鼓励职工买房。经历1980年代末的通胀后房改思路做出调整,1991年第二次房改工作会议确定了租、售、建并举,以提租为重点,目标是通过提高租金促进售房、回收资金、促进建房,形成住宅建设、流通的良性循环。

然而1993年再次出现的通胀,使提租幅度远赶不上物价的涨幅,"小步提租"已无法改变低租金状态,大幅提租又恐超出百姓承受范围引发社会问题,当年第三次房改工作会议再次改变思路,提出"以出售公房为重点,售、租、建并举"的新方案,同时提出要将住宅业作为带动整个国民经济持续增长的支柱产业。

1994年7月国务院下发《关于深化城镇住房制度改革的决定》,确立房改的根本目的是建立与社会主义市场经济体制相适应的住房制度,实现住房商品化、社会化;加快住房建设,改善居住条件,满足城镇居民不断增长的住房需求。重点是改变住房建设投资由国家、单位统包的体制为国家、单位、个人三者合理负担的体制;改变住房实物福利分配方式为货币工资分配为主的方式。《决定》还体现出对中低收入群体的关注,首次提出以中低收入家庭为对象,建设具有社会保障性质的经济适用房;1995年实施的安居工程还提出对经济困难户实行减、免、补政策,以成本价向中低收入家庭出售公房。

(5) 住房体制改革的深化——从住房福利制的终结到住房市场化的全面放开

1998年7月国务院发出《关于进一步深化城镇住房制度改革　加快住房建设的通知》,确定了深化房改的目标是:停止住房实物分配,逐步实行住房分配货币化;建立和完善以经济适用房为主的多层次城镇住房供应体系;发展住房金融,培育和规范住房交易市场;同时,停止福利分房,新建住房原则上只售不租,全面推行住房公积金制度,建立健全住房分配货币化,住房供给商品化、社会化的住房新体制。至此,在我国实行了四十多年的实物分配福利制住房制度正式退出了历史舞台。

总之,我国关于住房权属的变化,经历了从建国初期到改革开放前的国有化,改革开放初到1990年代初的住房私有化初探,再到1990年代末的分配货币化和住房全面私有化、市场化。工人新村作为新中国成立后四十余年以来城镇住房的重要形式,按照同样的时间节点也经历了一系列的住房权属变化。住房权属的变化给工人新村的物质空间和社会空间带来了深刻影响:首先,由于住房私有化后管理主体的变更和缺失,使得工人新村的居住环境和配套商业服务设施等缺乏有效管理,物质空间大多变得无序、混乱;其次,由于住房私有化和市场化,原居民通过出售和出租方式将工人新村住房推向市场,使得大量外来人口涌入,工人新村由原来的工人专属的家园变为城市各类人群混合居住的开放性社区。

3) 工人新村演化的阶段划分

根据上文分析可以发现:我国工人新村的建设与发展脉络实质上同其多元背景的演化是休戚相关的,而工人新村形成和演化的阶段划分也必然取决于其背景的阶段性演化(图 3.12)。由图可见,工人新村的建设背景均不约而同地在下述时间节点实现了阶段性转换,且在此基础上,最终完成了工人新村的演化阶段划分(图 3.13)。

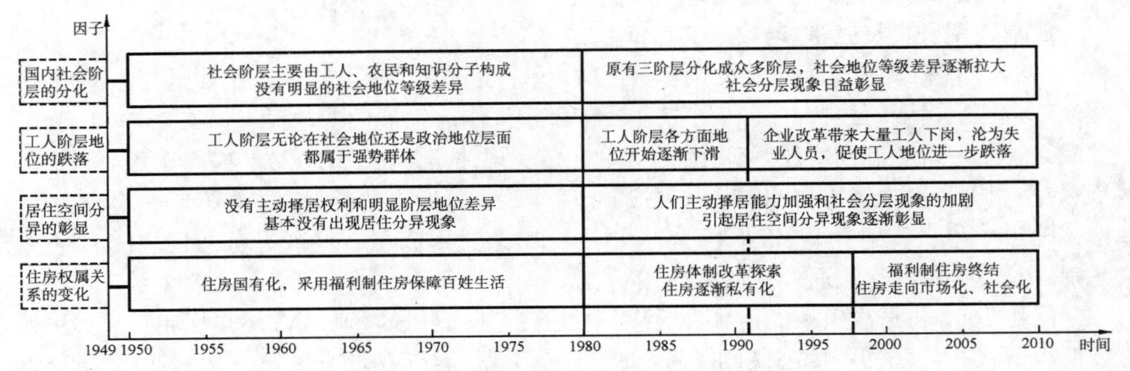

图 3.12　我国工人新村演化背景阶段示意图

＊资料来源:自绘。

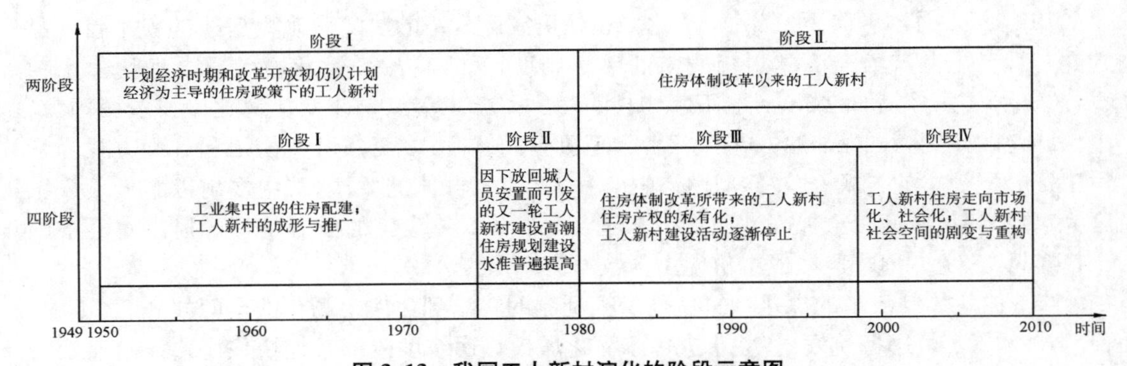

图 3.13　我国工人新村演化的阶段示意图

＊资料来源:自绘。

(1) 工人新村演化的阶段划分

① 两大阶段的划分:计划经济主导的住房政策下的工人新村→住房体制改革以来的工人新村

虽然自建国以来城市住房事业发展了数十年,但是真正对于住房制度改革的探索却只经历了二十余年。我国以工人新村等为代表的城市住房无论是在物质形态层面还是社会空间层面,都随着住房制度的改革开始发生剧变。因此,1980 年代初的城市住房制度改革成为了工人新村演化研究的关键拐点,也据此将演化过程划分为两大阶段,即以计划经济为主导的住房政策下的工人新村(计划经济时期和改革开放初期),和 1980 年代以来住房体制改革下的工人新村(亦可表述为:住房体制改革探索期和深化期的工人新村)。

② 四阶段的细分:工人新村的成形→工人新村的市场化

工人新村演化的两大阶段又依据制度、政策变革的具体时间节点,各划分为两小阶段:

【住房体制改革前，工人新村经历了两大集中建设时期】

第一阶段是建国初期的“一五”和“二五”期间工业集中区住房的建设，是我国工人新村的成形期；

第二阶段是改革开放初期，为解决由于大量下放人员回城所带来的住房紧缺而进行的大规模住房建设，其中就包括大量的工人新村，现今城市保存下来，且仍在使用的工人新村多建于这一时期。

这两个阶段的演化主要表现为工人新村的建设，也就是表现为物质形态层面上的从无到有、从少到多，从量的积累到质的提升。

【住房体制改革后，工人新村经历了从私有化到市场化的渐变】

第一阶段是1980年代—1990年代中期，为改变福利住房制以来的住房短缺状况，以公房的私有化为突破口，住房体制改革开始了漫长的摸索过程，这一阶段工人新村的住房也经历了逐渐私有化的过程；

第二阶段1998年以后，住房实物分配制度彻底终结，取而代之的是住房分配货币化，这也标志着工人新村这类福利性住房的建设中止，而住房的市场化、社会化也使工人新村住房成为可以进行交易的商品，这就导致了工人新村居民的混杂化，颠覆了原本作为工人住宅而存在的单纯社会空间。

这两个阶段的演化主要表现为工人新村建设的终止以及居民混杂化所带来的社会空间的剧烈变迁。

(2) 工人新村演化的阶段概述

① 阶段I:“一五”和“二五”期间，工业集中区住房的配建——物质空间形态层面的演化

新中国成立之初正值我国的恢复和发展建设时期，“一五”计划开始后，在重点建设重工业和变消费城市为生产性城市的原则下，围绕重点的工业城市开始经济建设，新的市政设施建设相对集中在新工业城市和旧城市郊的工业区。由此带来的新工人居住区——工人新村在新兴工业城市和工业区周边形成，工人新村也成为这个时期城市住宅发展的主要形式。在这一时期，工人新村由于建设范围广、建设速度快、建设规模宏大、风格鲜明且主要服务于工人阶级，而成为我国历史上绝无仅有的一个时代象征。

【我国第一个工人新村——上海曹杨新村】

新中国成立后，上海市人民政府根据中共中央关于“要逐步地、有计划地解决工人住宅问题”的指示，把建设工人住宅新村作为改善劳动人民居住条件的重点来抓。市政府工作组、市政建设小组重点调查研究了“旧有工房之整修及新建工房问题”，于1951年4月6日提交了《普陀区重点市政建设计划草案》，明确提出：“为工人阶级服务，必须首先在工人居住问题上有步骤地给予适当解决”。①

在选址落实后，1950年7月10日普陀区市政工程建设委员会召开第一次会议，确定建造1 000户规模的工人住宅(后实际建造了1 002户)。具体设计由上海都市计划研究委员会和公共房屋管理处负责，在及时提出初步设计模型后，由市工务局等单位邀集工人代表座谈，最后确定建筑样式和设备标准，并于1952年4月全部竣工。1953年8月12日，上海市人民政府正式定名1 002户所在地为曹杨一村，为此新华社发布新闻：“曹杨新村目前已成为中国

① 丁桂节. 工人新村：“永远的幸福生活”[D]:[博士学位论文]. 上海：同济大学，2008:44.

第一座工人住宅新村”。此后在一村基础上，二村到八村在“一五”和“二五”时期迅速建成(图 3.14)。曹杨新村作为起步阶段的居住区规划和住宅设计代表，无论在营造方式、投资方式、聚居形式和居住模式上都具有革新意义，它开启了我国以政府为主导的大型城市公共住宅建设的新篇章①，也为全国的国营、集体企业建造“工人新村”指明了方向，发挥了引领示范作用。

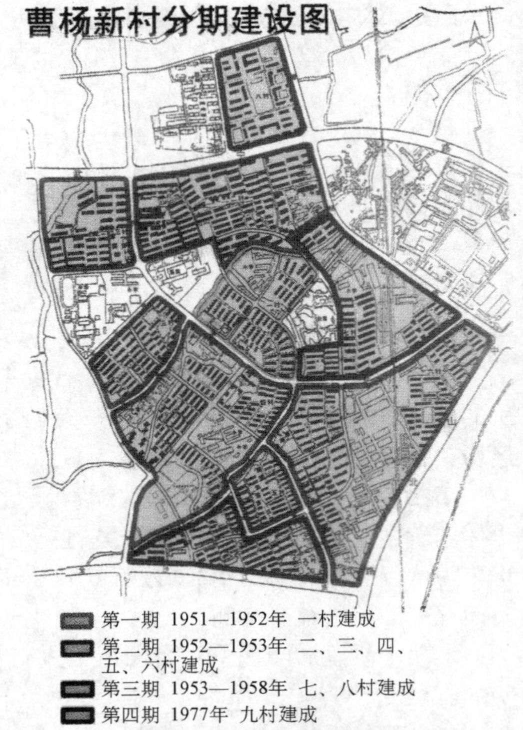

图 3.14 曹杨新村的分期建设和发展过程

*资料来源：于一凡. 城市居住形态学[M]. 南京：东南大学出版社，2010：87.

【北京和平里百万庄住宅区】

北京市经过三年的过渡时期，从 1953 年开始执行发展国民经济的第一个五年计划。随着其后人口数量的急剧增加，当时在北京南城和关厢地区的空地上建了 50 多万平方米的简易平房住宅暂时缓解了老百姓居住问题，同时在第一个五年计划期间，开辟了东郊棉纺厂、酒仙桥、和平里、三里河、百万庄等大片工人住宅区。

其中最具代表性的是 1953 年建成的、以“街坊”为主体的北京百万庄住宅区(图 3.15)。这样的生活区，由若干周边式的街坊组成，每个街坊占地约 1～2 公顷，住宅沿四周道路边线布置，围合成一个个内部庭院。布局强调轴线和对称。建筑沿街道走向布置，住宅既有南北走向，也有东西走向，服务性公共建筑布置在居住区的中心，表现出强烈的形式主义倾向与秩序感。住宅均为 3 层单元拼联式，按轴线对称的格局形成一种称为“双周边”的组合。这种组合形成的院落，与周围道路隔开，能为居民提供较为安静的居住环境。

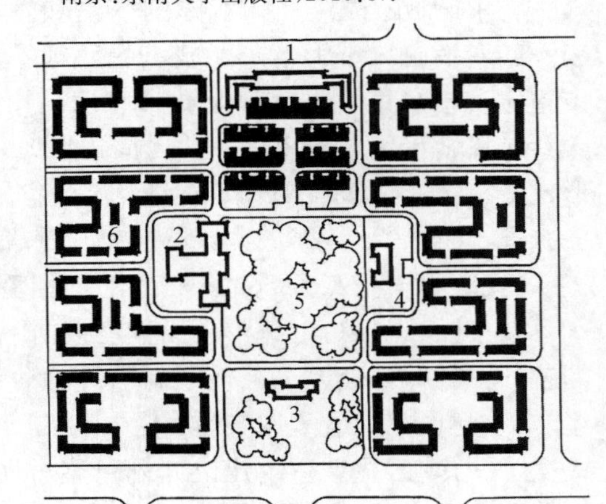

1—办公楼；2—商场；3—小学；4—托幼；5—集中绿地；6—锅炉房；7—联立式住宅

图 3.15 北京百万庄住宅区平面

http://image.baidu.com/i?tn=baiduimage&ct=201326592&lm=-1&cl=2&fr=ala0&word=%B1%B1%BE%A9%B0%D9%CD%F2%D7%AF%D7%A1%D5%AC%C7%F8%C6%BD%C3%E6%CD%BC%C6%AC.

除此之外，在“一五”和“二五”期间，中央政府在全国各大中城市均以较少的投资建设了大量的工人新村，“仅由国家拨款兴建的居住房屋，到 1959 年底就有建筑面积一亿六千二百多万平方米”。② 像沈阳铁西区工人新村、天津中山门工人新村、济南工人新村、南京工人新村和鞍山的工人住宅区等，规划设计正规、经济，并

① 丁桂节. 工人新村：“永远的幸福生活”[D]：[博士学位论文]. 上海：同济大学，2008：45.

② 建筑工程部党组.《关于解决城市住宅问题的报告》[R]. 1960(10)：15.

能快速解决居住问题;其他如太原、兰州、洛阳、西安、包头、长春等许多重点工业城市,也都建设了不少的职工住宅,但是这些新村普遍规划简单、住宅简易,大多数为平房或2～3层建筑,有的地方甚至将这批房屋作临时住宅应急,待日后有条件时拆除重建。

该阶段的总体特征为:工人集中区的住房配建,以及工人新村的产生与推广;同时在物质空间形态层面上表现为:建设规模的从无到有、从少到多。尽管建设标准参差不齐,但该段席卷全国的工人新村建设,不但保障了工矿企业大部分职工的需要,还改善了原有的居住条件,初步缓解了新中国城市居住环境恶劣和住房紧张的社会现实。

② 阶段Ⅱ:1970年代末—1980年代初,下放回城人员的安置——物质空间形态层面的演化

"文革"期间,整个社会发展的主流是政治活动,而经济建设陷入一片混乱,城市建设更是停滞不前,住房短缺问题日益严重。上山下乡运动使千千万万城市青年插队到广大边疆和农村地区,反而缓解了城市住房紧张状况。然而随着1970年代末"文革"运动硝烟散尽,知青返城并大量拖家带口,暂时得以缓解的城市住房情况一时间又极度紧张起来,在当时城镇人均居住面积不足2平方米的住房困难家庭已占到城镇家庭总数的35.6%。①

为缓解因大量回城人员引起的住房短缺状况,工作重心已转向经济建设的中央政府在住房建设上重新投入巨额资金,在1979—1990年的12年间新建住房15亿平方米,建房累计投资2 800亿元,分别为1950—1990年这40年中新建住房面积的74%和总投资的88.3%,人均居住面积也从1978年的3.6平方米增加到1990年的7.1平方米。② 在这轮住房建设高潮中,自然包括一大批以工业企业为主体建设的工人新村,像上海在1976—1980年短短五年间就建设了13个工人新村(表3.8)。

表3.8　上海工人新村的建设一览表

	阶段一												
始建年份	1951	1952	1952	1952	1953	1953	1953	1953	1953	1953	1956	1957	1957
新建新村	曹杨一村	曹杨二至六村	甘泉一至三村	甘泉四村	曹杨八村	宜川一至四村	同泰新村	顺义村	永定新村	光新一至三村	棉纺新村	金沙新村	师大二村
	阶段一						阶段二						
始建年份	1957	1957	1958	1960	1962	1968	1975	1976	1976	1977	1978	1979	1979
新建新村	普陀一至四村	曹杨七村	桃浦新村	武宁一至三村	铁路新村	真如新村	石泉五村	石岚二村	蓝田新村	石泉六村	武宁四村	长风一村	曹杨九村
	阶段二						阶段三						
始建年份	1979	1980	1980	1980	1980	1980	1981	1982	1983	1983	1984	1986	1987
新建新村	石岚三村	宜川五、六村	长风二村	桂巷新村	真如西村	太山新村	长风三村	沪太新村	管弄新村	长风四村	怒江新村	爱建新村	甘泉五、六村

* 资料来源:上海市地方志。

该阶段的总体特征为:工人新村建设的又一轮应景式高潮,以及住房规划水准的普遍提升;同时在物质空间形态层面上表现为:统筹兼顾量的积累和质的提升。因为这批建成的工人新村与30年前相比,无论是在规划设计还是房屋质量上都有明显进步,也更接近于现代住宅小区的形式。

①② 黄兴文,蒋立红,等.住房体制市场化改革——成就、问题、展望[M].北京:中国财政经济出版社,2009:114,115.

③ 阶段Ⅲ:1980 年代—1990 年代中期,住房产权的私有化——社会经济政策层面的演化

由于 90%以上的城镇住宅建设投资均来自于中央和地方政府,而政府在只投入、不产出的前提下,逐步丧失了住房投资的必要来源和热情,住房福利制也成了一项越来越沉重的负担。[①] 于是 1980 年代,政府逐步放宽住房问题政策,并开始对实现住房的私有化和商品化的住房制度改革展开了多种形式的尝试和创新,包括全价出售或补贴出售新、旧公房,实行土地有偿出让,对城市土地综合开发,逐步实现住房商品化,提高公房租金,等等。但在 1980 年代末由于出现严重的通货膨胀,房改一度处于停滞状态。

到了 1990 年代初,政府对房改继续着艰难的探索,逐步确定了"以出售公房为重点,售、租、建并举"的新思路,特别是 1994 年《关于深化城镇住房制度改革的决定》中强调稳步推动公房出售,以及 1995 年开始实施的"安居工程",强调以成本价向中低收入家庭出售公房,这些都使公房私有化进程快速推进。[②]

该阶段的总体特征为:工人新村住房产权的私有化;同时在物质空间形态层面上表现为:构建与新建活动的逐渐停止,而代之以社会经济政策层面的内涵更新与内生演化。虽然建设活动逐步停止,但由于有关住房改革的大量政策和决议推出,使得现有工人新村发生着看似平静却又巨大的变化,这主要体现在社会空间属性上。原来房屋作为国家、集体的公共财产逐渐私有化,越来越多工人新村的居民将房产纳为自己的私有财产,成为自己住房的主人。

④ 阶段Ⅳ:1990 年代末至今,住房产权的市场化——社会经济政策层面的演化

1998 年 7 月国务院发布《关于进一步深化城镇住房制度改革 加快住房建设的通知》,确定了停止住房实物分配,逐步实行住房分配货币化的政策,正式宣告我国四十多年以来的福利分房制度的终结;同时继续推进现有公共住房的私有化,原则上按照成本价实行销售;全面推行住房公积金制度,建立健全住房供给商品化、社会化的住房新体制等。[③]

住房市场化的全面放开对于工人新村的影响是显而易见的。工人新村中的许多居民由于工作流动或不满足于现有生活环境等原因,开始出售或出租自己的住房,使大量工人新村的住房被推向市场。也是从这时起,越来越多的外来人口通过购买和租住的形式进入工人新村,带来居民构成的混杂化;住房市场化还使工人新村失去了以往单位的统一管理,公共服务的私营化和社会化一时也难以规范管理。

该阶段的总体特征为:工人新村住房产权的市场化与开放化;同时在社会经济政策层面上表现为:居民混合后所带来的社会空间的剧变与重构。居民的混杂化、公共设施的私营化,加之区位在城市中较为偏远并靠近工业区,以及建造之初的标准偏低等因素,使得现如今的工人新村实际上已经名存实亡,它渐渐不再是专属于工人的理想家园,而成为转型期城市中低收入阶层的又一聚居空间。

4) 工人新村演化的研究思路

(1) 研究案例的选取

通过上述分析可以看出,我国的工人新村基本沿着大体相同的脉络而演化,且都经历了相同的历史节点并不同程度地受到冲击和影响,但也必然存在着个体发展之间的多重差异性。因此,对于案例的选择须遵循以下原则:

① 遴选的工人新村案例应建于建国初期到"一五""二五"期间,其建设、发展和使用最

---

① 黄兴文,蒋立红,等. 住房体制市场化改革——成就、问题、展望[M]. 北京:中国财政经济出版社,2009:113.

②③ 张琪,曲波. 怎样让人人住有所居——如何理解住房制度改革[M]. 北京:人民出版社,2008:3,42.

好能延续至今,并覆盖四大演化阶段、浓缩完整演化时序;

② 遴选的工人新村案例应有各自典型特征,案例的组合又能覆盖各类型工人新村在各阶段演化的多元化的差异化特征;

③ 遴选的工人新村案例应原始产权明晰,住房属于原居民个人所有;

④ 遴选的工人新村案例在住房市场化之后,应存在一定程度的外来居民侵入现象。

而上海和南京作为新中国成立以来重要的工业城市和引领改革开放的长三角中心城市,遍布众多大型、老牌工业企业,自然也涵盖了不同类型的工人新村。有鉴于此,本章选取了沪宁两地三个工人新村案例——南京三步两桥小区、线路新村以及上海曹杨新村(一村到九村)。它们均符合上述遴选原则,且在住房供给主体、职住分离情况以及企业发展轨迹等方面或多或少地存在差异,对其分别进行研究和探讨并摸索出具有规律和共性的理论和认知,对于全国范围内工人新村的研究有一定的理论和现实意义(表 3.9)。

表 3.9 所选工人新村的案例概述

名称	曹杨新村	三步两桥小区(原南电新村)	线路新村
建设年代	1950—1990 年代	1950—1980 年代	1950—1980 年代
建设主体	上海市人民政府	原国营南京电子管厂	南京线路器材厂
居民(原)所属企业发展	曹杨新村是建国初期以政府为主体建设的,目的是为了解决工人阶级居住问题。一村建成后市政府优先分配给普陀、闸北、长宁三个区各工厂的劳动模范、先进生产者和住房困难的老职工;后随着二到九村的建设,服务的工人阶级规模不断扩大,主要来自国营上海第一丝织厂、上海国棉一到九厂、人民印刷厂、国营上海橡胶厂等企业;改革开放以来,这些企业因效益下滑都经历了关停并转,多于 1990 年代中期不复存在	前身是 1935 年原国民政府资源委员会设立的电气研究室;1951 年扩建为我国第一个专业电子管工厂,被誉为中国真空电子行业的摇篮;改革开放以来企业效益下滑,资产负债率攀升,大量职工下岗;2002 年与华融资产管理公司、信达资产管理公司等企业合并,正式挂牌成立“南京三乐集团有限公司”	1952 年 4 月华东电业管理局正式建立南京水泥杆制造厂,归属华东电业管理局,同年 8 月更名为“华东电业管理局线路器材厂”;1955 年,工厂归属中央燃料工业部,更名为“电业管理总局基建工程管理局南京线路器材厂”;1962 年 4 月,工厂归水利电力部直属,更名为“水利电力部南京线路器材厂”;1987 年工厂再次划归江苏省电力工业局领导,厂名沿用“南京线路器材厂”至今
现状职住格局	职住分离(居民原所属企业均已倒闭或被兼并)	 职住分离(改组后三乐集团由鼓楼区搬至南京浦口经济技术开发区)	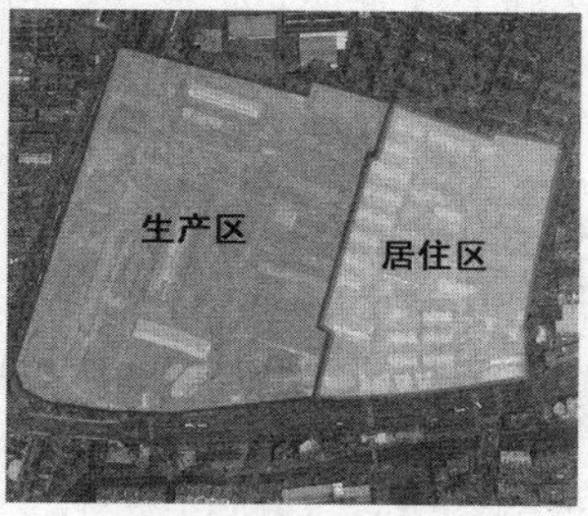 空间上仍保持职住一体
现状平面布局	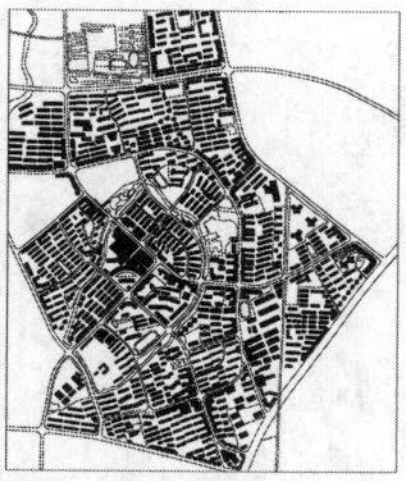	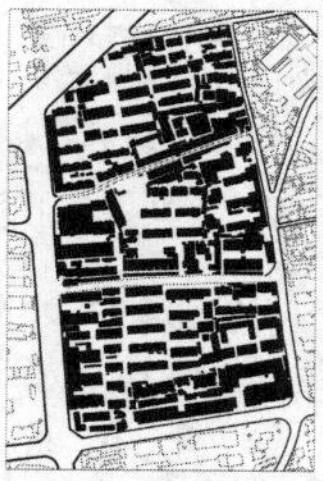	

* 资料来源:各工人新村原所属企业网站主页查询和所属社区访谈。

(2) 基础数据的采集

一手资料与基础数据的采集作为工人新村社会空间解析的基本依据,需要综合运用问卷统计法、实地调研法、部门访谈法等多类方法。其一,以最终确定的沪宁两地3个工人新村案例作为调研对象,根据配比共发放问卷210份,有效回收约190份。其操作原则为:抽样的随机性、调研区域的典型性与居住类型的全覆盖(表3.10)。其二,通过走访工人新村案例所在社区获取2010年第六次全国人口普查("六普")数据,同时通过走访案例所在区或街道的人口普查办公室,查询"二普"到"五普"的历史数据。

表3.10　所选工人新村案例的人口规模和抽样规模

名称	人口情况			问卷数量		
	总人口规模(人)	外来人口数(人)	外来人口比例(%)	原住民发放数量	外来人口发放数量	总数
三步两桥小区	约9 500	约1 300	13.7	80	20	100
线路新村	约3 300	约250	7.6	40	10	50
曹杨一村	约3 500	约360	10.3	45	15	60

* 资料来源:课题组关于工人新村的抽样调研数据(2010年)。

本章是以时间为纵轴针对工人新村社会空间而展开的动态研究,这就要求在获取现状数据的基础上进一步挖掘各阶段对应的历史信息。因此,居民社会属性的阶段性信息主要通过原住民问卷信息和人口普查数据而获取,而工人新村空间属性的阶段性信息则主要通过部门访谈、实地踏勘和现场观察等方法而获取。同时,考虑到工人新村目前普遍出现的内外居民混杂化现象,问卷发放的对象将分为原住民和外来居民两类,前者是本人或直系亲属通过单位分配获得此处住房,后者则是通过购房和租赁的方式来此居住。对于原住民的调研主要是为了获得历史信息,而针对外来居民的调研则是侧重于现状信息的补充和完善。

3.3　转型期工人新村社会属性的演化

基于上文对工人新村不同演化阶段的划分以及不同类型案例的选取,本节将就居民人口构成、年龄结构、受教育程度、职业收入等各方面社会属性,对各类工人新村的演化进行阶段性解析,通过不同时间阶段的纵向比较和不同类型特点的横向比较,综合分析工人新村社会属性演化的规律和特征。一手资料与基础数据的采集作为社会属性解析的基本依据,需要综合运用问卷统计法、实地调研法、访谈法等多类方法。

1) 居民构成的演化

(1) 居民构成的演化特征

1998年是一个具有标志性意义的分水岭,在此前以实物分配为特征的传统住房制度下,工人新村的原住民大多未获得房屋产权,因此居民构成基本都是企业职工及其家属,外来居民比重趋近于0%。

而1998年以后随着以商品化、市场化为导向的新住房制度改革,工人新村的住房也逐渐以租赁和销售的方式流入市场,并因此表现出"住区居民流动更替加速、外来居民不断侵入"的居民构成特征。如图3.16所示,2000年曹杨一村、三步两桥小区和线路新村的外来居民数分别占总居民人数的1.6%、3.5%和2.8%。到2010年,外来居民的比例分别攀升至10.3%、13.7%和7.6%;而且从目前的情况来看,工人新村的外来居民中大约70%为非本市户籍的外来人口,这也决定了他们大多采用租住的方式获得住房(图3.17)。

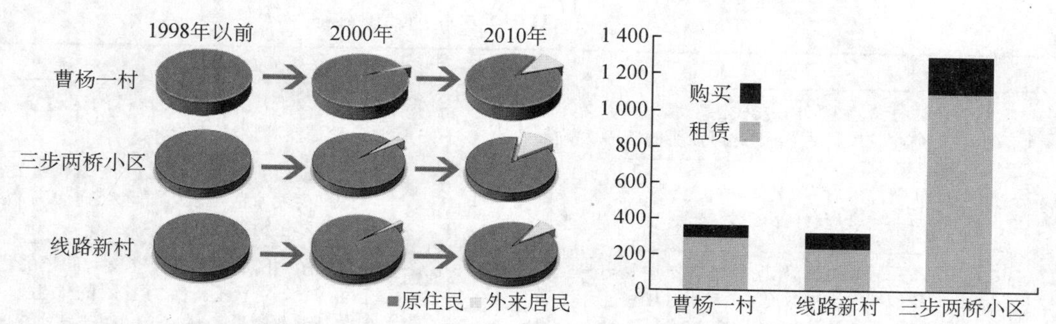

图3.16 原居民和外来居民比例的变化 **图3.17 外来居民目前租售比状况**

*资料来源:课题组关于工人新村的抽样调研数据(2010年)。

(2) 居民构成的演化解析

住房的市场化和商品化催生出工人新村日益混杂化的居民构成特征,而这是伴随着原居民的迁出和外来居民的迁入而实现的,因此对于居民混杂化的动因分析也要相应地从内因和外因两方面着手:

① 基于职住关联的居民构成演化解析

工人新村虽然在建立之初被定位为企业的附属生活区,与企业的生产区保持了职住一体的关系,但是随着住房产权的私有化和商品化,工人新村实际上已同原企业脱离而成独立的居住小区;而且自1998年结束实物分配的住房制度以来,员工就无法在企业建设的工人新村内继续获得住房,新村老居民目前绝大多数已退休,留在新村居住且还在所属企业上班的职工已剩不多。如线路新村虽和所属企业——南京线路器材厂在空间上维系了一体关系,但只有约4%的居民还在该企业上班,因此实际上已经形成了职住分离的格局(图3.18)。

图3.18 线路新村的职住空间格局

*资料来源:作者自绘。

而更多的工人新村则由于企业自身的变故,使其在空间属性和社会经济属性上都与企业割裂开来,沦为缺乏管理的开放型社区。如三步两桥小区原来所属的南京电子管厂实际已不复存在,厂区也搬迁至江北,原本职住一体的空间格局被彻底打破,该工人新村也和企业完全脱离了关系(图3.19)。

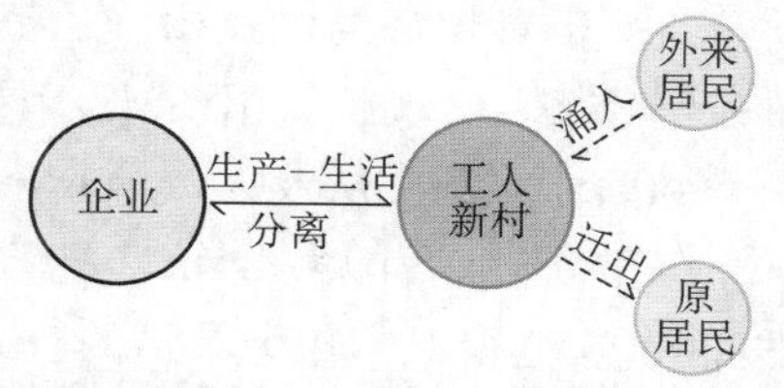

图3.19 脱离企业的工人新村居民流动

*资料来源:作者自绘。

职住格局的分离使得原本生产、生活的一体化模式被打破，居民对住所的依存度在下降，这也为原居民的迁出提供了可能。因此随着经济实力和主动择居能力的提升，许多原居民出于改善住房条件等考虑开始选择迁出工人新村(表 3.11)。

表 3.11 工人新村居民混杂化的动因解析

原居民			外来居民		
迁出原因	前提条件	职住分离：大部分原居民由于退休和下岗等原因与企业脱离关系，也因此对住所的依存度下降	迁入原因	前提条件	区位环境：大部分工人新村的区位条件好，交通便利，设施齐全
	自身原因	住房条件落后：尤其是早年建设的住房，其内部户型、面积以及外部环境，较现代住宅相差很远		自身原因	工作方便：由于工人新村区位优势明显，考虑到离就业地点较近或者交通便利，方便工作和生活的联系
		主动择居能力提升：随着部分原居民自身经济实力和消费水平的提升，工人新村住房已无法满足其对更高居住条件的要求，故自行选择具有更好环境品质的现代小区置业			租售廉价：相对于所在区位较为低廉的租金和房价，对于经济实力有限的学生、小商贩和商业服务类从业人员等人群来说，仍是目前理想的置业和租居选择

* 资料来源：课题组关于工人新村的访谈资料(2010 年)。

② 基于区位环境的居民构成演化解析

我国大城市工人新村大多是在建国初期以及改革开放初期建立的，地点一般会依托工业区而选址于郊区或是城市边缘。随着转型期以来城市用地不断扩张，各大城市面积都较建国初期乃至改革开放初期扩大数倍，而原来城市边缘或郊区的工人新村现大多已划入城市范围甚至主城区范围。比如说三步两桥小区即位于南京主城区，而且紧邻南京工业大学、南京邮电大学等高校和湖南路商圈(图 3.20)；而曹杨新村同样紧邻上海内环高架，距市中心人民广场仅 7 km(图 3.21)。

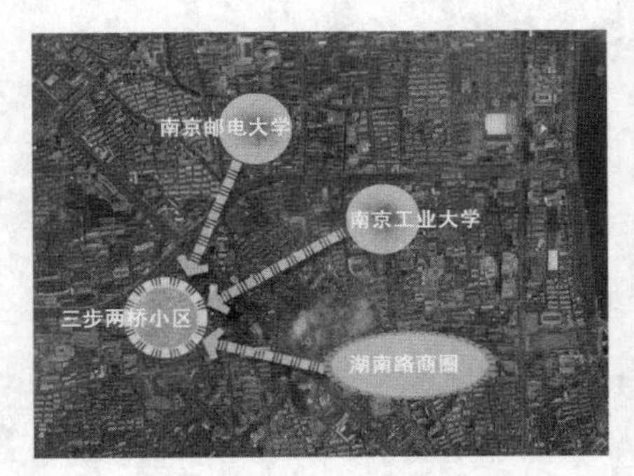

图 3.20 三步两桥小区的区位格局示意图
* 资料来源：作者自绘。

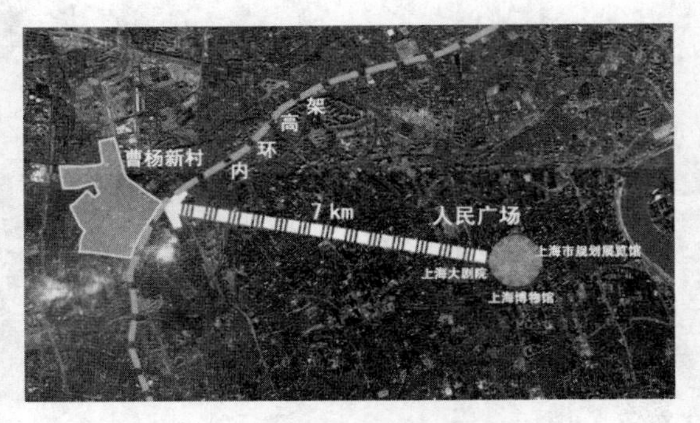

图 3.21 曹杨新村的区位格局示意图
* 资料来源：作者自绘。

良好的区位环境以及相对于该区位较为廉价的房价和租金，都为外来居民的涌入提供了条件(见表 3.11)。如南京三步两桥小区由于邻近高校和商业中心，自然吸引了学生、小商贩和商业服务类从业人员等非户籍低收入群体大量前来租住。

综上所述，我国大城市工人新村自住房制度改革以来，都不同程度地经历了外来居民的涌入，这使得原本作为单纯的工人社区的工人新村如今演化成为各类人群混居的城市居住区。

2）年龄结构的演化

（1）年龄结构的演化特征

工人新村居民的年龄结构长期保持着"两头小、中间大"的格局（即 15～64 岁的工作年龄人口占绝大多数，14 岁及以下的未成年人口和 65 岁及以上的老年人口较少），但已在演化中明显地呈现出"老年人口递增与未成年人口递减"的老龄化倾向。

通过对所选工人新村案例——线路新村和曹杨一村在第二次到第六次人口普查中的年龄数据的梳理①，可以看出工人新村年龄结构的演化并未和工人新村自身演化的阶段性相匹配（图 3.22，图 3.23）。

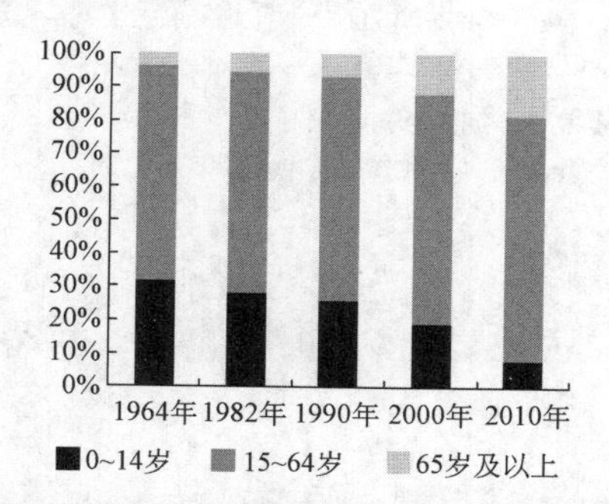

图 3.22　线路新村(小市街道)居民的年龄结构演化示意图

＊资料来源：南京下关区人口普查办二普到六普数据。

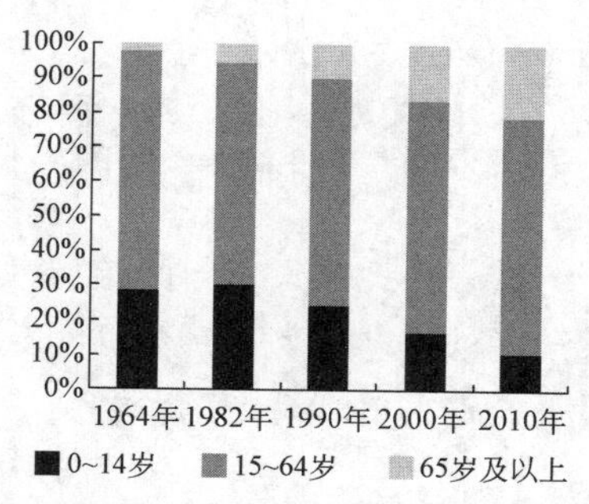

图 3.23　曹杨一村居民年龄结构演化示意图

＊资料来源：上海对普陀区人口普查办公室二普到六普数据。

1980 年代以前（阶段Ⅰ—阶段Ⅱ）年龄结构较为平稳与合理，未出现老龄化现象——

线路新村和曹杨一村的二普数据中老年人口比例分别是 3.8%和 2.4%（1964 年），三普数据中老年人口比例分别是 5.4%和 4.8%（1982 年）。虽然有所增加，但是所跨年代较为久远而且都低于 7%的老龄化标准线。

1980 到 1990 年代末（阶段Ⅲ）是老龄化成形的时期——

线路新村和曹杨一村的四普数据中老年人口比例分别是 6.2%和 5.7%（1990 年），而到了 2000 年的五普数据中老年人口比例均超过了 7%，分别达到 11.3%和 10%。可见工人新村居民的年龄结构在 1990 年代末就已呈现出老龄化特征。

1998 年以来（阶段Ⅳ）的老龄化趋势不断加剧——

在 2000 年五普显示的老龄化基础上，2010 年的六普显示线路新村和曹杨一村的老年人口比例进一步提升为 21%和 18.4%。可见如今的工人新村已经成为日益明显的典型老龄化社区。

（2）年龄结构的演化解析

改革开放初期计划生育政策成功实施，使少年儿童人口的比重逐年显著减少，加上这 30 年来平均预期寿命的延长，老年人口比重平缓增长，从而使我国人口结构出现了老龄化倾向。近年来我国人口年龄结构金字塔已经显示出与改革开放初期的"塔顶尖、塔基宽"相迥异的显著形态，老年人口比重的增大，使金字塔结构的上端逐渐庞大，而未成年人比例的下降则使塔基缩减。图 3.24 显示了 1978—2006 年中国人口年龄结构的变化情况。

① 由于数据获取的复杂性和不定性，文中线路新村的人口普查历史数据主要采用所属的小市街道数据，而文中三步两桥小区的人口普查历史数据则主要采用所属的水佐岗街道数据。作为长期以来的工业集中区和工人集聚区，小市街道数据对于工人社区演化具有宏观层面上的参考价值。

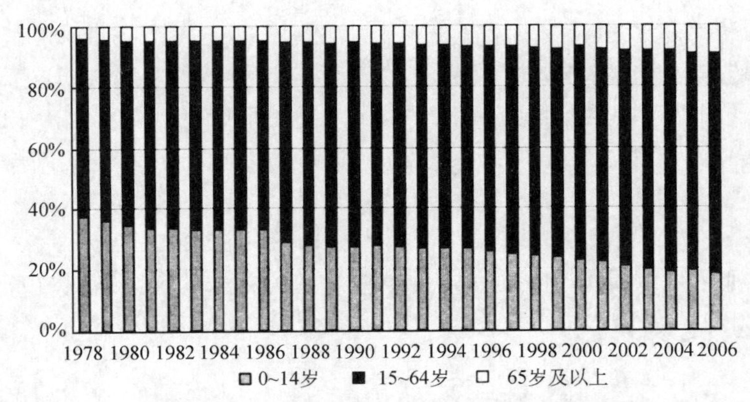

图 3.24 中国人口年龄结构的变化情况(1978—2006 年)

＊资料来源:陈佳瑛.中国改革 30 年人口年龄结构变化与总消费关系研究[J].人口与发展,2009,15(2):12.

衡量一个地区人口年龄结构大体采用三种统计指标——

第一种是老年人口系数,即 65 岁及以上老年人口占总人口的比重,系数在 0.07 以上的就属于老年人口型,计算公式为:

$$Ac=EP/TP$$

第二种是少年儿童系数,即 14 岁及以下少年儿童人口占总人口的比重,系数在 0.30 以下的就属于老年型人口,计算公式为:

$$Cc=CP/TP$$

第三种是老少比系数,即老年人口与少年儿童人口数的比值,系数在 0.30 以上的也属于老年型人口,计算公式为:

$$ECr=Ac/Cc$$ ①

按照这些系数计算,目前工人新村的老年人口系数都在 10%以上,最高的甚至接近 20%(图 3.25);少年儿童系数都在 20%以下(图 3.26);而老少比也都接近甚至超越 100%(图 3.27)。从这些系数看来,目前的工人新村都属于典型的老年人口型社区。

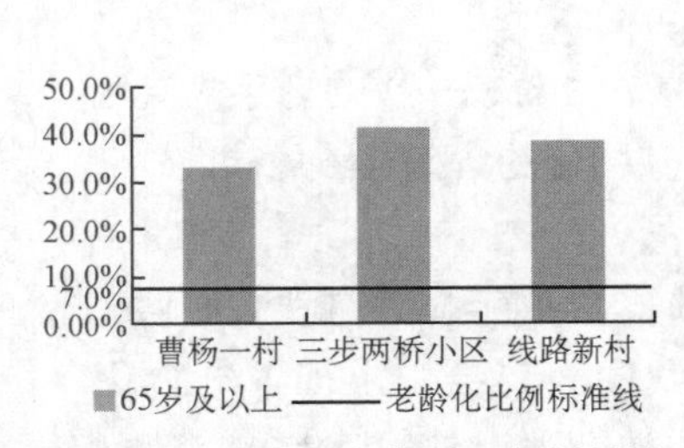

图 3.25 沪宁两市典型工人新村的老年人口系数示意图(2010 年)

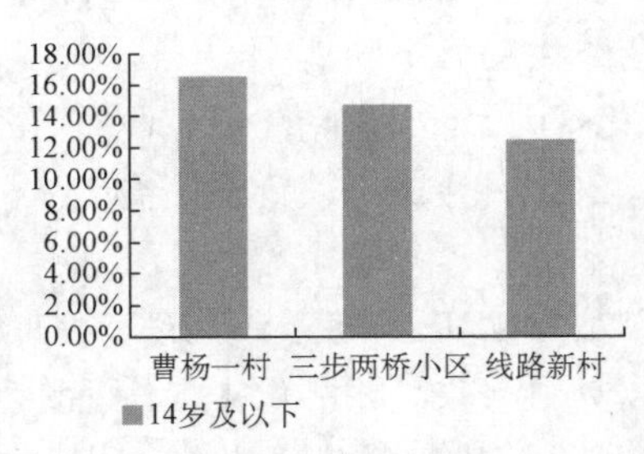

图 3.26 沪宁两市典型工人新村的少年儿童系数示意图(2010 年)

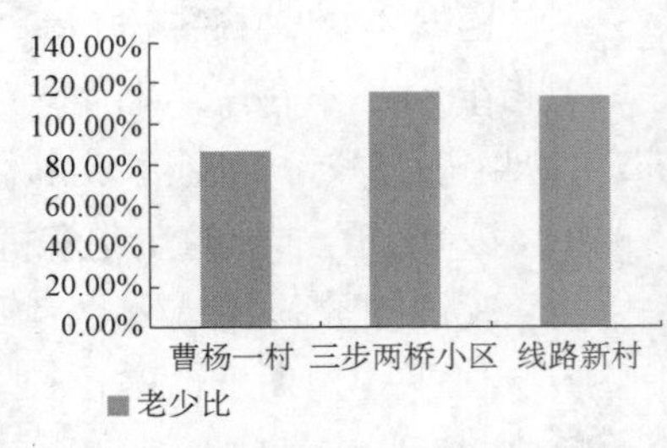

图 3.27 沪宁两市典型工人新村的老少比系数示意图(2010 年)

＊资料来源:案例所在社区委员会第六次人口普查数据。

---

① 其中 Ac 指老年人口系数(Aging coefficient);Cc 指少年儿童系数(Childhood coefficient);ECr 指老少比系数(Elder Children ratio);EP、CP 和 TP 分别指老年人口、少年儿童人口和总人口(Elderly Population,Childhood Population,Total Population)。

而工人新村作为城市老龄化社区的典型,其老龄化程度尤其严重。究其原因,首先工人新村这类企业福利制住房早在20世纪80年代即逐渐停止了建设和供给,原居民大多是在新村建立早期就入住的老职工及家属,特别是住房货币化改革后,企业新职工已无法从企业自建的工人新村内获得住房;其次,虽然住房产权的私有化和商品化使住房交易成为可能,而且工人新村的老年居民多已退休,并与企业脱离关系,但是曾经的同事关系以及长期存在的经济连带和业缘关系,使其仍保留了强烈的群体意识感,加上老年人主动择居能力较弱以及寻求稳定的生理心理特质,因此在选择迁出的原居民中多以原老职工的年轻家属为主,使原本就老年人口相对集中的工人新村老龄化倾向更为明显。

3) 文化程度的演化

(1) 文化程度的演化特征

工人新村居民的文化程度构成同样保持着"两头小、中间大"的格局,即长期以来都是初中、高中(中专)学历人口占绝大多数,而小学以下和大专以上学历较少,但这在演化中已稳定地表现出"大专以上学历人口逐渐小幅增加"的高知化趋势。

通过对所选工人新村案例——南京三步两桥小区和曹杨一村在第二次到第六次人口普查中的年龄数据的梳理,可以看出工人新村文化程度的演化平缓而稳定,同样也未和工人新村自身演化的阶段性相匹配(图3.28,图3.29)。

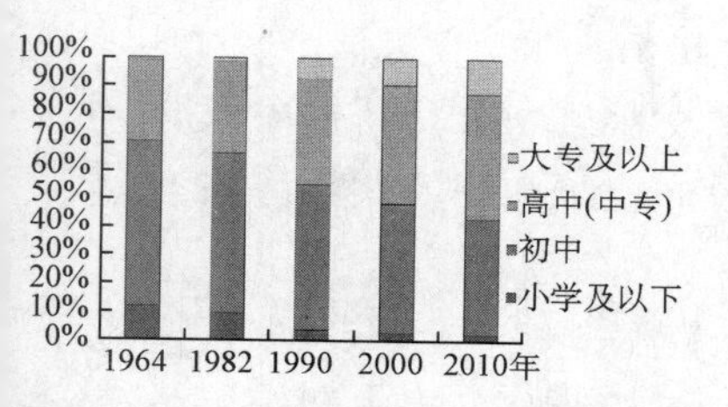

图3.28 三步两桥社区(水佐岗社区)居民的文化程度构成演化示意图

*资料来源:南京鼓楼区人口普查办数据。

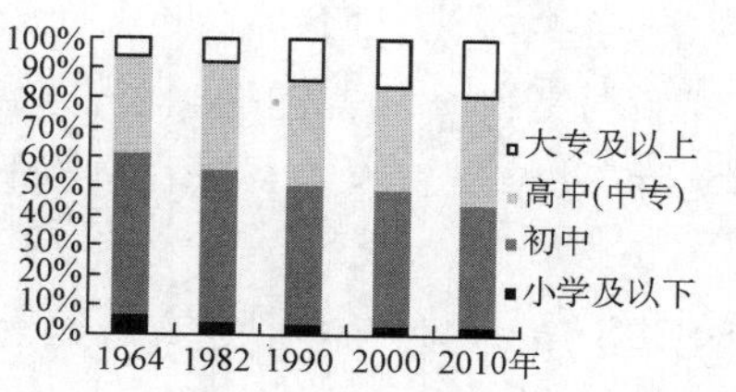

图3.29 曹杨一村社区居民的文化程度构成演化示意图

*资料来源:上海普陀区人口普查办数据。

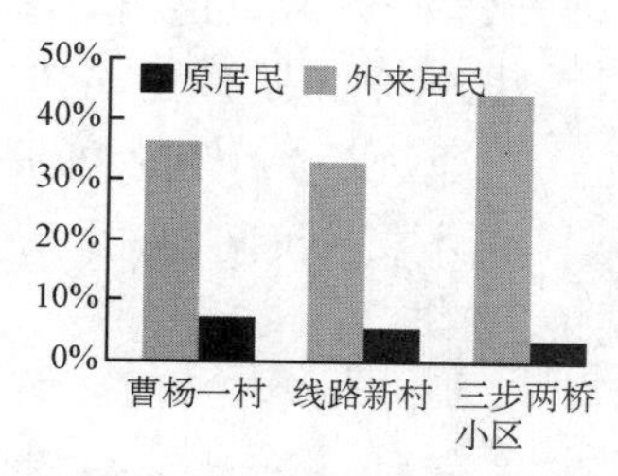

图3.30 沪宁两市典型工人新村原居民和外来居民的大专及以上学历人口比例(2010年)

*资料来源:课题组关于工人新村的抽样调研数据(2010年)。

1980年代以前(阶段Ⅰ—阶段Ⅱ)居民的文化程度基本都集中于初中和高中(中专)文化水平——

三步两桥小区和曹杨一村的二普数据中这两类文化程度的人口比例分别高达91%和83%(1964年),三普数据中这一比例也达到88%和85%(1982年)。其余部分人口的学历也以小学及以下水平为主,而大专以上的高学历人口比重都在3%以下。

1980到1990年代末(阶段Ⅲ)大专及以上的高学历居民有显著增加,而小学及以下低学历居民相应减少——

三步两桥小区和曹杨一村的四普数据中大专及以上高学历人口比例分别为7.2%和8.6%(1990年),同时小学及以下低学历人口分别降至6.7%和4.6%。

1998年以来(阶段Ⅳ)居民的文化程度在趋于平稳的同时,大专及以上高学历人口保持小幅增加态势——

三步两桥小区和曹杨一村的五普数据中大专及以上高学历人口比例分别占到9%和11.2%(2000年),到2010年的六普中,这一比例分别略升至11%和13.4%。

(2) 文化程度的演化解析

建国初期我国教育设施较为落后，人口文化程度普遍较低，文盲率高达 80%以上。随着之后一场场轰轰烈烈的扫盲运动在全国范围内展开，到 1964 年文盲率已降至 57.3%。[①] 然而随着“文革”的开始和 1966 年高考的暂时取消，教育事业再次陷入阶段性停滞，大批学龄青少年失去了接受教育的机会，直到十余年后的 1977 年恢复高考，青年人才有机会接受高等教育。

在这一背景下，1980 年代以前(阶段Ⅰ—阶段Ⅱ)工人新村居民由于社会原因很难接受高等教育，学历多停留在初中和少部分高中(中专)水平。直到恢复高考的几年后(阶段Ⅲ)，工人新村内大专及以上文化程度的人口才有明显提升。此外，导致工人新村 2000 年以来(阶段Ⅳ)高学历人口渐增的原因，部分还在于普遍拥有较高教育水平的外来居民的流入，他们的文化程度一般要普遍高于原居民(图 3.30)。

4) 职业结构的演化

(1) 职业结构的演化特征

工人新村居民在计划经济为主导的时期保持了相对较为单纯的职业结构，即以产业工人为绝大多数的职业结构。随着改革开放的深入，单纯的以工人为主体的职业结构开始被打破，如今伴随住房体制改革的深入和众多外来居民的涌入，我国工人新村居民的职业结构也逐渐形成“以退离休人员为多、各类就业方向并存”的多元化格局。

通过对沪宁两地的典型工人新村案例——曹杨一村、三步两桥小区和线路新村中原居民和外来居民问卷抽样调查和统计，总结出工人新村居民各阶段职业结构的演化趋势如下(表 3.12)：

1980 年代以前(阶段Ⅰ—阶段Ⅱ)的职业结构是工人占绝大多数——

这段时期工人新村居民的职业结构较为单一，80%左右的居民职业都是工人和少部分企业管理者，其余为数不多的公务员、教师、学生等其实也都是企业职工的家属。

改革开放后的 1980—1998 年(阶段Ⅲ)的职业结构是以在职和退休工人为主，其他行业也开始相伴出现——

由于工人新村的建设趋缓，许多年轻职工很难在工人新村获得住房，因此虽然在职工人的比例仍高于 50%，但退休职工的比重不断增加(30%左右)；同时，逐渐出现一定比例的商业服务业人员、个体劳动者等其他从业人员。

1998 年以来(阶段Ⅳ)的职业结构是以退休职工为主，其他行业多元发展——

福利制住房终结，工人新村停止建设，新职工无法通过分配获得住房，退休人员已经取代在职工人成为了工人新村居民中的主力军(60%左右)；部分企业的结构调整导致众多工人下岗，许多未达退休年龄的职工也沦为无业人员，其余居民实现再就业后也多从事商业服务行业；同时，由于工人新村住房的市场化，通过购租方式涌入的众多外来居民，使工人新村的职业结构更趋多元化。

---

① 刘立德，谢春风. 新中国扫盲教育史纲[M]. 合肥：安徽教育出版社，2006：243.

表 3.12 工人新村居民职业结构的阶段性演化示意

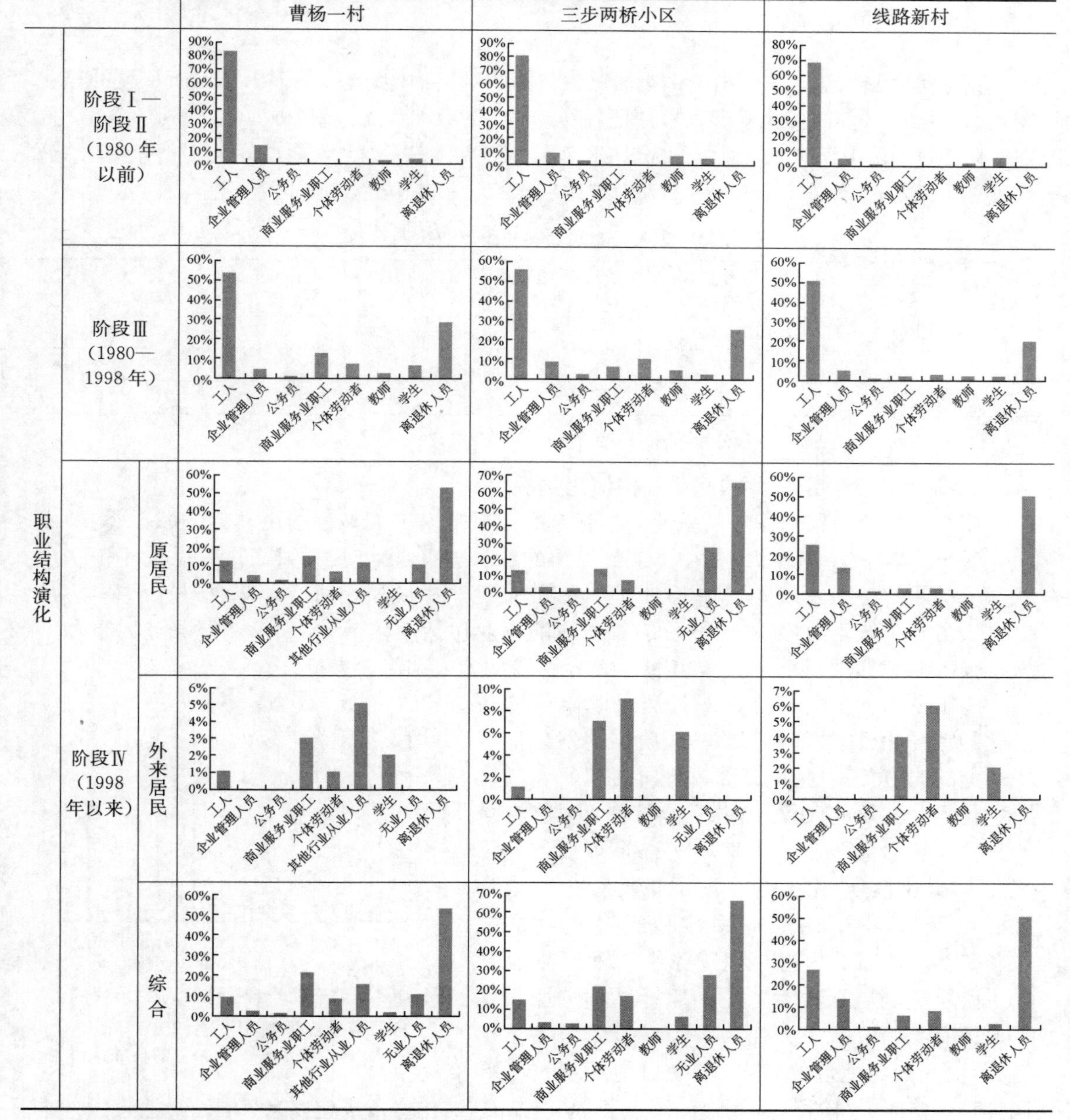

* 资料来源:课题组关于工人新村的抽样调研数据(2010 年)。

(2) 职业结构的演化解析

① 基于分异度评价的职业结构演化解析

为了评价各阶段职业结构的分异度,本章引入方差的计算方法,方差值越大,说明数据的分布越散,分异度越大。[①] 其计算公式表达为:

① 在概率论和数理统计中,方差(英文 Variance)用来度量随机变量和其数学期望之间的偏离程度。在许多实际问题中,研究随机变量和均值之间的偏离程度有着很重要的意义,可以作为评价一组数据分异度的方法。

$$D(s)=\frac{\sum_{i=1}^{n}(S_i-\overline{S})^2}{n}$$

根据笔者对所选工人新村案例中居民各阶段职业结构的调研，整理出居民所从事的职业类别、人数及其所占比例(表 3.13)，并把各阶段得出的数列代入方差公式，可以得到阶段Ⅰ—阶段Ⅱ、阶段Ⅲ和阶段Ⅳ的方差值分别为 97.2、731.2 和 848.9。也就是说工人新村居民职业的分异度在不断增加，原本单纯的、以工人为绝对主导的职业结构逐渐走向多元化。

表 3.13　工人新村居民各阶段职业比例及其方差

职业类别 阶段	工人(%)	企业管理人员(%)	公务员(%)	商业服务业员工(%)	个体劳动者(%)	教师(%)	学生(%)	无业人员(%)	退休人员(%)	方差值
阶段Ⅰ—阶段Ⅱ	80	8	3			4	5			97.2
阶段Ⅲ	57	6	2	6	10	4	3	4	8	731.2
阶段Ⅳ	15	3	2	9	11	3	6	7	44	848.9

* 资料来源：课题组关于工人新村的抽样调研数据(2010 年)。

② 基于社会阶层分化的职业结构演化解析

将当代社会阶层的划分与职业的相互对应关系带入工人新村居民典型的职业类别中，可以看出其职业结构涵盖了从中上层到底层的各阶层职业类型(见图 3.6)——与中上阶层相对应的职业包括公务员、大中企业管理人员等；与中中阶层相对应的职业包括小企业主、办事人员和个体工商户；与中下阶层相对应的职业包括个体劳动者、商业服务业人员和工人；与底层相对应的包括生活贫困并无就业保障的工人和无业人员。

为了更深入地解析工人新村居民职业结构多元化的特征和成因，基于当前社会阶层的划分与居民职业的对应关系，将工人新村各阶层职业人口数分别代入公式形成系数，如中下阶层职业系数＝同中下阶层相对应职业的从业人数/各职业从业人数之和，以此类推分别得出中上阶层职业系数、中中阶层职业系数、中下层职业系数和底层职业系数(图 3.31)。不难看出：如今工人新村居民已形成以中下阶层和底层从业者为主的职业结构特征。究其原因有二：其一，工人作为工人新村原居民在经济、政治和社会地位的跌落，已使目前的工人不可同计划经济时期(阶段Ⅰ—Ⅱ)的工人相提并论；其二，住房市场化以来(阶段Ⅳ)涌入的外来居民虽然职业已有所不同(如商业服务业人员、个体劳动者和学生)，但在社会分层结构上仍以中下阶层为主。由此可以推断，如今的工人新村在成为内外居民混居区的同时，业已成为典型的社会中下阶层和底层的聚居区。

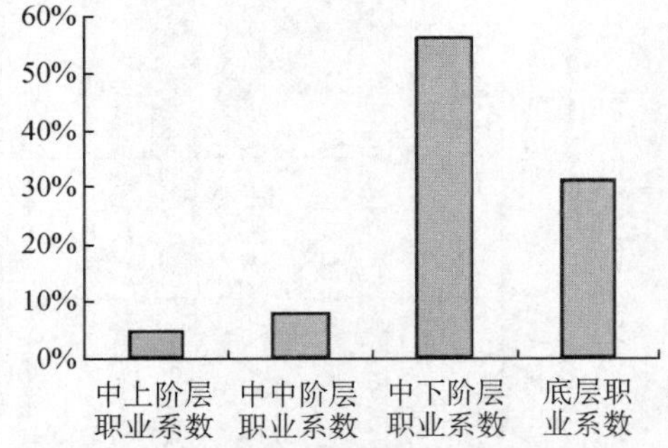

图 3.31　沪宁两市典型工人新村居民的各阶层职业系数示意图(2010 年)

* 资料来源：课题组关于工人新村的抽样调研数据(2010 年)。

5) 收入构成的演化

(1) 收入构成的演化特征

由于计划经济时期单纯的职业结构以及均等的分配方式，工人新村居民收入较为平均。而改革开放以来随着计划经济的堡垒被打破，平均的收入格局开始瓦解并出现分异。如今伴随住房体制改革的深入和众多外来居民的涌入，我国工人新村居民的收入构成逐渐形成“以中低收入水平为主的差异化、非均衡格局”。

通过对沪宁两地典型工人新村案例——曹杨一村、三步两桥小区和线路新村中原居民和外来居民问卷抽样调查和统计，总结出工人新村居民总体收入的演化趋势如下（表 3.14）：

表 3.14　工人新村居民收入构成的阶段性演化示意

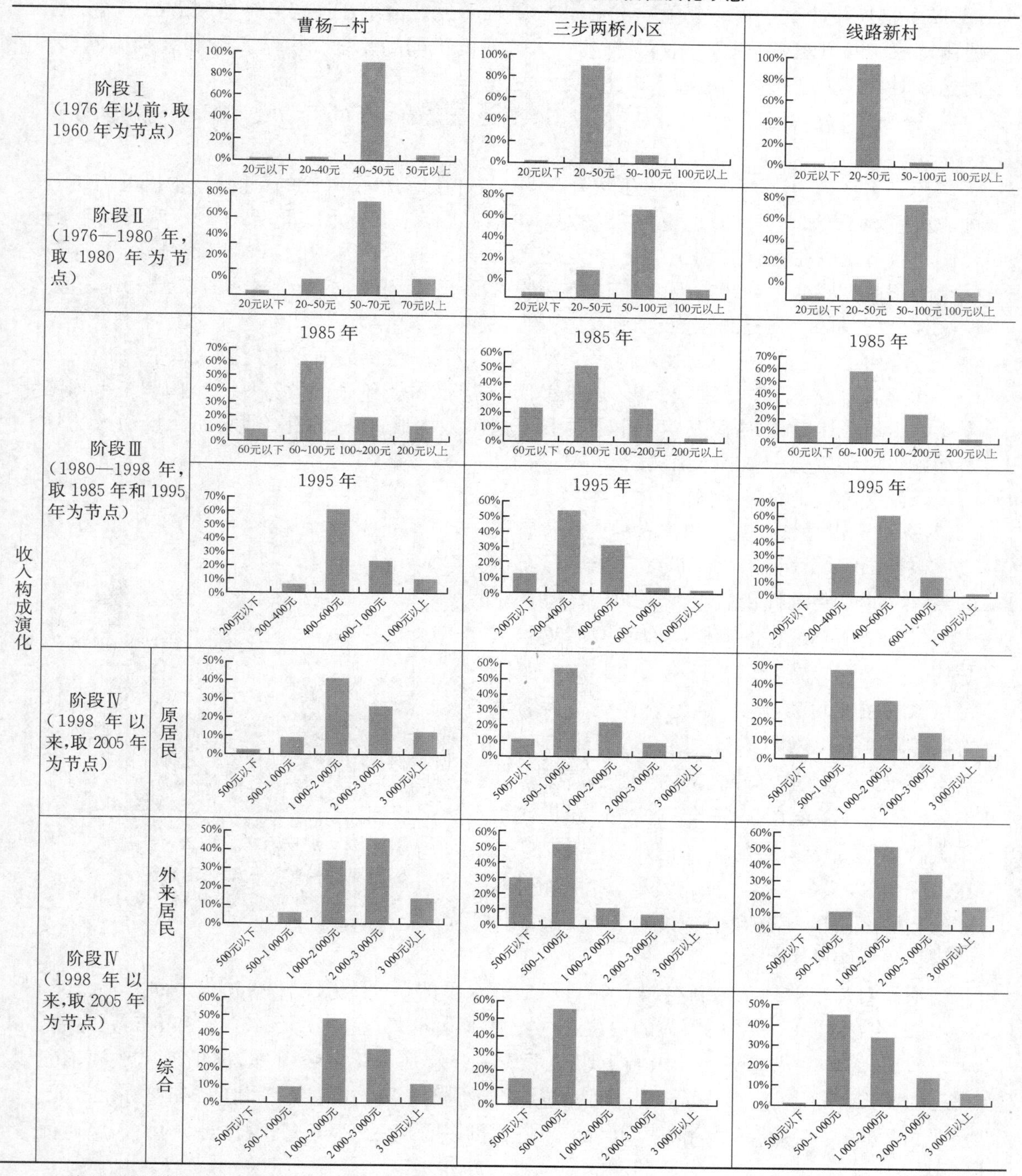

＊资料来源：课题组关于工人新村的抽样调研数据（2010 年）。

1980年代以前(阶段Ⅰ—阶段Ⅱ)的收入构成相对平均,且基本集中在全国职工平均收入水平线附近——

1960年工人新村居民的收入80%以上都集中在40～50元的区间,大部分等于或略高于当时全国职工平均收入42.6元;到了1980年,约70%的居民收入位于50～70元的区间,基本接近或略高于当时全国职工平均收入63.5元。由于在计划经济体制下的工人工资是由国家统一划拨,不和企业效益挂钩,工人工资的微弱的差别仅由于工种和级别不同,因此这段时期工人新村居民的收入未出现明显的分异。

1980—1998年(阶段Ⅲ)的收入构成多数接近于全国职工的平均收入线,同时出现分异现象——

1985年工人新村居民的收入虽然有50%左右位于60～100元的区间(基本接近当年全国职工平均工资95.7元),但也有25%左右的居民收入在60元以下;到1990年代中期,随着国企改革的深化和众多职工的下岗与退休,工人新村居民的收入开始出现分化,并逐渐降至全国职工收入平均线以下。如1995年收入低于400元的工人新村居民占到大半,这说明大部分居民的收入已跌至当年职工平均收入的458.3元以下。

1998年以来(阶段Ⅳ)的收入构成出现明显差异,并主要集中在中低收入水平——

2005年工人新村居民收入50%以上都低于千元,并且绝大多数都低于全国职工平均工资1 750元。其中,原居民基本上由退休和下岗工人构成,收入水平有限,而大量涌入的外来居民也以学生和中低收入者为主。

(2) 收入构成的演化解析

① 基于相对收入变化的收入构成演化解析

根据国家统计局国民经济综合统计司发布的《新中国60年统计资料汇编》(2010)显示,新中国成立之初到现在的60年间,我国城镇职工平均工资基本保持着增长态势(图3.32),而依据增长的幅度可以1980年为分界线划为两大阶段:1980年代以前的计划经济主导时期,工资水平虽然总体呈上升之势,但是涨幅很小基本可以持平,甚至在1950年代末和60年代由于大跃进等政治运动的阻断而出现小幅下降;在1980年以来的社会主义市场经济主导时期,随着我国经济的复苏和快速发展,工资水平持续增长且涨幅不断加大。

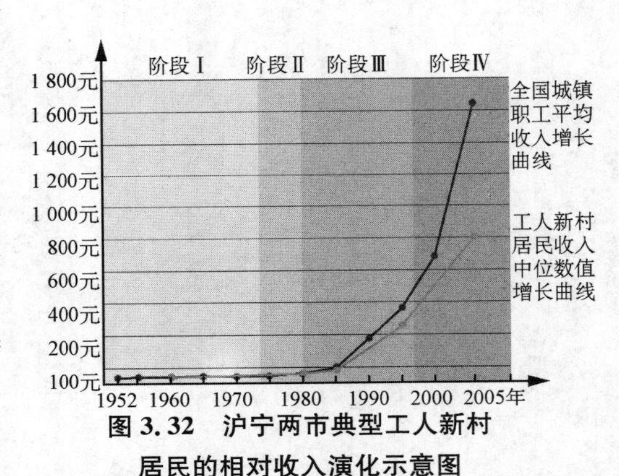

图3.32 沪宁两市典型工人新村居民的相对收入演化示意图

* 资料来源:《新中国60年统计资料汇编》和作者实际调研整理绘制。

根据对沪宁两地工人新村居民各时期工资水平的调研数据,取1960年、1980年、1985年、1995年及2005年居民收入的中位数,分别为40元、60元、90元、250元和800元左右,可以看出:它的变化趋势和全国城镇职工平均工资水平变化趋势一样,都呈现出涨幅不断递进的增长态势(图3.32);而同上述时间节点相对应的全国城镇职工平均工资分别为42.6元、63.5元、95.7元、458.3元和1 750元[①]。由此可以看出:虽然工人新村居民的收入绝对值

① 国家统计局国民经济综合统计司.新中国60年统计资料汇编[G].北京:中国统计出版社,2010:243.

在增长,但由于增长幅度远低于全国城镇职工平均涨幅,因此其相对收入仍在大幅减少,经济地位仍在不断降低。

② 基于基尼指数[①]变化的收入构成演化解析

这里的基尼指数算法采用常用的收入五分法:将所选人群的收入值从低到高分为五等分,分别是最低 20%收入组、中低 20%收入组、中间 20%收入组、中高 20%收入组、最高 20%收入组,把每一层级人群收入之和除以收入总和,得出这一层级人群收入占收入总和的比重 P,从最低组到最高组分别是 P_1、P_2、P_3、P_4、P_5,并将它们代入公式:

$$G=\frac{4P_5-4P_1+2P_4-2P_2}{5}$$

即可得出反映所选人群收入差距的基尼指数。

本章以典型的工人新村——南京三步两桥小区和上海曹杨一村为例,通过对小区居民抽样问卷的调查和整理,获得调研对象在 1960、1980、1985、1995 和 2006 年的收入详细数据,并分别计算以上各时间节点的基尼指数(表 3.15)。

表 3.15 三步两桥小区和曹杨一村居民各时间节点的收入分组情况抽样调查表

案例	时间	分组	最低值(元)	最高值(元)	总计(元)	P=占收入总和比重	基尼指数
三步两桥小区	1960 年	最低 20%收入组	20	30	505	P_1=0.140 5	0.098 4
		中低 20%收入组	30	35	670	P_2=0.186 4	
		中等 20%收入组	35	38	730	P_3=0.203 1	
		中高 20%收入组	39	40	815	P_4=0.226 7	
		最高 20%收入组	40	60	875	P_5=0.243 4	
		收入总和(元)	3 595				
	1980 年	最低 20%收入组	20	45	650	P_1=0.099 7	0.160 2
		中低 20%收入组	45	60	1 160	P_2=0.177 9	
		中等 20%收入组	60	65	1 410	P_3=0.216 3	
		中高 20%收入组	65	85	1 530	P_4=0.234 7	
		最高 20%收入组	85	105	1 770	P_5=0.271 5	
		收入总和(元)	6 520				
三步两桥小区	1985 年	最低 20%收入组	30	55	960	P_1=0.113 5	0.183 4
		中低 20%收入组	55	75	1 280	P_2=0.151 3	
		中等 20%收入组	75	90	1 710	P_3=0.202 1	
		中高 20%收入组	90	105	1 940	P_4=0.229 3	
		最高 20%收入组	105	200	2 570	P_5=0.303 8	
		收入总和(元)	8 460				
	1995 年	最低 20%收入组	200	280	5 300	P_1=0.119 9	0.204 5
		中低 20%收入组	280	350	6 480	P_2=0.146 6	
		中等 20%收入组	350	400	7 610	P_3=0.172 2	
		中高 20%收入组	400	560	9 940	P_4=0.224 9	
		最高 20%收入组	560	1 200	14 870	P_5=0.336 4	
		收入总和(元)	44 200				

① 基尼指数是国际上通用的考察居民内部收入分配差异状况的主要分析指标。其经济含义是:在全部居民收入中,用于进行不平均分配的那部分收入占总收入的百分比。基尼指数最大为 1,最小为 0,前者表示居民之间的收入分配绝对不平均,即 100%的收入被一个单位的人占有了;而后者则表示居民之间的收入分配绝对平均,即人与人之间收入完全相等,没有任何差别。这两种情况只是理论上的绝对化,在实际中一般不会出现,因此基尼指数的实际数值只能介于 0—1 之间。资料来源:胡祖光.基尼系数和统计数据[J].统计研究,2005(7):11.

续表 3.15

案例	时间	分组	最低值(元)	最高值(元)	总计(元)	P=占收入总和比重	基尼指数
三步两桥小区	2006 年	最低 20%收入组	500	700	12 200	P_1=0.095 1	0.321 6
		中低 20%收入组	700	800	15 600	P_2=0.121 6	
		中等 20%收入组	800	800	16 000	P_3=0.124 8	
		中高 20%收入组	800	1 800	25 800	P_4=0.201 2	
		最高 20%收入组	2 000	4 500	58 650	P_5=0.457 3	
		收入总和(元)	128 250				
曹杨一村	1960 年	最低 20%收入组	20	30	511	P_1=0.134 8	0.108 9
		中低 20%收入组	30	35	682	P_2=0.179 9	
		中等 20%收入组	35	38	779	P_3=0.205 4	
		中高 20%收入组	39	40	903	P_4=0.238 1	
		最高 20%收入组	40	60	917	P_5=0.241 8	
		收入总和(元)	3 792				
	1980 年	最低 20%收入组	20	45	630	P_1=0.095 5	0.162 4
		中低 20%收入组	45	60	1 130	P_2=0.171 2	
		中等 20%收入组	60	65	1 540	P_3=0.233 3	
		中高 20%收入组	65	85	1 530	P_4=0.231 8	
		最高 20%收入组	85	105	1 770	P_5=0.268 2	
		收入总和(元)	6 600				
	1985 年	最低 20%收入组	30	55	960	P_1=0.113 5	0.183 4
		中低 20%收入组	55	75	1 280	P_2=0.151 3	
		中等 20%收入组	75	90	1 710	P_3=0.202 1	
		中高 20%收入组	90	105	1 940	P_4=0.229 3	
		最高 20%收入组	105	200	2 570	P_5=0.303 8	
		收入总和(元)	8 460				
	1995 年	最低 20%收入组	200	280	5 300	P_1=0.122 7	0.277 2
		中低 20%收入组	280	350	6 480	P_2=0.150 0	
		中等 20%收入组	350	400	7 610	P_3=0.176 2	
		中高 20%收入组	400	560	9 940	P_4=0.230 1	
		最高 20%收入组	560	1 200	14 870	P_5=0.321 1	
		收入总和(元)	44 200				
	2006 年	最低 20%收入组	500	700	12 200	P_1=0.095 1	0.376 8
		中低 20%收入组	700	800	15 600	P_2=0.121 6	
		中等 20%收入组	800	800	16 000	P_3=0.124 8	
		中高 20%收入组	800	1 800	25 800	P_4=0.201 2	
		最高 20%收入组	2 000	4 500	58 650	P_5=0.457 3	
		收入总和(元)	128 250				

* 资料来源:课题组关于工人新村的抽样调研数据(2010 年)。

按照表 3.15 所得数据,分别把各时间节点的 P 值(各组收入之和占收入总和比重)代入公式:$G=\frac{4P_5-4P_1+2P_4-2P_2}{5}$,计算出 1960、1980、1985、1995 以及 2005 年三步两桥小区的基尼系数分别是 0.098 4、0.160 2、0.183 4、0.204 5 以及 0.321 6(图 3.33)。

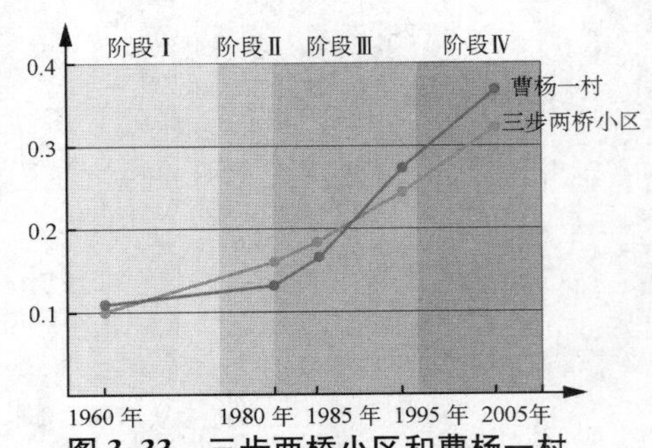

图 3.33　三步两桥小区和曹杨一村的基尼系数演化示意图

* 资料来源:课题组关于工人新村的抽样调研数据(2010 年)。

可以看出:阶段Ⅰ和阶段Ⅱ的基尼指数都低于 0.2,处于收入绝对平均时期。从阶段Ⅲ开始快速攀升，到目前已经接近 0.4。也就是说在阶段Ⅲ以前，工人新村居民基本没有拉开收入差距，阶段Ⅲ收入差距开始显现，并在阶段Ⅳ进一步拉开了这一差距，这显然是由于相对收入减少所带来的贫困人口集聚而造成的。

③ 基于贫困人口比例增长的收入构成演化解析

亚太经济合作与发展组织于 1976 年对其成员国进行大规模调查后，提出了一个人口贫困标准，即以一个国家或地区社会中位收入或平均收入的 50%作为这个国家或地区的贫困线，这就是后来被广泛运用的国际贫困标准。① 根据国家统计局国民经济综合统计司发布的《新中国 60 年统计资料汇编》(2010)中的数据，可以得出 1960 年、1980 年、1985 年、1995 年以及 2005 年全国城镇职工平均工资分别为 42.6 元、63.5 元、95.7 元、458.3 元和 1 750 元，而各时间点的国际贫困线(平均工资标准的 50%)则分别为 21.3 元、31.8 元、47.9 元、229.2 元和 875 元。

依据对沪宁两地工人新村居民各时期工资水平的调研和数据整理，提取收入低于国际贫困线以下的居民人数，进而得出各时期贫困人口所占总人口的比例(图 3.34)，可以看出：阶段Ⅰ和阶段Ⅱ的工人新村几乎没有出现贫困人口，阶段Ⅲ贫困人口开始出现并不断增加，到阶段Ⅳ时贫困人口甚至已占据了绝大多数。

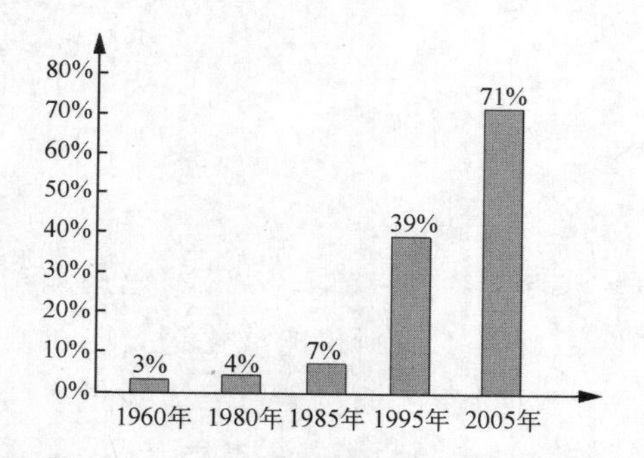

图 3.34　工人新村贫困人口比例的演化

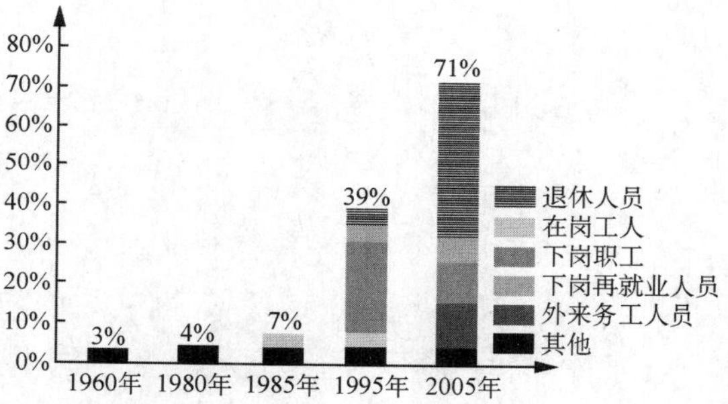

80%
70%
60%
50%
40%
30%
20%
10%
0%
3%
4%
7%
39%
71%
1960年
1980年
1985年
1995年
2005年
退休人员
在岗工人
下岗职工
下岗再就业人员
外来务工人员
其他

图 3.35　工人新村各时期贫困人口的职业构成

＊资料来源：课题组关于工人新村的抽样调研数据(2010 年)。

在此基础上进一步引入职业因素，可以发现贫困人口主要是由下岗职工、退休人员和部分外来务工人员组成(图 3.35)；而贫困人口职业结构和时间的阶段性交叉，也可以很好地解释贫困人口急剧增长的原因：

在阶段Ⅲ的 1980 年代末到 1990 年代初，随着市场经济发展和国有企业改革的进行，产生了越来越多的下岗职工人群，即使实现了再就业也大多在低收入岗位就职，这部分群体的逐年增加造成了工人新村贫困人口比例的急剧上升。

到了阶段Ⅳ，随着大部分企业的关、停、并、转、破，下岗人数逐年下降，大量工人新村的原居民无论是在职的还是下岗的，都逐渐步入退休职工行列。虽然退休后的生活水平要比下岗时改善不少，但多数仍低于当地的贫困线标准。② 随着阶段Ⅳ住房的全面市场化，工人

① 李锡明. 新扶贫标准和国际贫困线[J]. 学理论，2009(10)：22.

② 比如说 2005 年工人新村职工的退休月工资大多集中在 800 元左右，还是略低于当年全国城镇职工平均月工资 1 750 元的一半，因此可以说，是大量退休职工构成了这一阶段工人新村贫困人口的主体。

新村又开始涌入越来越多的且大多流向较低端行业的外来人口，这部分人口则进一步扩大了工人新村的贫困人口规模。

综上所述，通过对沪宁两地工人新村实例的调研、梳理和分析，可总结出我国大城市工人新村社会属性在各阶段的演化特征。从中可以看出，我国大城市工人新村的社会属性经过阶段性演化，如今已经成为贫困人口和老年人口集中的城市中下阶层和底层聚居区（表 3.16）。

表 3.16　工人新村社会属性阶段性演化特征汇总

社会属性 阶段	年龄结构	文化程度	职业结构	收入构成
阶段Ⅰ—阶段Ⅱ（1980 年代以前漫长计划经济时期）	较平稳与合理，未出现老龄化现象	集中于初中和高中（中专）文化水平	基本上为产业工人	相对平均，且基本集中在全国职工平均收入水平线附近
阶段Ⅲ（1980 到 1998 年的市场经济体制改革以来）	老龄化现象出现和成形	大专及以上的高学历居民有显著增加，小学及以下低学历居民相应减少	以在职和退休工人为主，其他行业也开始出现	多数接近于全国职工的平均收入线，同时出现分异现象
阶段Ⅳ（1998 年至今的住房市场化以来）	老龄化趋势不断加剧	文化程度在趋于平稳的同时，大专及以上高学历人口保持小幅增加态势	是以退休职工为主，其他行业多元发展	出现明显差异，主要集中在中低收入水平

* 资料来源：课题组关于工人新村的抽样调研数据（2010 年）。

3.4　转型期工人新村空间属性的演化

基于上文对工人新村不同演化阶段的划分以及不同类型案例的选取，本节将就用地功能、空间布局、住宅套型、配套设施等各方面空间属性，对各类工人新村的演化进行阶段性解析，通过不同时间阶段的纵向比较和不同类型特点的横向比较，综合分析工人新村空间属性演化的规律和特征。一手资料与基础数据的采集作为社会属性解析的基本依据，需要综合运用问卷统计法、实地调研法、访谈法等多类方法。

1）住区功能的演化

（1）功能结构的演化

由于工人新村早期的居民生活方式本身就具有很强的功能色彩，即体现为“一切为了生产”，强调生产、生活一体化，因此功能上较为单一，除了居住就是共同服务于企业的公共配套设施。而自转型期以来，工人新村逐步脱离企业，成为独立的居住社区，加上住房体制改革以来大量外来居民的涌入，都使工人新村逐渐形成“以居住和配套服务设施为主，多重功能复合”的城市开放型功能结构（图 3.36）。

1980 年代以前（阶段Ⅰ—阶段Ⅱ）工人新村的功能结构多表现为居住和共同服务于生产、生活的公共设施——

因为生产在当时是人们生活的中心和交往的主要途径。个人更多地通过家庭、邻里以及工厂这些空间而联系在一起，进而构成了一个类似于“族群”的工人区。如此一个以大规模工业生产为出发点的社会人群组织方案，不但促使生产和生活在原则上同工人新村的融为一体，“生活”作为“生产”的有机组成部分也在工人新村的空间规划上得到了具体呈现（图 3.37）。

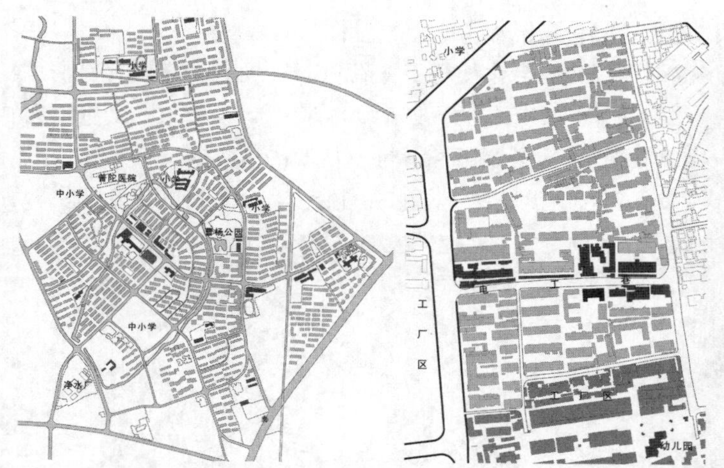

图 3.37　曹杨新村和三步两桥小区功能结构示意(阶段Ⅰ—阶段Ⅱ)

＊资料来源：左图根据于一凡. 城市居住形态学[M]. 南京：东南大学出版社，2010：100 改绘；右图笔者自绘. 课题组关于工人新村的抽样调研数据(2010 年)。

1980 到 1998 年(阶段Ⅲ)工人新村的功能结构在以居住和配套服务设施为主的基础上，逐渐出现功能的复合——

随着改革开放日益推进，人们的生活方式也产生了日新月异的变化。随着所属国有企业的变故，工人新村的居民也发生着微妙的变化，由于下海、下岗或退休等原因，在意识形态中许多居民身份完成了由“工人”向“市民”的转化。工人新村也由于和企业逐渐脱离，成为典型的城市居住区，其功能功能也逐渐摆脱了生产，而更多地服务于生活。同时，也为了满足人们更高、更多元化的生活需要，新村的功能结构开始出现复合，主要体现为文化娱乐、零售商业、餐饮服务等功能的增补上(图 3.38)。

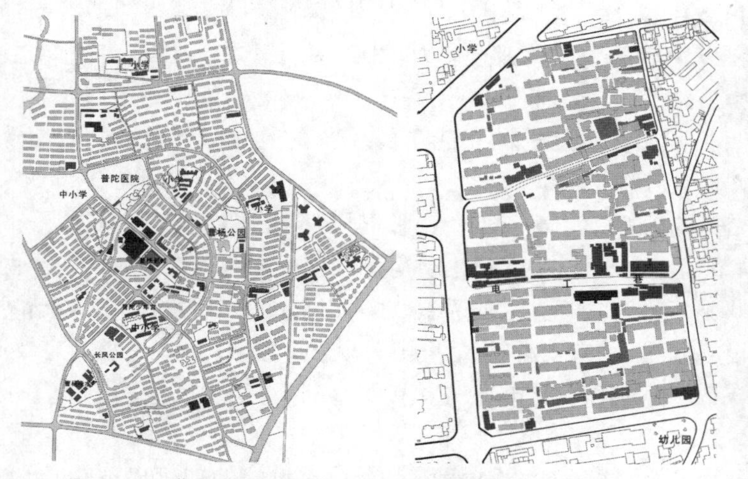

图 3.38　曹杨新村和三步两桥小区功能结构示意(阶段Ⅲ)

＊资料来源：左图根据于一凡. 城市居住形态学[M]. 南京：东南大学出版社，2010：100 改绘；右图笔者自绘. 课题组关于工人新村的抽样调研数据(2010 年)。

图 3.36　工人新村各功能图例及典型形态示例

＊资料来源：作者实际调研及拍摄。

1998 年以来(阶段Ⅳ)的功能结构呈现出多重复合的总体特征——

随着住房体制的改革,住房的市场化和社会化使得工人新村居民拥有了支配自己房屋功能的权利,部分临街的一层居民把自家住房全部或部分地改造为商铺用于经营或出租;而此时涌入的大量外来居民则成为工人新村内低端零售、餐饮服务等行业从业的主力军。根据工人新村案例的调研,约有 80%的店铺由外来人口经营,工人新村的功能结构也因此变得愈发复合和混杂,主要表现在公共设施门类的复合,特别是大量商业服务类设施的大幅增加(图 3.39)。

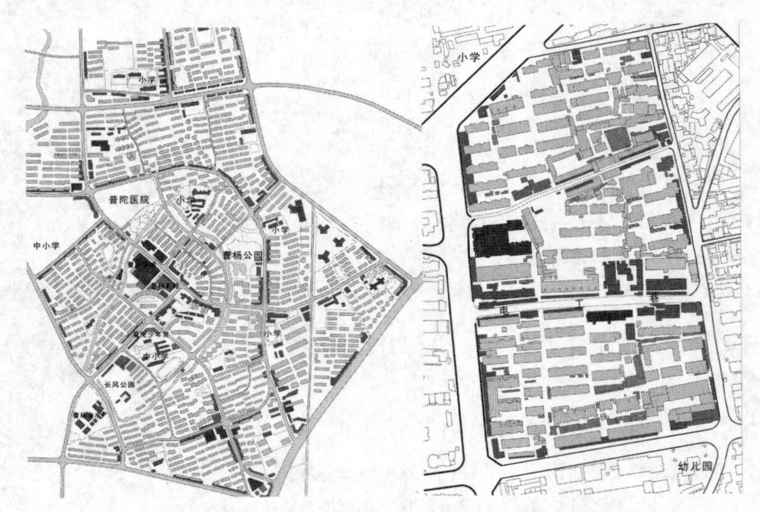

图 3.39　曹杨新村和三步两桥小区功能结构示意(阶段Ⅳ)

* 资料来源:左图根据于一凡. 城市居住形态学[M]. 南京:东南大学出版社,2010:100 改绘;右图笔者自绘. 课题组关于工人新村的抽样调研数据(2010 年)。

(2) 功能布局的演化

由于早期工人新村的功能构成较为单一,主要集中在居住和公共服务设施配套上。随着工人新村的功能不断增补和复合,大片住宅围合或拱卫公共设施组团或轴线的功能布局才逐渐被打破,因此呈现出“在以住宅为主的基础上,以集中的公共设施为轴心,其他功能设施呈点状或线性不断向城市道路散布或延伸”的演化特征。

1980 年代以前(阶段Ⅰ—阶段Ⅱ)工人新村的功能布局基本表现为以相对集中的小片公共设施为核心或轴线而展开的大片住宅区——

曹杨新村早期的公共服务设施如医院、商场、浴室、邮局等都集中在兰溪路中段,形成主要的公共设施组团,周围的曹杨一村到六村大片住宅均环绕该组团展开;而南京三步两桥小区早期(南电新村)的公共服务设施(如商店、居委会、宾馆、浴室等)则集中在横穿新村东西的电工路两侧形成公共设施轴线,住宅则沿轴线两侧展开(图 3.40)。

1980 到 1998 年(阶段Ⅲ)工人新村的功能布局在原有的基础上,初现其他功能的零星扩散——

该阶段工人新村随着零售商业、餐饮服务、文化娱乐等新功能设施的陆续出现,开始产生功能的复合,并相对零散地穿插扩散在原住区的各个组团内,而未另行集聚成组团或是轴线规模。

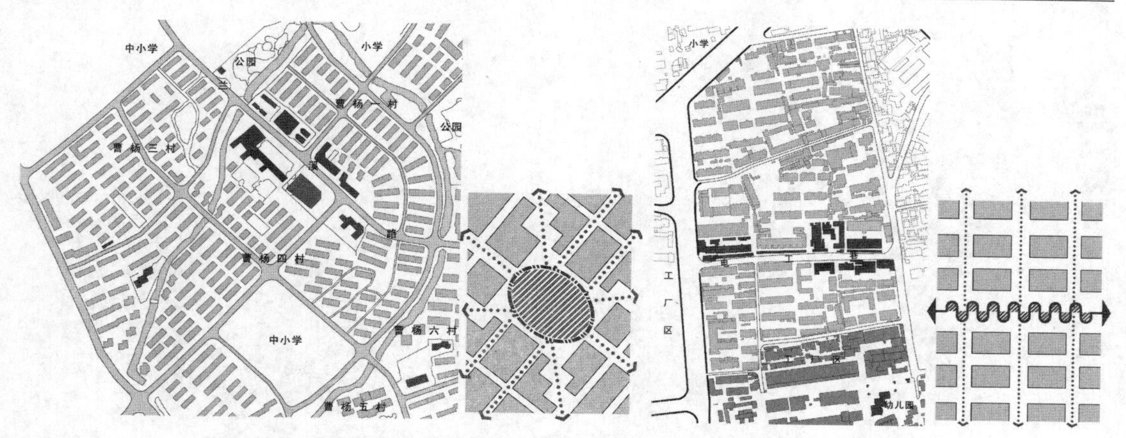

图 3.40　曹杨新村和三步两桥小区功能布局示意(阶段Ⅰ—阶段Ⅱ)

* 资料来源:左图根据于一凡.城市居住形态学[M].南京:东南大学出版社,2010:100 改绘;右图笔者自绘.课题组关于工人新村的抽样调研数据(2010 年)。

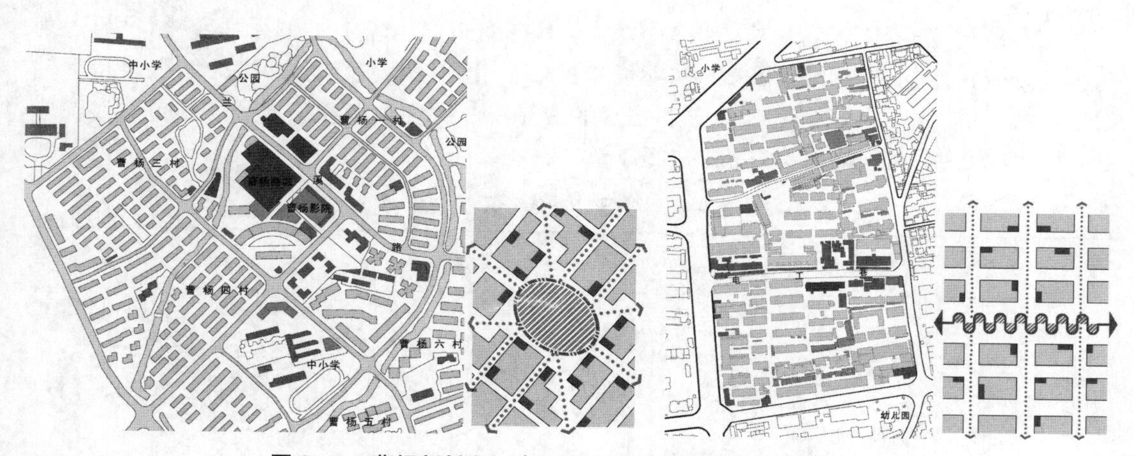

图 3.41　曹杨新村和三步两桥小区功能布局示意(阶段Ⅲ)

* 资料来源:左图根据于一凡.城市居住形态学[M].南京:东南大学出版社,2010:100 改绘;右图笔者自绘.课题组关于工人新村的抽样调研数据(2010 年)。

1998 年以来(阶段Ⅳ)工人新村的功能布局以原有公共设施为轴心,不断向外扩散、并沿城市道路呈轴线延伸——

伴随着该阶段住房体制的重大改革,工人新村许多底层的居民陆续将住房部分或全部地改造为商铺或其他功能以谋利,尤以临街的底商空间最为普遍(图 3.42)。比如说曹杨新村和三步两桥小区就围绕着原有功能布局不断沿街增设新的功能设施,久而久之以点带线,优先沿城市道路集聚形成了零售商业、餐饮服务、文化娱乐等公共设施的新轴线或是功能带(图 3.43)。

图 3.42　曹杨五村沿金沙江路分布的住宅底层商铺

* 资料来源:作者自摄。

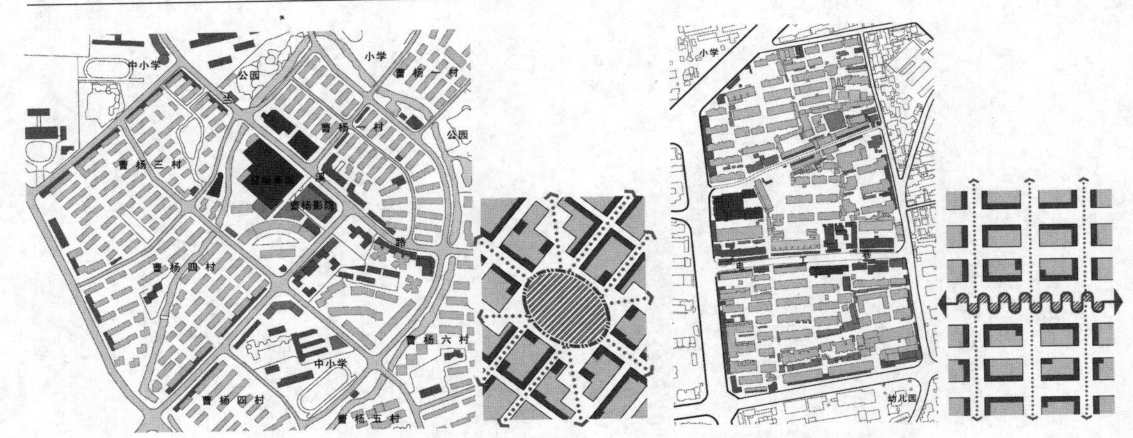

图 3.43　曹杨新村和三步两桥小区功能布局示意(阶段Ⅳ)

＊资料来源:左图根据于一凡.城市居住形态学[M].南京:东南大学出版社,2010:100改绘;右图课题组关于工人新村的抽样调研数据(2010年)绘制。

综上所述,随着工人新村功能结构的复合,其空间布局也发生了一系列变化,主要表现为公共配套设施的社会化所带来的功能设施的多元化、扩散和集聚,并多沿城市道路呈轴线延伸(表3.17)。时至今日,工人新村已经脱离了单一的为企业和工人服务的单位大院形态,而转化成为承担一定社会功能的城市开放型社区。

表 3.17　工人新村住区功能的阶段性演化特征汇总

比较项目／时间	功能结构特征	功能布局特征	特征形成动因	功能结构意向图
阶段Ⅰ—Ⅱ 1980年代以前	多表现为居住和共同服务于生产、生活的公共设施	表现为以相对集中的小片公共设施为核心或轴线而展开的大片住宅区	居民"生产"与"生活"的一体化	
阶段Ⅲ 1980到1998年	在以居住和配套服务设施为主的基础上,逐渐出现功能的复合	在原有的基础上,初现其他功能的零星扩散	工人新村与企业的脱离;居民由"职工"向"市民"的转化以及更加多元化的生活需要	
阶段Ⅳ 1998年以来	呈现出多重复合的总体特征	以原有公共设施为轴心,不断向外扩散、并沿城市道路呈轴线延伸	居民对住房功能的自主支配;外来居民的涌入;城市生活多元化的需求	

＊资料来源:课题组关于工人新村的抽样调研数据(2010年)。

2) 居住空间的演化

(1) 空间布局的演化

由于历史和意识形态的原因,我国工人新村最初是在前苏联工人村规划思想引导下进行建设的,往往呈现出单调、僵化的兵营式、行列式布局。随着时间的推移和住区规划理念的激变,从邻里单元、成街成坊、居住小区到新世纪以来的居住规划思想,都对我国工人新村的建设和改造产生了持续影响。另外,随着城市的不断扩张,许多工人新村由原来的城市边缘变成了如今的城市中心区边缘,为了适应现代城市形态和用地功能的集约要求,工人新村的改建和重建出现了越来越明显的高层高密倾向。这些因素都使工人新村的空间布局演化呈现出“由单调的行列式形态向灵活的组合式形态转化,由低层低密度的粗放式布局向高多低层相结合、疏密相间的集约型布局转化”的趋势。

“一五”到“二五”期间(阶段Ⅰ)工人新村的空间布局主要表现为低层低密度的行列式形态——

在前苏联标准化和等级化住区规划思想的影响下,工人新村在具体建设实践中表现出建筑设计的程式化、居住指标的统一化、各类建设标准的制度化等特点。于是计划经济主导下的工人日常生活都安排在一个集体化生活的网络中,人们的私密性被忽略,取而代之的是高效的军事化和集体化生活方式。[①] 这样的生活方式也要求了住宅布局避免围合感和领域感,从而形成千篇一律的兵营式行列布局,整个住区显得规则有余而灵活不足。如 1951—1953 年间建成的曹杨新村和线路新村都在当时相对宽裕的用地条件和有限的技术条件下,采取了松散的行列式布局和低层建筑形态,并开辟了若干开敞的公共活动空间(图 3.44)。

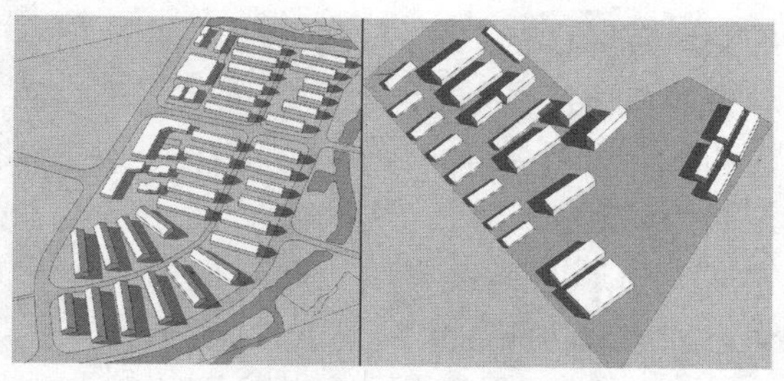

图 3.44 曹杨一村和线路新村空间布局示意(阶段Ⅰ)

*资料来源:课题组关于工人新村的抽样调研数据(2010 年)。

1970 年代末—80 年代初(阶段Ⅱ)工人新村的空间布局初步形成了以多层行列式住宅为主的现代封闭小区——

为缓解大量下放回城人员的安置问题,这一阶段密集建设了大量的城市住宅,其中包括了大批新建和扩建的工人新村。一方面,“小区”规划思想随着国家标准的制定而逐步贯彻到工人新村的建造中,它强调住宅区内向性的功能组织和居住环境,以自成体系、内向服务为主要特征;另一方面,由于需要在有限的时间和空间内缓解严重的住房短缺状况,这时期的工人新村住宅建设以多层为主,且更多地保留了行列式这种经济而可行的布局方式,压缩后的开敞空间使用地更加集约。1977—1980 年间建设和改造的曹杨九村和线路新村都呈现出更加强烈和密集的行列布局形态,并且以街区为单元形成完整封闭的小区形态(图 3.45)。

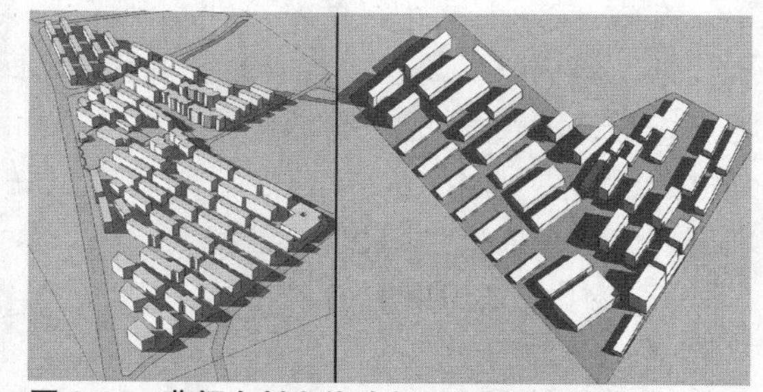

图 3.45 曹杨九村和线路新村空间布局示意(阶段Ⅱ)

*资料来源:课题组关于工人新村的抽样调研数据(2010 年)。

① 集体主义的理念在城市人民公社时期发展到极致,导致人们除睡觉以外的其他生活几乎都要借助于公共空间,包括每天必需的起居活动和几乎所有的文化娱乐活动。

1980年代以来(阶段Ⅲ—阶段Ⅳ)工人新村的空间布局表现为以行列式为基础、多种排列方式灵活组合、高层与多层相结合的集约型布局——

在我国长期位于统领地位的“小区”规划理念,是以忽略地域和人群差异性为前提的。而住宅区作为城市空间的组成部分和人口聚居的场所,都需要通过适度的功能混合和空间变化来激发和延续居住形态的活力。而工人新村这种功能单一、空间僵化的居住小区脱离了计划经济体制下的社会生活模式,其活力的衰退便迅速显现。这就要求了新时代的工人新村采用更加丰富灵活的空间布局形态。另外,随着转型期以来城市的快速扩张,原本位于城市边缘工业区的工人新村如今已经位于主城区内,甚至靠近城市中心区。这使得早期低层低密度空间形态越来越不能适应现代城市形态和用地功能的集约要求,这也导致工人新村部分住宅在改建和重建中的高层高密度倾向(图3.46)。在1986—1990年间曹杨四村、八村和线路新村都进行了以增高层数和新建高层来提高用地集约性的改造,并且在行列式布局的基础上结合了周边式、组合式等灵活的布局方式,通过高层和多层单元不同间距的灵活组织,形成多组团、相对丰富的空间形态(图3.47)。

图3.46 在曹杨四村基础上改建的高层住区曹杨华庭

＊资料来源:http://www.homhow.com/fangyuan/8150/81504433.html

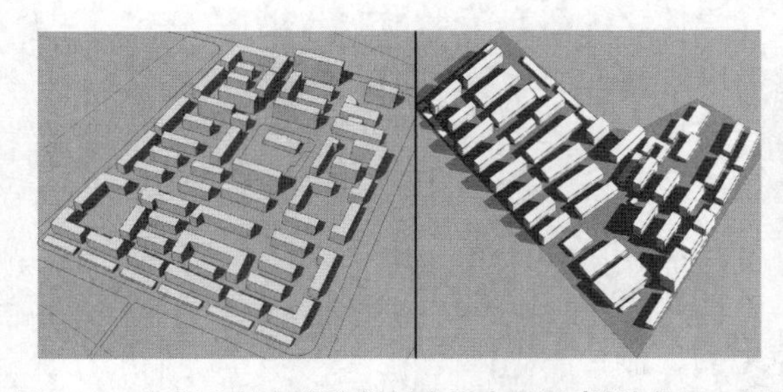

图3.47 曹杨八村和线路新村空间布局示意(阶段Ⅲ—Ⅳ)

＊资料来源:课题组关于工人新村的抽样调研数据(2010年)。

(2) 住宅套型的演化

我国工人新村建设之初的住宅设计同样效仿苏联的工业化住宅模式,大量采用了标准化单元方法,以标准设计方案为基础,形成的标准图集也成为当时城市住宅区规划建设的主要依据。但从新中国成立至今我国住宅建设标准已经历多次调整,每一次都折射出当时的城市综合经济实力、组织管理模式和居民生活水平。我国工人新村的住宅套型也随之调整,发生着阶段性演化,大体表现出“从宿舍型住宅向公寓型住宅转化,从拥挤的多户合用型向舒适的独户成套型转化”的趋势。

“一五”到“二五”期间(阶段Ⅰ)工人新村的住宅套型经历了从宿舍型向多户合用的公寓型演化——

① 宿舍型工人住宅

新中国成立之初百废待兴,城市居民的居住问题亟待解决,但建设资金的匮乏使公房建设不得不因陋就简,采用定型设计的宿舍式住宅,其特点是:不强调独立成套,厨卫全部合用;设计中尽量提高有效居室面积,压缩辅助空间面积;使用结构构件标准化、定型化;尽力压缩造价、提高平面系数①等。大批宿舍型工人住宅的建设初步缓解了这一时期住房的紧张情况，城镇居民人均居住面积由新中国成立前的不足 2 m^2 增加到1950年代的 4.5 m^2。

如图 3.48 和图 3.49 所示，曹杨一村和“二万户”（曹杨二村到六村）都采用宿舍型布局。其中曹杨一村住宅套型设一大间和一大一小间两种，厨房三户合用，每户设一个简单的抽水马桶；“二万户”住宅套型同样设一大间和一大一小间两种，而厨房五户合用，厕所位于底层，十户合用。这种宿舍型住宅居住标准较低，家庭成员无法合理分室，几代同堂、共居一室的情况较为普遍。

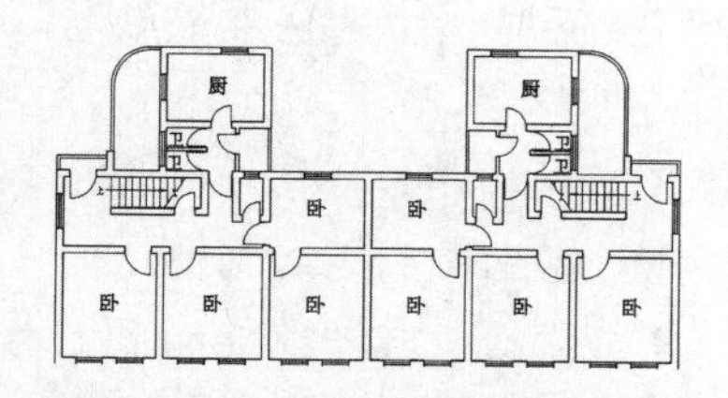

图 3.48　曹杨一村典型的住宅套型

＊资料来源：于一凡. 城市居住形态学[M]. 南京：东南大学出版社，2010：126.

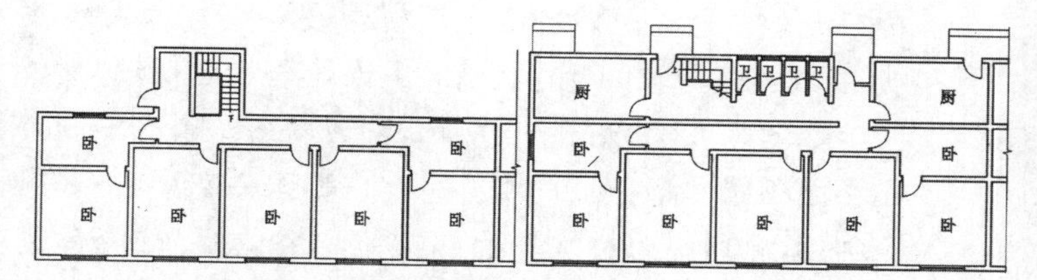

图 3.49　改造前曹杨二村到六村典型的住宅套型

＊资料来源：于一凡. 城市居住形态学[M]. 南京：东南大学出版社，2010：127.

② 合用公寓型工人住宅

1954年以后受前苏联的影响，工人新村开始采用面积宽裕、功能相对完备的公寓式户型，供近期多户合用、远期一户独用，即所谓的“合理设计，不合理使用”。到1950年代末60年代初，大量住宅不合理使用所引发的生活不便问题日益凸显，而且由于建设速度滞后于人口增长速度，城镇居民的人均居住面积较建国初期不升反降，比如说曹阳一村的人均居住面积即平均不超过 3 m^2。②

如图 3.50 和图 3.51 所示，1954—1958年间建设的曹杨七、八村和三步两桥小区多采用了合用公寓式布局，其布局特点为：内廊单元式，南面为卧室，北面是厨房和卫生间，一般设置2～3间卧室。然而不合理的使用无法使其体现成套户型的优势，反而在实际使用中存在许多问题：首先是很难按人口做到分配公平；其次是相互干扰大，对于三班制职工的日间休息尤为不便；第三是生活不便，厨卫离卧室太近不但不方便多家使用，而且会严重破坏生活的私密性。

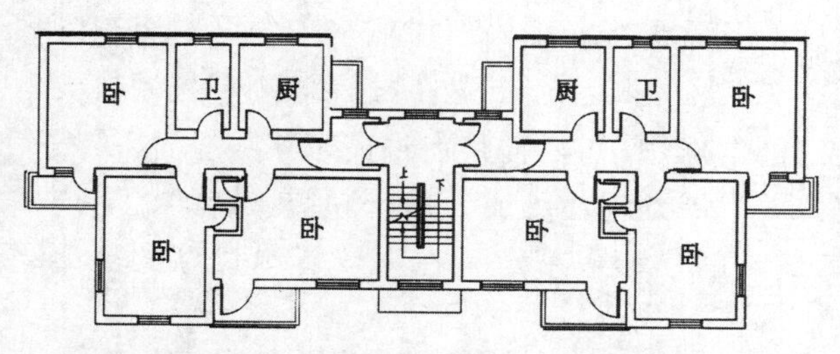

图 3.50　曹杨七、八村典型的合用公寓住宅套型

＊资料来源：于一凡. 城市居住形态学[M]. 南京：东南大学出版社，2010：128.

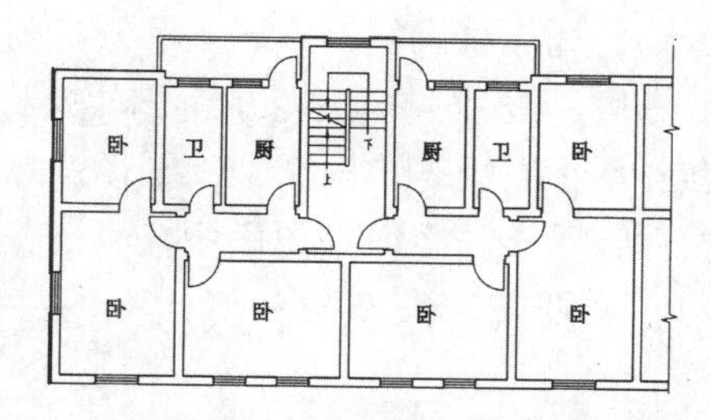

图 3.51　三步两桥小区典型的合用公寓住宅套型

＊资料来源：课题组关于工人新村的抽样调研数据（2010年）。

① 简称K值，即居住面积与建筑面积之比。

② 同济大学建筑与城市规划学院的1959年“华东住宅调查小组”统计数据。

1970 年代中期—1980 年代初(阶段Ⅱ)工人新村的住宅套型开始尝试独立成套的小面积居室型公寓——

经历了长期的“合理设计,不合理使用”后,1970 年代中期的工人新村开始采取更加现实可行的方法,即在有限的建筑规模和资金支持下尝试建设独立成套的小户型住宅:每户拥有独立厨厕,面积紧凑,其核心是卧室,设计时尽量压缩配套功能的面积;结构简易,施工便利,同时满足通风采光的一般要求,基本采用一梯 3～4 户。在 1980 年代户型中“厅”出现之前,卧室是最为重要的功能空间,承载着饮食、起居、会客、学习等绝大多数行为,可称之为“居室”。这一阶段的工人新村建设一定程度上缓解了大量下放回城人员的住宅短缺状况,像上海市 1980 年的城镇居民人均居住面积较“文革”期间就提升至 4.4 m^2。①

如图 3.52 和图 3.53 所示,1977—1980 年建设和扩建的曹杨九村和三步两桥小区都采用小面积居室型公寓户型。总体户型以一室半(一大带一小)为主,基本做到厨房与厕所每家独用,厕所设置抽水马桶并预留沐浴位置,每户有独立的阳台和壁橱。这种独立成套的小住宅虽然厨、厕等功能空间设计标准尚低,缺乏起居、储藏空间,但是就家庭生活而言,能拥有完整、独立的生活空间无疑意味着居住条件质的提升。

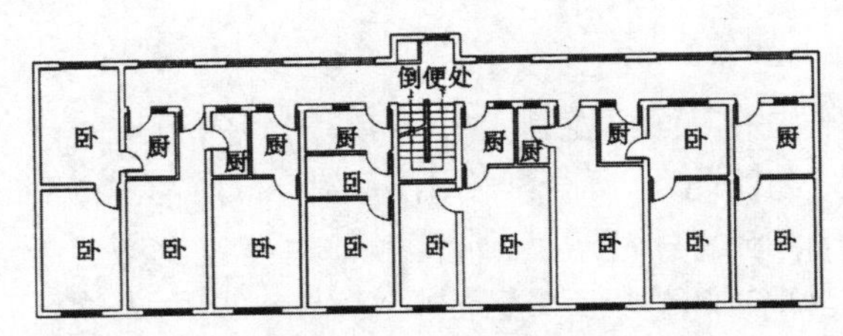

图 3.52　曹杨九村典型的居室型公寓住宅套型

＊资料来源:于一凡.城市居住形态学[M].南京:东南大学出版社,2010:128.

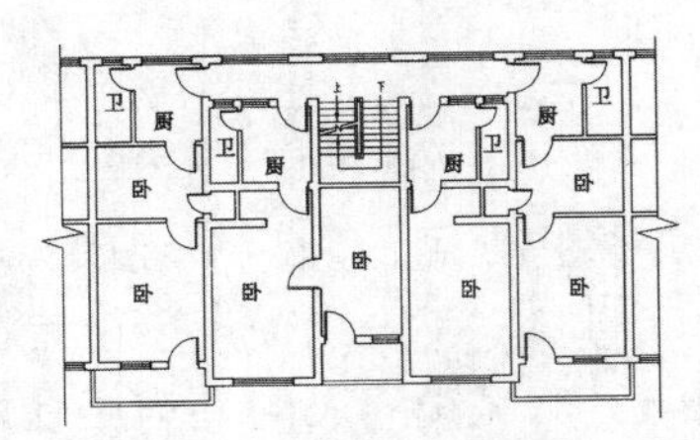

图 3.53　三步两桥小区典型的居室型公寓住宅套型

＊资料来源:课题组关于工人新村的抽样调研数据(2010 年)。

1980 年代以来(阶段Ⅲ—阶段Ⅳ)工人新村的住宅套型随着“厅”与居室的分离而形成厅型公寓——

1980 年代中后期以来,从门厅、过厅到客厅,起居和会客等功能逐渐从卧室中分离出来,并成为住宅功能和空间的中枢。以客厅为核心的户型设计是工人新村建设末期的重要变革,也标志着人们对家居生活质量与舒适感的日益重视。工人新村住宅中的厅由组织卧室、厨房、卫生间的通道发展而来(亦称过厅),多数面积较小,布置在没有直接采光的次要朝向,承担着组织户内交通和辅助其他功能空间的作用(如就餐和临时搭床就寝等)。虽然以宽敞、明亮的客厅和餐厅为核心的“厅型公寓”发展到现在已成为最合理和稳定的住宅户型,但是随着工人新村住房建设的终结,其最终的户型也就定型在了仅有小过厅的厅型公寓。

如图 3.54 和图 3.55 所示,1990 年前后改建的曹杨四、五和八村的高层住宅都采用了过厅型公寓户型。总体布局更加灵活,以 2～3 室的户型为主,主卧室布置在朝南一侧,而次要卧室、厨房、卫生间等则沿北向布置,过厅位于更加次要的位置,有的甚至没有采光。

① 于一凡.城市居住形态学[M].南京:东南大学出版社,2010:116.

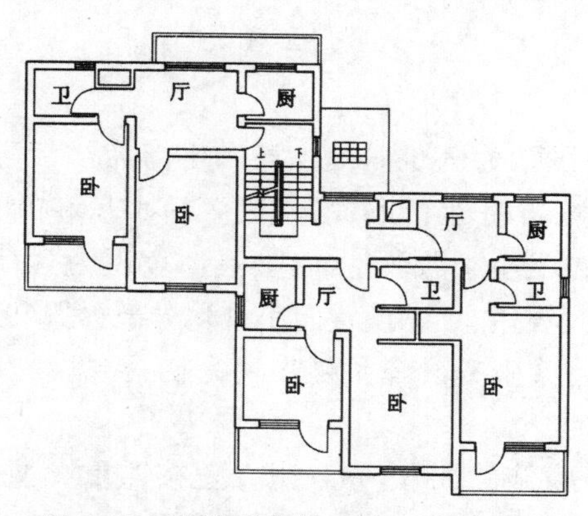

图 3.54 改造后曹杨四村、五村典型的过厅型公寓住宅套型

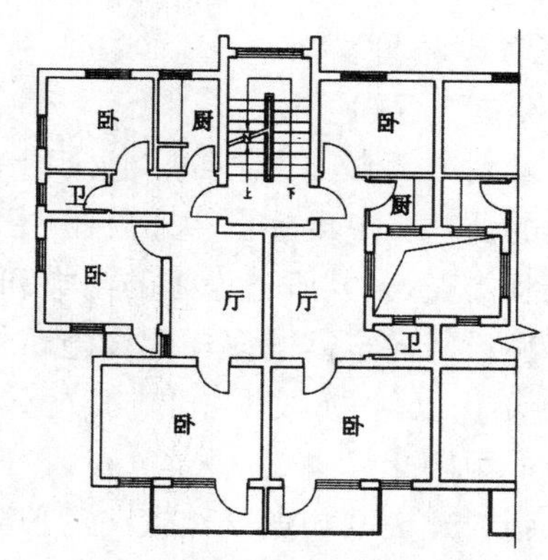

图 3.55 改造后曹杨八村典型的过厅型公寓住宅套型

＊资料来源：于一凡. 城市居住形态学[M]. 南京：东南大学出版社，2010：129.

综上所述，在我国住区规划思想、居民生产生活方式、建筑设计标准和水平以及土地资源利用效率等综合因素变迁的引导下，工人新村的居住空间形态发生了一系列演化，主要表现为：空间布局由松散、单调的低层行列式形态向多种排列方式灵活组合、高层与多层相结合的集约型布局转化；住宅套型由拥挤的宿舍型和合用型住宅向独户成套的公寓型住宅转化；时至今日，其已基本形成了以行列式为主、多种布局方式相组合，高多低层相间，居室型公寓和过厅型公寓并存的居住空间形态（表 3.18）。

表 3.18 工人新村居住空间的阶段性演化特征汇总

比较项目 \ 时间		阶段Ⅰ “一五”到“二五”		阶段Ⅱ 1970 年代末—1980 年代初	阶段Ⅲ—阶段Ⅳ 1980 年代以来
空间布局	空间围合	疏松的行列式布局		紧凑的行列式布局	点式周边式和行列式组合
	住宅体量	2～3 低层		5～6 多层	多层和高层结合
	建设强度	土地利用率低下		用地相对集约	用地高度集约
	典型轴侧意向				
住宅套型	主要套型	宿舍型	合用公寓型	独立成套的居室型小公寓	独立成套的过厅型小公寓
	人均面积	4 m^2 左右	3 m^2 左右	5～10 m^2	10～15 m^2
	厨卫使用情况	厨房 3～5 户合用 卫生间 4～10 户合用	厨房和卫生间都是 2～3 户合用	厨房和卫生间 基本做到每户独用	厨房和卫生间每户独用
	典型平面意向				
	图例：公共 卧室 厨房 卫生间 厅 阳台 储藏				
特征形成动因		标准化和等级化住区规划思想的影响； 计划经济时期军事化和集体化的生活方式		大量下放回城人员的安置； 小区规划思想的推广	用地功能的混合与集约性的提升；居住标准的提高

＊资料来源：课题组关于工人新村的抽样调研数据（2010 年）。

3）服务设施的演化

（1）设施配置的演化

工人新村作为颇具规模的企业职工居住社区，为满足居民生产和生活需要，都要配置基本规模的公共服务设施。由于住区规划理念、经济运行方式、居民生活水平和方式等方面的变化和提高，公共服务设施的门类和规模也发生了阶段性演化，具体表现为“由单调的基本保障型设施向丰富的多样化设施转化，由大规模、集中设置向小型化分散设置转化”。

1980年代以前（阶段Ⅰ—Ⅱ）工人新村的公共服务设施主要表现为初具规模的基本保障型设施的组团化设置——

工人新村建设的初期就比较注意公共服务设施的配套，并且由企业按照重大型（医院、商店等）和轻小型（老虎灶、托儿所等）进行简单分类，采取重大型设施集中布置、轻小型设施组团内均衡布置的方式，解决了大部分居民的基本生活需要①，但同时也存在着一些弊端，如有的大型设施（如礼堂、食堂等）用地过大，而有的小型设施（如修配、烟杂等）则配备过少。1960年代以后在“小区”模式的影响下，城市规划部门通过对工人新村的调研，明确了这类住区按规模所必须配置的公共服务设施项目及其面积指标，门类包括幼托、学校、浴室、粮店、礼堂、食堂等十余种。像曹杨新村和线路新村当时的基本保障型设施就基本是以组团集中的形式布置在住区几何中心的，相对而言曹杨新村面积较大，因此设施规模也更大，并按照不同组团设置了更多的幼托、学校等教育设施（图3.56）。

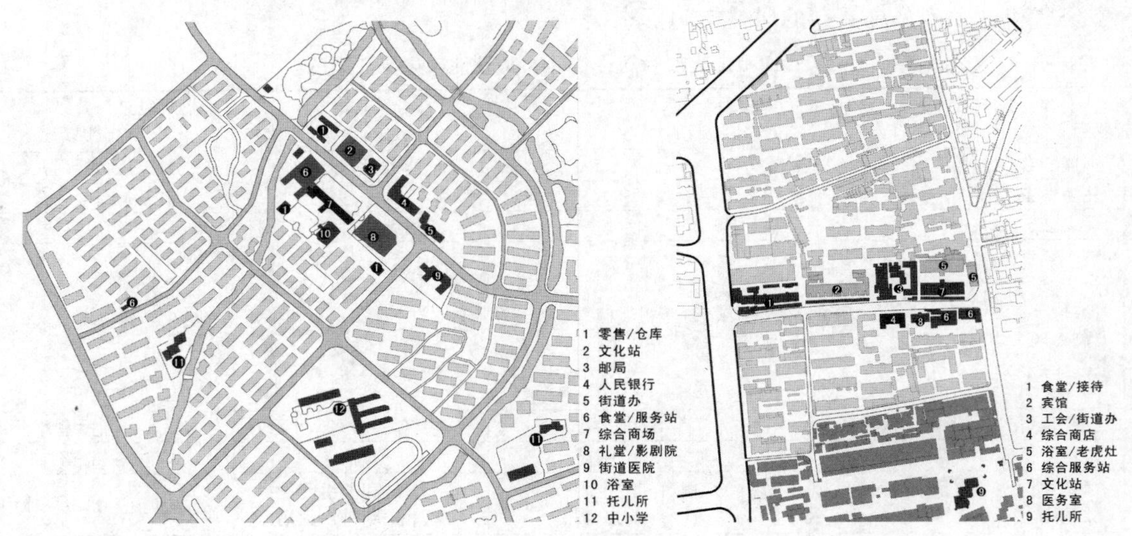

图3.56 曹杨新村和三步两桥小区设施配置示意（阶段Ⅰ—阶段Ⅱ）

*资料来源：吴信忠，耿毓修．上海居住区公共建筑规划的几点做法[J]．城市规划，1982(2)：17；课题组关于工人新村的抽样调研数据（2010年）。

① 1952年5月曹杨一村建成后，6月即开设新村的第一家商店——曹杨新村工人消费合作社。当时面积106.5 m^2，从业人员49人，年营业额91万元。1956年更名国营曹杨综合商店，经营商品增多，除一家综合大门市部外，还有小门市部5家、菜场4家、食堂1家、小吃店4家、熟食店1家、理发店3家、洗染店及缝纫工厂各1家，共有职工358人。全年营业额351万元。60年代起，区商业部门在新村街区陆续开设一些商店，使新村商业网点更趋完善。1975年除新村中心区有一个大型商店，各村还有中、小型门市部，另有一个通宵服务部（资料来源：丁桂节．工人新村："永远的幸福生活"[D]：[博士学位论文]．上海：同济大学，2008：142）。

1980—1998 年(阶段Ⅲ)工人新村的公共服务设施门类虽然有所增加，但是发展速度与规模仍然滞后于人们的物质文化生活需求——

随着 1980 年代住房体制改革的推行，国家建委提出了住区公共服务设施的量化指标，使住区的服务配套可操作性增强，工人新村的公共服务设施建设也进一步完善，突出表现为：市政设施的完善以及文化娱乐设施的建设，但是增建的设施依然赶不上城市经济与社会的发展速度，并滞后于居民不断提高的物质文化生活需求。

究其原因有二：其一，企业筹建的工人新村由于逐渐与企业相脱离，导致部分大型公共设施(如食堂、礼堂等)使用效率低下和经营维护不力，对于这类设施的功能置换和产权交替也进展缓慢；其二，许多原本位于城市边缘的工人新村随着城市快速扩张，已逐渐接近或位于城市中心区，更为紧张集约的用地压力和日益多元的居民要求都需要增加城市服务功能，这就只能在住区有限的空间内进行功能置换，因而也加大了现实操作的难度。比如说曹杨新村和三步两桥小区就在增建少量服务设施的同时，改造利用部分闲置的大型设施和年代久远、形象破旧的沿街住宅，并植入新的功能设施，主要包括车库、街道办事处、文化站、银行等(图 3.57)。

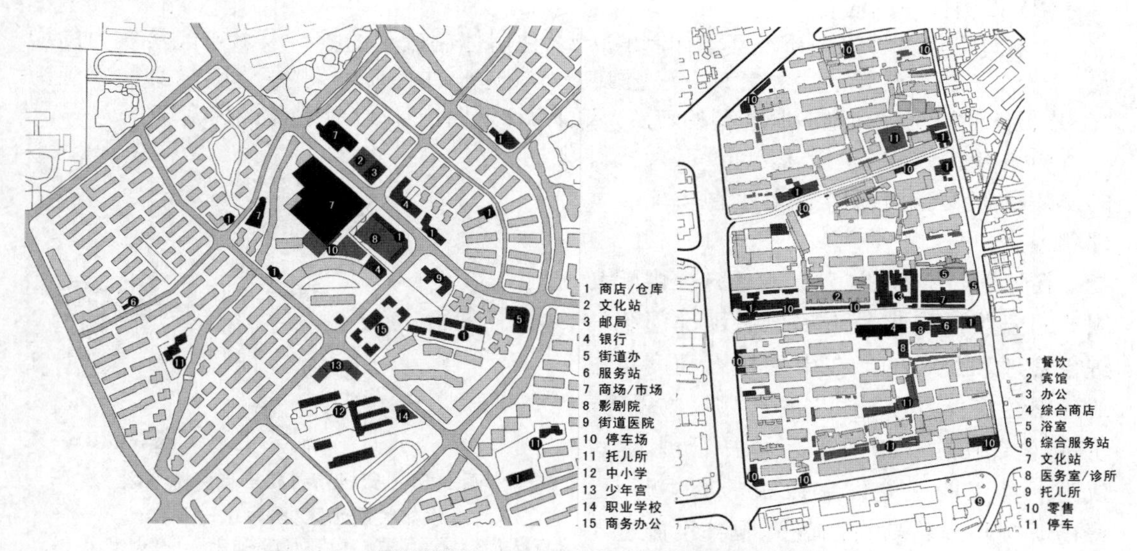

图 3.57 曹杨新村和三步两桥小区设施配置示意(阶段Ⅲ)

* 资料来源：吴信忠，耿毓修.上海居住区公共建筑规划的几点做法[J].城市规划，1982(2)：17；课题组关于工人新村的抽样调研数据(2010 年)。

1998 年以来(阶段Ⅳ)工人新村的公共服务设施大幅增加，且主要集中在营利型设施上——

随着我国经济体制改革和以市场化为导向的住房体制改革的深入，工人新村这类单位福利制住房终于走向尾声；而随着社区事业的发展和经济体制的转型，公共服务设施在性质上也发生了重大变化，除了市政公用设施的进一步完善，大部分公共服务设施都从福利型转为盈利型，在走向市场化、社会化经营的同时，其内容也随着经营体制的转变而趋于多样化和小型化。像曹杨新村和三步两桥小区就新增了大量商业服务设施，部分原有设施经功能置换也形成了大型商业设施(如商场、超市、酒店等)，加之沿街新增的门面房或是一层居民对住房的商业化改造，都使工人新村沿道路形成了新的零售商业设施体系(图 3.58)。

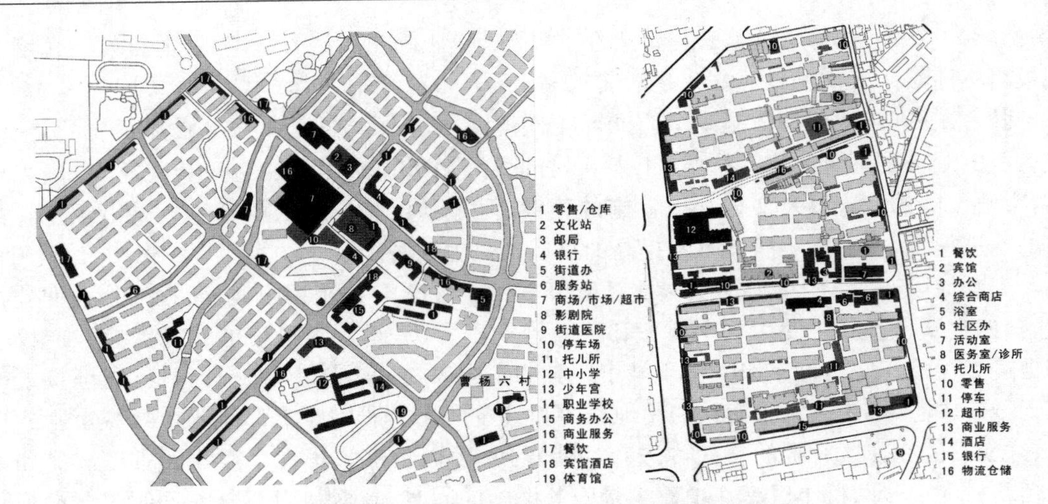

图 3.58 曹杨新村和三步两桥小区设施配置示意(阶段Ⅳ)

＊资料来源:课题组关于工人新村的抽样调研数据(2010 年)。

(2) 设施性质的演化

随着计划经济体制向市场经济体制的转型、住房体制改革的推行及城市经济实力的增强,作为工人新村演化的主要载体——公共服务设施也在性质上发生了变化,具体表现为“公共服务设施从福利型向服务型的转变,从国营计划向市场化、社会化的转变”。

1980 年代以前(阶段Ⅰ—Ⅱ)工人新村的公共服务设施均由国有企业直接统一管理和经营——

在计划经济时期,为工人新村提供配套服务的公共设施都是由单位后勤部门统一进行管理和经营的。在中央权力高度集中的计划经济体制下,企业的人、财、物及产、供、销全部由中央有关部门统一管理,这也成为了重工业优先发展政策的有力保证。曹杨新村和线路新村的配套服务设施也不例外,均属国有性质(图 3.59)。

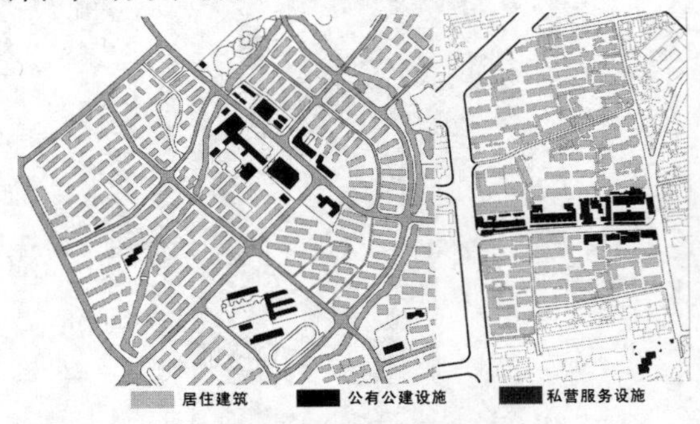

图 3.59 曹杨新村和三步两桥小区设施性质示意(阶段Ⅰ—Ⅱ)

＊资料来源:课题组关于工人新村的抽样调研数据(2010 年)。

1980—1998 年(阶段Ⅲ)工人新村的公共服务设施性质在总量和门类有所增加的前提下,已有不少通过承包、转让等方式完成了使用权由单位流向私营者的本质性转化——

改革开放以来,单一公有制经济的打破和多种经济成分的并存为工人新村公共设施的权属变化创造了条件:一方面,原有设施由于效率低下和难以满足人们的多元需求,而为私营力量的逐步侵入提供了空间;另一方面,考虑到经营管理的成本和经济效益的下

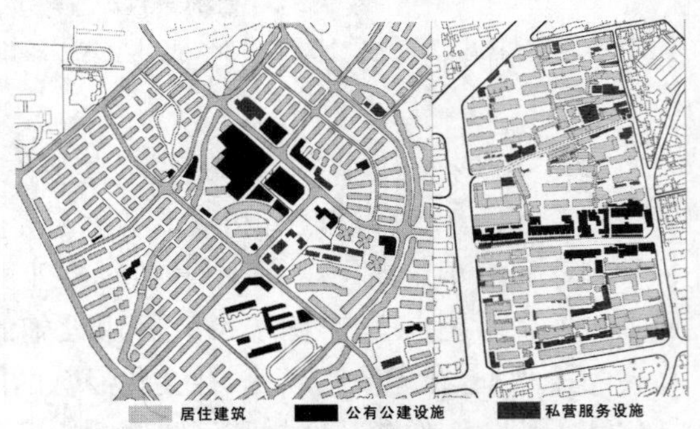

图 3.60 曹杨新村和三步两桥小区设施性质示意(阶段Ⅲ)

＊资料来源:课题组关于工人新村的抽样调研数据(2010 年)。

滑,许多企业转而向自身拥有的土地资源寻求效益,也不愿意直接管理和经营所有设施,而选择将部分承包给私营者,这也推动了公建设施权属关系的变化。1990 年前后的曹杨新村和线路新村就有 30%左右的配套服务设施完成了从国有、集体到私营的根本转变(图 3.60)。

图 3.61　曹杨新村和三步两桥小区设施性质示意(阶段Ⅳ)

* 资料来源:课题组关于工人新村的抽样调研数据(2010 年)。

1998 年以来(阶段Ⅳ)工人新村的公共服务设施基本完成了市场化、社会化转变——

随着城市化的快速演进和住房体制改革的深化,工人新村逐渐脱离了封闭、单一地为企业和工人提供服务的社区形态,而演化为靠近城市中心区、承担一定城市功能的开放型社区。为了适应这一转变,大部分公共服务设施也完成了从福利型向盈利型的转化,商业服务设施更是完全走向市场和社会,这也是经济成分多元化、社区服务市场化的必然结果。这一阶段曹杨新村和线路新村的公共服务设施同样完成了从国有、集体到私营化的基本转变。(图 3.61)

综上所述,转型期以来激烈的市场竞争给工人新村配套服务的改革带来了冲击和契机。根据 2002 年国家颁布的法规:"开始加快分离企事业办社会的职能,减轻国有企事业的社会负担"①,企业所包办的配套设施门类势必会在市场分流中不断萎缩,这也使工人新村配套设施的服务职能逐步走向分化,拥有更大利润空间的行业和满足与日俱增的居住需求成为公共服务设施自身性质转化的方向,这也是当前经济体制转轨背景下的大势所趋(图 3.62,表 3.19)。

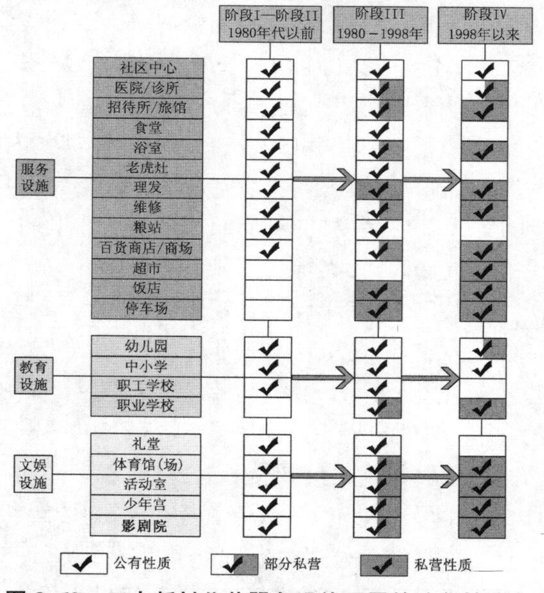

图 3.62　工人新村公共服务设施配置的阶段性演化

* 资料来源:课题组关于工人新村的抽样调研数据(2010 年)。

表 3.19　工人新村公共服务设施阶段性演化特征汇总

比较项目＼时间	阶段Ⅰ—Ⅱ(1980 年代以前)	阶段Ⅲ(1980—1998 年)	阶段Ⅳ(1998 年以来)
公共服务设施配置	表现为初具规模的基本保障型设施的组团化设置	门类虽然有所增加,但是发展速度与规模仍然滞后于人们的物质文化生活需求	大幅增加,且主要集中在营利型设施上
公共服务设施性质	均由国有企业直接统一管理和经营	在总量和门类有所增加的前提下,已有不少通过承包、转让等方式完成了使用权由单位流向私营者的本质性转化	基本完成了市场化、社会化转变
特征形成动因	计划经济时期高度集中化生活的需要	企业与工人新村的脱离;部分公共设施功能的置换	工人新村由封闭向开放型社区的转化;公共服务事业的市场化

* 资料来源:课题组关于工人新村的抽样调研数据(2010 年)。

① 党的十五届四中全会提出的国经贸企改〔2002〕267 号文件。

4）管理模式的演化

以工人新村为代表的城市社区治理绩效高低，将直接关系到城市的政治稳定和社会经济发展。随着我国政治、经济体制改革的深化和城市管理体制的转轨，工人新村的社区治理模式也经历了“从行政型到合作型，再到社区自治型模式”的一系列变化。

1980年代以前（阶段Ⅰ—Ⅱ）工人新村采取企业单位和政府主导的行政型、等级化的社区治理模式——

工人新村不仅是一种居住的物质空间形态，更代表着建国初期这一特殊历史时期的一种居住制度。伴随着新中国各项社会制度的逐步建立、调整和完善，工人新村建设和使用的过程就成为了基层社会组织不断空间化的过程，也是新村工人的日常生活空间不断制度化的过程。在这一时代背景下，工人新村居民的日常生活空间应当与国家政治生活相适应，即体现为“与基层行政组织相匹配的等级化管理模式”。

所谓的基层行政组织，指的是城市各区下设街道，各街道由政府的派出机构——街道办事处实施管理，在整个政府体系中属于最基层，依靠法律上是群众自治的居民委员会组织开展工作。随着1949—1957年经济恢复和“一五”计划的实施，街道和居委会组成的基层社会组织逐步地建立起来，并形成了“条块结合”的制度设计：“条”是指在居民工作层面上分为治保、卫生、调解、民政、计生、文教各项内容；“块”是指在不同的空间层次上设置相关负责人，例如街道主任负责居住区、居委会主任负责小区、分区块长负责街坊、楼组长负责组团等。基层制度的空间化使得居住区里的任何个人和事件都可以在空间上和组织上找到相关负责人，大大提高了工作效率。①

如1950年代建设的曹杨新村（一至八村）在空间结构上分为八个小区，每个小区由若干街坊群构成，街坊里还有若干居住组团，与之对应的基层行政组织为四级：① 大住宅区（卫星镇或人民公社分社）——街道委员会（63 400人）；② 小区——区委会（8 000～10 000人）；③ 街坊群或建筑群——工区（2 000～3 000人）；④ 居住组合——小组（300～500人）（组长：一般为读报员或楼长）。②

由此可以看出，工人新村空间结构的等级化和基层行政分区是同步和互为参照的，本质上是政府或单位通过空间组织和行政管理对个人生活秩序的强调，也可以说，二者之间的这种关联性是1950年代以工人新村为代表的新中国城市住区最具特色之处。③

1980—1998年（阶段Ⅲ）工人新村逐步引入政府推动与社区自治相结合的合作型社区管理模式——

社会主义市场经济深入发展，引起政治、经济和社会关系的全方位、深层次转型。在社区微观层面上呈现出的发展态势主要体现为“国家权力适当地退出社会”，即国家把原先所承担的部分职责转交给公民社会（如各类私人部门和公民自愿团体），在基层社区中强调国家与市民的合作，模糊公私机构之间的界限和职责，不再在社区中坚持国家职能的专属性和排他性，而强化国家与社会组织间的相互依赖关系。

---

① 杨辰.日常生活空间的制度化——20世纪50年代上海工人新村的空间分析框架[J].同济大学学报，2009，20(6)：42.

② 汪定曾，徐荣春.居住建筑规划设计中几个问题的探讨[J].建筑学报，1962(2)：6.

③ 吕俊华，[美]彼得·罗.中国现代城市住宅(1840—2000)[M].北京：清华大学出版社，2003：138.

另外，以工人新村为代表的大量城市住房与所属企业单位的脱离，标志着"单位型"社会向"非单位型"社会的变迁，这也为社区管理模式的选择提供了广阔空间。随着传统"单位制"的淡化与瓦解，工人新村在空间和社会属性上逐渐与企业脱离，工人新村居民与原来所属企业的关系仅限于经济契约关系，个人由依附性的"单位人"变为自由的"市场人"。经济改革所形成的"非单位型"社会，改变了政府对于社区管理的微观基础。因此，政府需要培育社区自身力量，整合与调动社会资源，通过社区建设将自主但分散的社会成员重新组织起来，对传统的"单位制"社会加以重构和社区治理。①

在这一背景下，虽然政府不断弱化在基层社区管理的控制权，但"两级政府、两级管理"②的体制使处在城市基层、管理一线的街道办事处职权依然有限，而"条块分割"也造成了基层社区能看见问题却无权管理，而市、区政府的职能机构有权管理却看不见问题的局面。

1998年以来(阶段Ⅳ)工人新村采取社区主导、政府支持的自治型社区管理模式——

面对"两级政府、两级管理"体制下社区管理的尴尬局面，1998年7月，国务院正式赋予新组建的民政部基层政权和社区建设司"指导社区管理工作，推动社区建设"的职能，并将市、区、街道纵向城市管理体制引入社区，初步形成了以"两级政府、三级管理、四级服务"为主要特征，兼具各地特色的社区建设管理模式③，旨在以行政能力的强化来解决越来越多的社区问题，推动社区建设。

然而作为城市老社区的工人新村，在经济转轨和社会转型中，基层管理出现了很多新的领域，街道和社区的任务也越来越重。如工人新村已经成为城市中老龄化最为严重的社区类型之一，老年人口(尤其是离退休人员)的活动空间基本上局限在所居住的街区，这就增加了街道和社区的工作内容；而国企改革又使工人新村成为下岗工人最为集中的社区类型，其生活和再就业问题也成为街道和社区面临的重要课题；另外，随着城市化的进行和城乡社会流动加快，工人新村中的外来人口不断增加，而他们多以租赁的形式短期居住、流动性较大，虽然增加了社区的活力，但也给社区管理带来了很大压力。面对这些不断出现的新问题和新情况，作为工人新村管理机构，街道和社区的任务必将承担越来越重的职责。

综上所述，通过对沪宁两地工人新村实例的调研、梳理和分析，可总结出我国大城市工人新村空间属性在各阶段的演化特征。从中可以看出，我国大城市工人新村的社会属性经过阶段性演化，如今已经形成功能多重复合、用地相对集约、公共设施社会化的城市开放型社区(表3.20)。

① 李丽君.我国城市社区治理的变迁和发展走向[J].山东社会科学，2005(7):124.

② "两级政府、两级管理"即指市、区县两级政府和市、区县两级管理。

③ "两级政府、三级管理、四级服务"即指市、区县两级政府；市、区县、街道三级管理；市、区县、街道、社区四级服务。

表 3.20 工人新村空间属性阶段性演化特征汇总

<table>
<tr><th colspan="2">阶段
空间属性</th><th>阶段Ⅰ(“一五”到“二五”期间)</th><th>阶段Ⅱ(1970 年代中期到 1980 年代末)</th><th>阶段Ⅲ(1980 到 1998 年)</th><th>阶段Ⅳ(1998 年以来)</th></tr>
<tr><td rowspan="2">功能结构</td><td>功能构成</td><td colspan="2">功能集中在居住和共同服务于生产和生活的公共设施上</td><td>逐渐出现功能的复合</td><td>呈现多重复合的总体特征</td></tr>
<tr><td>功能布局</td><td colspan="2">表现为以相对集中的小片公共设施为核心或轴线而展开的大片住宅区</td><td>在原有的基础上,初现其他功能的零星扩散</td><td>以原有公共设施为轴心,不断向外扩散,并沿城市道路呈轴线延伸</td></tr>
<tr><td rowspan="2">居住空间</td><td>社区空间</td><td>表现为低层低密度的行列式形态,土地利用效率低下</td><td>初步形成了以多层行列式住宅为主的现代封闭小区</td><td colspan="2">以行列式为基础、多种排列方式灵活组合、高层与多层相结合的集约型布局</td></tr>
<tr><td>住宅套型</td><td>经历了从宿舍型向多户合用的公寓型演化</td><td>开始尝试独立成套的小面积居室型公寓</td><td colspan="2">随着“厅”与居室的分离而形成厅型公寓</td></tr>
<tr><td rowspan="2">公共设施</td><td>设施配置</td><td colspan="2">表现为初具规模的基本保障型设施的组团化设置</td><td>发展速度与规模仍然滞后于人们的物质文化生活需求</td><td>公共服务设施大幅增加,并且主要集中在盈利型施上</td></tr>
<tr><td>设施性质</td><td colspan="2">均由国有企业直接统一管理和经营</td><td>设施总量和门类有所增加,并有部分完成了向私营化的转变</td><td>公共服务设施基本完成了向市场化、社会化的转变</td></tr>
<tr><td colspan="2">管理模式</td><td colspan="2">采取企业单位和政府主导的行政型、等级化的社区治理模式</td><td>采用政府推动与社区自治相结合的合作型社区管理模式</td><td>采取社区主导、政府支持的自治型社区管理模式</td></tr>
</table>

* 资料来源:课题组关于工人新村的抽样调研数据(2010 年)。

3.5 工人新村的问题及更新策略

通过上文对社会属性和空间属性各方面的演化剖析,可以看出:工人新村这类专属于工人的住宅大院作为一种历史的符号,随着市场经济下传统单位制改革的推行和现代企业制度的建立而逐渐消失和分解,也由此产生了一系列需要认识和面对的问题,而如何通过正确的引导和管制,使新村在分解过程中保持社区的有序与活力,亟待从更新策略上展开多方面的综合探讨。

1) *土地利用层面*

(1) 现存问题

相对于所处的城市区位,大多数工人新村的土地使用效率低下,非居住功能布局无序——

随着转型期以来城市的不断扩张,建设初期位于城市边缘和郊区的工人新村如今早已接近或位于城市主城区甚至城市中心区,而相较于周边地块高强度的开发,工人新村只是在建设之初的基础上进行了有限改造,许多甚至还保留着大片低层住宅的形态;同时,以得天独厚的区位优势和相对低廉的房屋租售价格吸引外来人员和局部边缘地段地盈利性开发,导致新村用地的零碎无序,同周边道路和城市格局的关系冲突而混乱(图 3.63)。

图 3.63 工人新村低矮住房和周边高层形成鲜明对比

* 资料来源:作者自摄。

相关研究依据级差地租把城市内的用地分成四级:第一级则代表城市里级差地租最大的区位,如城市中心区;第四级代表级差地租最小的区位,如城市中较偏远且经济发展相对慢的区位;第二、三级则介于两者之间。在此基础上,把五类单位大院与不同级差地租的用地进行叠加发现:通过所有单位大院的比较,城市对于生产性企业单位大院(工人新村)的"容忍度"最低,这就意味着其多面临着适时的自我更新与改造(表 3.21)。①。

表 3.21 各类型单位大院的城市"容忍度"评价表

单位大院类型 级差地租级别	军事单位大院	准军事单位大院	中直机关、部委、省市直机关大院	科研院所、大学、一般事业单位大院	工厂企业单位大院
一级	D	D	C	C	D
二级	D	C	B	B	D
三级	C	B	B	A	D
四级	B	A	A	A	C

注:"容忍度"由高到低依次标记为 A、B、C、D:
D 表示对城市发展影响巨大,不能容忍,令其搬迁;C 表示不应该在本地段有大院,应该近期着手搬迁或拆分;
B 表示短期内可以接受,远期规划予以调整;A 表示暂时以大院形式存在对城市影响不太大。
*资料来源:张帆.社会转型期的单位大院形态演变、问题及对策研究——以北京市为例[D]:[硕士学位论文].南京:东南大学,2004:28.

究其原因,主要源于国有企业对"划拨"土地的无序创收活动——工人新村用地是计划经济时期国家向企业划拨的土地,"划拨制度"导致这类土地至今仍未按照市场机制来进行配置,再加上这类国有企业目前大多数经营不善效益低下,这就一方面使土地的使用功能和效率同市场条件下的适配地价存在着较大偏差和强烈错位,另一方面也使国家无偿划拨的土地成为企业的实际资产,可以任由企业支配进行创收活动。但是工人新村这类土地和房屋的商业化置换行为,往往不正规且以低端的零售商业和小型餐饮服务业为主,虽然方便了周边居民的生活,却由于缺乏统一的规划和管理而难以融入现代城市社区的环境氛围之中。

(2) 更新策略

① 以终结土地双轨制为契机,实现土地供给由无价向有价的转变

虽然我国在 1988 年即启动了土地使用制度由国家无偿划拨向市场化经营的改革,但大量业已划拨的土地仍未纳入市场的运行之中,土地使用的二元化制度并存,是企事业单位用地割据现象存在的根本原因。因此,应通过正确的市场引导,使单位充分认识到土地资产化的好处,并依托政府相关政策的扶持,引领企事业单位尽早实现划拨土地由无价向有价的转变。

实现途径主要是国家和拥有土地使用权的企业建立用地契约关系,这也是市场经济下土地使用规律的必然要求。以此为契机确定企业对所持土地继续使用的年限,为向新的土地使用制度过渡提供条件,实现由国家征收城镇土地使用税向国家以土地所有者身份收取地租或地价的角色转化②——租赁土地一旦转让必须补交出让金。对于已实施股份制改造的企业,鼓励其在正确估价基础上向政府补交土地出让金,让土地成为企业资产的一部分;或将土地作价入股,土地所有者以股东的身份享有企业相应比例的股权。只有土地真正地作为资产在市场上流通并开始创造价值,企业才会更积极地将土地资产化,从而打破土地

① 容忍度即指发挥土地价值的程度以及通过市场和城市管理来调整的难度。
② 张小铁.转轨中的中国城市土地经济问题研究[D]:[硕士学位论文].北京:中共中央党校,1994.

割据格局。

② 以土地市场化为驱动,通过土地功能置换、搬迁与就地改造等途径来有效整合和利用土地

土地的资产化和市场化要求企业对其工人新村内的空间布局和用地功能进行整合,尤其需要结合周边环境对大院内部进行用地结构的调整,并尽可能地强化同城市的融合性和同构性。如大院紧邻的是一片住区,那么大院内部应尽可能将将零碎的、以低矮破旧的住宅为主的居住住用地完全整合到相邻位置,最大程度地将工人新村用地划分为居住用地(不可出让)和非居住用地(可出让)。这样一来,清晰的分区和用地性质就为以后土地出让并进行市场流通提供了条件。当然这样的调整必须建立在对拆迁居民安置、区位条件、地价、周边路网关系以及出让土地的规模形态等各方因素全盘考虑的基础上。此外,还应激励土地使用者尽快对土地资源进行有效整合与利用,如借鉴国外经验,对所持土地每年征收 5%的地皮税,只有充分利用土地才有能力交这 5%的税,而闲置土地的企业就会觉得是一项沉重负担,这样不仅加速了闲置土地的整合和盘活,也将促使企业土地资源的市场流通或是高效利用。

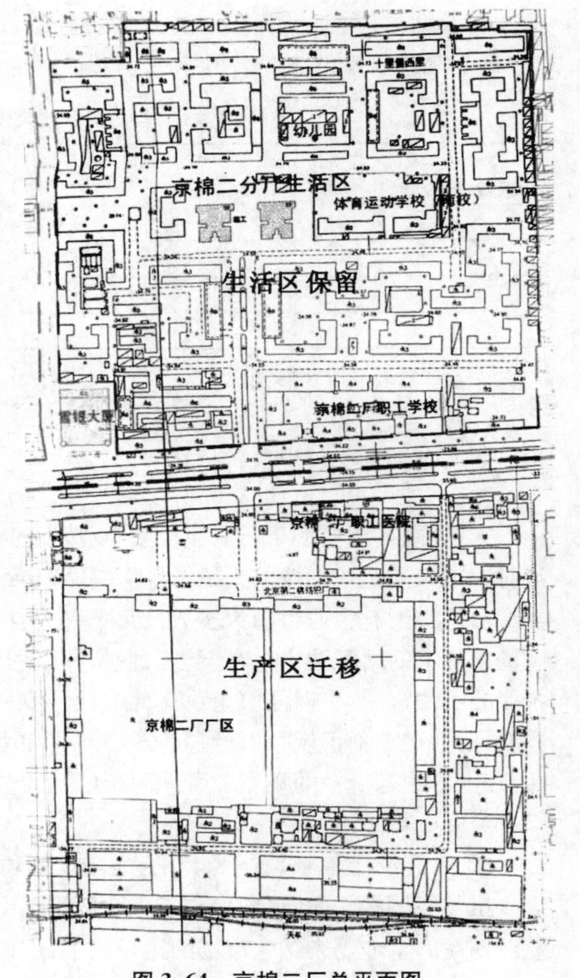

图 3.64　京棉二厂总平面图

＊资料来源:张帆. 社会转型期的单位大院形态演变、问题及对策研究——以北京市为例[D]:[硕士学位论文]. 南京:东南大学建筑学院,2004:40.

像北京京棉一、二、三厂的用地就已全部调整为非工业用地,工厂的生产区已经迁往顺义(图 3.64)。但是新建的厂区并不包括生活区,这同以往“小社会”的大院形式已完全不同,而完全成为市场经济下的产物,也就是说不会再产生新的单位大院模式及其土地利用问题。目前京棉二厂的职工生活大院虽然仍有居住条件差、环境恶化、配套设施落后等问题,但是用地功能的清晰整合也为以后的更新改造创造了前提条件(图 3.65)。

图 3.65　京棉二厂新厂区和职工居住大院彻底分离、并呈现完全不同的形态特征

＊资料来源:张帆. 社会转型期的单位大院形态演变、问题及对策研究——以北京市为例[D]:[硕士学位论文]. 南京:东南大学建筑学院,2004:39.

③ 以用地整合为基础,建立让老旧社区重焕活力的现代城市社区

工人新村作为一类特殊形式的社区,其

独特的组织方式和社会结构曾经给人以较强的归属感和凝聚力,这一社会优势应在改造整合之后得以沿承。建议通过货币化拆迁办法将零散的住户整合到完整的住区内,尽可能形成居住小区级或至少是组团规模的完整居住空间;在此基础上,由街道和社区的管理组织着手培育和维系社区网络和社会资本,比如说通过聘用物业公司、服务公司等来满足社区的基础设施维护、居住区配套的管理等需要,通过组织居民开展环保、慈善等公益类活动或是文体娱乐活动,来增强居民的互动关联和社区凝聚力等等。

另外,工人新村的商业服务设施也不应再是“小店铺+马路菜场”的模式①,以及衰败与脏、乱、差的代名词,而需逐步搭建新型住区的商业服务构架,规范市场秩序,整顿商业面貌,构筑集餐饮、购物、娱乐、休闲、文化、便民服务和社区服务于一体的,为居民提供多方面、多功能、多层次服务的开放体系。

2) 空间环境层面

(1) 现存问题

大部分工人新村都面临着物质性老化所带来的住宅形象破旧和居住空间拥挤;功能性退化所带来的动静态交通不畅和公共服务设施滞后;环境恶化所带来的绿地和公共活动空间缺乏等问题——

首先是住宅物质性老化和居住空间拥挤。由于建设年代较为久远,工人新村住房大多面积小、户型单一,甚至还保留着早期多家合用厨房与卫生间的宿舍型套型,虽然套型经过改造与合并,但还是同现代住宅的居住条件相差甚远。正如表 3.22 所示,工人新村住房面积基本都在 60 m^2 以下,其中绝大多数集中在 40~50 m^2,其以行列式的兵营型布局为主,外部空间单调乏味,造型单一色调沉闷,加之年久失修,形成城市老旧住区的典型形象特征,与日新月异的城市新形象形成了巨大反差(图 3.66)。

表 3.22 各工人新村案例中住房面积抽样调查表

(单位:%)

案例 \ 面积	40 m^2 以下	40~50 m^2	50~60 m^2	60 m^2 以上
曹杨新村	7	45	37	11
三步两桥小区	37	53	7	3
线路新村	27	61	8	4

* 资料来源:作者实地调研整理。

其次是功能性退化所带来的公共服务设施滞后,特别是动静态交通问题的凸显。在工人新村形成初期,由于单位制下的生产生活一体化,这类大院往往具有较强的独立性,形成了在当时较为完整的配套服务设施系统,从中、小学到幼儿园,再到一些为居民服务的小型公共服务设施如银行、老虎灶、浴室、维修店、菜市场等。然而如今相较于社会的转型和人们生活方式的变化,工人新村公共服务设施的发展已越来越难以满足现代生活的需求。比如工人新村区内道路偏窄,既不适于汽车通行,也缺乏相应的停车设施(图 3.67);再如公共设施(部分源于临时搭建)不但质量旧、差,还给周边居民带来噪音、私密性等干扰。

① 崔婷,等.城市老旧社区改造中的街道活力与商业特色[J].新西部,2009(8):33.

图 3.66 老旧工人新村住宅形象与周边新建住房形成鲜明对比

*资料来源:作者自摄。

图 3.67 工人新村的狭窄道路和停车难问题

*资料来源:作者自摄。

此外,社区居民还缺乏绿地和公共交往空间。大多数工人新村在设计中主要是依据住宅的基本布局原则和手法,以满足日照、通风、采光、安静、安全等居住环境的基本需要,但对于景观绿化、居民健身和交往活动场地往往缺少精心而系统的设计,加之占道停车和宅间设施加建需要,许多活动空间被挤占而导致居民缺少用于活动的室外空间(图 3.68)。

图 3.68 工人新村的户外空间杂乱

*资料来源:作者自摄。

究其原因有二:其一,计划经济时期重生产、轻消费的观念以及生产生活一体的集体化生活方式,决定了工人新村大规模、快速度、低标准的建设原则,也导致住宅长期以来在新建、改造与维护方面投入的先天不足,并随着改革开放之后社会经济的转型和生活需求的多元化而不可避免地呈现出老化与脱节特征(表 3.23);其二,市场经济时期工人新村与企业的日渐脱钩,一方面社区失去了建设、维护和管理的主体,面临着乏人问津、自生自灭的恶化境地,另一方面,经济利益驱动下的开发商也不愿介入利益主体混杂、拆迁补贴成本更高的旧居住区,使其失去了更新改建的驱动力和契机。

表 3.23 "一五、二五"期间我国住房建设投资额和占投资总额的比重

时期(年份)	基本建设投资额(亿元)			占投资总额的比重(%)		
	生产性建设	非生产性建设		生产性建设	非生产性建设	
		合计	其中住房		合计	其中住房
一五时期(1953—1957)	394.5	193.97	53.79	67.0	33.0	9.1
二五时期(1958—1962)	1 029.66	176.43	49.56	85.4	14.6	4.1

*资料来源:《中国统计年鉴》(1984 年)。

(2) 更新策略

对于工人新村的空间更新改造是一个复杂而综合的过程,既不能仅从经济角度出发,将问题简单化,也不能罔顾具体情况,一律采用推倒重建的开发模式。可根据更新对象的区位、现状功能、建筑质量、配套设施、景观环境、功能构成与定位等因素综合考量,将工人新村的更新改造分为三种模式:全面改造、有机更新和综合整治;而相对应的具体方式又可分为整体拆建、修缮改建和两者兼而有之的混合更新方式(图 3.69)。

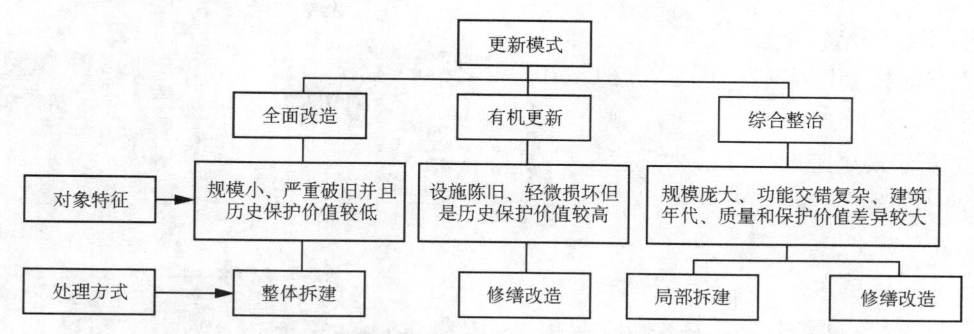

图 3.69 三种更新模式分别对应的不同对象特征和处理方式示意图

*资料来源:作者自绘。

① 对于规模较小、严重破旧并且历史保护价值较低的工人新村,采用全面改造的更新模式

这类工人新村的物质空间形态总体较差,住宅年久失修或原本就是非永久性的棚户区,基础设施缺乏,居住条件较为恶劣,已不能适应现代生活的基本需要,并且缺少历史价值、文化价值、建筑美学价值等,严重破坏城市空间形象的整体性(图 3.70)。对于这类旧平房区似的工人新村,宜采取全面改造的模式进行更新。

图 3.70 北京小后仓危房改建前的破败景象

*资料来源:http://www.instrument.com.cn/search/NewBBS.asp

全面改造是指通过对现状建筑物的拆除重建,彻底地改变更新地区的空间形态,调整用地功能,消除更新地区与城市用地布局和景观面貌的严重冲突,全面提升空间环境质量。① 同时由于这类旧工人社区规模小而完整,社会结构特征表现为社会组织具有较强内聚力,因此对于这类社区的全面改造可以不考虑物质形态的保护价值,但是必须把社会结构形态的保留放在首位。在居民有普遍改造意愿的前提下,通过物质空间的彻底改造,改善原本恶劣的居住条件,形成完整的居住功能体系和社会组织,使居民生活更加便利且交往机会增多,使整个社区更为和谐且同质性得以加强,以避免社会结构形态中人际关系矛盾冲突的现象。

北京小后仓胡同是较为典型的破旧棚户式职工居住区,在对其进行拆除重建中,成功地保留了该区原有的社会网络。小后仓胡同位于北京西直门内,用地规模和人口规模都较小,在 1.5 hm^2 用地上共有住户 298 户 1 100 人。原有住宅都是简易平房,部分为危房,居住条件加较为恶劣,居民对改变现状的要求极为迫切。而且居民绝大部分是该地段的老住户,他们与周围环境已产生千丝万缕的联系,如果搬到郊区新居住区,不但原有社会网络被破话,甚至会使得生活变得困难。针对这一情况,小后仓胡同改建并没有采取一般简单从事的改造方式,而是从拆迁、规划、设计、施工直到分配住房都进行了大量细致的调查分析,采取原住户全部迁回原地,但不增加新住户的政策,维持了住宅区配套

① 贺传皎,李江.深圳城市更新地区规划标准编制探讨[J].城市规划,2011(4):77.

服务建筑原来的平衡状态，保持了住宅区原有的社会网络，取得了良好的社会效果(图 3.71)。①

② 对于设施陈旧、轻微损坏但是历史保护价值较高的工人新村，采取有机更新的模式

这类工人新村一般位于城市较为中心的区域，通常由于保存得较为完好，在整体上具有有机、统一等特点，往往会成为当地历史、文化、民俗以及城市区域特色的现实体现。尤其是那些损坏轻微、保存较好的工人新村，不仅有历史文化的观瞻价值，还有较好的使用价值，经过适当的改造，完全可以与现代城市生活的高品质要求相符，可作为富有特色的城市形态和功能在现代生活中继续发挥作用(图 3.72)。因而对于此类旧居住区，应视其必要性和可能性采取有机更新的模式，有选择、有重点地加以保护和改造。

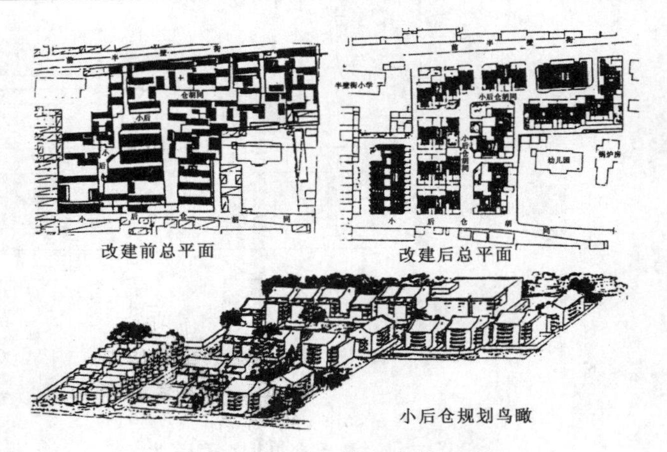

图 3.71　北京小后仓改建工程

＊资料来源：阳建强，吴明伟. 现代城市更新[M]. 南京：东南大学出版社，2000：64.

图 3.72　沈阳铁西工人村极具特色和保护价值

＊资料来源：http://big5. workercn. cn/tour. workercn. cn/contentfile/2009/06/24/151911265705171. htm

有机更新是指整个社区普遍采取加强维护和进行维修的办法，阻止早期枯萎现象的进一步恶化，不但保留社区的整体历史文化价值，还可提高整个社区的环境品质。这类工人新村由于原本与工业厂区捆绑在一起，虽然现在工业部分大多已经迁出城外，但留下的工人新村仍有一定的功能混合。除了老住宅以外，还混杂了一些工业建筑和公共设施，更能作为曾经的工业文化符号；虽有一定的老化现象，但经过整修和维护仍不失一定的使用价值，而且本身也构成了城市文化及特色的一部分。此外，旧工人居住区中和谐的人际关系和富有凝聚力的社会网络，既是来自其一贯传承稳定、有机的物质结构形态所创造的空间氛围，也来源于居民整体的同质。保存原有的空间氛围和保存居民的同质性，对于维护良好的社会网络来说都是必不可少的。

沈阳铁西区工人村是铁西工业区于 1952—1953 年设计建造的工人居住区，是当时工人阶级新生活的象征，受到全国乃至国际的瞩目，更是一个具有不寻常历史纪念意义的居住区。如今在经历了自身 50 多年风雨沧桑和社会环境的巨变后，不仅在物质层面上已经严重

① 阳建强，吴明伟. 现代城市更新[M]. 南京：东南大学出版社，2000：64.

老化,而且在使用功能上也出现了很多问题和矛盾,工人村已经逐渐丧失了作为工人住区的生命力。如何对工人村进行更新改造,才能既保留其历史文化价值,又能恢复其原有的活力,进而保证工人村的可持续发展,这正是工人村更新改造的主要目的。在可持续发展的保护思想指导下,对于铁西工人村的有机更新采用基底环境改造、单体建筑的提升和公共功能的植入三种更新改造手法。

基底环境的改造是指在建筑格局和风貌不改变,而改变托起项目的"底板",即整个社区的环境。这包括修筑新的社区道路,取代原本破烂的砖头地;对社区绿化进行精心修理,并结合对社区公共空间的重新修整,使居民有更加美好的公共活动空间进而重新回到集体活动中来;结合市政设施的改造,将影响社区形象的电线、垃圾站等基础设施有效处理,还原整洁、美观的景观环境(图 3.73)。

单体建筑的提升是指不在社区内大兴土木、大拆大建,在建筑基本保留的前提下,只是对建筑外立面和部分内部空间进行修缮和改造——前者完全保持原有风格、立面形式和比例尺度,修复清水砖墙和外立面的缺损,同时在不改变原有的开窗尺度的基础上,将原有木质窗更换为木色的塑钢窗(图 3.74);后者则在不改变建筑承重结构的同时,保证住宅空间的设计和组织向现代生活所要求的风格靠拢。在建筑结构强度满足改造要求的前提下,将原建筑内的非承重墙去掉,保证了空间的完整性(图 3.75);同时,适当营造与原建筑相协调、符合居民心理需求的小尺度空间,而非一味追求开敞的大空间。①

图 3.73　沈阳铁西工人村的基底环境改造

图 3.74　沈阳铁西工人村的建筑外立面改造

* 资料来源:阳光 100 武汉红钢城改造项目发展报告。

公共功能的植入是指通过对社区内存留的老旧工业建筑和公共设施等非居住建筑的改造,打造一些满足办公、商业服务或展示功能的空间。这既是充分利用旧有建筑、节约建馆经费的有效措施,也可省去主体结构及部分可利用基础设施的所花资金。比如说将铁西区工人村重点保护区内的 4 栋非住宅建筑改建为展示馆、生活馆、名人馆等,另外 3 栋设立文化创意工作室;在形式上可通过复建方式延续原有的符号和印迹,展示工人村真实的生活场景,如早期工人村居民的

① 吴玥,石铁矛.旧工业居住区的更新改造实践——沈阳铁西区工人村更新改造设计[J].现代城市研究,2009(11):69.

生活用品、名人故居、商业店面等(图 3.76);同时,在紧邻的几栋建筑内植入书吧、影吧、茶吧、酒吧等现代业态,充分利用现有空间形成多元的文化符号,满足不同群体的文化需求。

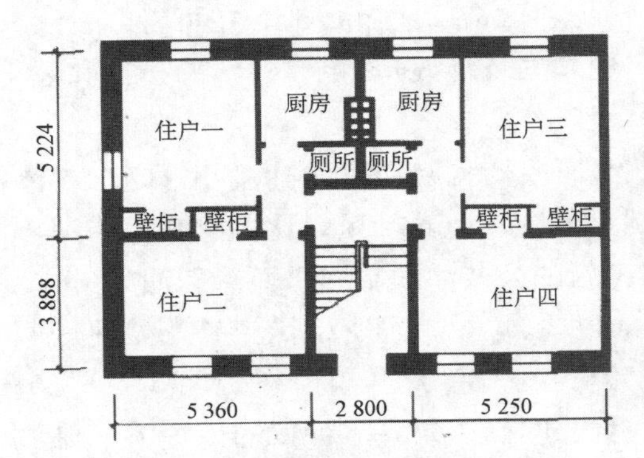

图 3.75 沈阳铁西工人村的住宅户型改造基本符合现代住宅户型要求

图 3.76 沈阳铁西工人村生活馆展示复原的早年工人生活场景

* 资料来源:吴玥,石铁矛. 旧工业居住区的更新改造实践——沈阳市铁西区工人村更新改造设计[J]. 现代城市研究,2009(11):67,68.

③ 对于规模庞大、功能交错复杂、建筑年代、质量和保护价值差异较大的工人新村,则采取综合整治的更新模式

这类工人新村同样位于城市主城区内,但是社区结构形态最为复杂,表现为:物质结构的形态差异大,功能布局和土地利用混杂,社会结构也较为复杂、松散(图 3.77)。因而对于此类旧居住区,简单地拆除重建、整治或维护都难以从根本上解决其多层的结构问题,而须采取综合整治的更新模式。

图 3.77 曹杨新村规模庞大、功能复杂、不同时期建设的住宅有较大差异

资料来源:http://www.panoramio.com/photo/12751296

综合整治是指在现状建筑空间形态不发生根本变化的基础上,采取局部拆建、改造和修缮等多重手段对社区环境的净化、优化、美化改造。① 由于混合了不同时代建设的住宅片区,也就是说在居住区域里混杂着形成机制或目标完全不同的居住类型,对它的更新改造不应是针对其中某一类型,而应根据其不同的老化程度和面临的主要问题,分别采取不同的更新改造方式。如对于这一地区内出现早期枯萎迹象,但区内建筑和各项设施还基本完好的地段,只需要加强维护和进行维修,以阻止更进一步的恶化;对于这一地区存在部分建筑质量低劣、结构破损,以及设施短缺的地块,则需要通过填空补齐进行局部整治,使各项设施逐步配套完善;对于这一地区出现大片建筑老化、结构严重破损、设施简陋的地段,只能通过土地清理,进行大面积的拆除重建。②

① 贺传皎,李江. 深圳城市更新地区规划标准编制探讨[J]. 城市规划,2011(4):77.

② 阳建强,吴明伟. 现代城市更新[M]. 南京:东南大学出版社,2000:65.

上海曹杨新村是我国第一个工人新村，是全国工人新村建设的典范。自1951年建成的曹杨一村到1977年建成的曹杨九村，经历了二十多年的漫长建设，总用地面积达到180 hm^2，住宅建筑总面积达到169.78万 m^2，居民达到10.7万人。① 对于这样一个建设周期漫长、规模庞大且功能交错复杂的工人社区，其更新改造须综合考虑不同时代的住房需求、建筑的历史文化价值以及居住以外的功能空间等因素，在充分研究的基础上将更新改造项目分为四类(图3.78)——

图3.78　曹杨新村更新改造项目分类示意图

*资料来源：上海地方志办公室。

首先是具有历史保护价值的住宅，最早建设的曹杨一村住宅作为极具代表性的历史符号，是必须进行修缮并得以保护的(图3.79)。

其次是根据居住需求确定需要改造或加建的住宅。早在1980年代初政府针对住房短缺状况，就开始对曹杨二至八村的低矮住房进行加高至五层的改造活动，此后又陆续对曹杨二到六村的"二万户型"工房采用向南加贴一块的办法，使每户居住面积都增加了9.5 m^2。

图3.79　曹杨一村优美的建筑与环境

*资料来源：http://nynl0301.blog.163.com/blog/static/17869634520112410103752/

第三是根据居住和功能的综合需求确定需要拆除重建的住宅。从1990年代开始逐渐在曹杨四村一带形成辐射普陀区规模的公共和商业服务设施组团，也由此带动了周边破旧住宅的拆除和高强度的商品房开发建设(图3.80)。

第四是确定基本无需改造的保留建筑。如建设期最晚的曹杨九村，其住宅和配套设施仍能满足现代居住需要。

只有在保护、保留、改建、拆建等更新改造手段的长期综合运用情况下，才能使这类规模庞大、功能混杂、建筑年代与质量差异较大的工人新村作为富有特色的城市形态和功能，在现代城市生活中长期发挥作用。

图3.80　曹杨七村重建的高层住宅(曹杨君悦苑)

*资料来源：http://www.panoramio.com/photo/12750916

① 于一凡.城市居住形态学[M].南京：东南大学出版社，2010：87.

3）居民保障层面

（1）现存问题

工人新村的老年人口和失业人口比例居高不下，且有愈演愈烈之势——

目前我国已进入老龄化社会，而工人新村作为城市典型的老旧社区，其老龄化程度尤其严重。从对沪宁两地典型工人新村案例中人口年龄结构的统计数据来看，65 岁以上老年人口比例都在 30%以上，其中三步两桥小区的老年人口比例甚至超过 40%（图 3.81）。不但已远超老龄化标准线的 7%，更是高于所在城市的老龄化程度（2005 年上海老龄化指数为 19.58%[①]，2000 年南京为老龄化指数为 14.4%[②]）；再加上工人新村原居民中大量 20 世纪 50 年代初生育高峰期出生的人口都已处在老龄的边缘，可以预计未来 5～10 年，工人新村居民的老龄化现象将愈发明显。

另据对工人新村案例中人口职业结构的抽样调查，工作年龄人口中的无业人口已接近于 20%，其中大多数为原居民中的下岗职工，年龄基本都超过了 45 岁，而年龄的劣势也成为他们再就业的最大障碍（图 3.82）。

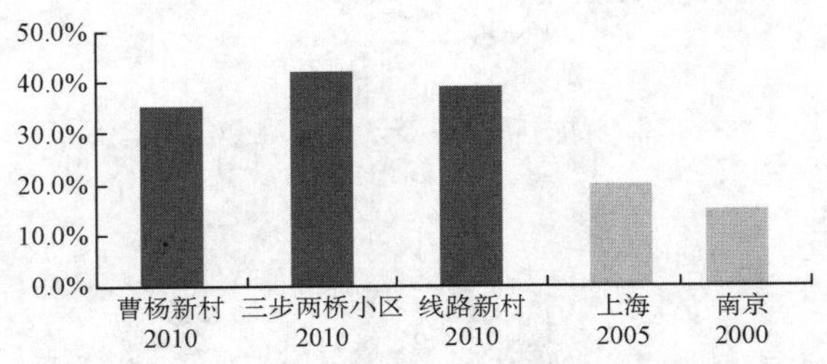

图 3.81　沪宁两地典型工人新村的老龄化指数和所在城市老龄化指数示意图

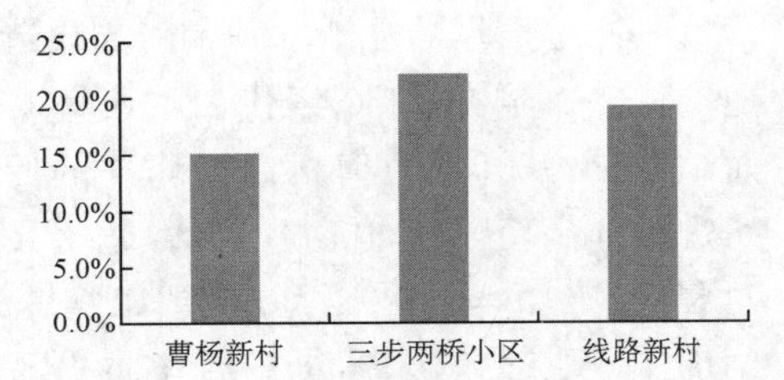

图 3.82　沪宁两地典型工人新村工作年龄人口中的无业人口比例比示意图

＊资料来源：作者实际调研及整理。

究其原因有二：其一，源于工人新村住房停建后老年人的留守和年轻人的渐离。目前工人新村的原居民大多是在建成之初就已入住的企业职工，而更年轻的职工在住房货币化改革后已难以在工人新村内获得住房，老年职工的子女们在成年后也大多迁居条件更好的住所，而剩下的老年居民群体缘于曾经的业缘关系、群体意识及其对工人新村的归属感，加上老年人较弱的主动择居能力和寻求稳定的心理特质，大多不会选择迁出工人新村；其二，源于转型期以来国有企业改革所带来的大量下岗职工。大量企业由于经营管理不善或产品结构不合理等原因出现效益下滑，并在市场经济的大潮中被逐渐淘汰、倒闭或兼并，这些企业的职工也随之大量下岗。由于年龄、学历、技能和社会关系等方面因素的影响，下岗职工再就业率一般都低于 50%，这也导致了工人新村成为失业率最高的下岗人群集聚区。

（2）更新策略

① 将解决民生问题与社区改造紧密联系，优先处理社区改造中的拆迁安置问题

解决工人新村目前系列问题的第一要务就是解决民生问题，因此不能仅以“有碍观瞻”

① http://wenku.baidu.com/view/c02e4a6c1eb91a37f1115c69.html.

② 郑菲.南京城市人口老龄化现状及发展趋势[J].江苏统计，2001(3)：37.

作为改造的出发点,而必须从切实提高居民生计水平出发,在为居民提供更好生活居住条件的同时,也给予他们自己解决问题和处理问题的能力;工人新村的改造也不仅仅是政府投资进行物质性清理的问题,而必须把工作重点放在人上,以人为本,否则就可能像雅各布斯在《美国大城市的死与生》中所讽刺的那样,只不过是让贫民区居民从平房区搬到了楼房区,从市区搬到了郊区。①

从目前的情况看,要把工人新村改造同解决以低收入群体为主的居民可持续生计问题相结合,而这首先要面对的就是改造过程中的拆迁安置问题。在现有情况下,拆迁居民的选择基本是单一的:得到一次性补偿款之后几乎全部用于购房支出,但是对于低收入群体,日常居住成本也会因此上升;而且居民被迫迁到另一个新的社区,原有的社会网络会全部丧失,原先的生计也会因此受到影响。因此,在拆迁安置中建议优先考虑就地安置或就近安置。其次,要把工人新村改造同保障房建设相结合,在一时难以全部就地、就近安置的情况下,也要将保障房的供给作为拆迁居民的选择之一,并适当给予优惠和鼓励政策。总之,在拆迁过程中一定要重视并努力解决低收入群体的生计保障,防止因拆迁而进一步恶化其生活状况。

② 重视并积极应对社区的老龄化现象

作为城市老龄化的重要空间载体,工人新村这类城市老旧社区的改造必须将老年人的生理和心理特征纳入考量。首先,老年人退休以后的余暇时间显著延长(相关资料表明,老年人余暇活动时间占每日全部时间的 33.9%),而且老年人随年龄的增长活动空间在也不断缩小,与人交往的机会也大大减少,漫长的余暇时间和有限的交往空间,极易使老人产生孤独感和失落感;其次,老年人无论在肢体还是感官智力方面,都会出现不同程度的衰退,渐渐出现各种慢性疾病以及由生理机能的老化造成身体某些器官的障碍,如行走不便、动作迟缓、视力听力下降和记忆力衰退等等。这都要求工人新村应对老龄化新形势,在空间设施的优化和改造过程中赋予老年人更多的体贴和关怀。

首先,在社区内结合老年人日常频繁使用的生活场,增设其交往及休闲娱乐的场所空间。比如说在小卖部、餐厅、茶室、邮局和公共建筑出入口等附近增设坐凳,便可形成一个交往和交流空间;还可充分利用工人新村中现有的开敞庭院或露台作为主要的休闲娱乐空间,从清晨的健身活动到傍晚的舞会等均可在此进行。在开敞空间中设置水池、喷泉、树荫、遮阳伞、花架和轻便桌椅等,而尽量避免陡斜的步道、坡道或踏步;且将老年人活动场所与儿童游戏场所相邻设置,既方便了带小孩的老人,又起到了活跃生活气氛的作用。

其次,在社区内扩大或增设一些针对老年人的服务设施(如老年活动中心、医护站和托老所等)。目前工人新村的老年活动中心大多规模较小,增设和扩容的老人活动中心除了棋牌类活动外,还需增设更有益于老年人身心健康的阅览室、球类活动室等,做到"老有所乐";同时在社区内增设医护站,为行动不便的老年人解决医疗护理问题,同时医护站与医院应保持长期合作关系,定期将社区内老人的健康状况反馈到医院,使医院及时了解病情,形成老年人的社区医疗服务网络,做到"老有所医"。

第三,在社区内更多地组织老年人活动。在街道或社区的组织和管理下,充分利用老年人闲暇时间和兴趣特长,定期组织一系列的环保、慈善等公益类活动或文体娱乐活动,老

① [美]简·雅各布斯.美国大城市的死与生[M].金衡山,译.南京:译林出版社,2005:153.

年人不但能借此发挥余热贡献社会，也丰富了自己的晚年生活。

③ 以社区服务推动社区失业居民的再就业

我国转型期以来的国有企业改革，导致大量职工的下岗，使原来的“单位人”进入社区后成为了“社会人”。在这种情况下，作为政府强化社会管理的基础单元，社区必须成为新的积极就业政策的落脚点。

首先，要大力发展以第三产业为导向的社区服务业，并重点开发其中的就业岗位。社区服务业是伴随着社会经济发展的多方面因素应运而生的，实质上包含了家庭事务社会化的需求以及人们对生活高质量的要求，由此而形成的家政服务业和各类便民利民服务业，再加上社区中业已开展的商贸零售、餐饮服务等，社区可以创造的就业岗位其实相当可观；而且，社区服务业岗位大多属于劳动密集型产业，对劳动力的吸纳能力强，对工作技能的要求较低，在健全社区服务体系的同时，为下岗失业人员的再就业创造良好条件。

其次，要把帮助就业困难群体实现再就业当做社区就业工作的重点。工人新村中的众多国企下岗职工大多属于再就业困难群体，这一方面需要各级政府通过购买社区公益性岗位的形式，安置年龄偏大、技能单一的下岗人员的再就业；另一方面还需要制定特殊的扶持政策，对“4050”人员实施就业援助，重点是再就业技能的培训。[①] 由于这部分失业人群大多肩负赡养老人和养育子女的家庭重担，因此更应针对其在接续社会保险关系、同工同酬等方面制定优惠政策，解决他们的后顾之忧并维持社区稳定。

第三，要从增强工人新村下岗失业居民的就业能力入手，加强职业技能和创业能力培训。这就要求加强再就业培训社会化服务体系的建设，构建以劳动保障部门就业培训为主体、以各类民间团体组织举办的专项培训机构和职业学校为依托，多层次、全方位、多形式、立体化的再就业培训格局；同时敦促工商、税务等政府部门及时将各种针对下岗职工再就业的优惠政策落实到位，营造良好的再就业环境和氛围。

4）社区管理层面

（1）现存问题

部分工人新村由于住房权属关系的变更、管理体系的缺位，造成社交网络和服务保障的逐步缺失——

这些问题集中体现在了职住空间分离的工人新村身上：一方面，大量涌入的外来人口使社区居民的构成混杂化，复杂的利益主体带来了不同的利益诉求，这无疑增加了社区管理的难度；另一方面，企业迁离和同工人新村脱钩，使社区失去了健全的管理体系，而工人新村自身又缺乏完善的组织管理机制，导致社区内部出现了公共设施被占、违章建筑大行其道、市政设施无人修理等环境问题，也带来了孤老和失业人群的服务保障缺失等生活问题。

究其原因有二：其一，主要源于原属企业单位衰败并进而与社区脱离。在转型期以来国企改革的大潮中，大量企业走向衰败和瓦解，也带来了单位对社区自上而下的行政型管理体制的无以为继，脱离了企业的工人新村一时成为城市中无人管理的社区死角；其二，部分源于低收入群体的形成与社区文化的缺失。计划经济时期被固化耦合的业缘关系趋于

① “4050”人员是指处于劳动年龄段中女40岁以上、男50岁以上的，本人就业愿望迫切，但因自身就业条件较差、技能单一等原因，难以在劳动力市场竞争就业的劳动者。

消解,内外居民的混杂也导致了工人新村原有文化的断裂。其中,退休老职工仍然保有“单位制聚居”时形成的行为习惯,对于社区的公共事务参与持较为消极的态度,而大多数外来居民原本就缺乏社区归属感,要求其参与社区事务更是难上加难。因此工人新村要做到所谓“作为现代化、民主化意义上的市民参与社区管理”,目前仍只是一个理想化的愿景。①

(2) 更新策略

① 多渠道筹措工人新村改造和管理所需的资金

首先,政府应为工人新村管理和整治提供专项资金。部分工人新村住房最初就是由政府财政投入建设的,此后通过住房改革逐渐实现了产权的私有化,但是却未为此建立起相应的管理体制,因此才会在管理上出现种种问题,并影响到居民的空间环境和城市的公共秩序及市容市貌。因此,政府对此投入资金进行整治,既是解决历史遗留问题的必要措施,也是有效行使政府公共服务职能的具体体现。

其次,工人新村原属企业单位同样需要为管理和整治投入资金。自住房体制改革至今,工人新村除住房以外的公共用地和设施产权仍属原企业所有,而工人新村目前管理上的混乱在某种程度上也是源于企业对所持用地和设施的营利性开发和无序改造。因此企业有必要也有责任对所持土地进行市场化改造,对其用地功能进行合理的整合,并为工人新村的整治筹措资金。

第三,居民作为住房产权人,也有义务对社区的管理和维护投入资金。住房改革政策的初衷之一即是通过提高职工的工资、加大补贴的力度,将房屋维修和养护的资金摊入职工的实际收入当中,从而为社区管理和维护的社会化打下基础。因此,也需要根据不同的产权状况由居民来负担相应的管理和维护费用,改变以往“房子是自己的,房屋管理是国家的”陈旧观念,建立起“房子是自己的,房屋管理也是自己的事”的新观念。② 同时考虑到目前工人新村的居民多以中低收入人群为主,可采取对居民部分减免并由政府补贴的方法,既能促进居民参与社区管理的主人翁意识,又能体现政府对于中低收入者的切实关怀。

② 充分培育工人新村中的社区精神,建立居民内部协商机制

首先,社区居委会须充分调动居民参与社区事务的积极性。工人新村这类城市老旧社区所属的社区居委会是联系政府和居民之间的重要枢纽,扮演着无法替代的角色。在目前社会服务事业欠发达的约束下,社区居委会不但要充当“社会资本”的发起者,还应更多地负起促进和提高居民共同参与社区事务积极性与合作能力的责任。

其次,社区治理的最终利益得失是落在居民身上的,改造和管理过程要听取居民意见。没有居民的参与合作,老旧社区的治理就很容易沦为单纯的物质性改造,而不是一项具有长远意义的社会工程。因为只有居民的生存状况(养老、医疗、就业等)得到改善,才能提升居民对社区事务参与的积极性与合作能力,进而改善他们的生活环境,这样的社区治理才可谓成功。此外,社区治理在经济投入的同时还应大力开展社区文化建设,培育社区精神,提升居民的社区认同感,增强社区凝聚力。

在居民有参与社区事务积极性的基础上,建立居民内部协商机制,为居民提供在住区

① 费孝通.居民自治:中国城市社区建设的新目标[J].江海学刊,2002(3):15.

② 张真理.北京市单位自管房现存问题和解决方略[J].城市问题,2009(2):81.

更新问题上交流和谈判的平台，一个可以表达自身需求的机会，把不同居民之间的诉求按照一定方式进行表达，尽早暴露矛盾，并最终使少数服从多数而达到一个民主的结果，解决以往居民意见难以被有效采纳的弊端。这一过程会形成多个综合多方意见的方案，提供给更新服务机构进行对比并最终形成决议，从而形成最初的方案(图 3.83)。这样就避免了政府在接受众多方案时的迷茫，也可以预先揭示基层最严重的矛盾和最迫切的诉求，减少实际更新的阻力。

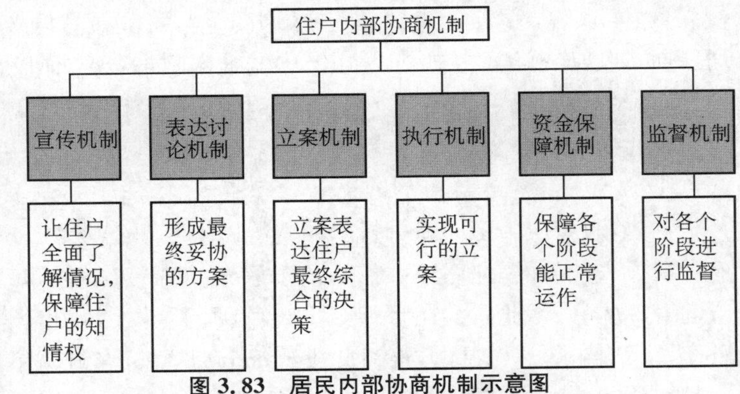

图 3.83　居民内部协商机制示意图

＊资料来源：刘玮. 重庆市主城区旧住宅更新机制探索[D]：[硕士学位论文]. 重庆：重庆大学，2010：68.

③ 探讨建立业主委员会和物业公司相结合的现代社区管理体制

对具备一定条件的工人新村，须按照《物业管理条例》及有关法律法规，在社区居委会的组织下召开业主大会，选举业主委员会，自主选择物业管理企业对社区进行物业管理。但是要建立市场化＋生活服务的现代社区管理体制，通常需要具备一定的条件：相对独立完善的社区硬件设施，一定的社区规模和相对封闭的管理，住房产权人明确的权责一致观念，并愿意负担物业管理费用等等。这依然要从政策和体制方面加以强化：

从政策来看，政府应出台针对工人新村成立业主委员会的专项规定，重点明确业主公约的制定和通过、业主委员会对物业管理企业的监管、原企业在有限产权情况下的投票权以及原企业单位行使产权的具体方式(在土地市场化以前这实际上是一种国有资产的管理方式)等环节和问题。

从现有体制来看，要强化房屋管理部门、街道和社区对业主委员会的宏观监督和指导，其中主要由社区居委会来组织业主做好业主委员会组建和换届改选等工作，并对其日常运作予以指导和监督。①

3.6　本章小结

本章首先界定了工人阶层及其工人新村等相关概念，探讨了工人新村形成和建设的理论背景和现实背景，通过多元背景的阶段性转换确定工人新村演化的阶段划分；然后，通过对沪宁两地典型工人新村案例——曹杨新村、南京三步两桥小区、线路新村的调研，就工人新村的社会属性(人口构成、年龄结构、文化程度、职业结构以及收入构成)演化特征进行梳理，并就其特征的形成动因分别做出相应的解析；随后，又就工人新村的空间属性(功能结构、居住空间、公共设施以及管理模式)演化特征进行梳理，并就其各阶段特征所形成的动

---

① 张真理. 北京市单位自管房现存问题和解决方略[J]. 城市问题，2009(2)：81.

因分别做出相应的解析；最后，分别从土地利用、空间环境、居民保障、社区管理四个层面入手，系统探讨了工人新村的更新策略。

本章主要结论包括：

(1) 在演化阶段划分方面，根据我国工人新村产生和建设的理论背景和现实背景，可确定和划分工人新村演化的四阶段——“一五”和“二五”期间，工业集中区住房的配建时期；1970 年代末—1980 年代初，下放回城人员的安置时期；1980 年代—1990 年代中期，住房产权的私有化时期；1990 年代末至今，住房产权的市场化时期。

(2) 在社会属性演化方面，工人新村的居民构成表现出“住区居民流动更替加速、外来居民不断侵入”的特征；年龄结构呈现出“老年人口递增与未成年人口递减”的老龄化倾向；文化程度表现出“大专以上学历人口逐渐小幅增加”的高知化趋势；职业结构形成了“以退离休人员为多、各类就业方向并存”的多元化格局；收入构成则形成了“以中低收入水平为主的差异化、非均衡格局”。

(3) 在空间属性演化方面，工人新村的功能结构形成“以居住和配套服务设施为主，多重功能复合”的城市开放型结构，功能布局呈现出“在以住宅为主的基础上，以集中的公共设施为轴心，其他功能设施呈点状或线性不断向城市道路散布或延伸”的特征；工人新村的空间布局呈现出“由单调的行列式形态向灵活的组合式形态转化，由低层低密度的粗放式布局向高多低层相结合、疏密相间的集约型布局转化”的趋势，住宅套型表现出“从宿舍型住宅向公寓型住宅转化，从拥挤的多户合用型向舒适的独户成套型转化”的趋势；工人新村的设施配置表现为“由单调的基本保障型设施向丰富的多样化设施转化，由大规模、集中设置向小型化分散设置转化”，设施性质表现为“公共服务设施从福利型向服务型的转变，从国营计划向市场化、社会化的转变”；工人新村管理模式则经历了“从行政型到合作型，再到社区自治型模式”的变化。

(4) 在土地利用策略层面，面对工人新村的土地使用效率低下、非居住功能布局无序等问题，建议：以终结土地双轨制为契机，实现土地供给由无价向有价的转变；以土地市场化为驱动，通过土地功能置换、搬迁与就地改造等途径来有效整合和利用土地；以用地整合为基础，建立让老旧社区重焕活力的现代城市社区。

(5) 在空间环境策略层面，面对物质性老化所带来的住宅形象破旧和居住空间拥挤、功能性退化所带来的动静态交通不畅和公共服务设施滞后、环境恶化所带来的绿地和公共活动空间缺乏等问题，建议：对于规模较小、严重破旧并且历史保护价值较低的工人新村，采用全面改造的更新模式；对于设施陈旧、轻微损坏但是历史保护价值较高的工人新村，采取有机更新的模式；对于规模庞大、功能交错复杂、建筑年代、质量和保护价值差异较大的工人新村，则采取综合整治的更新模式。

(6) 在居民保障策略层面，面对工人新村的老年人口和失业人口比例居高不下等问题，建议：将解决民生问题与社区改造紧密联系，优先处理社区改造中的拆迁安置问题；重视并积极应对社区的老龄化现象；以社区服务推动社区失业居民的再就业。

(7) 在社区管理策略层面，面对工人新村的社交网络和服务保障逐步缺失等问题，建议：多渠道筹措工人新村改造和管理所需的资金；充分培育工人新村中的社区精神，建立居民内部协商机制；探讨建立业主委员会和物业公司相结合的现代社区管理体制。

4 形成与特征:流动人口聚居区研究

改革开放之后,曾在城乡分治政策下长期受到管控与压制的农村剩余劳动力,伴随着农村体制的改革、乡镇企业的转型、农民观念的变化和城乡壁垒的逐步打破,“离土又离乡”,汇成了规模宏大的进城大军和势不可挡的“民工潮”。其中一个典型的现象即是:以农民工为主体的流动人口在经济相对发达地区的自发聚集和各类聚居空间的普遍形成。如北京“浙江村”、南京“河南村”和深圳等地的流动人口混居区,规模从数百人到数万人不等。流动人口聚居区作为我国城市化背景下的一类特殊产物,不但在演化规律和空间特征的系统发掘方面具有显著的样本意义与关键价值,其合理引导和有效整治也成为新型城镇化背景下备受关注、亟待解决的一项现实问题。

因此,本章将以流动人口居住空间的典型特例——自发型聚居区为重点研究对象,在考察京、宁、深、锡等市典例的基础上,一方面对流动人口聚居区的形成机制进行深度分析,另一方面则从区位分布、居民概况、土地使用、空间布局、居住环境等方面入手剖析其空间机理和结构特征,然后在总结聚居区所存各类问题的基础上,系统探讨了流动人口人员聚居区的综合性改造策略。

4.1 研究对象的界定

1) 流动人口的界定

流动人口问题是一个世界性的社会问题,而与“流动人口”相关的概念也繁杂不一。既有部分学者从经济学(李荣时,1996①)、人口地理学(吴瑞君,1990②;张善余,1999③)、行政管理(段成荣,1999④)等不同的学科定位和研究角度,赋予流动人口以不同的涵义,也有不少学者基于不同的人群特征和分类标准,将流动人口进行了更为细致的类型划分——

根据流动人口相对于地理空间变化的时间特征,本项目组⑤(2001)曾将流动人口分为广义和狭义两个方面:广义的流动人口根据其在流入地停留时间的长短,一般可分为长久性迁移人口、临时性的暂住人口和差旅过往人口三类;狭义的流动人口则只包括那些在某一地域作短暂逗留的差旅过往人口。本研究所涉及的流动人口即属于“暂住人口”的范畴。

① 李荣时.对当前我国流动人口的认识和思考[J].人口研究,1996(1):10-15.

② 吴瑞君.关于流动人口涵义的探索[J].人口与经济,1990(3):53-55.

③ 张善余.人口地理学[M].上海:华东师范大学出版社,1999.

④ 段成荣.关于当前流动人口和人口流动研究的几个问题[J].人口研究,1999(2):48-54.

⑤ 吴晓.我国城市化背景下的流动人口聚居形态研究——以京、宁、深三市为例[D]:[博士学位论文].南京:东南大学,2001.

根据流动人口的动因和目的,王建民等[①](1995)又将流动人口分为劳务型流动人口、经营服务型流动人口、公务型流动人口、文化型流动人口和社会型流动人口,这五类流动人口还可合并概括为经济型流动人口和非经济型流动人口。其中,经济型流动人口直接参与城市各种经济业务活动并从中获取收入,本研究所涉及的流动人口即属于"经济型"的范畴。

根据流动人口的来源,李强等[②](2012)则将流动人口分为"外来农民"和"外来市民"两大群体,即来自农村的流动人口与来自城市的流动人口。本研究所涉及的流动人口即属于"外来农民"的范畴。

综合上述流动人口的定义和分类方式,本研究所要研究的"流动人口"主要为"来自农村的经济性暂住人口",即改革开放之后在一定时期内离开常住户口所在地,在城市以谋生营利为主要目的、自发从事社会经济活动的农村剩余劳动力。他们大多是以"农民工"或是"外来务工人员"的身份出现,是目前国内流动人口的主体和城市新生的特殊社会群体,同时也是所谓"低端移民"的典型代表和重要构成[③](图 4.1)。下文所提及的"流动人口"概念,若无特殊说明,都指的是这类在城市从事非农业工作的拥有农业户口的工人。至于其他类型的暂住人口,要么属于非经济型流动(如投靠亲友)人口,要么就已经在身份职业上有别于一般的农民工(如文艺工作者和中高层管理人员),这里暂不作探讨。

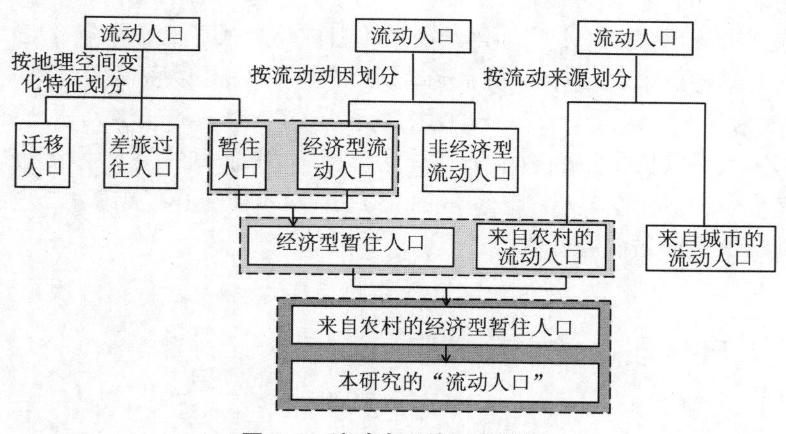

图 4.1　流动人口的概念界定

* 资料来源:笔者自绘。

2) 流动人口聚居区的界定

在各类聚居空间中,农民工通过群租群居而自发形成的聚居空间因其生长的自然性与普遍性,更能代表一种内在的合理性与必然性;而且作为城市化背景下的一类特殊产物,它已经在社会属性、区位分布、居民构成、作用影响等方面,呈现出不同于一般城乡社区的边缘性与异质性,从而拥有集体宿舍、建筑工地等被动聚居空间所未有的样本意义与典型价值。

① 王建民,胡琪.中国流动人口[M].上海:上海财经大学出版社,1995.

② 李强.农民工与中国社会分层[M].北京:社会科学文献出版社,2012.

③ http://baike.baidu.com/view/39288.htm.

有鉴于此，本章所要研究的“流动人口聚居区”将以这一类主动聚居空间作为重点对象，尤其是以城市暂住人口（农民工）为居民主体、以租赁房屋为主导居住方式、以城乡结合部作为区位选择的自发型集中居住区。这类自然衍生型社区的形成一般都没有先验明确的目标和政府部门预先统一的规划和组织，而是通过社区机体内蕴的自然生长力和自发调谐力的不断协调达成的，因而具有自然、随机的外在特征。其中，促成其自发调谐力发挥功用的往往是生活背景、价值观念、社会心理、经济规律等深层内在的调适力和自然因素影响下的功能需求。

至于那类由政府、集体或是企业统一计划、组织和建设的流动人口集中居住区（如农民工集体宿舍、建筑工地、流动人口安置区等），作为一类因被动择居而生成的聚居型空间，则同自然衍生、自发生成的上述聚居区有着本质的区别，这里暂不做深入探讨。

3）流动人口聚居区的分类

从社区构成和组织来看，流动人口聚居区可以分为两大类：一类聚居区以同乡、同村、同业或同族为群体聚结，以亲缘、地缘、业缘等为基本纽带，如北京的“浙江村”与“新疆村”、南京的“安徽村”和深圳的“的士村”，我们且称之为缘聚型聚居区；另一类聚居区则是混居型聚居区，它们在构成上并没有形成明确的主导性纽带或是产业体系，居民来源混杂且彼此缺乏广泛的联系和必要的交流，仿佛临时凑合在了一起，在社区的内聚性和聚居的典型性上都无法同前者相比，像深圳、广州等地的城中村内均形成了大量类似社区。

从居民的身份构成来看，绝大多数的流动人口聚居区都是以租居型农民工作为基本居民，它们一般较为普遍地形成于改革开放之后农民工相对集中的经济发达地区；当然，也有小部分的聚居区是以其他类型的暂住人口作为基本居民的，如文艺工作者组成的各类“艺术家聚落”，其身份职业已明显有别于一般的农民工，故本研究还是将重点放在由农民工聚居而成的各类缘聚型或是混居型聚居区上。

4.2 流动人口聚居区的形成机制

向各级城市集聚的数以百万计的农村剩余劳动力，同样面临着多类居住方式的选择。之所以有不少农民工选择了租赁房屋的方式，并最终通过自发聚居的方式形成各类聚居区，而不是被动地聚居于集体宿舍或是建筑工地，也未选择分布更为广泛的各类散居点，主要还是受到了各种内外条件的综合影响：

1）流动人口生成的背景概述

我国在计划经济下建立的以户籍管理为表征的城乡二元结构，对各类人口的自发流动（不包括政策组织和引导下的大规模人口迁移，如进城大炼钢和城市人口上山下乡）采取了以抑制和管控为主的静态封闭化策略。直至1980年代，伴随着改革开放步伐的加快和城市化水平的不断提高，我国由传统农业大国向工业化和城镇化迅速转型，才带来了劳动就业结构的极大改变，也引发了农村剩余劳动力向城市的大规模转移的“民工潮”。究其原因，可以借用美国学者埃弗雷特·李（E. S. Lee，1966）在《迁移理论》中提出的四方面要素来一一诠释如下（图4.2）——

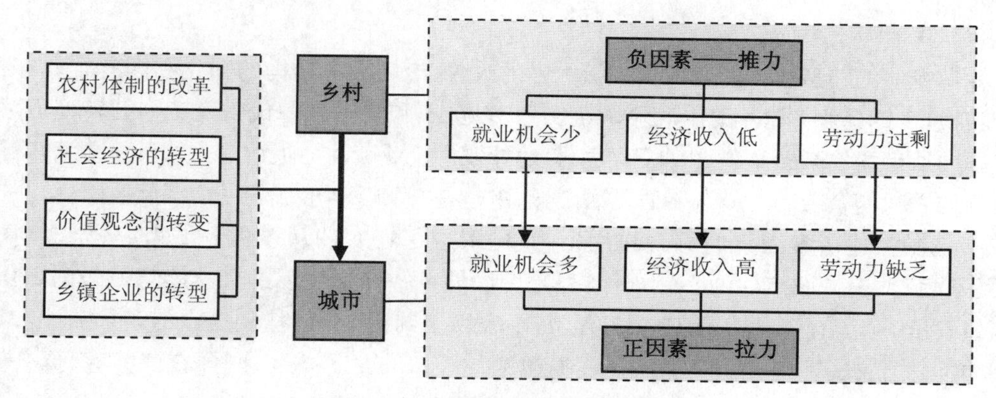

图 4.2　我国农民工的产生原因

*资料来源:笔者自绘。

(1) 正负因素方面

农村剩余劳动力向城市的大规模转移,实质上是正负因素两相比较下流出地(农村)推力和流入地(城市)拉力共同作用的结果,究其原因主要有三:

就业机会的比较差距——一方面,中国农村人多地少的矛盾由来已久,农村劳动力的“剩余”现象日趋严重;而另一方面,城市新兴工业与第三产业的蓬勃发展,却为大批被城乡二元结构强制束缚在土地之上的农村剩余劳动力提供了更多的就业机会和疏解出路。这也是“民工潮”爆发的一项必要前提。

城乡收入的比较差距——一方面改革开放以来,我国城乡居民的人均收入差距(包括城镇居民的各种补贴、社会福利、住房补贴、医疗保险等)总体上已呈现出逐年扩大之势;另一方面,农民从事的第一产业相对于第二、三产业的比较利益同样偏低,直接牵引着他们流向城市经济收入更高的第二产业和第三产业,产生了较为明显的农民进城的推拉效应。

地区经济的比较差距——我国沿海地区的经济发展迅速,劳动密集型出口加工业和服务业迅速崛起,在拉大了同中西部地区经济差距的同时,也对劳动力资源产生了巨大的需求,由此创造的大量就业机会为农村剩余劳动力的梯度转移提供了拉力和方向。

(2) 中间障碍方面

农村体制的改革——农村家庭联产承包责任制的广泛推行,使农村经济资源的配置突破了传统人民公社的集中经营、统一分配模式。这一方面使农村劳动力由“隐性剩余”转化为“显性过剩”;另一方面也使农民拥有了支配自身劳动力的权力,从而为农民的自发流动和转移提供了可能。

社会经济的转型——以户籍身份管理为表征的传统城乡二元结构的逐渐松动,比如粮食、住房供给的市场化和就业机会的开放等,在一定程度上扫除了农民进城后生产和生活可能面临的制度性障碍和壁垒。

(3) 个人因素方面

价值观念的转变——农村教育的普及、文化的变迁、社会信息渠道的畅通,深层而迅速地动摇和改变着农民的传统乡土观念和安土重迁行为,并为“其离土又离乡”的流动提供了勇气与信心。

(4) 其他因素方面

乡镇企业的转型——随着人们生活水平的改善、市场需求结构的演化和国有企业经营机制的转换，乡镇企业不得不走上利用资金实力、以资本和技术来替代密集劳动的转型道路，来应对国内外市场的激烈竞争，由此不可避免地导致了企业劳动力吸纳能力的日益萎缩，曾经得以缓释的农村剩余劳动力就业矛盾再次凸显，这也是“民工潮”形成的一个深层原因。

正是在上述诸多因素的综合作用下，我国形成了特有的从乡村到城市、从内地到沿海的“民工潮”。这是城市化的必然规律，也是中国城乡一体化发展的必然趋势——据2000年的人口普查，全国有流动人口12 017万，其中农民工约占73%，达到庞大的8 700万①；截至2014年，全国农民工则升至2.74亿，占城镇常住人口的22.5%②；同样在江苏省，据公安部门的统计，全省登记在册的流动人口截至2011年也达到了1 700多万人，约占全省人口总数的13%③，其中80%的农民工都流向了南京、苏州、无锡、常州等经济相对发达的苏南地区——这就为以农民工为代表的流动人口居住空间和就业空间的萌生创造了客观条件。

2) 流动人口聚居区生成的外在条件

(1) 农民工的规模分布：这和城市的等级分布或是区域分布有一定的联系

等级分布方面——据统计，农民工一般有27.8%流入并停留在了大城市，45.1%停留于中小城市，其余的则不断流移于各地的城市(镇)之间④。综合考虑我国各级城市之间的数量对比，就会发现国内大城市平均拥有的农民工规模要明显地多于中小城市。

区域分布方面——据统计，1992年全国跨省转移的农村劳动力中有65%的人口转移到了东部沿海地区，只有17.6%和17.4%的劳动力转移到了中部和西部地区；考虑到我国转移的劳动力有不少人就来自于东部地区，这就使经济相对发达的东部地区聚集了全国50%左右的农民工(表4.1)⑤。同理，江苏省的农民工也更多地汇集到了苏南地区，像无锡市2008年登记在册的暂住人口就有240万(占总人口的35%)⑥，而苏州2014年的暂住人口更是同户籍人口基本持平。

表4.1　1990年和2004年全国“常住”农民工的地域分布

地域分布	1990年		2004年	
	人口数(万)	比重(%)	人口数(万)	比重(%)
东部地区(12个省市)	1 050.19	49.18	6 506.8	70
中部地区(9个省市)	698.32	32.70	1 343.5	14.2
西部地区(9个省市)	386.85	18.12	1 472.2	15.8
合计(30个省市)	2 135.36	100	9 322.5	100

*这里所谓“常住”农民工，即是指流入各地区的社会经济状况比较稳定、暂住时间较长的农民工。

*资料来源：胡伟略. 人口计划完成，人口形势严峻[M]//1993—1994年中国社会形势分析与预测. 北京：中国社会科学出版社，1994：73－77；国务院研发室. 中国农民工调研报告——当前农民外出务工情况分析[R]. 2006：104.

① 规划信息[Z]. 城市规划，2002(11)：30.

② 国家统计局. 2014年农民工调查监测报告[EB/OL]. [2015-04-29]http://www.stats.gov.cn.

③ 中国新闻网. http://www.chinanews.com/df/2011/07-04/3155984.shtml.

④ 贾德裕，等. 现代化进程中的中国农民[M]. 南京：南京大学出版社，1998：165.

⑤ 胡伟略. 人口计划完成，人口形势严峻[M]//1993—1994年中国社会形势分析与预测. 北京：中国社会科学出版社，1994：73－77.

⑥ 无锡商报，2008年12月2日.

由此推断,大量流入经济发达地区和大城市的农民,往往更有条件和基础将流动人口聚居区作为一种本能而普遍的自发性选择;而在欠发达地区或是中小城市,这一点却或多或少地受到一定制约。可见,城市是否拥有较大规模的农民工,是流动人口聚居区能否生成的一项必要前提。

(2) 农民工的就业分布:这在某种程度上决定了农民工的居住方式

改革开放以来,城市第二产业第三产业已经在解决农民工的就业问题方面发挥了重大作用,其中建筑业、制造业和商贸服务业正是吸纳农民工就业的几类主流方向。但客观而言,从事不同行业的农民工,其对于居住空间的选择也各不相同:

建筑业工人基本上暂居于临时搭建的工棚或是装修现场,并随着施工项目的变换流移于各处工地之间,因而很难久居于一地的流动人口聚居区内;而制造业工人如果是在国有企业、三资企业、民营企业或是大中型集体企业就业,通常会有统一的住宿安排,因而也没必要再选择聚居区;与之相比,反倒是从事商贸服务业(如餐饮业、服务业、小商品经营和拾旧等)以及小工业[①]的农民工更需要自己解决住宿问题,因而更有可能和必要通过租居方式来满足生活、生产上的基本要求,也更有条件和基础自发形成各类聚居区。

可见,城市是否拥有相当规模的农民工从事商贸服务业和小工业,并在非正式经济(如私营、个体和集体企业)就业,是流动人口聚居区能否生成的另一重要条件。

(3) 城市住宅租赁市场的房源分布:这为农民工提供了聚居的空间与可能

考虑到农民工聚居的社区规模和主导性的租居方式,城市住宅租赁市场的房源分布是一项不可忽视的因素。目前,我国农民工的选租范围主要为城乡结合部的村民私宅和城区市民的闲置房——其中,后者分布零散,适合于散租散居而很难成片出租形成"村"的格局;前者则由于房源多、分布集中、可成片出租及租金、交通、管理等方面的综合优势,而一跃成为了农民工自发聚居的首选和各类聚居空间的集中地带。

由此可见,城市的住宅租赁市场是否拥有成片集中的房源供应,也是流动人口聚居区能否生成的一项基本条件。随着日后大量公共住宅建成并流入房源供应渠道,预计农民工的聚居又将多一选择。不过,这种聚居(安置)区将带有较为明显的政府培育和组织的痕迹。

在我国经济相对发达地区,上述条件实际上都已得到较为普遍地实现与保障,因而在农民工相对集中的北京、南京、深圳等城市,流动人口聚居区的形成和发展已成为一种普遍而自然的现象。无论是小商小贩、废品收购者和服务人员,还是非国有企业的打工者,都有可能借助于缘聚型社区或是混居型社区的方式自发聚居起来。不过就聚居区生成的内在机制而言,这两类聚居区之间还是有明显的差异。

3) 流动人口聚居区生成的内在机制

(1) 缘聚型聚居区的生成机制

缘聚型聚居区的生成实质上源于传统乡土观念在现代城市条件下的顽强延伸,因而在

① 小工业,也称规模以下工业,以体制外的非正式部门(如私营、个体和集体企业)为主要载体,具有投资小、成本低、经验灵活,对劳动力技术要求不高等特点。它作为我国公有制经济的有益补充,在缓解就业压力、活跃市场、保持社会稳定方面发挥了大型企业所不可替代的积极作用。北京"浙江村"的服装加工业即属于典型一例,其居民不但在个体和私营企业中从事生产,还需要自己解决住宿问题。

打破以往的农业生产格局、同城市发生各种经济联系的同时，它们和我国传统的农业社会依然保留着千丝万缕的渊源关系：居民们除了在文化背景、观念意识、生活习惯等方面仍然保留着一定的连续性外，以往农业社会的组织机制和社会网络也在现代城市条件下的聚居区内得到了某种积淀和延续。

这就像是为农民工提供了一个相对熟悉的小社会——对内他们可以彼此交流和协助，并在生活背景、利益需求、观念意识等方面逐步达成一种同质性和关联性；对外则可以迅速地适应并立足于所在城市，同时减少其同主体社会产生的摩擦及其对政府的依赖性。其中，对农民工的个体行为产生聚合作用和潜在影响的，正是传统乡土观念下的亲缘观和地缘观。

① 传统乡土观念下的亲缘与地缘

许多社会学者在论及传统农业社会的主要关系纽带及其对农民发展取向的影响时，都会首推亲缘和地缘这两大纽带，认为它们对于农民的精神世界和社会行为有着无可比拟的深远影响与决定作用，而这一切又是根植于"乡土关系"这一传统理念的土壤之上的——

在传统的农业社会中，乡土关系所涉及的已不仅仅是人与人之间的社会关系，还包括人与自然（即农民与耕地）之间的根本性关系。耕地等生产资料的不可流移性使传统农民逐渐意识到，"世代定居是常态，迁移才是变态"①。正是传统农民这种对于土地的依恋和崇敬，才使一代代的农民坚信：没有土地的农民就不能算是正经的农民，有能力扩大自家的田地才是家族兴旺的象征和乡民的最高理想，而卖地求生则是不可原谅的败家子行为。封建统治阶层的扶持和鼓励更是进一步强化了这一"乡土情结"，从而在农村形成了浓厚的重本轻末的土地依赖意识和安土重迁的行为特征。

由此可见，正是这种长期定居、依附可耕土地、缺乏流动与变迁的农耕经济和"生于斯，长于斯，死于斯"的生活模式，使无数代的农民在同土地打交道的过程中逐步形成了包括农民彼此之间及农民与土地之间双重关系在内的乡土关系，并由此派生出了中国农民对于亲缘（包括生育带来的血亲群体和婚配带来的姻亲群体）和地缘的高度重视——世世代代的农民不但繁衍维系了一个个以亲缘关系为纽带扩大了的家庭社会，还建构起了一个个以地缘关系为纽带的同一地区的邻里社会；而也正是这种对于亲缘和地缘关系的重视和延续，人们在聚族而居的长期生活中才得以形成世代相袭的组织机制、社会网络和观念习俗，并进而对自身的精神世界和社会行为产生全面深远的影响和制约②。

由此，我们也就不难理解"为什么土地改革及1949年后一次甚于一次的政治运动都掀起了阶级意识的猛烈冲击，却丝毫不能改变中国农民的传统性？"亲缘和地缘无论是作为一种生物性、且更是社会性的关系，还是作为一种结构形式或是象征体系，都已经在现代条件下得到了顽强的延伸，并在生活的方方面面继续发挥着直接或是潜在的作用。改革开放之后，它们更是构成了缘聚型聚居区所不可缺少的社会基础和组织体系。

① 具体而析，"乡"指的是农民们世代居住的场所，"土"则是农民生活的根基或曰手段；"土"的不可移性使以耕地为生的农民只能是根据耕地将自身的居所也世代固定了下来，因而"乡"与"土"又是密不可分的。资料来源：费孝通. 乡土中国　生育制度[M]. 北京：北京大学出版社，1998：7.

② 周晓虹. 流动与城市体验对中国农民现代性的影响[J]. 社会学研究，1998(5)：60－61.

② 城乡二元结构下的缘聚选择

我国长期以来所维系的制度化二元社会结构在为农村剩余劳动力的自发性转移制造障碍的同时,也为传统乡土观念在现代城市条件下的顽强延伸提供了客观的背景条件。在以户籍严格管制为表征的城乡封锁政策下,农民工和城市居民除了在身份等级、文化背景、观念意识等方面存在着先天性的巨大差异外,还在粮食供应、公房分配、就业养老、医疗保健等方面的社会保障上存在着事实上的严重失衡。这就使"离土又离乡"的农民在进城发展的过程中可能要面对多重的压力和障碍,并屡屡陷入举步维艰的境地:一方面城里人很难全面迅速地接纳他们,这些农民工往往会因为无田无地、无亲无故或因侵犯了当地人潜在的利益,再或因城里人看不惯的言行习性,而被流入地标定为"外来人"并进而在社会生活中受到歧视、防范或疏离;另一方面乡民则又会将失去土地的他们视为"非正经"和"无根基"的农民而缺乏认同感。

在这种情况下,亲缘和地缘作为一种社会资本的积淀和延续就有了某种不同于一般的价值和意义:它们为农民工提供了一个"类乡土关系"下的边缘化小社会作为依托,使之可以在社区的维系保护和居民间的交流协作中从事生产经营、生育繁衍、生活娱乐等活动。由此可见,由于千百年来乡土观念的根深蒂固和城乡隔离状态的潜在影响,大多数农民工在自发聚居的过程中,均会出于本能地首选亲缘关系和地缘关系作为聚居区的纽带与依据。这一选择不但同我国传统农业社会的组织结构、人文背景和历史文化相契合,也满足了农民工在城市中生存、适应和发展的基本需求,因而是有其内在的合理性、必然性和典型意义的。

(2) 混居型聚居区的生成机制

混居型聚居区的生成主要源于构成混杂的农民工作出共同区位选择的被动性结果。正如前文所述,城乡结合部往往是租居型农民工不约而同的区位首选,因此不可避免地会吸引大量的农民工云集于此,如果来自不同地方、从事不同职业、彼此之间也缺乏普遍共性和广泛联系的农民工临时凑住在某一地域空间内,就会形成混居型的聚居区。

客观地说,它们并非农民工主动参照某一标准实施整体性选择的产物,而是一系列个体化选择缺乏关联的集合式体现。不过考虑到其生成毕竟也源于农民工的自发选择,因而还是有内在合理性和必然性的,是农村剩余劳动力大转移背景下缘聚型聚居区的一类必要补充。

问题是:这部分农民工为什么能够摆脱传统乡土观念和制度化城乡二元结构的双重影响,进而选择了混居而非缘聚的形式?笔者认为,这一点至少可以从两个角度加以理解。

① 可能性:这部分农民工是否在总体上具备缘聚的基本条件

这里面涉及的影响因素比较多。比如说:

城市住宅租赁市场的房源供应因素——我国每年都会有数量可观的农民工通过城市住宅租赁市场来解决自身的住宿问题,于是拥有多方优势的城乡结合部便成为了这类人(主要从事商贸服务业和小工业)求租暂居的重点区域,同时也使不少村落因为在短时间内聚结了成百上千的农民工,而不得不面临着房源供应紧张、居住压力激增和环境条件恶化的新问题。当村里的各类房屋已无法满足多方面的租赁需求,而农民工又很难在其他地方找到足够的缘聚空间时,其内在的缘聚本能就只能让位于个体的居住需求,或与不同地方和行业的农民工临时凑住在一起,形成一片片的混居区,或通过城区市民的闲置房及旅店采取散租散居方式。

农民工"连锁流迁"的多源性因素——流动人口聚居区在形成之初,往往只有少数的农民工栖居于城乡结合部一带务工经商。一旦打开局面，便会有越来越多的同乡、同村或是同族以“连锁流迁”方式成批地投奔这些先行者，同时也为各类聚居区的形成打下了基础，并有可能分化为下述两类情况：

其一，当这种缘聚型群体组织扩大到一定规模并在该区域占据了主导地位时，便会转化为缘聚型聚居区的雏形和原核。像北京“浙江村”的先行者和创始人据说就是在内蒙从事服装生意蚀本转而又在北京创业的卢毕泽、卢毕良两兄弟，正是以他们为支点的“连锁流迁”造成了后来 11 万人的社区规模①；南京所街村的“河南村”亦是如此。

其二，如果最初的农民工在构成来源上比较混杂的话，就有可能因为各自的“连锁流迁”而造成越来越多的不同类型的缘聚型群体混杂于此。一旦这些群体之间不能通过一个明确的主导性纽带和多层面的普遍性联系加以控制、组合的话，便会转化为一种事实上的混居区。可见，这种多源头的个体化缘聚行为，是很难从局部改变整个社区的混居特质的。

② 必要性：这部分农民工是否需要以缘聚型社区为依托

这同样包括了多方面的影响因素。比如说：

流入地的社会结构因素——根据法国社会学家皮・布迪厄(P. Bourdieu)的“结构主义的建构论”，我们了解到社会结构具有客观性和主观性的双重维度，它们分别是以物的制度形式和肉体的“持久的禀性系统”的状态存在的，亦即布迪厄的两个关键性概念：场域与惯习②。其中，前者使社会系统具有自我维系、调和与约束的特征，后者则使禀性深深地扎根于结构中的人们身上，并倾向于抗拒变化。由此又可以推导出两类情况：

其一，越是北京、南京这些历史悠久、经过长期演化已形成相对稳定成熟的社会结构的大城市，对于外界力量的介入越易表现出一种自我维系和抗拒变化的主体意识，原有的禀性系统也越易获得某种延续而非改变。这恐怕也是大量农民工在当地很难得到全面接纳，并在社会文化生活方面受到防范、歧视甚至隔离的另一深层原因。相比于混居区，缘聚型聚居区显然更能适应农民工在上述城市的生存发展需求。

其二，像深圳、东莞这样的新兴城镇或是改革前沿城市，由于社会结构长期处于一种快速生长和不断变化的开放状态之中，其自我维系的功能和抗拒变化的连续性在外力的冲击下已得到了一定的抑制甚至处于弱势状态，因而外来力量的进入相对而言难度和阻力都要小很多。在这种宽松的大环境下，大批的农民工其实已不太需要采取缘聚的方式来达到自我保护和相互支撑的目的，反而会在本能的区位选择下形成不少混居型聚居区。

农民工的相对规模因素——虽然流动人口聚居区生成的可能性同流入地的农民工规模呈正相关分布，但是聚居方式的选择却同农民工的相对规模相关。一般来说，相比于流入地的原有居民，在规模上处于“弱势群体”地位的农民工往往更倾向于缘聚型聚居区的庇护与扶助；而一旦农民工突破某种规模，甚至超过当地居民，跃升为“强势群体”(像深圳农民工的数量就三倍于当地户籍居民的 232 万人)，他们在选择栖居地时就不会再刻意于乡土观念长期熏陶之下的缘聚心理，而于不自觉间形成大片的混居区。

---

① 贾德裕，等. 现代化进程中的中国农民[M]. 南京：南京大学出版社，1998：393.

② 根据布迪厄的观点，“场域”可以理解为个人与集体行动者之间关系的形构；“惯习”则是“持久的可转移的禀性系统”——其中，“禀性”是以某种方式进行感知、感觉、行动和思考的倾向；“持久的”则表明这些禀性在人们的经历中即使可以改变，也已深深地扎根于人们身上并倾向于抗拒变化。

可见,在乡土观念和二元社会结构的历史背景下,正是上述因素的交互影响在某种程度上潜在地改变了我国农民工对于缘聚方式的先天性依赖,并在聚居方式上呈现出更为多元的选择。由此我们不难理解:问题一,在缘聚型聚居区成为农民工一种本能化首选的前提下,为什么混居型聚居区作为一种补充,还能普遍地出现在我国诸多城市;问题二,无论是哪一类聚居区,其实都是农民工一种自发而必然的选择,都有着内在的合理性和必然性。有鉴于此,本文将选择北京、南京、无锡、深圳等典型城市作为重点区域,对以北京"浙江村""新疆村"或是南京红山片区为代表的缘聚型与混居型聚居区展开全面系统的实证研究,以期为国内类似现象的引导和整合提供切实有效的参照(表 4.2)。

表 4.2 北京、南京、无锡、深圳城市基本概况(2010 年)

统计项目	北京	南京	无锡	深圳
土地面积(km^2)	16 411	6 597	4 626	1 997
总人口(万人)	1 961	800	637	1 036
暂住人口(万人)	704	151	171	798
人口密度(人/km^2)	1 195	1 213	1 378	5 188
暂住人口所占比重(%)	35.9	18.9	26.8	77.0

* 资料来源:第六次全国人口普查数据(2010 年)、Baike. baidu. com/view 等。

4.3 流动人口聚居区的现状特征

大量调研表明,我国的流动人口聚居区既有某些相似的特征和规律,但同样也存在着不同的分异和类别。下面将侧重于聚居区的结构形态方面,从六个角度进行分析和比较——

1) 区位分布

我国的流动人口聚居区,无论是缘聚型聚居区(如北京"浙江村""安徽村"和南京"河南村")还是混居型聚居区(如南京红山片区和深圳许多城中村的外来工混居区),基本上都将城乡结合部(包括城中村)作为了自身的区位选择。究其原因,主要有四:

(1) 城乡结合部的村民大都拥有自己的私宅,因而房源较多且相对集中,可以自由处置和成片出租;而城区住房很多是单位"分配"的,一般不允许出租。即使是市民可供出租的闲置房(如老城区的危旧房)也散布于全市,难以通过规模化出租、形成的"村"的格局。

(2) 城乡结合部地价较低、房租便宜,这同大部分农民工的低收入状况是相适应的(表 4.3)。1990 年代的统计表明,79.5%的流动民工年收入都在 5 000 元以下,每年用于租房的平均消费不到 800 元①;即使是 2008 年的抽样调查也表明,南京市有大半农民工的月收入都介于 500～1 500 元之间,而月收入超过 2 500 元的人数仅有 1 成②。因此对于经济状况普遍不太理想的农民工来说,如果不是随单位住在施工现场、集体宿舍或是寄住于亲友家中,多会选择居住成本更低的城乡结合部租房。

① 张晓辉,武志刚,等.跨区域流动的农村劳动力年龄差异[J].中国人口科学,1997(1):61.

② 南京市流动人口居住空间的抽样调研数据(微观层面,2008 年)。

表 4.3　不同收入层次的暂住人口居住类型

收入层次	收入水平	居住类型	比重
高收入者	>5 万元/年	① 高档商品房；② 高级公寓；③ 宾馆	1.2%
中高收入者	2 万～5 万元/年	① 微利商品房；② 租高档商品房或公寓；③ 宾馆	4.1%
中低收入者	5 000～20 000 元/年	① 企事业单位闲置房和办事处；② 企事业单位的集体宿舍；③ 市民亲友家中；④ 租市民闲置房；⑤ 招待所	15.2%
低收入者	<5 000 元/年	① 施工现场；② 市民亲友家中；③ 租市民闲置房；④ 租城乡结合部的村民私宅；⑤ 低档旅店；⑥ 自搭自建棚户	79.5%

∗资料来源：张彧. 流动人口城市住居[D]：[硕士学位论文]. 南京：东南大学，1999：17.

(3) 城乡结合部的交通联系较为便捷。我国农民工基本上属于“经济型”流动，对于大量需要自行解决住宿问题的农民工(集中在商贸服务业、小工业等行业)来说，聚居地同城市中心或是就业地的通勤距离是一项必须考虑的现实问题。交通联系的便捷与否将直接影响到居民基本的经济活动，这也是农民工不愿聚居在闲余房源更多的远郊农村的原因所在。

(4) 城乡结合部的管理相对松懈。城乡两套管理体系在城乡结合部的混杂和交叠，往往不是彼此结合和强化，而是在职责不清甚至互相推诿中导致“行政管理真空”的实际出现：不少村委会只代表了本村村民的利益，除了房屋租赁所带来的经济效益外，很少愿意去承担为外来人口提供服务和管理的责任与义务；而城市的社区管理组织即使想插手，也不便于直接介入农村内部事务——这正好为农民工的聚结和运作提供了难得的空间和宽松的环境。

2) 人员构成

从要素携带的角度来看，农民工主要由两部分构成：一部分是拥有单一经济要素——劳动力，多以被雇佣者的身份进入城市寻求劳动力市场的农村劳动力，他们基本上属于低收入阶层；另一部分则是携带着资金、技术等综合资源，通过雇佣他人或自我雇佣进入城市，组织生产活动、开拓产品销路的经营者和组织者，其中又以中高收入阶层为主。在我国的流动人口聚居区中，居民的组成也不外乎上述两类人员，但在居民的构成方式上却有不同的分化(表 4.4)。

表 4.4　流动人口聚居区居民的构成特征分异

居民构成的相关特征		缘聚型聚居区		混居型聚居区
		类型Ⅰ	类型Ⅱ	
居民的主要就业渠道	依托于社区就业	√		
	在社区以外各自就业		√	√
社区有明确的主导性纽带		√	√	
社区有自己的产业体系和产业组织		√		
居民间有广泛的经济联系		√		
居民在社会文化生活方面有普遍的交往和联络		√	√	
居民构成有较强的“同质性”		√	√	
社区构成有较强的内聚性与整合性		√	√	

(1) 缘聚型聚居区

这类聚居区存在两种不同的类型与情况——

① 类型一(产业型)：聚居区不仅为居民提供了必需的居住场所和大量就业机会，更为之建构了相应的包括进货、生产加工、营销等环节在内的产业体系。在这种情况下，居民主

要依托于聚居区来解决自身的生活与就业问题,彼此之间除了亲缘、地缘等既有的传统性纽带外,往往还建立了各种因分工而带来网络式的经济联系,从而多层面地促成了区内生活的交互联系、生产加工的协作、应有的信任和约束力的生成。

比如说北京"浙江村"实质上就代表着一种特殊的、强辐射的产业组织形式,它围绕着"服装生产和加工"构筑了高效的社区产业体系,在组织者、供货者、生产者和营销者之间普遍地建立了雇佣与被雇佣或是分工协作的经济联系;北京的"新疆村"在居民构成上亦存在着类似特征与联系;还有无锡莫家村的业缘型聚居区,虽然居民的来源相当混杂、缺少主导的地方性群体,但凭借着以建材市场为龙头的产业链和业缘关系(其农民工多通过建材市场实现就业),还是较好地解决了居民的生活与就业问题,也加强了居民间的交往与联络。

② 类型二(居住型):聚居区由于没有建立自身外向型的产业体系,其居民基本上是在区外各自就业,聚居区为其提供的其实仅仅是一个临时的居住场所,广州三元里的"新疆村"、北京海淀区的"安徽村"均是如此。在这种情况下,居民个体化的经济行为显然无法像产业型聚居区(类型一)那样通过社区的产业组织来营建直接广泛的经济联系,但至少可以借助于浓厚的亲缘、地缘和业缘关系,来加强居民间社会文化和日常生活的联络和交流。

总而言之,缘聚型聚居区的居民在构成和联系上既不同于一般意义上的住区市民,也不同于混居区的农民工。究其原因,则是传统性社区纽带的延续和居民间多重联系的交织,它们使聚居区在同城市发生各种经济联系的同时,仍能和我国传统的农业社会维系着多方面的渊源关系——居民们(农民工)不仅在文化背景、观念意识、生活习惯等方面保留了一定的连续性,以往农业社会的组织机制和社会网络也在现代城市条件下的聚居区内得到了某种积淀和延伸。受其影响,居民们在频繁的交流和密切的联络中不但逐步形成了共同的生活背景、相关的利益需求和相近的观念意识,展现出一种构成上的"同质性",还使社区的内聚性和向心力得到了显著增强。

(2) 混居型聚居区

这类聚居区主要成形于农民工基于谋生营利目的而做出的共同区位选择。尽管在局部区域内某些居民可能仍会因为传统乡土观念的影响而形成小规模的缘聚型群体,但从居民的总体构成上看,它们既不可能像缘聚型聚居区那样建立起自身明确而又统一的纽带,也不可能在居民之间通过产业体系的构筑,建立起必要而又广泛的经济联系和社会交流。南京红山片区和深圳河背村的外来工混居区即是如此,它为居民提供的实际上仅仅是一片集中的居住场所,而很难为其生存、适应和发展提供更多的社会资本上的庇护和依托。

总而言之,无论是社会文化生活还是经济产业活动,混居区的居民基本处于一种各自为政的离散状态;无论是社区的内聚性还是聚居的典型性,它们都无法同缘聚型聚居区相比;而且从社会属性的类型学意义上来看:缘聚型聚居区同混居区相比,似乎在边缘状态中更加趋近于传统的农业社会。

3) 就业结构

在解决农民工的就业问题方面,城市的第二产业第三产业发挥了重要的吸纳作用。像1997年北京的农民工就有43.3%从事第二产业,52.6%从事第三产业①;而1999年的南

① 中国社科院人口所."北京农民工研究"课题的调研资料[Z].1997.

京，务工、经商、服务的人员依然在农民工中占据了前三位，而且大多数为来自于皖（占60.5%）、浙（占8.7%）、川（占5.7%）、鲁、鄂、豫等贫困地区农村和偏僻山区的农民工①；及至2009年，全国则有1/4的农民工从事第三产业、1/3的人员流向制造业（表4.5）——

表4.5 全国农民工的就业方向统计

（单位：%）

就业方向	全国		东部地区	
	2004	2009	2004	2009
采矿业	1.8	——	1.0	——
制造业	30.3	39.1	37.9	45.2
建筑业	22.9	17.3	18.3	23.1
交通运输、仓储业	3.4	5.9	3.2	3.5
批发零售业	4.6	7.8	4.1	6.8
餐饮业	6.7	7.8	5.9	7.3
服务业	10.4	11.8	10.2	13.1
其他	19.9	10.3	19.4	1.0

＊这里东部地区包括：北京、天津、河北、辽宁、山东、上海、江苏、浙江、福建、广东、海南。

＊资料来源：国务院研发室.中国农民工调研报告——当前农民外出务工情况分析[R].2006:101；国家统计局.2009农民工监测调查报告[R].2010.

总的来看，在农民工身份地位和就业方向日益多元化的大背景下，建筑业、制造业和商贸服务业依然是吸纳农民工的就业结构主体，尤其是那些劳动密集、技术和资金含量低、收入也相对较低的行业。但是，从事不同行业的农民工，其对于居住空间的选择也是不同的，要想自发成为流动人口聚居区的一员，其就业方向还是有一定限制和特点的——

① 建筑业工人。他们无论是受雇于国有企业和集体企业，还是随农民牵头组织的施工队进城承包工程，一般多暂住于临时搭建的工棚或是装修现场，并随着施工项目的变换而流移于各个工地之间，因而很难久居于一地的流动人口聚居区内。

② 制造业工人，尤其是那批进入实力较强、条件较好的大中型国有企业、三资企业、民营企业及部分集体企业的农民工。考虑到企业通常会有统一的住宿安排，这类人群实质上已成为宿居型流动人口的主力军，因而也没必要再挤进聚居区；至于那些在私营、个体企业中从事小工业的农民工，往往还是要靠自己、而不是企业来解决居住问题。

③ 商贸服务业从业人员，如从事餐饮业、服务业、小商品经营和拾旧的农民工。这类人群包括大量需要自己解决住宿问题的个体工商户、私人老板及其雇工，还有不少散工，多倾向于采取以租赁房屋为主的居住方式。因此作为租居型流动人口为主体，他们反而更有可能和条件采取自发聚居的方式，以社区为依托来满足自身居住乃至生产上的基本需求。

综上可见，流动人口聚居区的居民在第二产业的就业量实质上受到了很大限制，进而在总体就业结构上呈现出以第三产业从业人员为主（尤其是商贸服务业）、第二产业从业人员为辅（如北京“浙江村”的服装加工业）的就业特征来；而且从就业场所来看，这些人员基本上都流向了我国体制外的非正式部门（如私营、个体和集体企业）。像北京“新疆村”的居民就多是在一家家由私人老板开办的餐馆中就业的；南京“河南村”的许多居民也是在废旧

① 南京市人口普查办公室.南京人口调查[R].1995.

物品加工户开办的私人公司中就业的；而深圳的外来工混居区，同样有不少居民是在城中村从事小工业。

具体就每片流动人口聚居区而言，则存在两种情况：

（1）缘聚型聚居区的类型一（产业型）——居民主要通过聚居区的产业组织来解决自身的就业问题，其就业结构同社区本身所承担的外向型经济职能及由此而形成的产业结构是大体对应的，进而表现出以第二产业或是第三产业从业人员为主的特征。

但同时，市场营销因素却是这类聚居区所不得不考虑的问题。如果没有较好的区位条件（北京的两个“新疆村”就位于三环以内），它们大都会在营销环节上加以弥补，例如分流出部分居民从事商贸营销工作和就近设置专门的产品交易市场。在北京的“浙江村”不仅有专门的营销者，而且1995年时就已拥有16个大型市场经营自己的产品（图4.3），而在南京所街村的“河南村”则是由废旧物品加工户负责与需方联络和洽谈的，这些均有力地拉近了生产加工环节同市场需求之间的联系。

图4.3　“浙江村”设置的产品交易市场

（2）缘聚型聚居区的类型二（居住型）＋混居型聚居区——社区本身未承担起外向型经济职能，居民基本上是在区外各自就业。在这种情况下，居民的就业结构就要具体问题具体分析，而市场营销也更多地属于就业场所而非聚居区本身要考虑的问题了。

4）土地使用

从空间维度上看，流动人口聚居区的土地使用总体上还是同流入村落（含城中村）或是城乡结合部的用地现状（尤其是居住用地）保持了必要的关联性和延续性，因为其首要职能即是为农民工提供一个相对集中的居住用地（表4.6）；只是会因聚居区类型和人员构成上的差异和变化，而出现混合化和产业化的用地迹象。

表4.6　南京市城中村的土地利用现状统计

区	集体土地面积(hm²)	建设用地(hm²)						建设用地(含农田、山林、水域等)(hm²)	其他用地(hm²)
		居住用地	公共设施用地	工业用地	市政用地	道路用地	绿地		
玄武区	67.77	16.96	2.85	11.27	2.43	3.50	1.62	1.83	27.31
白下区	68.50	5.61	5.83	9.21	0.81	1.21	—	43.71	2.12
秦淮区	185.61	21.82	2.69	66.07	0.82	2.94	—	84.89	6.38
下关区	98.08	8.54	0.42	8.84	—	1.36	—	42.62	36.30
栖霞区	1 020.43	208.9	17.85	121.90	15.76	17.04	7.84	422.81	208.30
雨花台区	386.96	76.51	9.09	81.81	3.14	3.81	15.01	145.23	52.36
合计	1 827.35	338.34	38.73	299.1	22.96	29.86	24.47	741.09	332.77

＊资料来源：南京市规划设计研究院有限公司.南京市绕城公路以内“城中村”现状调查与初步分析[R].2005.

从时间维度上看，对于居于其间的农民工而言，流动人口聚居区可能只代表着短期和临时性居所；但对于聚居区本身而言，它的存在却呈现出一种相对长程和固定的性态，这同其拥有一个相对稳定的居住群体有着直接关系①——首先，其居民的暂住时间大多比较长。据统计，全国外流农业人口中外出时间全年超出 10 个月的达到了 53.20%②，而南京主城区农民工的暂住时间也多在一年以上(图 4.4)；具体就红山片区的外来工混居区而言，连续在外一年以上者也有五成左右，而暂住六个月以下的仅有11.30%③；其次，当原有的居民因各种原因离开后，又总会有新的居民不断填补进来，因此可以说，流动人口聚居区的规模虽然有大有小有变化，从几百人到几万人不等，但总能在人员的动态演迁之中保持一个相对稳定的居住群体④。

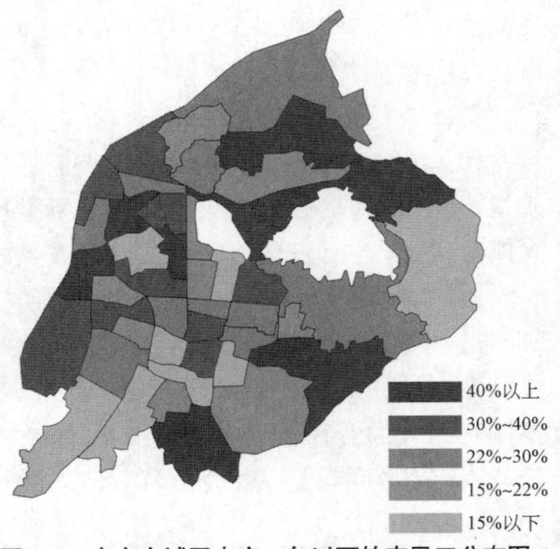

图 4.4　南京主城区来宁一年以下的农民工分布图

* 资料来源：课题组关于南京市流动人口的抽样调研数据(2009)。

正是这类兼具动态与固态的特定人群的侵入，在或多或少地挤占流入村落居住用地的同时，总会尽量沿用当地的公共基础设施和配套服务设施，并在土地的具体使用上呈现出不同的特点：

(1) 缘聚型聚居区的类型一(产业型)——居民多通过社区产业体系的构筑来解决就业问题，因此在满足基本居住职能和提供必要的配套设施之外，往往还对外承担起相当规模的生产或服务职能。这就使聚居区在土地使用上更多地呈现出一种产业化和复合化的特性：以居住用地为主，同时交织混杂了相当规模的工业用地、商业用地或是服务用地(图 4.5)。

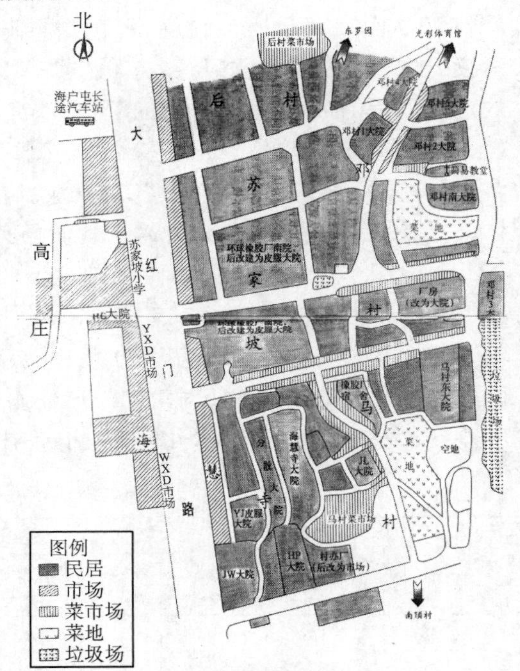

图 4.5　“浙江村”混杂的土地使用

(每个大院既是居住空间，也是生产场所)

* 资料来源：项飚. 跨越边界的社区[M]. 北京：三联书店，2000：264.

比方说在南京“河南村”，众多拾旧户就同加工户及其雇工一起，以分工协作的方式构筑了一个化整为零、高效灵活的废旧物品收集、加工与销售体系，其中由加工户开办的私人加工公司事实上已成为整个产销体系的重要基地。同以往拾旧的个体行为相比，其显然具备了一种产业化和组织化特征。再比方说无锡莫家村的业缘型聚居区，同样以村内的锡沪装饰城为

① 与之相比，那类随着施工场所和就业地点不断变迁的建筑工地就更多地体现出了自己的临时性和流动性，而同城市社会之间难以形成稳定的互动关系。

② 吴鹏森. 农民工：中国社会特殊的身份集团[J]. 安徽师大学报(哲学社科版)，1998(2)：143.

③ 南京红山片区的农民工抽样调研数据(2003)。

④ 比如说，北京“浙江村”就常利用每年回家过年的机会招来一批家乡的劳动力，以满足自身扩大再生产的需求。

龙头建立了自身包括物流配载、餐饮、搬运等环节在内的产业链,为更大范围的居民提供了外向型销售服务和地区级的辐射力——它们在土地使用上都已呈现出一种产业化和混杂化的趋向。

(2) 缘聚型聚居区的类型二(居住型)+混居型聚居区——居民基本上在区外各自就业,而没有建构起成规模的产业体系和外向型经济,因此在用地构成上也更多地表现为职能单一、相对纯粹的居住用地。就像北京“安徽村”、广州“新疆村”和南京、深圳等地的外来工混居区一样,聚居区为居民提供的其实就是一片构成单一的集中式居住用地。

5) 空间布局

改革开放以来,随着大量农民工的涌入和聚居,村落的传统格局开始受到不同程度的冲击和影响,并因此形成了一批在空间布局上已有所异化的流动人口聚居区。从目前的情况来看,无论是缘聚型聚居区还是混居型聚居区,其空间布局实际上都是由几种原型组合而成,而这几种空间原型的形成又同所在村落的房源供应情况密切相关。

(1) 原型Ⅰ——当农民工租赁的是当地村民腾出来的原建房时,形成的是一种与村落原有格局相承袭的空间布局。

这部分住房大多是在村落长期的演化过程中自发建成的,并已融入村落整体格局的房屋,因此农民工的租居行为并不会对村落原有格局产生明显影响,而会在很大程度上维系该村落的空间形态和现状格局。这类空间布局目前普遍地存在于各地的流动人口聚居区之中。

(2) 原型Ⅱ——当农民工租赁的是当地村民专为出租谋利而新建、扩建或改建的房屋时,形成的多是一种缺少规划控制的无序化空间布局。

由于村里有限的原建房已难以满足大量农民工的求租需求,当地村民在经济利益驱动下纷纷投身于大规模的营建活动,并由此建成了大批良莠不齐的出租用房。其中,既包括当地人沿街私搭乱建的简易用房,也包括不少质量较好、外观尚可的房屋,但大多是依据个人的意愿和想法而修建,而没有参照相关的规划和标准,建筑布局随意无序,空间组织零散混乱,缺乏整体的秩序和有机的结构。像无锡莫家村的业缘型聚居区和深圳河背村的外来工混居区都存在着这种市场驱动下的个人建设行为,由于避开了必要的规划环节、审批手续和监控过程,已给村落的现有布局、空间环境及交通景观带来了严重损害。

(3) 原型Ⅲ——当农民工租赁的是村委会出面统一建设的对外出租房(或称公寓)时,形成的多是一种简明单一的空间布局。

这部分住房的质量同样参差不齐,既有大批的低造价房,材料简易,造型单一,在隔声、隔热、防潮等方面均存在着明显缺陷(北京“浙江村”的东罗园村和海慧寺一带即建有类似住房),也有一些质量不错、条件较好的按公寓标准建造的住房(南京红山片区的市场业主公寓和由旅社改建而成的“红园公寓”)。由于数量有限、规模不大,这类出租房一般都采取了联排式布局,沿着道路或广场排成几列,简单明了且富有方向性,只是建筑之间缺乏空间围合和进退变化。同原型Ⅱ失控的个体行为相比,它们的营建更多地体现出一种组织化的“官办”色彩(有些类似于公共租屋的性质),虽说在空间布局上单一呆板了些,但也不至于给村落原有的格局造成太大的反差和破坏。

(4) 原型Ⅳ——当相当规模的农民工被集中圈在一个大院里生活、生产和经营时,形成的是一种自成体系的大院式空间布局。

这类空间布局的组织性和整体性很强，可以将其视作新建住宅的集中出租区（同时实行集中管理）：在大院里，道路结构像方格网一样整齐划一，大量新建的出租房采用的是联排式和行列式相结合的兵营式布局，建筑形象雷同而缺乏识别性，空间组织则单一有序却缺乏层次和变化，属于一种不同于村落原有格局的自成体系的集中式布局。其形成与北京“浙江村”的创举不无关系，虽然在现有体制下很难得到普遍推广，却可以从中看到日后流动人口安置区的影子和雏形。另外，农民工不但自发参与了投资与建造，还成为了大院内部管理和配套服务的主体力量，在这一点上它们又与明显带有政府培育痕迹的流动人口安置区不同。

综上所述，我国各地的流动人口聚居区虽然在空间布局上千差万别，但归根结底，不外乎都是由这四种空间原型组合演化而成的。像北京“浙江村”的空间布局就是上述四种原型的综合式体现，而南京红山片区的外来工混居区则是前三种原型的集合体。目前这四种原型无论是在形成的时序还是普及的程度上，都存在着一定的差异（图 4.6，表 4.7）。

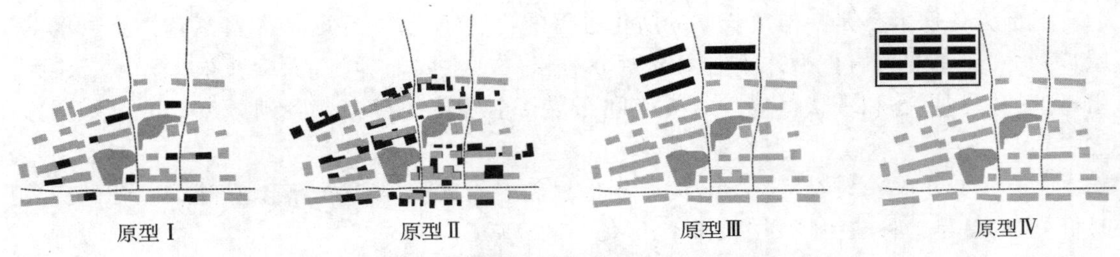

图 4.6　流动人口聚居区空间布局的四类原型示意

表 4.7　流动人口聚居区空间布局的四类原型分析

空间布局原型	出租房源供应	空间布局的主要特征	与流入村落原有格局的关系	空间布局的典型场景
原型Ⅰ	当地村民压缩自己生活空间而腾出来的原建房	与流入村落原有的空间布局特征基本上保持了一致	在很大程度上维系了村落原有的空间特征和布局现状	租赁给农民工的村落原建房

续表 4.7

空间布局原型	出租房源供应	空间布局的主要特征	与流入村落原有格局的关系	空间布局的典型场景
原型Ⅱ	当地村民为出租谋利而新建、扩建或是改建的房屋	建设布局随意无序，空间组织零散混乱，缺乏整体的秩序和有机的结构	可能会给村落的现有布局、空间景观及交通环境带来严重损害	私搭乱建"吃掉"道路和电线杆
原型Ⅲ	村委会出面统一建设的对外出租房(或称公寓)	建设一般采用联排式布局，建筑之间缺少空间围合和进退变化；空间组织简单明了，虽显呆板和单一却有着强烈的方向性	未给村落的原有格局造成太大的反差和破坏	红山区的市场业主公寓
原型Ⅳ	由农民工参与投资建造、并且实行自我管理和服务的大院——新建住宅的集中出租区	道路结构整齐划一，建筑多采用联排式和行列式布局，建筑形象缺乏识别性，空间组织单一有序却缺少层次和变化——整个大院的空间布局整体性和组织性极强	独立于村落原有格局之外的自成体系的集中式布局	金瓯皮服大院的外观

6）居住环境

虽然流动人口聚居区的居民在社会文化生活方面呈示出了封闭和隔离的一面，但在居住空间上却更多地化为了当地村落彼此混杂而又不可分离的一部分，这不但使城乡结合部有限的空间和土地负载了过多的外来人口，还不可避免地导致了聚居区居住环境的大面积恶化。其中涉及几方面的因素：

(1) 严重的超标违章建设行为

本来依照《土地管理法》，"各地应根据实际情况对农村建房的对象、条件、用地标准、审批手续做出明确规定，建立严格的申请、审核、批准和验收制度。……对现有住宅有出租、出卖或改为经营场所的，除不再批准新的宅基地外，还应按其实际占用土地面积，从经营之日起核收土地使用费；对于已经农转非人员，要适时核减宅基地面积……"①但实际情况却相差甚远，城乡结合部的村民为了扩容有限的空间并从房屋出租中谋利，在压缩自己生活空间的同时，总是尽量新建、扩建或改建私宅以供出租。像珠江三角洲早在1990年代，村民们拆旧建新、擅自加层、扩大建筑面积的违章私建活动就已十分突出和普遍②。这些都直接

① 卢嘉瑞等. 中国农民消费结构研究[M]. 石家庄：河北教育出版社，1999：260－267.

② 深圳市1986年411号文件曾明文规定："农村私人建房，层数要控制，原则上每栋不得超过三层，每人平均建筑面积在40 m^2 以内。三人以下的住户，其建筑面积不得超过150 m^2；三人以上的住户，其建筑面积不得超过240 m^2，并规定投影面积为80 m^2。"

导致了依附而生的流动人口聚居区环境进一步恶化:宅基地的乱占、滥用和浪费,建筑布局和空间组织的杂乱无章和失控发展,建筑密度和容积率的居高不下,某些地段甚至还出现了间距仅有 1～2 m 的“握手楼”……其聚居条件也就可想而知了(表 4.8)。

表 4.8 福田区城中村的私人建房状况一览表(深圳市)

村名	现有私宅总栋数	经批准栋数	违章加层拆改栋数	未经批准违章栋数	正拆改建违章栋数	红线外建房栋数
上步村	900	805	560	40	25	12
福田村	920	825	600	20	16	8
下梅林	793	703	50	6	4	1
渔农村	120	28		92	2	
上沙村	700	108		300	6	200
沙嘴村	400	371	180	2	5	
新洲村	330	232	125	30	8	9
岗厦村	830	463	200	165	20	103
上梅林	500	375	200	80	8	
石厦村	449	196	20	70	3	
皇岗村	1 100	239	50		7	
下沙村	700	575	350	125	5	20
田面村	153	77				
水围村	263	5	185	258	2	
沙尾村	450	187	50	200	20	
总计	8 608	5 189	2 570	1 388	131	353

* 资料来源:深圳市规划国土局调研组.私人建房调研报告[R],1997.

(2) 良莠不齐的建设质量

在聚居区居民租赁的大批民宅中,无论是村里的原建房还是村民和村委会的新建扩建房,基本上都存在着参差不齐的质量问题。虽有一批质量和外观都不错的建筑物,但同样也有不少结构破损、质量低劣和材料简易的房屋充斥其间。像北京大红门地区为安置更多的温州人而建的低造价住宅造型就过于单一朴素,使用的建材也十分廉价和简易(如石棉瓦),在隔声、隔热、防潮、通风等方面均存在着明显缺陷。尤其是那些沿街搭建的简易用房,更是条件恶劣、外观简陋和分布随意,不但挤占了有限的绿地、院落和道路,还严重地破坏了社区的空间布局和景观环境。

(3) 居住空间的超负荷使用

在流动人口聚居区内,几乎每个房间得到了充分利用和挤满了人,除了沉重的居住压力外,居民们缺少长期居住的打算和降低居住成本的考虑,也是两个重要原因(表 4.9)。特别是某些缘聚型聚居区(如北京的“新疆村”)的私人老板或个体工商户在区内从事经济活动时,为了安置多名雇工的起居甚至采用了雇主一家与雇工共居一室、共同生活的原始方式——生产经营空间和居住空间相重叠,白天照常进行生产经营,晚上则通铺一架,床床相叠,让一间房里挤满了人……这一切均在很大程度上降

表 4.9 南京市红山片区为农民工提供的出租房面积

农民工的租居房面积	样本统计(份)	所占比例(%)
5 m^2 以下	7	2.31
5～10 m^2	60	19.80
10～20 m^2	206	67.99
20～40 m^2	18	5.94
40 m^2 以上	12	3.96

* 资料来源:课题组关于南京红山片区的外来工混居区抽样调研数据(2003 年)。

低了流动人口聚居区的居住水准和环境条件。当然,拥挤的居住条件往往还会迫使聚居区的居民们出于生活生产的基本需求而强占空间和非自愿地进行日常交往,从而也带来了彼此之间个人利益、卫生习惯和行为方式上的矛盾和冲突,使社区的人际关系不时流露出复杂矛盾的一面来——这既是对缘聚居型社区“同质化”特征的一种真实补充,也是对外来工混居区松散现状的一种普遍反映。

4.4　流动人口聚居区的典例调研

在我国经济相对发达地区,普遍存在着因农民工自发聚集而形成的各类聚居区。虽然部分聚居区的发展几经曲折变化,甚至会因为城市建设、节事活动等内外因素走向萎缩和消亡,但其作为城市化背景下的一类典型现象和必然产物,仍有可能在另一时间和空间内以一种新的形态和载体萌生。因此本节对于典型流动人口聚居区的遴选,在考虑三大流动人口圈的同时,更关注的是其类型特征的独特性,而非社区目前是否尚存,希望能以历史发展之眼光,对近二十年来曾经出现的典型聚居区作一回溯性梳理,进而发挥以点代面、以过往推演当下的作用。

1) 北京“浙江村”:缘聚型聚居区

(1) 区位分布

这里所要探察的“浙江村”并不是指某个特定的行政编制单位或是自然村落,而是指那些务工经商的浙江人在北京城乡结合部自发聚居而成的温州社区。它主要分布于城西南的丰台、朝阳、海淀等区,其中规模最大、名气最响的就要属南苑大红门的“浙江村”了(图 4.7)。大批的温州人之所以落脚于此,看重的还是这一带的区位优势:距前门只有 5 km 左右,交通尚属便利;当地村民不仅闲余房源较多,且租金低廉,可成片地自由出租;同时地方上的管理也要松懈不少。在行政区划上,这片区域共有 26 个自然村、5 个行政村,正

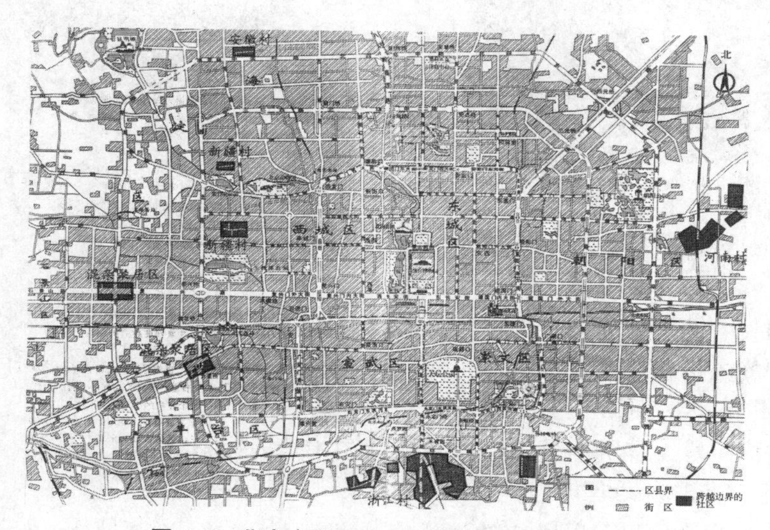

图 4.7　北京主要流动人口聚居区的区位分布

* 资料来源:项飚. 跨越边界的社区[M]. 北京:三联书店,2000:46.

好处于8个街道办事处和南苑乡的交叉管辖地带，属于典型的城乡结合部，因而在土地的占有和利用模式上显得多样而复杂(表4.10)。

表4.10 大红门一带的土地使用现状

统计项目		数量	备注
农村集体用地面积(亩)	农村住宅用地	472	建筑面积496 800 m²
	农村现有耕地	1 688	
	农村企业用地	896	建筑面积263 400 m²
	农村绿化用地	280	
	农村其他用地	703	建筑面积9 500 m²
	小计	4 039	
中央或市属单位用地(亩)		34 161	共约30多个单位
村内本地人口(人)		23 313	共7 251户
村内外来人口(人)		约11万	

*资料来源：项飚.跨越边界的社区[M].北京：三联书店，2000:49.

(2) 发展概况

北京大红门的“浙江村”可以算是改革开放以来国内规模最大、组织化程度最高、运作最成体系的流动人口聚居区。它初步成形于1986年，以马村、时村、邓村为发源地，大约经历了五个发展阶段(图4.8，图4.9)——

图4.8 早期的“浙江村”——以马村为发源地

*资料来源：image. baidu. com/i? tn=baiduimage&ct=201326592&lm=-1&cl=2&fr=ala0&word=%D5%E3%BD%AD%B4%E5%20%CD%BC%C6%AC.

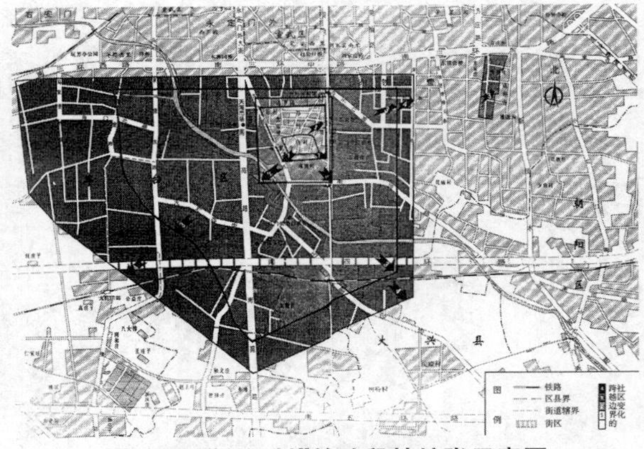

图4.9 “浙江村”的阶段性扩张示意图

*资料来源：项飚.跨越边界的社区[M].北京：三联书店，2000:50.

① 阶段Ⅰ(1986—1988年)

初来乍到的温州人主要集中在马村和海慧寺一带，并向市区方向逐步扩张。

② 阶段Ⅱ(1988—1992年)

扩张方向同阶段Ⅰ有所不同，其动力来自于政府的轰赶和温州人的逃遁。

③ 阶段Ⅲ(1992—1995年)

“浙江村”在地理空间上以空前的速度向南和向东扩张。究其原因，一是社区人口以50%的速度递增，二是政府与“浙江村”居民之间的“轰赶—逃跑”拉锯战。

④ 阶段Ⅳ(1995—2006 年)

由于遭到政府部门的清理整顿,“浙江村”的居民一部分去了其他城市,一部分回了家,一部分则去了河北燕郊镇。但 3 个月后,这些居民就又回到北京。其后“浙江村”不但没有萎缩,反而向西扩张不少,部分原因是当地的基层政府已将西面的一处小区面向“浙江村”开放,政府一阵风似的“大清理”运动也就不了了之了①。

⑤ 阶段Ⅴ(2006 年以后)

由于奥运承办、环境整治等原因,“浙江村”逐步被清拆。2006 年 5 月 11 日,丰台区南苑乡时村仅存的 4 万 m^2 违法建构筑物轰然倒地,意味着昔日的“浙江村”彻底消失②。

据 1996 年的不完全统计,鼎盛期的“浙江村”居民已接近 11 万人,达到当地人口的 7 倍。其中 5 万~6 万人为务工经商的温州人,余下的则是来自于河北、湖北、安徽等地的雇工,虽说来源地较杂,但彼此之间已经建立起了分工协作或是雇佣和被雇佣的经济联系;而在温州人中,75%来自于温州乐清,20%的人则来自于同一地区的永嘉县。“浙江村”的总占地面积约为 7 500 亩,居民平均年龄约为 33.2%岁,男女性比例约为 3∶1,文化教育水平则多为初中程度以下③。

(3) 生产经营

北京“浙江村”的形成是以浙江农民工的聚居为前提的,但发展至今已摆脱了纯粹意义上的居住社区,而更多地演变成为了一种生产和经营的基地——“浙江村”实际上是由浙江个体工商户和私人老板开办的一片片生产加工场地构成的,每家每户都是一个小型而原始的生产车间或作坊,内部的雇工多采用简易的设备和传统的技术进行中低档服装的生产加工,整个社区也为之配备了布料辅料供应、缝纫机修理、产品经销、交通运输、专营商(市)场等相关环节。“浙江村”的居民按其职责和分工可以分为两大部分:一部分在外组织货源和经销产品,另一部分更多的人则是在村内从事服装的加工和生产。一个营销者可以联系着几家生产者,同时一家生产者也可以联系着几家营销者,这就使“浙江村”逐步形成了自身相对完善的产销体系和无处不在的网络式经济联系,而服装的生产加工和销售则成为了“浙江村”居民的两大就业方向。

“浙江村”这片生产和供货基地的建立,自然也推动了其市场开拓方式的演变。他们不再通过当地集贸市场或是包租柜台的方式参与市场竞争,而是直接拉动了交易场所的区位变化——有关方面已开始在“浙江村”一带有意识地投资建立了一批交易场所,如 1992 年底建的木樨园轻工业品批发市场和 1993 年开工的海慧寺工业品交易市场,不但有效降低了“浙江村”居民的交易成本,也拓展了交易活动本身的辐射面。据统计,整个 1995 年“浙江村”的年度销售额已经达到了 15 个亿,并在该地区初步拥有了 16 个大型市场④(图 4.10)。

图 4.10 “浙江村”周边最大的服装批发市场

*资料来源:image. baidu. com/i? tn=baiduimage&ct=201326592&lm=-1&cl=2&fr=ala0&word=%D5%E3%BD%AD%B4%E5%20%CD%BC%C6%AC.

① 项飚. 跨越边界的社区[M]. 北京:三联书店,2000:52。

② 昔日“浙江村”昨天全拆完[N]. 北京晨报,2006-5-12.

③ 贾德裕,等. 现代化进程中的中国农民[M]. 南京:南京大学出版社,1998:310-311.

④ 胡兆量. 中国区域发展导论[M]. 北京:北京大学出版社,1999:283.

在原料供应上，“浙江村”直接从货源地进货：从河北收购皮张，从广州、苏州、杭州等地收购布料（绍兴柯桥的“中国轻纺城”也是布料的主要来源地之一），从北京轻工业批发市场及厂家购置余下的部分原料；在产品市场上，“浙江村”的服装则以仿制为主，皮夹克是其拳头产品，市场占有率很高，加之产品具有成本低廉、薄利多销、辐射面广的特点和优势，因而拥有十分可观的消费群体：国内主要集中在了京津塘地区、河北及乐清人占领的东北服装市场，国外市场则集中于东欧和前苏联地区。

总之，北京“浙江村”已不同于一般意义上的居住社区，它在很大程度上已经转化成为了一种特殊的产业组织形式。这既不同于大厂商的组织方式，也并非通常的市场组织形式，其结果是让居民们可以在一个有限的空间内有效地进行分工和协作，并迅速地传播技术和信息。亲缘、地缘等基本纽带则在其间形成了可以替代厂商组织方式中权力和服从的信任与约束力。当然，少数“大人物”在社区运作中的协调和权威作用也是不可忽视的。

（4）社区配套

庞大的“浙江村”的形成和发展，不但给当地现有的公共基础设施（如道路与水电供应）和配套服务设施（如日常饮食）带来了沉重的负荷，还因长期的城乡隔绝政策给自己带来了子女教育、医疗保健等方面的新问题。不过好在“浙江村”具有较强的自我调节和自我服务能力，很快就自发配建了包括菜市场、饭店、诊所、幼儿园、运输组织等在内的生活服务设施和文化教育设施：自温州人 1988 年自建了第一个马村综合菜市场后，最多时已拥有江南、果园、赛八龙等 4 个封闭式菜市场和 2 个半露天式菜市场；饭店和菜市场基本上是同时出现的，最多时也超过了 20 家；诊所在“浙江村”随处可见，据估计，约 200 户就拥有一家诊所，仅海户屯一带就有私人诊所 5 家；农民工子女的入托难问题也通过“浙江村”村民自建的 5 家幼儿园得到一定解决，不过设施设备都十分简易①；至于农民工子女的入学难问题则通过地方上的努力终于有了一线转机——“浙江村”一带现有的 8 所小学都已开始招收温州的学龄儿童，1993 年 2 月崇文区的打磨厂小学甚至专门为其开设了寄宿班，在一定程度上解决了“浙江村”村民的后顾之忧②。另外，乐清人 1992 年还按股份制方式组建了盛金汽车服务有限公司，6 辆豪华客车直通温州乐清。

“浙江村”的这种自发配套行为究其原因，主要有三：一是城乡分治、地区割裂体制与文化间隔使“浙江村”村民很难从外部和当地获取令人满意的服务；二是“浙江村”所处区域原本服务业就十分落后，当类似需求出现时，对市场高度敏感且占有地利之便的温州人自然便捷足先登了；三是温州人自身特殊的社区文化也使其他人很难渗入“浙江村”参与竞争。但是全面客观地说：尽管温州人和地方上为改善社区的日常文化生活状况作出了多种努力和尝试，“浙江村”在某些方面还是存在着明显缺陷，比如说给排水、道路、供电等公共基础设施的建设方面就存在着明显的疏漏和滞后。

（5）居住状况

“浙江村”居民通过大规模的房屋求租行为，逐步同大红门地区的村落和村民建立起了经济利益上的互惠连带关系，这不但为聚居区日后的扩张打下了基础，也成了其虽经政府

① 项飚. 跨越边界的社区[M]. 北京：三联书店，2000：229 - 255.

② 贾德裕，等. 现代化进程中的中国农民[M]. 南京：南京大学出版社，1998：324.

多次轰赶却依然拥有很强的区位黏着性的原因所在。出于区位上的考虑,温州人多聚居在了海慧寺、海户屯、马村、邓村、时村一带。由于向他们出租房屋获利明显,许多当地村民为了增加出租的房屋,都宁可忍受自身居住的拥挤,以至于房东与房客的居住拥挤程度都相差无几。除了腾房出租外,不少当地人还沿街搭建了简易住房出租,社区组织机构在经济利益的驱使下也加入到了建房出租的行列:先是 1991 年东罗园村在一片空地上盖了 240 间简易住宅,随后海慧寺又于 1992 年统一加建了四排出租用的房屋(每间 10 m² 左右),马村与邓村 1993 年 3 月也在相交的空地上建了 36 间出租房。其中的许多住宅都保留着北京农村建筑的些许特征,红砖清水墙,没有抹灰,屋檐叠涩,但在材料上已发展出了新的低造价房屋,简易的石棉瓦顶,单薄的钢门钢窗,造型简陋,材质廉价,在隔声、隔热、防潮等方面均存在着明显的缺陷(图 4.11)。

图 4.11　“浙江村”的居住状况

*资料来源:image. baidu. com/i? tn=baiduimage&ct=201326592&lm=-1&cl=2&fr=ala0&word=%D5%E3%BD%AD%B4%E5%20%CD%BC%C6%AC. .

生活聚集和生产经营的聚集相缠结,是“浙江村”居住空间上的一大特征。在“浙江村”里,老板和雇工往往同居一室,共同生活生产,生产作坊与居住空间也是相互重叠,床上床、床下床、地铺床和桌上床的现象在小户生产者(一家 10 人以下)的作坊中已是司空见惯。一间房常常是挤满了男女雇工及老板一家,3 m 长的通铺中间只用了一条帘子隔着,人均面积通常不足 2 m²。这么拥挤和恶劣的居住工作条件,究其原因:一是急剧增长的外来人口给流入地带来了沉重的居住压力;二则是这些居民并没有长期居住的打算,逐渐上浮的租金也使他们出于降低居住成本的目的而追求空间利用的经济和节省。

北京“浙江村”1995 年后又开始出现一种新的居住组织形式——大院。“大人物”刘世明与南苑农工商联合公司第三分公司联合辟地投资建造的金瓯皮服(JO)大院是曾经出现过的规模最大、档次最高的大院,占地 60 亩,建房 1 000 余间,可容纳 3 000 余人,投资 800 万元左右①。院内是一排排式样整齐划一的单层房舍,供浙江人租住兼生产加工;房舍将大院分割成了一条条街道和胡同,每条道路均有名字,用灯箱招牌立于路口;房屋组织单一,式样简易雷同,缺乏个性及识别性;圈起来的大院内部不但由 25 个股东建立了大院自身的管委会,并雇有保安与清洁工,还形成了自成体系的公建服务设施。同初期个体化的租居形式相比,这种居住空间显然更加具有体系化和组织化的布局特征和管理模式。

2) 北京“新疆村”:少数民族聚居区

(1) 区位分布

“新疆村”这一类以少数民族流动人口为居民主体的聚居民在全国很多地方都有分布,并且都已形成了自己的规模和特征,比如北京魏公村路和增光路的“新疆村”、广州三元里

① 项飚.跨越边界的社区[M].北京:三联书店,2000:405.

的“新疆村”。其中，位于甘家口地区增光路的“新疆村”，即是我们习惯上所认同的、亦是这里所要重点介绍的北京“新疆村”。

虽然北京在中央民族大学北侧也有一条民族饮食街——魏公村路，但在规模和名气上都不及增光路。究其原因，主要是增光路的“新疆村”拥有区位上的明显优势：一是接近北京维吾尔族活动的中心，北距新疆驻京办事处不到 1 km；二是东距甘家口商场仅 300 m，而甘家口商场作为西城区的主要商业中心之一，拥有相当便利的交通条件；三是租房方便，增光路旁的北沙沟原来地处城乡结合部，城乡居民混杂，管理相对松懈，不但私宅保留较多，而且房租较低，具备十分优越的租房聚居条件。但后来随着城市建设步伐的加快和城市范围的日渐扩张，这一带已基本上被纳入到了三环附近的城区范围之内(见图 4.7)。

(2) 发展概况

北京“新疆村”的形成其实同附近西苑饭店的建设有着直接的关系。兴建于 20 世纪 50 年代的西苑饭店当时是作为穆斯林民族团结的窗口加以建设的，新疆维吾尔自治区的驻京办事处也在这一带。为了更好地发挥饭店的职能，从 50 年代起国家陆续从新疆招了一批厨师进京，最初厨师们就住在饭店里，但随着人员的不断增多，饭店只能在甘家口和魏公村一带另建一批房子作为厨师的宿舍(1970 年代左右)。结果，厨师们的“体制内流动”却引发了体制外的流动——首先是厨师们带来了自己的家属，后来又带来了大批老乡。他们以厨师宿舍区为“桥头堡”，通过成片租赁当地民宅的方式，于 1970 年代末初步形成了自己的两片社区(甘家口一带的新疆人社区即是增光路“新疆村”的雏形)。当然，“新疆村”的形成同维族人经商的历史传统也有着潜在的联系。维族人长居于古丝绸之路的要冲，四处经商者古而有之。改革开放之后，更是有大批的维族人背井离乡，到全国各地经营餐饮业和推销新疆特产，在北京、广州等地均出现了类似的少数民族聚居区。

最初进京的新疆人大多从小本经营的卖葡萄干、烤羊肉串做起，待积累了一定资金后就纷纷拥有自己的小门脸，再后就是建立像样的餐馆，呈现出了一种阶梯式的经济发展格局，社区的规模也随之不断扩大。据甘家口派出所估计，增光路的“新疆村”最多时有 500～580 人左右，但实际的人数远远不止这些。不过经过 20 世纪末的清理重建，大部分的新疆人都被分流了出去，取而代之的是拓宽的增光路和秩序井然的城市景观，两侧新建、改建的建筑物也给人以耳目一新的感觉。只有在一些支路和小胡同中零散可见新疆人和民族特色小吃，但显然已失去了往日的规模和特色(图 4.12)。2006 年出于类似的背景和原因，增光路的“新疆村”也和“浙江村”一样被彻底清理。

图 4.12　21 世纪初的增光路新街景

(3) 居民构成

1997 年的增光路“新疆村”尚处于发展的高峰期，当时的居民主要由餐馆老板和雇工两大部分组成：

① 私人老板——除了 3 名女性外都为男性，平均年龄为 38 岁，文化程度也不高。其中

24%为初中程度,63%为小学程度,其余的则为文盲和半文盲。① 从来源地看,他们八成来自于乌鲁木齐、喀什、塔城等城镇,只有两成来自于农村;而城镇来的私人老板中,有一半曾经是国家职工,从事过养路、搬运等职业,余下的也多担任过职工食堂的厨师一职。

② 餐馆雇工——主要为来自于新疆南疆农村的维族人,他们多从事些技术性较强的工作;余下20%的雇工则为回民和汉人(回民主要来自于新、甘、陕等地,汉人则来自于皖、豫、冀、川等地),主要从事些招揽顾客、端茶上饭、洗刷打扫等非技术性工作。从总体结构上看,雇工以男性青年为主,年龄介于13~28岁之间,80%未婚;女性雇工只占了10%,主要为回民和汉人。② 雇工的文化程度普遍更低,基本上为小学水平。

一般来说,农村来的老板大都愿意雇佣同乡,城镇来的老板则没有明显的地域民族界限,不但主动用汉语与当地人交往,还常常雇佣汉人和回民,较好地联络了当地人感情。

(4) 生产经营

鼎盛时期的增光路"新疆村"看上去更像是一条维吾尔族的饮食文化街。在增光路200米长的路段内及邻近的胡同里,先后开设了27家餐馆和5~6家独立馕店。店面多以新疆山水命名,如天山、昆仑和英吉沙,店名招牌也一律加上了穆斯林文字,以示清真,好让穆斯林同胞放心。餐馆的营业时间一般从上午10点到下午2点,再从下午5点到深夜,以便同维族人日常的生活习惯和作息时间相适应。这些餐馆均为私人开设,规模也不算大,平均营业面积为48.6 m²,平均使用雇工7.5人(表4.11)。

表4.11 增光路"新疆村"的主要餐馆统计一览表

餐馆名称	店主年龄	性别	文化程度	籍贯	营业面积(m²)	户口	雇工数(个)	子女数(个)	租金(元/月)
皇天穆斯林饭店	72	男	文盲	乌鲁木齐	150	农村	17	9	8 000
新疆餐厅	34	男	初中	塔城	100	城市	7	1	6 700
特别村餐馆	48	男	小学	乌鲁木齐	90	城市	10	3	4 100
艾提朵尔饭店	44	男	小学	喀什	70	城市	3	6	7 000
古丽餐厅	37	女	小学	乌鲁木齐	65	城市	7	0	6 500
西域维吾尔餐厅	38	男	小学	乌鲁木齐	60	城市	15	1	5 000
伽师餐厅	56	男	初中	喀什	50	农村	10	5	3 500
天山餐厅	34	男	初中	乌鲁木齐	50	城市	7	4	—
英吉沙乌里亚餐厅	29	男	文盲	喀什英吉沙	50	农村	4	3	3 000
新疆塔里木饭店	32	男	初中	乌鲁木齐	50	城市	4	1	3 000
买买提饭馆	18	男	小学	乌鲁木齐	40	城市	8	5	8 300
疏附饭店	30	男	小学	喀什疏附	35	农村	7	2	2 500
乌鲁木齐饭店	41	女	小学	乌鲁木齐	30	城市	6	2	4 100
和田餐馆	44	男	小学	和田	30	农村	5	1	3 000
帕米尔餐厅	31	男	文盲	喀什英吉沙	30	城市	6	0	2 000
新疆英沙尔友谊饭店	25	男	小学	喀什	30	城市	6	0	2 000
新疆友谊餐厅	31	男	小学	喀什英吉沙	30	农村	7	4	1 300
新疆江柳餐馆	39	男	高中	乌鲁木齐	25	农村	8	3	2 000
新疆喀什中西亚餐厅	27	男	初中	喀什英吉沙	22	农村	6	2	2 500
未名	60	男	文盲	喀什	15	城市	5	2	1 400

* 资料整理:1997年刘二湘的有关调研资料;胡兆量.中国区域发展导论[M].北京:北京大学出版社,1999.

① 胡兆量.中国区域发展导论[M].北京:北京大学出版社,1999:289.
② 胡兆量.中国区域发展导论[M].北京:北京大学出版社,1999:289.

维吾尔族菜肴在保留漠北回鹘时期饮食习惯的基础上，又广泛吸收了一些土著居民和外来民族的饮食精华，才形成目前这种独具特色的饮食风味。该类菜肴以牛羊和面食为主，与汉族菜肴有很大差别，供应的风味食品则有拉面、炒面、薄皮包子、抓饭、烤羊肉串、烤全羊等。在原料供应上，餐馆为了保障新鲜羊肉的及时供应，与保定、徐水等地建立了固定的进货渠道，由供应方定时按需将新鲜羊肉及部分活羊送至“新疆村”；在产品市场，“新疆村”的特色饮食则主要为三类人员服务：一是以维族人为主的穆斯林同胞，二是汉族同胞（包括回头客和尝鲜客），三则是外国学生、教师使馆人员和商务人员，不少人是自己开车前来的（图 4.13）。

图 4.13　经营中的增光路“新疆村”

随着社区餐饮业的辐射范围的蔓延，“新疆村”内又出现了新的行业，如专为餐饮业服务的屠宰行业和批原料的“远程倒爷”。由于近年来新疆人出国做生意和朝拜的人多了，替人办护照在这儿也成了一项专门的职业。经过多年的积累和发展，餐饮业事实上已经成为增光路“新疆村”外向型经济和居民就业的主打方向所在，而社区本身也成了居民们的主要就业场所。

(5) 社区配套

除了林立的维吾尔族餐馆和当地已有的商业服务设施外，增光路“新疆村”还根据自己的特色和需要配建了一批服务设施——像天池餐馆 1996 年 10 月就率先增设了一家歌舞厅，顾客们可以一边吃着烤全羊和羊肉串，一边欣赏着节奏明快、舞姿婆娑的新疆歌舞，让餐馆成了一处民族特色鲜明的娱乐场所；与此同时，村内还开设了旅馆、浴池、理发等生活服务设施。

不过，“新疆村”在社区配套和居民保障上依然存在着明显缺陷：首当其冲的就是维吾尔族人的子女入学问题——其中，68%的子女同父母住在了一起，20%留在了新疆原籍，还有 12%则不定期地往来于京、疆之间，加上北京当地的学校存在着体制上的排斥问题，导致维吾尔族居民的子女失学率达到了 1/3 以上，很不利于民族素质的全面提高和社会的稳定发展；其次，在水电等基础设施和医疗卫生设施的配建方面，社区也存在着较大差距，以至于不少维吾尔族老板都怀念起乌鲁木齐的市场建设情况来，因为那里有统一的水电供应和卫生设施，有良好的经营环境和井然有序的经营活动，而在北京的“新疆村”内却时常撞见蝇蚊云集、垃圾遍地和臭气熏天的现象。

(6) 居住状况

社区内的餐馆、门面及住房大多租赁改建于当地的民宅。当地人为了从房屋租赁市场中获利，一方面不断地压缩自己的生活空间以便腾出足够的房屋租给新疆人；另一方面则又纷纷绕过正常的规划审批手续，沿街私搭私建简易房屋，因而使房屋在建设质量、结构状况和材料外观上都存在着不少缺陷，往往租到手后要先简单装修一番方能付诸使用。从外观上看，装修后的房屋一般都缀满了富有异族风味的文字、饰物和图案；但从内部居住的拥挤状况来看，却丝毫不见改善。特别是有的餐馆和店面，由于空间有限、雇工较多，出于减少开支的目的而不得不将居住空间与经营空间叠合起来，白天照常生产经营，晚上则是雇主、雇工共挤一室。可见，生活聚集与生产经营的聚集相缠结同样也是“新疆村”在居住空间上的一大特色，这同其外向型经济职能的承载是有必然联系的。

由于农民工普遍缺乏规范的就业手续和租房合同，“新疆村”的饮食市场和房屋租赁市场也同时呈现出了混乱和无序的一面。除了居民无证照经营和房东偷税漏税的现象外，房租盲目上涨的情况也屡见不鲜。维吾尔族老板们纷纷抱怨过多的收入落到了房东的腰包里；即使是一般租住的房屋，20 m^2 的月租金也达到了 1 200～1 500 元。① 另外，这一带的治安状况也比较差，抢劫盗窃、打架斗殴、吸毒贩毒的现象时有发生，大白天就有人抢金项链，让附近的妇女有好一阵子不敢披金戴银出门……所有这一切均与当地房产管理、工商管理、治安管理等环节的缺陷和疏漏有着直接的关联。这不但严重恶化了“新疆村”的居住环境，还使之变成了一个身处流入地“管理真空”的异质性社区。

除了上述的“浙江村”和“新疆村”外，北京典型的缘聚型聚居区还有“河南村”和“安徽村”：其中，“河南村”主要分布于朝阳区的豆各庄和苇子坑（均为原来京郊的自然村）一带，大概有 1 000 多人。其居民大多来自于河南的信阳（特别是固始县）、驻马店等地区，主导产业为拾旧和垃圾回收，并且已初步形成了包括收购、整理、加工、销售等环节在内的产销体系。而成形于 1980 年代后期的“安徽村”则主要分布于海淀区知春路的西五道口和蓝旗营一带。其居民最初是在社区附近卖菜，但很快就出现了拾垃圾、搞装修、擦油烟机、钟点工等多种行业。在社区内，亲属或同行之间往往会居住在一起，但不同的院落之间既有较为密切的互动，也有各自不同的行为规则。从总体上看，“安徽村”无论是就业方向还是居住方式都显得相对离散。居民基本上在区外就业，聚居区为居民提供的实际只是一片相对纯粹的居住用地而已，而没有形成自身特定的产业组织形式和外向型的经济，这就同北京的“浙江村”甚至“河南村”形成了鲜明的对比（表 4.12）。

表 4.12　北京主要流动人口聚居区的基本概况比较

聚居区名称	区位分布	居民主要来源地	社区内聚性	居民就业方向	经济辐射范围
“浙江村”	位于丰台区南苑大红门一带	浙江省温州地区的乐清县和永嘉县	最强	以服装生产和销售为主	华北、东北、东欧、前苏联地区
“新疆村”	位于海淀区增光路和魏公村路一带	新疆维吾尔自治区（南疆为主）	强	以清真餐饮为主	全北京及东亚国家
“河南村”	位于朝阳区的豆各庄和苇子坑一带	河南省信阳、驻马店地区	强	以拾旧与垃圾回收为主	北京、上海、河北等地的加工厂
“安徽村”	位于海淀区知春路的西五道口及蓝旗营一带	安徽省无为、阜阳、巢湖等地区及河北、江苏等省	较弱	包括卖菜、垃圾回收、装修、钟点工及其他家庭服务等	社区周围地区

3）南京所街村：从“河南村”到“安徽村”

（1）区位分布

建邺区所街村位于南京主城区的西南面、莫愁湖以西，下辖于 1995 年南京区划调整时新成立的兴隆街道。近年来，随着河西新区建设步伐的加快，该街道已逐步成了城市边缘

① 胡兆量. 中国区域发展导论[M]. 北京：北京大学出版社，1999：291.

一个开发热点，不但出现了“建筑工地多、大市场多、公交专线多和居民富余房子多”的“四多”现象，还吸引了安徽、浙江、苏北等地的大批农民涌入这一地区，因此形成了不少的聚居区。整个村子占地约 2.5 km²，现有 5 个行政村、3 个村民小组和 7 个居民小组，属于典型的城乡结合部(图 4.14)。

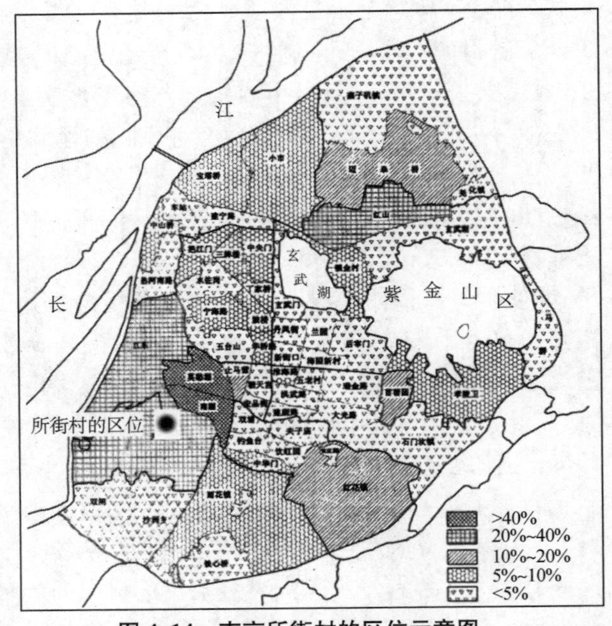

图 4.14 南京所街村的区位示意图

(2) 发展概况

南京所街村的流动人口聚居区在形成和发展上经历了几个阶段：

① 成形阶段

早在 20 世纪 80 年代末，就有一部分河南固始的农民背井离乡，沿着 321 国道来到了古都南京打工。当时他们集中逗留于南京市的西南隅，通过成片租赁当地民宅的方式，在所街村一带逐步建立起了自己以亲缘和地缘为特征纽带的聚居区，这也为“河南村”日后的进一步拓展提供了雏形和基础。

② “河南村”阶段

在 20 世纪 90 年代席卷全国的“民工潮”中，开始有越来越多的固始人以“连锁流迁”的方式追随而至，社区的规模也因此迅速地膨胀起来。1992 年时在所街村居住的农民工还仅有 400 人，但到 1995 年却达到了顶峰的 1 万人左右。

③ 过渡阶段

“河南村”的扩张开始受到一些外部因素的制约，如南京市的区划调整和开发建设用地的挤占，一部分河南居民分流到其他地方，使聚居区规模有所缩减，但在当地的农民工中依然占据了主导性的地位。

④ “安徽村”阶段

2000 年以后，随着城市建设步伐的加快和南京市卫生城市的创建，环境污染较为严重的拾旧产业体系开始随河南人向城南沙洲乡转移。于是居住在此的农民工中的安徽人逐渐占据了主体的地位，从而使“河南村”转变为“安徽村”。

(3) 居民构成

① “河南村”阶段

据 1999 年统计，在所街村 2.5 km² 的地域范围内，共有常住人口 3 754 人，私宅出租户 417 户，外来暂住人口 6 700 余人口。其中河南人占了 1/2 强，余下的则来自皖、鄂、赣等贫困地区的农村或是偏僻山区，他们一道挤在了不足两千间的出租房内。①

① 南京市建邺区委宣传部，等. 流动人口教育与管理经验材料汇编[G]. 南京：内部印发，2000：24－25.

② “安徽村”阶段

目前所街村的农民工中安徽人最多,占60%左右;苏北人其次,占30%左右;来自其他省份的农民工则相对较少(如浙江、福建和黑龙江人),共占了10%左右。其中,“安徽村”的居民以18～45岁的青壮年为主,八成左右为初中以下水平,一般是夫妻结伴打工或者再带上孩子,也有相当一部分是单身群体来宁打工的。

总的来看,所街村一带的农民工在就业方向上拥有明显的地域性(表4.13)。

表4.13 南京所街村农民工的就业方向

农民工的来源地	主要就业方向
河南人	以拾旧和垃圾回收为主(主要是废旧塑料制品)
安徽人	以收集旧货为主(包括旧桌椅、旧电器等)
苏北人	以装修、电门制作为主
浙闽人	开工厂,经营大理石、木材,生产小商品等
江西人	木器加工(江西本地的木家具)

(4) 生产经营

① “河南村”阶段

固始人初至南京时,主要是以打工为主,打工之余也拾垃圾到附近的垃圾站卖。但他们很快就发现拾垃圾比打工赚得更快更多,于是逐渐形成了自己的主导性行业:拾旧与垃圾回收。“河南村”的居民以废旧物品(主要是塑料制品)为主要加工对象,一步步建立起了自己包括收集、整理、加工乃至交易等环节在内的产业体系。整个体系按照居民的分工,可分为三部分(表4.14)。

表4.14 所街村“河南村”的居民构成

居民构成	分工与职能
拾旧户	占了居民的主要多数:一般有自己相对固定的拾旧区域,常常在外挨家挨户或一个个单位地收购废旧物品
废旧物品加工户	通常会开办自己的私人加工公司:一方面会在国营的垃圾场中租下一块地皮,集中收购和堆放拾旧户的“战果”,并配备专门的加工设备和器具进行大规模的整理和加工;另一方面则要同外界的需方(如原材料和纸张的加工厂)保持长期而必要的合作和联系,以通过洽谈将加工后的废旧塑料等制品及时销出
加工公司雇佣的帮工	面对大量汇集而来的废旧物品,负责过秤、统计、整理、清洗、初级加工(如加热与粉碎)、搬运等具体杂务

这三部分人以加工公司为龙头,各司其职,彼此协作,共同构筑起了一张覆盖全村的产业网,同时也使个人的谋生营利和产业化发展问题得到了较好的解决。同以往拾旧的个体行为相比,这种生产经营方式显然已具备了一种产业化和组织化的特征;但其化整为零、高效灵活、产销结合的生产经营方式,同现代化大企业那种决策、生产、营销相分离的等级化、规模化的运作模式相比,则还是有显著区别的(图4.15)。

图4.15 “河南村”的废旧物品正在装车外销

②“安徽村”阶段

在“河南村”及其产业体系向沙洲乡转移后，安徽人尚未在所街村内形成完整的产业体系。他们大多在区外独立拾旧，达到一定规模后再分别卖给“大老板”，由“大老板”集中销售(南京的“大老板”主要集中于江东门一带，以门面房的经营形式出现)。每个拾旧户都有自己的“势力范围”，可以与不同的“大老板”同时建立经济联系。但同以往的“河南村”相比，“安徽村”的居民虽然还是以废旧物品(主要是旧桌椅与家电)的收集作为主要职业，但是个体化的经济行为，明显缺乏“河南村”时期的产业化特征与组织化优势，彼此之间难以建立直接而广泛的经济联系。

(5) 社区配套

所街村原来的设施配套和服务保障就存在一定的不足，随着大批农民工的涌入和流动人口聚居区的生成，不但旧问题更加突出，如基础设施(水、电、环卫等)问题，新问题也接踵而来，如农民工的就业、养老、工伤及其子女的教育问题。其中，有不少问题都是我国制度化的二元社会结构所造成的，这也可以算是一个普遍化的现实问题了，已引起不少方面的关注。

但近来在地方政府和基层社区组织的重视和干预下，某些问题已得到不同程度的解决，农民工的配套服务和社会保障水平也由此得到了进一步的提高。相关措施有：村委会两年斥资150多万，用以解决区内居民的户装磁卡电表问题、自来水增容问题和生活道路的硬化问题；村里还专门组建了33人的卫生环保队伍，建造了4个无害公厕，以改善社区的环境卫生状况；除了原有的小型诊所和甲级卫生室，南湖医院也专门在此设立了一家分院，为以“河南村”“安徽村”居民为代表的农民工提供医疗、保健、卫生、防疫等一系列的服务，现已体检了362人，为育龄妇女出具孕检证明22份；区政府则积极联系了附近的所街村小学，以解决长期以来困扰农民工的子女入学问题，现已安排解决了134人；与此同时，区教委还牵头建立了第一所农民工子弟小学，聘请离退休的小学高级教师任教，现已吸纳了200多人入学①……上述措施不但较好地改善了流动人口聚居区的设施配套状况，还在一定程度上解决了农民工的后顾之忧；在积累了一定经验教训的同时，也取得了较好的社会效益和经济效益。

(6) 居住状况

由于受制于当地的房源供应情况，聚居区的物质环境已相应地呈现出一种参差不齐的状态。所街村目前的房源主要来自于当地村民的私宅：一部分为村民腾出来的原建房，质量良莠不齐，有许多使用不久、质量式样尚好的房屋，但也有不少年代久远、物质结构状况较差的老房子；另一部分则是村民专为出租谋利而建的住房，其中既有质量水准较高的新房，但也不乏绕开规划审批手续私自搭建的简易房，质量低劣和条件简陋不说，还严重破坏了社区现有的格局和景观，因而多次遭到了有关部门的清理和拆除。另外，“河南村”和“安徽村”的居民由于整天与废旧物品和垃圾为伍，许多人的房前屋后都堆满了尚未整理的报纸、瓦楞纸、塑料制品和玻璃瓶等，有的人还饲养了一类特殊的家畜——垃圾猪，即以饭店、食堂的残汤余羹作为饲料的猪，这些都不可避免地会影响到居住环境。

居民们对居住的要求非常低，只要能铺下一张床便可成为落脚点。除了少数人使用房

① 南京建邺区委宣传部，等. 流动人口教育与管理经验材料汇编[G]. 南京：内部印发，2000：28.

东提供的旧木床、旧铁床外，多数人使用的是花十几元从市场买来的简易竹床，还有的就直接睡在旧沙发上，个别床铺甚至简单到用棍棒、毛竹搭在碎砖头上拼凑而成。由于早出晚归，他们的中饭一般在外随便对付，只有晚餐和阴雨天才选择在“家”用餐，而且是坐在床铺上或到屋外端在手里吃。

4) 南京红山片区：外来工混居区

(1) 区位分布

玄武区红山街道位于南京市东北角的城郊结合部，下辖营苑、小营、月苑、北苑、滕子、曹后、红山、红山公园等 8 个社区，总面积为 6.9 km²。由于周边聚集了火车站、312 国道等重要的交通设施和一系列大型的批发市场，该街道还吸引和集聚了大批的农民工，目前农民工规模已达到 3.7 万，超过当地居民并占了街道人口总数的 62%。

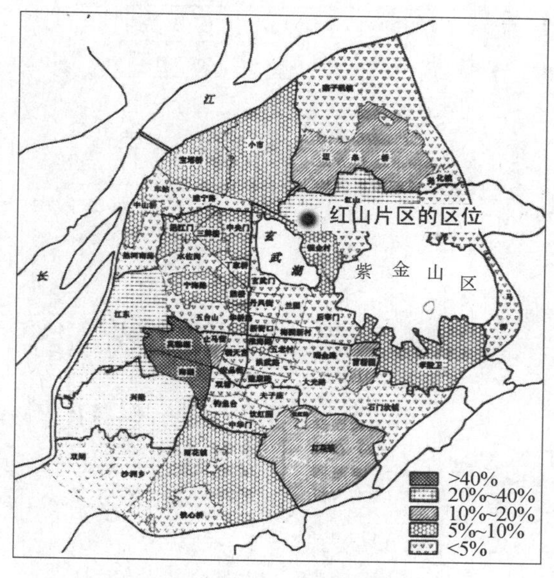

图 4.16 南京红山片区的区位示意图

其中，红山片区隶属于红山街道，由滕子、曹后、红山三片村落组成，是红山街道农民工最为密集的区域。截至 2003 年 3 月，该片区已聚集外来暂住人口 13 545 人，为当地常住人口的 2.6 倍(图 4.16)。

(2) 发展概况

由于紧邻火车站，最初到来的农民工多围绕在站房一带打工谋生，比如说开餐馆、卖报、擦鞋、卖水果与土特产、帮旅店拉客等等，并就近租住于红山片区一带。1993 年时，这里已集聚了农民工近 1 000 人。

伴随着 1990 年代的“民工潮”，数以千计的农民工以亲戚、老乡的关系流入这一地区，逐步形成了居民来源与就业方向多样化的混居型聚居区。原因有三：其一，附近建有南京火车站、312 国道等重要的交通设施，交通便捷、出行方便；其二，周边聚集了各类批发市场，它们的运营可以产生大量的就业需求；其三，城郊结合部充足的房源、低廉的租金，也吸引了大批的农民工租居于此。

到 2001 年底，该混居区的外来人口已超过万人。由于近两年出租房的供给数量受限，且人数已基本上达到了饱和状态，因而呈现出相对的稳定特征。

(3) 居民构成

① 居民来源

目前在红山片区的混居区中，农民工的来源十分混杂且缺少主导的地方性群体。其中，以安徽人和江苏人为多，分别占了 32.66% 和 30.30%；其次为河南和四川人，分别为 16.50% 和 12.46%；而来自于其他贫困农村和偏远山区的居民则占到了 8.08%。①

① 南京红山片区的外来工混居区抽样调研数据(2003 年)。

② 年龄构成

混居区的居民以18～35岁的青壮年为主、中年为辅(表4.15)。

表4.15 外来工混居区居民的年龄构成(南京红山片区)

居民年龄段	样本统计(份)	所占比例(%)
18岁以下	14	5.02
18～35	184	65.95
36～55	76	27.24
55岁以上	5	1.79

* 资料来源:课题组关于南京红山片区的外来工混居区抽样调研数据(2003年)。

表4.16 外来工混居区居民的文化教育程度(南京红山片区)

居民文化教育程度	样本统计(份)	所占比例(%)
小学以下	43	14.88
初中	186	64.36
高中	52	17.99
中专	6	2.08
大专及以上	2	0.69

* 资料来源:课题组关于南京红山片区的外来工混居区抽样调研数据(2003年)。

③ 文化程度

混居区居民的文化教育程度普遍较低,近八成为初中以下水平(表4.16)。

④ 就业结构

混居区的居民主要在区外从事经济产业活动,自行解决就业问题。其中又以在私营、个体企业中从事小工业的农民工为主,服务业从业者次之(表4.17)。但居民的生产经营活动基本上处于一种各自为政的零散状态,彼此间并未建立普遍的经济联系,更不可能在区内建构自身的产业体系。

⑤ 社会保障

混居区的居民中,只有六成可以从雇佣单位或雇主那里获取部分的福利和待遇,比如说提供住宿、饮食和劳保用品(表4.18)。即使是这部分居民,能获取工伤保险和医疗费的也是少之又少,恰恰反映出他们在人身安全和健康方面缺乏起码的保障。这同我国城乡二元结构下的制度化排斥与人为的漠视不无关系。

表4.17 外来工混居区居民的就业结构(南京红山片区)

居民就业方向	样本统计(份)	所占比例(%)
工业	96	32.21
服务业	89	29.87
商业	26	8.72
建筑业	37	12.42
运输业	17	5.70
农业	1	0,34
其他	32	10.74

表4.18 外来工混居区居民的社会保障状况(南京红山片区)

社会保障内容	样本统计(份)	所占比例(%)
住宿	58	19.02
饮食	29	9.51
劳保用品	72	23.61
工伤保险	6	1.97
医疗保险	15	4.92
没有	125	40.98

* 资料来源:课题组关于南京红山片区的外来工混居区抽样调研数据(2003年)。

(4) 居住状况

农民工在红山片区的租居主要通过两类方式:私人出租房和集中式公寓。

① 私人出租房

这是红山片区为农民工提供的主要房源。据调查,88.3%的聚居区居民都租住在私人出租房内,而红山片区几乎每户都有私宅出租,面积5～15 m² 不等,数量也从1～20间不等,最多的一家拥有出租屋 30 多间,租金大致为 10 元/m^2。①

其中,既有当地居民腾出的原建房,也有他们专为出租谋利而新建、扩建或改建的房屋,因此出现了不少侵占道路、水面、内院和菜地的违章搭建现象,导致居住环境的恶化、交通空间的狭窄和人员的进出不便,并存在严重的消防、安全与疫情隐患(图 4.17)。

图 4.17 南京红山片区提供的私人出租房

② 集中式公寓

红山片区提供的集中式公寓基本上由村委会出面统一建设,目前只占很小的比重,主要有两种类型:

其一为旅店式公寓,多为单层平房布局,有集中式的卫生洗涤设施、公用厨房和公共活动场所,10～15 m^2 的房间月租费约为 150～200 元,电费则由各户用电表计费;公寓设有门卫及卫生清扫员,故有较好的安全保障。比如由原红园旅社改造而成的"红园公寓",就提供了客房 84 间,可容纳 300 余人(图 4.18)。

图 4.18 南京红山片区的集中式公寓

另一类则是市场业主公寓,即结合市场就近建设、仅供本市场经营业主租用的房屋,租金相对便宜(10～15 m^2 的房间月租费 100～150 元左右)。该公寓共有 45 间,可容纳 100 人。该公寓"前店后家"式的布局给市场业主们的日常生活带来了极大方便,受到人们普遍欢迎。

5) 无锡莫家村:业缘型聚居区

(1) 区位分布

崇安区的广益镇位于无锡市城北的城郊结合部,下辖广丰、莫家村、上马墩、黄泥头、毛岸、向阳、尤渡、丁村等 8 个行政村,面积 12.5 km^2,常住人口 2.13 万人,其中外来暂住人口 36 378 人(2003 年),占到总人口的 63.07%。

莫家村是广益镇下辖的一个行政村,位于锡沪大道北侧,交通发达,区位优越。村内还建有锡沪装饰城(专营建筑材料、室内装修材料),一期占地 6.5 hm^2,二期又扩建了 3.5 hm^2。

(2) 发展概况

由于广益镇是无锡市对外开放的门户及商贸物流中心,不但有 312 国道和锡澄高速路贯穿整片镇区,还靠近火车站,交通便捷,出行方便,因此吸引了许多从各地来的农民工到此发展。

莫家村一带早在 1980 年代就汇聚了不少个体工商户与私人老板,主要从事些地砖、木材等建材的批发零售业务。随着这一特定群体及其经济影响的日益扩大,莫家村专门为此

① 南京红山片区的外来工混居区抽样调研数据(2003 年)。

兴建了一家大型的建材市场——锡沪装饰城(图 4.19)。这样做一来可将他们集中起来,强化工商管理;二来可以改善其经营环境。随后围绕着建材市场,莫家村又逐步建立了包括大型停车场在内的众多物流配载机构和配套服务设施,产生了一系列的相关产业和大量的劳动力需求(如餐饮、日用品销售、搬运等)。这种以建材批发市场为龙头建构起来的产业链,已吸引和吸纳了越来越多的农民工聚集于此,并最终形成了如此典型的流动人口聚居区。

图 4.19 莫家村产业链的核心——锡沪装饰城

(3) 居民构成

在莫家村的流动人口聚居区中,2004 年登记在册的外来暂住人口超过了当地的常住人口(2 980 人),达到 3 500 人,其中 30%~40%的居民为带孩子的家庭式迁移。

虽然这部分居民的来源相当混杂,来自于安徽、苏北、浙江等不同的地方,而且缺少主导的地方性群体;但是,聚居区以村内的锡沪装饰城为龙头,已建立起自身包括物流配载、餐饮、搬运等环节在内的整条产业链,上规模、成体系地解决了农民工的生活与就业问题。当然,其中的主体还是依托于建材市场就业的经营者与雇工。可见,该聚居区虽然缺乏明确统一的亲缘与地缘纽带,却可以通过社区的外向性经济和业缘关系(其农民工多通过建材市场实现就业),来加强居民间在生活、生产方面的交往与联系,属于一种典型的业缘型聚居区。

(4) 居住状况

莫家村为聚居区居民提供的多为私人出租房。由于私宅出租的收入可观,在经济利益的驱动下,几乎每家都在法定的宅基地建满了房子,同时还往自家的院子里自行搭建。所以在这里几乎每户都有私宅出租,面积不等,数量不同,质量也良莠不齐。其中不乏质量外观尚好的房屋,但也充斥了许多质量低劣、材料廉价、物质结构状况较差的新旧建筑,从而给聚居区带来了不可避免的问题与隐患:聚居区内建筑物的错落密集、建筑密度和容积率的居高不下以及居住环境的拥挤压抑等等(图 4.20)。

图 4.20 莫家村提供的私人出租房

6) 深圳河背村:外来工混居区

(1) 区位分布

梅林街道位于深圳市福田区的北部,东起银湖路口、西至沙河、南临北环路、北至二线公路,交通便捷,出行方便。辖区总人口约 28 万人,其中户籍人口 10 万人,暂住人口 18 万人,是深圳市农民工较为密集的街道之一,下辖上梅林、下梅林、梅河、梅京、梅丰等 12 个社区工作站(图 4.21)。

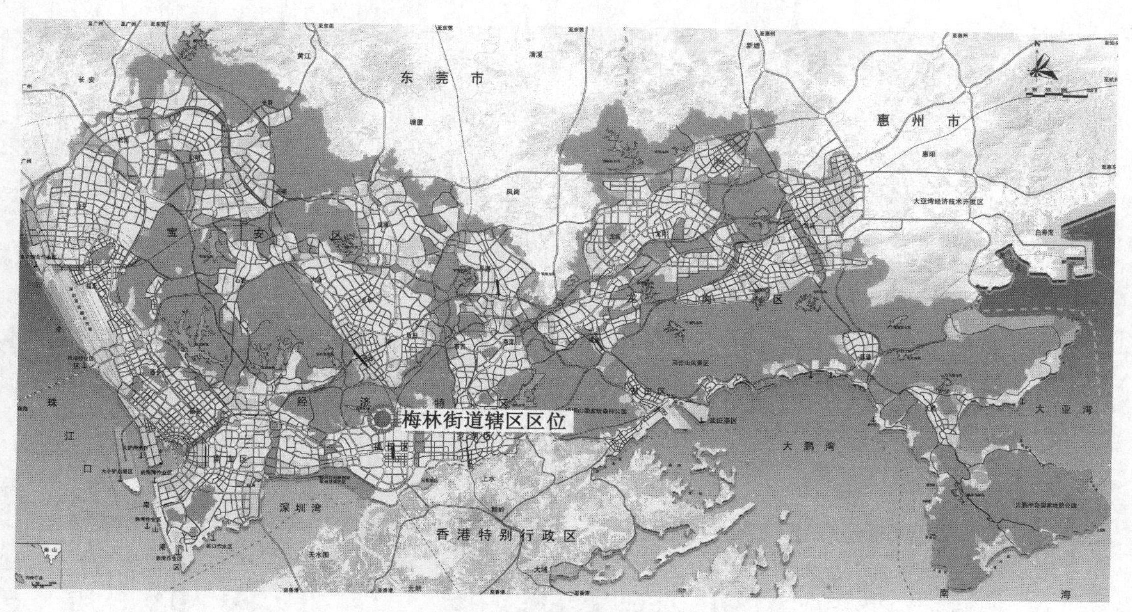

图 4.21　深圳市梅林街道的辖区区位

河背村是梅河社区下辖的一个自然村,现有面积约 5.1 hm²,原住村民 560 人左右,而农民工约为 9 800 人,已达到本地居民的 17.5 倍(图 4.22)。

图 4.22　深圳市河背村的区位

(2) 发展演变

河背村流动人口聚居区的形成和发展,同改革开放后深圳特区的快速崛起与经济发展相伴随,大约经历了三个阶段:

① 阶段一

改革开放前,河背村所在区域还是一片农田,村民们都集中居住在现在的锦林新村地段。深圳特区建立初期,随着城市建设大刀阔斧地推进以及当地人口的扩张,村民们开始挤占外围的农田作为宅基地,新建房屋一般不超过 3 层。

② 阶段二

1989 年深圳特区实行土地统征，由于原住民不愿意放弃旧村土地，引发了第一轮的占地建房热潮。1992—1993 年间，房地产的开发热潮再次刺激了特区原住民的建房热情；当然大批农民工前来深圳就业，往往也会选择河背村这一类城中村作为临时的落脚点，于是在利益的驱使下，村民们纷纷在原有宅基地上进行抢建，掀起了又一轮抢建、加建风潮。

而到了 1990 年代末，这些城中村中的房屋多被加建至 6～12 层，形成了密集成片的“握手楼”(图 4.23)。

图 4.23　河背村提供的私人出租房

图 4.24　河背村：外来工的混居区

③ 阶段三

随着市场经济的全面发展和深圳城市化进程的快速推进，越来越多的农民工来此就业和居住，从而使河背村的农民工规模不断扩大，达到目前的 9 800 人。

(3) 居民概况

① 居民来源

通过河背村的抽样调研发现：聚居村中的农民工来源非常复杂，以湖北、广东人为多(各占 21.1%)，其次是湖南人和四川人(分别为 15.8%和 13.2%)，而其他省份的人数相对少些，如安徽、河北、陕西。① 因此可以说，河背村并没有像“浙江村”或是“新疆村”那样拥有主导性的地方性群体，属于典型的外来工混居区(图 4.24)。

② 年龄构成

混居区的居民以 18～35 岁的青壮年为主，中年相对次之(表 4.19)——

表 4.19　外来工混居区居民的年龄构成

居民年龄段(岁)	<18	18～35	36～55	>55	总计
比例(%)	5.26	73.68	13.15	7.91	100

* 资料来源：课题组关于深圳河背村的外来工混居区抽样调研数据(2009 年)。

③ 文化程度

混居区居民的文化教育程度普遍偏低，近八成为高中以下水平(表 4.20)——

① 课题组关于深圳河背村的外来工混居区抽样调研数据(2009 年)。

表 4.20　外来工混居区居民的文化教育程度

居民文化教育程度	小学以下	初中	高中/中专	大学/大专	大学以上	总计
比例(%)	10.53	42.11	26.32	18.42	2.62	100

* 资料来源:课题组关于深圳河背村的外来工混居区抽样调研数据(2009 年)。

④ 就业结构

混居区的居民主要是自行解决就业问题,其从事职业以服务业为主,以经商为生的个体户次之(表 4.21)。但居民的生产经营活动基本上处于一种各自为政的零散状态,彼此之间并未建立普遍的经济联系。

表 4.21　外来工混居区居民的就业结构

居民就业方向	服务业	务工	经商	其他	总计
比例(%)	50.00	18.42	26.32	5.26	100

* 资料来源:课题组关于深圳河背村的外来工混居区抽样调研数据(2009 年)。

(4) 社区配套

河背村农民工的不断集聚,给当地现有的社区配套设施带来了很大的压力,而长期的城乡隔绝政策也带来了子女教育、医疗保健等方面的新问题。好在河背村临近城市主干道,再加上其自身较强的自我调节和服务能力,生活服务设施不足的问题很快得以解决,而由于政策造成的文化教育设施则相对难以解决。

生活服务设施主要集中在河背村主要道路两侧,包括菜市场、中小型超市、餐馆、百货商店、理发店,诊所等。由于外来人口众多,使得这里的商业比较发达,目前不仅满足了本村农民工的生活需求,还起到了对周边区域的服务作用。其中以餐馆和小吃摊点最多,而村内诊所相对较少,只有 2 家左右。

河背村农民工子女的上学问题比较突出,因为周边没有设置专门的为其服务的幼儿园及学校,他们只能在当地学校借读。目前在河背村附近有梅林幼儿园、红太阳幼儿园、梅林小学及民办小学上陆学校,这使得河背村农民工子女可以就近就学,只是要承担的费用较高,而这对于部分低收入家庭来说是难以承受的。

(5) 居住状况

河背村的聚居区居民基本都租居于当地村民的私房中,平均每栋楼住有 70 多人,而住房出租所带来的收入,也成了当地原住民的最主要经济来源。

这些住宅大多源于村民经济利益驱动下的占地建房、抢建和加建行为。目前全村共有私房 139 栋,经改造后多为出租之用,平均每栋为 7 层,最高者达到 12 层(房东一般独占一层),而出租层多被划分成一个个的单间或者一房一厅及两房一厅的套间,设施配套相对较为齐全,房间一般都配有独立卫生间和厨房。但就整个社区而言,建筑密集错落,建筑密度和容积率居高不下,“握手楼”层出不穷,建筑布局杂乱无章,建筑质量也参差不齐,居住环境的脏乱差现象突出。

当然除了大量的外来工混居区外,深圳市也不乏一些典型的缘聚型聚居区。像罗湖区莲塘长岭村就住着 2 000 名井冈山来的的士司机,他们从无到有,步步发展,现已拥有 800 辆的士,并在莲塘一带投资开办了江西菜馆,扎根长岭,逐渐形成了一个“的士部落”。在深圳其他的镇域村落内，也有不少外来人口怀着共同的致富理想、从事着共同的职业、以同乡同族为纽带在异地他乡构筑新的聚居环境。

4.5 流动人口聚居区的改造策略

1) 现存问题

客观而言，流动人口聚居区在我国的社会经济发展中确实发挥了一定的积极作用；但不可否认，它所存在的种种问题也同样给城市带来了方方面面的负面影响。其中，既有居民主体在城市条件下立足所无法规避的先天不足，也有聚居区这种社会形态在体制夹缝中生存时所伴生的种种缺陷。

(1) 流动人口聚居区居民的文化教育水平普遍低下

通常来说，有胆识和意愿流出农村而进城打工的人口文化教育程度普遍要高于全国农村人口的平均水平(表 4.22)，但即使是这类人口的整体水平，距离其在城市中立足和发展的要求依然偏低。比如说进入南京务工的农民工中，就有 80%左右的人口不超过初中文化程度，同时只有 1/4 的人受过一定的专业技术训练(图 4.25)，而大量低教育程度的农业人口流向城市，正是导致流动人口聚居区居民整体文化水平普遍低下的直接原因所在。像南京所街村的“河南村”与“安徽村”居民就有八成属于初中以下水平，拥有高中及大专以上程度的少之又少；而在红山片区的外来工混居区中，初中以下水平的居民更是达到 90%左右，高中和中专程度的则分别为17.99%和 2.08%，且只有一半人受过相关的专业技术培训①。这一切都将在很大程度上制约聚居区居民文化素质、专业技能及就业率的进一步提高。

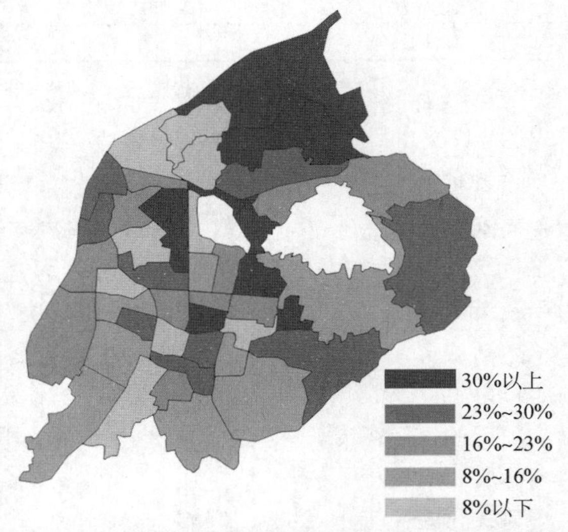

图 4.25 南京主城区农民工的中高等教育程度分布图

* 资料来源：课题组关于南京市流动人口的抽样调研数据(2009)。

表 4.22 农村外流人口与农村人口的文化程度比较 (%)

文化教育程度	农村外流人口		全国农村人口	
	1992 年	1998 年	1992 年	1998 年
小学以下(包括文盲、半文盲等)	35.3	21.45	62.2	43.27
初中	51.0	58.75	30.2	44.75
高中以上(包括中专、大专等)	13.7	19.80	7.6	11.98
其中受过专业技术培训的人口	27.0	—	10.6	—

* 资料来源：江流，陆学艺，单天伦. 1993—1994 中国社会形势分析与预测[M]. 北京：中国社会科学出版社，1994；中国社会科学院农村发展研究所. 中国农村发展研究报告(2)[M]. 北京：社会科学文献出版社，2001：320 - 325.

① 课题组关于南京红山片区的外来工混居区抽样调研数据(2003 年)。

造成这一问题的另一隐患则是农民工子女教育的“两不靠”现象:一方面,许多子女由于要跟随父母流动,已不大可能像家乡其他的适龄儿童那样依靠流出地来完成自身的基础教育;另一方面,他们则又因为城乡隔离状态下流入地没有为外来儿童提供教育的义务和责任,而不被流入地的教育系统所吸纳,从而陷入了一种“无书可读、无学可上”的尴尬境地。据不完全统计,在苏南各市的农民工子女中,需要解决义务教育问题的大致为:南京4万、无锡4万多、苏州10万、常州2万多和镇江2万,其发展态势不容乐观①。具体就无锡莫家村的流动人口聚居区而言,2004年就集聚了3 500名农民工,其中30%~40%属于携带孩子的家庭式迁移,而孩子中又有近1/3的适龄儿童失学。显然从根本上看,这同农民工在社会保障方面所受到的制度化排斥有着直接的关系,它可能会使成千上万农民工的下一代令人担忧地出现成千上万的新文盲,并使聚居区居民的整体文化水平在恶性循环中进一步下滑。

(2) 流动人口聚居区居民的生活和就业缺乏体系化的社会保障

在我国长期维系的城乡分立的二元社会图式下,国家对城市常住人所实行的供粮制度、公房分配制度、包教育、包就业、包医疗费、包养老金等一系列特殊优惠政策,均不对城市的暂住人口和差旅过往人口实行,这既从根本上保障了户籍制度这一城乡之间“闸门”的功能发挥,也使大量农民工的生活和就业受到了城市社会保障体系的排斥和疏离。

经改革开放多年,以户籍制度为表征的城乡二元结构和以户籍制度为捆绑的福利保障体系已逐步走向瓦解和松动,同时各地面对广受诟病的农民工社会保障问题也做出了各具特色的探索和实践,并主要形成了三类模式:入城保模式(以广东省为代表)、新建综合保险模式(以上海为代表)和入农模式(以沿海发达农村为代表),而这些模式又可归结为两大方向——直接扩面的社会保险项目和相对独立的农民工社会保险项目②。但是在实际操作中,农民工的社会保障依然会面临这样那样的现实困境:人口流动性严重制约了参保有效性和保障覆盖面;地方偏重于社会养老保险等未来收入保障项目,而忽视工伤、医疗、生育等短期保障项目;城市社会保险项目的供给模式单一、缺乏弹性组合等等,并因此带来了一系列令人堪忧的问题和数据。

据中华总工会的一项调查,全国农民工养老、失业、医疗、工伤、女职工生育保险的参保率仅为33.7%、10.3%、21.6%、31.8%和5.5%,而农民工企业补充保险、职工互助合作险、商业保险的参保率则更低,分别只有2.9%、3.1%和5.6%③。具体就流动人口聚居区而言,南京红山片区的外来工混居区同样只有六成居民可以从雇佣单位或雇主那里获取部分的福利和待遇,分别为:提供住宿19.02%、饮食9.51%、劳保用品23.61%、工伤保险1.97%和医疗费4.92%④。由此可见,农民工能享受的最好待遇就是食宿与劳保用品了,而最不理想的两项——工伤保险和医疗费恰恰反映出农民工在人身安全和健康方面缺乏

① 江苏省流动人口子女入学工作座谈会纪要[C]. 2002(9).

② 在直接扩面的社会保险项目中,自广东省1998年颁布《广东省社会养老保险条例》将农民工纳入城镇职工社会养老保险体系以来,厦门、南京、深圳、北京、天津、郑州等地也相继制定了类似的农民工社会养老保险政策。其特点是:将农民工纳入城镇职工基本养老保险体系,实行单位和个人共同缴费,推行社会统筹与个人账户相结合的社会养老保险制度;同时针对那些流动性较强的农民工,出台了个人账户的可转移性和一次性提取的相关规定等等。资料来源:http://www.jinyueya.com/magazine/23693121.htm.

③ 资料来源:http://www.jinyueya.com/magazine/23693121.htm.

④ 课题组关于南京红山片区的外来工混居区抽样调研数据(2003年)。

起码的保障。其中医疗保健方面，根据卫生部规定，医疗保健人员与居民比例至少应为1/2 000。但现在许多大城市连常住人口的医疗保健都难保证达标，更不用说上百万的农民工了。由于这部分人的医疗保健人员、必需的疫苗药品、设备及医疗经费难以保障，潜在的伤病和疫情随时会威胁到城市的公共卫生和公众健康。

与此同时，农民工在子女教育、克扣工资、工时超限等方面也存在着不少问题。根据我国劳动法第 38 条的规定："劳动者每日的工作时间不得超过 8 小时，每周工作时间不得超过 44 小时"，但从表 4.23 中明显可见，我国雇佣方违反劳动法操作的现象比较严重，以至于大批农民工(包括流动人口聚居区的居民)的工休日和 8 小时工作制都得不到保障——凡此种种，都将给聚居区居民在城市的立足和发展带来先天上的障碍与后顾之忧。

表 4.23　外来工混居区居民的工时抽样调查(南京红山片区)

聚居区居民每日的工时	样本统计(份)	所占比例(%)
4 小时以下	2	0.69
4～8 小时	134	46.05
9～10 小时	90	30.93
11～12 小时	37	12.71
13 小时及以上	28	9.62

* 资料来源：课题组关于南京红山片区的外来工混居区抽样调研数据(2003 年)。

(3) 流动人口聚居区的运作很难融入到流入地的管理体系之中

诚如前文所述，新中国成立后"以农养工、重工轻农"的政策导向和 1950 年代后期以来所强力推行的以户籍严格管制为表征的城乡身份制度，实际上切断了我国城乡之间正常的社会流动，并赋予城乡人口在地理空间和社会位置上极高的稳定性，由此而形成的相对静态和封闭的城乡二元结构也长期导致了城乡居民之间等级化和隔离化特征的最终生成(表 4.24)。在此宏观政策背景的影响下，我国行政体系的长期特征之一就是管理结构和地域的紧密结合。不同城市的同级行政机构之间不能交叉，不同级别的行政机构跨地域也就无所谓高低了，而改革开放后农村剩余劳动的大规模流动正好跨越了这一地域化的管理体系；虽然作为现有体制的弥补和补充，我国城市对流入人口多采取了一种"属地管理"的方式，但限于管理体制本身所存在的明显缺陷和疏漏，农民工及其聚居区还是很难融入到流入地的管理体系之中。

表 4.24　新中国成立以来所发布的农民工相关管控政策一览表

<table>
<tr><th>时间</th><th>出台政策、意见</th><th>相关主要内容</th><th>评述</th></tr>
<tr><td>1953 年 4 月</td><td>《关于劝阻农民盲目流入城市的指示》</td><td>明确规定各大中型企业未经劳动部门的许可和介绍，不得擅自在农村招收工人</td><td rowspan="2">农民工被称为"盲流"，是对农民工歧视性称谓的发端</td></tr>
<tr><td>1953 年 7 月</td><td>《关于制止农民盲目流入城市紧急通知》</td><td>明确制止农村剩余劳动力盲目流入城市，"盲流"成为严防严控对象</td></tr>
<tr><td>1958 年 1 月</td><td>《中华人民共和国户口登记条例》</td><td>确立严格控制人口流动的基本原则，明确将城乡居民区分为"农业户口"和"非农业户口"两种</td><td rowspan="4">彻底在城乡之间树起了一道藩篱，城乡二元结构确立，农民被限制在农村活动</td></tr>
<tr><td>1959 年 2 月</td><td>《关于制止农村劳动力流动的指示》</td><td>指示各企业、事业、机关一律不得再招用流入城市的农民，已经使用的应立即进行一次清理</td></tr>
<tr><td>1962 年 12 月</td><td>《关于加强户口管理的工作意见》</td><td>明确提出对农村迁往城市必须严格控制；城市迁往农村应一律准予落户，不控制城市之间的正常迁移</td></tr>
<tr><td>1979 年 6 月</td><td>《关于严格控制农业人口转为非农业人口的意见》</td><td>应继续贯彻从严控制城镇人口的方针，加强对农业人口迁入城镇的控制工作</td></tr>
</table>

续表 4.24

时间	出台政策、意见	相关主要内容	评述
1980 年 8 月	《关于进一步做好城镇劳动就业工作的意见》	对农业剩余劳动力,要采取发展社队企业和城乡联办企业等办法加以吸收;要控制农业人口盲目流入大中城市	政府对农村劳动力进城仍然采取了限制的政策;不过,政府明显也意识到了农村剩余劳动力过多的情况,提出了就地消化农村剩余劳动力的办法
1981 年 10 月	《关于广开门路,搞活经济,解决城镇就业问题的若干决定》	强化对农村劳动力流动的管理。对农村多余劳动力通过发展多种经营和兴办社队企业,就地安置,不使其涌入城镇	
1981 年 12 月	《关于严格控制农村劳动力进城做工和农业人口转为非农业人口的通知》	通知要求,严格控制从农村招收工人;认真清理企业、事业单位使用的农村劳动力;加强户口和粮食供应的管理	
1984 年 1 月	《关于 1984 年农村工作的通知》	允许务工、经商、办服务业的农民自理口粮到集镇落户,对促进集镇的发展,繁荣城乡经济具有重要的作用,应积极支持	严格限制农民进城的一次重大突破,近 20 多年的城乡人口流动就业管理制度开始松动。这样就为农民工进入城市就业打开了一条通道
1985 年	《关于进一步活跃农村经济的十项政策》	要求扩大城乡之间的交往,允许农民进城从事经济活动,参与服务业,提供各种劳务服务活动	
1986 年 7 月	《关于国营企业招用工人的暂行规定》	企业招用工人,应当公布招工简章,符合报考条件的城镇人员和国家允许从农村招用的均可报考	
1990 年 4 月	《关于做好劳动就业工作的通知》	对农村富余劳动力,要引导他们"离土不离乡",就地消化和转移,严格控制"农转非",防止出现大量农村劳动力盲目进城,对其实行有效控制	
1994 年 11 月	《农村劳动力跨省流动就业暂行规定》	开始实施以就业证卡管理为中心的农村劳动力跨地区流动就业制度	国家关于农村劳动力跨地区流动就业的第一个规范化文件
1997 年 6 月	《关于小城镇户籍管理制度改革试点方案和关于完善农村户籍管理制度意见》	适时进行户籍管理制度改革,允许已经在小城镇就业、居住的农村人口办理城镇户口,以促进农村剩余劳动力向小城镇转移	
2000 年 1 月	《关于做好农村富余劳动力流动就业工作的意见》	促进劳务输出产业化,促进跨地区劳务协作,开展流动就业专项监察,保障流动就业者合法权益	"改善农民工居住条件"被列为"切实为农民工提供相关公共服务"条款的重要组成部分;试图用"安居"向农民工表达城市接纳的态度
2003 年 1 月	《关于做好农民进城务工就业管理和服务工作的通知》	取消对农民进城务工的各种不合理限制,切实解决拖欠工资问题;做好农民工进城就业服务工作	
2004 年 2 月	《中共中央国务院关于促进农民增加收入若干政策的意见》	提出要改善农民进城就业环境,增加外出务工收入,要推进大中城市户籍制度改革,放宽农民进城就业和定居的条件	
2006 年 1 月	《关于解决农民工问题的若干意见》	农民工问题事关我国经济和社会发展全局,维护农民工权益是需要解决的突出问题	
2007 年底	《关于改善农民工居住条件的指导意见》	强调"用工单位是改善农民工居住条件的主体",提出"租赁、购置、集中建设"等多种措施	
2010 年 10 月	《中共中央关于制定国民经济和社会发展第十二个五年规划的建议》	加强城镇化管理,要把符合落户条件的农业转移人口逐步转为城镇居民作为推进城镇化的重要任务。大城市要加强和改进人口管理,中小城市和小城镇要根据实际放宽外来人口落户条件。注重在制度上解决好农民工权益保护问题	新型城镇化更加强调以"人"为核心的城镇化,同时提出了以人为本、优化布局、生态文明和传承文化等基本原则
2012 年 11 月	党的十八大政府工作报告	加快改革户籍制度,有序推进农业转移人口市民化;多层次提高我国城镇化水平,增强城镇对农村人口的吸纳能力,为离开户籍所在地、在城镇稳定就业和居住的农民逐步转变为市民创造条件	
2013 年 11 月	《中共中央关于全面深化改革若干重大问题的决定》	推进农业转移人口市民化,逐步把符合条件的农业转移人口转为城镇居民;创新人口管理,加快户籍制度改革,全面放开建制镇和小城市落户限制,有序放开中等城市落户限制,合理确定大城市落户条件,严格控制特大城市人口规模;稳步推进城镇基本公共服务常住人口全覆盖,把进城落户农民完全纳入城镇住房和社会保障体系,在农村参加的养老保险和医疗保险规范接入城镇社保体系	
2014 年 7 月	《国务院关于进一步推进户籍制度改革的意见》	在全国范围内统一城乡户口等级制度,全面实施居住证制度,包括:全面放开建制镇和小城市落户限制,有序放开中等城市落户限制,合理确定大城市落户条件,严格控制特大城市人口规模等——这也是我国户籍制度演化过程中具有里程碑意义的跨越	

其中的原因之一正是:流动人口聚居区居民在相关证照管理上的严重疏漏,导致了城市"条—块"式管理的明显缺陷。我国现有的城市管理还离不开两大法宝——户口和单位,而农民进城时缺少的恰恰是城市的户口和单位,这就迫使目前的农民工管理只能多借助于相关证照(如暂住证和就业许可证)的管理来加以弥补。但实际的情况却是,流动人口聚居区的许多居民都绕开了当地的管理部门居住和就业,既不办暂住证,也没生产经营的相关证照。比如说在北京"浙江村"的时村,3 724 名雇主中无营业执照者竟占到了 90.7%,达到 3 376 人。搞餐饮开饭店的 167 户中,无三证的也达到了 74.8%,有 125 户①;而在南京兴隆街道的近 3 万名农民工中,也有 35%左右的"三无"人员(无固定工作、无暂住证、无身份证)②。所街村曾在公安部门的配合下,从"河南村"的居民和农民工中清理遣返"三无"人员 52 人③。其结果只能是:一方面行政管理的"块"(如村委会和居委会)很难有针对性地行使管理权力;另一方面作为"条"的各级政府职能部门,则由于失去了"块"的依托也变得难以着力——这是造成我国聚居区管理缺陷的一个根本原因。

另一重要原因则是:在流动人口聚居区所处的城乡结合部,城乡两套管理体系的并存造成了"行政管理真空"的实际出现。城市的行政管理基本上是通过"单位和街道—居委会"的体系加以操作的,而农村也有相对成熟的"乡镇—行政村—自然村"的管理体系。这两种管理体系在我国城乡结合部的混杂和交叠,其结果往往不是彼此结合和强化,反而是互相推诿和职责不清:不少村委会只代表了本村村民的利益,具有浓厚的乡土性,除了房屋租赁所带来的经济效益外,很少愿意去承担为农民工提供服务和管理的责任和义务;而城市的社区管理组织即使想插手,也不便直接介入到农村内部。所以当流动人口聚居区的居民面对两套行政管理体系时,往往不是感到多了一层束缚,反而是运作的空间更大了——这也是造成我国聚居区管理松懈的症结所在。管理体系的缺陷和松懈目前已渗透到了法规制定、机构组织和程序操作的方方面面,受其影响,流动人口聚居区不但已很难纳入到流入地的管理轨道之中,反而逐渐演化成为了一种游离于城乡控制之外的异质性社区。

(4) 流动人口聚居区给流入地区带来了严重的社会问题

流动人口聚居区之所以会带来一系列的社会问题,尤其是违法犯罪问题,除了农民工低文化教育程度所带来的低文化素质和流入地区薄弱的管理体制外,还与农民工本身的心理异化及城乡文化间的固有差异有一定的联系——首先,农民工在城市丰裕物质生活的刺激下和家乡亲人过高的致富期望下,往往都会在无形间拔高自身对于物质经济利益的期望目标,但当他们不得不从事些脏、苦、累、险的行业时,就不仅会对市民产生一种不平等的竞争感,还会对本群体内的"先富者"产生一种不平衡的剥夺感。于是,过高的期望值同实现个人价值目标的合法手段缺乏之间的矛盾便导致了这部分居民的心理异化,欲借助于非法手段达到期望的目标。其次,城乡文化的各种规范之间本来就存在着较大的差异,如果有农民工依然坚持以原有的文化视野来对待城市的全新事物并拒绝城市文化的话,其结果同样会因为与城市规范的格格不入而导致违规犯法行为的发生。即使是有一部分人出于对城市文化的向往而积极追求甚至模仿城市的生活方式,也多会因城市文化的排斥和拒绝而

① 加强外来人口及其人口聚居区的规范化管理[J]. 瞭望,1995(48):24.

②③ 南京市建邺区委宣传部,等. 流动人口教育与管理经验材料汇编[G]. 南京:内部印发,2000:34,26.

形成一种“文化真空”,这就又为违法犯罪的亚文化留下了生存的空间。

事实表明,改革开放之后的流动人口及其聚居区也确实给我国城市的社会治安带来了严重的负面影响。据2009年广东三大监狱的大规模调查报告,发现广东省的农民工罪犯九成是26岁以下的新生代,且具有以侵犯财产罪为主、团伙犯罪比例增大、性犯罪明显、暴力化倾向日趋严重等特征(表4.25);而据南京市公安局的1998年统计,该市与暂住人口相关的违法犯罪案件共侦破了6 537件,其中治安案件3 153件,刑事案件3 384件,总体上也具有数量大、大案恶性案件比重高、对社会危害严重等特征。具体就流动人口聚居区而言,南京市所街村一带与农民工有关的案件占到了当地案发总量的60%以上,2000年破获的马自达抢劫团伙和偷车团伙就是这一带河南帮人员所为①;相比而言,北京“浙江村”的治安情况简直就可以用“恐怖”来形容了:1995年1~9月间共发生刑事治安案件1 543起,较1994年同期上升了99.9%,而到了9月份平均每天都要发生案件7.76起,不但作案手段残忍,其案发量也居高不下,占据了当地案发总量的90%以上②。

表4.25 广东省农民工的违法犯罪情况统计(2009年)

案件类型	侵犯财产				其他
	抢劫、抢夺	盗窃、破坏电力	故意伤害	涉毒	
比重(%)	51.44%	15.85%	9.61%	3.37%	19.73%

* 资料来源:农民工罪犯26岁以下占九成,性侵害犯罪难以避免[N].广州日报,2009-11-9.

此外,流动人口聚居区还给流入地区带来了吸毒贩毒(广州三元里的“新疆村”曾是当地的一个吸贩毒据点)、聚众赌博、卖淫黑道等其他社会问题。从某种意义上来说,它在推动我国社会经济发展、满足市民日常需求的同时,也蜕变为了一个破坏当地正常生活秩序、使原有的社会结构在宏观和微观上趋于动荡的不安定因素。

(5) 流动人口聚居区的物质环境和居住条件十分恶劣

由于政策引导不当、管理松散和规划滞后,在农民工纷纷由第一产业转向第二、三产业的过程中,我国流动人口聚居区的物质环境纷纷出现了大面积恶化的情况,究其原因如下:

首先在于大量的农民工给流入地带来了巨大的居住压力,这直接导致了当地居住空间的超负荷使用和个人频繁的超标违章建设行为。像南京所街村一带的农民工1999年就达到了当地村民的两倍,为6 700多人③;深圳市的大量农村(尤其是城中村)亦然(表4.26)。当地村民为了安置这些人口并从房屋出租中谋利,总是在压缩自己生活空间的同时尽量新建、扩建或改建私宅以供租赁,有的地方连村委会等社区组织机构也介入到了出租房的营建活动之中,给聚居区的物质环境带来了一系列的负面效应:宅基地的乱占、滥用和浪费,建筑布局和空间组织的杂乱无章和失控发展,建筑密度和容积率的居高不下,某些地段甚至还出现了间距仅有1~2 m的“握手楼”……其居住条件也就可想而知了。

---

① 程茂吉.南京市流动人口的特征、影响与对策[J].城市问题,1998(2):30.

② 项飚.“浙江村”里的黑道[J].中国农民,1994(12):35.

③ 南京市建邺区委宣传部,等.流动人口教育与管理经验材料汇编[G].南京:内部印发,2000:24-25.

表 4.26 深圳市农村(含城中村)私宅建设面积统计

地区	农村住宅建筑面积(万 m²)	农村总建筑面积(万 m²)	所占比重(%)
罗湖区	541	2 456	22
福田区	571	3 913	15
南山区	446	2 054	22
盐田区	85	282	30
龙岗区	3 095	5 003	62
宝安区	3 340	5 166	65
合计	8 077	18 874	43

*资料来源:许强.深圳市"城中村"改造分析研究[D]:[硕士学位论文].重庆:重庆大学,2005.

而且,在流动人口聚居区居民租住的大批民宅中,基本上都存在着参差不齐的质量问题。其中虽不乏质量外观尚好的房屋,但也充斥了大量质量低劣、材料廉价、物质结构状况较差的新旧建筑,连隔声、隔热、防潮的技术要求和采光通风的自然条件及日常生活的私密性都难以得到基本保障,整个社区的空间布局和景观环境也因此受到了较大的影响而呈现出零散、混乱、无序的一面来。

其次,流动人口聚居区在设施配套方面,尤其是公共基础设施上也存在着严重不足。新中国成立以来,我国公共基施设施的建设就一直存在着滞后和不足的问题,改革开放后的"民工潮"更是大幅加重了城市的这一负担。具体到南京、无锡、苏州三市,我们可以根据最近三市的水电气实际使用情况,大致推算出 2010 年各市暂住人口所需占用的公共基础设施供给量(表 4.27)。从中不难看出,数以万计的暂住人口实际上已经使城市的公共基础设施陷入了一种严重透支的超负荷运转状态,这一问题在流动民工大量集结和聚居的城乡结合部更是得到了严峻的体现——道路网布局和结构多处不合理,村民的私搭乱建行为已使部分路段变得狭窄曲折和不成系统,难以满足人流、物流、车流及消防、停车的基本要求;给排水系统已多处老化落后,会经常性地出现堵塞、积水内涝现象;电力电讯线路走向混乱,缺乏合理规划,给水灾和触电留下不少隐患;社区的公共卫生状况同样不能令人满意,脏乱差的情况时常可见;现有的商业、文娱、服务等设施无论是数量还是质量,都难以适应因流动人口聚居而大幅增长的日常需求,室外的公共活动场所、绿地和环境设施更是匮乏……虽然经过地方上和聚居区自身的努力,这种情况已有一定好转,但因此而带来的聚居区物质环境和居住条件的大面积恶化却成为了我国一个不争的事实。

表 4.27 南京、无锡、苏州三市暂住人口所需占用的公共基础设施供给量测算(2010 年)

城市	居住面积增加量(万 m²)	全年生活用水量(万升)	全年生活用电量(万度)	拥有病床数(张)	铺装道路量(万 m²)	公共汽车增加量(辆)	备注
南京	1 328.8	78 731.4	44 816.8	8 954.3	1 087.2	1 470.7	暂住人口按 151 万人计
无锡	1 556.1	38 406.6	58 533.3	9 969.3	1 368.0	1 404.0	暂住人口按 171 万人计
苏州	2 019.7	146 877.5	155 555.4	9 044.0	5 120.5	4 657.0	暂住人口按 539 万人计

*资料来源:黄贤金,蔡龙,等.区域城市人类住区环境评价研究[J].现代城市研究,2001(2):43.

2) 改造策略

伴随着党的十八大召开和相关报告文件的出台,"人本"主线的强力彰显和"三生协调、四化协调、五位一体"等方略的集群宣立,以及中央政府关于加强社会建设、创新社会治理、调谐社会关系、改善民生状况等社会性议题的系列探讨,无不预示着我国将在发展理念、模式和导向上做出不同于以往经济导向的重大调整;而以“人”为核心的新型城镇化的提出,正是要从根本上缓解甚至破解我国长期以来所遗留的内需待扩大、劳动就业待保障、城乡二元结构待打破、社会公平和公共福祉待提升等疑难杂症。

同时根据国际经验判定,通常来说,基础服务、社会保障的改善和土地所有权的授予是吸引低收入移民留居城市并改善其生活条件的两大法宝,然而目前中国自有其诸多特殊之处,比如说强占定居的棚户区在原则上是被禁止的,再比如说受限于户籍制度的影响,农民工等低收入移民很难在城市拥有合法而恒定的地产和房产。在上述综合背景下,本节将从社会、文化、政策、空间等方面入手,初步探讨流动人口人员聚居区的综合性改造策略。

(1) 普及流动人口聚居区居民的职业教育和义务教育

农村外流人口的基础教育程度虽然普遍较低,但毕竟还是有一半人受过相当于初中水平的教育,而其中流向城市的人口更是受过相对较好的教育。与之相比,反倒是农民工的职业教育状况及其子女的基础义务教育状况更加令人担忧,这也在一定程度上决定了突破口应集中在两个方面(表 4.28)——

表 4.28 普及流动人口聚居区居民教育的主要方向

教育普及对象	基本教育方向	主要方式
成年农民工	成人教育	兴办各类成人学校
	职业教育	创办专门的职业学校或是培训班
农民工子女(入学适龄儿童)	基础义务教育	借读制
		开设专门的农民工子弟学校

① 为流动人口聚居区的居民就业转换提供必需的职业教育体系

在我国的各类流动人口聚居内,虽然有不少居民依然从事着端茶送水、拾旧搬运、清洁环卫等简单的非技术性工作,但同样也有许多居民选择了服饰设计与加工、烹饪运输、家庭装修、来料加工等涉及专门技能和专业知识的职业。在这种情况下,引起我国有关方面的普遍重视,并普及聚居区居民的职业性教育,就成为了一项必要而又紧迫的任务。至于具体操作,我们可以从德国的经验中得到广泛的借鉴,主要方法有二:

其一,通过城市兴办的各类成人学校来开展成人教育。这种学校一般拥有专业设置宽泛、课程安排多样化、相关收费低、学习期限自定等特点,既不会影响农民工正常的就业和工作,还不会对大多数农民工的经济状况造成额外负担;对于极个别贫困者,甚至可以免费或提供资助。其目的就是通过灵活性、多样性与经济性相结合的教育途径,吸引尽可能多的农民工和聚居区居民基于就业的方便和需求而主动选择相关专业的初级培训,提高自身的专业技能和文化素质。

其二,通过创办专门的职业学校或是培训班来开展职业教育。像德国大企业就一直很重视职工的技术学习和职业训练,200 多年来这已成为德国整个教育事业的重要构成和企业发展的原动力所在。至于职业教育的体制,也不妨采纳德国的“双轨制”教育——这种教育方式将学校班级里的理论培训和实习企业中的实践操作既加以分工,同时又使之紧密结合，使学生或雇工在理论知识和实践技术方面可以得到完整的培训①；同时，承担培训任务的企业除了从国家得到一定的政策倾斜和利惠外，最初两个月的培训开支还可得到补偿。据对我国东莞、清远、北海、浦东等地的部分企业的访查也显示，这种补偿策略在为农民工和聚居区居民提供装配线生产和其他技能的培训方面确已取得良好效果。

此外，考虑到我国二元社会结构下城乡居民之间在身份等级、文化背景、观念意识等方面所存在的先天性差异，流出地还可以对农民工先期展开特定的城市生活指导培训，向其揭示城市文化生活方面的各种规律和特点，为其早日适应城市生活提供指导和建议，同时对受训人员现有的文化水平、技术能力、兴趣爱好、思维方式、预期需求等进行初步的测试，将其划入相应的技能种类，并在家乡由指定的企业先行进行基本的技能培训。这类培训一般都在农村劳动力外流之前由流出地负责实施，可以视作农民工日后成人教育和职业教育的一种准备与补充。

② 为流动人口聚居区的居民子女提供普遍的基础义务教育

在大力推行九年义务教育的今天，这需要流入地为其承担一定的教育职责和任务。主要方法也有二：

其一，努力打破既有的城乡隔离状态、挖掘地方的教育潜力，直接吸纳这部分适龄儿童进入当地的学校接受义务教育，亦即所谓的“借读制”。比如说厦门市教育局2012年改革了小学一年级招生方案，首次规定符合相关条件的进城务工人员随迁子女（学生本人及其父（母）须在厦门暂住；学生父（母）须在厦务工；学生父（母）须按照规定参加厦门社会保险等）可优先就学公办学校，并在当地免费接收义务教育②；同样，南京市红山片区的外来工混居区，在随父母来宁谋生的入学适龄子女中，也有33.67%的儿童借读于南京当地的学校③。只是在城市现有教育资源紧张和制度化门槛较高的情况下，这种方法不仅会进一步加重地方的教育负荷，还很难保障聚居区居民的子女教育状况得到普遍的改善。不过，如果雇佣农民工的实力型企业或雇主能出面设立基金资助农民工的子女，或是赞助他们借读的学校，估计情况会变得更为理想。

其二，组织地方教育力量（如民间私人组织或离退休教师）开设专门的农民工子弟学校或是中小型班组，为聚居区居民的子女教育创造适宜的条件。南京市所街村在这一点上就做出了宝贵的尝试。在他们的投资和联络下，兴隆街道终于有了自己的第一所农民工子弟学校，现已招收学生233人。该学校不但聘请了退休的小学高级教师及部分年轻教师任教，在教学经验和质量上有所保障，还于2000年2月份完成了自身的新建和搬迁。新建校舍征用的是积善村原有的幼儿园用地，包括200 m^2 的院子、6间教室、办公室及其厨厕，共占地600 m^2，面积为原来校舍的3倍④，以扩大农民工子女的招收面、较大规模地解决流动人口聚居区居民的后顾之忧。无独有偶，在无锡、苏州等城市也陆续出现了一些公益性质的农民工子弟学校，不过在师资力量、学位等级、教师地位、招生规模等方面它们仍有不少亟须改进的地方。

---

① 王章辉，黄柯可. 欧美农村劳动力的转移与城市化[M]. 北京：社会科学文献出版社，1998：257－258.

② http://news.cntv.cn/20120304/101495.shtml.

③ 课题组关于南京红山片区的外来工混居区抽样调研数据（2003年）。

④ 南京市建邺区委宣传部，等. 流动人口教育与管理经验材料汇编[G]. 南京：内部印发，2000：61－62.

（2）完善流动人口聚居区居民在城市中的社会保障模式

同西方发达国家不同的是，我国农民工欲在社会保障方面有所改善，其关键前提还在于：优先从体制上打破包括流动人口聚居区居民在内的农民工同城市居民之间的二元化待遇落差和制度壁垒，并扩大社会保障体系的适用对象与保障范围，在现有法规制度的执行和监督下保证其均等实施。具体而言——

顺应农民工群体发展壮大的现实情况，近期可以对包括聚居区居民在内的农民工规定，凡在城市暂住一定时间以上、在此期间无违法行为且有一技之长或固定职业或一定经济实力的人员，经审批后符合要求者可淡化户籍限制，让其享有更多的财产性收益，允许其在定居、购房、子女入托入学、就医等方面享有市民同等待遇①；远期随着越来越多稳定就业和生活的农村剩余劳动力顺利实现市民化，则可参照《国务院关于进一步推进户籍制度改革的意见》，淡化城市户口与农村户口的两分法，逐步取消户籍与就业、社会保障等连带福利之间的关系，在全国范围内统一城乡户口等级制度。这样户籍就不再是特定权益的代表和人口流动的障碍了，而只代表着持有者的居住地点和人口登记管理的原初功能，从而建立起与市场经济相适应的开放统一的身份管理制度，使聚居区居民在城市的发展能更快地纳入到良性化轨道——虽然要解决当前户籍身份制度改革所引发的“连锁反应”（涉及农业人口既有三权的退出，社会福利保障等），会在一定程度上加重我国城市职能的运作负荷，但作为我国城市化进程和户籍改革中无法规避的一步，它已成为当前城市生长的新动力所在；当然我们也需看到，农民最终是否愿意进城定居，除了上述政策制度改革的宏观影响外，实际上还取决于微观层面博弈现有结构的个体能动性和利益最大化判断。

在目前户籍身份制度改革已成大势所趋的背景下，欲进一步解决农民工在社会保障上面临的各类问题，其社会保障模式的构建既要照顾到制度模式的可实践性，又要考虑到制度实施的可持续性，既要适应农民工群体的特点，又要考虑制度和二元社会保障体系的对接问题。因此我们的核心建议是：我国农民工的社会保障模式亟待建构以个人发展账户为基础的综合保障体系，具体内容包括②——

① 建立个人发展账户

个人发展账户作为一种综合性保障项目（覆盖购房、子女教育、养老等），主要通过储蓄形成，分项设计，综合管理，统一使用，实行个人账户的纵向转移支付。其所有权和收益权归个人所有，而支配权和使用权则受公共政策的干预和约束。个人发展账户由个人和雇主承担主要部分，政府则通过给予存入资金免征所得税这种间接的方式进行补贴，其责任是在资产形成、保值增值、待遇计发三个方面进行平衡，并通过强制或非强制的办法执行、管理和运作③。

② 建立更加完备的工伤保险制度

按照普遍性和强制性覆盖原则确立农民工的工伤保险制度，以保证农民工的身心健康

① 2000年以后，随着“农转非”的内部控制指标基本取消，各地纷纷开展了户籍改革的新试验，像江苏苏州、浙江湖州和宁波、河南郑州等地均尝试改革城乡户籍登记，甚至浙江省政府提出要在几年内全面取消省内的城乡二元户籍制度。

② 本节主要观点所参考的资料来源：http://www.jinyueya.com/magazine/23693121.htm.

③ 个人发展账户所具有的灵活性对于目前我国统一的劳动力市场的形成有促进作用，也适应劳动力流动频繁的现状，以及与城乡社会保障体系的对接都是可行的。

和生命安全。比如说可以对国内的企业单位做出硬性规定，必须根据所在行业的风险大小缴纳农民工的工伤保险费用，一旦漏保，企业应按当地工伤保险赔偿比例自行负担赔偿费用，并像对待城市职工一样给其按比例报销医药费用作为审核企业营运资格的重要参照；同时还可发动多方面的力量（包括企业、雇工、市民和地方政府）集资，为农民工成立专项基金，为其在城市中的人身安全和伤病健康状况提供应有的保障等等。

③ 建立全国统筹的大病医疗制度

建立农民工的医疗保险制度，特别是建立大病或疾病住院保障机制，可根据农民工在本地区服务时间的长短来制定医疗保障待遇：对于职业稳定、有固定收入、已在城镇居住多年的农民工，应实行与城镇职工相同的社会统筹与个人账户相结合的医疗保险制度；对不稳定就业的农民工可不参加一般医疗保险，而建立大病医疗保险制度，着重保障住院当期医疗，减少疾病、工伤对农民工进城务工期间住院医疗保障问题的影响。

④ 建立农民工养老和失业保险制度

失业保险方面，应对农民工失业采取积极的就业促进措施、失业援助计划以及最低生活保障制度。在户籍改革的大趋势下，鉴于农民工的特殊身份，其最低生活保障可以是双重的：入城市户籍可享受城市低保，回农村亦可继续享有对土地的永久使用权；但是为了防止大量农民工涌入城市享受低保给城市带来负担，各个城市可以规定农民工连续在某一城市工作的年限，作为其享受城市低保的前提条件。

养老保险方面，对于无固定职业且流动性大的农民工，可采取“低保费率、低缴费基”的做法：缴费由用人单位和农民工双方共同负担，企业可按本企业工资总额的10%、个人按本人工资的5%缴纳，全部缴费进入农民工个人账户[①]。对于符合条件转入城镇养老体系的，按规定折抵缴费年限，调整个人账户规模，划分个人账户和社会统筹基金；对回农村的农民工，则转移个人账户进入农村社会保障体系等等。

⑤ 建立农民工的社会救济制度

社会救济制度应包括农民工遭遇天灾人祸时的紧急救济、特殊情况下的贫困救济、合法权益受损或遭遇不公正待遇时的法律援助等，在具体的保障方案上可区分对待：对拥有稳定职业且已在城镇长时间就业的农民工，应纳入城镇社会保障体系，其保障费交纳视同城镇职工；对无稳定工作且流动性大的农民工，可采取“不同档次的缴费率”方案，由雇佣单位根据农民工选择的缴费率而缴纳相应档次的保障费；对于进入城镇从事经营性工作的自雇性农民，则可参照城镇个体工商业户的保险制度安排；同时，积极推进各项配套改革，打破城乡藩篱和所有制界限，变户籍门槛为素质门槛，促进农民在城乡间的流动。

社会保障制度之所以在农民工或聚居区居民的身上难以得到平等的贯彻和体现，其中的原因既有城乡隔离状态所造成的农民工和市民待遇之间的不平等，也有各家企业单位（尤其是体制外的非正式部门）在经济利益驱动下对于外来雇工社会权益的漠视，而上述社会保障体系的建立不仅仅有利于城市社保制度的改革和完善，并在城市经济发展、社会稳定方面发挥重要的作用，还会关系到农民工切身的利益问题，成为解决农村社会保障问题

① 农民工持有养老保险的个人账户卡，可查询但不能提前支取；在不同统筹地区参保的，个人账户和保险权益只接不转、不能退保。

的突破口。

(3) 强化流入地基层自治组织对于流动人口聚居区的管理职能

对于流动人口聚居区而言,其不但常常处于流入地管理体系的“真空地带”,同时还不具备条件建立自己合乎法律程序的自治组织和权力机构,其结果就是:一方面农民工们的正当权益和意志愿望很难得到合法的保障和表达,另一方面他们的行为方式和运作模式也同样得不到有效的规范和控制。尤其是后者,更是给当地的社会秩序带来了严重的负面影响。在这种情况下,加强我国原有的基层自治组织(如村委会)的管理职能便成为了一项当务之急。南京建邺区的所街村经过多年的努力,已在流动人口聚居区的管理方面摸索和整理出了一整套宝贵的经验和材料,并成为了近年来全市流动人口管理的试点和示范单位。其具体经验包括以下几方面:

① 法规制定方面

除了区委政府制订出台的《建邺区流动人口依法管理教育部门职责分工》《建邺区流动人口依法管理教育实施意见》《流动人口服务收费办法》《建邺区加强流动人口管理工作实施方案》《流动人口管理公示手册》等规章制度外,所街村村委会也先后颁发了《关于加强流动人口依法管理的通告》《致房屋出租户、流动人口一封信》等文件,不但完善了现有的法律条规,也强化了法律宣传的声势和氛围,敦促村内的聚居区居民遵纪守法。

② 机构组织方面

建邺区专门为此建构了多层次的彼此衔接的管理体系:首先是由区委区政府分管领导挂帅、16 个有关部门参与构成的流动人口管理领导小组,总领全区流动人口工作的指导、教育、管理、监督工作,人员组成涉及区综合办、公安、劳动、计生、市容、税务等部门;其次是由兴隆街道工委书记、分管书记、分管主任等组成的地区流动人口思想政治工作领导小组,下设综合管理教育办公室,与有关部门配合组织实施社区流动人口的教育和管理工作;负责具体操作的则是以所街村党支书记为第一负责人、由村里分管精神文明建设的主任、总支宣传委员等组成的流动人口管理站,该站下属于所街村村委会,共选配了 30 名思想上进、工作积极的思想政治工作协教员(其中不少人就是聚居区的农民工),专门负责“河南村”“安徽村”居民和农民工的教育和管理工作。这就将“单位—街道—居委会”的城市管理体系同“乡镇—行政村—自然村”的农村管理体系有效地结合了起来,彼此得以强化。

③ 程序操作方面

所街村的流动人口管理站在工作上进行得细致而深入,充分发挥了当地村委会的基层管理职能。比如说本村房屋出租和流动人口登记的两项规定就在站内得到了不折不扣的统一执行,并辅之以一定的监督奖惩措施(图 4.26)。这种从房源入手、注重证件办理和管理的“以房管人、以证管人”的模式在很大程度上遏制了“三无”人员混居其间的现象发生,也保障了地方上“条—块”式行政管理的着力实施。又比如说“以外管外”模式,即所街村村委会领导村内的流动人口聚居区居民组建自己的党支部、民兵连、流动人口协调委员会等自管组织,通过分片包干和签订责任书的方式,提高流动人口自我管理和自我教育的能力。

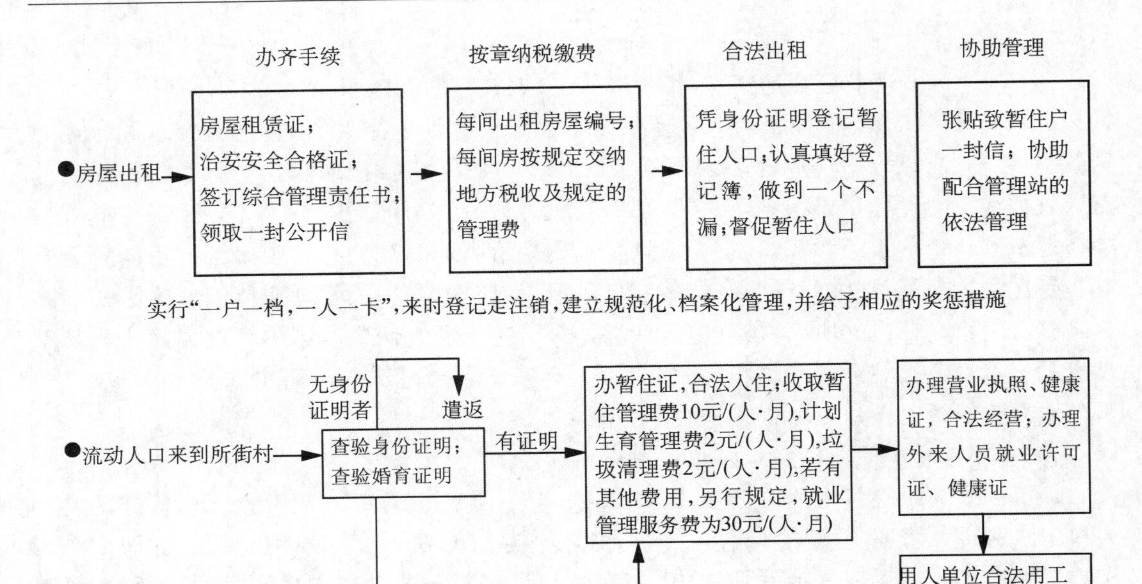

图 4.26　南京市所街村流动人口管理工作流程示意

此外，项飚等学者也提出了部分对策和思路如下：

其一，强化聚居区的社区控制职能。我国传统社会中的"保甲制度"就是以"居住"作为突破口的，这不失为一种行之有效的控制方式。像南京市目前引介和推广的流动人口管理模式中就有三类是从农民工的"居住"入手的："房主责任式"（充分发挥房主参与管理的积极性、"以房管人"）、"公寓式管理"（对集中居住的农民工实行的集中式管理）和"楼长负责制"（针对楼房出租户实行的管理）。在此基础上，如果我国能进一步将农民工的居所集中组织起来、形成一定的社区规模，就可将"社区"作为基本单元加以统一的管理和控制。"社区控制"的模式至少有以下优点：(a) 拥有统一加强防范、堵塞漏洞、减少犯罪的条件和机会；(b) 利于犯罪控制的层次化；(c) 便于现代化的控制防范技术的集中使用；(d) 利于人员的定点控制和预防犯罪；(e) 利于"打—防"关系的处理和法律宣传等等①。

其二，运用民间的自我管理要素、培育中介性组织。农民工的行为更多地取决于市场而非政府机构的行政指令，我们如能正视和激发聚居区自我管理的积极要素，并通过政府引导来控制这种要素使彼此有效衔接，就能借助于居民自管组织的力量事半功倍地加强我国基层组织的管理效力。像南京所街村就在农民工的自管自教方面做出了不少有益的尝试，这样既有助于上层管理部门的政策落实，又利于流动人口聚居区的自我组织和矛盾化解，打破了我国以往那种大包大揽、从头管到尾的政府式干预。

(4) 编制流动人口聚居区的物质性整合规划

就物质形态空间而言，我国的流动人口聚居区大多已成为流入村落混杂而又不可分离的一部分，这既有别于其在社会文化生活方面所展露出来的隔离性和封闭性，也不同于西方发达国家在外来移民社区或是黑人社区身上所呈示出来的隔离化居住模式和分离化社

① 陈月."边缘社区"的犯罪问题及其社会控制[J].郑州大学学报(哲社版)，1997(1)：46.

会特征。有鉴于此,我们在对既有的流动人口聚居区进行物质性改造和整合时,最好能同其所依附的近郊农村(含城中村)结合起来作宏观整体的考虑,制定出相应的、可供选择的多套规划方案,以达到有的放矢、循序渐进的效果。一个重要的依据则是:聚居区所依附的村落与城市建成区的关系。

① 整合方案一——结合近郊农村的局部性改造

对于流动人口聚居区依附而生的我国农村来说,虽然物质环境和居住条件并不理想,建设质量也良莠不齐,但一部分村落由于地处城市外围且与城市建成区(尤其是主城区)之间留有一定距离的缓冲地带,其无论是空间布局还是景观形象均未同城区的建设现状形成强烈的冲突和鲜明的对比。像无锡的莫家村便同无锡建成区保持了一段距离,由于它们目前尚未成为城市扩张、征地拆建的前沿和城乡空间形象的冲突之地,因此作大范围的、整体性改建的迫切性并不明显,改造的难度也要相对小一些。

不过,仍有两方面的因素必须加以考虑:其一是村落改建的标准问题。这部分农村地处生长活跃的城乡结合部,虽然目前尚未与我国的城市建成区形成鲜明的反差,但日后城市用地的逐步拓展和侵入却是其在确定建设走向和标准时不得不预见的问题;其二则是流动人口聚居区的依附而生。若能结合流入的村落整体地加以研究规划,不但可以使当地农村的物质性改造得到较好的引导和控制,还可以使依附其间的流动人口聚居区得到同步的整合。

因此,目前的基本策略为:其一,这类村落的新建、扩建和改建项目要充分考虑到农民工因素的影响,应在基本保留村落现有格局的前提下,有规划、有控制地实行以局部性改造为主的开发和建设,其重点在于村落及其流动人口聚居区物质形态空间上的改善和调整;其二,规划优先,高起点地建设近郊农村。虑及其区位特点及日后城市用地拓展的渐进过程,整个村落的改建既要相对独立于城区总的形体规划之外,但又要更多地参照城乡规划的相关标准。表4.29从土地利用规划、形体规划、工程规划三方面的内容着手,为我国提供了包括目标、政策、规划三个层次在内的规划控制方案。

该方案的明显优势在于:其一,它通过物质形态空间的规划控制基本上达到了"延续和维持村落现有社会结构、经济模式和生活方式"的目的,而不会使我国的地方社群和经济体系在改建活动中遭到全面破坏;其二,它的开发建设与城市日后的规划发展也保持了一定的适应性和前瞻性;其三,该方案的实施还让其间的流动人口聚居区获益匪浅,无论是物质环境还是居住条件均有了同步改善,这其中有几个问题还需作进一步的说明:

首先,这部分农村作为流动人口聚居区的依附体,其物质环境的局部性改造仅仅意味着内外居民聚居环境的进一步完善和改进,而非外来居民的驱逐和清理,这一带仍可作为我国农民工的聚居地而存在,而当地村民也照样可以将房屋出租作为自己的一项重要经济来源,只是改造后的房屋租赁业该如何经营和管理,应得到地方有关方面的充分重视和研究。关于这一点,已有专家提出了新的思路——既然目前比较流行的以家庭为单位的出租模式易给日后村落统一的规划、建设和管理带来各种障碍,何不革新现有的出租模式、转向集体经营方式并走企业化的经营道路?比如说,各村民家庭的出租房就可以按面积入股并计算股份,成立股份公司,由村集体统一出租经营,村民则按股份分配出租利益,不过在具体操作方式上仍需作专门的研究。

表 4.29　结合近郊农村的局部性改造方案

	土地利用规划	形体规划	工程规划
目标方案	• 村落的土地全部维持以往的集体所有制不变； • 村落常住人口和农民工暂不按城市户口计，但要参加总体规划中用地规模和人口规模的平衡； • 村落作为城市建成区外相对独立的一个组成部分，现有的行政和社会结构将继续保留，并在农民工的管理上行使主要职能； • 由于农民工的增长和聚集，这一带公共基础设施和配套服务设施所需用地要在城乡规划的区域范围内平衡	• 村落的形体规划相对独立于城区总的形体规划之外，但比一般农村要更多地参照城乡规划的相关标准和参与城乡景观规划、城乡绿地系统、城乡设计等等； • 对村落现状进行局部改造，原则上要不伤筋动骨和富于针对性，要能满足本地村民和外来居民的基本生活需要，其居住环境和设施配套情况至少要达到三类居住用地的标准	• 村落的工程规划标准将尽量参照城乡工程规划的标准编制、实施和管理，但在道路设施的布局结构和其他基础设施的标准上可有一定的降低； • 考虑到工程建设的周期性、过程性和农民工的变化因素，应为今后指标的拓展提供相应的空间，并最终达到"安居工程"的建设要求
政策方案	• 在整个村落用地功能与城市总体规划不出现矛盾的前提下，逐步进行用地性质和功能布局的局部调整，村落或管理区政府可以强制征用部分集体土地以满足必要的设施配套和绿化用地需要； • 农民工的聚居为当地村民建房出租的市场行为提供了动力和可能。为防止农村宅基地的乱占滥用、无序开发和过度浪费，须根据《土地管理法》的相关规定制定地方上的"农村居民宅基地管理办法"，明确宅基地申请条件、各类用地面积、用地区位与条件、管理机构、审批程序等等； • 以村委会牵头组织下的土地所有者的股份公司为更新机构，城市政府原则上不介入村落的改造建设计划，只给予更新改造税费减免、市政工程专项补贴等鼓励，并在土地利用规划报批上予以管理和约束	• 允许符合规划的所有新建、改建和扩建项目的报建，同时结合工程规划，完成相对应的用地形体规划，但考虑到农民工因素的影响，上述新建、改建和扩建项目应在容积率、建筑密度、绿化率等方面提出更高的要求，而不仅仅是旧地重建； • 由于农民工集聚等因素所带来的公共服务设施的不足，主要靠内部挖潜和依赖社会解决，但同时也酌情配建些必需的公共服务设施，以保证村落基本的居住需求	• 工程规划是该方案的实施重点，关键是如何把握基础设施规划和建设的标准，特别是道路和给排水设施； • 对道路拓建和其他基础设施建设所占用的村民宅基地的补偿要在整个用地范围内加以平衡
规划方案	• 村落基本上按照居住用地的主功能，在村镇总体规划的指导下对用地进行以公共基础设施和配套服务设施为主的、深度介于控制性详细规划和修建性详规之间的规划编制，并加快编制和调整临近城市的村镇规划，加快村镇建设管理； • 控制性详细规划中用地的划分及土地开发强度的控制要考虑实际开发的可行性、回报率、环境的承载力及农民工的求租量，修建性详规则要确定小类用地的位置和规模	• 在城市总体规划城市设计导则的要求下完成用地指导性的形体规划。 • 注意维持村落建筑风格和布局的连续性、整体性与可识别性，不要因农民工的安置而私搭乱建和无序开发，导致村落空间布局和景观交通的极大破坏。尤其是因道路拓宽而带来的沿街建筑的更新更要进行重点设计和规划。 • 村落的改造手段要多样性和针对性相结合——"留"，对具有历史文化、建筑美学及旅游观赏价值的建筑古迹和质量式样尚好的新建筑以保留、修缮为主；"调"，调整现有用地和房屋的使用功能，使之合理化；"改"，对现有旧房进行改造，以延长其使用期并改善外观形象；"拆"，对结构破损严重、没有内在价值的房屋以拆除重建为主。 • 考虑到村落内外混居现象的普遍存在和部分聚居区所负载的经济职能，应在新建改造的住宅单体方面做出多向探讨，以设计与之相适应的套型方案	• 在城市总体规划中工程专项规划的指导下完成用地的工程规划。 • 首先需保证道路红线宽度到达到 3.5～5 m，主要路段拓宽至 7～9 m，建筑红线再退后 1～2 m，然后逐步完成其他基础设施的配套建设

其次，对于局部出租所带来的内外混居现象及部分聚居区所负载的经济职能，有针对性地加强可出租住宅的适应性设计也是必不可少的一环。（具体案例和做法可参考清华大学李甫、孙秉军的方案"重庆可出租住宅"）。

最后在机构组织方面,则可以在村委会的牵头下建立起土地所有者的股份公司,并以此作为整合的组织机构。城市政府原则上不介入村落的改造计划,而只给予更新改造税费减免、市政工程专项补贴等形式的鼓励,并在土地利用规划的报批上予以管理和约束。这类以乡镇和村为单位而成立的土地开发股份公司,主要由公司对村内的用地按级差地租和土地产业效益核定基价,再将村民的承包权、劳动贡献等折算成农业股、工业股,量化到人;农业股按田亩折入股份制农场,年终分红利;工业股按国家规定的养老、待业金作股,存入银行,每年支取利息。像深圳南山区的田厦村 800 名村民,即是采取宅基地入股、参与项目利润分配的方式进行村落改造,而放弃了开发商介入的拆迁补偿模式。

② 整合方案二——结合近郊农村的统一性改造

近郊农村作为流动人口聚居区的主要依附体,除了方案一的情况外,实际上还存在着这么一种现象:由于急风暴雨式的城市建设和城市用地的急剧膨胀,许多村落的用地已逐渐与城市现有的建成区相接、甚至相互混杂交织在了一起,这就不可避免地会在空间布局、形象景观及发展建设的大目标上同城区形成鲜明的反差和尖锐的矛盾,像南京的所街村与苏州的幸福村均是如此。在这种情况下,仅仅实行局部性的改造就意义不大了,而最好走上一条长远系统的改造之路。

不过,需要考虑的因素是:我国的这类村落由于规模较大、建设格局基本定型,一旦改造起来难度颇大,工程量和资金的需求量都十分庞大,改造的任务也将相当繁重。在这种情况下,匆忙上阵、采取零敲碎补的改造方式就不合时宜了,而应待条件具备之时展开统一全面的更新改造。

因此,目前的基本策略可定为"加强规划和控制",即基本上先维持村落及其流动人口聚居区的建设现状不变,控制近期的建设开发量和人口规模,编制远期的合理规划,待条件成熟时再作统一全面的更新改造。在这个过程中,可以先就交通、消防、给排水等方面的严重缺陷进行局部性和必需性的补救,以保证区内基本的居住需求;同时还要在对城市形象产生重大影响的地段实行必要的更新和改建,以保持城市景观的整体性和延续性(表 4.30)。

该方案的优势在于:它一方面可以从政策上刺激房地产的需求,另一方面则可以让政府把握住土地的一级市场,在保障我国财政收入的同时,也为下一步的开发改建创造了有利条件。在整个开发建设过程中,我们可以通过商品房售价、土地征收价、商品房楼面地价、建筑单位造价、安置周转资金、拆迁建筑总量、允许建筑总量、拆赔比、开发方的管理运营费用与建造成本的比值、改造地区面积等十个指标来大致确定经济门槛①。

这部分农村的统一改造势必要牵涉到当地村民的拆迁和安置问题。虽然原则上村民和原兴建单位可以用政府的赔偿金在市内任意地方选购房产,但是基于维系地方社群和原有社会网络的目的,我们不妨在村落改造为城市型居住区后采取"原有拆迁居民回迁"的方式;同理,村落的统一改造使流动人口聚居区居民的清理和分流也成了可能和必然,但与当地村民不同的是,改造后的村落将很难再次成为农民工的回迁和聚居地。究其原因,则是改造后的村落作为城市居住区的一部分,已经丧失了以往的区位优势,有限的房源分布、上扬的房租和严格的管理体系均使这一带更多地成为了小规模的散租散居户的选择目标,而非大量农民工的聚居

① 敬东."城市里的乡村"研究报告[J].城市规划,1999(9):12.

之地。因此从某种意义上来说,结合近郊农村的统一改造实际上就意味着流动人口聚居区在这一区域的清理和解体,其中既涉及了改造前政府方面的组织因素,也有改造后农民工做出自发性选择的因素,可以看做是政府职能和市场调节的合力使然。由此可以推断,改造后的这类村落由于外来居民的有限规模和散居状态,其所承载的外部压力同改造之前相比将明显地削弱,因而也将更加有利于社区环境和空间景观的有序建设和有效维护。有鉴于此,我国在编制相应的改造方案时,对于农民工的多方影响(例如公共设施配套、治安问题、房屋出租量等)不必再作过多地考虑,只需在操作上留有一定的空间和余地即可。

表 4.30　结合近郊农村的统一性改造方案

	土地利用规划	形体规划	工程规划
目标方案	• 村落的土地由集体所有制转化为全民所有制。 • 土地使用的性质:除工业在产业结构转型过程中向工业园区集中外,村落的土地主要仍用作居住用地,为城市的内涵发展提供必要的土地和空间。 • 村落原有的农村人口转化为城市人口,流动人口聚居区的居民可根据实际情况放宽落户条件,且同样都要参加总体规划中用地规模和人口规模的平衡。 • 村落完全变为城市的有机组成部分,其现行的社会行政结构将不复存在;但在统一改造前,它们仍要承担起农民工的主要管理职能。 • 由于用地及人口性质、规模的调整,城市基础设施及配套服务设施所需用地要在城市规划的区域范围内平衡	• 村落的形体规划作为城市总的形体规划中不可分割的一部分,要参与到城市景观规划、城市设计和城市绿地系统规划中。 • 居住及其他性质的用地规划和建筑布局统一按照《城市居住区规划设计规范》等规范和条例进行操作,为村落顺利转化为城市型居住区提供必要的技术支持	• 村落的工程规划标准将完全依照城市工程规划的标准编制、实施和管理(特别是道路设施的布局结构和给排水设施的标准),以改变过去农村工程规划状态下和农民工冲击下的低标准和高负荷状况
政策方案	• 目前基本维持土地的使用现状不变,同时抑制地价的个人炒作和盲目上涨,待条件成熟时再进行用地功能及性质的统一更新。 • 在操作主体的组织下,更新机构可以采取包括各类专业人士在内的联合公司的形式进行操作,同时由政府给予税费减免、市政工程专项补贴等多种形式的鼓励。 • 在对申请报建的村民和兴建单位的土地和房屋进行评估后由政府统一征收,村民和兴建单位可用政府赔偿金在市内任意地方选择购房。拆迁改造时,可参照国家和地方相关规定和标准进行操作,以弥补过去补偿标准低、安置方式单一、安置资金缺乏监管、户口因素易被利用等问题。 • 目前先控制村里农民工的规模,在此基础上再有计划地组织其向其他区域分流和安置,为日后的统一改造创造条件。 • 在村落居民转为城市人口之后,逐步取消与原农村户口相挂钩的各项优惠政策,涉及宅基地、享有分配等方面;取而代之的是与市民享有同等的社会福利保障制度	• 先基本维持建筑物及物质形态空间的现状,只在对城市形象产生重大影响的地段(如面向城市主要道路的外立面)实行局部的更新和改造,杜绝大拆大建,压缩基建量。 • 统一改造前,停止报建村落内所有的新建、改建和扩建项目。但考虑到目前农民工等因素的影响,可酌情办理些必需的配套服务设施的报建项目。 • 加强城镇化管理,争取把符合落户条件的农民工逐步转为城镇居民,并推进城镇基本公共服务的常住人口全覆盖,把进城落户农民逐步纳入城镇住房和社会保障体系	• 先基本维持工程市政设施的现状水平不变,等待时机,统一建设;其间可酌情配建些必需的公共基础设施,以满足当前本地村民和外来居民的基本生活需要。 • 亟待更新改造的项目可结合详细规划一次性改造到位
规划方案	• 按照城市居住用地的功能,在总体规划的指导下对用地进行控制性详细规划、修建性详细规划和城市设计,调整现有用地结构,改变零星分散、相互混杂之现状,建立同城市相适应的高效集约的用地结构。主要方向有二:其一依照城市居住用地的标准,遏止村民违章超标建房行为的泛滥和居住用地的肆意蔓延;其二集中设置工业用地引导工业的合理布局,以防工业用地的盲目膨胀和遍地开花。另外,农民工的逐步分流也有利于村落用地结构的统一调整。 • 被政府征收的闲置土地可用作临时停车场、绿化用地或其他公共活动用地。 • 控制性详规中用地的划分及土地开发强度的控制要考虑到实际开发的可行性、回报率及环境的承载力	• 在城市总体规划城市设计导则的要求下完成用地的形体规划。 • 注意土地开发强度、绿地率和建筑物体量的关系,并保持建筑风格和空间布局的连续性和可识别性,共同形成城市特色。改造后农民工的影响将大大削弱,社区的物质环境和空间景观则将得到更好的建设和维护。 • 住宅作为社区建筑的主要类型,应在群体组合上更多地借鉴联排式、通廊式、单元式等城市型住宅的结构形态,以提高居住用地的建设集约度及住宅的形象档次	• 在城市总体规划中工程专项规划的指导下完成用地的工程规划。 • 规划中的各项专项规划要考虑与现状用地亟待更新改造的项目相结合

此外我们还应看到,该统一性改造方案在资金筹措方面由于资金需求量大、工程任务繁重,则需要吸引投资商和开发商甚至是贷款投入其中,其良好的区位条件、富有升值空间的用地以及政府的优惠性政策可以为资金的筹措提供必要的保障和吸引力;而地方政府除了政策性扶持、担保贷款等职能和事务外,往往还需要针对聚居区改造和安置区设置中的公益性和基础性项目(如文教、卫生等公共服务设施和道路、给排水、邮电通讯等市政基础设施)直接从财政预算中拨款加以资助,并根据建设进度和实际需要采取按年度拨付和限额管理的方法。

(5) 确立居住空间设计标准

面向农民工的房源供给渠道主要有三:其一,依托于私人住宅租赁市场,面向商贸服务业、小工业的农民工提供自租房;其二,以企业等为供给主体,面向制造业和建筑业的农民工统一提供住宿条件,包括集体宿舍、施工现场工棚等;其三,面向既无企业(雇主)提供住宿条件又无法立足于私人住宅租赁市场的农民工,则尽量纳入地方政府的保障性住房体系,以此作为一类必要补充。因此就多元化的房源供给渠道而言,我们可以在流动人口居住空间上做出设计干预的主要是被动择居空间(主要为廉租房和集体宿舍)。

居住空间的标准一般包括质和量两方面,国际上则将该标准划分为三个等级,其中最低标准即是人均一张床(人均居住面积在 2 m^2)、家有一间房①。这种标准只能满足每人应有的最低生理卫生需求,是流动人口居住空间设计应达到的最低目标。那么,农民工的居住空间该如何确立和取舍标准,我们可以先参考一下其他国家和地区的做法:

日本在 1966—1990 年间推行了五个住房五年计划,其中由政府参与支持和直接建设的公共住宅所占比重分别达到 38%、38%、47%、53%和 38%②。1970 年代,日本又提出了住宅建设的最低标准和诱导标准,以此作为住宅建设的重要指标。其中最低人均建筑标准大致介于 7~15 m^2/人之间,可作为我国农民工居住空间的参照性指标(表 4.31)。

表 4.31 日本住宅建设的最低标准与诱导标准

面积标准	最低标准面积(m^2)		诱导标准面积(m^2)	
家庭人口	居住面积	建筑面积	居住面积	建筑面积
3	17.516	20.037	17.529	33.055
4	25.039	46.075	32.550	59.091
5	37.556	69.010	45.066	74.511

* 资料来源:侯淅珉,应红,张亚平,等.为有广厦千万间——中国城镇住房制度的重大改革[M].南宁:广西师范大学出版社,1999:130.

香港地区的公屋建设经过几十年的发展已经相对完善,其出租型公屋的套型面积要小于出售型公屋,一般为 12~60 m^2,租金为 137 港币(18 美元)~840 港币(108 美元);与此同时,该公屋的设计和建造出于节约用地、降低造价和加快进度的需要,一开始多以多层和高层为主,平面划分方正,外观朴素无华。但就不同时期的公屋而言,其平面设计还是存在着一定的差异和变化。

与香港相比,新加坡的公屋面积标准要普遍地高出一档:出租型公屋的套型面积一般为

① 张彧.流动人口城市住居——住区共生与同化[D]:[硕士学位论文].南京:东南大学建筑学院,1999.

② 侯淅珉,应红,张亚平,等.为有广厦千万间——中国城镇住房制度的重大改革[M].南宁:广西师范大学出版社,1999:127.

23～75 m^2，出售型公屋的套型面积则为 33～160 m^2，人均楼层面积为 8～50 m^2/人[①]——这些均可为我国流动人口居住空间的指标确立和规划设计提供参照和依据。

根据上述分析，同时结合社会调研与北京、上海等地的实践经验，我们可以大致确立流动人口居住空间的设计标准与原则如下：

① 农民工的居住空间设计需要与之相对应的发展重点、面积指标和安置对象(表 4.32)。其中，廉租房主要面向从事商贸服务业以及小工业的租居型农民工，以家庭式农民工为主要安置对象；而集体宿舍的面积指标要低些，且主要面向从事制造业的宿居型农民工，以单独和群体式农民工为主要安置对象。

表 4.32　我国流动人口居住空间设计的建议标准

流动人口居住空间设计标准	套型建筑面积(m^2)	安置人数(人)	人均建筑面积(m^2/人)	主要安置对象	空间布局要则
廉租房	20～70	2～5	6～12	家庭式农民工	可集中统一地设置厨房和卫生间
集体宿舍	20 m^2 (3.6 m×6 m 左右)	6～8	3～6	单独和群体式农民工	尽量做到成套设计，至少包含一室一厨一卫形成完整套型

② 农民工的居住空间设计应提高功能的适应性，特别是在面积标准较低的条件下，保持空间的灵活划分和功能的自由布置显得更为重要，以实现提高空间使用效率、满足多层次需要、降低建筑造价等目的。

2008 年全国保障性住宅设计竞赛便在这方面做出了积极探索，多元化的思路兼顾了操作的前瞻性与现实性。比如说孙石村、王鹏提交的一等奖方案《“模”方》便拥有两大特色：其一是模块化处理，即围绕着“模”方这一主体模块进行二次细分和转换设计，衍生出玄关、餐厅、起居、卧室、厨房等 13 个功能块，然后实行自由交叉组合；其二是四维的空间复合利用，即不但在平面布局上多采用灵活可变式隔断(主体结构除外)，还在三维剖面上提高空间使用效率，更引入“时间”的因素，面向从“单身贵族—二人世界—三口之家—三代同堂”的居民构成的演变，做出了相应的套型设计，具有一种适应性和长效机制，其实同流动多变的农民工需求也大致契合(图 4.27)。

③ 除了在室内要强调功能的适应性外，农民工的居住空间还需加强室外公共服务设施的质量和外部空间的丰富度，以弱化和弥补室内空间的拥挤感；同时讲求外观的简洁和美观，多方面地提高居民的生活品质。

(6) 推广低造价住宅体系

由于农民工有别于城市和农村人口的异质性身份，使其居住空间的规划设计也有了不同于一般城市住宅的特定需求，经济、高效、可适应性必然会成为它的首要特征。限于农民工的经济实力，构建低造价的住宅体系不啻为一个切实可行的解决方法，无论是廉租房还是集体宿舍的建设都不妨一试。

① SAR 体系的探索与借鉴

SAR 缘起于荷兰的一个建筑研究协会，一个长期致力于大规模住宅设计建造方法研究与改进的组织团体。1965 年，SAR 的指导哈布瑞根在荷兰建筑师协会会议上首次提出了将

① Fong P K W. A Comparative Study of Public Housing Policies in Hong Kong and Singapore[R]. Hong Kong: The University of Hong Kong, 1989: 34.

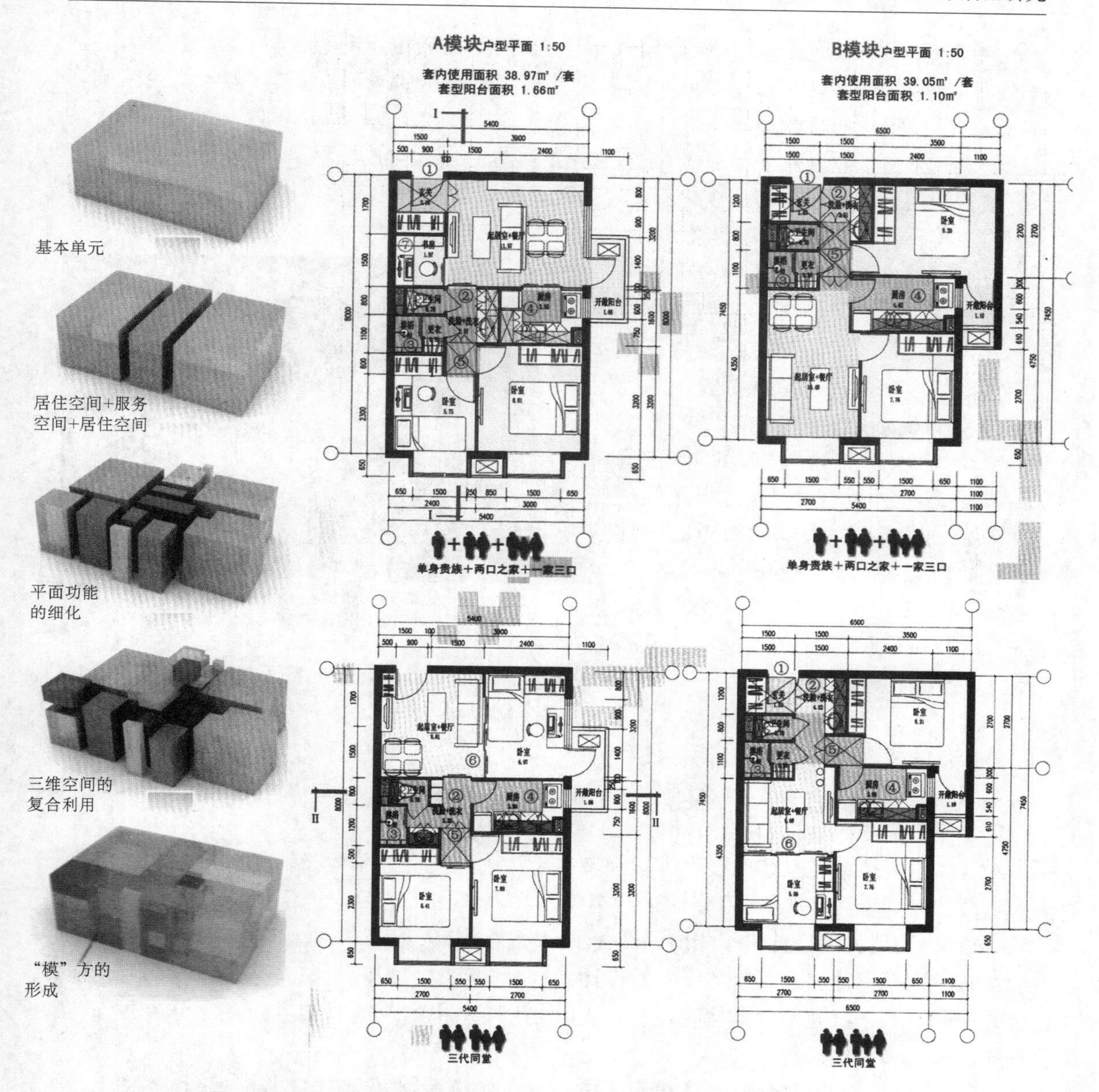

图 4.27 2008 年全国保障性住宅设计的一等奖作品(孙石村,王鹏 设计)

* 资料来源:2008 年全国保障型住宅设计方案竞赛综述[J]. 建筑学报,2008(11):2.

住宅的设计与建造相剥离,形成“支撑体(support)”与“可分构件(detachable unit)”两大范畴的设想,并为此出版了专著《支撑体与人》(*Supports and People*),从而也为 SAR 低造价住宅体系的建构与推广奠定了理论基础。简而言之,SAR 体系可以将低收入住宅分解为支撑体和可分体两大部分,前者作为住宅基本的承重结构,由工程专业人员来决定,居民则无从过问;而后者作为可拆分、可填充的非承重构件,则取决于居民源于多重需求的选择与布局,工程组织者同样不得干预。这样既保证了必要的空间弹性与适应度,也可在技术层面上实现规模化生产和模块化装配。

我们可以在农民工的住宅建设尝试引入这一体系：先由工程组织者在选定的地块上，按设计统一建造支撑结构；完工后再由农民工根据各自的需求，自主选择隔墙、设备、装修等工业化、模块化的可分预制构件，“DIY”自行搭建或改装。这一体系不但有效地压缩了造价，与农民工的低收入水平相适应，还将农民工自身的设计与选择纳入其中，随着时间的推移、技术的演进和家庭成员的变化而呈现出极大的自由度与灵活性。

② 低造价住宅系统的社区化应用

以SAR体系为代表的低造价住宅系统在某种程度上契合了农民工的社会经济条件，不但可应用于住宅单体或是居住单元的营建，还可以在农民工聚居的社区层面规模化使用。比如说在1998年欧文斯·科宁(Owens Corning)集团发起的“低造价住宅系统”全球设计挑战赛中，清华大学所提交的“浙江村住宅改造方案”即对此做出了可贵的探求，希望以建筑手段实现社区发展的生态控制，缓解农村剩余劳动力向城市集聚所引发的问题和压力(图4.28)。其核心则是三重系统的建构与叠合——

图4.28 “浙江村”经济适用型住宅改造规划图

*资料来源：王丽方，徐月辉. 环球设计挑战赛铜奖方案“浙江村”经济适用型住宅区规划设计[J]. 建筑学报，1998(11)：45.

其一是框架填充系统的设立。改造方在对村内的住宅单体进行新建改建时，可预先建立模数化的住宅结构框架(包括梁柱和道路)，让村民自己填充围护体系，这可在一定程度上控制和改善村内私搭乱建、无序盲目的生长模式，其实也是上述SAR体系理念在低收入住宅建设中的一次转化和应用；

其二是商住单元系统的设立。设计者在新建改建住宅的单体设计上，考虑到“浙江村”所负载的外向型经济职能(服装加工与销售)，参照浙江传统民居上层居住、下层经营的布局特点，为当地村民设计出了相应的商住单元以供浙江人租居(不是用于局部出租)；

其三则是商住交通系统的设立。设计者针对“浙江村”现有道路兼具生活与商业功能、公共空间与私密空间不分的问题，在规划上利用高差将商业道路和生活道路分离开来，分别同经营层和居住层相连。

不难看出，后两套系统(商住单元系统＋商住交通系统)实质上是在SAR体系之上，结合流动人口聚居区的经济产业职能和生活运作需求而叠合和衍生的新功能体系，是一种基于社区层面的特定低造价体系的探讨，可以在农民工的主动聚居空间或是被动聚居空间改善(如流动人口聚居区的改建与集体宿舍区的新建)中加以借鉴。

(7) 实现内外居民融合

① 社区层面的混合

为了应对社会分层背景下居住分化和空间分异现象的产生，早在19世纪末，便有芝加哥学派采用人类生态学的方法，借用“竞争”“侵入”“接替”等研究范式对此展开经典研究。目前，大多数的西方学者倾向于将居住分化视为负面现象，并试图扭转弱势群体聚居的“问题化”趋向,于是有西方学者(如 Jacobs、芒福德、Atkinson 等[①])陆续提出和发展了“混合居住”的理念,即将不同收入和阶层的居民在城市中融合居住在一起,重点在邻里层面形成相互补益的社区。也就是说,在居住空间的分化格局尚未完全形成、居住观念和居住行为模式的差异尚未根深蒂固前,可通过改进现有的住房政策和城市土地使用政策,鼓励不同收入阶层的混合居住,尽早实现社会和经济的平衡,进而避免隔离和贫穷集中时所带来的负面社会效应,集约社会成本和经济成本。大体上,住房混居模式代表了目前欧美国家普遍确立的住房政策新导向。

其实,这一模式同样适用于低收入农民工与当地人群之间的社区混合——农民工在城市的自发聚集和主导择居往往会在城市边缘生成各类农民工聚落。这类异质性社区不仅拥有不同的发生机理和发展过程,在农民工与当地市民之间、异质社区和主流社会之间也存在着各种各样的生态关系。他们借助于对城市文化的入侵形成一种复杂的生态竞争关系,而竞争的结果往往是文化断裂和同化失败所带来的内外隔离现象——因此,我们可以积极主动地干预农民工的被动择居方式,重点通过规划手段和土地住房政策将农民工的廉租房、集体宿舍等居住单元整合到当地人群,尤其是中高收入群体的居住空间之中,其理论基础是社会混合(social mix)和居住混合(housing mix),其主要优势则在于[②]——

其一,通过当地中高收入群体的影响,逐步影响和改变低收入农民工的行为模式。除了居住质量的改善外,城市邻里的生活环境也能得到提升。

其二,受当地中高收入居民信息网络、新环境以及社会观念的影响,低收入农民工更容易实现就业。狄肯斯(William T. Dickens,1997)就认为:低收入阶层获取机会的最大障碍在于,缺乏一个有效的个人交往网络。

其三,由于当地高收入群体具有更明显、更严格的社会行为准则,可以规范每个混居邻里包括农民工在内的所有成员行为,增加居民对社会的容忍度,因而降低地区的犯罪率。

其四,低收入农民工可以从更多的就业机会、教育设施、安全性和更好的地区社会服务中受益。就根本而言,混合居住模式的最基本目标就是要使农民工群体的生活环境质量得以改善、社会地位和经济能力得以提升。

在社会实证研究中,佐治亚理工大学的 T. D. 波士顿(Thomas D. Boston)教授曾追踪亚特兰大公共住宅中的底层居民 7 年,调研“混合收入区复兴”计划的实施效果。该研究把面临拆建的公共住宅区居民列为测试组,观察其不同的安置流向会带来什么变化,同时另设一对照组。结果测试发现:那批因公共住宅拆除而选择流向混合收入区(40.6%为公共住宅,23.1%自住,36.3%为商品房)的居民,相比于其他流向的居民更有助于社会经济地位的改善和社区品质的提升(表 4.33),也从侧面印证了不同阶层混居对于底层社区邻里复兴的积极效应[③]。

---

① 雅各布斯认为多样性是健康城市环境的重要条件,其中就包括足够密度的聚居人群,并认为混居模式具有“有组织的复杂性”;而芒福德也认为,不能拓展人、阶级和日常行为的混合(intermixture)的规划是对人性的最大违背。诸如此类的观点均认为,城市中多样化人群的存在是城市活力产生的源泉,这也是混居模式的理论源泉。

② 单文慧. 不同收入阶层混合居住模式[J]. 城市规划,2001(2):28.

③ “混合收入区复兴(mixed-income revitalization)”计划是作为美国住房和城市发展部(HUD)所推行的示范性计划 HOPⅥ的一部分,而在亚特兰大展开的。具体内容参见:Boston T D. The effect of revitalization on public housing residents[J]. APA Journal, 2005(3).

表 4.33 亚特兰大测试组与对照组的普查数据(1995—2001 年)

项目	流向其他传统公共住宅的居民		使用住房补贴的居民	流入混合收入区的居民
	1995	2001	2001	2001
测试组				
平均人口数量	4 848	2 686	4 764	3 071
平均收入	$7073	$10 230	$25 164	$21 538
平均贫困率	58%	55%	28%	37%
平均就业率	30%	25%	38%	39%
平均黑人百分比	96%	96%	93%	79%
小学生高水平测试通过率	15%	54%	36%	44%
对照组				
平均人口数量	2 662	2 778	4 713	2 015
平均收入	$4 999	$9 853	$27 442	$14 363
平均贫困率	64%	68%	25%	44%
平均就业率	19%	19%	39%	34%
平均黑人百分比	97%	99%	94%	97%
小学生高水平测试通过率	19%	18%	34%	54%

* 资料来源:Boston T D. The effect of revitalization on public housing residents[J]. APA Journal, 2005(3): 404.

同样在工程实践中,奥斯卡·纽曼(Oscar Newman, 1996)也曾在《创造可防卫的空间》一书中详细介绍了约克尔斯(Yonkers)市的公共住宅规划实践。他成功地把 200 个低收入住宅单元整合到中产阶级邻里之中,运用的主要是“迷你邻里”(Mini-neighborhood)模式,即把 200 个住宅单元分散布置在 7 个不同地块中。他希望每个公共住宅组团的住宅单元数应尽可能地小,理想的迷你邻里住宅单元不应超过 24 户,而且在建筑形式上公共住宅应与周围的中产阶段住宅相协调(图 4.29)。

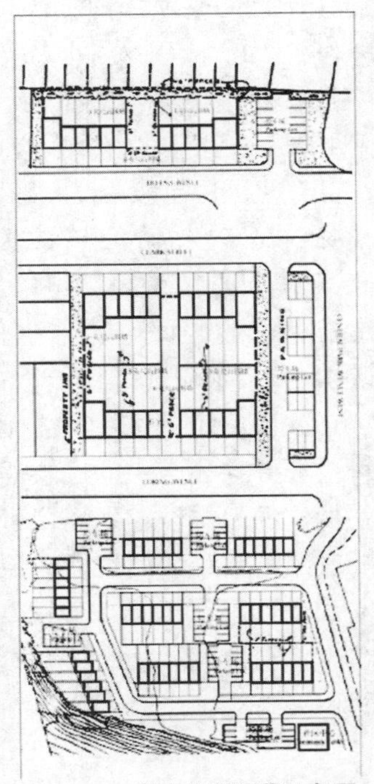

图 4.29 “迷你邻里”示意图

* 资料来源: Newman O. Creating Defensible Space [M]. Washington: Department of Housing and Urban Development, 1996.

上述从理论—实证—实践的社区层面的系列探讨,均可以在农民工居住空间的混合上有所参照和借鉴。

② 单元层面的混合

建设拥有不同年龄、种族与收入人群的邻里街区,农民工的生活观念与当地原有住户的生活观念存在着冲突,两种不同文化特质的人既需要相互交流融合,亦需要部分间隔和独立,因此在住区设计中应该考虑,既相互联系又相互隔离的空间设计,建立农民工与当地住户融洽的邻里关系。一方面通过半私密庭院空间,共同入口等手段形成较好的交往机会,另一方面通过一定的分割又形成部分的制约关系。

1996 年美国建筑院校联合会(ACSA)和 OTIS 电梯公司共同举办的国际大学生城市住宅设计竞赛中,清华大学李甫、孙秉军的方案“重庆可出租住宅”为我们提供了一种可行的思考方向:该方案面对当前住宅设计(只有一个出入口和一套厨卫设备、分隔固定、彼此私密性难以保证等等)不适于局部出租和内外混居的普遍状况，探讨了重庆火车站流动人口集中区域依山面江建造可出租住宅，同时又能保障租住户和当地住户彼此私密性的可能性和现实性。最终的方案原型是依坡地而建的通廊式(非单元式)多层公寓住宅，每间住宅的套型基本上采用了跃层式布局，通过内部楼梯相连形成可分可合的两层(图 4.30)——

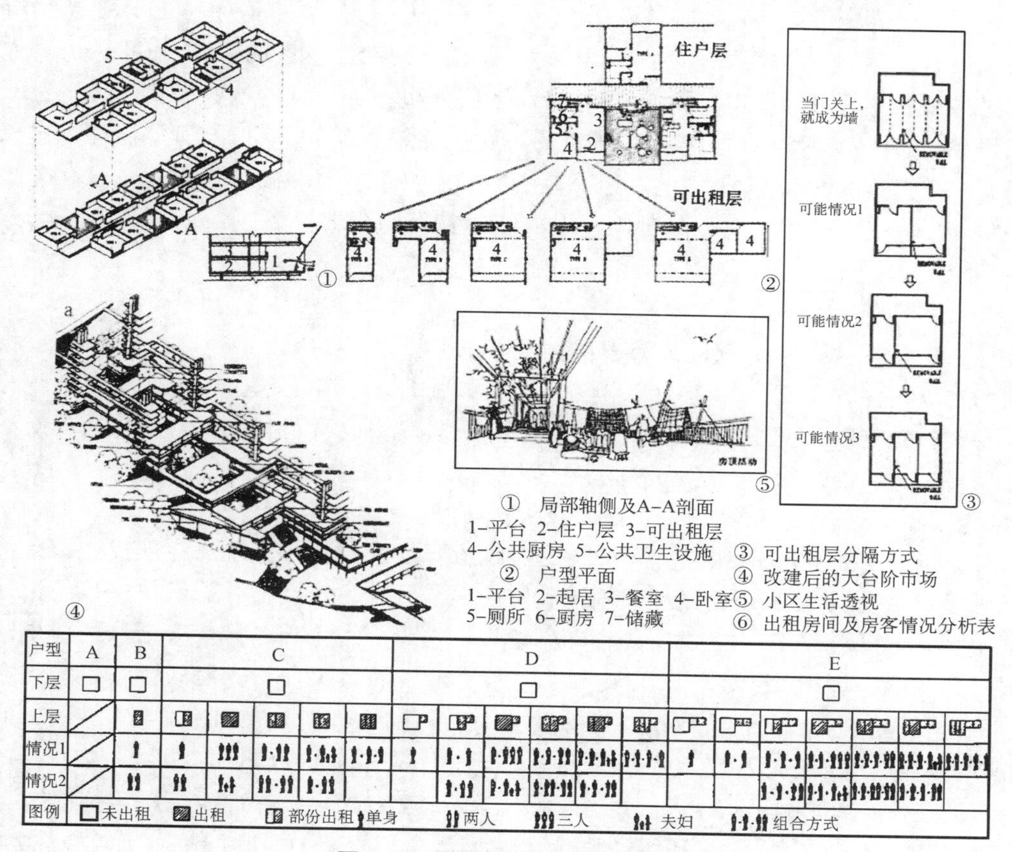

图 4.30　"重庆可出租住宅"设计

＊资料来源：李甫，孙秉军. 社会问题空间化：为流动人口提供可出租住宅[J]. 世界建筑，1997(5)：82.

下层为一个基本的生活单元，包括起居室、卧室、餐厅和一套厨卫设备及通向本层通廊的出入口，可满足当地住户基本的生活需求，我们且称之为住户层；上层则是相对独立的可灵活分隔的房间，有一套独立的卫生设备、公共厨房及通向本层通廊的出入口，可根据求租户的人数多少和使用需求派生出多种套型组合和分隔方式，我们可称之为出租层。这样当地住户和租住户的日常活动就分别集中在了住户层和出租层上，既得到了各自的限定，彼此之间又有一定的联系，比较适用于局部出租所带来的内外混居模式。

其中，出租层的房间可以通过不同的隔断方式，适应农民工复杂、多变的特性：考虑农民工中单身、两人同行、三人同行和小家庭四种可能性，分别以基本开间的 1/6 为模数，将房间分为基本开间(6.6 m)的 1/3、1/2、2/3 和 1/1 出租，并以不同排列方式组合。虽然，该方案主要生成于特定的坡地环境且呈现出了典型的城市型住宅特征，但考虑到租居型农民工普遍存在的内外混居现象，我们仍可在单元设计层面上获取不少启示。

4.6 本章小结

本章首先界定了流动人口及其聚居区等相关概念，并从外在条件和内在机制两个方面剖析和揭示了流动人口聚居区的生成规律；然后，侧重于结构形态的角度，对我国流动人口聚居区的现状特征进行了多方面的剖析，涉及区位分布、人员构成、就业结构、土地使用、空间布局、居住环境等几个方面；随后又对北京、南京、无锡、深圳等城市的典型流动人口聚居区展开重点考察，同时也为上文的阐述补充了必要的一手资料和客观依据；最后，在总结流动人口聚居区所存各类问题的基础上，从文化教育、社会保障、地方管理、居住环境等方面入手，系统探讨了流动人口人员聚居区的改造整合策略。

本章主要结论包括：

(1) 在对象界定方面，流动人口聚居区是以城市暂住人口(农民工)为居民主体、以租赁房屋为主导居住方式、以城乡结合部作为区位选择的自发型集中居住区。作为城市化背景下的一类特殊产物，它已经在社会属性、区位分布、居民构成、作用影响等方面，呈现出不同于一般城乡社区的边缘性与异质性；从社区构成和组织来看，流动人口聚居区可以分为两大类：缘聚型聚居区和混居型聚居区。

(2) 在生成机制方面，缘聚型聚居区的生成主要源于传统乡土观念在现代城市条件下的顽强延伸，而混居型聚居区的生成则源于构成混杂的农民工做出共同区位选择的被动性结果，它们的生成都有其内在的合理性和必然性。在乡土观念和二元社会结构的历史背景下，农民工的规模分布、就业分布及城市住宅租赁市场的房源分布为聚居区的生成创造了外在条件，而城市房源的供应状况、“连锁流迁”的多源性、流入地的社会结构、农民工的相对规模等因素，则或多或少地改变了农民工对于聚居方式的选择和倾向。

(3) 在区位分布方面，流动人口聚居区基本上都将城乡结合部作为了自发的区位选择，这主要源于城乡结合部在房源分布、居住成本、交通联系、地方管理等方面所具备的综合比较优势。

(4) 在人员构成方面，流动人口聚居区包括三类情况：缘聚型之产业型——聚居区不仅为居民提供了必需的居住场所和大量就业机会，还为之建构了相应的包括进货、生产加工、营销等环节在内的产业体系；缘聚型之居住型——聚居区由于没有建立自身外向型的产业体系，其居民基本上是在区外各自就业，聚居区为其提供的其实仅仅是一片临时的居住场所；混居型——主要成形于农民工基于谋生营利目的而做出的共同区位选择，居民间多处于一种各自为政的离散状态。

(5) 在就业结构方面，流动人口聚居区的居民在总体结构上呈现出以第三产业从业人员为主(尤其是商贸服务业)、第二产业从业人员为辅的就业特征来；而且从就业场所来看，这些人员基本上都流向了我国体制外的非正式部门(如私营、个体和集体企业)。

(6) 在土地使用方面，缘聚型聚居区之产业型更多地呈现出一种产业化和复合化的特性，即以居住用地为主，同时交织混杂了相当规模的工业用地、商业用地或是服务用地；缘聚型聚居区之居住型和混居型聚居区则在用地构成上更多地表现为职能单一、相对纯粹的居住用地。

(7) 在空间布局方面，流动人口聚居区多由四类空间原型组合而成，这同所依托村落的房源供应渠道密切相关,包括:原型Ⅰ——当农民工租赁的是当地村民腾出来的原建房时,形成的是一种与村落原有格局相承袭的空间布局;原型Ⅱ——当农民工租赁的是当地村民专为出租谋利而新建、扩建或改建的房屋时,形成的多是一种缺少规划控制的无序化空间布局;原型Ⅲ——当农民工租赁的是村委会出面统一建设的对外出租房(或称公寓)时,形成的多是一种简明单一的空间布局;原型Ⅳ——当相当规模的农民工被集中圈在一个大院里生活、生产和经营时,形成的是一种自成体系的大院式空间布局。

(8) 在居住环境方面,流动人口聚居区由于有限的空间和土地负载了过多的外来人口,不可避免地导致了聚居区居住环境的大面积恶化,其中涉及几方面的因素:严重的超标违章建设行为、良莠不齐的建设质量和居住空间的超负荷使用。

(9) 在现存问题方面,流动人口聚居区既有居民主体在城市条件下立足所无法规避的先天不足,也有聚居区这种社会形态在体制夹缝中生存时所伴生的种种缺陷,主要包括:流动人口聚居区居民的文化教育水平普遍低下,流动人口聚居区居民的生活和就业缺乏体系化的社会保障,流动人口聚居区的运作很难融入到流入地的管理体系之中,流动人口聚居区给流入地区带来了严重的社会问题,流动人口聚居区的物质环境和居住条件十分恶劣等等。

(10) 在改造策略方面,流动人口聚居区的综合性改造涉及文化教育、社会保障、地方管理、居住环境等诸多方面,主要包括:普及流动人口聚居区居民的职业教育和义务教育,完善流动人口聚居区居民在城市中的社会保障模式,强化流入地基层自治组织对于流动人口聚居区的管理职能,编制流动人口聚居区的物质性整合规划,确立居住空间设计标准,推广低造价住宅体系,实现内外居民融合等等。

5 现代化冲击:回族聚居区的变迁研究

在科学技术日新月异、社会结构演化更替、人民生活水平不断提高的今天,现代化浪潮改变着整个世界的面貌,也给传统文化带来了冲击和挑战。在此浪潮下,少数民族地区虽然在改革开放后取得一定的社会经济成就,但与汉族地区相比依旧存在着经济总量低、经济基础薄弱、综合差距不断拉大的严峻现实;而少数民族特色文化作为传统文化的重要组成部分之一,也不可避免地面临着新的生存危机;与之密切相关的传统聚居空间同样受到了不同程度的现代化冲击和影响,并逐渐显露出特色空间格局消逝、职住通勤困难、设施配套不全、民族服务业式微、传统生活习俗难以为继等现实问题;而由于其社区成员的特殊性,少数民族聚居区还呈现出了特有的变迁轨迹和规律。

在现代化浪潮的冲击下,城市传统回族聚居区作为我国城市中人口众多的少数民族,其社会属性和空间属性的动态演化无疑是极具典型代表性的。因此本章将紧扣族群特定的社会文化背景和鲜明的民族特性,以南京市典型的回族聚居区——七家湾回族聚居区为实证研究对象,在考证多线背景下其社会空间变迁的基础上,来深度剖析和管窥我国少数民族聚居空间的变迁轨迹和规律,揭示回族聚居区演化的现存问题及其相关影响因素,进而围绕着其社会空间提出一系列的优化策略和改进建议。

5.1 研究对象的界定

1) 现代化的界定

(1) 关于现代化的多元理解

由于后发式现代化过程中问题的显现,中国学者早在1920—1930年代就明确提出了“现代化”概念和理论,以探讨外部文化给本土传统文化带来的挑战和冲击;而“现代化”概念和理论在先发式现代化国家的西方理论界兴起,则要追溯到二战后(1950年代)西方发达国家经济长期持续增长的黄金阶段,大批西方学者对影响全球的、以工业化为主导的现代化浪潮进行了研究。

在半个多世纪的城市发展中,不同学界的学者们分别从经济学、社会学、政治学以及城市规划等学科领域针对“现代化”做出了不同的解读,其大体可分为三类角度——

文明形态转变说认为,现代化是指人类文明史上文明形态的阶段性、革命性的转变;社会形态转变说认为,现代化是指人类社会在器物技能、社会制度、民族国家、组织行为、价值观念、心理态度、生活方式等领域所发生的由传统社会向现代社会的全方位转型;资源利用形态转变说则注重考量人们利用资源的方式及其数量关系是否发生了某种不可逆转的重大变化,以此来界定现代化。

（2）现代化的界定

本章所要研究的“现代化”是一类体现动态和过程的概念，具有既成的事实与未来的策划两个维度：文中对于现代化背景的研究，则是立足于既成的现代化历史，研究当下社会经济、政治、文化、心理等方面的社会整体发展状态，也是一个可以使用相关指标表征并进行阶段划分的过程。

2）少数民族聚居区的界定

（1）关于少数民族聚居区的多元理解

① 少数民族

在全球共识中，“民族”往往是具有稳定地域边界的、被赋予国家象征意义的、政治边界相对清晰的群体，即安德森(2005)所述“它是一种想象的政治共同体——并且，它是被想象为本质上有限的，同时也享有主权的共同体”。而“少数民族”则表示多民族国家中主体民族(人口最多)以外的民族。在我们国家民族多元一体的基本格局中，少数民族特指除汉族以外的蒙古、回、满、藏、羌族等在新中国成立时识别和确认的55个民族。

② 少数民族聚居区

从国家宏观层面上看，我国少数民族的主要空间分布特点是“大杂居、小聚居”：这里的“聚居”专指自治区、自治州、自治县等自治地方的民族聚居；“杂居”则相对于“聚居”而言，主要有城市散杂居、农村散杂居和民族乡散杂居三种情况。

从城市微观层面上看，少数民族聚居区则从属于宏观“散杂居”中的一类空间呈现形态，就其研究尺度——微观而言，则具体呈现为以街坊、社区等空间单元为载体，以相同的民族文化为基础而聚集生活所形成的空间。

（2）少数民族聚居区的界定

结合宏观和微观的少数民族聚居区涵义，本研究认为少数民族聚居区是指以同一少数民族人口为主体，以共同的宗教信仰和价值观念为基础，以相似的生活方式、风俗习惯等为纽带的少数民族群体聚集生活的空间。

本章所要研究的“少数民族聚居区”则是在以汉族人口为主的城市中，以亲缘、地缘和业缘关系形成的相对聚集的少数民族缘聚型聚居区，其中人口规模可观、民族属性尚为鲜明的南京七家湾回族聚居区将被锁定为本文研究的重点区域范围(包括曾经和目前居住于此的回族人口)，并同样拥有同质性、普遍性、自发性等聚居特点。

3）社区变迁的界定

（1）社区变迁的多元理解

参考社会学家对社会变迁的理解，以及罗荣渠先生所总结的社会变迁的四种模式①，社区变迁是指社区动态发展的过程，是结构局部或全部因时间或相关因素的改变而发生的变化。以结构变迁为特征，如阶级结构、职业结构、组织机构、价值观念等，其动力既可来自于外部环境，也可源于社区内部的整合与分化，基本形式可划分为渐进性微变、突发性微变、创新性巨变和传导性巨变。

---

① 罗荣渠.现代化新论——中国的现代化之路[M].上海：华东师范大学出版社，2013：95－97.

(2) 社区变迁的界定

本章所要研究的“社区变迁”则主要覆盖了少数民族聚居区社会属性和空间属性两方面的演化，并尽力扣合和体现该特定族群鲜明独特的空间特质和社会文化背景。

其中，社会属性涵盖了少数民族的人口构成、家庭关系、社会组织、生活习俗等方面，空间属性则涵盖了社区功能、居住时空、就业时空、配套设施等方面。研究重点是其在现代化语境下所发生的演化规律及其动因机制，研究时段以 1949 年新中国成立以来为主。

5.2 回族聚居区的演化背景

1) 南京以回族为代表的多民族概况

南京市自古以来就是江南文化经济和政治发展的重镇，文人雅士纷至沓来，众多不同民族、不同文化背景的人群定居于此，多年下来逐渐成为了东南沿海一带少数民族人口规模较大、多民族散杂居的重要城市(图 5.1，图 5.2)。

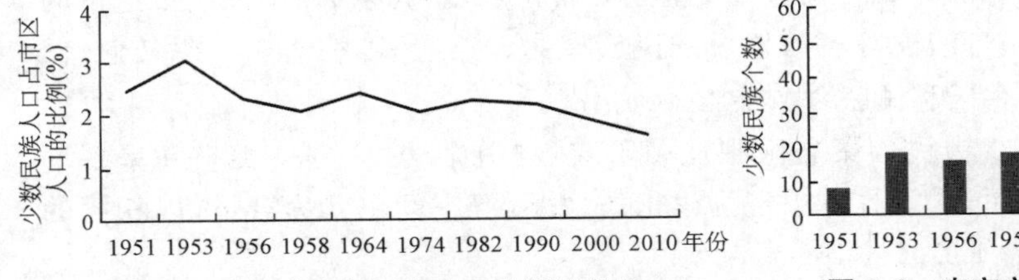

图 5.1　南京市少数民族人口比例演化图

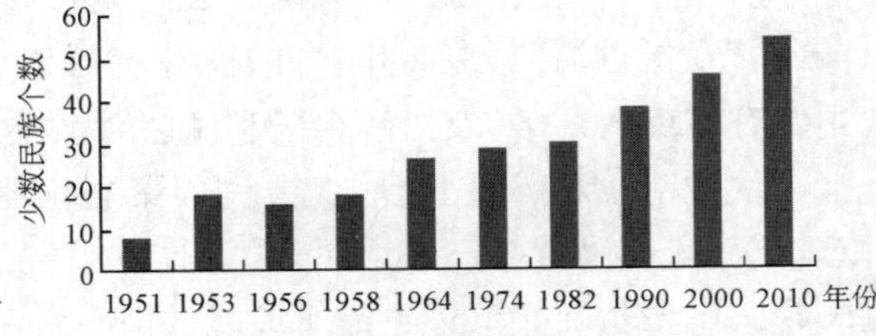

图 5.2　南京市少数民族类别数量演化图

* 资料来源：笔者根据历年人口普查数据绘制。

根据第六次人口普查显示：全市 11 个区，常住人口为 8 004 680 人，共有 54 个族别的少数民族(缺少德昂族)人口 9.91 万人；其中回族 7 万余人，占少数民族人口总数的 70% 以上，千人以上的少数民族共 10 个，除回族外还有满、蒙古、苗、壮、朝鲜、土家、维吾尔、布依和彝族。

下面将更进一步，遴选人口规模占南京市少数民族总体数量前三位，并有较重要历史意义的回族(76.23%)、满族(6.73%)和蒙古族(2.23%)进行空间分布方面的比较分析，旨在以点带面地勾勒出南京市少数民族人口的整体分布概貌。

本次研究范围为南京市主城区，以行政区划的街道一级为空间统计单元，划定的研究范围共 8 个区 44 个街道(图 5.3)；数据来源为南京市第六次人口普查数据(南京市统

图 5.3　研究范围图

* 资料来源：笔者自绘。

计局，2010），各类用地相关数据来源于南京市土地利用现状图（南京市规划局，2007），并通过Arcgis软件进行采集。

（1）人口密度

人口密度是最常用的人口分布指标，表示单位面积地域内的人数。人口密度的测度公式可表示为：

$$D_i = \frac{P_i}{A_i}$$

具体研究方法为：计算各统计单元的少数民族人口密度，采用 SPSS 统计软件，将 44 个统计单元聚成 5 类，并绘制南京市少数民族总体和分民族的人口密度分布图。

根据上述方法绘制南京市少数民族人口密度分布图，可以看出，南京市少数民族总体和分民族的密度分布具有如下特征（表 5.1）：

表 5.1 少数民族人口密度分布

类别	少数民族人口密度分布图	少数民族人口密度分布特征	
少数民族总体	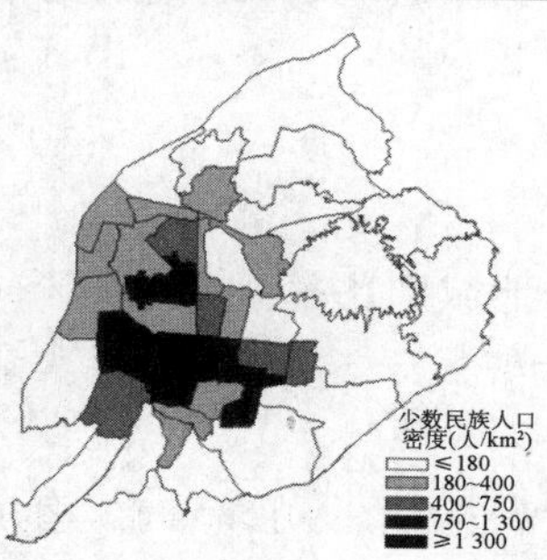 少数民族人口密度(人/km²) ≤180 180~400 400~750 750~1 300 ≥1 300	分布特征	少数民族人口密度总体最高的第一级街道位于老城南部的朝天宫街道，第五级街道沿主城区南、北、东部边缘呈环状分布。 整体上在全市形成西高东低、南高北低、内高外地的类圈层分布趋势
		总体结构	单核＋类圈层
回族	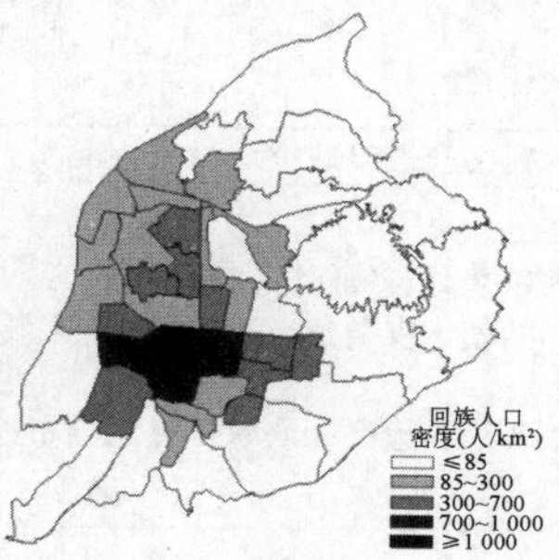 回族人口密度(人/km²) ≤85 85~300 300~700 700~1 000 ≥1 000	分布特征	回族人口密度最高的第一级街道位于老城南部的朝天宫街道，第五级街道沿主城区南、北、东部边缘呈环状分布。 整体上形成逐级从老城南部片区向城市东西和南部边缘呈扇形递减的趋势
		总体结构	单核＋扇形
满族	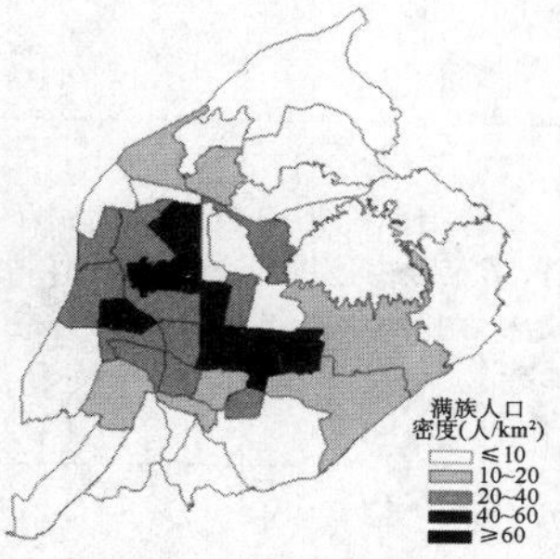 满族人口密度(人/km²) ≤10 10~20 20~40 40~60 ≥60	分布特征	满族人口密度最高的第一级街道位于老城北部和东部的宁海路和大光路街道，第五级街道在城市南北边缘分片分布。 整体上形成二三级街道沿西北—东南向呈团块集聚延伸，双核心分片区分布的特征
		总体结构	双核＋团块

续表 5.1

类别	少数民族人口密度分布图	少数民族人口密度分布特征	
蒙古族	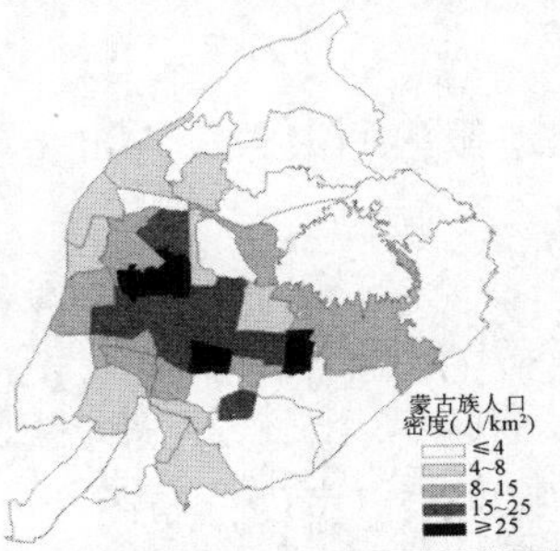	分布特征	蒙古族人口密度分布最高的第一级街道由北部的宁海路、湖南路街道，南部的洪武路街道和东部月牙湖街道四个街道组成，第五级街道在城市南北边缘分片分布。整体上呈现多点中心，较高密度区呈扇形连片外拓的空间分布趋势
		总体结构	多核+扇形

＊资料来源：笔者根据2010年第六次人口普查数据绘制。

(2) 人口地域别比率

地域别比率是部分地域人口数占全部地域总人数的比例，该指标反映了各个统计单元的少数民族人口在全部统计单元的少数民族人口中所占比重。人口地域别比率的测度公式可以表示为：

$$G_i = \frac{p_i}{\sum p_i} \times 100\%$$

具体研究方法为：计算各统计单元的少数民族人口地域别比率，采用SPSS统计软件，用Hierarchial Cluster、Ward's聚类法将44个统计单元聚成5类，并绘制南京市少数民族总体和分民族的人口地域别比率分布图。

根据上述方法绘制南京市少数民族人口地域别比率分布图，可以看出，南京市少数民族总体和分民族的地域别比率分布具有如下特征(表5.2)：

表5.2 少数民族人口地域别比率

类别	少数民族人口地域别比率图	少数民族人口地域别分布特征	
少数民族总体	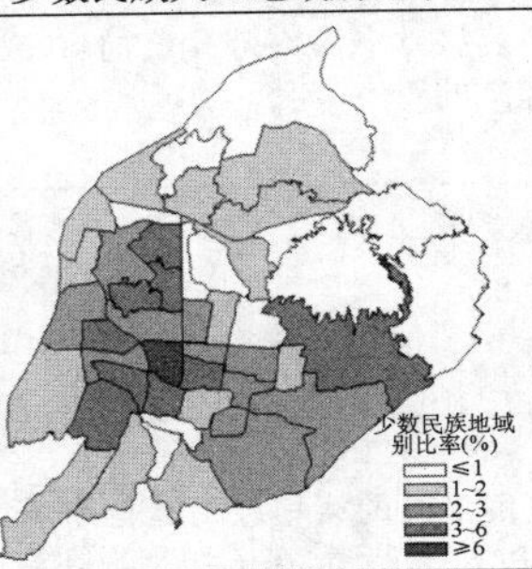	分布特征	少数民族人口总体地域别比率最高的第一级街道为位于老城南部的朝天宫街道，第五级街道主要位于主城北部边缘。整体上形成各级街道呈团块状拓展的分布趋势
		总体结构	单核+团块
回族	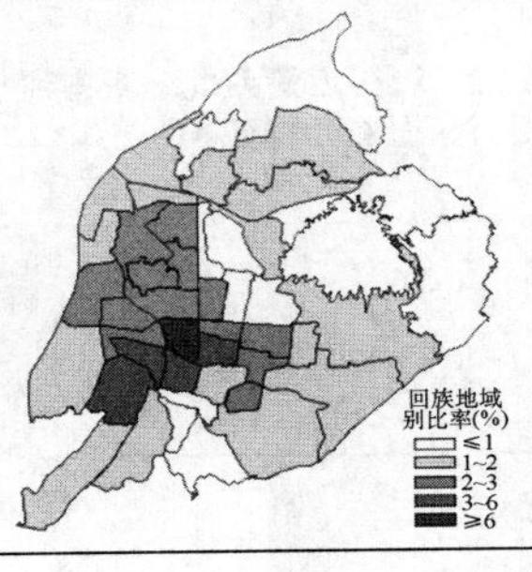	分布特征	回族人口地域别比率的第一级街道为位于老城南部的朝天宫街道，第五级街道主要位于主城南北两侧边缘。整体上呈现从老城南部片区向城市边缘呈扇形逐级递减的分布趋势
		总体结构	单核+扇形

续表 5.2

类别	少数民族人口地域别比率图	少数民族人口地域别分布特征	
满族		分布特征	满族人口地域别比率以位于老城北部和东部边缘的宁海路和孝陵卫街道为最高的第一级街道，第五级街道主要位于主城北部边缘。 整体上在主城区形成双核心统领之下的团块集聚特征
		总体结构	双核＋团块
蒙古族		分布特征	蒙古族人口地域别比率的第一级街道为位于东部边缘的孝陵卫街道，第五级街道主要位于主城区西南和东北部边缘。 整体上形成各自相对独立的团块式空间分布特征
		总体结构	团块分布

＊资料来源：笔者根据第六次人口普查数据绘制。

(3) 南京市少数民族人口的空间集聚分区

对少数民族人口分布空间集聚区的测度是探析少数民族人口分布空间集聚特征的必要基础。在描述少数民族人口分布空间的集聚程度时，将密度指标和地域别比率作为两个基本指标，采用“密度指数”与“比重指数”对少数民族人口的集聚程度进行组合定量表述，其评价方法如下：

① 对某一统计单元的少数民族人口密度(D)及地域别比率(G)两个指标进行无量纲的标准化处理，得到少数民族人口的“密度指数”(Id)与“比重指数”(Ig)。

统计单元 i 密度指数(Id_i)计算公式如下：

$$Id_i=\frac{D_i}{\mathrm{Avg}(D_i)}\quad(i=1,2,\cdots,n)$$

统计单元 i 比重指数(Ig_i)计算公式如下：

$$Ig_i=\frac{G_i}{\mathrm{Avg}(G_i)}\quad(i=1,2,\cdots,n)$$

② 用标准化处理后的指数构建坐标系统，X、Y 轴分别为少数民族人口密度指数和比重指数，并以两者交汇点为参照点，绘制斜率为－1 的斜线。在此基础上，通过“密度指数”Id 与“比重指数”Ig 的组合对比，可将外来工就业集聚空间分为高、中(含两类)、低三级(图 5.4)。因此，少数民族的人口集聚区类型可划分如下(表 5.3)：

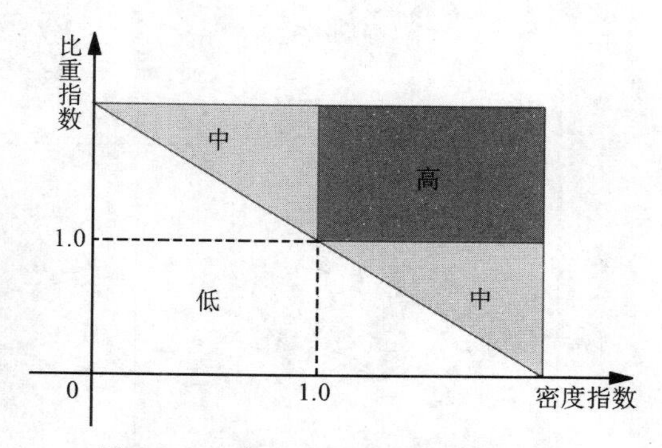

图 5.4　少数民族人口集聚区划分

＊资料来源：笔者自绘。

表 5.3　少数民族人口集聚区类型划分表

类型	聚集指数特征	类型特征
高度人口集聚区	密度指数 $Id_i \geqslant 1$，比重指数 $Ig_i \geqslant 1$	高密度、高比重
中度人口集聚区（Ⅰ类）	密度指数 $Id_i \geqslant 1$、比重指数 $Ig_i < 1$，且 $Id_i + Ig_i \geqslant 2$	高密度、低比重
中度人口集聚区（Ⅱ类）	密度指数 $Id_i < 1$、比重指数 $Ig_i \geqslant 1$，且 $Id_i + Ig_i \geqslant 2$	低密度、高比重
低度人口集聚区	$Id_i + Ig_i < 2$	低密度、低比重

③ 根据少数民族人口分布空间的集聚区测度和分级，将所有统计单元投射至空间上，生成南京市少数民族总体和分民族的人口集聚区分级分布图，并统计各类集聚区的数量及比例，分析其空间结构特征。

根据上述方法依次绘制分民族的人口集聚区分布图，并计算各类集聚区的数量及比例。由此可以看出，南京市少数民族总体和分民族的人口集聚分区有如下特征（表 5.4）：

表 5.4　少数民族人口分布空间集聚区的共性和差异（总体和分民族）

类别	少数民族人口集聚区分类图	少数民族人口集聚区拓扑分析图	集聚区比例
少数民族总体	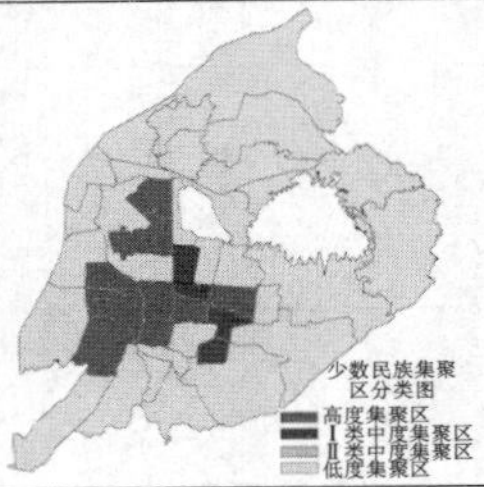 少数民族集聚区分类图：高度集聚区、Ⅰ类中度集聚区、Ⅱ类中度集聚区、低度集聚区	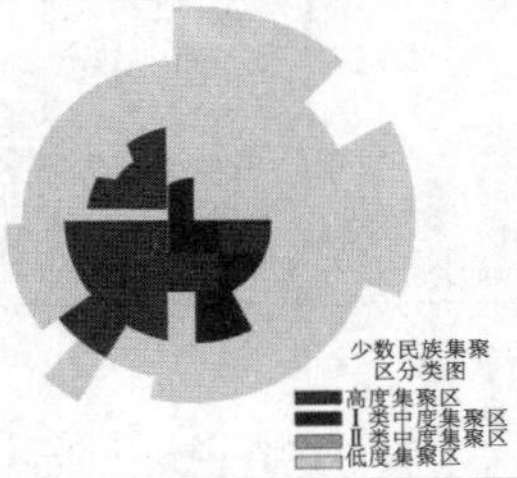 少数民族集聚区分类图：高度集聚区、Ⅰ类中度集聚区、Ⅱ类中度集聚区、低度集聚区	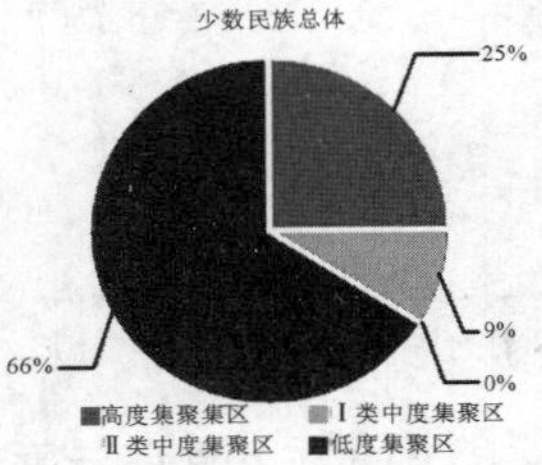 少数民族总体：25%、9%、0%、66%（高度集聚区、Ⅰ类中度集聚区、Ⅱ类中度集聚区、低度集聚区）
回族	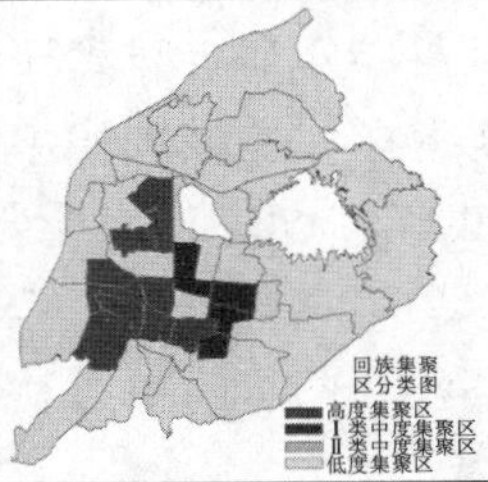 回族集聚区分类图：高度集聚区、Ⅰ类中度集聚区、Ⅱ类中度集聚区、低度集聚区	 回族集聚区分类图：高度集聚区、Ⅰ类中度集聚区、Ⅱ类中度集聚区、低度集聚区	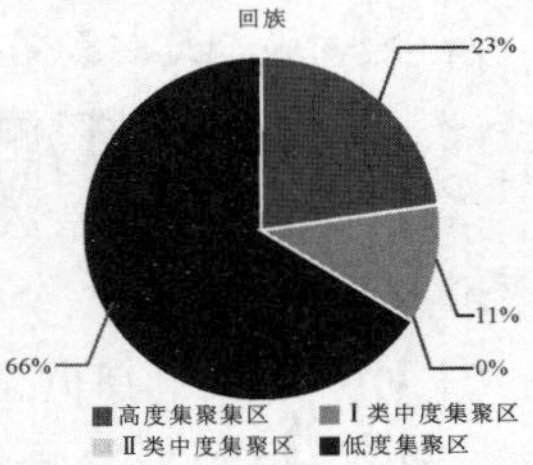 回族：23%、11%、0%、66%（高度集聚区、Ⅰ类中度集聚区、Ⅱ类中度集聚区、低度集聚区）
满族	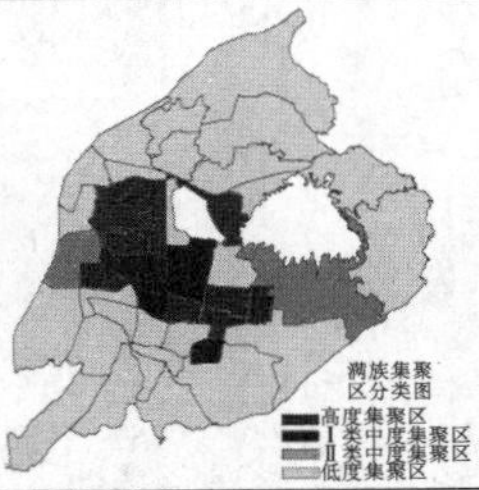 满族集聚区分类图：高度集聚区、Ⅰ类中度集聚区、Ⅱ类中度集聚区、低度集聚区	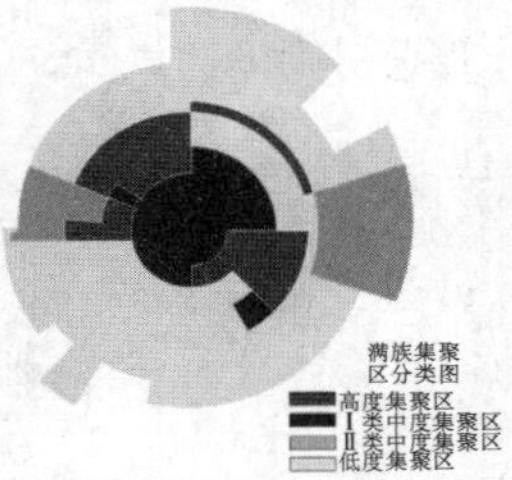 满族集聚区分类图：高度集聚区、Ⅰ类中度集聚区、Ⅱ类中度集聚区、低度集聚区	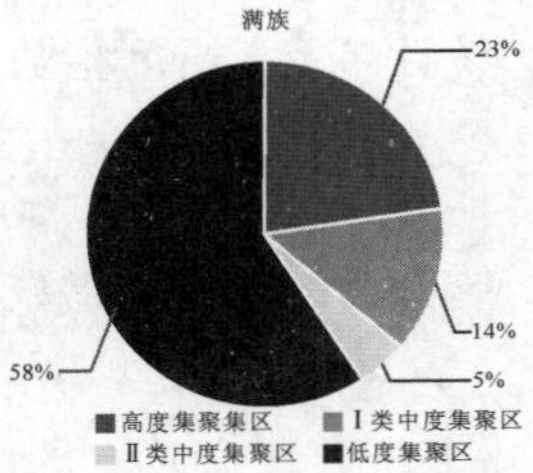 满族：23%、14%、5%、58%（高度集聚区、Ⅰ类中度集聚区、Ⅱ类中度集聚区、低度集聚区）
蒙古族	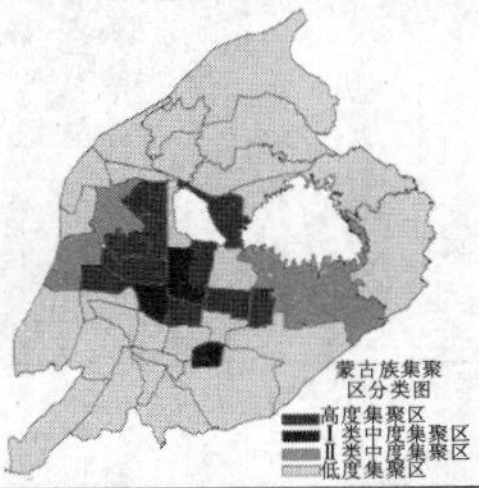 蒙古族集聚区分类图：高度集聚区、Ⅰ类中度集聚区、Ⅱ类中度集聚区、低度集聚区	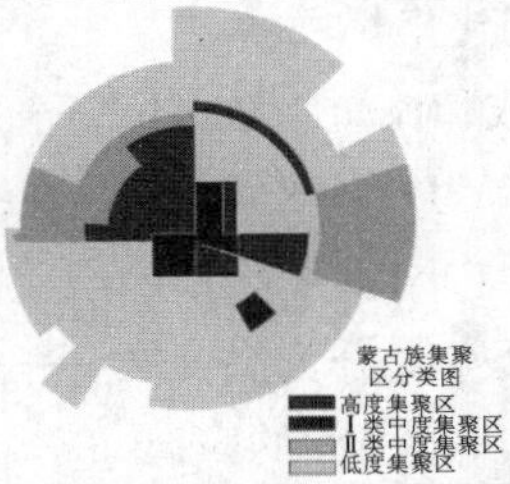 蒙古族集聚区分类图：高度集聚区、Ⅰ类中度集聚区、Ⅱ类中度集聚区、低度集聚区	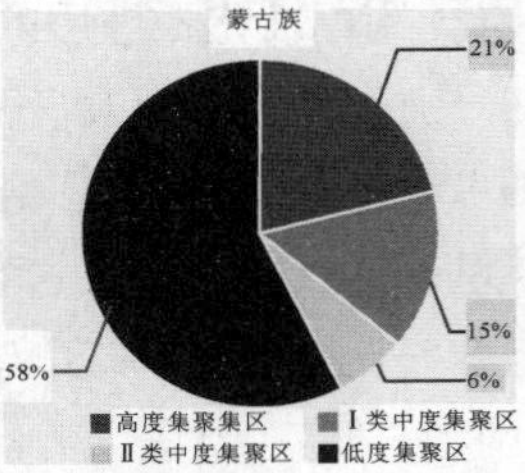 蒙古族：21%、15%、6%、58%（高度集聚区、Ⅰ类中度集聚区、Ⅱ类中度集聚区、低度集聚区）
图例	高度集聚区　Ⅰ类中度集聚区	Ⅱ类中度集聚区	低度集聚区

* 资料来源：笔者自绘。

对比分析南京市少数民族总体和分民族的空间集聚区，其共性和差异如表 5.5 所示：

表 5.5　少数民族人口空间集聚区的共性和差异(总体和分民族)

		总体	回族	满族	蒙古族
共性	数量	各集聚区的数量和比例相近			
	分布	集聚区分布情况几乎同构		高度集聚区主要位于主城西北和东南片区； 中度集聚区主要位于老城中部，联系高度集聚区； 低度集聚区主要位于主城东西两侧的江东街道和孝陵卫街道	
差异	分布	高度集聚区分布于主城区的西侧和东侧	高度集聚区分布于主城区的西侧	高度集聚区主要分布于主城西北和东南部	高度集聚区分布于主城区的西北部
		双片区＋扇形放射结构	“双片区＋扇形放射”结构	“环形片区”结构	“散点放射”结构

(4) 南京市少数民族人口的空间分布影响因素

南京市少数民族总体和分民族的人口集聚差异性可能是由以下几个方面造成的：

① 少数民族历史空间格局

南京市作为一座历史悠久的江南区域中心城市，由于其优越的自然条件、便捷的交通区位、交融的思想文化、发达的社会经济条件以及相关政治因素的影响，长期以来一直有大量少数民族集居于此。其中，回族、满族和蒙古族的历史空间信息如表 5.6 所示。

表 5.6　南京市少数民族历史空间分布

民族类别	回族	满族	蒙古族
民族起源	唐末元初西域伊斯兰文化传入与汉文化交融	明朝末期因政治因素驱动而形成的民族共同体	唐朝初期望建河从事狩猎和游牧的部落
聚居年代	元朝初期	清朝初期	元朝初期
人口构成	本地原有与西北部南下经商的穆斯林商人。 “今回回皆以中原为家，江南尤多”①	清朝政府驻防	元朝政府驻防。 “敕江南州郡兼用蒙古、回回人”②
职业结构	商人	官兵	官吏
空间分布示意	回族历史空间分布示意图 历史聚居区 现状高度集聚区 现状Ⅰ类中度集聚区 现状Ⅱ类中度集聚区 现状低度集聚区	满族历史空间分布示意图 历史聚居区 现状高度集聚区 现状Ⅰ类中度集聚区 现状Ⅱ类中度集聚区 现状低度集聚区	蒙古族历史空间分布示意图 历史聚居区 现状高度集聚区 现状Ⅰ类中度集聚区 现状Ⅱ类中度集聚区 现状低度集聚区
历史区位选择	南京回族人口最盛为明朝。 主要分布于以通济门、大中桥为圆心，以清凉门、石城门、三山门、聚宝门为扇弧的地域，相对集中于净觉寺所在的浮桥一带③	南京满族人口最盛为清朝。 主要分布于明故宫内和有军事防卫需求的城区边缘地带④	南京蒙古族人口最盛为元朝。 当时的“在城录事司”分布有南京 86％的蒙古族人口，大致分布于城区核心中心与东南部⑤
现状对比	回族历史聚居地与现状集聚区分布相似，呈现多点成面的分布趋势	满族历史聚居地呈散点环状分布，其中最大的聚居地为明故宫，聚居地分布总体上和现状人口的集聚区地理区位相近	蒙古族历史聚居地集中于城区核心，与现状人口的集聚区差异较大

* 资料来源：笔者根据相关史料整理绘制。

① [元]周密. 癸辛杂识·续集上·回回沙碛。

② [元]大德三年(1299 年)规定，见《元史》。

③④⑤　南京市地方志编纂委员会. 南京市民族宗教志[M]. 南京：南京出版社，2009：12－18.

由表可以看出，回族历史上主要的聚居区与现状人口的高度集聚区吻合度较高，说明历史既有格局对回族人口的分布影响较大；满族历史上主要的聚居区与现在的集聚区月牙湖街道相近，说明历史既有格局对满族人口分布也有一定影响；但是蒙古族历史聚居区与现状差异较大，历史既有格局的延续性影响最弱，其现状的集聚程度也是最弱。

造成这种差异的原因主要同各民族人口的聚居动因有关：回族人口在南京市以经商为多，聚居的内生性和自发性较强；满族和蒙古族聚居则主要源于外界力量（如政治和军事因素）的推动，并随着历史朝代的更迭、军事格局的变迁、政策观念的演替等（如民国初年不少满族人口因在政治上受歧视，而隐瞒民族身份与汉族通婚①），在人口的总体分布上被动地发生了较大变动。

② 少数民族文化根植性

分析南京市少数民族自身社会特征的先天差异及其在历史沿革中的变迁，大体如表 5.7 所示。

表 5.7 南京市少数民族社会特征

民族类别	宗教信仰	宗教建筑	语言	生活方式	社会网络	风俗习惯	服饰
回族	伊斯兰教▲	清真寺▲	汉语，阿拉伯语▲	围寺而居△	清真寺董会▲ 行业工会△	重商▲	白帽或头巾▲
满族	萨满教△	堂△	满语△	民族聚居△	八旗制度△	渔猎骑射△	旗装△
蒙古族	萨满教△	神殿△	蒙古语△	散居△	盟旗氏族制△	牧马狩猎△	长袍长靴△

注：▲表示该特征存在，△表示该特征已式微或完全消失。
＊资料来源：笔者根据相关资料整理绘制。

分析表中少数民族最典型和易辨别的几项重要社会特征可知：城市中回族的民族文化特征相比于其他民族而言保持和维系得更好，而满族和蒙古族的民族文化特性则几近消亡，这一差异从根本上受制于两方面的上层建筑：

其一，宗教信仰方面。回族的形成同伊斯兰教信仰密切相关，由于伊斯兰教教义影响下的居住生活方式都受到严格规定，且回族规定嫁娶后的异族应皈依伊斯兰教，这也就消解了通婚对于民族同化的潜在影响；满族主要的宗教信仰为萨满教，但随着满族与汉、蒙、藏等民族交往日深，后期萨满教已融入了佛教和汉文化的成分；而蒙古族在元朝建立统一政权之后，原信奉的萨满教“长生天也”已退居次要地位，且元朝统治者也开始接受汉文化，转而信奉佛教。

其二，社会网络方面。清真寺董会统一管理社区内的回族生活，并联合行业工会形成行业管理机构，两者间相互支持和合作。即便是新中国成立后回族行业工会被取消，清真寺董会仍能通过宗教活动等方式维系回族社会网络结构；而满族是以八旗为兵民一体，集行政管理、军事攻防、组织生产职能为一体的社会组织形式，划定“旗地”为满族生活区域，清史有云，“出则为兵，入则为农，耕战二事，未尝偏废”②。清政府虽勉力维持本民族旧习，然而当“旗地”这一聚居空间被打破，满族的民族特征也就开始日渐式微，至雍正时期许多满族官吏已“不能满语”③；蒙古族自元代起长期与汉人相杂居，并受先进汉文化的持续性濡

① 南京市地方志编纂委员会. 南京市民族宗教志[M]. 南京：南京出版社，2009：15.
② [清]清太宗实录. 卷 7.
③ [清]上谕八旗. 雍正九年二月初十。

染,“时至北方人初至,尤以射猎为俗,后渐知耕垦播植如华人”①,在逐渐消除与汉族经济文化差异的同时,族际通婚愈多也使其和汉族在血缘上逐渐融为一体而“与华人无异”②。

不难看出,除了历史分布格局的影响,各民族独特的社会特征也是影响当今各民族集聚度差异的重要因素之一:回族的宗教信仰、社会网络以及生活方式等各项民族特征,形成了影响回族民族生存发展的完整链条和相互支撑的民族特性,进而确保了当今回族民族特征的维持。而满族和蒙古族的聚居则是和民族政权的建立相伴而生的,因受历史政权更迭、社会网络崩塌和政策观念变化的影响,其民族特征已逐渐趋于消解,并成为影响自身民族认同和集聚生活的巨大阻碍。

③ 少数民族公共服务设施配置

南京市各级政府为了鼓励开展各类少数民族的日常活动、保护和发展少数民族的传统文化,曾为之配建改建了一批相应的特色服务设施作为提供民族服务、维护民族团结的基础空间载体,其中市级的重要少数民族公共服务设施分布如表 5.8 所示。

南京市配建的少数民族公共服务设施从类别上看,大致可分为六类,涵盖了教育、文化、医疗、养老和殡葬等生活各个方面——从空间分布上看,主要散布于老城区南部;从服务对象上看,市级少数民族公共服务设施中,针对回族开设的设施占到 67%之多;此外,南京市还有 24 处重要的清真饮食点遍布全城……可见相较于另两个民族,回族对于特定公共服务设施的服务需求和维系愿望更强,而这些受到伊斯兰教思想支配的回族消费空间,也已成为回族穆斯林在当前城市中实现自我价值和认同的重要空间③;反观之,特定公共服务设施的空间布局与回族聚居空间布局的紧密关联,也进一步强化了其人口的空间集聚性。因此可以说,城市特定公共服务设施的空间配置,也成为造成南京回族集聚性远高于满族和蒙古族的另一原因。

表 5.8 南京市主要少数民族公共服务设施分布

设施类别	设施名称	区位	重点服务对象	重要少数民族公共服务设施分布图
教育	建邺区回民幼儿园	滨湖街道	回族	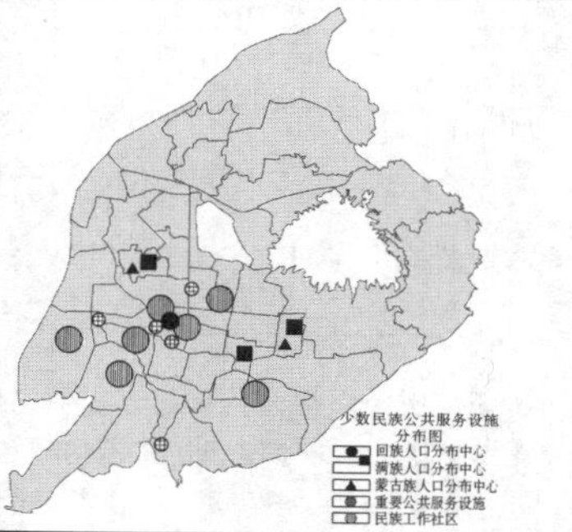
	朝天宫民族小学	朝天宫街道	回族	
文化活动	南京市少数民族文化活动中心	新街口街道	各少数民族	
医疗	建邺回民医院	朝天宫街道	回族	
养老设施	雅禾民族老年公寓	红花街道	各少数民族	
殡葬设施	南京市回民殡葬服务所	宁南街道	回族	
其他	朝天宫街道评事街社区、七家湾社区、红花街道曙光里社区等成立了民族之家、民族驿站等少数民族服务品牌的多个社区	全市	各少数民族	

* 资料来源:笔者自绘。

综上所述,相较于满族与蒙古族,回族人口在空间分布的历史延续性、民族文化的根脉维系性和相关服务的空间关联性等方面,均有着较强的独特性与一贯性,可以作为“少数民族聚居空间”的典型代表和样本来展开社区变迁的动态研究。

① [元]正德大名府志. 卷 10. 文类 • 伯颜宗道传.

② [明]明太祖实录. 卷 109. 洪武年.

③ 陈肖飞,艾少伟,等. 非正式制度下城市清真寺周边商业空间区位研究[J]. 经济地理,2014,34(6):112.

2）回族聚居区演化的现代化背景

从1760年代①英国工业革命启动世界现代化的进程起，世界现代化已跨越了250多年的历史，而关于世界现代化的研究自1950年代起②，也有了60多年历史。

然而现代化的含义之广，使之成为了跨学科的复杂性问题，各界学者基于不同研究领域、不同角度的研究也各有侧重。那么究竟什么是现代化？一个国家或地区的现代化程度又该怎样衡量？这些议题迄今为止尚无统一的定义。

（1）现代化定义与特征

德国社会学家马克斯·韦伯在对东西方宗教进行对比研究后，将现代化在西方发展的根源总结为宗教影响下理性主义对科学和技术的追求，传统社会向现代社会的过渡就是一个理性化的过程③；美国学者本迪克斯将现代化视为社会变迁的一种类型，存在于几个先锋社会的经济和政治进步以及后进社会的变迁进程中④；美国普林斯顿教授布莱克认为，现代化是指在科学和技术革命的影响下，社会在政治、经济、思想等方面已经和正在发生的转变过程⑤。

我国现代化研究的先驱学者罗荣渠综合了多种西方学说，从历史学角度提出"一元多线"的历史发展观⑥，在强调生产力发展为现代化核心的同时，也指出了各个国家应有不同的现代化发展路径。罗荣渠先生还将现代化分为两个层面看待，认为：现代化在广义上是一个世界性的历史过程，指人类社会自工业革命以来所经历的一场从传统农业社会向现代工业社会的急剧变革，也是一种心理态度、价值观、生活方式的转变过程；狭义上是指落后国家追赶先进国家水平和适应现代世界环境的发展过程⑦。我国当代现代化研究者何传启则指出，现代化包括现代文明的形成、发展、转型和国际互动，文明要素的创新、选择、传播和退出以及追赶世界先进水平的国际竞争，还强调了目前世界现代化可分为两个阶段，即第一次现代化（从农业社会向工业社会的转型）和第二次现代化（从工业社会向知识社会的转型）。著名学者钱乘旦还认为现代化是建立一种具有世界共性的新文明，由于传统文化的抵抗性，可能同时出现一系列"反现代化"的现象⑧。

总结不同年代多位学者的观点，可以看出：从本质上来说，现代化反映了自英国工业革命以来，社会中所出现的与传统相对的急剧变化和新特点；国内学者更注重现代化在我国

① 关于世界现代化起点主要包括三种观点：笔者参考目前学术界的大多数观点，选择1760年代对社会各个方面诸如生产力、政治体制和文化结构等影响深远的英国工业革命为现代化起点；而另外两种观点则将起点界定为16—17世纪的科学革命或是17—18世纪的启蒙运动。

② 20世纪中期为西方现代化理论研究的兴起时期，相关重要的事件有：1951年6月美国《文化变迁》杂志编辑部学术讨论会中认为，"现代化"一词可用来说明农业社会向工业社会的转变；1958年Daniel Lerner出版《传统社会的消逝》（*The Passing of Traditional Society: Modernizing the Middle East*）一书，则明确提出了现代化理论，成为经典现代化理论研究中的重要著作之一。

③ 参考：[德]马克斯·韦伯. 新教伦理与资本主义精神[M]. 龙婧，译. 桂林：广西师范大学出版社，2010；[德]马克斯·韦伯. 中国的宗教：儒教与道教[M]. 康乐，简惠美，译. 桂林：广西师范大学出版社，2010；[德]马克斯·韦伯. 印度的宗教：印度教与佛教的社会学[M]. 康乐，简惠美，译. 桂林：广西师范大学出版社，2010.

④ [德]沃尔夫冈·查普夫. 现代化与社会转型[M]. 2版. 陈黎，陆成宏，译. 北京：社会科学文献出版社，2000.

⑤ [美]西里尔·E. 布莱克. 日本和俄国的现代化[M]. 周师铭，胡国成，浓伯根，等，译. 北京：商务印书馆，1992.

⑥⑦ 罗荣渠. 现代化新论——中国的现代化之路[M]. 上海：华东师范大学出版社，2013：58，7-11.

⑧ 钱乘旦. 反现代化——一个理论假设[J]. 学术界，2001(4)：89.

特殊的发展中国家国情下的应用,而当代学者则开始关注工业社会向知识社会转型的现代化新走势。

(2) 现代与传统的关系

值得注意的是,现代虽然是相对于传统的存在,但其与传统并不是相互割裂或是对立的关系。

我国之所以未能产生现代意识,很大程度上源于其半封闭的自然地理格局——地处亚欧大陆的东部,东临太平洋,西部有险峻的山脉和沙漠,从而使我国传统的文化思想基本上是在一种相对独立的环境下产生与发展的;与此同时,以小农经济为核心的经济结构和以儒家仁学为核心的文化体系,也压抑了个体的反思精神;而在政治体制上的"分久必合,合久必分"更趋向于一种具有相当内在连续性和稳定性的内在结构。这些特征使得我国古代的传统思想得以延续多年,也导致其在一定程度上失去了他者的挑战,也失去了反思的力量。我们理应认识到,现代化确实是发源于欧洲的,但并不代表着西方化,其即使是和西方传统文化之间也同样存在着既联系又相对独立的关系,任何地区现代性与传统文化之间都应始终构成并保持着互为批判的张力①。

正如季羡林先生所说:"东方的现代化同西方的现代化有千丝万缕的关系……既然有了东西之分,当然必有其不同之处,最大的或最根本的不同之处即是基本思维模式的不同。"②现代化是多元的,是基于理性的现代文化知识背景下进行的社会发展和变革,而不同的国家和地区的现代化进程由于其内外环境、主客观条件的不尽相同,必然产生出不同的发展轨迹、发展速度甚至形态③。现代化并非等同于西化,从我国近代史上的洋务运动看来,是"中体西用"打开了我国走向现代化的大门,但由于对政治制度和意识形态认识的不足,而未真正地引领我国社会走出传统封建社会的桎梏。因此,尽管我国作为后发型现代化国家(现代化动力外源型)在追求现代化目标的过程中,与原生型现代化国家(现代化动力内源型)在总体上存在诸多共同点,但仍需探索出一条与发达国家既有现代化路径不同的自身发展道路。

(3) 现代化程度的评价

多年来各界学者都在尝试提出合理的现代化指标体系,然而目前尚未有公认的绝对性标准。在这些指标中,影响较大的定性模型主要有 1960 年日本箱根会议中提出的箱根模型、1962 年美国社会学家列维提出的列维模型和 1974 年美国社会学家英格尔斯教授提出的现代化人模型等;定量模型主要有 1966 年美国学者布莱克提出的布莱克标准、美国社会学家英格尔斯教授提出的英格尔斯标准、世界银行的人均收入划分标准、联合国开发计划署的人类发展指数、2000 年《联合国千年发展目标》中的指标体系等(表 5.9)——

---

① 吴冠军.多元的现代性——从"9·11"灾难到汪晖"中国的现代性"论说[M].上海:上海三联书店,2002:169.

② 季羡林.东亚与印度:亚洲两种现代化模式序言[M]//陈峰君.东亚与印度:亚洲两种现代化模式.北京:经济科学出版社,2000:1-2.

③ 钱乘旦.世界现代化历程(东亚卷)一书代前言[M]//钱乘旦.世界现代化历程(东亚卷).南京:江苏人民出版社,2012.

表 5.9 现代化评价的主要指标体系

模型	指标体系	指标数	主要内容	主要特点
定性模型	箱根模型	8	包括能源应用、文化传播、人口分布、社会网络、机构组织等	首次提出的现代化标准；体现现代化不仅是社会经济，更是人的全面发展
	列维模型	8	包括社会政治、经济、教育组织、伦理和社会网络关系、家庭规模、市场等	认为现代化程度与各个层级的社会结构关系有很大相关度，对于个体发展关注不足
	现代人模型	12	包括思想开放、积极进取、信任与尊重、宗教态度等	认为人的现代化是国家政治经济文化现代化的基础
定量模型	布莱克标准	10	包括收入、就业结构、产业结构、城市化程度、教育、健康、交流程度等	尝试经济发展水平和社会流动角度揭示“前现代化社会”与“高度现代化社会”的差异；可操作性不强，难以度量
	英格尔斯标准	11	包括收入、就业结构、产业结构、城市化程度、文化教育、人口寿命和增长等	主要关注经济指标与人的发展指标数据易获得，但存在指标偏低、缺项、无测度方法等问题
	世界银行的人均收入划分标准	1	包括按照人均 GNP 将世界各国和地区分为三种基本类型	随着时间推移指标有所更新
	联合国开发计划署的人类发展指数	3	包括预期寿命、成人识字率和人均 GDP 的对数三项基本指标	关注人文发展，揭示国家的优先发展项，为各国制定发展政策提供一定依据；数据易获得，适用于不同群体
	《联合国千年发展目标》指标体系	8	包括贫困、家庭、妇女儿童、环境、社会公平等 8 项总目标 48 项具体目标	关注贫困、疾病、环境等问题，考核政府在消除贫困和促进公平方面的职责

* 资料来源：笔者根据相关资料绘制。

综合上表中各类指标体系，除了对社会发展的综合考量外，学界对于“人的现代化”也较为重视①，涉及个体发展的指标有 5 项（占 62.5%）；另外，对于不同地区、不同发展阶段的弹性指标体系也有 3 项，表明了对后发型现代化国家发展的关注度。

目前在我国的《中国现代化报告》系列中，将国家现代化进程研究的基本内容分为国家经济、社会、政治、文化、环境和个人六大领域进行解析②：对第一次现代化（农业社会向工业社会的转型）的评价量化是以英格尔斯 10 个现代化指标为参照；对第二次现代化（工业社会向知识社会的转型）的定量评价则加强了知识创新和传播等方面的指标比重，共设 4 大类 16 个具体指标——两次评价指标的差异也显示了我国对于新发展形势的关注点的变化，可为本研究提供理论背景和技术方法上的参考（表 5.10）③。

（4）现代化阶段的划分

① 世界现代化阶段划分

根据罗荣渠先生对于世界现代化的三次浪潮的评述，可将世界现代化分为三个基本阶段：第一阶段为由政治和经济双重革命所推动的社会变革，并且向西欧扩散的工业化进程；第二阶段为西欧先发现代化国家在取得一定成就后，向周围异质文化地区进行传播的进程；第三阶段为两次世界大战之后，全世界范围内大批欠发达国家取得民族解放后进入现代化进程的阶段（表 5.11）。

---

① 早在 1971 年，智利著名学者萨拉扎·班迪博士，就曾在维也纳发展研究所举行的“发展中的选择”讨论会中发表演说回顾发展中国家探求现代化的历程，并提出对学界影响颇深的观点——“落后和不发达不仅仅是一堆能勾勒出社会经济图画的统计指数，也能表达一种心理状态”。

② 参照：中国科学院现代化研究中心，中国现代化战略研究课题组. 中国现代化报告[M]. 北京：北京大学出版社，2010.

③ 虽然英格尔斯指标尚存在一些争议，但基于尚无更权威的现代化指标以及同下文分析的一致性考虑，本文仍参考英格尔斯指标和中国现代化报告的数据结果作为主要的现代化指标。

表 5.10　两次现代化的指标构成对比

	第一次现代化指标	第二次现代化指标
知识创新		知识创新经费投入
		知识创新人员投入
		知识创新专利产出
知识传播	成人识字率	中学普及率
	大学普及率	大学普及率
		电视普及率
		互联网普及率
生活质量	城市人口比例	城镇人口比例
	医生比例	医生比例
	婴儿存活率	婴儿存活率
	预期寿命	预期寿命
经济质量	人均 GNI	人均能源消费
	农业劳动力比例	人均 GNI
	农业增加值比例	人均 PPP
	服务业增加值比例	物质产业增加值比例
		物质产业劳动力比例
		工业增加值比例
		工业劳动力比例

*资料来源:笔者根据相关资料绘制。

表 5.11　世界现代化的历史阶段

阶段	具体时间	重大事件	主要现代化国家和地区	特征
第一次现代化浪潮	1780 年—1860 年	英国工业革命、法国政治革命、北美独立革命	英法德等西欧国家	政治:资本主义社会; 生产力:以蒸汽和机器大生产为主; 文化:强调思想解放
第二次现代化浪潮	1860 年—20 世纪初期	西方各国的殖民地迅速扩张	北美、澳洲、日本,拉丁美洲与埃及、土耳其和中国也开始受到现代化浪潮的冲击	政治:资本主义社会与社会主义萌芽; 生产力:电和钢铁
第一次发展危机	20 世纪初期—20 世纪下半叶	两次世界大战	俄国	政治:资本主义社会、殖民主义与社会主义社会
第三次现代化浪潮	20 世纪下半叶至今	战后发展	席卷全球各国	政治:资本主义社会与社会主义社会; 生产力:石油能源、人工合成材料、微电子技术

*资料来源:整理于罗荣渠.现代化新论——中国的现代化之路[M].上海:华东师范大学出版社,2013:107-115.

② 中国现代化阶段的划分

目前学术界较为普遍的看法是,我国现代化可以分为三个阶段:第一阶段为 1840—1911 年,由晚清鸦片战争至民国建立前夕;第二阶段为 1912—1949 年,由民国成立之初至新中国成立前夕;第三个阶段为 1949 年至今,即新中国成立以来的发展阶段。其中,第三个阶段又可进一步细分为 1949—1977 年的计划时期、1977—2001 年的改革时期以及 2002 年至今的追赶时期(表 5.12)。

表 5.12　中国现代化的历史阶段划分及其特点

阶段		时间	重大事件	经济	社会	政治	文化
现代化起步	清朝后期	1840—1911 年	鸦片战争失利	农业经济，工业化起步，机械化起步	封建社会，农业社会，现代教育，现代运输	封建制变革	启蒙思想，现代出版物
局部现代化	民国时期	1912—1949 年	民国成立	农业经济，局部工业化，局部机械化和电气化	农业社会，现代教育，现代卫生，现代运输	共和制，复辟	提倡民主科学，“五四”新文学
全面现代化	计划时期	1949—1977 年	新中国成立	计划经济，全面工业化，机械化和电气化	农业社会，城市化，公共卫生，现代教育	共和制，新民主主义	人民文学、电视文学，“文化大革命”
	改革时期	1978—2001 年	改革开放	工业经济，市场化、工业化和信息化	农业社会，城市化、信息化、普及义务教育	共和制，改革开放	大众文学、网络文学、现代科技、现代哲学
	追赶时期	2002 年至今	加入世界贸易组织（WTO）	工业经济，新型工业化、全球化，绿色化	工业社会，新型城市化、福利化、绿色化	共和制，政治文明建设	大众文化、网络文化、文化产业化

* 资料来源：整理于中国科学院现代化研究中心，中国现代化战略研究课题组. 中国现代化报告[M]. 北京：北京大学出版社，2010：282.

据统计分析，截至 2008 年我国内地（除港澳台）已有 10 个地区完成或基本实现第一次现代化①，江苏省位列其中，排名第六②；而截至 2007 年，我国内地有 7 个地区的第二次现代化水平已达到中等发达国家的水平，江苏省也在其列③。因此在当前我国现代化发展的追赶时期和不平衡的发展背景下，南京市已经历了一个相对完整的现代化发展阶段。

本节从“现代化”的基本定义入手，探讨了现代化与传统文化的关系，总结了现代化程度的评价标准和现代化的阶段划分。现代化是一场不可避免的巨大的人类社会变革，现代化对于人和社会从思想意识到物质空间形态都影响重大。

首先，现代化不仅包含了社会发展的方方面面，更包含着人的发展；其次，现代化与传统思想文化的发展并不是完全对立的，应在现代化发展的浪潮中反思传统文化，以谋求得文化内涵的传承延续；最后，南京市作为我国现代化发展水平较高的地区，研究其现代化浪潮下的城市空间与传统文化的变迁，可能是反思当前城市建设较好的着眼点和载体。

3）回族聚居区演化的历史沿革

南京作为一座有着两千四百多年建城史的六朝古都，自古以来既是文化和经济繁荣的江南鱼米之乡，又是兵家必争之地。

南京早在吴越建城（年代）之前，就有北方和南方的先民汇集于此共同生活。至南朝梁时，建康已有 28 万多户人口，是当时中国最大的城市。虽然现在已难以精确判知其人口构成的民族成分，但是仅从南朝宋时对北方来的少数民族所实行的“土断”“检籍”政策中就不难看出，彼时南京市的少数民族人口已不在少数④。受多次改朝换代的变迁影响，南京城逐渐发展成为了以汉族人口为绝对主导，各少数民族共居并存的多民族格局，其民族和宗教演变历程也构成

① 完成由农业社会向工业社会的转型，达到 1960 年发达工业化国家的平均水平。

②③ 中国科学院现代化研究中心，中国现代化战略研究课题组. 中国现代化报告[M]. 北京：北京大学出版社，2010：282，283.

④ 南京市地方志编纂委员会. 南京市民族宗教志[M]. 南京：南京出版社，2009：1.

了南京这座古老城市中的一条重要血脉。因此下文将以南京七家湾的回族聚居区为焦点，分城市建设、回族发展、聚居区演化三个层次来大体勾勒出南京回族聚居区的历史沿革。

(1) 宋以前

【城市建设方面】

宋代以前的南京在北方统治者的刻意抑制和遏压下，经济和文化依然得到了较大发展。南唐都城较六朝建康城的城市格局向南有所偏移，将秦淮河两岸经济富庶区纳入城内。其宫城位于今洪武路一带，总体上形成了以洪武路—中华路一线为中轴的格局，并为宋元时期所沿用。

【回族发展方面】

唐永徽二年(651年)，大食国伊斯兰教使节出访长安，受到唐高宗接见。这是阿拉伯国家和中国在外交上的首次接触，也是伊斯兰教传入中国之始①。南京回族的先民唐宋时期就在南京一带从事商贸活动，且多为从西域波斯等国经海、陆两条通道来华的穆斯林商人。宋代建康作为重要的商业城市，吸纳了众多南下的北方少数民族同当地汉族人共同生活，从而进一步促进了民族交往和融合。

【七家湾聚居区方面】

唐代的七家湾地区②位于城市中轴线的西侧，位于西南片繁华的商业区和居民区，这一基本格局也延续影响了后世多个朝代。

(2) 宋元时期

【城市建设方面】

整个宋元时期，南京城区的核心地段一直是作为地方政治中心而存在，城市的基本格局也与唐宋时期变化不大。

【回族发展方面】

元代的中国成为了疆域空前辽阔的多民族国家，回族人口也由此编入《至正金陵新志》而正式成为官方所定义的少数民族。人口规模方面，建康府城在城录事司有2 919回族人口，占回族总人口的86%；经济结构方面，回族人口多以官兵、家奴为主，人口流动性较大③。

【七家湾聚居区方面】

宋元时期的七家湾地区东邻南京城的地方权力中心，西近水运交通要地和景致优异的水西门。诸多权贵在此定居，其中就包括了大量的回族人口。另外，宋元时期七家湾地区还在周边增建了一批政治和文化设施，如东面的建康知府④和北面的江南东路转运司衙门，宋代还在七家湾地区建设了安远楼、和熙楼⑤。

(3) 明代

【城市建设方面】

元末明初，朱元璋以七家湾地区东部王府园一带的元代御史台为公署⑥，修建明故宫后

---

① 南京市地方志编纂委员会. 南京市民族宗教志[M]. 南京：南京出版社，2009：9.

② 在新中国成立前的各朝历史分析中，本文暂以“七家湾地区”一词代替后文中的“七家湾回族聚居区”。

③ 南京市地方志编纂委员会. 南京市民族宗教志[M]. 南京：南京出版社，2009：9 - 10.

④ [南宋]李心传. 建炎以来系年要录：卷二十[M]. 上海：上海古籍出版社，1992.

⑤ [南宋]马祖光，修；周应合，纂. 景定建康志：卷二十一[M]. 北京：中华书局，1990.

⑥ [清]毕沅. 续资治通鉴：卷二百一十三[M]. 长沙：岳麓书社，1999.

移居新宫。南京城经扩建后，道路可分为官街、小街、巷道三个等级，城南地区、东部皇城新区和城北军防区也相对独立、自成系统；而老城南就是当时居民市肆的所在地，构建了手工业集聚的"十八坊"(图 5.5)。

图 5.5　明代南都繁会景物图卷(节选)中繁华的秦淮盛景

【回族发展方面】

明代是南京回族大发展的重要阶段，回族人口的流动趋于稳定。人口规模方面，据明万历二十年(1592 年)顾起元《客座赘语》所述，可推测洪武前期的南京回族人口有近 10 万人；外来人口结构方面，除了驻防的回族官兵外，在因城市大规模建设而调遣的 20 万工匠中，亦有众多回族人口①；宗教文化方面，明末南京回族学者著书开创了我国伊斯兰教中"以儒诠经"的先河，有力地加强了伊斯兰教教义在回族中的传播和理解，并以经堂教育的形式培训阿訇接班人，这一惯例延续至今。

【七家湾聚居区方面】

明代的七家湾地区由于城市政治中心的东移，开始远离政治权力中心而成为老城南商业中心的重要组成部分，区内的评事街还承担着城市南北干道的作用。其中"十八坊"的踹布坊、皮作坊、钦化坊、锦绣坊都在现在的七家湾社区中。直到明晚期仍有"自大中桥而西，由淮清桥达于三山街、斗门桥以西，至三山门，又北自仓巷至冶城，转而东至内桥、中正街而止，京兆赤县之所弹压也，百货聚焉"②的盛景，各地商贾中尤以回族商贩居多，因此除了作坊和钱庄外，清真寺等带有回族民族特征的建筑也遍布街巷。

(4) 清代

【城市建设方面】

清政府在江宁府城设立两江总督，统领今江苏、安徽、江西三省，其中南京仍是当时的政治、文化、军事重镇和区域经济枢纽。城市空间开始跨长江而发展，经济结构则以织造业为主。1840 年鸦片战争的失利，可视为我国现代化的肇始；而 1898 年的南京开埠和国际通商贸易往来，开始冲击南京传统的社会文化和经济结构。

【回族发展方面】

清代回族延续了明代的发展趋势。人口规模方面，清咸丰元年(1851 年)南京的回族人口约 4 万人，占当时南京市总人口的 4.44%③；经济结构方面，清初回族人口多从事织造业，另据《上元江宁土志》记载，至宣统二年(1910 年)由于回族人口的急剧增长，同回族民族特色相关的玉器、毡皮、糕饼业等行业从业人员也有了明显增加，但随着鸦片战争的硝烟和我

---

① 南京市地方志编纂委员会. 南京市民族宗教志[M]. 南京：南京出版社，2009：10.

② [明]顾起元. 客座赘语：卷一[M]. 北京：中华书局，1997.

③ 南京市地方志编纂委员会. 南京市民族宗教志[M]. 南京：南京出版社，2009：176.

国现代化浪潮启动,织造业和小型手工业逐渐走向衰落;聚居区分布方面,回族人口主要聚居在新桥、上浮桥以西、下浮桥清真寺附近,以及土桥和瑞芝坊;宗教文化方面,及至道光三十年(1850 年),南京共有清真寺 36 座(太平天国时多数被毁,后又陆续恢复和重建)、回族行业工会 13 个。

图 5.6 甘熙故居

* 资料来源:网络图片。

【七家湾聚居区方面】

清代的七家湾地区延续了明晚期的商业功能,并增建了不少科举及第的金陵乡贤家宅,现在著名的甘熙宅第即为嘉庆年间所修建(图 5.6)。

(5) 民国时期

【城市建设方面】

1927 年国民党定都南京后着手编制了《首都计划》,其所确立的城市路网也奠定了当前城市主干路系统的基本框架。这一时期的南京建设被划分为中央政治区、住宅区、工业区、公园区等六大功能区,其中老城南作为传统住宅区被完整保留下来,以延续明清时期的格局。

【回族发展方面】

民国初期受军阀混战的影响,南京市回族人口不断外迁;1927 年定都南京后又逐年递增。人口规模方面,据《首都警察概况》记载,至 1934 年信仰回教者已达 37 443 人(国民政府人口统计仅登记宗教信仰者),占全市人口的 5.05%;经济结构方面,除了传统的从事餐饮和手工业的个体经营户,回族人口还兴办了一些有近代特点的实业(后来由于战乱影响,这批民族企业陆续迁出或被迫关闭);宗教文化方面,成立了南京回教联合会等伊斯兰教团体,修建了 13 所回族小学,讲授伊斯兰教经文和教义,回族人口在抗日战争时期甚至还开办了一些重要的伊斯兰教刊物来宣传传统民族文化。

【七家湾聚居区方面】

民国时期的七家湾地区工商业依然繁荣,但随着城市新商业中心——新街口的崛起以及七家湾一带多条道路的辟建,其多年以来所形成的城市交通和商业中心地位迅速沦落。

(6) 新中国成立后

① 1949—1958 年

【城市建设方面】

自 1953 年以来开始执行的第一个五年计划,标志着我国大规模、有计划的现代化与社会主义建设的开始,南京城的建设在这一时期有了长足发展。由于江苏省人民政府迁至南京、大专院系的调整以及工业的发展,一五期间的城市建设主要集中于机关、大专院校和工业用地①,城市也从消费型城市转变为生产型城市。

① 周岚,等. 快速现代化进程中的南京老城保护与更新[M]. 南京:东南大学出版社,2004:20.

【回族发展方面】

建国初期的回族人口发展受到了政府的保护与支持。人口规模方面，据1953年第一次人口普查，南京市区回族人口为20 401人，占市区总人口的2.95%；宗教文化方面，解放初期尚有清真寺32座(太平路寺、内桥湾寺和草桥寺为新建)，1958年成立南京市清真寺管理委员会后，对全市清真寺进行合并和统一管理，清真寺减少为7座，但恢复了回族的幼儿园和小学建设。

【七家湾聚居区方面】

这一时期的七家湾地区在少数民族基本生活方面受到了一定的政策照顾，但由于现阶段城市发展对于工业建设和生产型投资的极大关注，地区内个体经营的家庭式作坊并无太大发展空间。

② 1959—1977年

【城市建设方面】

由于脱离实际的建设目标和口号，大跃进时期的城市建设盲目冒进，工业推进速度过快，城市住宅供给紧张，大幅加重了旧城负担；而文化大革命时期失控无序的城市建设和乱拆私建，更是使众多城市绿地和历史文化遗存遭到了难以修复的破坏；同时在非生产建设投资严重不足、大量知青返乡等多重因素的影响下，城市的住房供给陷入失调失控的乱局。

【回族发展方面】

人口规模方面，据1962年第二次人口普查，南京市区回族人口为38 454人，占市区总人口的2.31%；经济结构方面，在国家优先推进大规模工业建设的指导思想下，传统的手工业发展严重受阻；宗教文化方面，“文化大革命”几度干扰和阻断了回族人口的正常生活组织，清真寺被占用，伊斯兰教协会也被迫中止了活动。

【七家湾聚居区方面】

这一时期的七家湾回族聚居区与南京市回族人口遭受着相同的命运和变故，其结果就是：宗教活动基本停滞、手工业发展受阻和回族人口生活困难，社区内的草桥清真寺也被挪作仓储和安置用房。

③ 1978—1989年

【城市建设方面】

改革开放后，“重生产，轻生活”的城市建设思路开始转变为对市民居住问题的关注。根据《南京城市总体规划》(1980—2000年)，当时的住宅建设主要集中在老城内的填平补齐，居住区建设也多以政府投资兴建下的大规模住区和兵营式大院布局为主，这在很大程度上改变甚至破坏了南京老城的传统肌理。

【回族发展方面】

人口规模方面，据1982年第三次人口普查，南京市区回族人口为46 124人，占市区总人口的2.16%；聚居区分布方面，1980年代南京回族人口主要的聚居地为七家湾、冶山道院和石榴新村①；宗教文化方面，1978年三中全会后，伊斯兰教协会逐渐恢复活动。

【七家湾聚居区方面】

这一时期的七家湾地区净觉寺和草桥清真寺修缮后陆续开放，社区内还兴建了李荣记

① 南京市地方志编纂委员会. 南京简志[M]. 南京：江苏古籍出版社，1986：16.

板鸭厂和朝天宫炒货厂，就地解决了不少回族人口的就业问题，也对回族聚居区的经济文化发展起到了一定的促进作用。

④ 1990 年至今

【城市建设方面】

1990 年代后，城市的建设开发量快速增长（图 5.7）。1998 年国务院发布《关于进一步深化城镇住房制度改革加快住房建设的通知》，标志着住房建设步入私有化、市场化轨道。

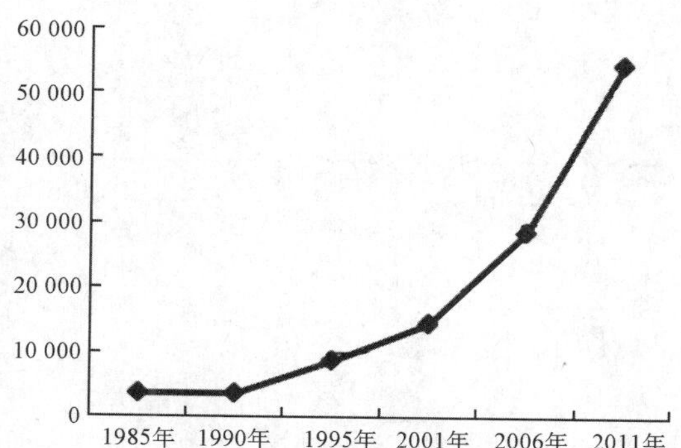

图 5.7　江苏省竣工房屋面积统计（单位：万 m²）

＊资料来源：江苏省统计局年鉴。

市场经济对于城市建设的影响日益显著，南京老城区的中心地位和复合功能因未有效纾解，在人口持续增长对城市建设的需求下，老城出现了“见缝插针”式的土地开发和高层建筑的散点建设，这也进一步影响和改变了老城区的传统肌理和空间格局。

【回族发展方面】

人口规模方面，据 1990 年以来的三次人口普查，市区回族人口分别为 54 408 人、58 691 人和 61 295 人，占全市总人口的比例分别为 2.03％、1.61％和1.18％；随着越来越多的回族人口在全市范围内的迁居和散布，其经济结构、宗教文化等民族传统特征趋于式微（图 5.8）。目前，南京市区仅存 3 座清真寺，其中两座（净觉寺和草桥清真寺）均位于七家湾回族聚居区所在街道。

图 5.8　评事街现状

＊资料来源：笔者自摄。

【七家湾聚居区方面】

这一时期的七家湾回族聚居区经历了 1990 年代中期的大规模拆迁（图 5.8）和鼎新路、仓巷、红土桥的拓宽，原来内聚性较强的围寺而居的居住格局被打破；多层小区绒庄新村、高层小区金鼎湾和恒隆花园的散乱建设，则进一步改变了聚居区以传统低层民居为主的肌理格局；老城南历史城区的更新改造往往同规模不一的拆除重建相伴随，这也导致当地人口的被迫外迁和民族商业、宗教活动的日渐衰落（图 5.9）。

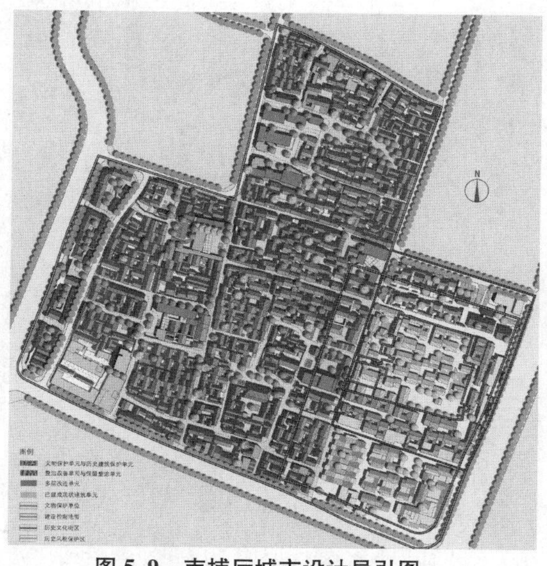

图 5.9　南捕厅城市设计导引图

＊资料来源：南京市规划局. 南京老城南历史城区保护规划与城市设计. 2012.

现状的七家湾回族聚居区是老城南地区重要的组成部分，处于城市商业中心新街口的西侧、夫子庙南部，交通优势明显，区位条件优越。但随着其居住生活条件的每况愈下和回族人口的不断外迁，七家湾回族聚居区也成了南京老城中现代化发展和传统文化的重要冲突点之一(表 5.13)。有鉴于此，下文将选取既要传承民族传统文化，又要面对现代生活方式挑战的七家湾回族聚居区作为研究对象，进行其社会属性和空间属性演化规律的动态研究。

表 5.13　南京市七家湾回族聚居区发展阶段简表

朝代	七家湾地区城市区位	城市建设背景	回族发展背景	回族聚居区事件
宋以前		政治方面受到抑制，经济文化得以发展；将秦淮河两岸经济富庶区纳入城内，建立了影响后世的城市格局	西域蕃客由海上“香料之路”来华，在居住地建清真寺和公共墓地，其子孙后代即为南京回族的先民	——
宋元	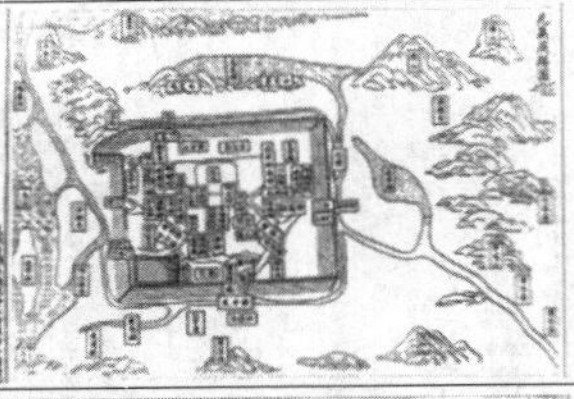	政治、经济、文化都有了较大发展，建康作为地方政治中心也因势作出了局部改造，但城市整体格局并未发生显著变化	元代回族人口编入《至正金陵新志》，正式成为由官方所承认的少数民族	交通地位提升，邻近政治中心，区内政治文化设施的增加
明代	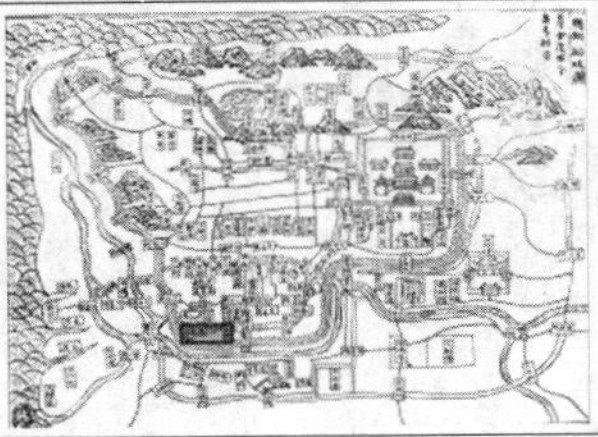	政治中心东移； 全城分为宫城、居民市肆和军防三大功能片区，七家湾所在地区位居城南居民市肆，由此奠定了经济繁荣的基础	回族人口增长迅速，以驻防官兵和随军工匠居首； 开创“以儒诠经”传播伊斯兰教教义，开办经堂教育	政治地位下降，经济地位提升，成为老城南商业中心的重要组成部分
清代		在江宁府城设两江总督，政治、经济、文化均得到了长足发展； 城市空间跨江发展； 清末鸦片战争成为我国现代化的开端	织造业就业人口增多，形成回族特色就业结构； 聚居区得到一定发展，且分布广泛； 清真寺数量达到历史高峰	聚居区经济和商业的鼎盛时期，但织造业和手工业在清末走向衰落； 聚居区内大户家宅的建设则提升了片区地位
民国时期		社会动荡背景下的短暂发展； 城市分为中央政治区、住宅区、工业区、公园区等六大功能区，城南作为传统住宅片区被保留，整体格局未发生太大变化	定都后回族人口大幅回升； 出现一批创办了近现代工厂的回族实业家； 回族社会组织中宗教团体和学校增多，社会生活有了一定程度的改善	伴随着城市道路的修建与新城市中心的形成，该地区多年来的交通优势和商业地位开始衰落

续表 5.13

朝代	七家湾地区城市区位	城市建设背景	回族发展背景	回族聚居区事件
1949—1958 年	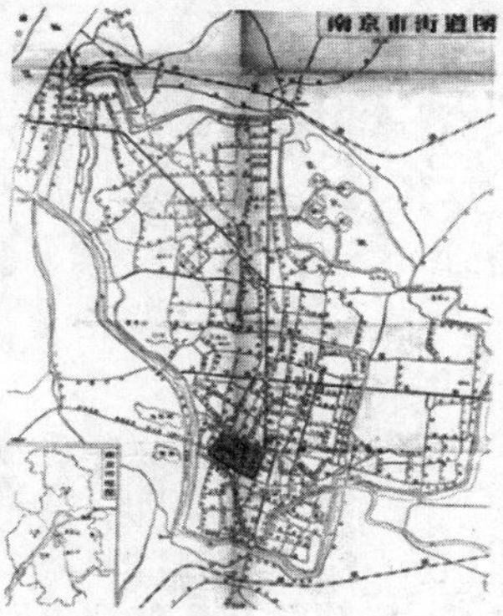	城市空间急剧拓展； 城市建设的主要内容为省市机关、大专院校和工业，呈现跃进和填空补实相交替的特征	恢复了少数民族身份； 成立南京市清真寺管理委员会	恢复少数民族身份； 回族居民投身社会主义经济建设，职业结构趋于多样化
1959—1977 年	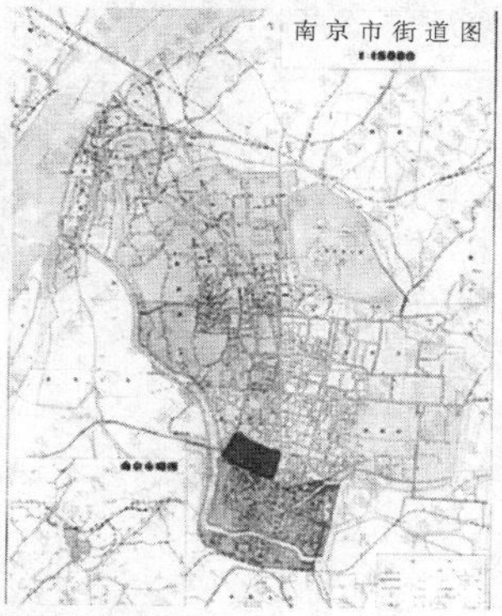	城市建设以生产性投资开发为主，盲目冒进，乱拆乱建，但影响范围尚未超出老城； 城市住房供给形势严峻	清真寺被迫关停或是占用； 教坊制解体，伊斯兰教协会被迫停止活动	草桥清真寺、净觉寺停止宗教活动； 出现民族歧视、物资分配不足、居民生活困难等问题
1978—1990 年	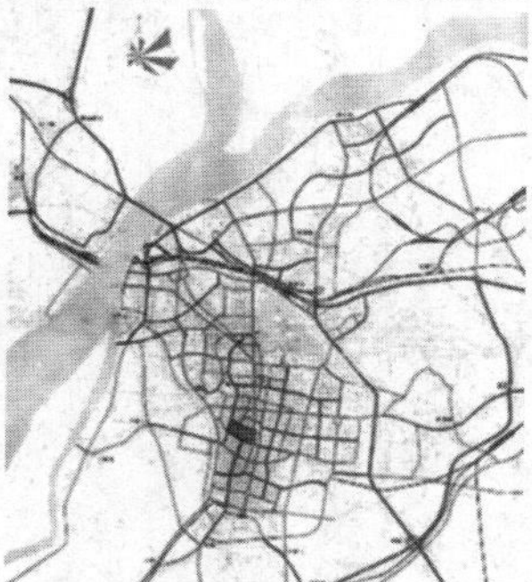	改革开放后，“文革”期间大批人员返城； 在总体布局上提出“圈层式城镇群体布局”结构； 城市建设关注公众的居住和生活需求	人口规模较改革开放前有所下降； 伊斯兰教协会恢复宗教活动	净觉寺恢复活动，草桥清真寺重建； 建立清真食品厂，发展民族特色经济
1990—至今	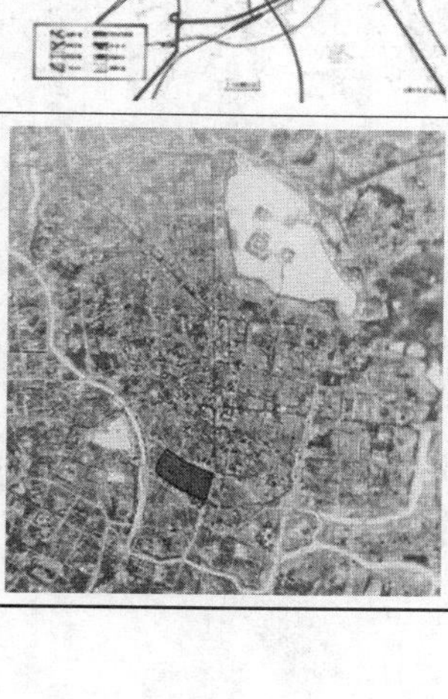	以主城为核心的都市圈空间格局基本拉开； 城市现代化建设对城市传统肌理和空间格局产生了影响和冲击	清真寺数量仅存3座； 随着回族人口的迁居和散布，其经济结构、宗教文化等传统特征日渐式微	自1990年代起开始的大规模拆迁，导致原有回族住户异地安置； 新建多处多高层现代居住区； 聚居区以传统民居为主的特色格局被打破

4）回族聚居区演化的研究思路

（1）研究范围的界定

【研究范围】

南京市七家湾回族聚居区，位于南京市秦淮区朝天宫街道。具体研究范围选取以南京秦淮区草桥清真寺为中心的，北至建邺路、南至升州路、东到莫愁路、西到中山南路的回族人口相对集中的聚居地段作为研究的重点区域，由七家湾社区、安品街社区、评事街社区和绒庄新村四个社区组成（图 5.10）。

图 5.10　研究范围图

＊资料来源：笔者自绘。

该研究范围总面积约 52 hm^2，现有户籍人口共约 28 000 人，其中回民户籍人口约 2 500 人。在问卷发放时，重点走访调研范围内的各个社区，以及七家湾回民拆迁安置较为集中的南苑小区、桃园居社区、景明佳园、银龙花园、西善花苑等，走访曾经和目前生活于南京市七家湾回族聚居区的回民，发放问卷共计 115 份，其中有效问卷 104 份，男女比例为 1.2∶1。

【研究时段】

1949 年新中国成立以来回族聚居区的演化脉络和变迁规律。

【研究对象】

曾经和目前生活于南京市七家湾回族聚居区的回族人口。

而选择该调查对象和研究范围的主要原因为：

其一，根据相关人口普查的数据分析发现，回族是我国分布最广、城市化率第七高的少数民族，与汉族拥有明显混居的空间分布格局，尚且保有明确的宗教信仰和鲜明的民族风俗习惯。因此，可选取回族人口作为少数民族聚居区演化研究的典型族群和特色样本。

其二，七家湾回族聚居区作为南京最大的回族聚居区拥有悠久而重要的历史地位，在当前现代化浪潮的冲击之下，和其他众多回族聚居区一样面临着社会属性和空间属性的演化和更替，因而也可代表和反映类似社区变迁的特征规律和问题动因（图 5.11，图 5.12）。

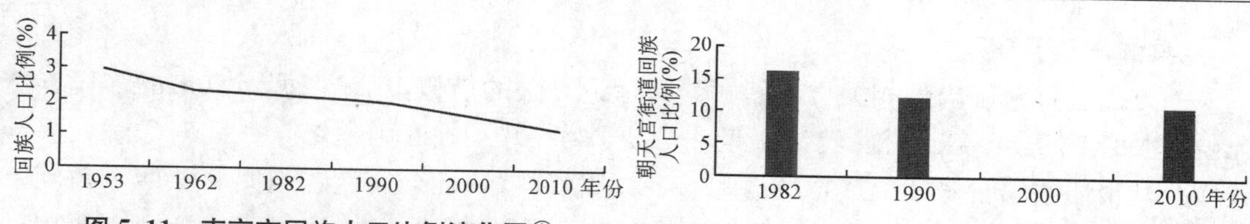

图 5.11　南京市回族人口比例演化图①

图 5.12　朝天宫街道回族人口比例演化图②

*资料来源:笔者根据 2010 年第六次人口普查数据绘制。

(2) 研究思路的建立

【阶段划分】

少数民族聚居区在现代化浪潮下的社会空间演变,实质上可以折射出我国当下城市建设中传统与现代、历史与未来既冲突又交融的现实场景;而其社区演化的脉络,实质上也同其多元文化背景的更替是息息相关的,因此关于回族聚居区演化阶段的划分也必然取决于其背景的阶段性转换。

有鉴于此,本研究将综合考虑国际现代化发展阶段、我国现代化发展阶段、南京城市建设情况以及七家湾回族聚居区变迁四条主线的演化节点,据此来归并和划分新中国成立以来南京市七家湾回族聚居区的演化阶段(图 5.13,图 5.14);而且还需明确的是,下文在从微观(社区)层面对少数民族聚居区的社会属性演变进行分析的同时,将更加关注其空间属性的演变规律分析。

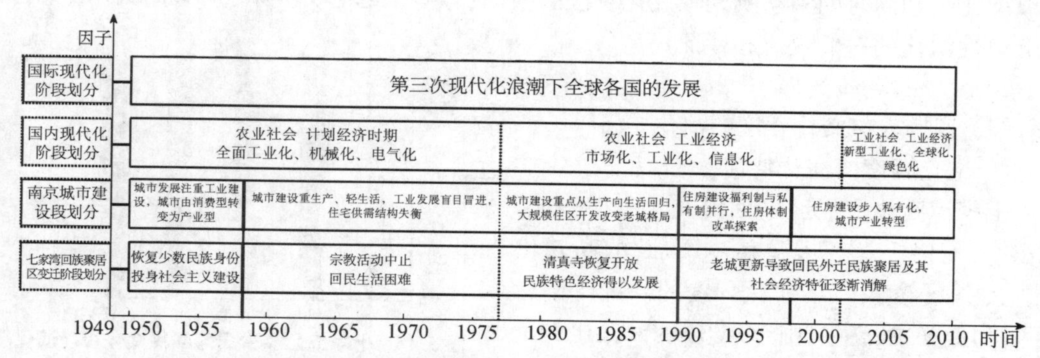

图 5.13　南京市七家湾回族聚居区的演化背景阶段示意图(1949 年以来)

*资料来源:笔者自绘。

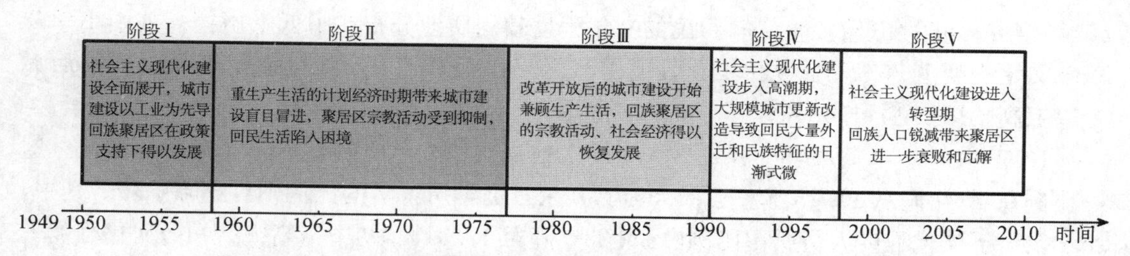

图 5.14　南京市七家湾回族聚居区的演化阶段示意图(1949 年以来)

*资料来源:笔者自绘。

---

① 南京市回族人口比例是指南京市回族人口与市区总人口(不包括江宁、六合、溧水、高淳)的百分比。

② 朝天宫街道即七家湾回族社区所在街道。这里的回族人口比例是指朝天宫街道的回族人口与市区回族总人口的比例,其中 2000 年五普数据缺失。

【具体思路】

一方面通过对国内外相关文献的解读和理论方法的借鉴，总体把握南京市的多民族概况，梳理回族聚居区变迁的现代化背景和历史脉络；另一方面则是结合研究对象——回族人口及其聚居空间自身的民族独特性和一手数据资料，从社会属性和空间属性两个角度入手，定性与定量相结合地展开历史比较和动态解析，旨在发掘回族聚居区的社会空间在现代化背景下所呈现出来的多重演化特征及其问题和对策。

【数据来源】

主要借助于相关历史文献资料的查阅梳理、实地调研、抽样问卷统计以及专题访谈等技术方法的综合应用。

5.3 现代化浪潮下回族聚居区社会属性的演化

基于上文对南京市回族聚居区综合背景的梳理、研究思路的确立和演化阶段的划分，本节将扣合族群特色从中遴选人口构成、家庭关系、社会组织、生活习俗等方面的社会属性，对七家湾回族聚居区回民在各演化阶段的特征分别进行解析。通过聚居区本身跨阶段的纵向比较和同时期国家所处现代化阶段的横向比照，来综合判定和归纳城市回族聚居区社会属性演化的一般规律和特征。

1) 人口构成的演化

(1) 回族人口文化程度的演化

① 文化程度的演化特征

七家湾回族聚居区的回民文化程度构成，呈现出“大专以上学历人员稳步增加”的高知化趋势。其中，小学及以下文化程度的回民比例有小幅下降，而初中、高中(中专)学历的回民比例呈现较明显的下降趋势，大专以上文化程度的回民人数则有大幅提升(图 5.15)。

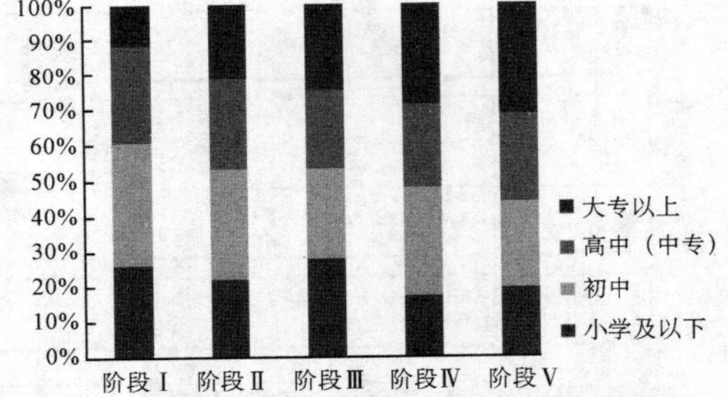

图 5.15 七家湾回族聚居区回民文化程度演化图

*资料来源：课题组关于南京七家湾回族聚居区的抽样调研数据(2014 年)。

1949—1958 年(阶段Ⅰ)间，回民的文化程度较均质地分布在中低学历档。其中小学及以下文化程度占 26.23%，初中文化程度占34.43%，高中(中专)文化程度占 27.87%，而大专以上高学历仅占 11.48%。

1959—1997 年(阶段Ⅱ—Ⅳ)间，大专以上地高学历人员比例有了较大幅度的增长。这一比例在 40 年间从 11.48%增至 28.85%，其余三类学历人员的比例则有小幅下降。其中，小学及以下文化程度人员所占比例由 26.23%降至 17.31%，初中与高中(中专)文化程度人员所占比例均有约 4%的下降，至 1990 年代末达到 30.77%和 23.08%。

1998 以来(阶段Ⅴ)回民文化程度趋于平稳结构。大专以上高学历人员比例达到 31.71%，其余三类学历人员的比例略有浮动而同上阶段基本持平(从小学至高中的比例分别为 19.51%、24.39%和 24.39%)。

另外在民族特色文化教育方面，在被调查者中仅有 7 位曾经就读于回族小学，接受和回族传统文化相关的教育。当谈起是否有意愿将子女或第三代送入有回族特色的学校进行学习时,被调查者均表示:该类学校在升学、就业等压力下的实际竞争力并不强,故不希望子女再回到类似学校学习。

② 文化程度的演化解析

我国古代教育是为了适应古代以手工劳动、小农经济和等级社会为基础的社会结构而进行的教育,主要内容是人文教育;清末废除科举考试的举措,则是我国教育发展在现代化冲击下转型的第一步;当今的现代教育是在积极借鉴西方发达国家的教育经验、历经百年探索和发展后形成的同传统教育模式迥然不同的成熟结构体系,主要内容是科学文化知识教育,而回族聚居区人口所经历的教育转型和文化程度变化,究其原因主要有二:

首先从外部的环境条件上看,聚居区回民的高知化趋势受到了国家推行现代教育等一系列外在政策的影响。新中国成立后我国推行扫除文盲的现代教育政策,至1980年代已基本完成小学教育规模的扩张;1986年颁布九年义务教育法,于21世纪初实现了初中教育规模的扩张任务;时至当今,我国教育已进入高中教育规模化、高等教育大众化的现代化新阶段,面临着教育质量提升的新需求。

其次从内在的个体需求上看,聚居区回民也经历了一个从传统民族教育向现代教育转化的心理接纳过程。著名法国教育家涂尔干认为:教育的任务是培养个体具备作为社会成员与特定群体成员所具备的身心状况;同样,七家湾回族聚居区回民所接受的教育也会随着社会需求而产生相应变化。城市回族传统的教育方式是由清真寺阿訇所教授的经堂教育,在教育内容上以伊斯兰教为核心,较局限于同宗教相关的民族文化。在现代社会经济与文化结构的冲击下,回民为了应对现代社会生活所需,开始自发离开经堂教育课堂,走进普通学堂,通过迥异于传统民族教育的现代教育体系来获取必备的科学文化知识(图5.16)。

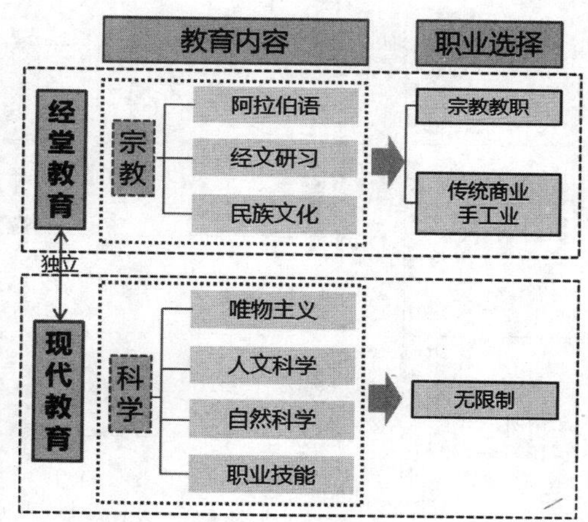

图5.16 经堂教育与现代教育的比较

*资料来源:课题组关于南京七家湾回族聚居区的抽样调研数据(2014年)。

回民教育水平的改善亦不例外,但其中低学历回民(小学及以下)的比例却无显著下降,且多集中在以往教育缺失的老年人身上,可能同聚居区内的回民老龄化程度较高有关。

> **【典例】** 在大辉复巷遇到的张先生是初中学历,大约60年前他同当时的大部分回民一道,在回民小学度过了六年时光。然而不同于多数回民的观点,张先生认为回民小学等多所小学的合并是势在必行且前景乐观。"听说现在的回族小学生期末还要考回族知识,又学习了传统文化也不会落下数理化,现在的教育还是比我们那时候好得多了。"

(2) 回族人口就业结构的演化

① 就业结构的演化特征

据相关历史文献记载,新中国成立前的南京回族人口主要从事以珠宝玉器古玩和饮食菜馆饭庄为主的服务行业,七家湾回族聚居区则流向以牛羊屠宰业为支撑的相关产业。

《建邺文史》记载云,“明清以来,在七家湾的住户中,十有八九是经营牛羊皮生意”,更有七家湾回民自编的“顺口溜”总结自己的民族经济特色:卖鸡鸭,宰牛羊,跑经济,串五行。

然而这一传统的就业格局在新中国成立初期即被打破,形成了“以工业为主,回族相关服务业为辅”的就业格局。这一格局随着城市产业转型的外在动力与回民对更高生活品质的追逐,以及从事行业多样化的内在动力的双重推动下,于当今呈现出“各类就业方向均质并存”的多元化格局(表 5.14)——

表 5.14 七家湾回族聚居区回民就业结构演化状况

演化阶段	从事行业分布示意图	简要分析
阶段Ⅰ (1949—1958)	 (%) 10, 5, 0 工业 公共管理 交通运输业 教育科研 通讯业 商业服务业 建筑业 回族相关服务业 其他	七家湾回民所从事的行业主要由工业(48%)和回族相关服务业(24%)构成。这一时期的回族相关服务业经营内容包括牛羊肉店、茶水铺、裁缝店、皮革制品店等,经营模式主要为以家庭为单元的小规模沿街商铺
阶段Ⅱ (1959—1978)	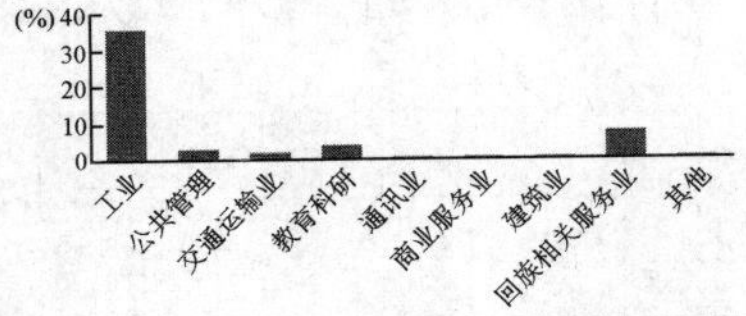 (%) 40, 30, 20, 10, 0 工业 公共管理 交通运输业 教育科研 通讯业 商业服务业 建筑业 回族相关服务业 其他	随着公私合营政策的实施,更多的回民走进工厂(63%)。但受限于教育程度,其多为从事大型机械制造、医药、纺织等二、三类工业的普通工人;而回族相关服务业也由原先的家庭式作坊整合为大型国营餐饮机构
阶段Ⅲ (1979—1990)	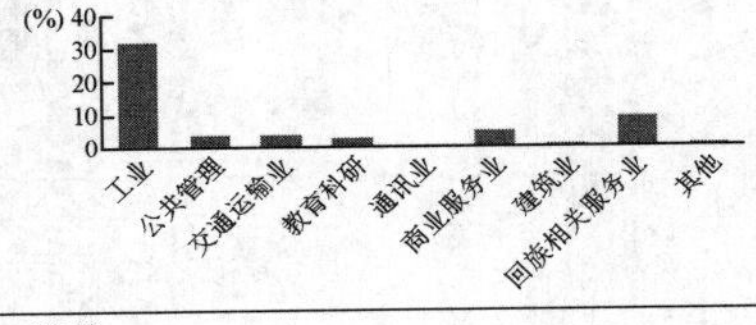 (%) 40, 30, 20, 10, 0 工业 公共管理 交通运输业 教育科研 通讯业 商业服务业 建筑业 回族相关服务业 其他	回民所从事行业仍以工业为主导(54%),然而受改革开放的影响,商业服务业从业人员开始逐渐增多(由 1.7% 增至 8.5%),行业类型也呈现多样化趋势
阶段Ⅳ (1991—1997)	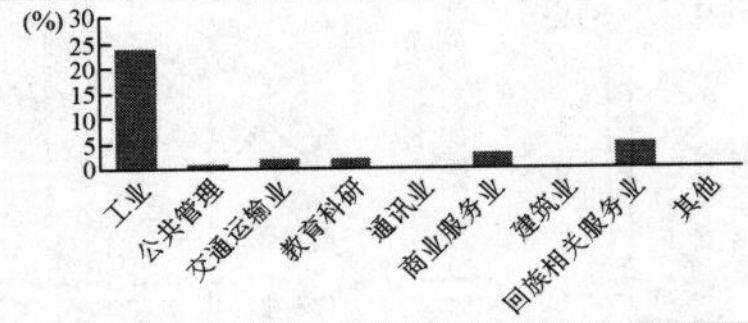 (%) 30, 25, 20, 15, 10, 5, 0 工业 公共管理 交通运输业 教育科研 通讯业 商业服务业 建筑业 回族相关服务业 其他	回民就业方向虽然比上一阶段略有变动,但仍以工业为主,且回族工人下岗后多不再另谋他职
阶段Ⅴ (1998 至今)	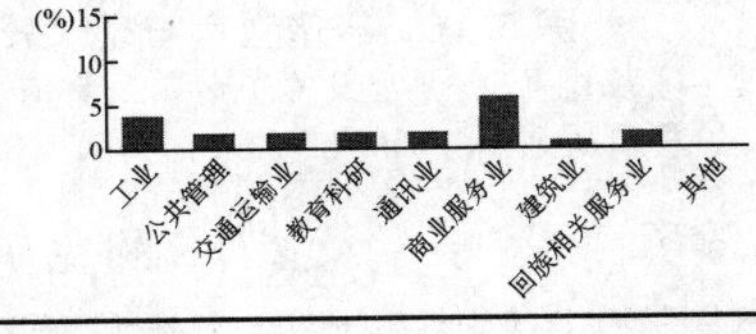 (%) 15, 10, 5, 0 工业 公共管理 交通运输业 教育科研 通讯业 商业服务业 建筑业 回族相关服务业 其他	现居回民的就业方向以商业服务业为主导(28.6%),其中回归回族相关服务业的人口占 9.5%,其余行业的从业人员比例相对均衡

* 资料来源:课题组关于南京七家湾回族聚居区的抽样调研数据(2014 年)。

② 就业结构的演化解析

首先,改革开放前工业化进程的全面推进,促进了聚居区回民“以工业为主”的就业格局。在我国“一化三改”①过渡时期总路线的指导下,公私合营政策始以推行,原先在七家湾回族聚居区从事清真餐饮、牛羊肉售卖、茶水店、手工服装、皮革制品等回族特色行业的回民中,开始有相当数量转入工厂工作,并因全面推行的工业化进程而带来回族工人规模的持续增长。只是由于城市回民长期依赖于以家庭为单位的职住一体方式,文化程度普遍较

① 即“社会主义工业化”“改造农业”“改造手工业”“改造资本主义工商业”。

低,就业岗位也主要局限于技术门槛需求不高的普通工人。

其次,我国城市产业转型和国企改制又带来了城市聚居区回民就业的多元化格局。国有企业改制所引发的大规模下岗潮,导致从事工业生产的回民比例迅速减少;加之 2000 年以来城市产业转型的外在动力,以及回民自身文化程度提高、择业可能性更广的内在诱因推动,都使回民的从业种类趋于多样化。

与此同时,七家湾一带的城市更新打破了既有的回民聚居形式。少数民族人口的散布和杂居,在导致回民相关产品的特色需求日益分散的同时,也阻碍了民族相关服务业的地区性集聚和发展。

据调研,现今七家湾一带的回族餐饮店工作人员已不限于回民,而随机抽样的两家清真餐饮店中回民工作人员的比例已不足 30%①。这一现象不仅反映出回民就业选择的多样化趋势,更意味着民族特色行业所遭受的现代化冲击,以及对于民族传统风俗文化的根基撼动(图 5.17)。

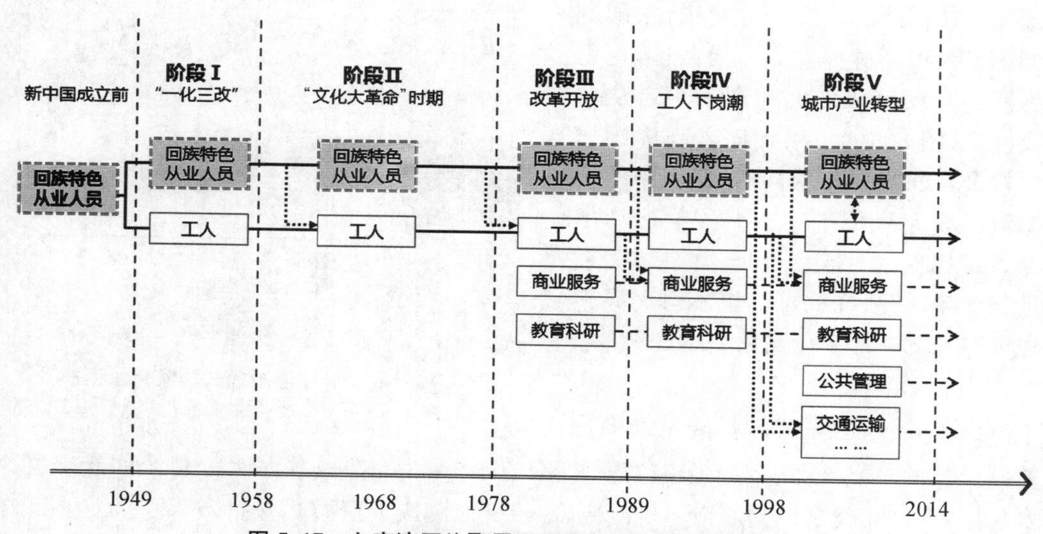

图 5.17 七家湾回族聚居区回民就业结构演化解析图

* 资料来源:课题组关于南京七家湾回族聚居区的抽样调研数据(2014 年)。

【典例】杨先生(化名)是一位有着极高民族自豪感的热心人,现年 75 岁的他年轻时奔波于燕子矶的工厂,每天上班要 1 个小时左右的车程。谈及子女如今都已成为较成功的商人,杨先生骄傲地说:"在他们小时候我就不断地教育他们要经商。回民跑经济,串五行,是有这个传统的,还要讲究诚信,真而不假清而不浊,是民族的立足之本"。

2) 家庭关系的演化

(1) 族际通婚的演化

"族际通婚"是表征少数民族家庭关系和生活习俗(回民往往还涉及宗教信仰问题)变迁与否的重要指标之一。

① 调研当天两家清真餐饮店内共 19 名工作人员,其中仅有 5 人为回族。

① 族际通婚的演化特征

统计各阶段被调查者的婚姻状况可以看出，七家湾回族聚居区的回汉族通婚率在总体上显示出“呈线性上升”的趋势。其中阶段Ⅰ至阶段Ⅲ的族际通婚率上升幅度较小，从建国初期至 1990 年的 40 年间仅由 25.9%升至 41.4%；然而自 1990 年起，七家湾回族聚居区的族际通婚率加速上升，在 1990 至今的短短 25 年中其族际通婚率即升至 82.5%(图 5.18)。

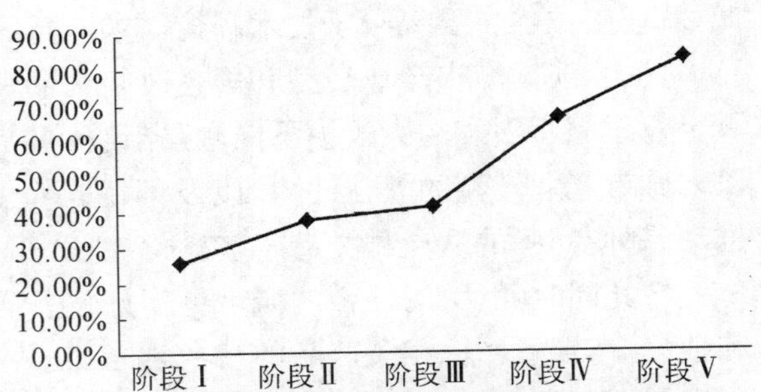

图 5.18　七家湾回族聚居区回民族际通婚的演化图

＊资料来源：课题组关于南京七家湾回族聚居区的抽样调研数据(2014 年)。

② 族际通婚的演化解析

首先，回民传统婚姻观念的转变是核心原因。在伊斯兰教义的规定中，共同的信仰应成为穆斯林择偶的首要条件，这也成为回族自民族成形之初即一贯遵从的重要标准(图 5.19)。然而随着新中国成立后社会全面现代化的冲击，城市中的族际交流已成为不可阻挡之趋势①。城市中回族青年择偶的社会关系已由亲缘关系向地缘关系转化，择偶标准也不再局限于民族与信仰，转而重视品格修养、经济能力等更为实际的因素。

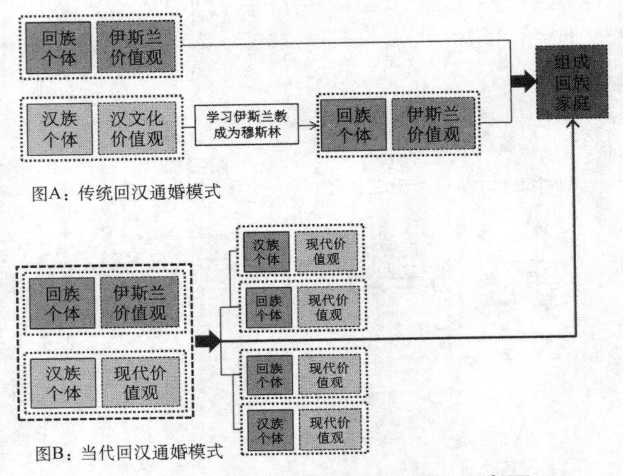

图 5.19　回汉族际通婚模式的演化示意图

＊资料来源：笔者自绘。

其次，传统聚居模式的打破是助推现代族际交往的重要外部因素。七家湾回族聚居区作为南京市规模最大的传统回族聚居区，在经历了 1990 年代末期的城市更新改造后，传统的民族聚居模式被打破，原有回族人口的大量外流带来了民族内部的交往瓶颈，一方面使回族青年难以接触到合适的本民族对象，另一方面也通过民族混居创造了比以往更多的跨族交往机会。

为了帮助解决这一问题，1995 年草桥清真寺发起组织成立了面向全市回民服务的“回民婚姻介绍所”，为有需求的回民提供咨询介绍。然而平均每周 3～5 人的咨询量和每年3～5 对的成功率，也从一定程度上反映出当今回民的族际通婚已呈不可逆转的提升之势。

【典例】现年 56 岁租住在红土桥的李先生(化名)，祖辈都是七家湾人。新中国成立以来由于工作变动、旧房拆迁等问题辗转搬家多次，如今带着老父亲回到七家湾红土桥定居。李先生说，早年的大家庭虽然早已分开居住，但传统宗教信仰和生活习惯仍然保持得很好。马先生说：“家里有个在银行上班的侄女，就是因为坚持要找回族，现在 31 岁了都没有嫁出去。”传统的文化观无法扭转与家族以外回族交往日益减少的趋势，这一影响也突出体现在了年轻一代的婚姻问题上。

① 马戎. 民族社会学：社会学的族群关系研究[M]. 北京：北京大学出版社，2004.

(2) 家庭结构的演化

① 家庭结构的演化特征

七家湾回族聚居区的回民家庭结构新中国成立以来变动较大,总体上与我国家庭结构的演化轨迹相仿,呈现出“结构多元化、规模小型化、人口老龄化”的家庭结构演化特征(表5.15)。

表5.15 七家湾回族聚居区回民家庭结构的演化状况①

演化阶段	家庭结构示意图	简要分析
阶段Ⅰ (1949—1958)	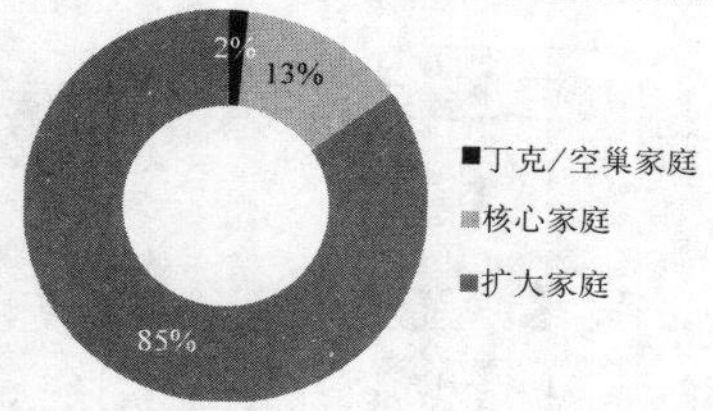 2% 13% 85% ■丁克/空巢家庭 ■核心家庭 ■扩大家庭	七家湾回族聚居区的回民家庭结构以与多子女共同居住的扩大家庭为主导(85%),与未婚独生子女共同居住的核心家庭占13%,而丁克或空巢的夫妻家庭仅占2%
阶段Ⅱ (1959—1978)	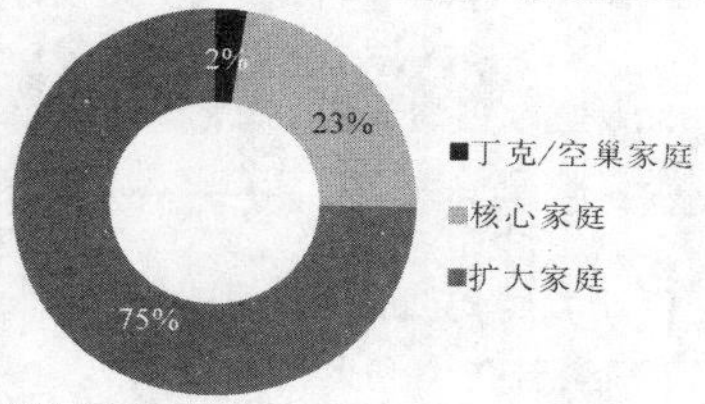 2% 23% 75% ■丁克/空巢家庭 ■核心家庭 ■扩大家庭	七家湾回族聚居区的回民家庭结构与上一阶段相比变动较小:与多子女共同居住的扩大家庭比例略有下降(75%),与未婚独生子女共同居住的核心家庭增至23%,而丁克或空巢的夫妻家庭依然保持2%的低比例
阶段Ⅲ (1979—1990)	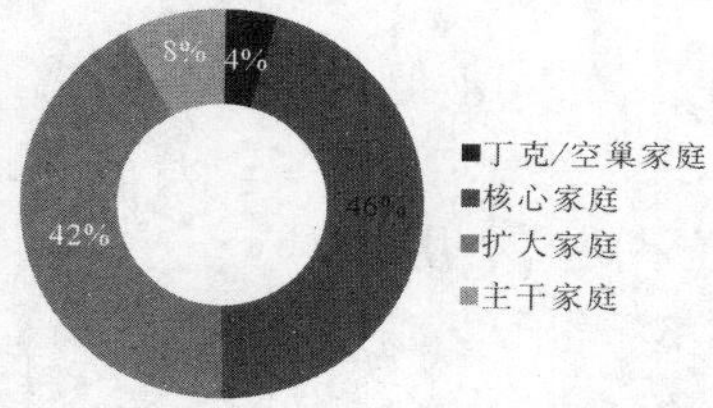 8% 4% 46% 42% ■丁克/空巢家庭 ■核心家庭 ■扩大家庭 ■主干家庭	七家湾回族聚居区由扩大家庭绝对主导的总体结构被打破,形成了扩大家庭和核心家庭并驾齐驱的局面(分别为42%和46%),且核心家庭比重首次超过了扩大家庭,主干家庭开始占有一定的比例(8%),而丁克或空巢的夫妻家庭依然保持4%的比例
阶段Ⅳ (1991—1997)	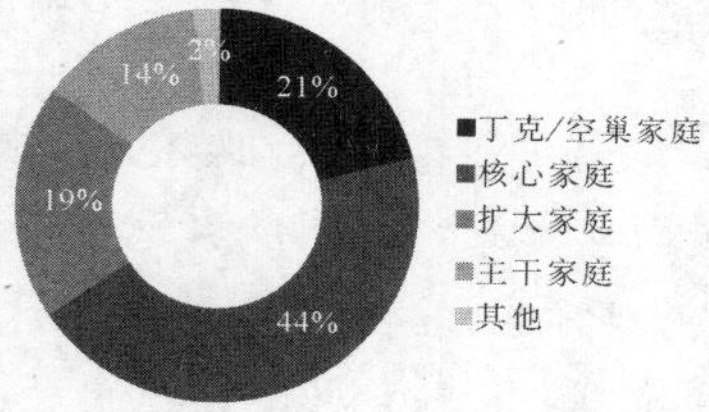 14% 2% 21% 19% 44% ■丁克/空巢家庭 ■核心家庭 ■扩大家庭 ■主干家庭 ■其他	核心家庭的比例趋于稳定(44%),而扩大家庭的比例进一步缩小(19%),相应的主干家庭比例增至14%,丁克或空巢的夫妻家庭比例增至21%,而其他独居或离异家庭占2%
阶段Ⅴ (1998至今)	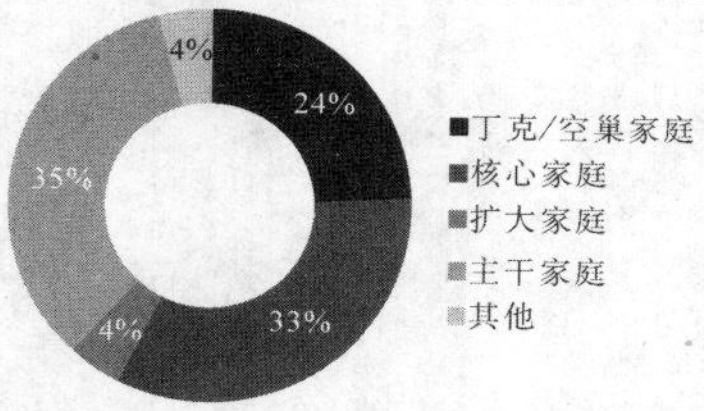 4% 24% 35% 4% 33% ■丁克/空巢家庭 ■核心家庭 ■扩大家庭 ■主干家庭 ■其他	七家湾回族聚居区的回民主干家庭比例有了大幅度的提高(由14%升至35%);扩大家庭比例则由19%降至仅4%,核心家庭比例也略有下降(由44%降至33%);丁克和空巢家庭以及其他家庭比例浮动不大,分别为24%和4%

* 资料来源:课题组关于南京七家湾回族聚居区的抽样调研数据(2014年)。

① 核心家庭:夫妻与未婚子女组成的家庭模式;主干家庭:夫妻与已婚子女组成的家庭模式;扩大家庭:父母和两对以上已婚子女,或已婚兄弟姐妹的多个核心家庭组成的家庭模式;丁克/空巢家庭:无子女或与子女分开居住的夫妻家庭模式。

② 家庭结构的演化解析

在我国以小农经济为基础而建构的传统文化观念中，家庭是为家庭成员提供全面保障、构成社会生活的最为基本的核心单元。在城市的回族观念中，家庭更是家庭成员学习、工作、生活一体化的保障，其结构也成为承载和体现回民家庭关系变迁的典型窗口。改革开放以来，回民“以多代同堂为主”的传统家庭结构之所以出现“核心化”局面，其原因可能有以下几方面(图 5.20)：

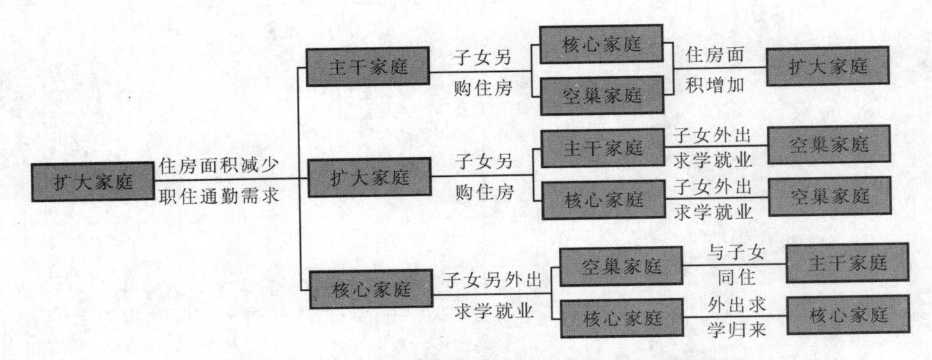

图 5.20　七家湾回族聚居区回民家庭结构演化解析图

*资料来源：课题组关于南京七家湾回族聚居区的抽样调研数据(2014 年)。

首先是社会主义现代化建设的“一化三改”改造。其不但改造了七家湾回族的传统手工业，还从根本上动摇了七家湾回族以家庭为单位来组织生产生活的一体化模式，加之职业分异和通勤的考虑也促使回族职工有不少选择了离家居住。

其次是 1980 年代全面推行的计划生育政策和抚养子女成本的不断提高。其结果就是：1980 年代后的回民家庭往往选择生育 1～2 个子女，而子女的成年离家直接导致了主干/核心家庭向空巢家庭转变。

第三是 1990 年代末期住房制度的改革与城市更新。这一变化改变了原有回民的住房条件，也消减了回民的人均住房面积，使其更加难以实现多代同堂的大家庭生活。

第四是聚居区回民受教育水平的提高。与之相伴的是，人口流动性和迁移率的升高，越来越多的回族青年倾向于选择现代小家庭生活模式，而青年回族夫妇的晚育现象也导致了单人家庭与夫妇核心家庭的比重上升。

此外，聚居区回民的老龄化趋向同样是当今回族人口空巢家庭、主干家庭比重上升的重要原因之一。

3）社会组织的演化

(1) 社会组织的演化特征

唐宋以来，来自于波斯、阿拉伯等地的穆斯林到我国进行商贸和政治交流等活动。这些穆斯林之间相互往来，并积极吸纳学习当时的汉族优秀文化，逐渐凝聚而成了“回族”这一拥有共同宗教信仰和风俗习惯的群体。从数百年回族形成与发展的历史进程中不难看出，伊斯兰教文化已成为凝聚我国“大分散、小聚居”的回族纽带和回族文化中最为突出的精神内核，进而渗透到了回族传统哲学思想与生活中的方方面面。由此而建立的清真寺教坊制作为回族聚居区的精神和功能中枢，更是回族在以汉族人为主的我国社会中能够立足的根本原因所在。

同样在七家湾回族聚居区,以教坊制为代表的回族社会组织也承担起了社区凝聚和运作的特色中枢职能,但在1958年宗教改革后基本解体,随着城市现代化进程的推进和新组织的成立,聚居区的回族社会组织已呈现出“机构功能单一化,族际交往普遍化”的趋势。具体说来,主要表现为以下几个方面:

其一,“一化三改”时期,和七家湾回族聚居区内草桥清真寺协作办公的牛业工会和皮骨业工会被解散。及至1958年宗教改革时期,由政府直接领导成立的南京市伊斯兰教协会等宗教组织,取代了原清真寺董会。原有的32座清真寺、清真义学、清真女学合并为8座,并交由房管局“经租代管”。至此,七家湾回族聚居区的社会组织“由宗教、工作、生活礼俗的复合型功能转变为仅以宗教功能为主的单一功能”(表5.16)。

表5.16　七家湾回族聚居区的回族社会组织演化和状况

项目	教坊制	行业工会	清真寺董会	伊斯兰教协会	社区居民委员会
主要作用	宗教事务,生活礼俗(婚丧忌辰宰牲)	维护行业利益和行规,资助坊内的清真寺	扶助回民教育事业,赈济贫困教胞,宣传教义	协助人民政府开展宗教事务,宣传教义	管理社区公共事务,维护正常秩序
起止年代	元代—1958年	清—1958年	清代—1958年	1959年至今	1954至今
组织性质	具有伊斯兰文化特征的社区基层组织	社区基层组织	具有伊斯兰文化特征的社区基层组织	国家宗教事务局管理的宗教活动团体	我国城市基层政权的基础组织
影响结果	教坊制解体,使回民宗教事务和日常生活礼俗联合管理服务的功能丧失	回族行业工会解体,回族内部的行业联系与互助支持功能丧失	清真寺董会解体,回民教育和公益事业失去保障	主要负责城市层面的宗教事务,不涉足社区管理事务,对民族传统的其他相关内容也干涉较少	服务于管理辖区内所有居民的日常生活,但缺少针对少数民族风俗的特定部门

* 资料整理于:南京市伊斯兰教协会. 南京回族伊斯兰教史稿[M]. 南京市伊斯兰教协会内部资料,1999.

其二,回族居民积极投身社会主义建设,而现代社会以辩证唯物主义为核心的思想体系撼动了回族传统伊斯兰教的文化内核。建国初期“一化三改”的社会主义改造活动如火如荼地展开,七家湾回族聚居区的回民同其他居民一样,也受到了“单位制”和“居民委员会”双重城市新型社区组织的管理,回民加入新生政权的愿望高涨。据相关资料显示,南京市区各局委部门的回民干部数量截至1959年初已达到713人,其中党员391人,且一半以上为七家湾回族居民(表5.17)。

表5.17　1959年南京市回族党员分布统计

类别	市区	郊县	市属企业	财贸系统	大专院校	中专技校	医院	交通邮电	党政机关	铁路	城建	总计
人数	137	52	114	6	6	2	3	17	26	20	8	391

* 资料来源:南京市伊斯兰教协会. 南京回族伊斯兰教史稿[M]. 南京市伊斯兰教协会内部资料. 1999:195.

其三,社会组织纽带的断裂和生活空间聚居性的减弱,导致了回民族内交往的日益困难。调研发现,新中国成立以来七家湾回族居民的社会交往已由“以回族邻里交往为主的模式,向以汉族为主的邻里同事交往的模式逐渐演变”,可见族际交往已成为目前人际关系组织的主要趋势(表5.18)。

表 5.18　七家湾回族聚居区回民日常交往对象演化状况

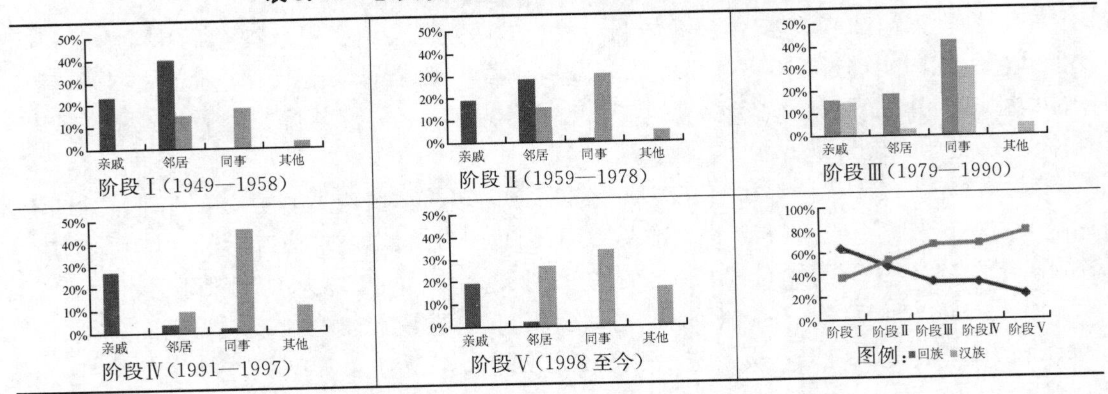

＊资料来源:课题组关于南京七家湾回族聚居区的抽样调研数据(2014 年)。

【典例】25 岁的小尤(化名)是课题组在调研时访问到的最年轻的七家湾回民。小尤大学毕业后做过一年的公司白领,后来进入清真寺帮忙管理文案事务。由于工作关系和良好的家庭民族文化氛围,小尤深刻体会到了现今与回族同胞交流交往的不易。工作不到 4 个月,她已经协助清真寺组织多次回民联谊活动、开办回族文化讲座,极大地促进了七家湾周边乃至整个南京市回族间的交流。

(2) 社区组织的演化解析

首先从外部的环境条件上看,1950 年代末实行的错误民族宗教政策,严重干扰和破坏了既有的宗教活动。这一时期的清真寺全部被关闭或是占用,导致七家湾回族聚居区的回民无处礼拜,甚至隐藏自身的民族类别,撼动了以清真寺为基础而建立的社会组织;直至 1980 年代初民族宗教政策的落实和宗教活动场所的恢复,南京市主城区的清真寺才恢复至 3 座,但仍与建国初期的 32 座相去甚远。清真寺数量的减少和回族居民的不断外迁,更是导致了清真寺教坊制原有的社区组织管理功能无以维系,这是七家湾回族聚居区社会组织变迁的外部原因(图 5.21)。

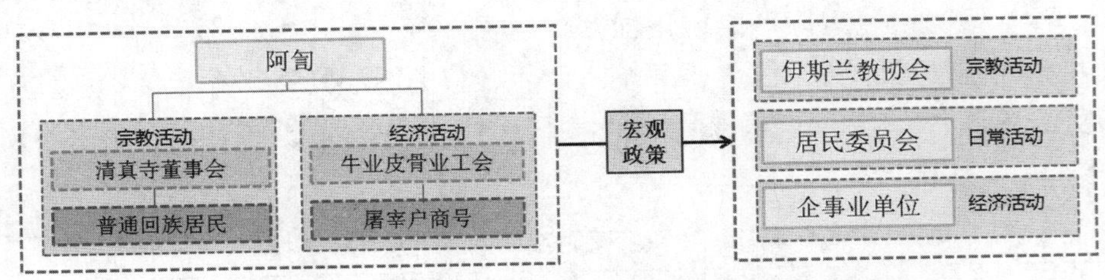

图 5.21　七家湾回族聚居区的回族社会组织演化解析图

＊资料来源:笔者根据相关资料绘制。

其次从回民的主观能动性上看,其对于自身文化缘起和民族身份的认同缺失,也助推了民族特色社会组织的式微和消解。1980 年代以来,虽然清真寺和宗教活动虽然逐渐恢复,但由于多数回族人口受国家现代化进程的长期影响,接受汉化的教育体系,从事与本族信仰风俗无关的工作活动,对伊斯兰教文化本体的认同度已不高,而回民更关心自己经济利益和物质环境的改善,这也成为七家湾回族聚居区特色社会组织瓦解和精神中枢职能丧失的内部原因。

4）生活习俗的演化

(1) 生活习俗的演化特征

新中国成立后七家湾回族聚居区富有民族特色的生活习俗，主要表现为：宗教信仰的延续和饮食禁忌的恪守。分析各阶段回民在清真饮食和宗教信仰方面的变化发现："改革开放后回民漠视饮食和宗教传统的现象日益普遍"，尤其是宗教活动的参与率已呈现"两极分化和老龄化严重"的显著特征(表5.19)。

【典例】现年96高龄的马先生(化名)1997年后从七家湾搬至莫愁湖附近居住，耳聪眼明，精神矍铄。马老每周五都会在大儿子的陪伴下前往净觉寺参加主麻，风雨无阻坚持了近20年。但提及未退休时的生活状态，马老说道："七八十年代在电报局工作很忙，经常回到家已经晚上十一点多了，哪里有时间做礼拜……工作的时候吃饭都在单位食堂，也讲究不了许多。"像马老这样退休后才开始参加宗教活动的回民并不在少数，每周五固定的主麻成为了他们晚年生活中社会交往的重要组成部分。

表5.19　七家湾回族聚居区回民的生活习俗演化状况

演化阶段	饮食宗教	礼拜频率	简要说明
阶段Ⅰ (1949—1958)	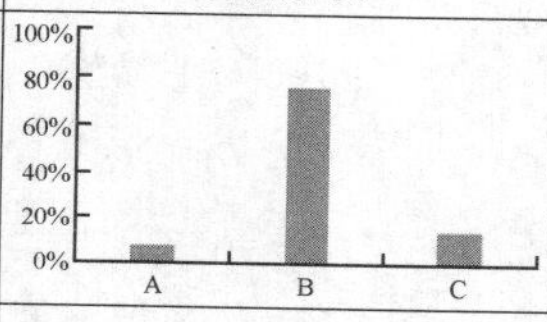 100% 80% 60% 40% 20% 0% A B C	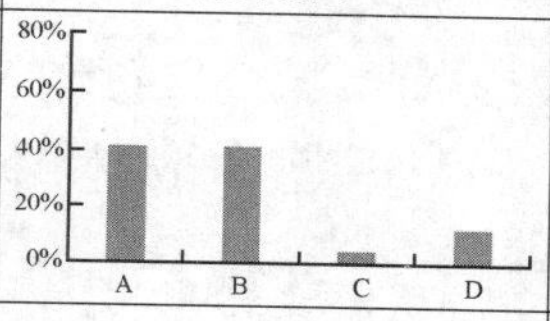 80% 60% 40% 20% 0% A B C D	七家湾回族聚居区的回民大多能遵守回族饮食禁忌，完全不遵守饮食禁忌的非穆斯林回族仅占8.3%。 这一时期回民礼拜频率较频繁，超过80%的回民每周去清真寺礼拜
阶段Ⅱ (1959—1978)	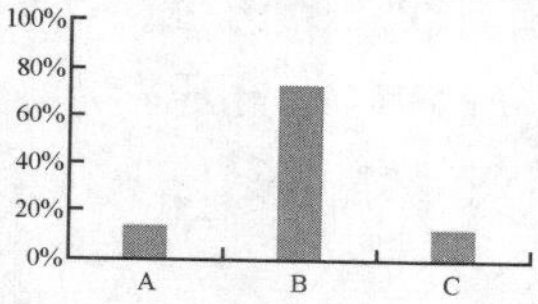 100% 80% 60% 40% 20% 0% A B C	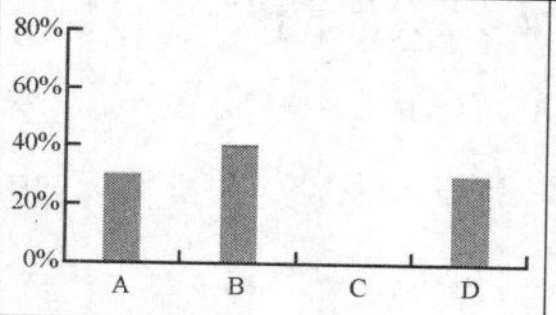 80% 60% 40% 20% 0% A B C D	回民在饮食和宗教风俗上变化不大，但不遵守饮食禁忌的非穆斯林回族比例略有上升(达13.9%)。 这一时期回民礼拜频率较上一阶段略有下降，平均每月不到一次礼拜的回民比例上升至30%
阶段Ⅲ (1979—1990)	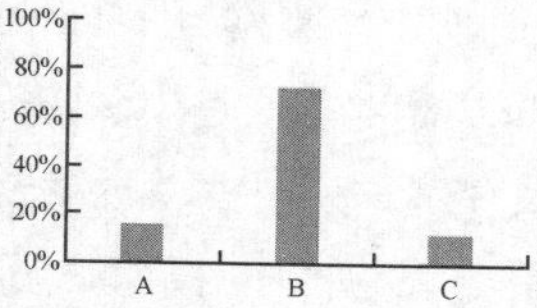 100% 80% 60% 40% 20% 0% A B C	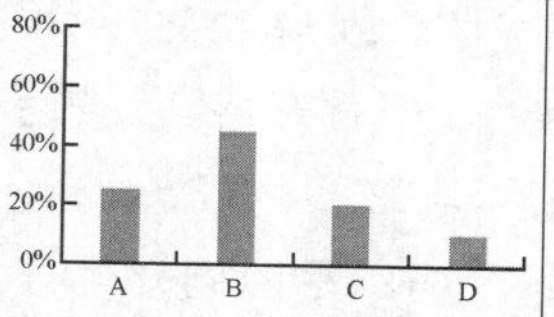 80% 60% 40% 20% 0% A B C D	回民饮食习惯依然延续了上阶段特点，但在宗教风俗上礼拜频率变化显著，呈现以每周1次以上为主导(共70%)、每月1次及以下的低频率上升之趋势(共计30%)
阶段Ⅳ (1991—1997)	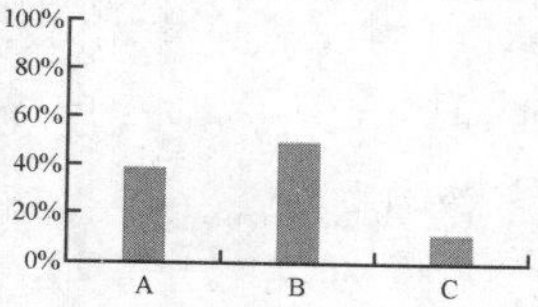 100% 80% 60% 40% 20% 0% A B C	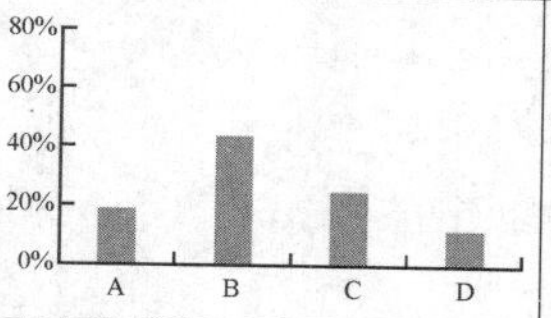 80% 60% 40% 20% 0% A B C D	七家湾回族聚居区不遵守传统禁忌的回民比例急剧上升(36.6%)，打破了原有以遵守饮食禁忌为主导的生活习俗。 这一时期礼拜频率延续了上阶段特征，每日礼拜人数比例略有下降(18.8%)
阶段Ⅴ (1998至今)	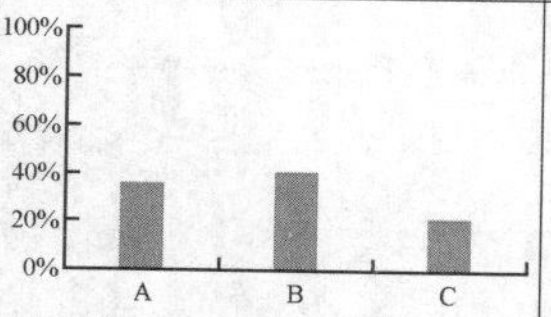 100% 80% 60% 40% 20% 0% A B C	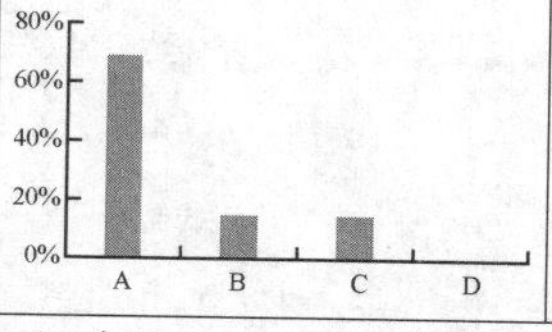 80% 60% 40% 20% 0% A B C D	七家湾回族聚居区的回民同时遵守饮食禁忌和参加礼拜的回民比例有所上升(21.9%)。 这一时期回民的礼拜频率不降反升，其中每日做礼拜人数比例高达69.2%
注释	A. 不遵守；B. 仅遵守饮食禁忌；C. 遵守宗教与饮食禁忌	A. 每日1～5次；B. 每周1～5次；C. 每月1～3次；D. 每月1次以下 * 仅统计参加宗教礼拜的回族居民	

* 资料来源：课题组关于南京七家湾回族聚居区的抽样调研数据(2014年)。

此外，在传统语言方面，回族特色语言(如"经堂语"和"小儿锦")仅有极个别回族阿訇熟知并在讲经布道时使用，一般的回族穆斯林仅仅是在见面时用阿拉伯语"色俩目"打招呼，语言早已不承担族内交流的作用；在传统服饰方面，传统服饰的典型代表“男戴白帽女戴头巾”也只是出现在回民礼拜之时，离开清真寺的回族人服饰已与汉族人无异，难以识别其民族特征。

(2) 生活习俗的演化解析

首先，国家民族宗教方针及其相关政策的影响，是七家湾回族聚居区回民传统生活习俗演化的宏观因素。随着社会主义公有制经济的初步建立，上层建筑领域的改革也随之而来，这就必然涉及民族宗教、风俗习惯、旧的行规制度等方面的变迁。建国初期的宗教改革力度尚为和缓，但是“文化大革命”时期的清真寺关停和宗教活动中止，则从根本上破坏了回族传统的社会组织结构，影响了回民的文化自信力和凝聚力；改革开放后民族宗教活动虽已恢复，但已无法同以前相比。再例如计划经济时期政府严禁“宰耕牛”，加之牛羊肉分配的不到位，导致部分清真牛肉店每天只能计划配给 1.5～2 kg 牛肉，根本无法维持经营也无法满足回民的基本饮食需求，这是部分回民改变饮食习惯的另一诱因。

其次，基本家庭结构与社区聚居生活方式的变化，是七家湾回族聚居区回民传统生活习俗演化的中观因素。家庭结构作为构成社会生活的最微小单元，其小型化和核心化趋势导致家庭成员的生活方式更趋独立；同时，城市更新改造打破了回民社区的传统聚居模式，冲击了具有回族特色的清真饮食店，也削弱了回族群体内部的交往和网络，从而使传统文化风俗通过家庭与社区的影响而得以改变。

最后，回民自身对民族传统文化的认同弱化，是七家湾回族聚居区回民传统生活习俗演化的微观因素。新中国成立后回民的文化程度有了大幅提高，就业职业的选择也趋于多样化，但在被卷入全面现代化教育体系和就业结构的同时，也不可避免地在个体思想和文化意识上失去原有的民族认同感(图 5.22)。

对于南京主城区清真寺的多次调查发现，前往礼拜的南京本地穆斯林绝大多数为回族离退休职工，这类群体年事较高，时间相对充裕，宗教信仰坚定，这也是七家湾 2000 年后礼拜频率上升的主要原因所在。像现年 62 岁的回族杨太太在清真寺中佩戴传统的民族头巾，但由于担心在清真寺外受到歧视，严格尊重回族女性发不外露习俗的杨太太选择戴一顶普通软式帽子出门。某清真寺共 20 余名工作人员，虽然从事着与民族宗教相关的工作事务，实际信仰伊斯兰教每周做礼拜的人数也不足 10 人。这些现象都从一定程度上折射出回民个体在民族文化认同度方面对传统生活习俗传承所产生的潜在影响。

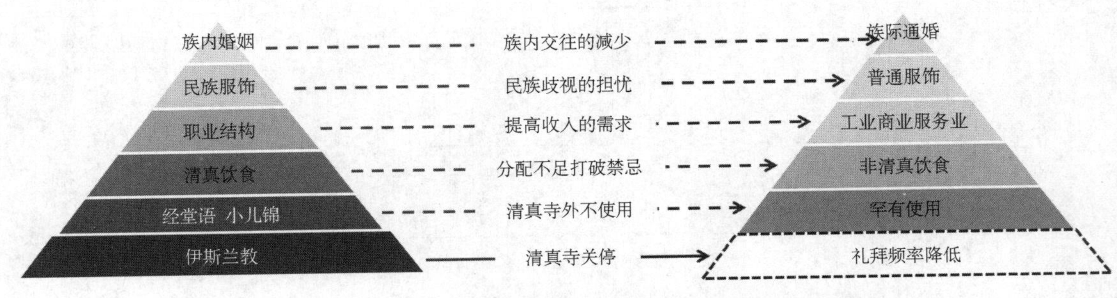

图 5.22　七家湾回族聚居区的回民生活习俗演化解析图

*资料来源：笔者自绘。

5.4　南京市回族聚居区的空间属性演化

基于上文对七家湾回族聚居区演化阶段的划分及其社会属性的演化特征分析,本节将继续紧扣回民独特的空间聚居形式和体现民族特色的空间利用方式,从社区功能、居住时空、就业时空、配套设施等方面入手,综合分析七家湾回族聚居区空间属性演化的一般特征及其影响因素。

1) 社区功能的演化

(1) 用地功能的演化

① 用地功能的演化特征

调研发现,新中国成立后的七家湾回族聚居区在用地功能方面经历了一个从"以居住用地为主的单一功能向多功能用地混合"演化的过程,在空间格局方面也经历了一个"从围寺而居的传统格局向功能混杂的开放式布局"演化的过程(表 5.20)。

表 5.20　七家湾回族聚居区的用地功能演化状况

演化阶段	土地利用图	模式图	简要分析
阶段Ⅰ (1949—1958)	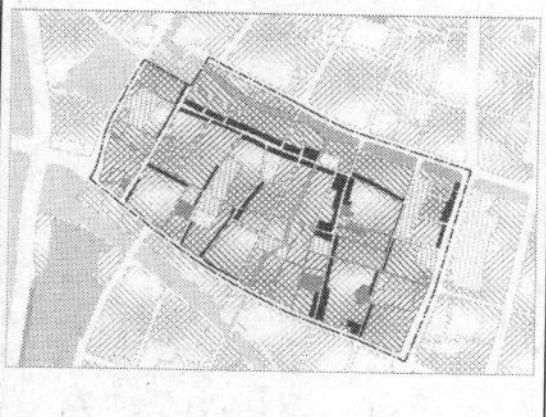	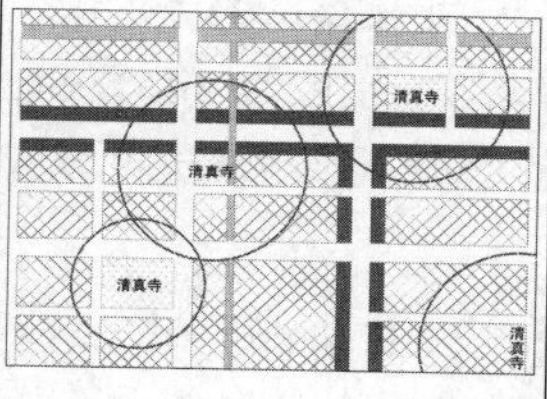 清真寺 清真寺 清真寺 清真寺	聚居区以居住功能为主,仅沿东西向的七家湾和南北向的评事街有多家回族特色商铺经营,功能较为单一且路网致密而规整。 这一时期有草桥清真寺、大辉复巷女学、登隆巷清真寺及紧邻聚居区的净觉寺等多处宗教场所,延续了传统围寺而居的空间格局
阶段Ⅱ (1959—1978)	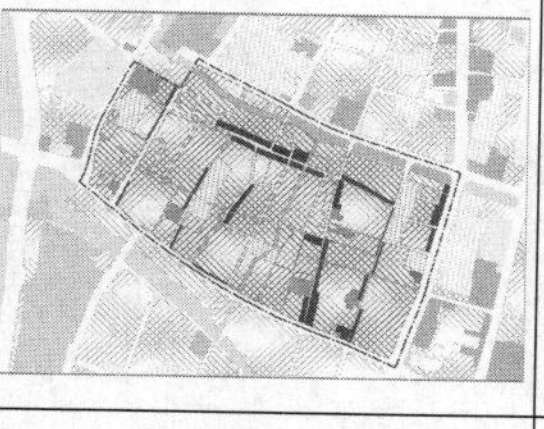	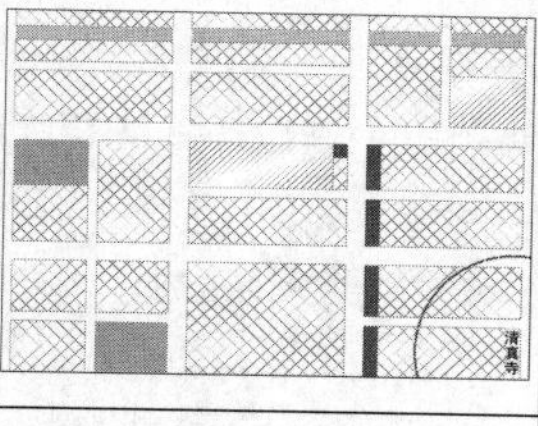 清真寺	在计划经济影响下,聚居区在延续居住为主的功能基础上,开始出现食品厂、无线电设备厂等工业用地,而回族传统的家庭作坊式经营商铺却逐渐减少。 这一时期受清真寺被占、宗教活动停止等影响,围寺而居的空间格局实质上已不复存在
阶段Ⅲ (1979—1990)	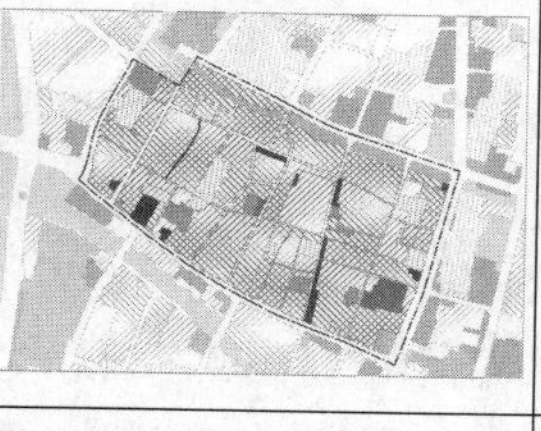	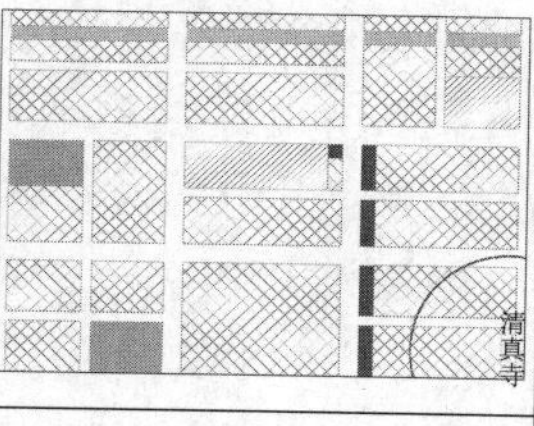 清真寺	随着改革开放后城市建设的加速,聚居区内逐渐出现新的居住建筑,传统沿街商铺进一步缩水,同时路网密度降低、街区尺度增大。 这一时期只有净觉寺恢复开放,但聚居区内部缺少清真寺及宗教活动
阶段Ⅳ (1991—1997)	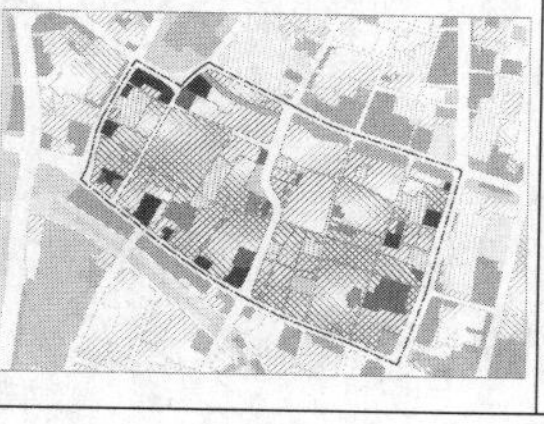	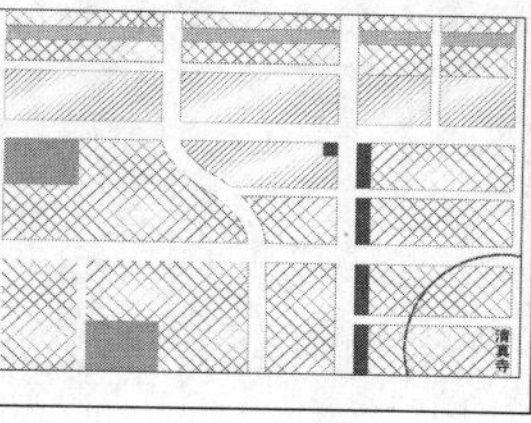 清真寺	七家湾回族聚居区空间变动最为剧烈的时期,道路网的明显调整和改造对聚居区整体格局影响颇大:鼎新路的修建、大辉复巷女学建筑的拆除、百余户回民的异地安置等,标志着七家湾核心地段特色的彻底消失

续表 5.20

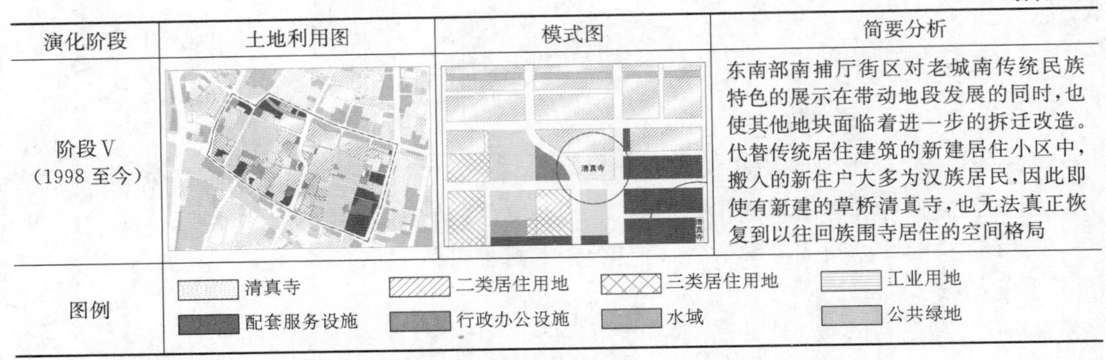

演化阶段	土地利用图	模式图	简要分析
阶段Ⅴ (1998 至今)			东南部南捕厅街区对老城南传统民族特色的展示在带动地段发展的同时，也使其他地块面临着进一步的拆迁改造。代替传统居住建筑的新建居住小区中，搬入的新住户大多为汉族居民，因此即使有新建的草桥清真寺，也无法真正恢复到以往回族围寺居住的空间格局
图例	清真寺　二类居住用地　三类居住用地　工业用地 配套服务设施　行政办公设施　水域　公共绿地		

＊资料来源：课题组关于南京七家湾回族聚居区的抽样调研数据(2014 年)。

② 用地功能的演化解析

七家湾回族聚居区的用地功能由单一走向混合、空间格局由传统的围寺而居走向开放，主要受到以下几方面因素的影响：

首先是现代化浪潮对于七家湾回族聚居区城市区位的提升。七家湾回族聚居区位于南京老城南，紧邻新街口城市中心，是拥有丰富人文历史底蕴的传统城市典型片段。受 1980 年代以来南京城建加速和新街口公共服务中心集聚效应的影响，七家湾一带的区位条件升级而成为城市新的增长点。地段角色的转换带来了商业开发价值的上扬和原有居住功能的退隐，加之交通道路条件的进一步改善(北侧建邺路、东侧中山南路、西侧水西门大街的改造和地段内部鼎新路、仓巷的拓宽)，在方便城市交通出行的同时，也打破了七家湾聚居区原有的空间格局。

其次是现代化浪潮对于居住区功能布局方式的影响。我国城市居住区的功能经历了由混合走向单一再趋向混合的过程。传统的城市居住区不仅有居住功能，亦有自发形成的商铺店肆以满足附近居民的生活服务需求，这一点在善于经商的回族聚居区身上表现得尤为突出；新中国成立后单位大院的兴建导致居住区的自我配给，以及同城市公共服务功能的隔离和分立；而随着当今居民生活需求的日益多样化，商品房的规划建设往往和教育、医疗、商业服务等设施配套紧密关联，而“经营市场化、服务社会化”的新动向也使回民聚居区的功能再次走向混合。

最后是现代化浪潮对于回民传统文化观念，尤其是宗教观的冲击。从七家湾回族聚居区宗教建筑的演化脉络中可以看出，从 1958 年宗教改革对清真寺或关停或拆除的冲击，到 2005 年草桥清真寺的恢复重建，在近半个世纪的时期内七家湾始终处于民族宗教活动场所缺失的状态之中。传统宗教活动的停滞及其相关组织机构的撤销，不仅破坏了原有围寺而居的传统格局，更是撼动了回族传统文化的根基。从坚定信仰到漠然忽视，几代回族人宗教观的逐渐转变，正是当代回民自我民族认同感不强、自发聚居诉求不强烈的根本原因。

(2) 建筑肌理的演化

① 建筑肌理的演化特征

随着用地功能由单一走向多样，七家湾回族聚居区的肌理特征自新中国成立以来也经历了一个“从小街区、密路网划分的低层小体量传统肌理向高层大体量现代肌理”转变的过程(表 5.21)。

表 5.21 七家湾回族聚居区建筑肌理演化

演化阶段	建筑肌理分析图	简要说明
阶段Ⅰ (1949—1958)	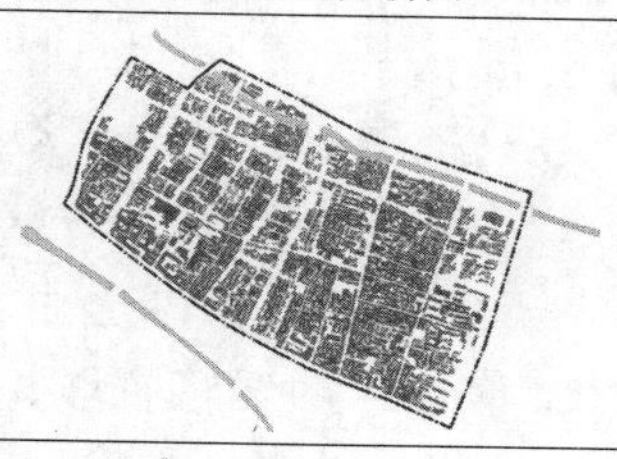	七家湾回族聚居区以传统居住建筑为主,小尺度密路网,建筑高度以1～2层为主,在空间上呈密集均质的分布形态
阶段Ⅱ (1958—1978)	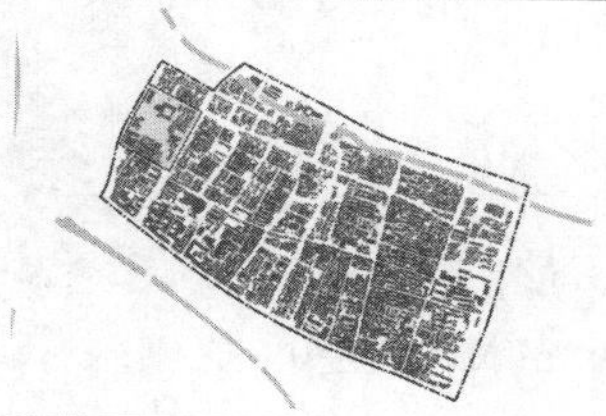	受国家全面推进工业化的政策影响,七家湾回族聚居区内开始出现学校、工厂等大体量建筑,但整体肌理仍以小街区、密路网和小尺度的居住建筑为主
阶段Ⅲ (1978—1990)	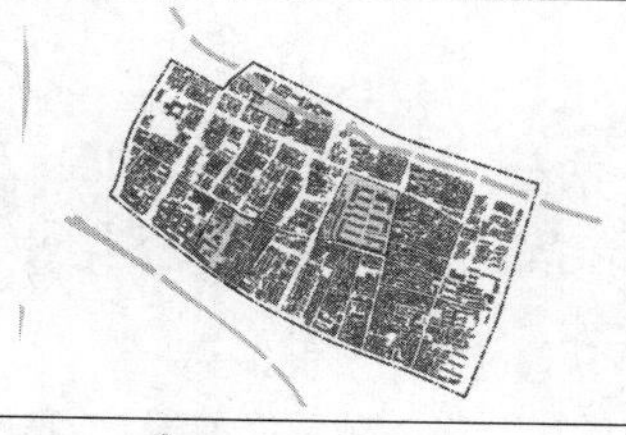	随着现代化浪潮下城市居民对于生活品质需求的提高,七家湾回族聚居区地段内新建的评事街小区和周边传统建筑的体量产生了鲜明对比
阶段Ⅳ (1990—1998)	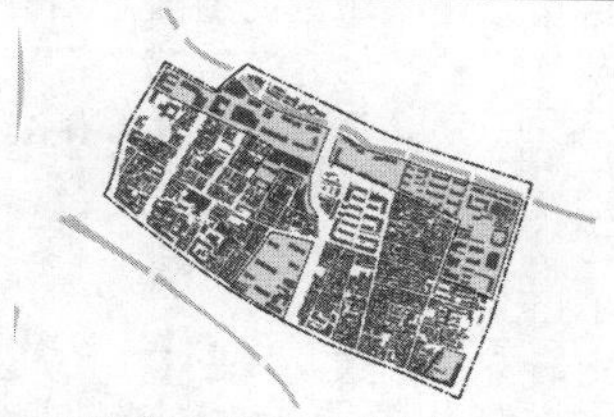	城市现代化建设加速,七家湾回族聚居区也经历了最为剧烈的空间变革。这一时期多条道路的拓宽,特别是鼎新路的建设,打破了小街区、密路网的传统道路格局;多片多层、高层居住小区和办公建筑的兴建,也打破了小尺度的传统居住建筑肌理
阶段Ⅴ (1998 至今)	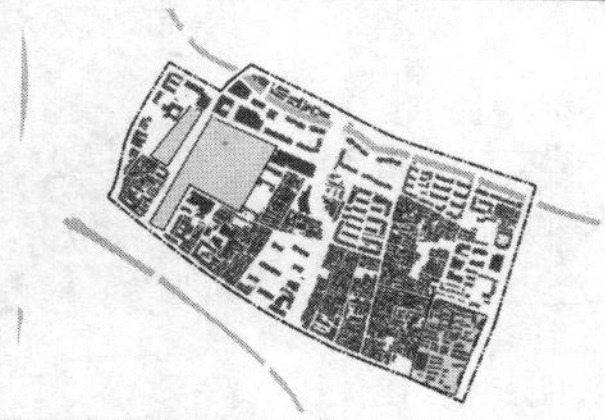	七家湾回族聚居区的建筑尺度进一步分化,除了东南角甘熙故居一带仍保持和还原了传统的尺度和格局外,内部民居多面临着拆除或是外迁,老城南特色的传统建筑肌理在尺度和路网上已逐渐混用于其他城市片区

* 资料来源:课题组关于南京七家湾回族聚居区的抽样调研数据(2014 年)。

② 建筑肌理的演化解析

首先是现代化浪潮下城市发展对于功能复合化的需求。七家湾回族聚居区的建筑肌理演化直接源于用地混合化的影响,而现代办公、商业等设施的功能复合需求往往会转化为空间的多元复合。因此,地段用地功能的复合演化是七家湾回族聚居区建筑肌理趋向高层大体量的重要原因之一。

其次是现代化浪潮下不断增长的人口对于城市空间的需求。新中国成立以来南京市区人口从 135 万增至 800 万(2010 年全国第六次人口普查数据),人口密度达 1 215 人/km^2,在国内仅次于北京、上海和广州。其中,包括七家湾所在的朝天宫街道在内,老城区八个街道的平均人口密度已超过 4 万人/$km^2$①。在这样超高密度的人口压力下，高强度的土地开发模式势在必行，受其影响七家湾回族聚居区地段内也不可避免地出现了前期见缝插针的高层建设和后期大规模的拆迁改造。

最后是现代化浪潮下城市建设者对于传统城市肌理的忽视。作为承载着南京悠久历史的老城南典型传统民居风貌地段和南京回族特色聚居区的七家湾，在城市更新伊始并未受到足够的重视。城市建设者在关注物态环境品质提升和配套设施可达性的同时，却忽视了传统风貌和特色格局延续的重要性，导致七家湾回族聚居区的建筑肌理和尺度逐渐丧失传统特征，成为现代城市中难以识别或是断裂存在的空间片段。

2) *居住时空的演化*

(1) 居住时空结构的演化

本节将借鉴时间地理学的相关技术方法，在城市层面上将每一回民样本的居住“时间”(按时间阶段划分)和“空间”(按到七家湾回族聚居区的距离划分)数据经采集、落图和叠合后，尝试分不同层次逐步推进和深化探讨。

① 居住地时空结构的特征

首先，以七家湾回族聚居区极具民族特征的生活核心——草桥清真寺为基准点，结合各类出行方式到达清真寺所需时间，将主城区 44 个街道划分为四个类别：核心片区、基本片区、外围片区和边缘片区(划分依据与方式见表 5.22)。

表 5.22 基于七家湾回族聚居区出行距离的南京市主城区街道层级划分

片区划分	与草桥清真寺的距离(km)	出行方式	出行时间(min)	街道构成	街道划分图
核心片区	≤1	步行	≤15	朝天宫街道	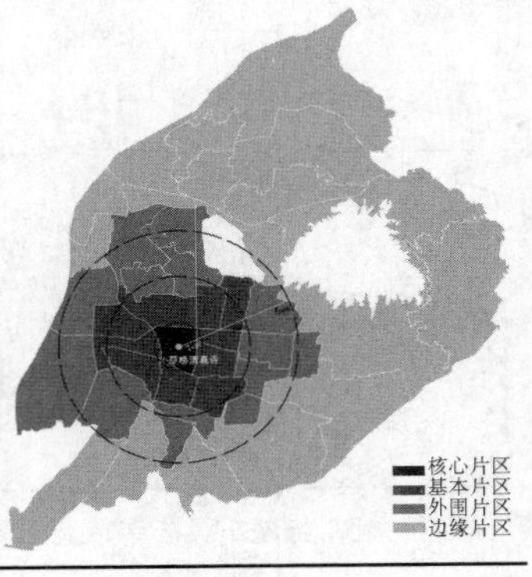
基本片区	1～3	自行车/公交	15～30	凤凰、华侨路、新街口、梅园新村、滨湖、南湖、五老村、洪武路、双塘、夫子庙街道	
外围片区	3～5	自行车/公交	30～45	挹江门、中央门、玄武门、湖南路、宁海路、江东、兴隆、南苑、中华门、雨花新村、后宰门、瑞金路、大光路、月牙湖、秦虹街道	
边缘片区	≥5	自行车/公交	≥45	燕子矶、幕府山、迈皋桥、宝塔桥、小市、红山、锁金村、玄武湖、阅江楼、建宁路、热河南路、马群、孝陵卫、光华路、红花、宁南、赛虹桥、沙洲街道	核心片区 基本片区 外围片区 边缘片区

*资料来源：笔者自绘。

然后在对南京市主城区街道划片的基础上，为七家湾曾经或当前的回族居民绘制居住地的时空结构图，分析回民居住地点在时间阶段与空间分布上的差异，可以看出：七家湾回族聚居区回民的居住在时空结构上呈现出“居住空间分布随时间由‘核心片区的绝对主导’向‘各片区均衡并存’的渐进式转变”。

新中国成立初期(阶段Ⅰ)绝大多数回民仍集中居住在核心片区和基本片区(98.5%)，

① 这八个主城区街道为：朝天宫、新街口、双塘、湖南路、洪武路、五老村、挹江门和中央门街道。资料来源：新华网江苏频道 http://www.js.xinhuanet.com/2012-08/12/c_112697335.htm.

这一比例在30年间仅有小幅下降(阶段Ⅱ92.3%);及至1980年代(阶段Ⅲ、阶段Ⅳ),部分回民开始外迁至边缘片区,打破了原有的居住结构,不但居住在外围片区的回民比例高于基本片区,核心片区和基本片区的回民比例也下降至75.7%;1998以来(阶段Ⅴ)回民的四处散居已在各片区形成愈发均衡的空间布局(图5.23)。相应的,各空间片区在各时间阶段所占的比例也呈现出核心片区逐步下降、其余片区稳步上升的趋势(图5.24)。

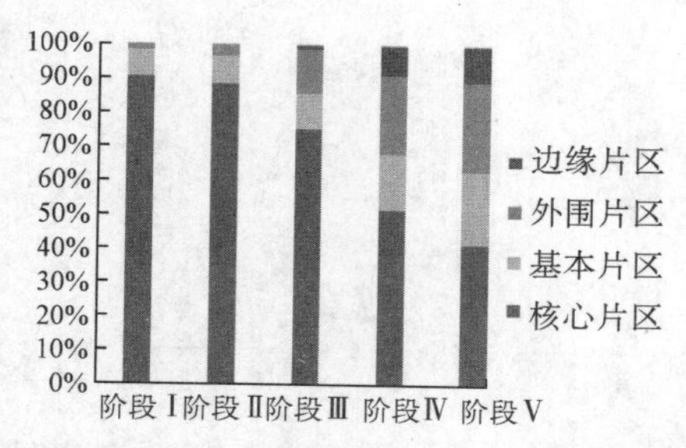

图5.23 七家湾回族聚居区居住地的时空结构图

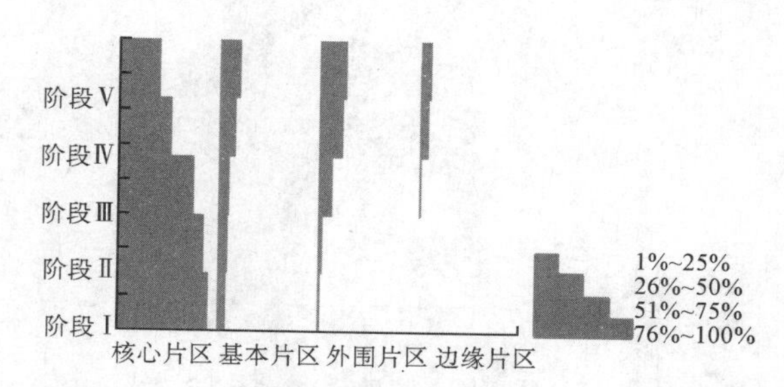

图5.24 七家湾回族聚居区居住地的空间结构图

*资料来源:课题组关于南京七家湾回族聚居区的抽样调研数据(2014年)。

② 居住地时空结构的解析

回民居住地随时间而向整个主城区迁移散布的特征,源于现代化浪潮所带来的不可避免的人口动迁行为:

其一,现代化浪潮下城市传统经济体制的转变。工作分配制度和住房分配制度先后被打破,回民就业不再局限于传统民族手工业和特色餐饮业,而是像其他市民一样对职业有了更多的选择。

其二,现代化浪潮下城市空间的更新和重构。土地制度的改革刺激了城市土地资源空间的流动与配置,也推动了现代城市空间的重构。七家湾所在的朝天宫街道作为传统城市片区的一部分,同样也是老城更新首当其冲的重要片区之一,由此而引发的一系列旧城改造和建筑拆改活动势必会在客观上助推聚居区原住民的迁离。

(2) 居住地迁移轨迹

① 居住地迁移轨迹的特征

根据回民个体各阶段的居住地变化数据,以南京市主城区为空间投射平面和底图(以街道空间为单元),以前文所划分的五大时间阶段为Z向纵轴,叠合绘制其居住地迁移的平面空间轨迹以及三维时空轨迹,可直观反映不同个体在其生命周期中居住地的宏观轨迹。总体来看,七家湾回族聚居区的回民迁居频率和范围已呈现出“因年龄而异、以老城为主”的整体特征。

从年龄来看,现今55岁以上的回民居住地三维轨迹以纵向直线居多,即多数回民长期坚持居住在七家湾回族聚居区所在的朝天宫街道,仅仅是从1990年代起(30岁左右)有部分居民向西南与东南方向的主城区边缘迁移;现今35~55年龄段的回民居住地仍以朝天宫街道为主,但迁移规律并不显著,迁居次数增多但迁居方向仍以老城内的基本街道为主;35岁以下的回民迁移更为频繁而多向,已鲜有长期居住于朝天宫街道的回民(表5.23)。

表 5.23　七家湾回族聚居区的回民个体居住迁移轨迹

年龄	平面迁移轨迹	三维时空轨迹
55 岁以上	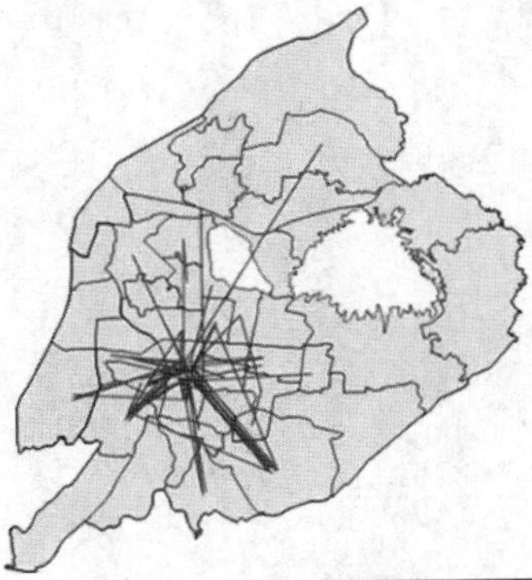	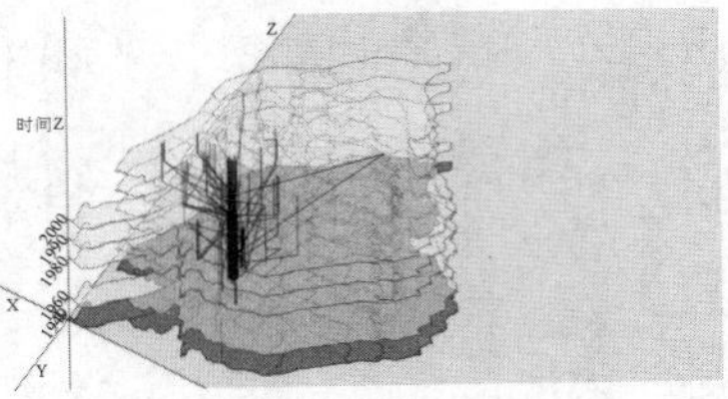
35～55 岁	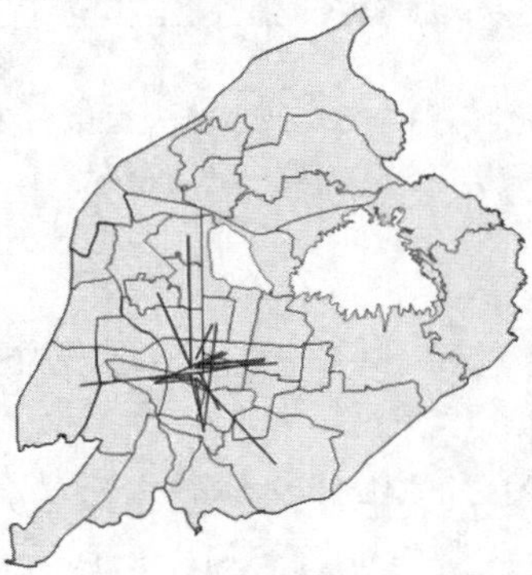	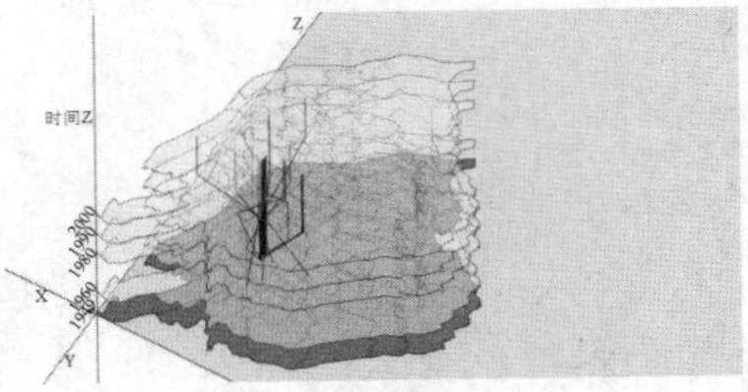
25～35 岁	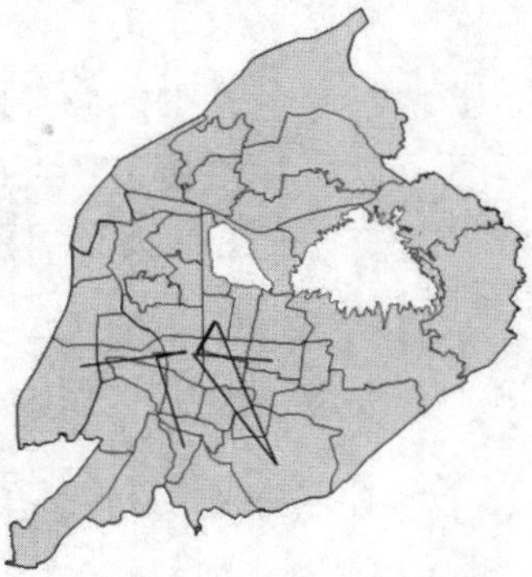	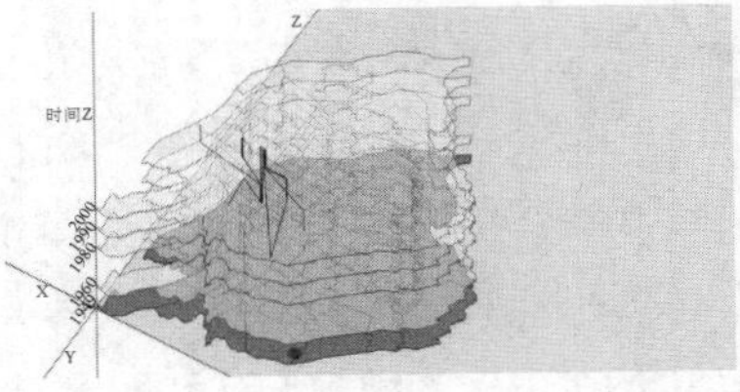
25 岁以下	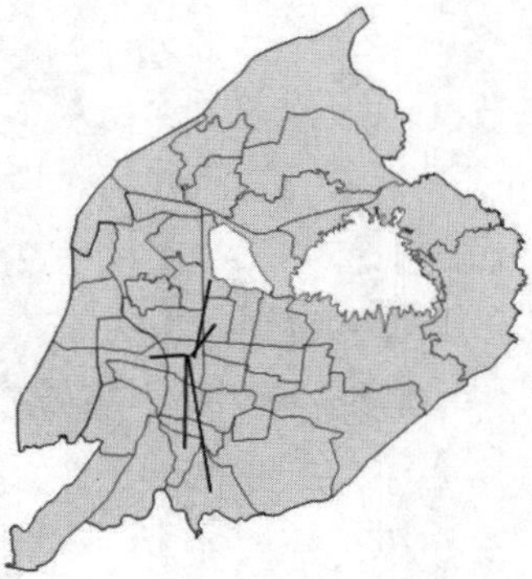	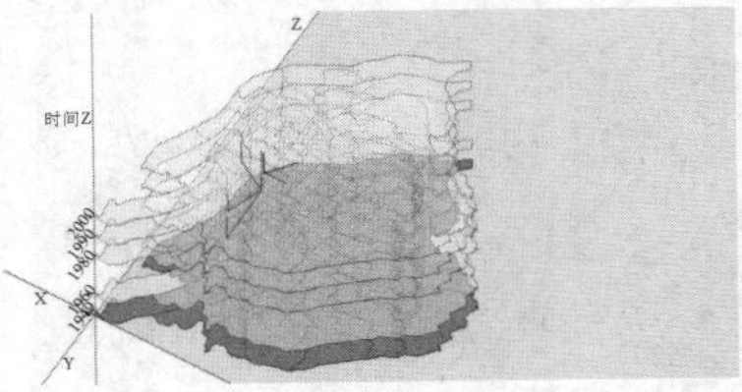

续表 5.23

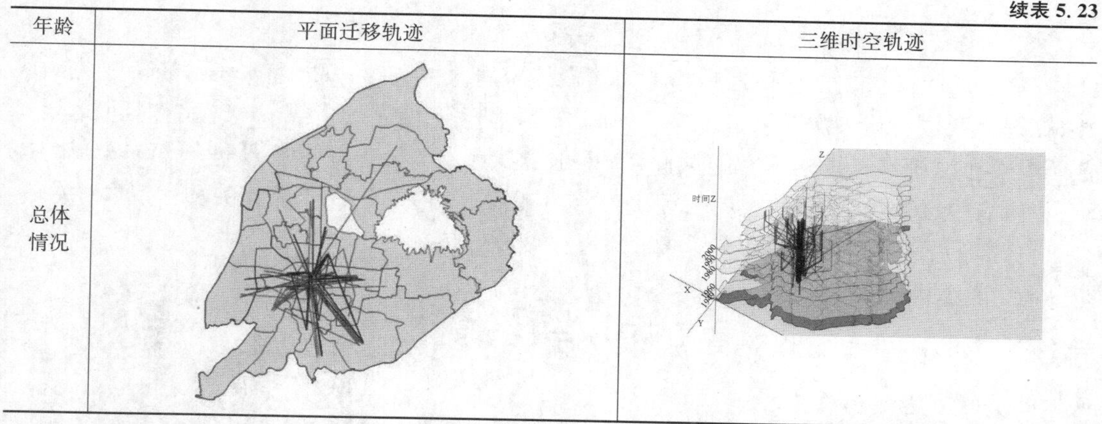

年龄	平面迁移轨迹	三维时空轨迹
总体情况		

＊资料来源:课题组关于南京七家湾回族聚居区的抽样调研数据(2014 年)。

② 居住地迁移轨迹的解析

七家湾回族聚居区的回民迁居主要有主动择居和被动迁居两类情况,其原因主要如下——

其一,就被动迁居行为而言,原有住房的更新拆改无疑是最为重要的诱因。这一因素在回民个体的居住迁移轨迹上表征为:回民无年龄差异地于 1980—1990 年代出现了大规模迁居行为。

其二,就主动迁居行为而言,回民个体的生命历程可能是最为重要的动因。因此,可将回民搬迁时的年龄和总体居住迁移率[①]交叉比对,以判别两者之间的关系。从散点图及其拟合曲线中可以看出:回民居住迁移率在 25 岁以前逐步升高,至 30 岁出现小幅度下降后继续攀升,至 55 岁到达迁移顶峰,而后急速下跌趋于平稳。同时结合抽样调查的具体情况还可知:影响 20～30、50～60 两个年龄段迁移率偏高的原因多为结婚生子、拥有独立生活空间的需要,以及步入老年后与儿女相互照料的需要。由此可见,在回民个体居住迁移轨迹中,生命历程的规律性(如结婚离婚、生儿育女、养老购房等人生常态活动)也是影响其迁居的重要因素之一(图 5.25)。

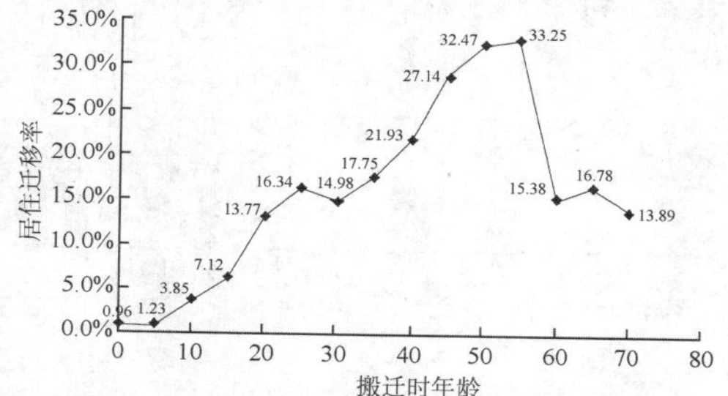

图 5.25　七家湾回族聚居区回民居住迁移率与搬迁年龄关联分析

＊资料来源:课题组关于南京七家湾回族聚居区的抽样调研数据(2014 年)。

(3) 居住地迁移与聚居区的空间关联

① 居住地迁移与聚居区空间关联的特征

在总体时空特征和个体迁移轨迹的初步探究后,考虑到回民在城市中"小聚居"的独特民族特征,进一步从地理尺度上测度七家湾回族聚居区的回民个体在不同时间阶段的居住地迁移与聚居区的关联,以深度挖掘回民在现代化浪潮下居住空间分布的变迁特点。

具体方法为:以七家湾回族聚居区为基准点,来统一标度、定位和测度所有样本居住区位变化的时间频率和空间距离,测算回民居住地区位迁移与七家湾回族聚居区的空间关联度。

① 居住迁移率＝某个年龄的居住迁移的人数占该年龄的总人口数的百分比。

$$P = \frac{1}{n}(1+\lg m)\sum_{i=1}^{n} a_i \quad (i = 1,2\cdots n)$$

式中，P 表示回民居住地区位迁移与七家湾回族聚居区的空间关联度，n 表示区位变化的次数，m 表示区位变化频次[①]，a 表示某一时间节点的迁移距离(单位：km)，i 为各时间阶段[②]。依照上述方法统计各样本的空间关联度，得出的结果用 SPSS 统计软件进行 Ward 聚类运算，将所有数据聚为四个类别：0～1 强相关、1～4.5 次相关、4.5～7 弱相关和≥7 不相关。

例如，回民 A 生活阶段覆盖全部时段，在 2009 年末从七家湾迁至距原住地 2 km 处，其空间关联度为 $P=\frac{1}{1}(1+\lg 6)\times 2=3.55$，则回民 A 的居住迁移与聚居区空间关联度为次相关。

统计抽样调查数据中 104 位回民的居住迁移与聚居区空间关联度，结果如下(图 5.26)。

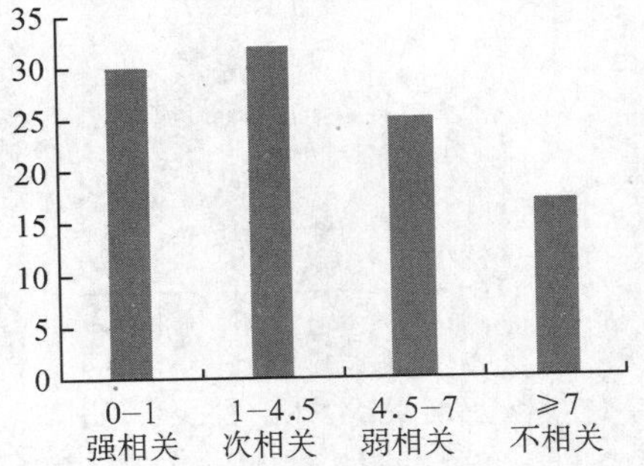

图 5.26 七家湾回族聚居区回民居住地迁移与聚居区空间关联度分析

*资料来源：课题组关于南京七家湾回族聚居区的抽样调研数据(2014 年)。

空间关联度为 0～1 的样本共 30 人，其中有 28 位回民从未迁离七家湾回族聚居区，占到本类别的 93.33%；空间关联度为 1～4.5(即次相关)的样本共 32 人，占总数的 30.77% 为最高；另外 4.5 以上(空间关联度较弱)的两类样本共 42 人，占总数的 40.38%。总体看来，与聚居区空间关联较强的两类人数所占比例较大(59.62%)，但差距并不显著，表明：回民的居住迁移与聚居区本身区位并不存在显著的空间关联度。

为了进一步探究影响居住迁移与聚居区空间关联度的因素，从性别、年龄、宗教信仰和文化程度四项个体属性进行对比分析。

表 5.24 七家湾回族聚居区的居住地迁移影响分析

影响因素	可能的影响因子	简要分析
性别因子	(人数) 25 20 15 10 5 0；强相关 次相关 弱相关 不相关；■男 ■女	**【性别因子方面】**与聚居区空间强相关的男性比例略高于女性，而次相关类别中男性比例高出女性一倍，占 68.75%。 由此可见相较于女性，男性回民的居住地变动与聚居区的空间关联度更高
年龄因子	(人数) 14 12 10 8 6 4 2 0；强相关 次相关 弱相关 不相关；■35以下 ■36~45 ■46~60 ■61~75 ■75以上	**【年龄因子方面】**各关联度类别中比例构成较为类似，均呈现出以 60 岁以上为主的年龄结构。 由此可见，年龄因素在回民居住迁移与聚居区的空间关联度中也无显著影响

① 区位变化频次＝区位变化的次数与个体经历时间阶段的比值。

② 结合本文对七家湾回族聚居区变迁的阶段划分，将统计时间段分为“1949—1958、1958—1970、1970—1978、1978—1990、1990—1998、1998 至今”共六个基本等长的时间段。

续表 5.24

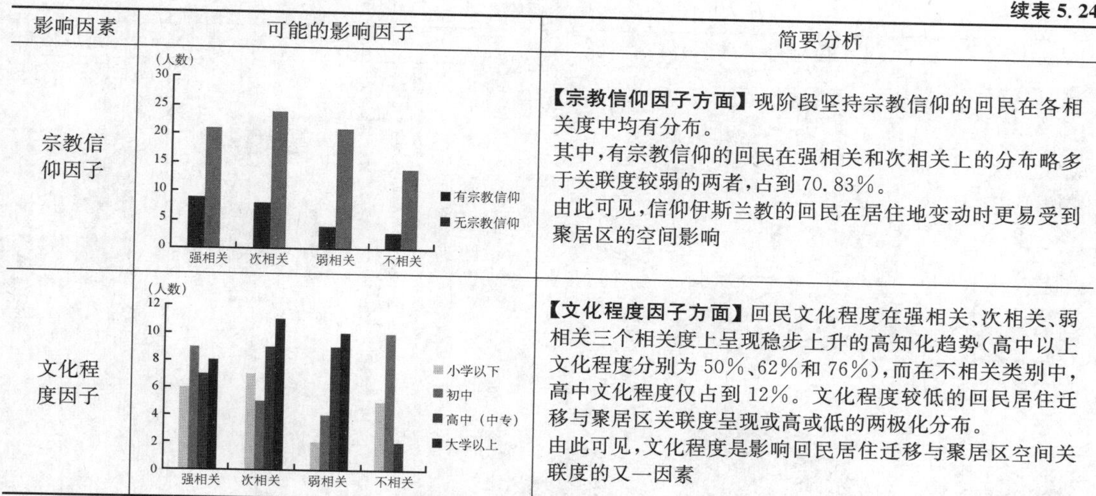

影响因素	可能的影响因子	简要分析
宗教信仰因子		**【宗教信仰因子方面】**现阶段坚持宗教信仰的回民在各相关度中均有分布。 其中,有宗教信仰的回民在强相关和次相关上的分布略多于关联度较弱的两者,占到 70.83%。 由此可见,信仰伊斯兰教的回民在居住地变动时更易受到聚居区的空间影响
文化程度因子		**【文化程度因子方面】**回民文化程度在强相关、次相关、弱相关三个相关度上呈现稳步上升的高知化趋势(高中以上文化程度分别为 50%、62%和 76%),而在不相关类别中,高中文化程度仅占到 12%。文化程度较低的回民居住迁移与聚居区关联度呈现或高或低的两极化分布。 由此可见,文化程度是影响回民居住迁移与聚居区空间关联度的又一因素

* 资料来源:课题组关于南京七家湾回族聚居区的抽样调研数据(2014 年)。

② 居住地迁移与聚居区空间关联的解析

根据抽样调研数据分析显示,回民的居住迁移与聚居区并不存在显著的空间关联度;同时联系影响空间关联度的因子分析,得出几点结论如下:

首先,作为在城市中有着“小聚居”生活特征的民族,回民的居住迁移与聚居区并不存在显著的空间关联,这一现象无疑显示出目前七家湾回民居住生活特征的衰落。

其次,这一民族特征的衰落是现代化浪潮的冲击下,由回民文化程度的提高、宗教信仰的缺失等内在原因伴随着旧城更新的外在推力而共同促成的。

3) 住宅属性的演化

(1) 住宅套型的演化

① 住宅套型的演化特征

七家湾回族聚居区作为南京老城南的重要组成,其传统的居住建筑多以江南院落式民居为代表;而改革开放后城市现代化建设所带来的多为多高层现代小区。且不论这一变化给七家湾传统地区传统格局和空间肌理所带来的冲击,其聚居条件在新中国成立后的逐步改善却是客观事实,且在住宅套型上已呈现出“由传统低层院落型民居向配套齐备的现代多高层居住小区转变”的趋势(图 5.27,图 5.28 和表 5.25)。

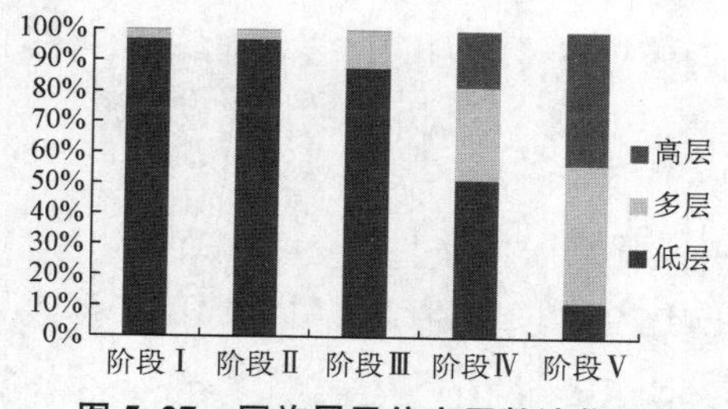

图 5.27 回族居民住宅层数演化图

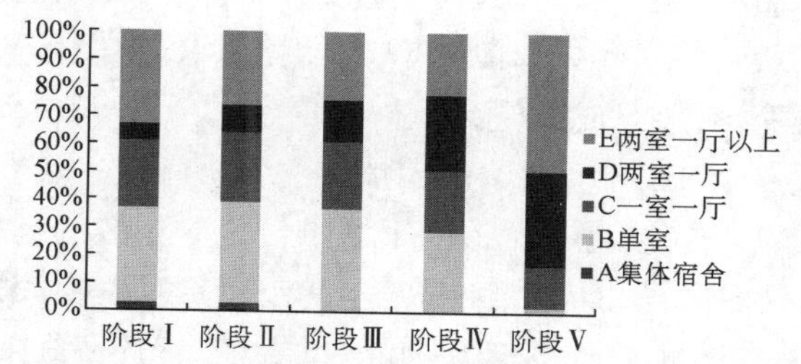

图 5.28 七家湾回族聚居区的住宅套型演化图

* 资料来源:课题组关于南京七家湾回族聚居区的抽样调研数据(2014 年)。

表 5.25　七家湾回族聚居区的典型住宅套型图

* 资料来源：课题组关于南京七家湾回族聚居区的抽样调研数据(2014 年)。

新中国成立前，七家湾回族聚居区的住宅多建于清或是民国时期，回民多以家族为单位聚居在由多进建筑所组成的封闭性传统院落之中(如表中平房住宅套型 A)。这类建筑通常为木结构坡屋顶，以“青砖小瓦马头墙、回廊挂落花格窗”为典型特色，建筑层数为三层以下，建筑面积(包括院落)从 50～300 m² 不等；同时也有一类较小的住宅套型(如表中平房住宅套型 B)，以 20～30 m² 为主。

新中国成立后至 1980 年代末(阶段Ⅰ—阶段Ⅲ)　绝大多数的回民住房状况与建国前无异，仍为传统木结构低层建筑，套型平面以单室、一室一厅和两室一厅以上为主导，住房面积差异较大。

1991 年代(阶段Ⅳ)　回民住房中开始出现高层(17.3%)，多层的比例由建国初期的 3.3%增至 30.8%，住宅套型中两室一厅的比例由建国初期的 5%增至 26.9%。

1998 年以来(阶段Ⅴ)　七家湾回民中仅有 12.2%仍居住在传统的低层砖木建筑中，多层和高层住宅已成为现阶段主导(均为 43.9%)，其中套型较大(两室一厅及以上)的住宅占到 82.9%。

② 住宅套型的演化解析

首先，现代化浪潮下城市传统居住区的更新改变了既有居住条件。七家湾回族聚居区的回民居住状况自 1990 年代起已然发生了较大改变，这与地段内部传统民居的更新拆改是相互契合的。拆迁后有条件原地安置的回民陆续回迁至新建的多高层住宅中，虽居住条件有所改善，但同时也给七家湾一带传统的空间格局和肌理造成了冲击和影响。

其次，现代化浪潮也提升了回民的择居意愿和能力。从前文相关分析中可以看出，七家湾回族聚居区的回民随着新中国成立以来就业选择的多样化、文化程度和收入水平的稳步提升,已逐渐具备了自主改善居住状况、提升自身居住环境的多方条件。

(2) 住宅权属的演化

① 住宅权属的演化特征

七家湾回族聚居区的回民住宅权属由新中国成立初期的以自建和租赁公房为主,逐渐向"住房类型多样化、产权类型私有化"的态势演进(图 5.29)——

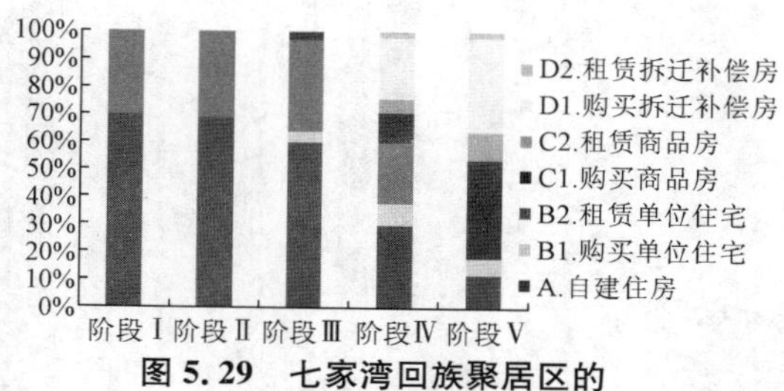

图 5.29 七家湾回族聚居区的回民住宅权属演化图

＊资料来源:课题组关于南京七家湾回族聚居区的抽样调研数据(2014 年)。

七家湾回族聚居区的住房原多为居民家庭自建,新中国成立初期国家对私有住房进行社会主义改造,由国家统一进行租赁、分配和管理,即通常所说的"经租代管";及至"文化大革命"时期房屋产权证的收缴,让许多住户丧失了原有产权,住宅权属也因此从"私有"转为了"租住公房"。

1979—1990 年(阶段Ⅲ):国家对公房私有化的改革尝试,使住房产权的私有化重新变为可能,七家湾开始有部分回族居民有意识地购买单位住房。

1991—1997 年(阶段Ⅳ):国务院在深化房改的进程中,明确了停止住房分配、逐步实行住房分配货币化的目标;与此同时,七家湾回族聚居区也正在经历大规模的城市更新建设改造。受到双重作用影响的回族居民在住宅权属和住宅类型上骤然出现了多类并存的情况,其中,又以自建住房、租赁单位住房和购买拆迁补偿房为主。

1998 年以来(阶段Ⅴ):回民购买商品房的比例进一步加大,和购买拆迁补偿房的回民共同构成了回民现状住宅权属分布的主体。居住在自建住房中的回民比例也从新中国成立初期的 70%逐渐降至目前的 12.2%,以往租赁单位住房的回族已不复存在。

② 住宅权属的演化解析

首先是住房政策改革的决定性影响。七家湾回族聚居区的居住建筑权属演化,从新中国成立以来经历的自建住房的"经租代管",到单位福利房的分配,再到商品房和拆迁补偿房的购入,都同所处阶段国家的住房经济政策调整和改革紧密相关。

其次是回族居民自身所处家庭生命周期的阶段性影响。通过购房从原有家庭中独立而出、成立小家庭,或由于职业变动带来的相应住房及住宅权属的变动,同样是造成回民住宅权属演化的另一原因。

4) 就业时空的演化

(1) 就业时空结构的演化

① 就业地时空结构的特征

结合前文对南京市主城区的街道分区,为曾经或目前的回族居民绘制就业地的时空间结构图,分析回民就业地在时间阶段与空间分布上的差异,可以看出:七家湾回族聚居区回民的就业在时间结构上呈现"工业从业人员比例在 1998 年后急剧下降,商业服务业从业人员比例稳步上升,其他行业从业人员比例稳定"的格局,同时在空间结构上呈现"核心片区以回族相关服务业从业人员为主,其余三类片区以工业从业人员为主"的分布态势(图 5.30)。

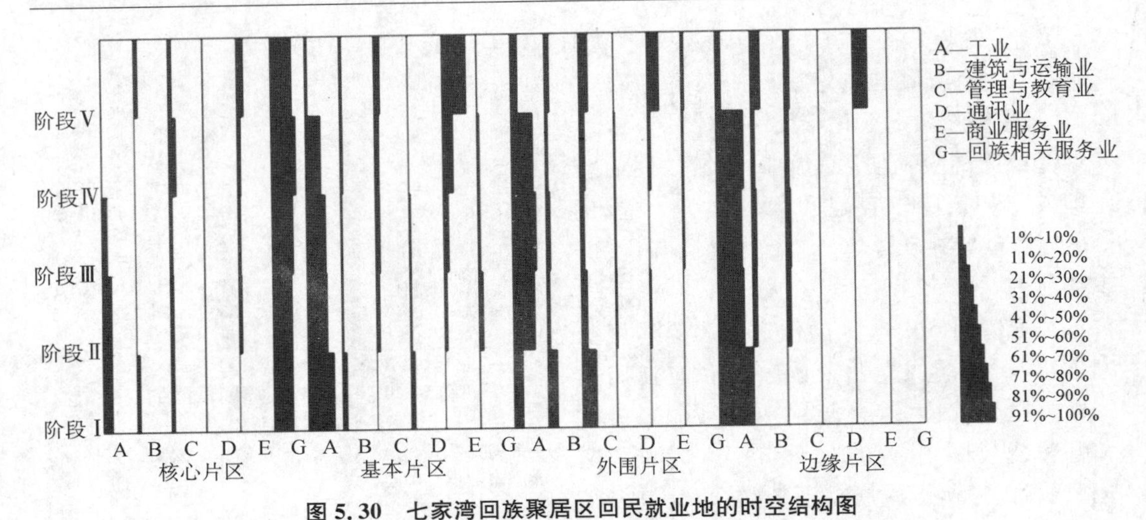

图 5.30　七家湾回族聚居区回民就业地的时空结构图

*资料来源：课题组关于南京七家湾回族聚居区的抽样调研数据(2014 年)。

新中国成立初期(阶段Ⅰ)回民多集中在七家湾，就地从事回族相关的服务行业工作(88.5%)；1958 年(阶段Ⅱ)后大量回民流向外围片区(37%)和边缘片区(52.5%)成为工人；这一比例持续至 1990 年代末才陡然下降，与之相伴的则是商业服务从业人员比例的迅速上升(阶段Ⅴ73.5%)。

② 就业地时空结构的解析

首先，长期以来回民就业结构的相对稳定源于自身就业类型的局限。虽然七家湾聚居区回民的教育程度总体上是在稳步提升，但是长期以来(尤其是早期回民)受制于传统回族文化和职业教育缺失的累积性影响，其就业多局限于手工业、工业等知识要求和技术门槛较低的行业，工作变动也频率有限，这都促成了回族聚居区很长时间以来(基本贯穿了阶段Ⅱ—Ⅳ)较为稳定的就业结构。

其次，回民就业空间的有限变迁则反映出相关政策阶段性调整在空间上的投射。聚居区回民相对固化的就业结构也曾面临着阶段性反复和变迁，这集中体现在了阶段Ⅰ和阶段Ⅴ就业方向和地点的更替之上。究其原因，主要源于新中国成立初期的“一化三改”政策和 20 世纪末老城产业的“退二进三”调整，其中就促成了一部分回归七家湾和回族相关服务业的人口(占 9.5%)。对于这部分回民来说，虽然七家湾聚居的社会空间在现代化冲击下日渐式微，但其作为目前南京回族人口和回族文化最为集聚的代表地和归宿地，依然是吸引部分回民就业调整和回归回族特色经济的首选之处。

(2) 就业地迁移轨迹

① 就业地迁移轨迹的特征

沿用前文“居住地迁移轨迹”的分析技术，可对应于不同的时间阶段来叠合绘制回民就业地迁移的平面空间轨迹以及三维时空轨迹，旨在直观反映不同个体在其生命周期中就业地的宏观轨迹。总体来看，七家湾回族聚居区的回民就业地在整体迁移率较低的背景下，已呈现出“因年龄而异、迁移距离远”的特征。

从年龄来看，75 岁以上的回民就业地以老城区为主，迁移方向为朝天宫街道向基本片区迁移,迁移时段主要集中在阶段Ⅱ;55～75 岁的不少回民开始在外围街道就业,而就业地迁移的回民迁移方向多为朝天宫街道向基本片区迁移,迁移时段为阶段Ⅲ;45～55 岁的回民就业地与迁移方向更随机、距离也更长,已鲜有在朝天宫街道就地就业的回民;35～45 岁的回民就业地迁移方向已不再局限于老城区,而开始在外围与边缘街道之间转换和流迁(表 5.26)——

表 5.26　回民个体就业地迁移轨迹

年龄	平面时空轨迹	三维时空轨迹
75 岁 以上	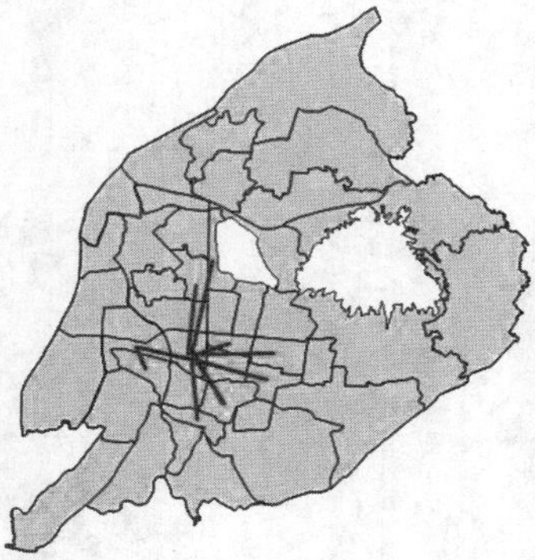	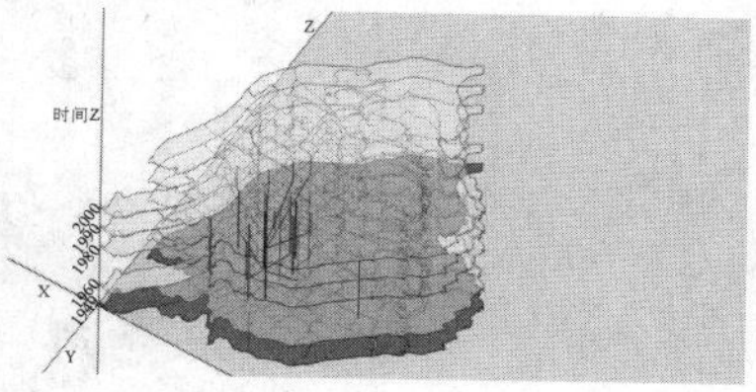
55～75 岁	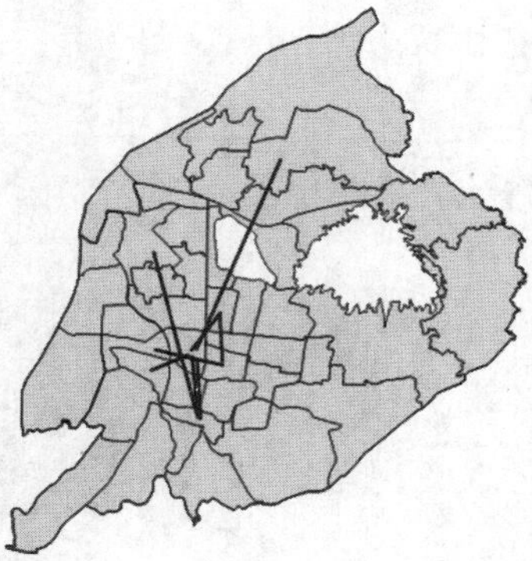	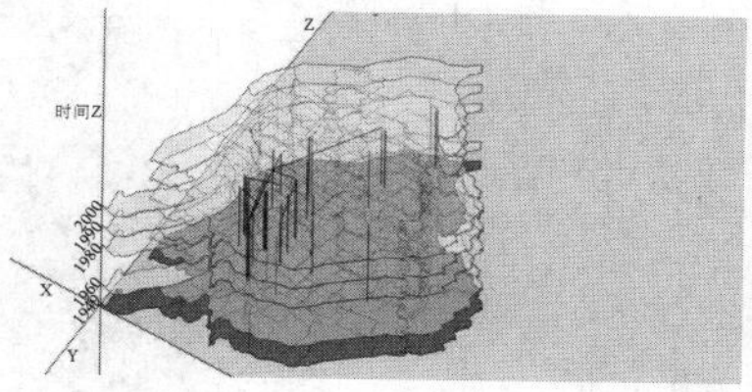
45～55 岁	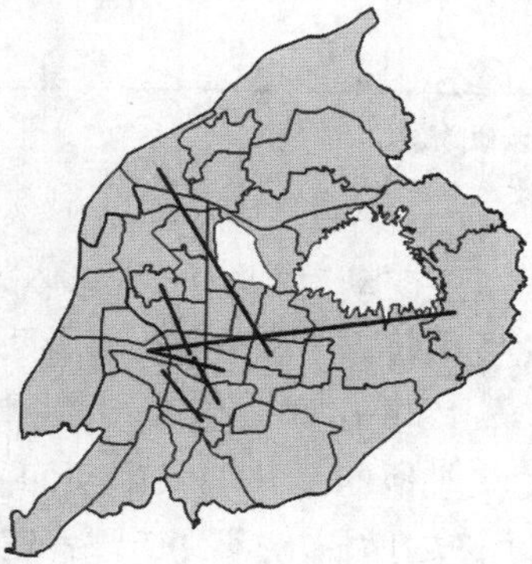	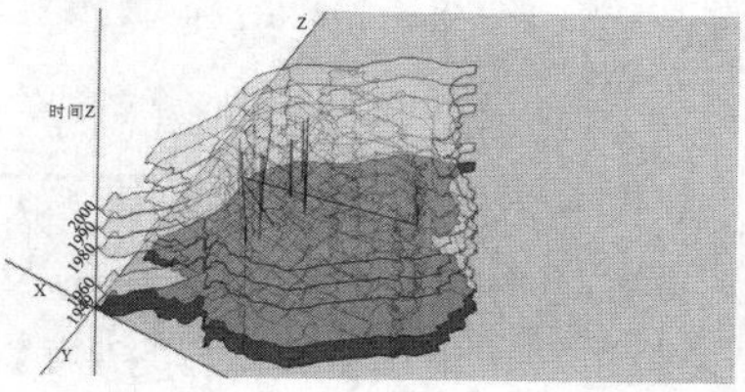

续表 5.26

年龄	平面时空轨迹	三维时空轨迹
35～45 岁	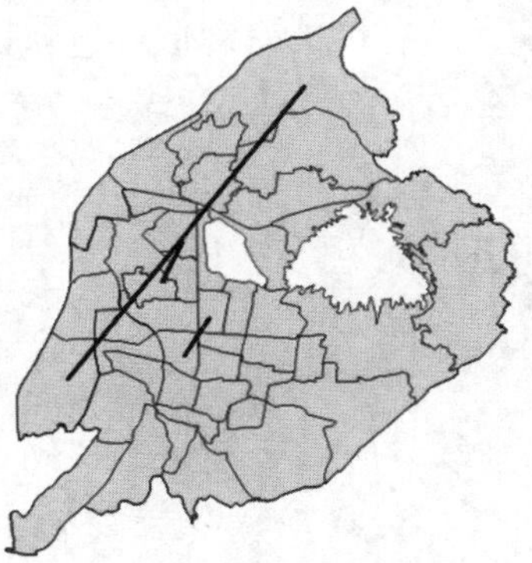	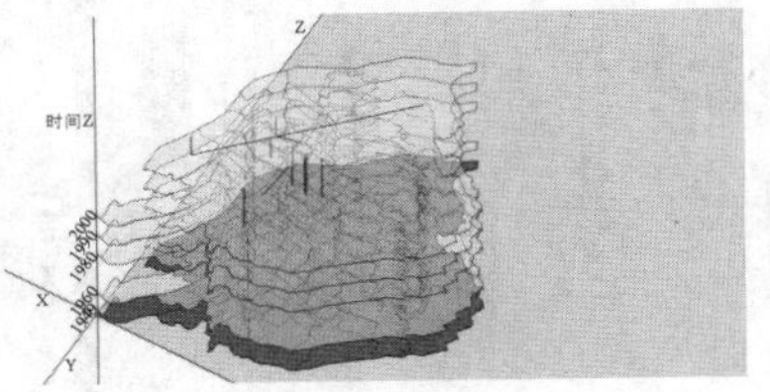
35 岁以下	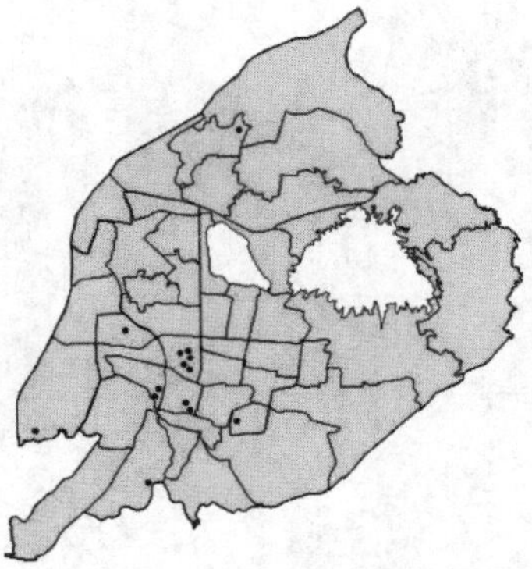	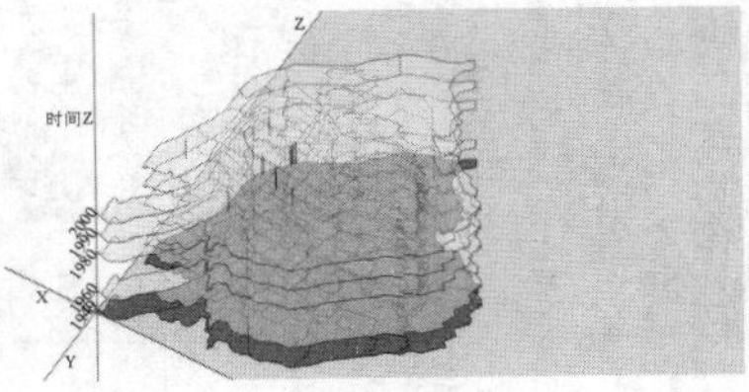
总体比对	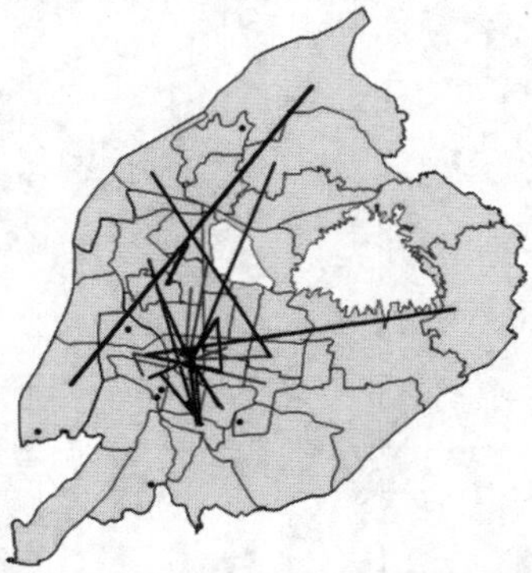	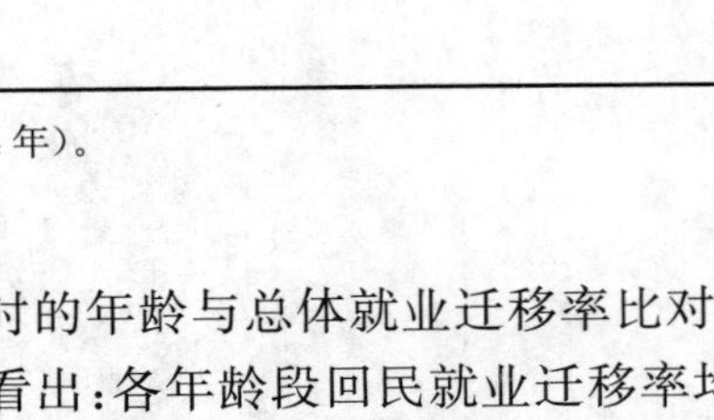

* 资料来源：课题组关于南京七家湾回族聚居区的抽样调研数据(2014 年)。

② 就业地迁移轨迹的解析

分析就业地迁移的影响因素，将回民就业地变动时的年龄与总体就业迁移率比对，以判别两者之间的关系。从散点图及其拟合曲线中可以看出：各年龄段回民就业迁移率均不高(未超过 14%)，自 20 岁起持续攀升，至 40～45 岁达到最高值，而后陡然下降。同时结合抽样调查的具体情况还可知：40～45 岁回民就业地的迁移率较高多同 1990 年代的工人下岗潮有关，这些未到退休年龄的工人失业后而被迫另寻它职和出路，造成了该年龄段就业地迁移率走高的现象(图 5.31)。

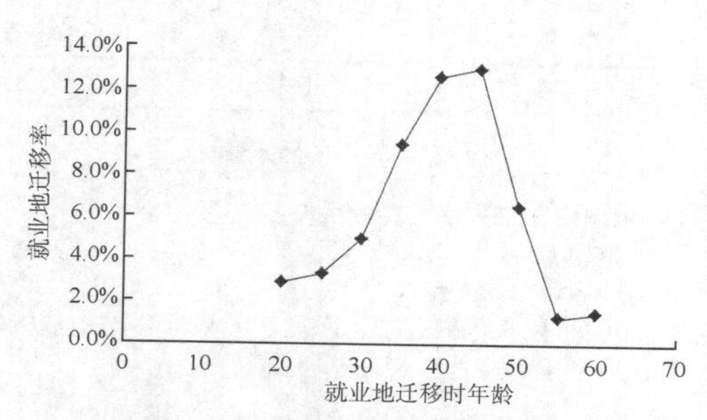

图 5.31　七家湾回族聚居区的就业迁移率与搬迁年龄关联分析

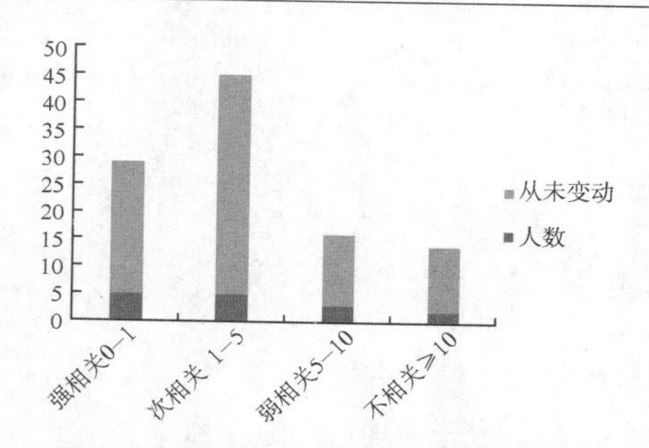

图 5.32　七家湾回族聚居区的就业地迁移与聚居区空间关联度分析

* 资料来源:课题组关于南京七家湾回族聚居区的抽样调研数据(2014 年)。

(3) 就业地迁移与聚居区的空间关联度

① 就业地迁移与聚居区空间关联的特征

传统回族经济和回民就业多依托于聚居区和家庭式作坊而自我消化,因此在总体时空特征和个体迁移轨迹的初步探究后,从地理尺度上测度七家湾回族聚居区的回民在不同时间阶段的就业地迁移与聚居区的关联,这也是进一步考量回民在现代化浪潮下就业空间变迁的重要一环。

沿用上文中"居住地迁移与聚居区的关联"测度方法,统计各样本的空间关联度,其结果用 SPSS 统计软件进行 Ward 聚类运算后,可将所有数据分为四类——

空间关联度为 0～1 的样本共 29 人,其中有 24 位回民从未变更过就业地,占本类样本的 82.76%;空间关联度为 1～5(即次相关)的样本共 45 人,占总数的 43.27%为最高;另外空间关联度较弱的两类样本共 30 人,仅占总数的 28.84%。因此总体看来,与聚居区空间关联较强的两类人数所占比例远高于较弱的类别,表明"回民的就业地迁移与聚居区存在一定的空间关联度"(图 5.32)。

依然从性别、年龄、宗教信仰和文化程度四项个体属性进行对比分析,以进一步探究影响就业地迁移与聚居区空间关联度的因素(表 5.27)。

表 5.27　七家湾回族聚居区的就业地迁移影响分析

影响因素	可能的影响因子	简要分析
性别因子	(人) 35 30 25 20 15 10 5 0 强相关 次相关 弱相关 不相关 男 女	**【性别因子方面】**与聚居区空间强相关的男女比例均衡,而次相关类别中男性比例高于女性近一倍,占 64.44%。由此可见相较于女性,男性回民的就业地变动与聚居区的空间关联度更高
年龄因子	(人) 30 25 20 15 10 5 0 强相关 次相关 弱相关 不相关 35以下 36~45 46~60 61~75 75以上	**【年龄因子方面】**60 岁以上的回民在次相关类别中所占比例格外突出,其他关联度类别中的年龄分布则较为均衡。由此可见,老年回民的就业地变动与聚居区的空间关联度可能更高

续表 5.27

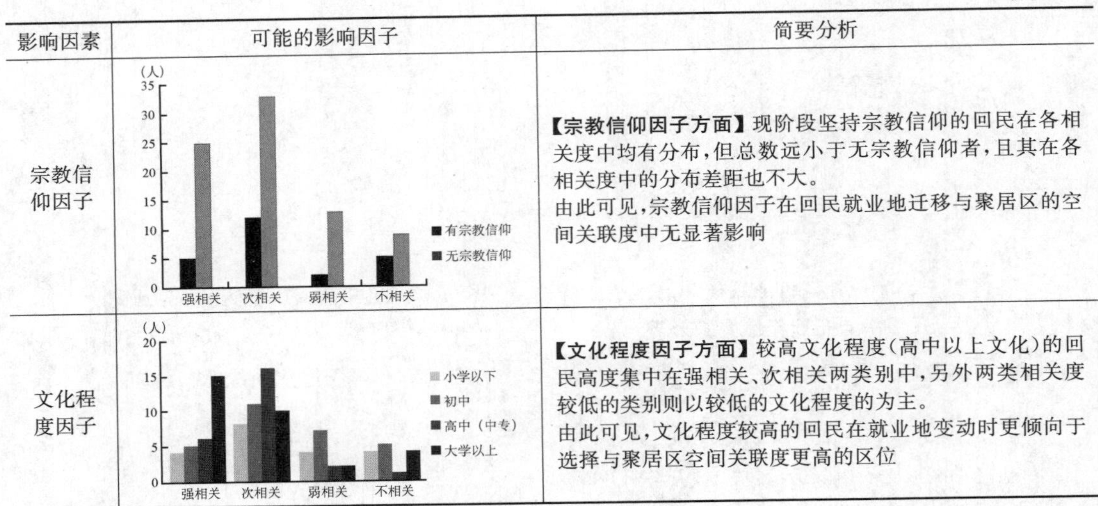

影响因素	可能的影响因子	简要分析
宗教信仰因子	(人) 0 5 10 15 20 25 30 35；强相关 次相关 弱相关 不相关；■有宗教信仰 ■无宗教信仰	【**宗教信仰因子方面**】现阶段坚持宗教信仰的回民在各相关度中均有分布，但总数远小于无宗教信仰者，且其在各相关度中的分布差距也不大。 由此可见，宗教信仰因子在回民就业地迁移与聚居区的空间关联度中无显著影响
文化程度因子	(人) 0 5 10 15 20；强相关 次相关 弱相关 不相关；■小学以下 ■初中 ■高中（中专） ■大学以上	【**文化程度因子方面**】较高文化程度（高中以上文化）的回民高度集中在强相关、次相关两类别中，另外两类相关度较低的类别则以较低的文化程度的为主。 由此可见，文化程度较高的回民在就业地变动时更倾向于选择与聚居区空间关联度更高的区位

＊资料来源：课题组关于南京七家湾回族聚居区的抽样调研数据(2014 年)。

② 就业地迁移与聚居区空间关联的解析

七家湾回族聚居区的居民在新中国成立以来，就业地迁移与聚居区存在较高的空间关联度，究其原因可能有二：

首先，现代化浪潮带来的数次社会变革决定了城市发展方向和用地功能布局，也随之左右了回民职业结构和就业市场分布。例如在登隆巷经营清真牛羊肉店铺的马先生，年轻时随家人开清真餐厅，1956 年后又投身社会主义现代化建设中成为食品厂的一名工人，但 1994 年下岗后又回到了七家湾开店、改换职业。

其次，七家湾聚居区独特的区位优势和民族文化魅力一直吸引着部分回民的工作生活。虽回归七家湾一带就业的人口比例总体有限，但是 60 岁以上的老人在空间关联度较强的两类人群中分布比例依然较高，因为老一辈的七家湾人对回族聚居区的认同度和情感依附性更高，在回族聚居区附近实现职住一体的生活方式依然被推崇和维系；而年轻回民因学历更高、择业更广泛，也更看重七家湾良好的地理交通区位，希望借此接触到更好的城市公共资源和工作机遇。

5）职住通勤的演化

(1) 就业出行的演化

七家湾回族聚居区的回民通勤在多年演化过程中基本形成了“以半小时为度、以步行和自行车为主”的低成本、较稳定的就业出行特征。

① 就业出行的演化特征

在通勤时间方面，新中国成立初期有超过半数的回民通勤时间在 15 分钟以下(68%)，通勤时间在半小时以内的回民比例达到 88%，这一比例在 1960 年代下降至 71.9%后趋于稳定(图 5.33)。

在通勤方式方面，新中国成立初期绝大多数的回民出行以步行和自行车为主(92.3%)，此后各阶段的步行和自行车比例逐渐递减，直至目前的步行通勤方式占到 50%，呈现多种通勤方式并存的状态(图 5.34)。

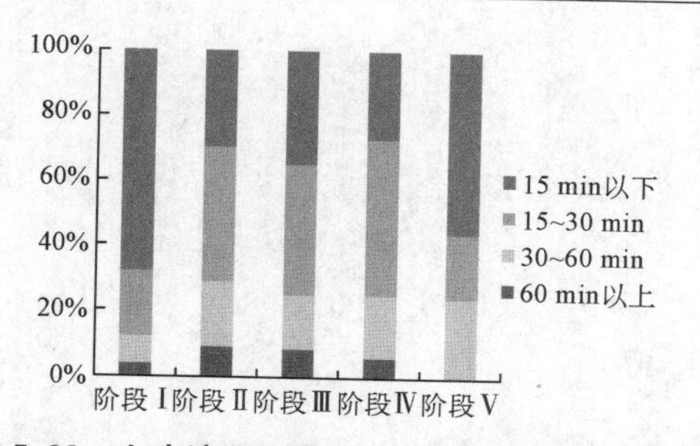

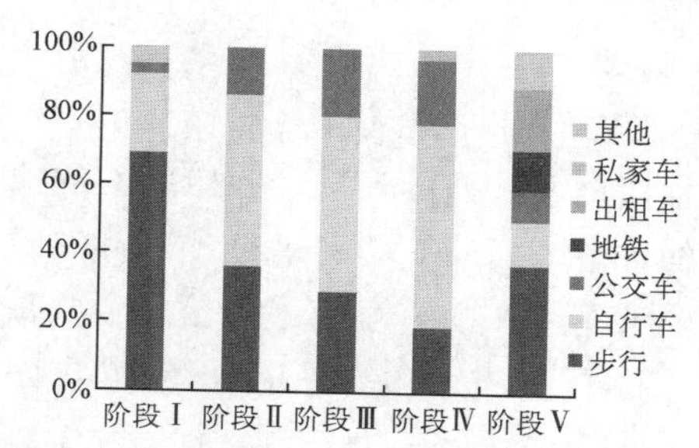

图 5.33　七家湾回族聚居区回民通勤时间演化图　**图 5.34　七家湾回族聚居区回民通勤方式演化图**

＊资料来源：课题组关于南京七家湾回族聚居区的抽样调研数据(2014 年)。

在通勤距离方面，基于步行、自行车、公共交通出行的平均速度，半小时通勤可达空间距离分别为 2 km、3 km 和 5 km。从下表中可以看出，七家湾回族聚居区的回民在新中国成立初期和目前的通勤距离多集中在 5 km 内，但阶段Ⅱ～Ⅳ尚有一定规模的回族职工通勤距离超过 10 km(表 5.28)。

表 5.28　七家湾回族聚居区回民的就业地分布

阶段Ⅰ (1949—1958)	阶段Ⅱ (1958—1978)	阶段Ⅲ (1978—1990)	阶段Ⅳ (1990—1998)	阶段Ⅴ (1998 至今)

＊资料来源：课题组关于南京七家湾回族聚居区的抽样调研数据(2014 年)。

② 就业出行的演化解析

七家湾回族聚居区回民就业出行从以半小时为度，就业布点经历了“邻近—分散—邻近”的演化，通勤方式也经历了“步行—自行车—步行”的演化，究其原因有二：

首先，城市产业布局决定着聚居区回民的就业布点。诚如前文所述，聚居区回民拥有相对稳定的就业结构，甚至有人直至退休也未更换单位；只是在局部阶段受社会主义改造、“退二进三”等政策的影响和引导而有所演替，具体表现为：随着不同阶段背景下城市产业布局和企业客观区位的调整、过滤和吸引，拥有不同就业方向的回民于分化间形成了就业地点上的阶段性变化和行业性分异。

其次，经济收入水平影响着聚居区回民的通勤方式选择。根据调研访谈和数据交叉分析可知，1990 年代以前的回民即使通勤时间超过了 30 min 甚至 1 h，仍会选择自行车通勤；而现阶段的回民随着收入水平的整体提升，多会将通勤距离作为通勤方式选择的主要考量因素，而出现了多类出行方式的并存现象；与此同时，就业和居住的双重自主选择机会，也促使部分回民出于通勤考虑而搬回七家湾居住，从而导致 15 min 以下的步行通勤人员比例有所上升。

(2) 通勤频率的演化

① 通勤频率的演化特征

根据七家湾回族聚居区回民职工的抽样调查数据，对聚居区街道—就业街道之间职住通勤的各个方向及其频率进行计算，以揭示同聚居区产生通勤关联的各街道分布特征。假设在七家湾所在朝天宫街道居住去 X 街道就业的回民样本数量(即相同起点且同方向通勤)为 A_i，职住通勤样本总量为 B_i，则求得该方向通勤频率 C_i，计算公式如下：

$$C_i=\frac{A_i}{B_i}$$

将各通勤关联街道划分为 3 类：高度通勤频率街道($C_i>10\%$)、中度通勤频率街道($5\%<C_i\leqslant10\%$)、低度通勤频率街道($C_i\leqslant5\%$)。

将各阶段回族职工的就业出行数据代入上述计算公式，可以看出七家湾回族聚居区的回民通勤频率已呈现出“由新中国成立初期的均衡状态逐步向低均衡状态转变”的特征。

阶段Ⅰ七家湾回族聚居区的回族职工职住分离模式表现为以邻近通勤为主的向心性导向；阶段Ⅱ—Ⅳ回族职工职住分离模式表现为主城区范围内的分散通勤；阶段Ⅴ的回族职工职住分离模式则分异显著，表现出就近通勤和散点通勤并存的分布特点。以新中国成立以来各个阶段的回民职住分离模式为基础，从聚居区的居住机会、就业机会、职住通勤图示等方面，展开“居住—就业”关联的图解分析(表 5.29)。

表 5.29　七家湾回族聚居区回民的职住通勤图解

演化阶段	职住通勤示意图	分析说明
阶段Ⅰ (1949—1958)		**【居住机会】**以明清时期的低层传统民居为主，配套设施不齐全。 **【就业机会】**小型商铺与食品厂、无线电厂等企业。 **【职住通勤概述】**职住较为均衡。通勤频率最高的街道为七家湾回族聚居区所在的朝天宫街道，中度通勤频率则为紧邻本街道的滨湖街道、新街口街道、五老村街道和洪武路街道
阶段Ⅱ (1958—1978)	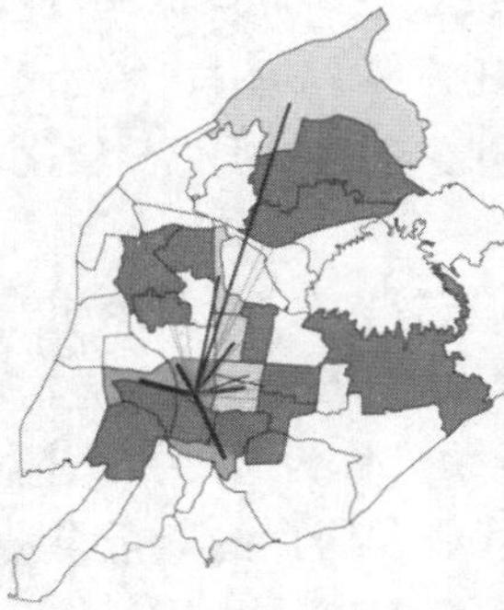	**【居住机会】**以明清时期的低层传统民居为主，配套设施不齐全。 **【就业机会】**小型商铺、食品厂、无线电厂等企业。 **【职住通勤概述】**职住均衡度低。高度通勤频率街道为七家湾回族聚居区所在的朝天宫街道、滨湖街道和中华门街道，中度通勤频率街道则向主城区北部拓展，最远可至燕子矶街道，其通勤时间超过 1 小时

续表 5.29

演化阶段	职住通勤示意图	分析说明
阶段Ⅲ (1978—1990)	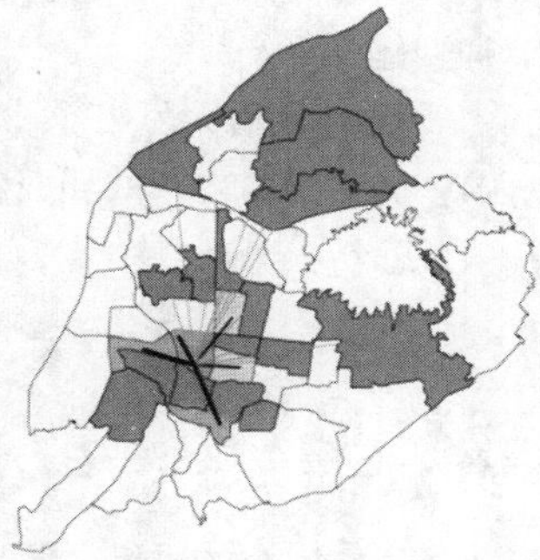	【居住机会】以明清时期的低层传统民居为主，配套设施不齐全；同时新建部分多层小区，配套齐全。 【就业机会】食品厂、无线电厂、中小学校、省交通厅规划研究中心等企事业单位。 【职住通勤概述】职住均衡度较低。高度通勤频率街道仍为七家湾回族聚居区所在的朝天宫街道、滨湖街道和中华门街道，中度通勤频率街道则集中在新街口街道和洪武路街道
阶段Ⅳ (1990—1998)	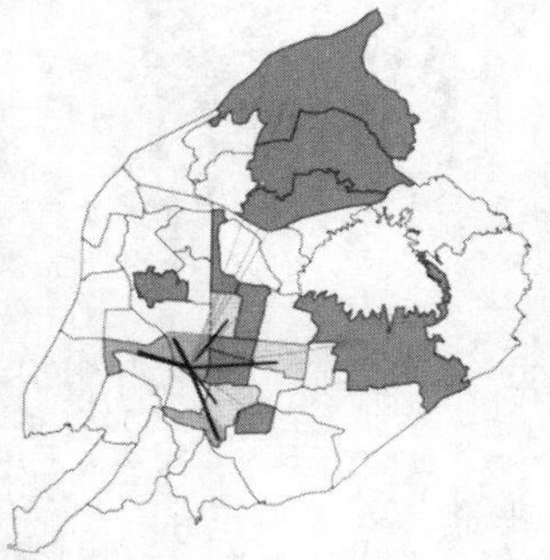	【居住机会】配套设施不齐全的低层传统民居与配套齐全的新建多、高层居住小区并存。 【就业机会】中小学校、省交通厅规划研究中心、超市等单位。 【职住通勤概述】职住均衡度较低。较上阶段相比，通勤街道范围有所缩减，高度通勤频率街道与低度通勤频率街道变化不大，但主城区西南部的通勤人员有所减少
阶段Ⅴ (1998 至今)	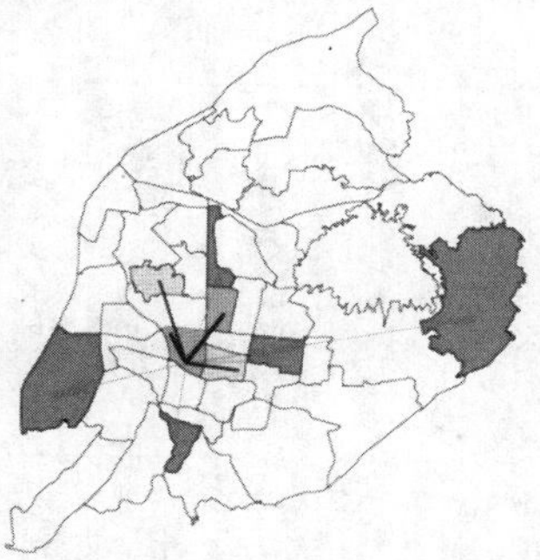	【居住机会】多、高层居住小区，配套设施较为齐全。 【就业机会】中小学校、省交通厅规划研究中心、高层商务办公楼、超市等单位。 【职住通勤概述】职住均衡度较低。高度通勤频率街道为七家湾回族聚居区所在的朝天宫街道和新街口街道，低度通勤频率街道则在主城区各个方向呈散点分布
图例	—— $C_i>10\%$ —— $5\%<C_i\leq 10\%$ —— $C_i\leq 5\%$	

＊资料来源：课题组关于南京七家湾回族聚居区的抽样调研数据(2014 年)。

② 通勤频率的演化解析

首先，聚居区回民的通勤频率变化同其职业结构的变迁直接相关。建国初期回民主要流向民族特色服务业或是工厂企业，集中就业于主城区的附近街道；但随后的“一化三改”促使大量的回民流入工厂就业，并随着城市“退二进三”及其产业布局的调整而带来就业地和通勤频率的相应变化；而在现阶段城市转型的契机下，有越来越多的回民就业在行业上趋于多样、在地点上趋于分化，并由此改变了回民的职住通勤频率。

其次，聚居区回民的通勤频率变化同其经济收入的升降也有关联。现阶段回民收入水平的持续改善，带来了回民生活品质的提升和通勤方式的多样化，使其就业地选择不再受限于空间距离的长短，而在通勤频率和覆盖区域上出现了职住分离程度更高、均衡度偏低的情况。

6）配套设施的演化

（1）配套设施演化

① 配套设施演化特征

分析新中国成立以来七家湾回族聚居区的配套设施布局，可以看出其变迁趋向如下（表5.30）——在空间结构方面，以清真寺为核心的聚居区内聚型商业布局日渐式微；在空间形态方面，沿内街的线性布局转变为沿城市主干道的成片布局；在设施类型方面，回族特色商铺在逐步消失，设施类型趋于多样化。

表5.30　七家湾回族聚居区配套设施演化

时间阶段	配套设施演化示意图	简要分析
阶段Ⅰ (1949—1958)	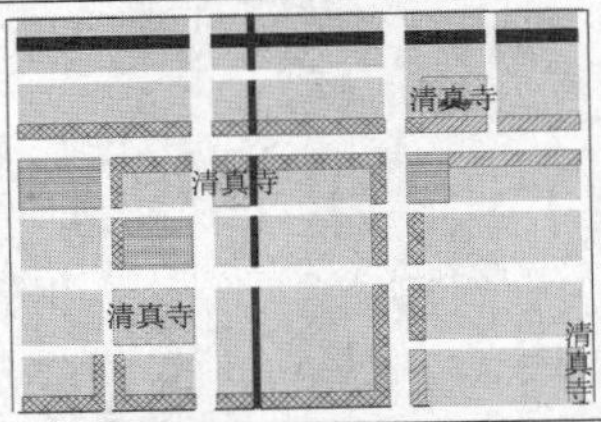 清真寺 清真寺 清真寺 清真寺	七家湾回族聚居区内有清真寺及女学8座，并依托清真寺开办的多所中小学。 商业设施主要包括清真饮食店、牛羊肉及其制品店、百货店、旧货店等等，且多由家庭作坊式的小型沿街商铺（上宅下店）构成，主要沿升州路、七家湾和评事街呈线性分布。 这一时期的服务设施80%以上为回民所经营，且与回民特色需求紧密相关
阶段Ⅱ (1959—1978)	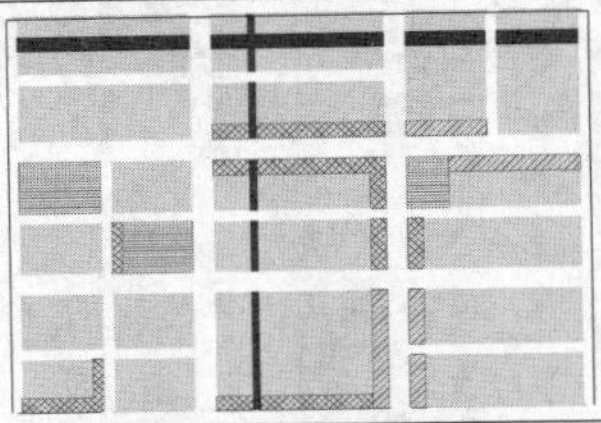	宗教活动阶段性中止，七家湾回族聚居内的清真寺消失，部分学校仍在继续运营。 商业设施依然以清真饮食店、牛羊肉店等为主，但一部分商铺经营走上合作化道路和一部分店铺关闭，导致商业设施的总量下降。 一般性商业的比例在这一时期有所上升，但清真行业所占的比例不升反降
阶段Ⅲ (1979—1990)	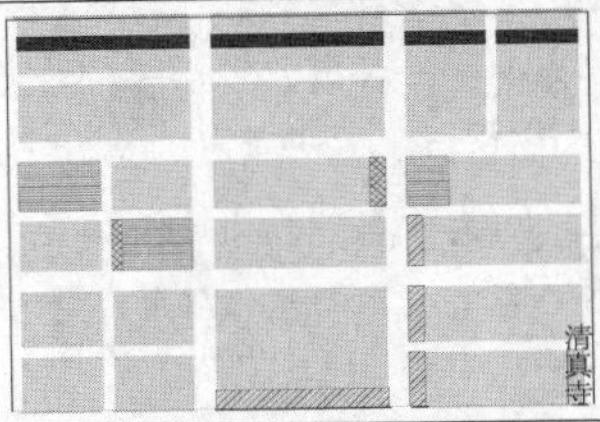 清真寺	改革开放后，七家湾回族聚居区东南侧的净觉寺逐渐恢复宗教活动，学校也陆续开放。 商业设施以餐饮店、古玩旧货店为主，商铺数量锐减后多沿聚居区南部的评事街和升州路而分布。 这一时期的服务设施中，具有回族特色的商业服务已不再是聚居区主导
阶段Ⅳ (1991—1997)	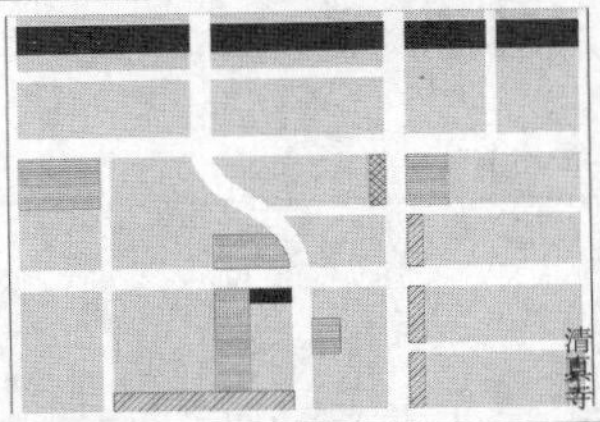 清真寺	七家湾回族聚居区周边仅余一座清真寺。 商业设施的演化延续了1980年代的趋势，而同回族相关的商业服务仍在继续减少。 医疗设施方面，成立了回民医院，定期组织体检，关注回民健康。 公共活动空间方面，北部沿河两侧的绿化带整修，为居民提供了休闲锻炼的活动空间。 鼎新路的拓宽和多个公交站点的设立，也提升了地段的交通可达性
阶段Ⅴ (1998至今)	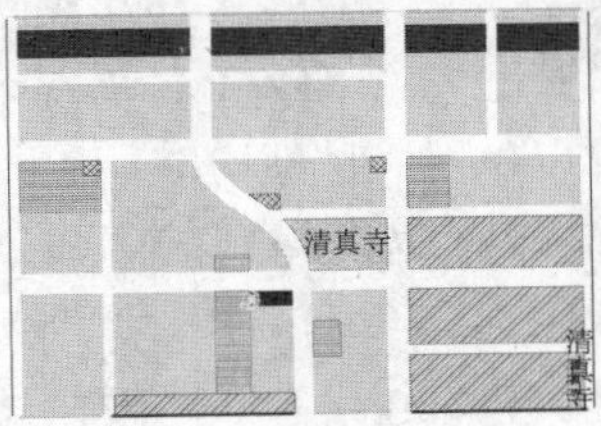 清真寺 清真寺	七家湾回族聚居区内的草桥清真寺整修开放，同时多所小学合并。 医疗设施方面，回民医院增设了回民养老院。 商业设施方面，东南角的熙南里作为提升地区活力的重要城市节点，集博物展示、文化教育、餐饮休闲等多功能为一体。除此之外仅余小规模的三间清真饮食店，而其他沿街商铺多为汉族经营的旧货店或修理铺。 随着聚居区东北角地铁站的建设，地段交通便捷程度得到了进一步提升
图　例	清真寺　基本服务设施　回族服务设施 教育设施　医疗设施　水体绿地	

*资料来源：课题组关于南京七家湾回族聚居区的抽样调研数据(2014年)。

② 配套设施演化特征解析

首先,城市环境的联动影响。在现代化浪潮和城市建设的冲击下,城市内部的彼此关联和相互影响愈发紧密,同样七家湾回族聚居区也势必会受到周边环境变化的撼动,其传统的内聚型结构在由封闭走向开放的同时,其服务设施的配置也不可避免地走向了复合化和多样化。

其次,回民职业结构的变迁。在七家湾回族聚居区从事民族相关服务业的人员往往就是聚居区本身的居民。1960年代经过社会主义的三大改造,不少原先从事小手工业、清真餐饮业的回民陆续转行,进厂成为了集体职工,也使其原来所经营的服务设施在内容和规模上后续乏力、不断萎缩。

第三,回民居住地点的变迁。回民的迁出和汉族居民的迁入,不但压缩了回族特色服务业的从业人员规模,也削减了对此有需求的消费人群,加剧了回族特色经济和特色服务业的衰退。

最后,回民民族意识的变迁。现代化对于回民生活的影响不仅限于就业和居住,更渗透到传统文化、民族意识等各个方面。受其影响,清真寺的核心地位在丧失,回民民族意识日渐淡漠,宗教成为休闲生活的附庸而非精神基础,往日特色生活方式及其相关的服务设施也成为可有可无的存在(图5.35~图5.38)。

图5.35 新中国成立之初的升州路望评事街

*资料来源:http://blog.sina.com.cn/s/blog_7c3326200101ct2a.html.

图5.36 现状的升州路望评事街(2014年)

*资料来源:笔者自摄。

图5.37 新中国成立之初的清真安乐园菜馆(评事街)

*资料来源:http://blog.sina.com.cn/s/blog_7c3326 200101ct2a.html.

图5.38 现状的清真安乐园菜馆(2014年王府大街)

*资料来源:笔者自摄。

(2) 民族特色配套设施的演化

① 民族特色配套设施的演化特征

分析新中国成立以来七家湾回族聚居区的民族特色配套设施，可以看出其布局变迁趋向如下(表5.31)——总体结构由片区轴带状向点状分布转变，设施类型由多样向单一转变。

表5.31 民族特色配套设施演化

演化阶段	民族特色配套设施演化示意图	简要分析
阶段Ⅰ (1949—1958)	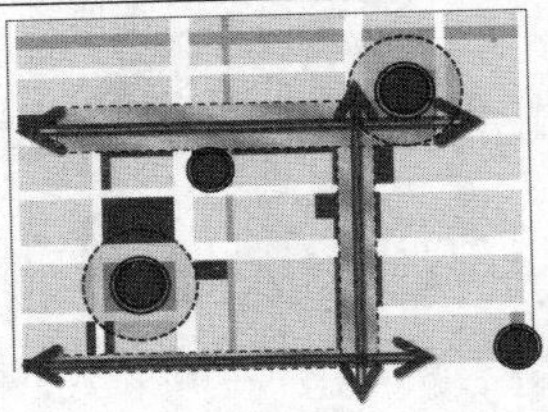	七家湾回族聚居区的民族配套设施类型多样、分布均衡，总体结构呈片区轴带分布。 主要类型包括清真寺及女学、依托清真寺开办的多所民族中小学、回民经营的清真饮食店、牛羊肉及其制品店、百货店、旧货店等等。 空间分布为沿升州路、七家湾和评事街呈线型分布以及环清真寺呈面状分布
阶段Ⅱ (1958—1978)	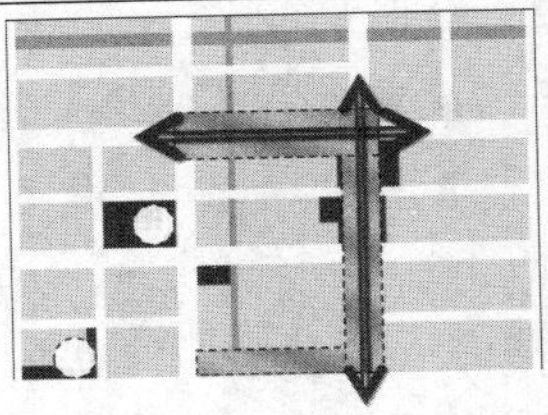	宗教活动阶段性中止，七家湾回族聚居内的清真寺消失，民族设施受到很大冲击，总体结构呈轴带分布。 主要类型以回民小学、回民经营的清真饮食店、牛羊肉店等为主。 空间分布为沿升州路、七家湾和评事街呈线型分布，但相较上一阶段其数量已大幅度衰减
阶段Ⅲ (1978—1990)	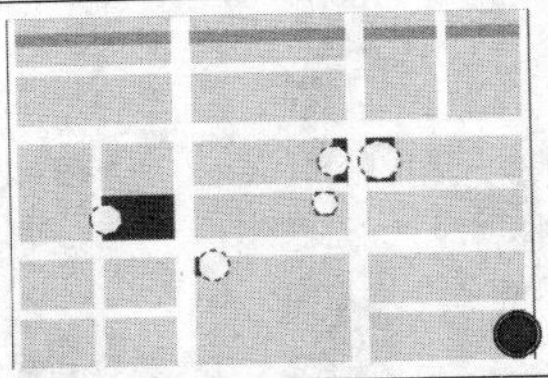	改革开放后，七家湾回族聚居区东南侧的净觉寺恢复宗教活动，但清真寺仅是保留了宗教意义，而丧失了对聚居区社会经济文化的影响力。 聚居区的民族配套设施以零星点状分布的几间清真饮食店为主
阶段Ⅳ (1990—1998)	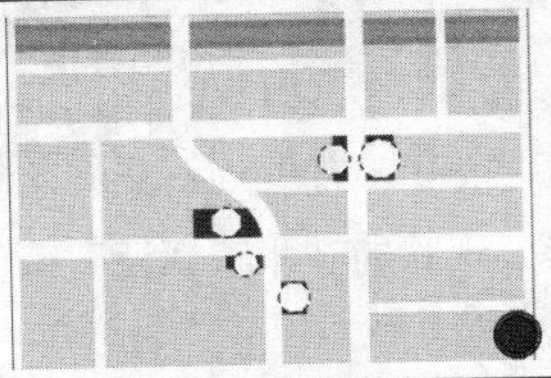	七家湾回族聚居区周边仅余一座清真寺。 聚居区的民族配套设施仍以点状分布为主，但在类型上增设了回民医院，尊重民族风俗，关注回民健康
阶段Ⅴ (1998至今)	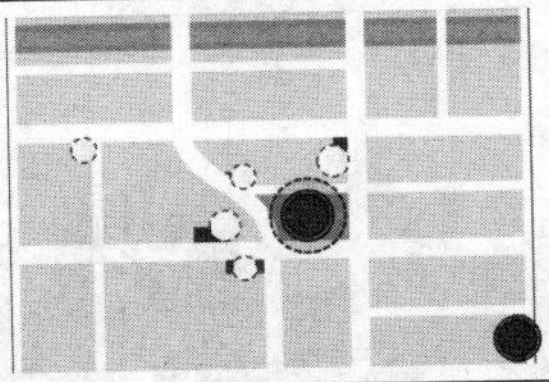	七家湾回族聚居区内的草桥清真寺整修开放，同时有几家清真饮食店分布在清真寺旁，回民医院也增设了回民养老院，但这些并未扭转聚居区民族配套设施的衰落趋势，总体上仍以点状分布为主
图例	片区设施　民族商业轴　清真寺　清真寺影响范围　设施点	

* 资料来源：课题组关于南京七家湾回族聚居区的抽样调研数据(2014年)。

② 民族特色配套设施的演化解析

首先，国家政策的阶段性调整是左右民族设施配套的直接外因。1958年的宗教改革及其宗教活动的中止，不仅从空间上，更是从思想意识上阻碍了宗教信仰的传播发展；而1978年后随着宗教运动的逐渐恢复，国家又开始关注少数民族的习惯意识和特色需求并有针对性地恢复和建立了部分医疗、教育等设施，但是聚居区民族配套设施的总体颓势短期内已难以扭转。

其次,回民民族意识的淡漠是导致民族设施衰落的重要内因。改革开放后的宗教活动虽有所恢复,但是回民在长期卷入全面的现代化教育体系后,已潜移默化地在个体思想和文化意识上失去了原有的民族认同感和身份标识性,这无疑会在客观上降低聚居区对于回族配套设施的特定需求,并导致聚居区民族特色经济的逐渐衰落。

5.5 回族聚居区的优化策略

文化是民族的重要特征。英国著名民族学家泰勒曾说道:"文化或文明,就其广泛的民族学意义来讲,是一复合整体,包括知识、信仰、艺术、道德、法律、习俗以及作为一个社会成员的人所习得的其他一切能力和习惯①"。联合国教科文组织第33届大会于2005年通过了《保护文化内容和艺术表现形式多样化公约》标志着文化多样性原则被提高到国际社会所应遵守和认同的伦理道德高度,并具有国际法律文书的性质。

文化认同由辩证的两方面构成——其一为少数民族和汉族对本族传统文化的认同,其二为少数民族对已经发生并还将持续存在的现代化浪潮所带来的其他文化的认同;只有热爱本族传统文化并且主动接受外来文化,方可实现民族文化的可持续发展。

构建少数民族聚居区的优化策略,应树立维系我国多元文化并存格局的价值观,基于文化认同来审视文化在生活习俗、居住时空、就业时空等方面的表征及其演化现象。其基本思路为:基于前文关于七家湾回族聚居区的演化规律研究,从中梳理和遴选其演化所面临的主要问题及其负面成因(并非前述的各项演化都是消极和负面的),以此为下文策略探讨提供先导性依据(表5.32)——

表5.32 七家湾回族聚居区演化问题小结

类别细分			主要问题	主要成因
社会属性	人口构成	文化程度	—	—
		就业结构	回族相关服务业从业人员比例降低	城市产业转型、民族意识减弱
	家庭关系	族际通婚	族际通婚率升高	回民聚居性弱化
		家庭结构	—	—
	社会组织		机构单一化	国家阶段性政策、民族认同感弱化
	生活习俗		传统民族习俗式微	国家阶段性政策、聚居生活模式与文化认同
空间属性	社区功能	用地功能	—	—
		建筑肌理	传统肌理消逝	城市功能复合化需求、设计者对城市肌理的忽视
	居住时空	居住时空结构	—	—
		居住迁移轨迹	—	—
		居住迁移与聚居区的空间关联	关联度低	城市旧区更新、民族意识弱化
		住宅套型	—	—
		住宅权属	产权类型私有化	国家住房政策导向、家庭生命周期阶段

① [英]E. B. 泰勒. 原始文化[M]. 连树声,译. 上海:上海文艺出版社,1992:1.

续表 5.32

类别细分			主要问题	主要成因
空间属性	就业时空	就业时空结构	—	—
		就业迁移轨迹		—
		就业迁移与聚居区的空间关联	—	—
		就业出行	步行和自行车出行	职业结构与收入水平
		通勤频率	职住分离度高	职业结构与收入水平
	配套设施	一般配套设施	设施各级配套不齐全	城市定位与回民社会属性的变迁
		民族特色配套设施	民族服务业式微	国家阶段性政策调整、民族意识弱化

根据以上总结可以看出，七家湾回族聚居区的社会空间在其演化过程中呈现出发展与问题同步、机遇与挑战并存的情况。上述问题及其成因往往又是交相复合和彼此交织的，进一步归并和总结问题的多方成因，可大体梳理出五方面的基本优化策略如下(图 5.39)——

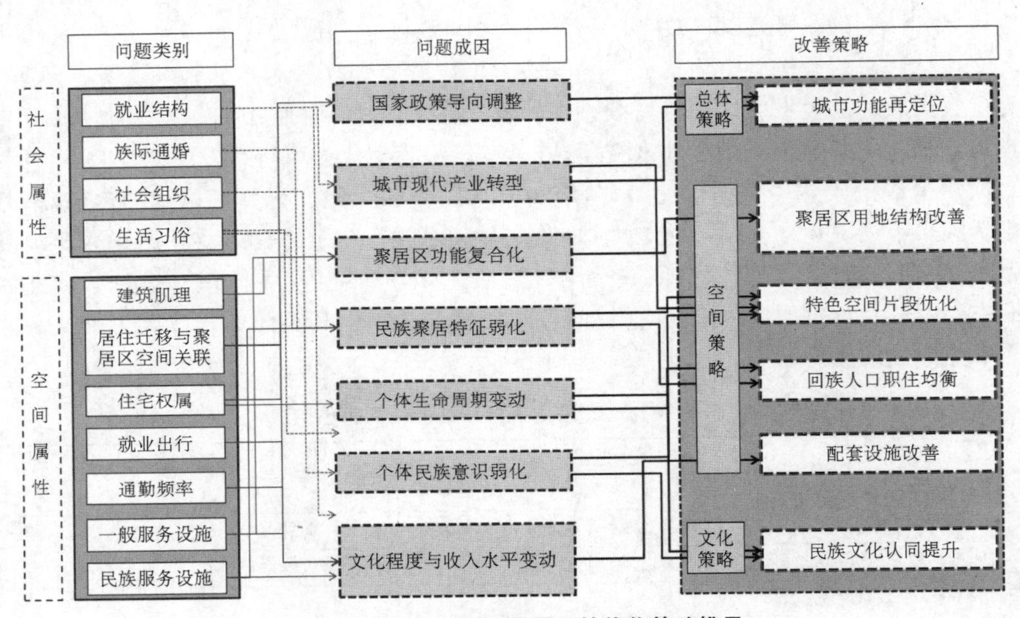

图 5.39　七家湾回族聚居区的优化策略推导

＊资料来源：笔者自绘。

1) *发展定位层面*

(1) 城市总体规划解读

根据《南京市总体规划》(2007—2020 年)，七家湾回族聚居区在位于南京市人口密集、商业服务亟待疏解的老城中心，同时也是展示南京城市风貌重要的老城历史特色塑造核心地区。

在用地功能上，商业用地与历史保护用地并存；在产业发展上，现代商业与文化创意并举；在空间风貌上，现代大体量高层商办与传统小体量低层民居并重。可见，七家湾回族聚居区面临着现代化浪潮冲击与传统历史文化延续的双重挑战。

(2) 区级总体规划解读

七家湾所在的秦淮区自古就是南京的社会经济文化中心，有着丰富的人文历史底蕴。

2013年底编制的《南京市秦淮区总体规划》(2013—2030年)将区内历史文化和都市商贸优势整合，形成了城市文化与经济的双重生长极。关于七家湾回族聚居区未来的城市功能与空间发展，该规划的编制提供了相较于总体规划更为详尽的考虑和阐释。

表5.33　秦淮区总体规划解读

相关系统	相关图纸	分析说明
功能定位	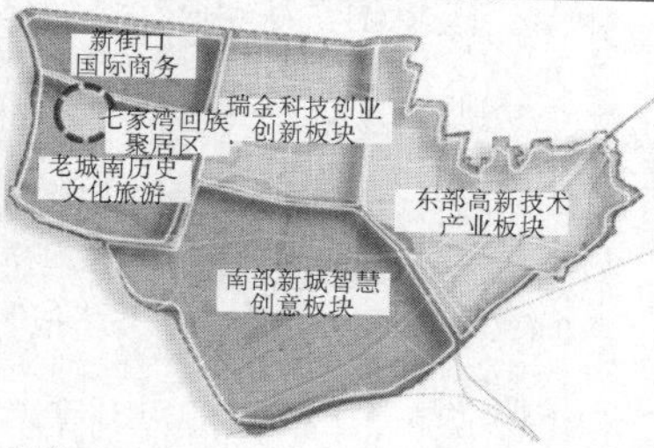	七家湾回族聚居区位于老城南历史文化旅游片区北部，紧邻新街口国际商务片区，其兼具的历史文化和都市商贸双重驱动因素，对于七家湾这一传统回族聚居区来说既是优势也是挑战
土地利用规划	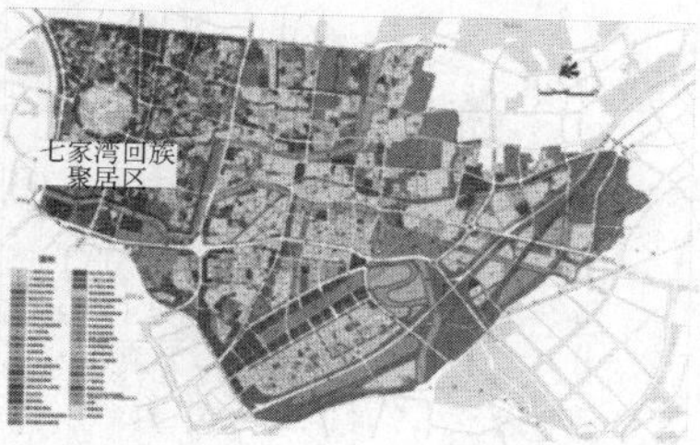	七家湾回族聚居区的规划用地以居住用地和历史文化保护用地为主，这一用地布局强调了七家湾地区的未来不仅仅需要承担居住功能，更需要发展文化展示的功能作用
空间布局结构	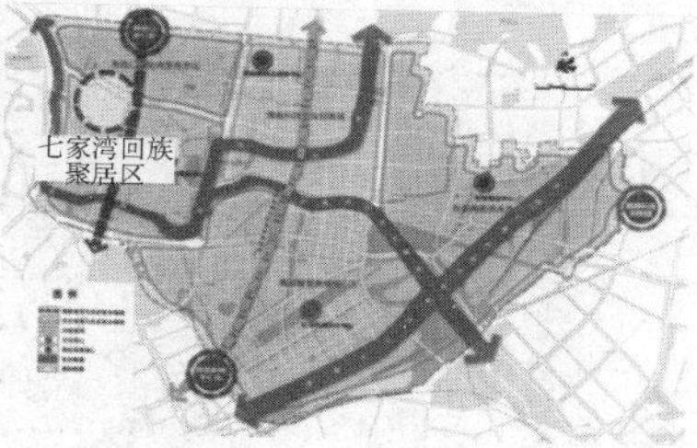	七家湾回族聚居区在空间结构上位于秦淮区商务与历史复合的轴线上，是衔接夫子庙商业中心和新街口国际商贸服务区的重要节点
产业发展与布局引导	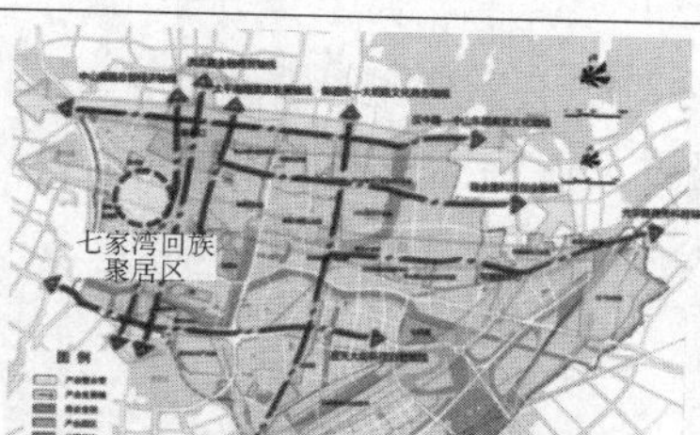	七家湾回族聚居区位于升州路—光华路的区级产业整合带上，东侧紧邻中山南路总部经济轴线，是秦淮区实现产业“转型、提升、优化”的重点地段，其中具有民族特色的文化创意产业是带动老城南片区产业转型的重要发展点
历史文化遗产保护规划	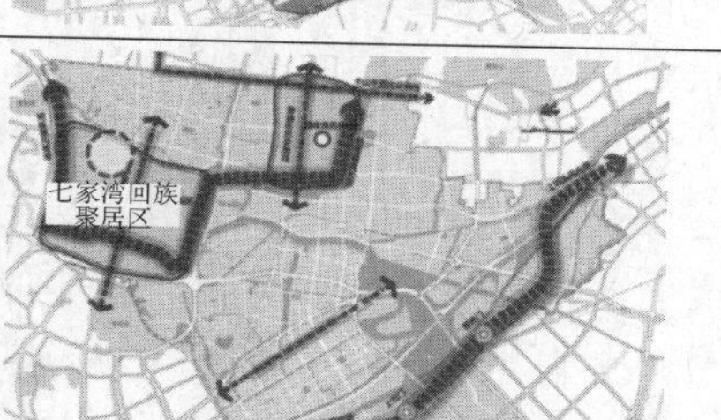	七家湾回族聚居区在历史资源展示结构中，位于城南历史城区内、中山东路轴线上；在历史地段保护中，聚居区内有南捕厅历史文化街区、评事街历史风貌区以及大辉复巷一般历史地段；在文物古迹保护中，聚居区内有甘熙宅第国家级保护单位、多处市级不可移动文物并紧邻朝天宫、净觉寺等国家级、省级保护单位。历史文化遗产资源颇丰

续表 5.33

相关系统	相关图纸	分析说明
城市设计引导	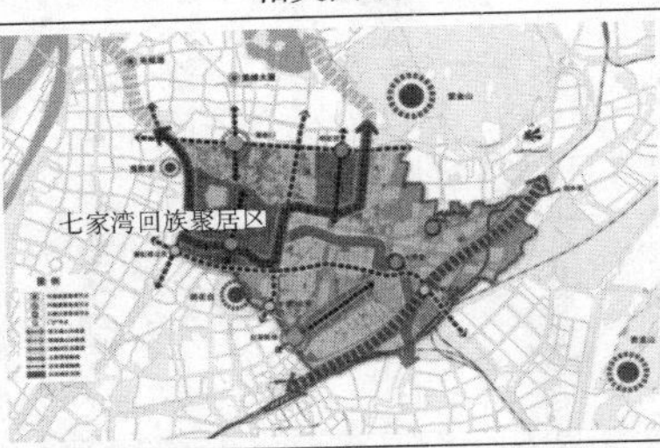 七家湾回族聚居区	七家湾回族聚居区在城市设计的空间引导中，位于老城南历史城区紧邻中山东路城市景观轴线上；在景观视线上，处于新街口对望中华门的重要视线廊道内；建筑高度≤18 m，局部地块≤12 m
公共服务设施规划	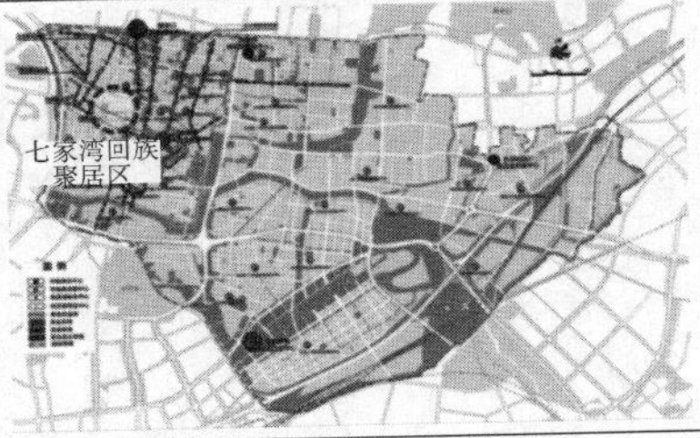 七家湾回族聚居区	七家湾回族聚居区在商业设施配套中，有仓巷文化商业步行街、朝天宫古玩特色街和南捕厅手工坊特色街三处秦淮区规划的适应现代需求的特色商业街区；规划在聚居区内新增一处社区级体育设施，此外无其他新增设施
旅游资源充足与发展规划提升	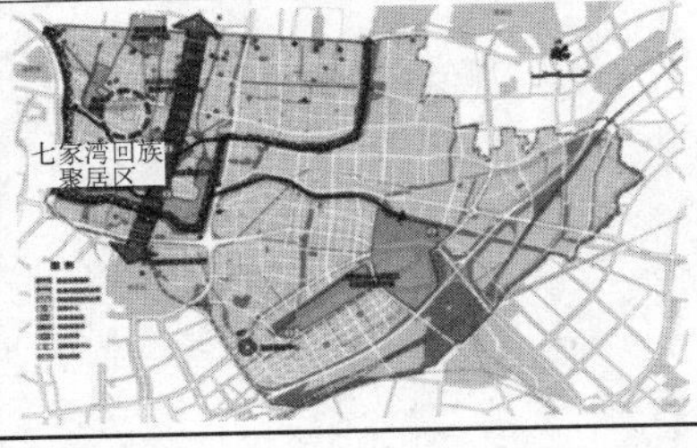 七家湾回族聚居区	七家湾回族聚居区位于未来重点发展的朝天宫—甘熙故居旅游片区内，其规划定位为民族文化主题，旨在通过挖掘秦淮民俗文化，聚集以民俗文化为特色的产业业态吸引各类游客

* 资料来源：笔者根据《南京市秦淮区总体规划》(2013—2030 年)整理。

总结《南京市秦淮区总体规划》(2013—2030 年)对七家湾回族聚居区的各项定位引导，可以看出：该规划在聚居区的各个子系统发展中，基本能紧扣七家湾回族聚居区丰富的历史文化资源和优异的城市商贸区位的双重优势，但是针对聚居区内回族的民族文化特色并未做出针对性的阐释和强调。

因此，在分析城市总体规划与秦淮区规划的基础上，结合本章对七家湾回族聚居区回民的实地调研分析，对现有定位予以进一步的延伸和优化，提出未来七家湾回族聚居区的总体发展定位为：集城市商贸、旅游服务为一体的、以历史文化和都市商贸为发展动力、回族特色文化为亮点、传统小尺度为空间风貌的城市少数民族聚居区。

2）用地结构层面

七家湾聚居区围寺而居的传统居住网络，在新中国成立后的现代化浪潮的冲击下，已呈现出“居住组团独立化、回民聚居分散化、社区日益开放化”的趋势。

因此参考传统回族聚居区的结构模式，并结合上节对七家湾回族聚居区的功能定位，提出用地布局模式的优化策略(图 5.40)——首先，在有需要的居住组团中设置清真寺或基层民族服务中心，建立新的围寺而居的回族聚居格局；其次，结合现代化的商业布局模式，引入民族特色临街商业设施，加强各个居住组团之间的关系及其同城市间的关系；最后，在聚居区内部设置开放空间，并和周边配套设施共同形成有活力的聚居区核心。

聚居区未来的用地结构可以从总体层面上对用地功能进行引导，协调聚居区与城市的关系,强调了居区以民族服务点为核心的空间布局模式,或有助于完善聚居区回民的职住均衡度、强化回民族内交往、繁荣民族特色文化。

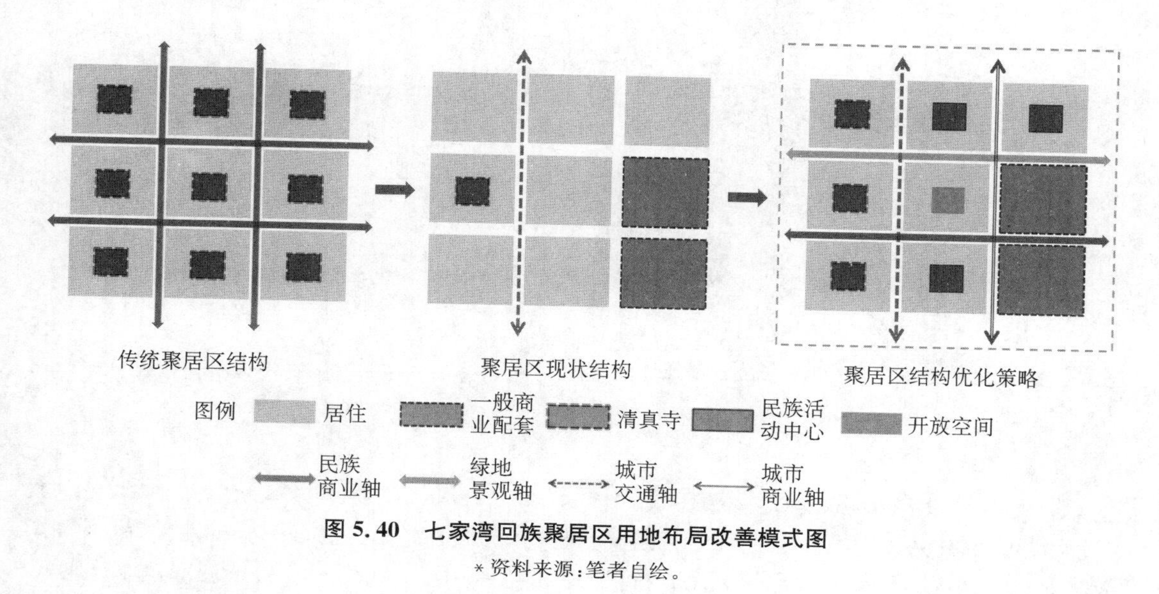

图 5.40　七家湾回族聚居区用地布局改善模式图

*资料来源:笔者自绘。

3) 特色空间层面

结合上述总体功能定位和用地结构建议,可进一步选取七家湾回族聚居区内具代表性的典型空间片段进行分析,并提出功能和空间改善模式的策略建议(表 5.34)。

表 5.34　特色空间片段的优化策略

典型空间	空间优化示意图	分析和策略
传统居住片段		【问题分析】七家湾回族聚居区尚存多处历史价值较高、建筑质量较好、具代表意义的传统居住片段,共同形成了聚居区的空间精神核心。 优化策略应在民族文化认同的思想基础上,重点保留传统空间格局和肌理,并赋予可持续发展的可能
优化目标		【具体策略】尽量以保护保留为主,拆除质量较差的自建房屋,还原传统院落空间和尺度肌理,疏通街巷结构,构建居住组团开敞空间,于传统居住方式和现代需求之间形成良性互动
滨河居住片段		【问题分析】七家湾回族聚居区北侧的内秦淮河是优良的开敞空间和景观资源,聚居区现状建筑临街背河,尚未有效利用这一特色资源
优化目标		【具体策略】积极利用滨河资源提升空间景观品质,打通滨河空间和聚居区内部的空间、交通和视线联系。将机动交通疏解至外围,打造临河居住组团的开敞空间节点,为聚居区居民提供宜人的居住空间环境和交流活动场所

续表 5.34

典型空间	空间优化示意图	分析和策略
城市商业片段		**【问题分析】**七家湾聚居区东南侧的熙南里作为城市级特色商业街区，同聚居区内部的功能和空间联系不够紧密，可通过加强联系来完善聚居区内部的设施配套，并为回民提供就业机会
优化目标		**【具体策略】**在功能上，利用熙南里街区既成规模的特色商业，形成聚居区和城市之间互动的节点，进一步发展城市级、社区级的民族特色产业，完善相关配套设施；在空间上，保留有聚居区特色的传统空间和尺度肌理，加强开敞空间的塑造

＊资料来源：笔者自绘。

4）职住均衡层面

历史地看，少数民族之所以能够在城市中逐渐聚居和成长，不仅仅依托于亲缘、地缘等传统纽带所衍生的社会文化联系，还有赖于社区特色经济和民族产业体系方面的叠合性支持。因此，鼓励七家湾回族聚居区恢复和发展民族特色经济，构建职住共同体，不仅是实现回民职住均衡的保障，也是聚居区通过生活和生产的系统整合而走上可持续发展道路的必要条件之一——

首先，增强政府部门在市场观念教育、整体利益协调等方面的宏观调控作用。地方有关部门通过适当的政策倾斜和扶持，来保护和支持少数民族特色经济，规划民族特色的产业空间及其产业链，挖掘少数民族经济的市场潜力，以从职住一体的角度延续相对聚居的生活状态。

其次，鼓励回民主动走出聚居区学习现代化知识和专业技术，应对现代化挑战。改变固有的传统思维束缚，把控当下城市产业布局变动的契机，增强应对不断变化的现代化挑战的就业能力，提升居民就地多元化就业的可能性。

第三，将民族特色市场与城市需求相结合，恢复或加强广受欢迎的民族特色经济（如清真餐饮、民族手工业制品等）。规划和辟建相关的产业用地和特色街区，塑造和拓展民族品牌的影响力，在走出自给自足模式的基础上，寻求民族经济可持续发展的新源泉（图 5.41），多渠道地强化少数民族人口的民族认同感和自我归属感，与民族特色经济相互助推而成为聚居区不竭的良性发展动力。

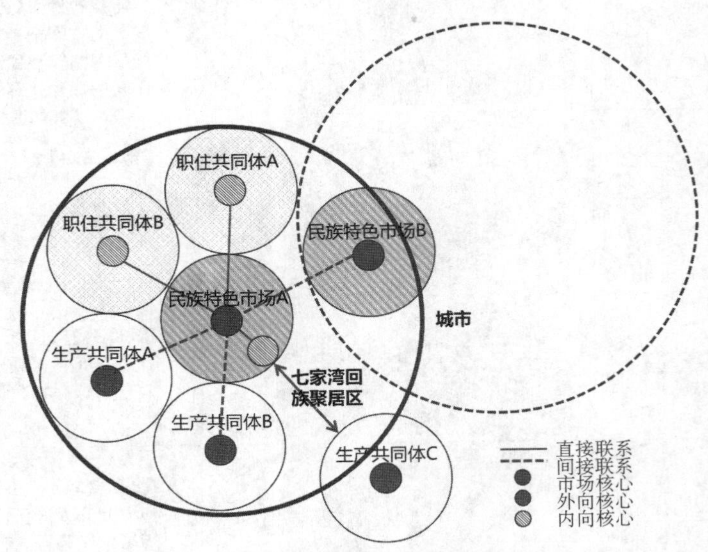

图 5.41　七家湾回族聚居区民族特色市场结构图

＊资料来源：笔者自绘。

就具体的职住共同体空间建构来说，可在微观层面上采取以下策略:首先,考虑到七家湾回族聚居区由封闭走向开放的现况和趋向,职住共同体的建构不妨依循“下店上宅”的基本原则;其次,对应于空间尺度的变化,七家湾聚居区的职住空间载体可划分为单元、邻里、簇群三个层级和模式;第三,在职住共同体模式的具体应用方面,建议因地制宜、因类而别。其中,单元改善模式属于有一定历史特征的下店上宅传统住宅,主要分布于评事街两侧;邻里改善模式属于1990年代左右修建的多层居住小区,例如评事街小区居民改建临街店面;而簇群改善模式多为2000年代前后修建的商住混合高层建筑,例如中山东路西侧的同坤大厦底层商业(表5.35)。

表5.35　职住共同体的建议空间模式

尺度	单元	邻里	簇群
规模	10～50 m	50～150 m	150～500 m
模式建构	居住个体 产住界面 个体经营	居住邻里 多户联立经营	居住社区 整合型市场单元
优化示例		川特隆菜馆	

*资料来源:笔者自绘。

5)设施配套层面

其一,建立健全设施配套的制度体系,尤其需要考虑民族相关的设施门类与规模配比。在政策和规划制订的初始阶段,需将居民的切实需求、特别是少数民族居民的民族生活习惯置于首位,确定设施配套的内容类别与规模(表5.36)。在保证基本公益性民族设施配置的同时,鼓励民营机构设立营利性机构,不仅服务于本社区特定的少数民族群体,还可面向其他民族以及更大范围的人群以实现认同和提供服务,形成公益、准公益与营利性设施多元并存的局面,将聚居区民族设施繁荣与可持续发展活力紧密相连。

表5.36　少数民族聚居区的设施配套建议

设施类别	一般性设施		民族特色设施	
	设施内容	建议规模(m^2)	设施内容	建议规模(m^2)
教育	包括幼儿园、小学	按70生源/千人、服务半径500 m来考虑	包括少数民族幼儿园、小学	按80生源/千人、服务半径1 000～1 500 m来考虑
医疗卫生	包括门诊所、卫生站、医院等	2 500～3 000	包括少数民族门诊所、卫生站、医院等	1 000～1 500
文化体育	包括文化活动站、图书馆、会所等	4 000～5 000	包括少数民族活动站、婚介所、文化站等	1 000～2 000

续表 5.36

设施类别	一般性设施		民族特色设施	
	设施内容	建议规模(m²)	设施内容	建议规模(m²)
商业服务	包括各类商业设施、肉菜市场等	2 000～4 000	包括清真肉菜市场、餐饮店	1 000～1 500
金融邮电	银行、储蓄所、邮电所等	16 000～20 000	—	—
市政公用	包括停车场库、公交站等	1 000～1 500 m² 自行车停车场;同时结合社区中心设置 200～300 个机动车停车场和 2 条公交线路	—	—
行政管理	包括居民委员会、街道办事处、派出所等	3 000～5 000	包括民族之家等	1 000～2 000
其他	包括人防设施、街道福利设施等	1 500～2 500	包括清真寺等宗教建设施	按每 300 名穆斯林居民配建清真寺;适当考虑服务半径设置清真寺规模

* 资料来源:笔者参考相关规范自制(以 3 万人左右的居住区规模为单位)。

其二,优先布局民族特色设施,优补一般性设施的建设。鉴于配置完善的民族特色设施不仅可以服务于本社区的回民生活,还可延伸满足周边乃至全市回民所特需,进而有助于加强民族内外的文化认同感和归属感,故而如何布局民族特色设施往往是聚居区实现传统文化可持续之首考。具体空间策略为:首先,依托七家湾、仓巷等原有历史性商业界面,重塑民族特色商业轴线,构建民族特色服务网络;其次,在城市道路交叉口等重要空间节点强化民族特色服务设施的布点,提升聚居区民族服务设施的城市辐射面;最后,在聚居区内部居住组团中配置基层民族服务中心,满足基层社区级的必要服务需求(图 5.42)。

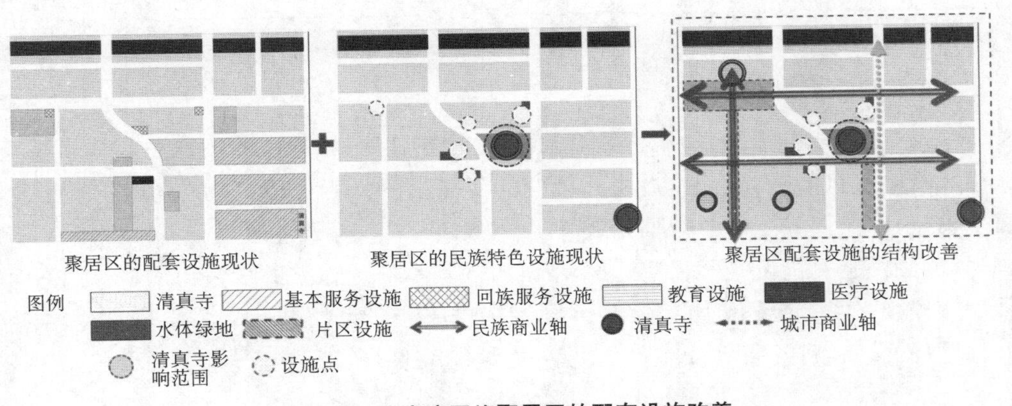

图 5.42 七家湾回族聚居区的配套设施改善

* 资料来源:课题组关于南京七家湾回族聚居区的抽样调研数据(2014 年)。

6) 民族文化层面

(1) 宗教信仰策略

宗教与文化的产生存在着不可分割的内生机制①,在相当长的历史发展阶段中,人类的文化史其实就是宗教史。以回族为代表的少数民族文化,其民族性与宗教性即呈现出长期

① 卓新平.宗教与文化[M].北京:人民出版社,1988:57.

的高度融合性。宗教之于回民不仅仅意味着一种信仰,更是指导和影响回民生活方方面面的行为准则,在回民社会结构中起到了内聚社会网络、灌输社会价值的功用,甚至成为塑造和划分民族的最主要标准①。

一方面,将政策导向与民族认同相结合,发扬国家外部与民族内部的双重驱动力,在民族文化认同的基础上引导宗教信仰的自由稳固发展。完善和增补聚居区基本的宗教活动场所和设施(如清真寺、义学、民族小学等),鼓励宗教活动的有序展开,同时在其他社区级的服务设施中提供少数民族居民的参与机会,以文化宣传、特色活动等方式进一步加强族内联系和互动、提升少数民族的宗教文化自觉性和社区的社会资本。

另一方面,大力发展民族文化产业,强化经济和宗教之间的交互联动效应。民族经济发展和宗教文化有着相互依存、相互制约的共生关系:一方面民族宗教为民族特色经济形成提供了重要基石,而另一方面经济繁荣则为维持和发展民族宗教奠定了物质基础。在现代化浪潮助推文化全球化的同时,更需要我们正视文化多样性的大力弘扬,关注民族宗教资源的充分挖掘,推动现代化语境下的特色文化产业的构建,如宗教文化旅游、民族特色商业街以及中大型规模的清真食品企业等。

(2) 文化教育策略

聚居区回民的受教育程度直接关系到新一代回民在劳动力市场的人才竞争力及其在城市政治、经济、文化的相对地位和发展空间。合理引导聚居区的民族文化教育发展方向,可以从社会和空间两方面提供保障性策略:

首先在思想观念上,树立民族文化自信心。建立民族文化的认同感是开展少数民族文化教育的思想基础,其中就包括少数民族文化的自我认同和源于其他民族文化的外部认同两方面,只有在大社会范围内都认可的民族文化,方可在社会生活的各方面得到长足发展。

其次在教育内容上,将民族特色内容纳入现代教育体系。现代教育重升学、重就业的务实理念使我们充分意识到:只有确保少数民族学生在升学和就业上的竞争力,才能突破回民在民族文化意识和风俗习惯方面的故步自封而自发融入现代教育体系;同时考虑到民族文化自我的传承和认同需求,不妨结合现代教育中科学文化知识的传输体系而将民族文化、传统习俗、民族经济等特色内容纳入,这样不仅可以保障少数民族未来的职业前景和现代适应性,还可谋求传统文化的沿承和更新(图 5.43)。

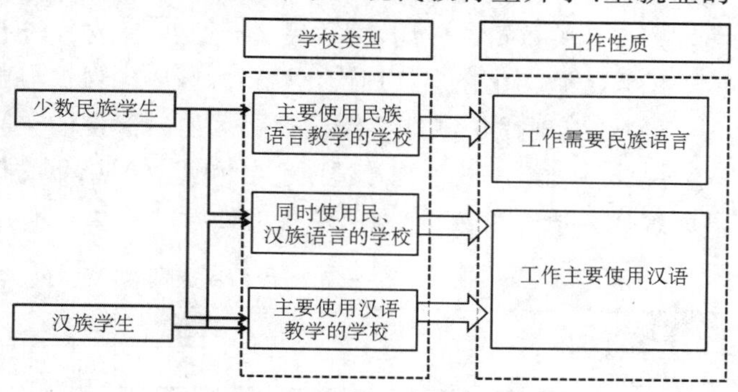

图 5.43 各民族学生对学校类型的选择模式

*资料来源:根据以下文献绘制——马戎.关于中国少数民族教育的几点思考[J].新疆师范大学学报(哲学社会科学版),2010,31(1):15.

第三在教育结构上,深入贯彻民族文化的教育理念。为了构建覆盖各层级的、全面立体的民族教育结构,可以借助于丰富而灵活的教育路径,包括:在日常家庭教育中奠定民族

① 周大鸣.人类学导论[M].昆明:云南大学出版社,2007:35.

文化认同的基础，在中小学等基础教育中设置民族文化课程，在职业教育中加强民族特色行业的相关培训，在清真寺等宗教活动场所开展宗教研习班，在居委会等服务管理机构中关注民族文化宣传和相应文化活动的组织开展等等。

最后，需要重视民族文化空间的保护和建设。尊重和保护既有的民族文化建筑（如清真寺、民族学校、民族医院等），对于其中价值特色较高的民族文化建筑，可以在规划中通过提升城市定位、设定保护等级、改善空间品质等方式，赋予历史性的民族文化空间以新的内涵和现代活力；在具体建筑设计上，也需要充分体现文化设施的民族属性，增强聚居区文化与空间的归属感。

（3）社会组织策略

回族聚居区传统的社会组织相较于政府管理部门，能为回民提供更具针对性的服务，并在回民社会成型和空间集聚的过程中发挥着重要作用。这些传统社会组织曾经伴随着新中国成立初期的宗教改革而解体，随后又因为现代化浪潮下社会经济的转型而在组织重构中面临着社会利益分层和市场供需逻辑的挑战，加之回民本身民族特征弱化和个体需求多样化所带来的多重阻力，其优化可以从以下几个方面加以考虑：

首先从外部引导性上，需要转变思路认同少数民族文化，在管理层面将政府主导与少数民族聚居自治相结合。政府部门应充分理解少数民族建立自身社会组织的内在需求，将过去的控制型管理转变为适度引导和鼓励民族社会组织的培育型管理，将少数民族聚居区的社会组织发展纳入基本制度的建设规划中来，并在制度建设和资金投入方面给予一定支持。

其次从内部能动性上，需要鼓励少数民族人口对传统民族社会组织主动地展开现代民主与法制化改造，并保障聚居区居民在社会组织中的有效参与。作为整合聚居区物质、文化、人力、组织等资源的基层机构，其不仅影响着聚居区的空间建设，更在社会文化建设方面发挥着至关重要的效用，少数民族代表的有效参与不仅可以保障其物质需求，更能有效促进民族传统文化在当代现代化城市社区中的保护与更新。

最后，以现代化城市更新或聚居区项目建设的空间经济转型为契机，重新审视转型期少数民族社会组织的重构。适时引导和建立网络化的聚居区社会组织结构，实现其参与聚居区现代化建设的必要互动（表 5.37）。

表 5.37　少数民族聚居区的社会组织设置建议

<table>
<tr><th>类别</th><th colspan="2">内容</th><th>类型</th><th>职能</th></tr>
<tr><td rowspan="2">一般社会组织</td><td colspan="2">居民委员会</td><td>政治组织</td><td>属于基层群众性自治组织</td></tr>
<tr><td colspan="2">社区家政服务中心</td><td>群众组织</td><td>为居民提供家庭事务管理协助</td></tr>
<tr><td rowspan="5">民族社会组织</td><td rowspan="2">现代寺坊制</td><td>民族帮扶组织</td><td rowspan="2">宗教组织</td><td rowspan="2">组织宗教活动的有序开展，宣传宗教与民族文化，为有需求的民族同胞提供物质与精神帮助</td></tr>
<tr><td>经堂教育机构</td></tr>
<tr><td colspan="2">民族医疗队</td><td>医疗组织</td><td>尊重少数民族习惯、照顾关爱民族弱势群体健康</td></tr>
<tr><td colspan="2">民族特色行业协会</td><td>经济组织</td><td>促进少数民族特色行业发展，帮助成员就业</td></tr>
<tr><td colspan="2">民族婚姻介绍所</td><td>联谊组织</td><td>加强族内交往与互动，为族内婚姻提供便利</td></tr>
</table>

5.6 本章小结

本章首先界定了现代化、少数民族聚居区等相关概念,并通过回族聚居区演化背景的多线分析确定了社区演化阶段的合理划分;然后,聚焦于南京市典型的少数民族聚居区——七家湾回族聚居区,紧扣族群特定的社会文化背景和鲜明的民族特性,调研和回溯了聚居区社会空间在现代化浪潮冲击下所呈现出来的变迁规律,其中既包括聚居区社会属性的演化(如人口构成、家庭关系、社区组织、生活习俗等方面),也包括聚居区空间属性的演化(如用地功能、居住时空、就业时空、配套设施等方面),并剖析了回族聚居区在现代化浪潮下变迁的动因与机制;最后,在揭示聚居区现存问题的基础上,综合探讨了基于文化认同的回族聚居区的优化策略。

本章主要结论包括:

(1) 在演化阶段划分方面,综合考虑国际现代化发展阶段、我国现代化发展阶段、南京城市建设情况以及七家湾回族聚居区变迁四条主线的演化节点,来归并和划分新中国成立以来南京市七家湾回族聚居区的演化阶段为:阶段Ⅰ(1949—1958年);阶段Ⅱ(1959—1978年);阶段Ⅲ(1979—1990年);阶段Ⅳ(1991—1997年)和阶段Ⅴ(1998至今)。

(2) 在社会属性演化方面,回族聚居区回民的文化程度呈现出“大专以上学历人员稳步增加”的高知化趋势,就业结构逐渐由建国初期“以工业为主,以回族相关服务业为辅”的就业格局向“各类就业方向均质并存”的多元化格局演变;回族聚居区回民的族际通婚率呈现出“线性上升”的趋势,家庭结构呈现出“结构多元化、规模小型化、人口老龄化”的趋势;回族聚居区回民的社会组织呈现出“机构功能单一化,族际交往普遍化”的趋势,生活习俗自改革开放后出现“忽视饮食和宗教传统的比例显著升高”现象,尤其是宗教活动的礼拜频率已呈现出“两极分化、老龄化明显”的状态。

(3) 在空间属性演化方面,回族聚居区的用地功能呈现出“以居住用地为主的单一功能”向“多功能用地混合”转化的趋势,建筑肌理呈现出“从小街区密路网划分的低层小体量传统肌理”向“高层大体量现代肌理”转化的趋势;回族聚居区的居住时空呈现出由“核心片区的绝对主导”向“各片区均衡并存”演化的特征,居住地迁移轨迹呈现出“因年龄而异、以老城为主”的整体特征,且与聚居区的空间关联不显著;回族聚居区的居住套型呈现出由“传统低层院落型民居”向“配套齐备的现代多高层居住小区”转变的趋势,住宅权属呈现出由“建国初期的自建和租赁公房为主”向“住房类型多样化、产权类型私有化”转变的趋势;回族聚居区的就业时间呈现出“工业从业人员比例在2000年后急剧下降,商业服务业从业人员比例稳步上升,其他行业从业人员比例稳定”的总体格局,就业空间呈现出“核心片区以回族相关服务业从业人员为主,其余三类片区以工业从业人员为主”的分布态势,就业地迁移轨迹呈现出“因年龄而异、迁移距离远”的特征,且与聚居区的空间关联较为显著;回族聚居区的职住通勤基本形成了“以半小时为度、以步行和自行车为主”的就业出行特征,并呈现出愈来愈显著的职住分离特征;回族聚居区的配套设施在空间结构上以清真寺为核心的内聚型商业布局日渐式微,在空间形态上由“沿内街的线性布局”转变为“沿城市主干道的成片分布”;在设施类型上回族特色商铺在逐步消失,设施类型趋于多样化。

(4)在优化策略的发展定位层面,回族聚居区的总体发展定位为:集城市商贸、旅游服务为一体的、以历史文化和都市商贸为发展动力、回族特色文化为亮点、传统小尺度为空间风貌的城市少数民族聚居区。

(5)在优化策略的用地结构层面,回族聚居区在总体功能定位的基础上提出用地布局模式的优化策略,以将回民传统居住模式和现代城市生活相结合。

(6)在优化策略的特色空间层面,回族聚居区结合上述总体功能定位和用地结构建议,进一步选取七家湾回族聚居区具代表性的典型空间片段进行分析,提出功能和空间改善模式的策略建议。

(7)在优化策略的职住均衡层面,回族聚居区需要通过增强政府部门的宏观调控作用,鼓励回民主动走出聚居区学习现代化知识和专业技术,扶持聚居区恢复和发展民族特色经济,规划民族特色产业空间及其产业链,构建职住共同体。

(8)在优化策略的设施配套层面,回族聚居区需要建立健全设施配套的制度体系,重点关注民族相关的设施门类与规模配比,优先布局民族特色设施,优补一般性设施的建设。

(9)在优化策略的民族文化层面,回族聚居区需要在宗教信仰上将政策导向与民族认同相结合,发扬国家外部与民族内部的双重驱动力,并大力发展民族文化产业,强化经济和宗教之间的交互联动效应;需要在文化教育上树立民族文化自信心,将民族特色内容纳入现代教育体系,深入贯彻民族文化的教育理念,并重视民族文化空间的保护和建设;需要在社会组织上将政府主导管理与少数民族聚居自治相结合,鼓励少数民族人口对传统民族社会组织展开现代民主与法制化改造,并以现代化城市更新或聚居区项目建设的空间经济转型为契机,重新审视转型期少数民族社会组织的重构。

6 老龄化图景:老年人口日常活动的时空特征研究

进入21世纪,人口老龄化已经成为全球化现象,而我国早在1999年就提前进入了老龄化社会,现在已成为世界上老年人口最多的国家(占全球老年人口的1/5)。老龄化社会的来临产生了规模庞大的老年人口群体,而随着老年人口的迅速增长,老年人口的日常活动越发受到重视,并成为老年人口生活图景中不可或缺的重要组成部分。

有鉴于老年人口已经在时空方面呈现出迥异于其他人群的显著规律和特征,本章将面向南京市老龄化社区的老年人口,基于时间地理学的思路框架,剖析老年人口日常活动的总体时空特征及其分异规律;然后从购物和休闲两个典型亚类活动入手,聚焦于老年人口日常活动的局域时空特征及其群体分异规律,并进一步探讨老年人口日常活动的时空提升策略。

6.1 研究对象的界定

1) 老龄化的界定

由于认知角度和研究目的的不同,关于"老龄化"也有着不同的理解和阐释,目前关于老龄化的定义正在多元发展中。

老龄化即人口老龄化,我国自1980年代开始接受人口老龄化的概念,在1986年出版的《人口学辞典》中我国对人口老龄化的定义为:"人口中老年人比重日益提高的现象,尤指已达年老状态的人口中老年人比重继续提高的过程"①。联合国国际人口学会在《人口学词典》中对人口老龄化的定义是"老年人口在总人口中比重的提高过程"②。国际上通常把60岁以上的人口占总人口比例达到10%,或是65岁以上人口占总人口的比重达到7%作为国家或地区进入老龄化社会的标准③。根据1956年联合国《人口老龄化及其社会经济后果》确定的划分标准,当一个国家或地区65岁及以上老年人口数量占总人口比例超过7%时,则意味着这个国家或地区进入老龄化④。1982年在维也纳召开的老龄问题世界大会,确定60岁及以上老年人口占总人口比例超过7%,意味着这个国家或地区进入老龄化。

综上所述,本章所要研究的"老龄化"现象主要是指某一国家或是地区范围内60岁以上的人口占总人口的比例达到10%,或是65岁以上的人口占总人口的比重达到7%。

---

① 刘铮.人口学辞典[M].北京:人民出版社,1986:180.

② 霍志刚.吉林省农村人口老龄化和养老保障研究[D]:[硕士学位论文].长春:吉林大学,2012:15.

③ 邱红.发达国家人口老龄化及相关政策研究[J].求是学刊,2011,38(4):65.

④ 孙小光,田娜,王浩.江西省社会化养老问题与对策研究[J].中国工程咨询,2014(7):23.

2) 老年人口的界定

老年人口问题是一个世界性的社会问题，我国作为世界上老年人口最多的国家，相关研究已经引起社会各界的关注，由于研究视角和侧重点不同，关于“老年人口”也有着不同的理解和阐释，目前关于老年人口的定义处于多元发展中。

老年人口的起点年龄一般由人的自然年龄来界定：依照世界卫生组织的规定，65 岁以前为中年人，65 岁至 74 岁为青年老年人，75 岁以上为高龄老年人；而联合国在进行人口统计时经常以 65 岁为老年的起点，而在研究老龄问题时，多以 60 岁作为老龄起点[①]；同国际上将 65 岁确定为老年人门槛的通常做法不同，我国界定 60 岁以上的公民为老年人，如《中华人民共和国老年人权益保障法》第二条即规定：“本法所称老年人是指 60 周岁以上的公民[②]。”

本章所要研究的“老年人口”在上述相关定义的基础上，基于社区视野并参考我国老年人权益保障法所给出的定义，同时考虑到实际调研和数据采集的可行性和实际对象，专指 60 周岁以上能够独立自主参与日常活动的城市常住人口[③]。

3) 时间地理学的界定

时间地理学最早由瑞典地理学家 Hagerstrand 及其领导的隆德学派提出并发展，是用于表现时间和空间过程中人类活动与客观环境之间关系的一种研究方法，主要用于研究各种制约条件下人的行为的时空间特征。此后经过介绍与推广，在世界地理学界掀起了在相关学科领域应用时间地理学的狂潮，然而由于不同学科的研究视角和侧重点不同，关于“时间地理学”这一方法也有着不尽相同的理解，目前关于时间地理学的定义仍在多元发展中。

(1) 制约的概念

Hagerstrand(1970)[④]将人类活动及其交互作用的制约条件划分为三类：其中，能力制约源于人类生理上的固有需求（如睡觉和吃饭）以及在时空中限制人们活动参与率的可用资源（如是否拥有汽车和移动电话）；而联接制约往往需要个体在同其他个体或是实体展开集体活动时，占据特定的时间和空间（例如，F2F 会面和办公时间）；权限制约则反映的是禁止进入某些空间（如军事禁区）或是时段（如商店营业时间）的通则或是法规。

鉴于老年人口的日常活动是有规律可循的，且是占据特定时间和特定空间的活动，是在时间制约和空间制约下的活动，本次研究将采取“联接制约”的概念，基于规划的角度从社区层面上对老年人口的日常活动进行定时、定量和定点分析。

(2) 路径的概念

Kwan(2000)[⑤]、Shaw 等人(2008)[⑥]、Yu 和 Shaw(2008)[⑦]指出将中介同其时空结构相

---

① 杨华. 历史哲学视域下的人口老龄化及其应对——以浙江农村为例[D]：[硕士学位论文]. 杭州：浙江大学，2013：39.

② 涂国虎. 老年人犯罪刑事责任研究[D]：[硕士学位论文]. 重庆：西南政法大学，2008：8.

③ 常住人口包括：居住在本乡镇街道、户口在本乡镇街道或户口待定的；居住在本乡镇街道、离开户口所在的乡镇街道半年以上的人；户口在本乡镇街道、外出不满半年或在境外工作学习的人等。

④ Hagerstrand T. What about people in regional science ? [J]. Papers in Regional Science Association, 1970, 24 (1): 7 - 24.

⑤ Kwan M P. Interactive geovisualization of activity—travel patterns using three-dimensional geographical information systems: a methodological exploration with a large data set[J]. Transportation Research Part C: Emerging Technologies, 2000, 8(1 - 6): 185 - 203.

⑥ Shaw S L, Yu H, Bombom L S. A space-time GIS approach to exploring large individual-based spatiotemporal datasets[J]. Transactions in GIS, 2008, 12(4): 425 - 441.

⑦ Yu H, Shaw S L. Exploring potential human interactions in physical and virtual spaces: a spatio-temporal GIS approach[J]. International Journal of Geographical Information Science, 2008, 22(4): 409 - 430.

联系的基本表示方法就是一种时空路径，它描述了空间和时间上的个体轨迹，而个体轨迹的状态会因外部约束条件而发生适应性变化。在实体空间中，不同个体间的同步呈现可以通过其时空路径的重叠部分来确定（Yu，2006①；Kang 和 Scott，2008②；Yu 和 Shaw③，2008）。如果我们了解某一个体的固定活动，便可以通过时空路径来分析他/她的固定活动，通过时空棱镜来分析其发生在固定活动之间的弹性活动，从而呈现该个体可能的活动模式（修饰和限定弹性活动）。

时间地理学还可以为制约条件下可能的活动变化提供一个分析框架。基于个体活动在时空中所呈现的灵活度，它们通常可以被划分为固定或是弹性的活动。尽管在固定活动和弹性活动之间很难划分出一个明晰的边界，但是固定活动通常被视作一类在固定空间和固定时间内展开的活动，而弹性活动通常是指发生在两个连续固定活动之间的任意活动（Miller，1991④，2005⑤）。一个时空棱镜便可以在两个预设的连续固定活动之间，识别出弹性活动的时空可能性（Hagerstrand，1970⑥；Lenntorp，1976⑦）。换句话说，我们可以使用时空路径来描绘固定活动的位置、时间，同时结合时空棱镜来识别弹性活动的时空范围。

鉴于老年人口的日常活动是一类在固定空间和固定时间内展开的活动，属于固定活动的范畴，本次研究将使用“时空路径”的概念来描述老年人口日常活动的位置和时间；同时鉴于老年人口的日常活动大多会在固定地点持续一段固定的时间，本次研究中这段活动将会在图表上投射为一条垂线。

本章研究所要采纳的“时间地理学”框架是在上述相关定义的基础上，采取“联接制约”的概念来研究在时间制约和空间制约下的老年人口日常活动，使用“时空路径”的概念来描述老年人口日常活动的位置和时间，并将其投射耦合为一条垂线，同时结合定时定量定点的方法从社区层面探讨老年人口日常活动的时间和空间特征。

4）*日常活动的界定*

活动的概念历史悠久，最早起源于哲学，随后引用到心理学并逐步在各学科发展，日常活动这一概念即源于此。随着社会发展和人类需求的多样化，以日常活动为背景的研究愈发受到重视，然而由于不同学科的研究侧重点不同，导致和“日常活动”相关的概念也繁杂不一，目前关于日常活动的定义也在多元发展中。

（1）活动的概念

1922 年，鲁宾斯坦（Rubinshtein）提出了“将人类活动作为心理分析的基本单元”的思

① Yu H. Spatio-temporal GIS design for exploring interactions of human activities[J]. Cartography and Geographic Information Science, 2006, 33(1): 3-19.

② Kang H, Scott D M. An integrated spatio-temporal GIS toolkit for exploring intra-household interactions[J]. Transportation, 2008, 35(2): 253-268.

③ Yu H, Shaw S L. Exploring potential human interactions in physical and virtual spaces: a spatio-temporal GIS approach[J]. International Journal of Geographical Information Science, 2008, 22(4): 409-430.

④ Miller H J. Modeling accessibility using space-time prism concepts within geographical information systems[J]. International Journal of Geographical Information Systems, 1991, 5(3): 287-301.

⑤ Miller H J. A measurement theory for time geography[J]. Geographical Analysis, 2005, 37(1): 17-45.

⑥ Hagerstrand T. What about people in regional science? [J]. Papers in Regional Science Association, 1970, 24(1): 7-24.

⑦ Lenntorp B. Paths in space-time environments: A time geographic study of movement possibilities of individuals[M]. Lund Studies in Geography, 1976.

想，将属于哲学范畴的“活动”概念引用到心理学中。后经维果斯基(Vygotsky)、列昂节夫(Leontev)等人的研究而逐步丰富，形成了系列活动理论(Activity Theory)。

《心理学大辞典》中对活动(activity)的定义是：第一，“有机体的部分或者整个身体的运动”；第二，“个体具有明确目的并完成一定社会职能的完整动机系统。具有目的性、对象性和社会性等特征。它总是要实现一定的目的，并受这种完整的目的和动机系统制约。游戏、学习和劳动是活动的三种基本形式”。《普通心理学》认为，活动是由共同的目的联合起来并完成一定社会职能的动作系统①。

(2) 日常活动的概念

活动理论的提出者、前苏联心理学家列昂节夫提出：学龄前儿童主导活动是游戏，学龄期主导活动是学习，成人期主导活动是劳动。除了相对抽象化的主导活动外，在社会经济和成人发展研究中还有一个重要的活动概念——日常活动。

Hanson & Hanson② 于 1993 年指出了日常活动的三个普适原则：第一，时间的有限性。一个人一天只能有 24 小时，花费在某一类活动上的时间增加，花费在另外一些活动上的时间则势必会减少。第二，地点的唯一性。同一个时间内，个体不可能出现在两个地点进行两项活动。第三，活动转移的时间间隔性。没有人能瞬间从一个地点转移到另一个地点，进行不同时间和空间的不同活动。因此，时间和地点是活动参与的最基本要素和限制条件。

关于日常活动的分类，由于研究视角和侧重点的不同，分类繁杂不一：孙樱等(2001)③将日常活动分为工作、家务、购物、私事、睡觉或小憩以及休闲娱乐六类，又将其中的休闲娱乐活动细分为益智型(包括棋牌、阅读、影视等)、怡情型(包括养宠物、制作与书画、收藏、逛市场等)、康体型(包括球类、散步、专项健身等)、交流型(包括访友、有组织的聚会、家人聊天等)和公益型(包括社区管理、专项服务等)五类；与之相似，张纯，柴彦威等(2007)④参照生活时间的七分法，将老年人口日常的生活活动划分为六大类，即家务、购物、休闲、工作、私事、睡觉或小憩；王江萍⑤则认为老年人口主要进行以下几类活动，即社会交往、邻里间互相访问聊天，继续承担力所能及的活动，养花、鸟、鱼等，练习书法美术或写作等文化活动，娱乐活动，如打牌下棋等，锻炼身体等健身活动等；文静，彭华茂，王大华(2010)⑥则将社区老年人的日常活动分为运动健身活动、文化娱乐活动、人际交往活动和家庭生活相关活动四类(表 6.1)。

本章所要研究的“日常活动”在上述相关定义的基础上进行借鉴凝练，将老年人口日常活动分为家务、购物、休闲、工作、私事、睡觉和小憩六大类，其中购物活动和休闲活动是本研究的重点对象；而休闲活动又可进一步细分为益智型(包括棋牌、阅读、影视等)、怡情型(包括养宠物、制作与书画、收藏、逛市场等)、康体型(包括球类、散步、专项健身等)、交流型(包括访友、有组织的聚会、家人聊天等)和公益型(包括社区管理、专项服务等)五类。

① 谭咏风. 老年人日常活动对成功老龄化的影响[D]:[硕士学位论文]. 上海:华东师范大学,2011:11 - 12.
② Hanson S, Hanson P. The geography of everyday life[J]. Advances in Psychology, 1993, 96: 249 - 269.
③ 孙樱,陈田,韩英. 北京市区老年人口休闲行为的时空特征初探[J]. 地理研究,2001,20(5):537 - 546.
④ 张纯,柴彦威,李昌霞. 北京城市老年人的日常活动路径及其时空特征[J]. 地域研究与开发,2007,26(4):116 - 120.
⑤ 王江萍. 老年人居住外环境规划与设计[M]. 北京:中国电力出版社,2009:18.
⑥ 文静,彭华茂,王大华. 社区老年人的日常活动偏好研究[J]. 中国老年学杂志,30(13):1865 - 1867.

表 6.1　多元化的老年人口日常活动分类

分类所引文献	文献中的活动分类
孙樱,陈田,韩英 《北京市区老年人口休闲行为的时空特征初探》	① 工作;② 家务;③ 购物;④ 私事;⑤ 睡觉或小憩;⑥ 休闲娱乐(益智型、怡情型、康体型、交流型、公益型)
张纯,柴彦威,李昌霞 《北京城市老年人的日常活动路径及其时空特征》	① 家务;② 购物;③ 休闲;④ 工作;⑤ 私事;⑥ 睡觉或小憩
王江萍 《老年人居住外环境规划与设计》	① 社会交往;② 继续承担工作;③ 养花鸟鱼;④ 文化活动;⑤ 娱乐活动;⑥ 锻炼身体
文静,彭华茂,王大华 《社区老年人的日常活动偏好研究》	① 运动健身;② 文化娱乐;③ 人际交往;④ 家庭生活

＊资料来源:笔者根据资料自绘。

6.2　老年人口及其日常活动概述

1) 老年人口的空间分布概况

改革开放以来,南京市的老年人口在总体上呈现出数量大、增长快的总体特征。1953 年和 1964 年的第一、二次人口普查资料显示,当时南京市区的人口年龄结构尚处于年轻型;1982 年第三次人口普查时其人口年龄结构已达成年型;1990 年第四次人口普查时,60 岁及以上老年人口比重为 10.2%,开始步入年老型初期;到 1995 年 1%人口抽样调查时 60 岁及以上老年人口比重上升到 12.4%,年龄结构已属典型的年老型人口类型①;2000 年第五次人口普查时老年人口总数为 74.7 万,比重为 12.2%;到 2010 年第六次人口普查数据,显示南京市老年人口总数已经达到 110.1 万,占全市总人口的 13.8%,即老年人口系数为0.138。其中主城区老年人口规模约为 50.2 万人,占主城区总人口的 13.4%。可见,南京市的人口年龄金字塔塔形下窄上宽,中年以上人口所占比重很大而年轻人越来越少,属于典型的年老型结构(图 6.1,表 6.2)。

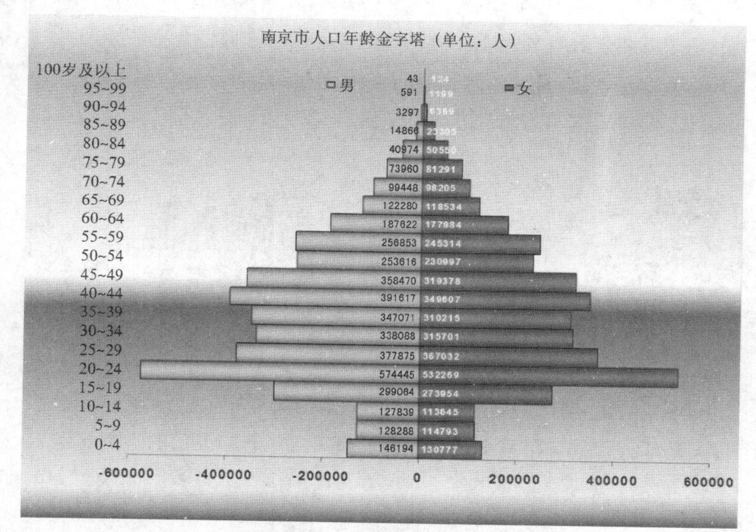

图 6.1　南京市人口年龄金字塔(2010)

＊资料来源:南京市 2010 年人口普查资料。

① 郑菲.南京城市人口老龄化现状及发展趋势[J].江苏统计·调查与分析,2001(3):37－38.

表 6.2 南京市老年人口发展态势

人口统计时间	老年人口数(万人)	百分比	人口年龄结构
1982 年(三普)	36.4	8.11%	成年型
1990 年(四普)	51.8	10.2%	年老型初期
1995 年	67.9	12.4%	年老型
2000 年(五普)	74.7	12.2%	年老型
2010 年(六普)	110.1	13.8%	年老型

* 资料来源:笔者根据南京历次人口普查数据与文献数据自绘。

(1) 南京市老年人口的社会结构

对南京市老年人口社会结构的统计分析主要包括年龄结构、性别比例、受教育程度、文盲比例、婚姻状况以及独居比例等,具体分析如下:

老年人口的年龄构成上,年龄层集中在 60～79 岁之间,占老年人口总数的 86%,其中 60～64 岁年龄组所占比例最高,占老年人口总数的 31%,而 85～89 岁及 90 岁以上老人分别仅占 4%、1%,所占比例较低(图 6.2);性别比例上,男性与女性比重则近乎相同(图 6.3);受教育程度上,老年人口整体受教育程度偏低,初中及以下文化程度人口高达 76%,大学以上仅占约 6%(图 6.4);文盲比例上,文盲人口比重不高,占 15%(图 6.5);婚姻状况上,绝大部分老年人口都有配偶,比重占 74%,也有部分老年人口不幸丧偶,比重占 23%(图 6.6);独居比例上,独居的老年人口较少,仅占 10%(图 6.7)。

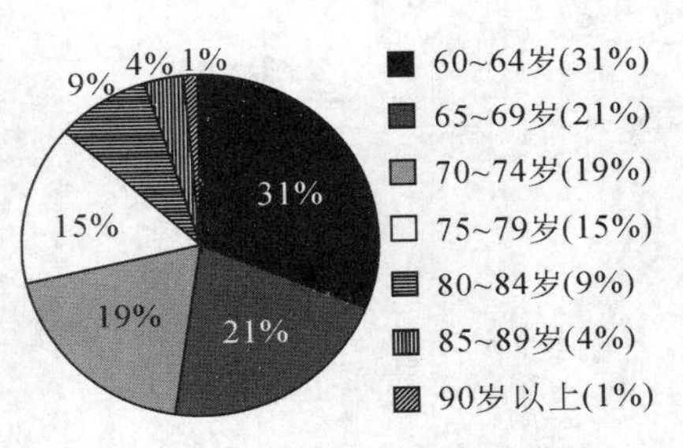

图 6.2 老年人口的年龄段分组

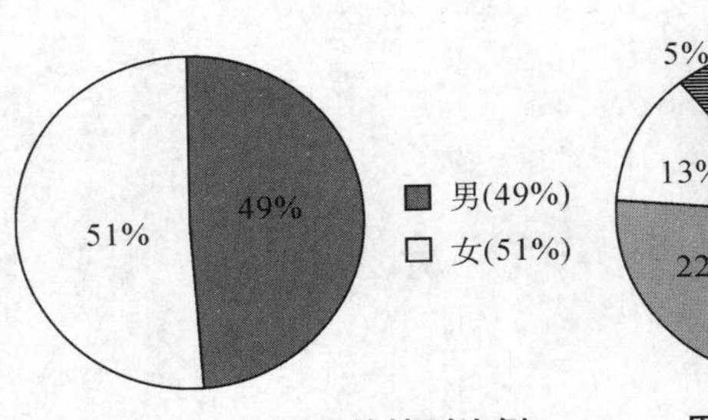

图 6.3 老年人口的性别比例

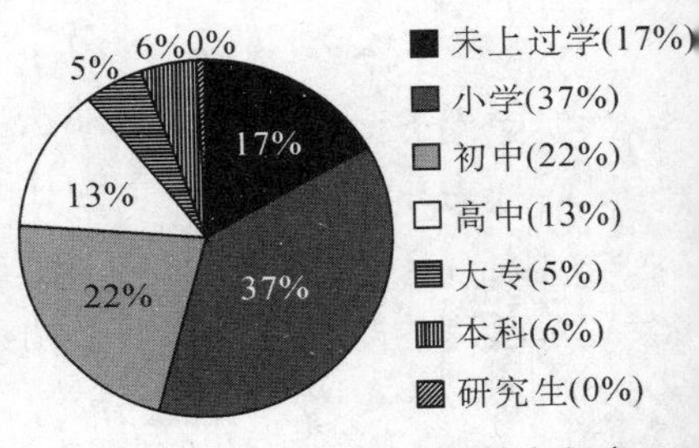

图 6.4 老年人口的受教育程度

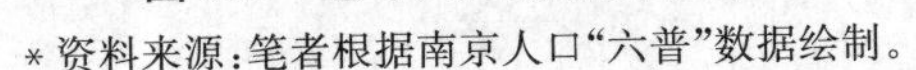
* 资料来源:笔者根据南京人口"六普"数据绘制。

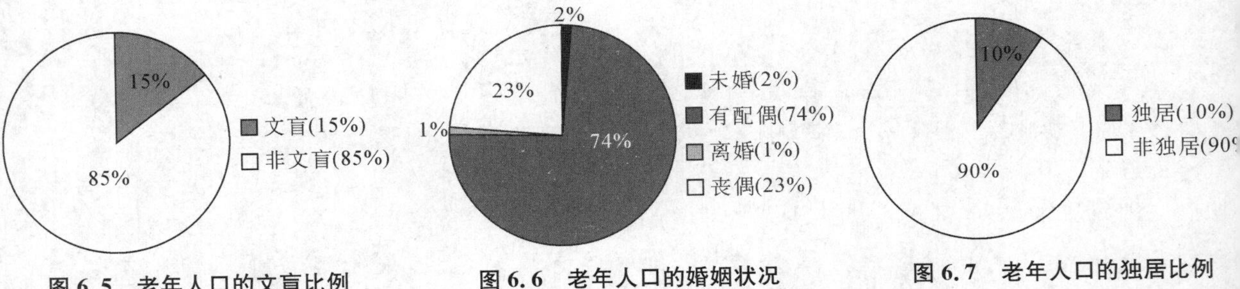

图 6.5 老年人口的文盲比例

图 6.6 老年人口的婚姻状况

图 6.7 老年人口的独居比例

* 资料来源:笔者根据南京人口"六普"数据绘制。

(2) 南京市老年人口的规模分布

采用 SPSS 软件对各统计单元的老年人口规模进行集中趋势分析(frequencies analysis),以研究所有街道在不同规模等级中的分布比例,然后通过 ArcGIS 软件将不同等级投射到空间上，绘制南京市老年人口规模分布图。由此可以看出，南京市老年人口规模分布在空间上主要呈现出“内高外低大势下的双核+扇形”的结构(图 6.8)。

其中，老城的老年人口规模整体上要高于外围，并在老城形成一北一南的老年人口规模“双核”，并以北部的中央门街道为最高(人口规模 20 000 人以上)，其老龄化辐射区域分别由“双核”向外围放射；而东部郊区和南部郊区则呈现明显的郊区化、边缘化特征，老年人口规模较小，并以南部郊区为最少。

(3) 南京市老年人口的比重分布

人口比重是区域内部分人口数占全部总人数的比例，老年人口比重的测度公式可以表示为：

$$R_i=\frac{p_i}{A_i}$$

式中 R_i 表示统计单元 i 的老年人口比重，p_i 表示统计单元 i 的老年人口数，A_i 表示统计单元 i 的总人口数。该指标反映了各统计单元老年人口数占各统计单元总人口数的比重，即各统计单元的老龄化程度。

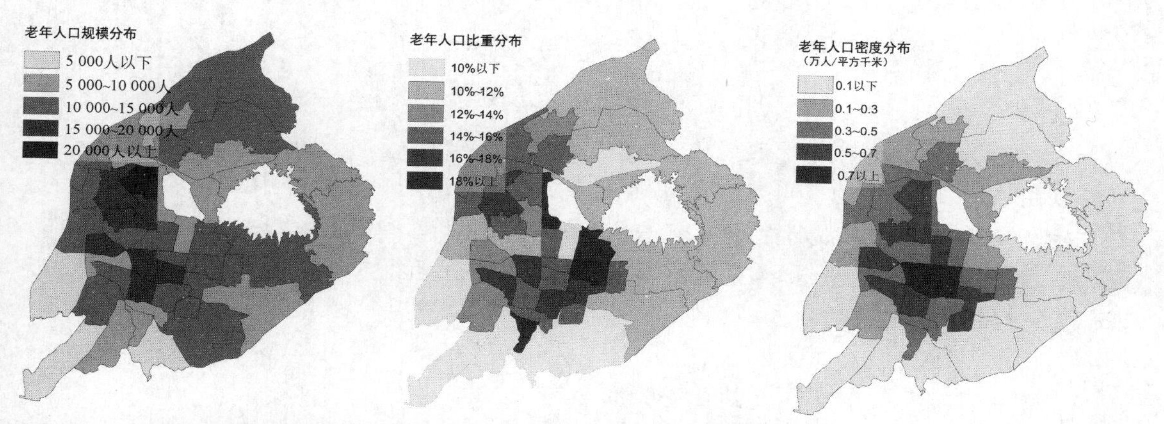

图 6.8　老年人口规模空间分布图　　图 6.9　老年人口比重空间分布图　　图 6.10　老年人口密度空间分布图

*资料来源：笔者根据南京人口“六普”数据绘制。

计算各统计单元的老年人口比重，采用 SPSS 软件对其进行集中趋势分析，以研究所有街道在不同比重等级中的分布比例，然后通过 ArcGIS 软件将不同等级投射到空间上，绘制南京市老年人口比重分布图。可以看出，南京老年人口比重分布在空间上主要呈现出“北高南低、西高东低大势下的散点+半环”的结构(图 6.9)。

其中，中部和西北部比重较高，东部和南部比重很低，在主城区形成了四块分布较为零散的老年型片区(老龄化程度高)，其老龄化延伸区域大体上呈半环状围绕老城而分布；而东部郊区和南部郊区则呈现明显的郊区化、边缘化特征，老年人口比重较低，并以南部郊区为最低(人口比重在 10%以下)。

(4) 南京市老年人口的密度分布

人口密度是最常用的人口分布指标，表示单位面积地域内的人数。老年人口密度的测度公式可表示为：

$$D_i=\frac{P_i}{B_i}$$

式中 D_i 表示统计单元 i 的老年人口密度，P_i 表示统计单元 i 的老年人口数，B_i 表示统计单元 i 的地域面积。

计算各统计单元的老年人口密度，采用 SPSS 软件对其进行集中趋势分析，以研究所有街道在不同密度等级中的分布比例，然后通过 ArcGIS 软件将不同等级投射到空间上，绘制南京市老年人口密度分布图。可以看出，南京市老年人口密度分布在空间上主要呈现出“内高外低大势下的单核＋扇形”的结构(图 6.10)。

其中，老城的人口密度整体上要高于外围，在位于老城中心的新街口附近形成老年人口的密度分布高值区(人口密度在 0.7 万人/km^2 以上)，并呈单核圈层式沿地铁线向外围逐渐衰减；而东部郊区和南部郊区呈现明显的郊区化、边缘化特征，老年人口密度较低。

(5) 南京市老年人口的重心分布

人口重心是指研究区域内某一时刻人口分布在空间平面上力矩达到平衡的点①。人口重心能够反映人口的分布状态，远离人口稀疏地区或是趋近于人口稠密地区，通过与区域几何中心的比较还可以用来测定该区域人口分布的均衡状况。老年人口重心的测度公式可表示为：

$$X = \sum_{i=1}^{n} P_i X_i \Big/ \sum_{i=1}^{n} P_i Y = \sum_{i=1}^{n} P_i Y_i \Big/ \sum_{i=1}^{n} P_i$$

式中 X、Y 分别为计算区域的人口重心经纬度坐标，P_i 为统计单元 i 的老年人口数，X_i、Y_i 分别为统计单元 i 的地理中心或行政中心的经度和纬度坐标(本章中选取地理中心)。

利用 ArcGIS 软件的空间查询功能，输出各统计单元地理中心坐标，生成基本单元坐标数据库；然后在老年人口统计数据库和基本单元坐标数据库基础上，采用人口重心模型计算南京市老年人口重心坐标；最后将计算结果输出，生成老年人口重心数据库，并借助于 ArcGIS 软件的专题制图功能，绘制南京市老年人口重心分布图。

从南京老年人口在空间上的重心分布来看(图 6.11)，重心坐标位于新街口街道，且非常接近南京市主城区的几何中心，说明现阶段南京市主城区的老年人口分布相对比较均衡，同城市空间及其人口的总体分布现状也大体契合。

图 6.11　老年人口重心分布图

＊资料来源：笔者应用 ArcGIS 软件绘制。

(6) 南京市老年人口的空间集聚

① 集聚分区的测度方法

在描述老年人口空间集聚程度时，将密度指标和比重指标作为两个基本指标，采用“密度指数”与“比重指数”对老年人口空间集聚程度进行组合定量表述②。然后借助数字技术平台将不同集聚类型投射在各空间

① 张善于. 中国人口地理[M]. 北京：科学出版社，2003：54 - 69.

② 吴晓. 我国大城市流动人口居住空间解析——面向农民工的实证研究[M]. 南京：东南大学出版社，2010：45 - 47.

单元上，生成老年人口集聚区分布图，以分析其空间的集聚特征，其测度方法如下：

统计单元 i 老年人口密度指数(Id_i)计算公式如下：

$$Id_i=\frac{D_i}{\mathrm{Avg}(D_i)}\quad (i=1,2,\cdots,n)$$

即以某一统计单元的老年人口密度与全市各统计单元老年人口密度均值的比值作为该统计单元的老年人口密度指数(Id)。

统计单元 i 老年人口比重指数(Ir_i)计算公式如下：

$$Ir_i=\frac{R_i}{\mathrm{Avg}(R_i)}\quad (i=1,2,\cdots,n)$$

即以某一统计单元的老年人口比重与全市各统计单元老年人口比重均值的比值作为该统计单元的老年人口比重指数(Ir)。

用标准化处理后的指数构建坐标系统，X 轴为老年人口密度指数，Y 轴为老年人口比重指数，并以两者交汇点为参照点，绘制斜率为 -1 的斜线。在此基础上，通过“密度指数”Id 与“比重指数”Ir 的组合对比，将老年人口集聚空间分为高、中、低三级就业集聚区(图 6.12)——

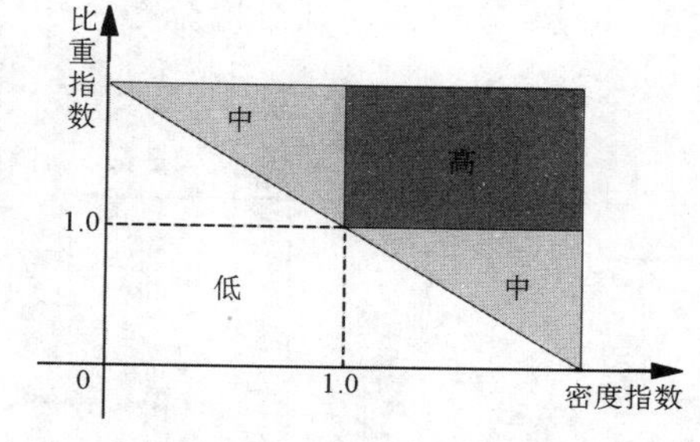

图 6.12　集聚区划分

＊资料来源：笔者自绘。

高度集聚区(数学表达为 $Id_i\geqslant 1$ 且 $Ir_i\geqslant 1$)；中度集聚区(数学表达为 $Id_i\geqslant 1$、$Ir_i<1$ 且 $Id_i+Ir_i\geqslant 2$ 或 $Id_i<1$、$Ir_i\geqslant 1$ 且 $Id_i+Ir_i\geqslant 2$)；低度集聚区(数学表达为 $Id_i+Ir_i<2$)。

② 集聚分区的空间特征

基于上述划分标准，统计各类集聚区的数量级比例，并借助于数字技术平台将不同聚集度投射在各空间单元上，生成南京市老年人口的集聚区分类分布图(图 6.13)。

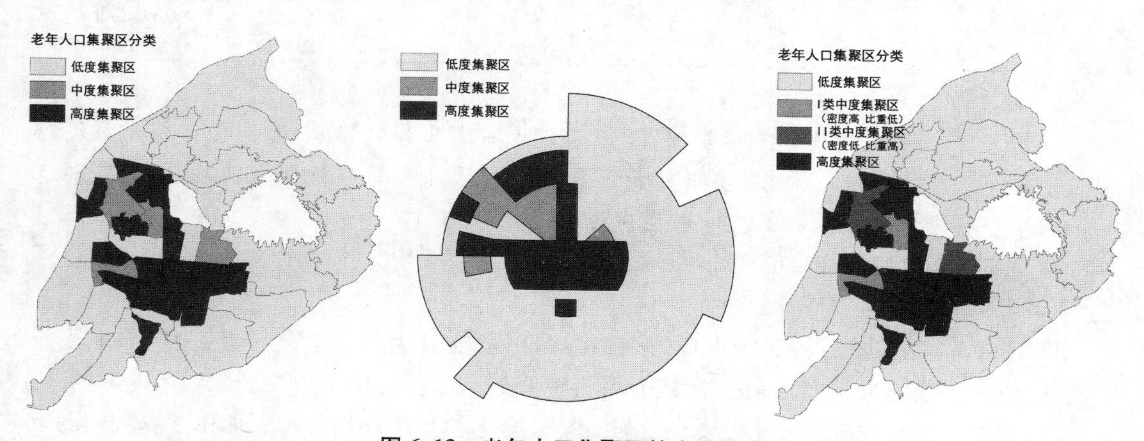

图 6.13　老年人口集聚区的空间分布

＊资料来源：笔者根据南京人口“六普”数据并应用 ArcGIS 软件绘制。

分析发现，南京市老年人口的高、中、低三类集聚区空间分别占统计单元总量的 50%、9.0%、40.9%，可见老年人口的聚集程度总体偏高，总体呈现“十字轴＋扇形＋半环带”结构。

其中，高度集聚区包括两大片区：前一个片区主要由白下区和秦淮区构成，呈十字轴集中分布于老城中部和南部形成集聚区核心；后一个片区主要由鼓楼区构成，与中度集聚区呈扇形大体覆盖了老城的西北部。低度集聚区则填充了老城其余地区，并呈半环形围绕于主城东部和南部。

可以看出，南京市老年人口空间集聚的极化现象非常明显，具有明显的等级性——老城中部及南部的老年人口高度集聚区非常多，且集聚程度极高，中度和高度集聚区几乎填充了整个南京市老城区，而低度集聚区则呈明显的边缘化、郊区化特征，多联片分布于老城之外。

进一步分析还可发现，南京市老年人口的空间分布主要受到历史沿革、服务设施（养老设施和医疗设施）、交通区位以及老年人口自身主观意愿等因素的综合影响。其中，规模分布和集聚分布均受到历史沿革、服务设施、交通区位、主观情感四者的综合影响；而比重分布和密度分布在受到规模分布影响的基础上，又分别受到老龄化程度和地块单元大小的影响；重心分布则主要受到服务设施和交通区位的影响（表 6.3）。

表 6.3　南京市老年人口空间分布特征总结

指标	规模	比重	密度	重心	集聚
分布图	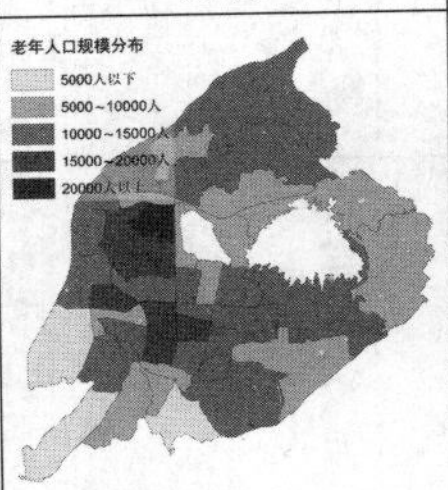	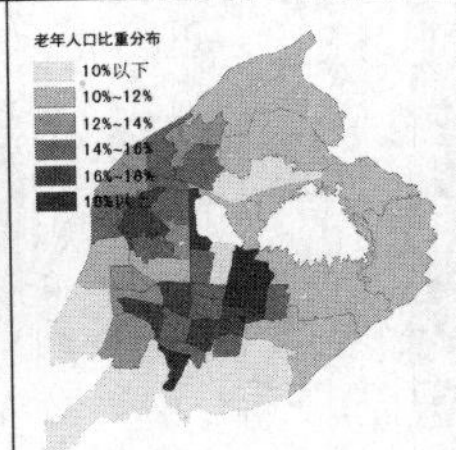	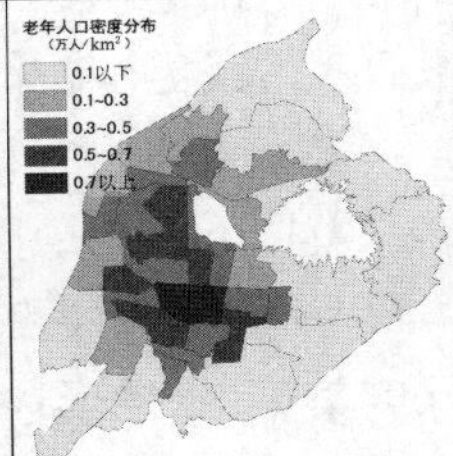		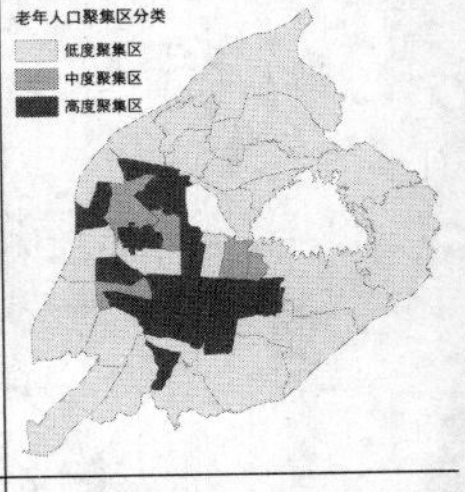
空间结构	双核＋扇形	散点＋半环	单核＋扇形	均衡	十字轴扇形＋半环带
分布态势	内高外低	北高南低 西高东低	内高外地	位于新街 口街道	老城多 郊区少
影响要素	历史沿革　服务设施 交通区位　主观情感	规模分布 老龄化程度	规模分布 地块单元	服务设施 交通区位	历史沿革　服务设施 交通区位　主观情感

2）老年人口的生理心理特征

老年人口作为一个特殊群体，其在生理、心理上有着自身的特殊性，进而在日常活动中反映出相应的特殊需求。因此，在研究老年人口日常活动的时空特征之前，有必要先对老年人口生理心理特征及其需求进行必要的研究分析（图 6.14）。

（1）老年人口的生理特征及需求

① 老年人口的生理特征

随着自身年龄的增长，老年人口普遍会在身体机能方面出现退化，并较为明显地表现为组织改变、器官老化、适应能力、抵抗能力的降低等。这些变化集中表现在以下四方面：

神经系统：神经系统的变化主要在于脑细胞和神经系统的变化。一方面，由于脑细胞的减少，老年人口神经系统变得迟钝，其主要表现为学习和记忆能力下降、协调和平衡能力变差、反应迟钝且动作缓慢；另一方面，神经系统的衰退导致老年人的脑力劳动能力减弱，只能从事节律较慢、负荷较轻的活动和工作，主要变现为易疲劳、睡眠欠佳且睡眠时间减少①。

① 王炜. 住宅小区老年人户外活动空间研究[D]. 上海：上海交通大学，2011：10.

感知系统:感知系统的变化主要在于各种感官功能的衰退。由于各感官的结构、机能开始衰退,老年人口首先是视觉、听觉下降,紧接着嗅觉、味觉、触觉的敏感性也逐渐减退,并在视觉上主要表现为由亮到暗或由暗到亮眼睛的适应过程较长、对眩光较为敏感,在听觉上主要表现为对高频声音不敏感、经常短暂性失去听力,在嗅觉、味觉、触觉上则主要表现为对异味不敏感、易被撞上刺伤、易受到灼伤冻伤。

运动系统:运动系统的变化主要在于肌肉、骨骼和关节的功能变化。一方面,由于肌纤维变细,收缩力减弱,老年人口肌肉的伸展性、弹性明显减弱,其主要表现为容易疲劳、耐力减退、无法长时间的运动;另一方面,由于骨骼中有机物质减少,老年人口骨骼的弹性和韧性也会降低,其主要表现为易发生骨折、易出现脊疼和弯背。

呼吸系统:呼吸系统的变化主要在于呼吸系统的退化。由于肺泡数量减少,肺脏的弹性纤维变硬,老年人口呼吸机能和代偿能力下降,其主要表现为肺通气不畅、肺活量下降、活动激烈时易呼吸困难。

② 相应的日常活动需求

生理机能的衰退,导致老年人口对日常活动也会产生某些相应的特殊需求,主要包括以下三个方面:

安全的需求:生理机能上的退化,使老年人口对自身安全的维护能力相应降低,并产生相应的安全需求。如老年人口骨骼的弹性、韧性较差,不宜进行高强度运动,因此需为其提供低、中强度的休闲活动场;老人人口的呼吸不畅,对空气质量的要求越来越高,因此需为其营造环境品质较优的户外活动环境等。

舒适的需求:生理机能上的退化,使老年人口抵抗能力和适应能力逐步减弱,加之物质生活水平的不断提高,其对日常活动舒适度的需求不断提高。如老年人口的耐力较差易疲惫,经常会行动不便、体力不支,因此需为其提供适合小憩的活动场所,并配备完善的设施;老年人口的视觉下降,对眩光较为敏感,因此需为其在活动场所中设置树木凉亭等遮阴设施。

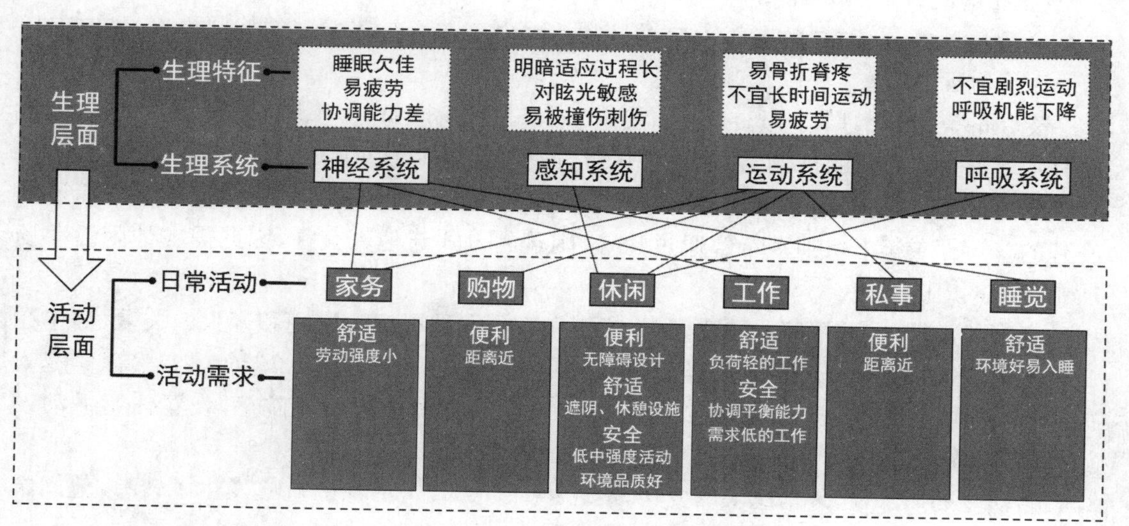

图 6.14　老年人口生理特征与日常活动关联表

便利的需求：生理机能上的退化，使老年人口自主进行日常活动的能力下降，活动内容和活动方式受到限制，因而对便利性产生需求。如老年人口的耐力较差，体力下降无法实现远距离行动，因此其日常购物活动、休闲活动的场所需尽量靠近老年人口的住所而布局；许多老年人口行动不便，需借助拐杖轮椅，因此需为其设置扶手栏杆并进行无障碍设计。

(2) 老年人口的心理特征及需求

① 老年人口的心理特征

随着自身年龄的增长，老年人口的社会角色和经济地位也会有所改变，并随着活动空间及获取社会信息的消减而成为社会闲散人口，从而出现了一些较为显著的心理特征，主要包括以下四个方面：

孤独感：退休后的老年人口社会关系、社会交往逐渐中断，生活圈子和活动范围也在不断缩小，逐渐远离社会的发展变化。由于缺少生活目标和动力，社会角色定位不明确，很多老年人口对生活的乐趣失去信心，感觉无所适从、无事可做、抑郁伤感和寂寞无助，孤独感也愈发强烈。

自卑感：生理机能的衰退使得老年人口身体状况逐步下降，离岗退休使老年人口的社会地位随之下降，失去经济来源也使老年人口的社会角色由扶养人变为被扶养人，由此带来的巨大落差让许多老年人口产生了悲观、自卑的情绪，对生活缺乏热情和自信。

失落感：老年人口离开工作岗位后，生活重心由工作回归到了家庭，社会角色也由主导转变为辅助，几十年的个人生活模式、人际交往方式被迫做出改变。然而，新生活、新角色所带来的陌生感常常使老年人口倍感失落；加之子女渐渐不在身边，一种被冷落的心理感受逐渐产生①。

抑郁感：孤独、焦虑、自卑、失落等负面情绪给老年人口带来了诸多不良影响，加之老年人口身体机能下降，往往更容易在现实生活中遭受挫折，也常常陷入情绪低落、焦虑不安、忧心忡忡、郁郁寡欢的状态，对生活失去乐趣，对前途悲观失望，产生抑郁感。

② 相应的日常活动需求

心理情感的改变，导致老年人口对日常活动也会产生某些相应的特殊需求，主要包括以下三个方面：

交往的需求：心理情感上的变化，使老年人口在退休后产生孤独感、失落感，他们渴望在日常活动中找到新朋友，得到他人的认可，减轻自身的寂寞感，因而产生了交往的需求。如独居的老年人口多喜欢通过遛鸟的方式参与群体性活动以消除心理上的孤寂感，而子女在外的"空巢"老年人口则多希望通过唠嗑、闲聊的方式与他人交往，因此需在休闲活动场所中设置相应的设施。

亲情的需求：心理情感上的变化，使老年人口愈发重视来自家庭和亲人的关爱，渴望在日常生活能够得到子孙不时的关怀照顾，对亲情有着迫切的需求。如老年人口多以家庭为中心，希望能和家庭成员共同参与活动，因此可在其住所就近修建院落，设置休闲活动设施，便于培养感情、提升亲情。

多样化的需求：心理情感上的变化，使老年人口的日常活动的重心发生了转移，他们希

---

① 陈晓明.休闲养老建筑设计初探[D]：[硕士学位论文].重庆：重庆大学，2005：18－19.

望重拾人生的乐趣，希望进行自己喜欢的文化娱乐活动，因而产生了对生活乐趣多样性和对娱乐休闲设施多样性的需求。如在老年社区中为满足和丰富老年人口的日常活动，需为其提供全方位多样化的不同主题的活动空间、设施环境（表 6.4，图 6.15）。

表 6.4　南京市老年人口生理、心理特征总结

生理特征	神经系统	感知系统	运动系统	呼吸系统
相应的需求	安全的需求		舒适的需求	便利的需求
心理特征	孤独感	自卑感	失落感	抑郁感
相应的需求	交往的需求		亲情的需求	多样化的需求

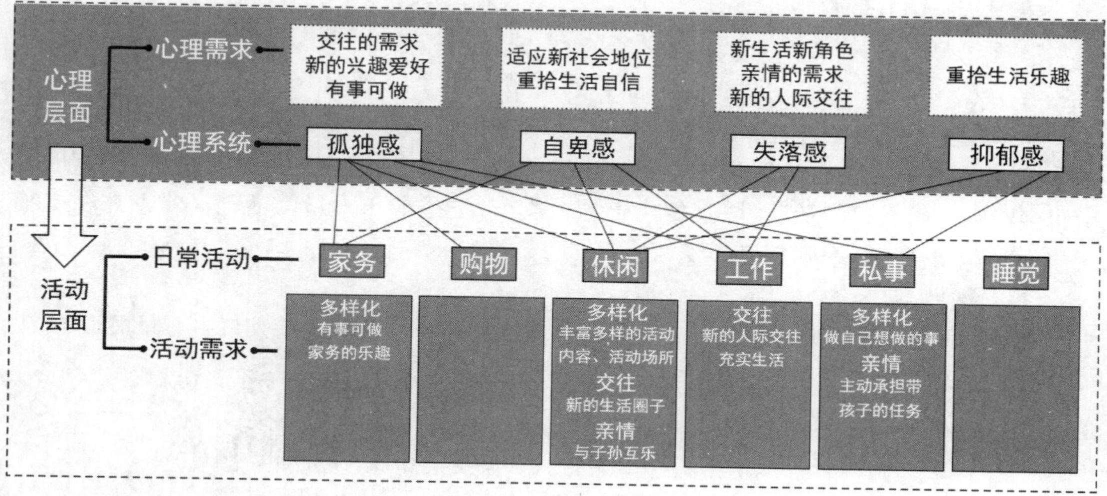

图 6.15　老年人口心理特征与日常活动关联表

3）老年人口的日常活动模式

老年人口作为一个特殊群体，其在日常活动的内容、时间、方式等方面也有着自身的规律和特征。因此，在研究老年人口日常活动的时空特征之前，也有必要对老年人口的日常活动模式进行阐述和总结（表 6.5）。

（1）老年人口的日常活动内容

老年人口的日常活动已在内容上呈现出多样化的特征：谭咏风[①]通过日记方法获得的老年人的活动中，发现投入时间最多的活动类别依次是基本生活活动（21.40%）、家居家务活动（20.41%）和个人娱乐活动（19.37%）；他还通过调查的方式总结了老年社区居民在过去一年时间里各类活动的参与度，依次为个人娱乐活动（95.6%）、家务活动（85.4%）、和家人的交流活动（83.7%）、社会交往活动（80.5%）、身体锻炼和保养活动（62.8%）等；李德明等[②]通过调查发现老年人最主要的日常活动以家务劳动或照看孩子最多（28.2%），其次是锻炼身体或散步（21.3%）、看电视或听广播（20.2%）、参加各种娱乐活动、读书学习或聊天（18.1%）、闲坐（10.1%）等。文静、彭华茂，王大华[③]通过调查发现社区老年人偏爱的日常

① 谭咏风. 老年人日常活动对成功老龄化的影响[D]：[硕士学位论文]. 上海：华东师范大学，2011：43 - 52.
② 李德明，等. 城市老年人的生活和心理状况及其增龄变化[J]. 中国老年学杂志，2006，26：1314 - 1316.
③ 文静，彭华茂，王大华. 社区老年人的日常活动偏好研究[J]. 中国老年学杂志，2010，30（13）：1865 - 1867.

活动依次为运动健身活动(39.3%),文化娱乐活动(38.7%)、人际交往活动(14.3%)和家庭生活相关活动(7.9%),同时对老年人偏爱的日常活动项目进行整理和统计,得到老年人日常活动清单一共有57个项目,按频数高低依次为:散步、锻炼、旅游、看电视、阅读、家务、聊天等。

上述研究虽然在日常活动的分类上,所得结果在数值上并不一致,但大体上我们可以看出,老年人口日常活动中的主体是休闲活动和家务活动。对于南京老年人口来说,健身活动(休闲活动中的康体型)是南京市老年人口的主要活动内容,其主要方式包括晨跑、打拳、舞剑、健身操、广场舞等①。

(2) 老年人口的日常活动时间

① 季节性

老年人口的日常活动在时间分布上存在季节性规律:一方面,老年人口会依据不同的季节而选择不同的活动内容,对于南京市老年人口来说,其秋冬季节的活动内容多以散步、晒太阳为主;而春夏季节的活动方式多以闲坐、看报、棋牌、纳凉为主②;另一方面,不同的季节也会影响老年人口的活动时间,相比于春秋季节,夏季老年人口的活动高峰期往往更临近早、晚凉爽时段,冬季则正好相反。

② 时域性

老年人口的日常活动在时间分布上存在时域性规律:一方面,老年人口多有早晨锻炼、午间休息、日间休闲、傍晚散步的习惯;另一方面,老年人口活动的高峰时段大多集中在上午7点到10点、下午2点到5点的时间段,早上的日常活动以康体型的锻炼健身为主,下午的日常活动则较为丰富多样(图6.16)。

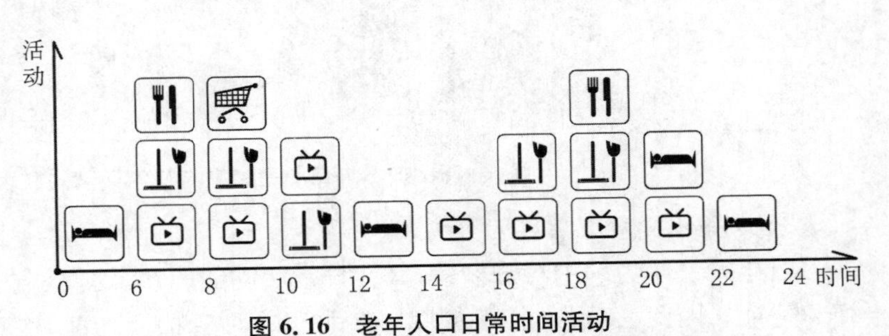

图6.16　老年人口日常时间活动

*资料来源:课题组关于南京市老年人口日常活动的抽样调研数据(2014年)。

(3) 老年人口的日常活动空间

① 地域性

老年人口的日常活动在空间分布上存在地域性规律:一方面,随着季节、时间、气候的变化,老年人口的活动空间也会随之发生变化;另一方面,老年人口总是喜欢去那些自己常去并熟悉的场所,在条件不变的情况下,他们通常不愿改变自己业已熟悉的活动空间、活动内容和活动方式。

② 圈层性

老年人口的日常活动在空间分布上存在圈层性规律,这主要表现在:由于受生理心理因素限的制,老年人口的日常活动范围较小,活动空间多以家庭为中心而呈同心圆圈层式

①② 叶媚. 南京老年人社区生活环境设计研究[D]:[硕士学位论文]. 南京:南京航空航天大学,2013:23-24.

分布,且多集中于家、楼道口、宅间空地,或距住所较近的商场、超市、广场、公园等。万邦伟(1994)[①]将其划分为基本生活活动圈、扩大邻里活动圈、市域活动圈和集域活动圈四个活动圈层;王欢(2007)[②]则认为其呈现出以家为圆心,按距离呈辐射状分布的同心圆模式,并进一步将其划分为六个空间分布领域。

(4) 老年人口的日常活动方式

① 集聚性

老年人口的日常活动在活动方式上存在集聚性规律,这主要表现在:在相似社会背景、文化层次、兴趣爱好、年龄层次等因素的激发下,老年人口在参与社会交往活动时会自然而然地因相互吸引而集聚在一起,如老年棋友、牌友、遛鸟伙伴、老年戏曲爱好者等常常会集聚成群。万邦伟[③]曾对江苏省 250 位老人的交往活动情况进行统计,发现集聚人数超过 6 人的活动多达 41%,愿意与同等文化层次和阶层老人交往的比重占 53.6%。

② 排他性

老年人口的日常活动在活动方式上也存在排他性规律,这主要表现在:部分老年人口,尤其是有生理心理缺陷的或者高龄老年人口[④],经常需要一个自己私密的活动领域,并希望在此空间内独自活动,而不受外界干扰,如静思、小憩、闭目养神、眺望景色等(表 6.5)。

表 6.5 南京市老年人口日常活动模式总结

<table>
<tr><td>内容</td><td colspan="4">主要活动内容:休闲和家务;主要休闲活动:康体型</td></tr>
<tr><td rowspan="2">时间</td><td rowspan="2">季节性</td><td>不同季节——不同活动内容</td><td rowspan="2">时域性</td><td>早锻炼　午休息　日休闲　晚散步</td></tr>
<tr><td>不同季节——不同活动时间</td><td>两个高峰时段 7～10 am 和 2～5 pm</td></tr>
<tr><td rowspan="2">空间</td><td rowspan="2">地域性</td><td>条件改变——空间改变</td><td rowspan="2">圈层性</td><td>四个活动圈层</td></tr>
<tr><td>条件不变——空间内容方式均不变</td><td>六个空间分布领域</td></tr>
<tr><td>方式</td><td colspan="2">集聚性</td><td colspan="2">排他性(缺陷、高龄)</td></tr>
</table>

6.3 老年人口日常活动的总体时空特征

1) 研究对象

(1) 典例遴选

通过上文对南京市老年人口空间分布概况的研究分析,可以看出,南京市主城区内老年人口的空间集聚现象较为明显。结合本章基于社区视野的研究思路、老年人口日常活动的基本特点以及实际调研的可行性,将分别从老城区内、老城区边缘、老城区外各选取几片老龄化程度较为典型的社区展开深度实证研究。其中,社区的遴选主要遵循基本原则如下:

① 所选的老龄化社区位于南京市主城区的不同区位,且有一定的年代背景;

② 所选的老龄化社区具有一定的老年人口规模,且根据南京市六普数据测度,其老龄

① 万邦伟.老年人行为活动特征之研究[J].新建筑,1994(4):23.

② 王欢.适宜老年人的公园绿地建设研究——以南京市为例[D]:[硕士学位论文].南京:南京林业大学,2007:25.

③ 万邦伟.老年人行为活动特征之研究[J].新建筑,1994(4):24-25.

④ 索晓岚.南京市老年公寓户外环境研究[D]:[硕士学位论文].南京:南京农业大学,2013:10-12.

化现象相对严重；

③ 所选的老龄化社区应具有类型覆盖性和特征典型性。

根据上述的社区遴选原则以及南京市老年人口的空间分布概况，本章选取了三片老龄化社区的案例——南京白下区朝天宫街道内的中兴新村、张公桥居住区（所属止马营社区）；南京建邺区南湖街道内的育英村、文体村、文体西村、康福村和利民小区（所属文体社区和康福社区）以及下关区宝塔桥街道内的大桥新村、南堡新寓（所属方家营社区）（图 6.17）。通过对这三片老龄化社区的现状研究和比较，探讨其老年人口日常活动的时空特征和规律。

图 6.17　遴选的三个老龄化社区分布图

＊资料来源：笔者根据相关资料及实际调研绘。

（2）问卷设计

问卷的内容设计主要包括两方面：其一是个人信息资料，重点在于了解受访者的基本情况，主要包括性别、年龄、文化程度、收入水平、居住地点、家庭结构等内容；其二是时空活动资料，重点在于了解受访者的每日活动行为的时间构成和空间范围，并以此进一步分离出休闲活动的内容及其时空分布、购物活动的距离圈层等。其中，关于日常活动的问卷设计和抽样标准预设如下：

日常活动时间划分为 4:00～24:00，以每隔 2 h 为一基本时段进行活动统计。

日常活动地点分为六类，即家中、楼道口或宅间空地、小区户内活动设施、小区公共活动广场、小区出入口以及小区外。

日常活动内容则分为六类，即睡觉或小憩（X）、家务（H）、私事（P）、休闲（R）、工作（W）（包括正式和临时性工作）以及购物（S），其中，休闲活动可进一步细分为益智型（包括棋牌、阅读、影视等）、怡情型（包括养宠物、制作与书画、收藏、逛市场等）、康体型（包括球类、散步、专项健身等）、交流型（包括访友、有组织的聚会、家人聊天等）和公益型（包括社区管理、专项服务等）五类。

（3）数据采集

在数据的采集过程中，综合运用问卷统计法、实地调研法以及专题访谈法等多类方法，获得了有相关老龄化社区中老年人口的一手资料与基础数据，作为分析研究的基本依据。

在问卷统计方面，本章采用分类和分块的抽样方法，以遴选出的三片老龄化社区为调研对象，从中随机抽取调查者 225 名，其中各老龄化社区和调查者的抽样配比主要是根据各老龄化社区内的老年人口总体规模而定；然后通过对问卷的整理和审核，确定总共回收有效问卷 200 份，问卷有效率达到 88.9%，且符合一般问卷调查所需达到的抽样率（超过 5%）。其中，样本属性的总体情况统计如表 6.6 所示。

表 6.6 调查样本的个人属性统计

项目	分类	人数(个)	比例(%)
性别	男	109	54.5
	女	91	45.5
年龄结构/岁	60～64	29	14.5
	65～69	63	31.5
	70～74	42	21.0
	75～79	26	13.0
	80 以上	40	20.0
家庭收入/元	5 000 以上	16	8.0
	2 000～5 000	123	61.5
	1 000～2 000	25	12.5
	500～1 000	18	9.0
	500 以下	18	9.0
家庭结构	三代	51	25.5
	两代(父子)	20	10.0
	假三代(祖孙)	2	1.0
	夫妇	99	49.5
	独居	28	14.0
文化程度	小学及小学以下	99	49.5
	初中	66	33.0
	高中	19	9.5
	本科和专科	16	8.0

在实地调研方面,在老龄化社区中选择老年人口亚类活动(购物和休闲活动)经常出现的空间场所,以每 2 h 为一节点,持续观察和调查 3 天,并以相机拍照的记录方式对每个观察点拍照 6 次,记录老年人口日常活动的状况;然后通过统计计算平均值的方法,获取同老年人口亚类活动空间属性相关的一手资料。

(4) 区位分布

根据上述遴选的三个老龄化社区特征及其分布情况,对其区位条件和相关特点概述如下(表 6.7)。

表 6.7 抽样的老龄化社区概述

项目	中兴新村 张公桥小区	康福村 育英村 文体村 文体西村 利民小区	大桥新村 南堡新寓
与老城区位置	老城区内	老城区边	老城区外
所处街道	白下区朝天宫街道	建邺区南湖街道	下关区宝塔桥街道
所处街道概况	朝天宫街道位于白下区西部,东起中山南路,南至升州路,西临秦淮河,北到汉中路、石鼓路。 辖区面积 2.853 km^2,下辖 11 个社区,常住人口 12.18 万	南湖街道位于建邺区东北角,东至秦淮河,西到湖西街,北临水西门大街,南至集庆门大街。 辖区面积 1.9 km^2,2.1 万户、6.3 万人	宝塔桥街道位于长江南岸鼓楼区北部,东起水关桥,西至江边,南起煤炭港,北至五塘村。 辖区面积 7.2 km^2,下辖 10 个社区,常住人口约 10 万
所处街道老年人口概况	老年人口规模:19 191; 老龄化程度:17.3%	老年人口规模:13 498; 老龄化程度:16.3%	老年人口规模:14 126; 老龄化程度:14.5%
所处社区	止马营社区	康福社区和文体社区	方家营社区

续表 6.7

项目	中兴新村 张公桥小区	康福村 育英村 文体村 文体西村 利民小区	大桥新村 南堡新寓
人口情况	总人口规模:约 2 500; 老年人口规模:约 500	总人口规模:约 10 000; 老年人口规模:约 3 000	总人口规模:约 2 700; 老年人口规模:约 500
问卷数量	问卷发放数:47(42)	问卷发放数:120(107)	问卷发放数:58(51)
现状区位分布			

2) 老年人口日常活动的时空特征

首先,基于城市规划角度和社区尺度对老年人口日常活动的总体时空特征进行分析和总结;然后,抽取和归纳几种常见和典型的老年人口日常活动案例,进一步展开分析,以便更直接、更深入地揭示研究各种类型老年人口的时空特征规律。

(1) 老年人口日常活动的总体时空特征

可以看出,老年人口的日常活动在时空方面具有如下特征(图 6.18)——

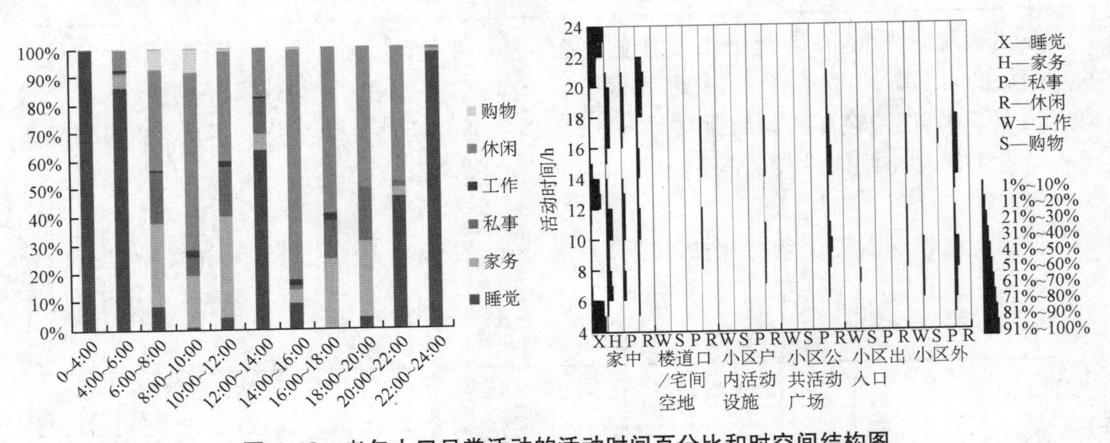

图 6.18 老年人口日常活动的活动时间百分比和时空间结构图

* 资料来源:课题组关于南京市老年人口日常活动的抽样调研数据(2014 年)。

特征一:作息时间规律性较强

老年人口的生活习性一般都是早睡早起,且有午休的习惯。其中,老年人口的起床时间多集中在 6:00 左右,午休时间多集中在 12:00～14:00,睡觉时间早的在 20:00 左右,晚的则在 22:00 左右,体现出较强的规律性,这同老年人口独特的生理心理特征和需求息息相关。

特征二:从事家务活动的时间较长且有规律性

老年人口从事家务活动的时间较长,在早中晚三餐的饭前饭后半小时时间段内,均会参与一定量的家务活动，在时空结构图上形成明显集聚的三段家务时间。

特征三：日常购物活动有避开高峰时段的倾向

老年人口的购物活动多集中发生在上午，时间段为6:00～10:00，并以8:00～10:00区间为最多，持续时间较短，可见老年人口的购物出行有避开主流人群高峰时段的倾向。

特征四：休闲活动持续时间长且具有规律性

除了完成必要的家务活动外，老年人口可自由支配的时间相对较多，其相应的休闲活动也持续时间较长。其主要的休闲活动有三个时间段，分别为：上午7:00～11:00之间，高峰期为8:00～10:00；下午14:00～18:00之间，高峰期为14:00～17:00；晚上18:00～22:00之间，高峰期为19:00～21:00，在时空结构图上也形成明显集聚的三段。

特征五：休闲活动场所以社区内和社区周边为主、且有规律性

老年人口休闲活动的场所较为多样化，家中、楼道口、广场、室内活动设施、公园绿地等均是老年人口的常去之处。考虑到老年人口在生理上的出行不便，其更趋向于在社区内和社区周边的公园绿地进行休闲活动。

老年人口休闲活动的场所随活动时间的变化而变化，规律性较强。其中，在上午和下午的休闲活动时间段中，老年人口的活动场所多为社区内的广场或社区边的公园，而在晚上的休闲活动时间段中，老年人口的活动场所多集中于自家中。

特征六：各类日常活动发生的空间场所较为固定且差异明显

老年人口各类日常活动的空间场所相对固定且差异明显：睡觉、家务活动的主要场所是家中；私事活动多发生于家中，少部分发生于小区外；休闲活动的主要场所是家中、小区公共活动广场以及小区外，但也有少部分发生于楼道口/宅间空地和小区户内活动设施；工作、购物活动的主要场所则是小区外。

(2) 六类典型的老年人口日常活动案例

老年人口日常活动的总体时空特征具有较强的普遍性规律，能够涵盖大多数老年人口日常活动的时空特征，并能得到大多数老年人口案例的佐证；但为了更全面地了解各类老年人口的日常活动典型特征，有必要更进一步地细分和抽取几类典型的老年人口日常活动案例作进一步分析——因此依托于SPSS技术平台，根据老年人口日常活动在时空两个维度上的分布规律(每日在不同地点从事不同活动的时间总长)，对老年人口样本采取聚类分析并划分如下(表6.8)——

表6.8　基于日常活动时空维度的老年人口聚类表

聚类统计								
类别		1	2	3	4	5	6	7
变量名称	家务活动(h)	1.0	0.8	0.2	2.6	2.2	5.4	6.3
	私事·家中(h)	2.4	3.5	1.6	1.2	4.3	0.6	0.0
	私事·家外(h)	0.1	0.0	1.6	0.1	0.3	0.1	4.3
	工作活动(h)	0.0	0.0	9.2	0.0	0.0	0.0	0.0
	休闲·家中(h)	1.4	1.5	1.6	6.3	1.6	2.2	1.3
	休闲·户内设施(h)	0.0	7.9	0.0	0.0	0.3	0.1	0.0
	休闲·户外(h)	8.0	0.0	0.8	3.6	4.8	4.6	2.0
	购物活动(h)	0.3	0.3	0.0	0.3	0.3	0.5	1.0
案例数		45	13	5	43	19	72	3

*资料来源：笔者根据课题组抽样调研数据应用SPSS软件绘制。

通过比较可以看出：第1类老年人口每日在户外（楼道口/宅间空地、小区公共活动广场、小区出入口以及小区外）的休闲活动时间较长；第2类老年人口每日在小区户内活动设施的休闲活动时间较长；第3类老年人口每日的工作活动时间较长；第4类老年人口每日在家中的休闲活动时间较长；第5类老年人口每日在家中的私事活动时间较长；第6类老年人口每日在家中的家务活动时间较长；第7类老年人口每日在家中的家务活动时间和家外的私事活动时间则较长。

进一步对聚类的各类别人口进行研究分析，考虑到第7类的实际样本案例较为特殊（距中心较远）而暂将其剔除；考虑到第4类和第5类的活动均多发生于家中且两者差异性不大，可将其合并为“家中·活动型”；考虑到在聚类过程中未能顾及特定时段的特定活动，故增添“接送孩子型”的活动类型；并根据各类活动的实际样本案例（距中心较远）对案例数进行小幅调整，最终将老年人口划分为六类典型群体（表6.9）。其中六类案例的样本占总体样本的93.5%且彼此无交叉重叠，能够涵盖和代表大部分老年人口的日常活动模式。

表6.9　六类典型的老年人口日常活动分类表

类别	主要特征	样本数量
“家中·家务型”	每日家务时间在5 h左右，且早上8:00左右多伴有购物活动	63(31.5%)
“小区外·工作型”	多于8:00～12:00和14:00～18:00两段时间从事工作活动	5(2.5%)
“家中·活动型”	多以家庭为中心活动（私事＋休闲），户外活动时间一般不大于5 h	56(28.0%)
“户内设施·休闲型”	每日在小区户内活动设施内发生的休闲活动时间在8 h左右	12(6.0%)
“户外·休闲型”	每日在户外发生的休闲活动时间在8 h左右	44(22.0%)
“接送孩子型”	多于6:00～8:00和16:00～18:00两段时间在小区外从事私事活动	7(3.5%)

①“家中·家务型”老年人口日常活动的时空特征

“家中·家务型”老年人口一般是在夫妻关系中负责家务（多为女性）的老年人口，或是独自一人自力更生的老年人口，或是与子女同居主动承担家务的老年人口。

与一般性的老年人口日常活动的时空特征相比，其日常活动在时空方面具有如下特征：其一天内参与家务活动的时间较长，远远超出三餐前后的半小时时间段，一般家务时间在5 h左右；上午8:00左右一般有出行购物卖菜的习惯；受家务活动影响，其在休闲活动的三个时间段的时间均有所下降，尤其是饭前会提前回家做饭（图6.19）。

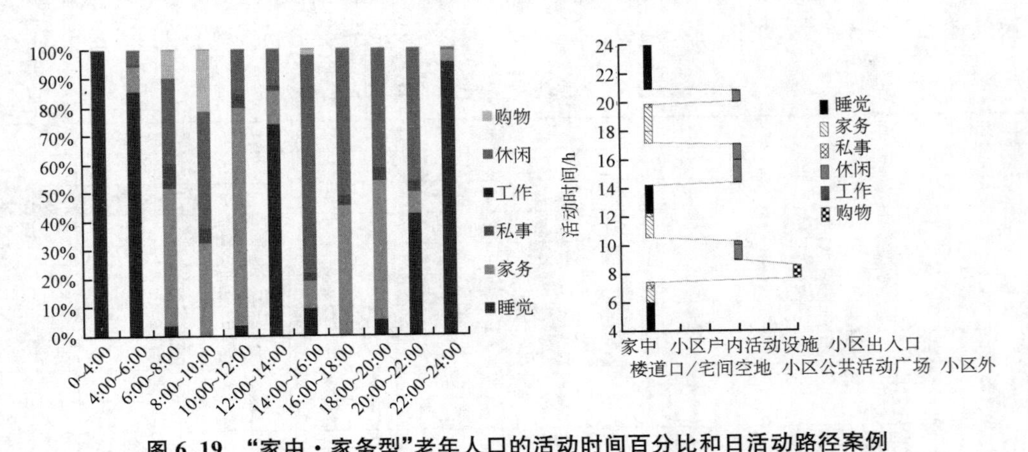

图6.19　“家中·家务型”老年人口的活动时间百分比和日活动路径案例

*资料来源：课题组关于南京市老年人口日常活动的抽样调研数据(2014年)。

②"小区外·工作型"老年人口日常活动的时空特征

"小区外·工作型"老年人口一般是尚未退休、依然在工作的老年人口,或是因返聘重回工作岗位的老年人口。

与一般性的老年人口日常活动的时空特征相比,其日常活动在时空方面具有如下特征:其一天内大部分时间都在小区外工作,并在上午 8:00～12:00 和下午 14:00～18:00 形成两段较为显著的工作活动时间段,很少从事家务活动;中午一般没有午睡的习惯;早上和下午的休闲活动时间段消失,只保留了晚上的休闲活动时间段(图 6.20)。

③"家中·活动型"老年人口日常活动的时空特征

"家中·活动型"老年人口一般是由于兴趣爱好而不愿出门的老年人口,或是由于各种生理心理缺陷而不便出门的老年人口。

与一般性的老年人口日常活动的时空特征相比,其日常活动在时空方面具有如下特征:其一天内绝大部分活动内容均是在家中展开,一般户外活动时间不超过 5 h;上午很少外出进行诸如休闲、购物等活动,且休闲活动时间段多被私事、休闲、家务活动所挤占和取代;其下午的休闲活动持续时间短且多为康体型、交流型活动,晚上的休闲活动也多发生在家中,但持续时间较长(图 6.21)。

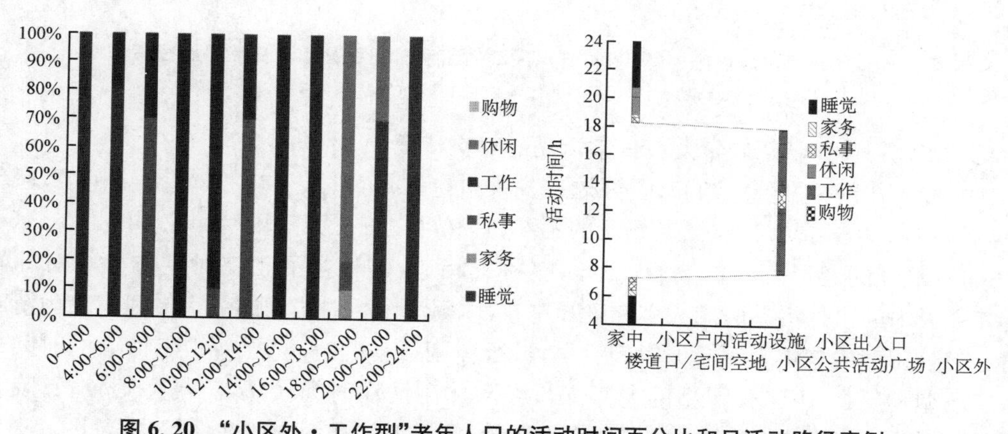

图 6.20 "小区外·工作型"老年人口的活动时间百分比和日活动路径案例

*资料来源:课题组关于南京市老年人口日常活动的抽样调研数据(2014 年)。

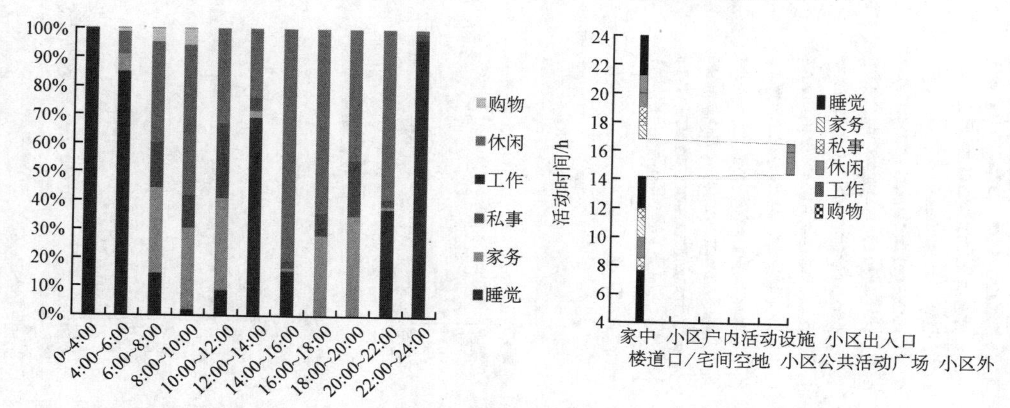

图 6.21 "家中·活动型"老年人口的活动时间百分比和日活动路径案例

*资料来源:课题组关于南京市老年人口日常活动的抽样调研数据(2014 年)。

④“户内设施·休闲型”老年人口日常活动的时空特征

“户内设施·休闲型”老年人口多为对打牌、打麻将、下棋有着极高兴趣的老年人口。

与一般性的老年人口日常活动的时空特征相比，其日常活动在时空方面具有如下特征：其一天内的各类活动时间、内容、地点均相对固定；活动场所以家中和社区户内活动设施为主；早上和下午的休闲活动均发生在社区的户内活动设施内，且多在 8 h 左右，晚上的休闲活动则以家中和社区户内活动设施为主(图 6.22)。

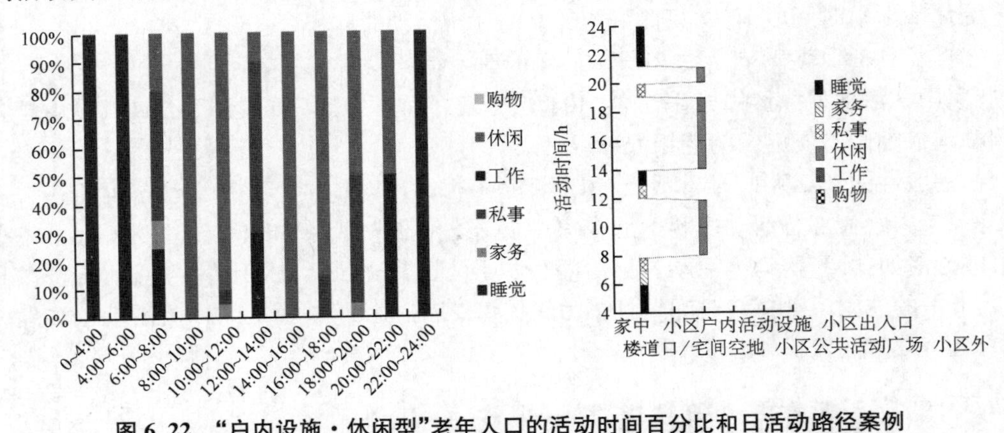

图 6.22 “户内设施·休闲型”老年人口的活动时间百分比和日活动路径案例

＊资料来源：课题组关于南京市老年人口日常活动的抽样调研数据(2014 年)。

⑤“户外·休闲型”老年人口日常活动的时空特征

“户外·休闲型”老年人口多为喜欢在户外进行锻炼身体、下棋打牌、交流畅谈、遛鸟怡情等活动的老年人口。依据活动场所的不同，其又可以细分为广场型和公园型。

与一般性的老年人口日常活动的时空特征相比，其日常活动在时空方面具有如下特征：其一天内的户外活动时间大多在 8 h 左右，休闲活动相对集中的三个时间段较为清晰明显；上午公园型的老年人口起床时间更早，进行休闲活动的时间更早，中午回家的时间也更早，广场型则反之；下午公园型的老年人口参与休闲活动时间较短，广场型则较长；晚上公园型的老年人口多倾向于在自家进行休闲活动，广场型则多倾向于在广场进行(图 6.23)。

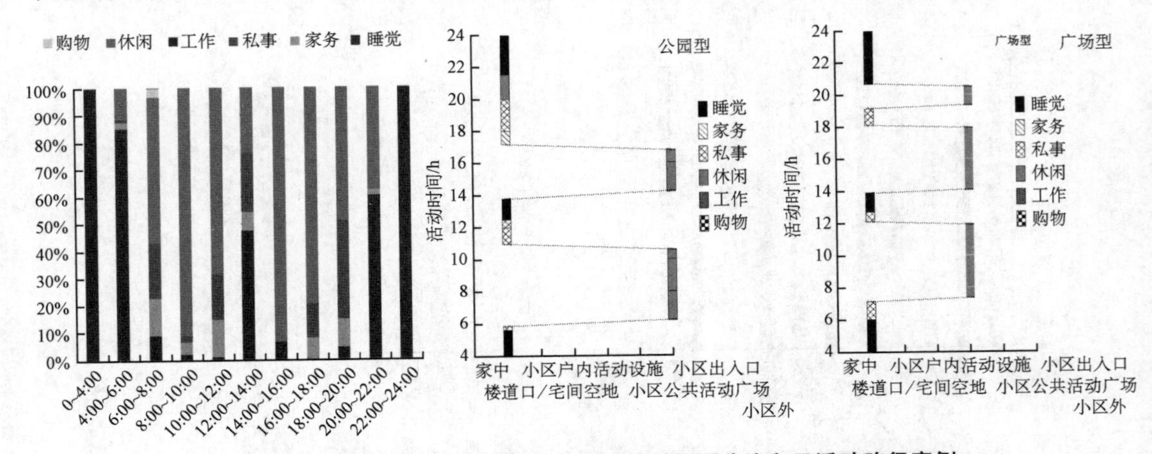

图 6.23 “户外·休闲型”老年人口的活动时间百分比和日活动路径案例

＊资料来源：课题组关于南京市老年人口日常活动的抽样调研数据(2014 年)。

⑥"接送孩子型"老年人口日常活动的时空特征

"接送孩子型"老年人口多为在家庭中负责接送孙子一辈上学放学的老年人口（以接送孩子为主，图 6.24）。

与一般性的老年人口日常活动的时空特征相比，其日常活动在时空方面具有如下特征：其一天内的活动时间段较为零碎，短暂的休闲、家务、私事活动彼此交替发生；早上 6:00～8:00 和下午 16:00～18:00 间有两段较为固定的小区外私事活动。（表 6.10）

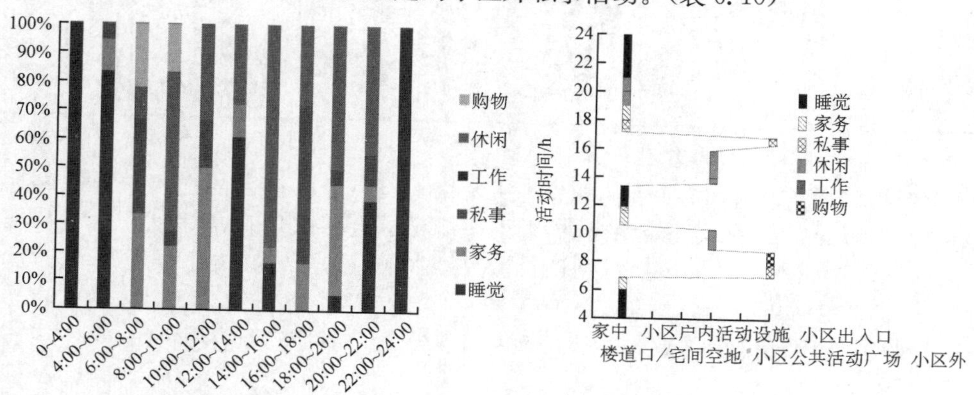

图 6.24 "接送孩子型"老年人口的活动时间百分比和日活动路径案例

* 资料来源：课题组关于南京市老年人口日常活动的抽样调研数据(2014 年)。

表 6.10 南京市老年人口日常活动时空特征总结

总体特征	① 作息时间规律性较强； ② 从事家务活动的时间较长且有规律性； ③ 日常购物活动有避开高峰时段的倾向； ④ 休闲活动持续时间长且具有规律性； ⑤ 休闲活动场所以社区内和社区周边为主、且有规律性； ⑥ 各类日常活动发生的空间场所较为固定且差异明显	
六种典型案例	"家中·家务型"	"小区外·工作型"
	"家中·活动型"	"户内设施·休闲型"

续表 6.10

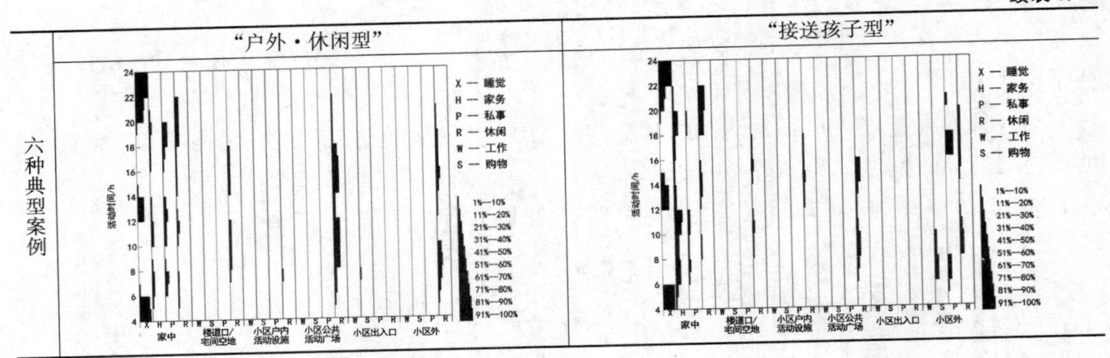

3) 老年人口日常活动的时空分异

基于城市规划角度和社区视野，本节将从老年人口自身的社会属性入手来探讨其日常活动的时空特征影响因素及其分异规律，以进一步把握老年人口日常活动的时空特征。其中，社会属性的影响分析主要包括性别、年龄、收入水平、家庭结构、文化程度五个方面。

(1) 性别对老年人口日常活动的影响

通过对比可以看出，性别差异对于老年人口日常活动时空特征的影响主要体现在以下几个方面(图 6.25，表 6.11)：

(2) 年龄对老年人口日常活动的影响

通过对比可以看出，年龄差异对于老年人口日常活动时空特征的影响主要体现在以下几个方面(图 6.26，表 6.12)：

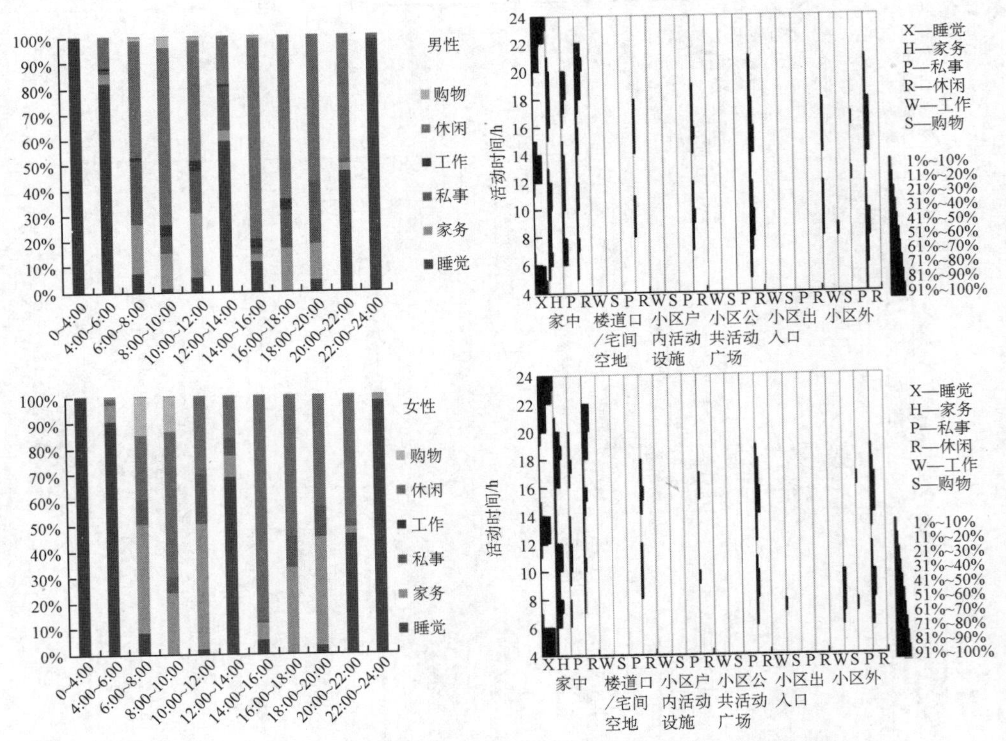

图 6.25　不同性别的老年人口的活动时间百分比和时空间结构图

* 资料来源：课题组关于南京市老年人口日常活动的抽样调研数据(2014 年)。

表 6.11 性别对老年人口日常活动的影响及其原因

日常活动类型	性别对老年人口日常活动的影响	主要原因
家务活动	[时间] 相比于男性老年人口,女性老年人口依然是家务活动主力军,而男性仅仅是在三餐前后部分地参与家务活动 [空间] 均以家中为主	传统社会分工和家庭角色的不同所带来的惯性影响
休闲活动	[时间] 相比于女性老年人口,男性老年人口在休闲活动的时间上更长(尤其是早上的休闲活动时间) [空间] 相比于女性老年人口,男性老年人口在活动场所选择上更加多样化,除社区广场和小区外,小区户内设施、楼道口均为其常见的活动场所	男性的家务压力较小,可支配的活动时间相应较多,其活动范围也相对较大
工作活动	[时间] 相比于男性老年人口,很少有女性老年人口仍在从事工作活动 [空间] 均以小区外为主	女性的生活重心原本就侧重于家庭,退休后的时间分配更是如此
购物活动	[时间] 相比于男性老年人口,有更多的女性老年人口从事相关的购物活动 [空间] 均以小区外为主	购物活动多与家务类分工重叠相关,且多由女性统揽从事

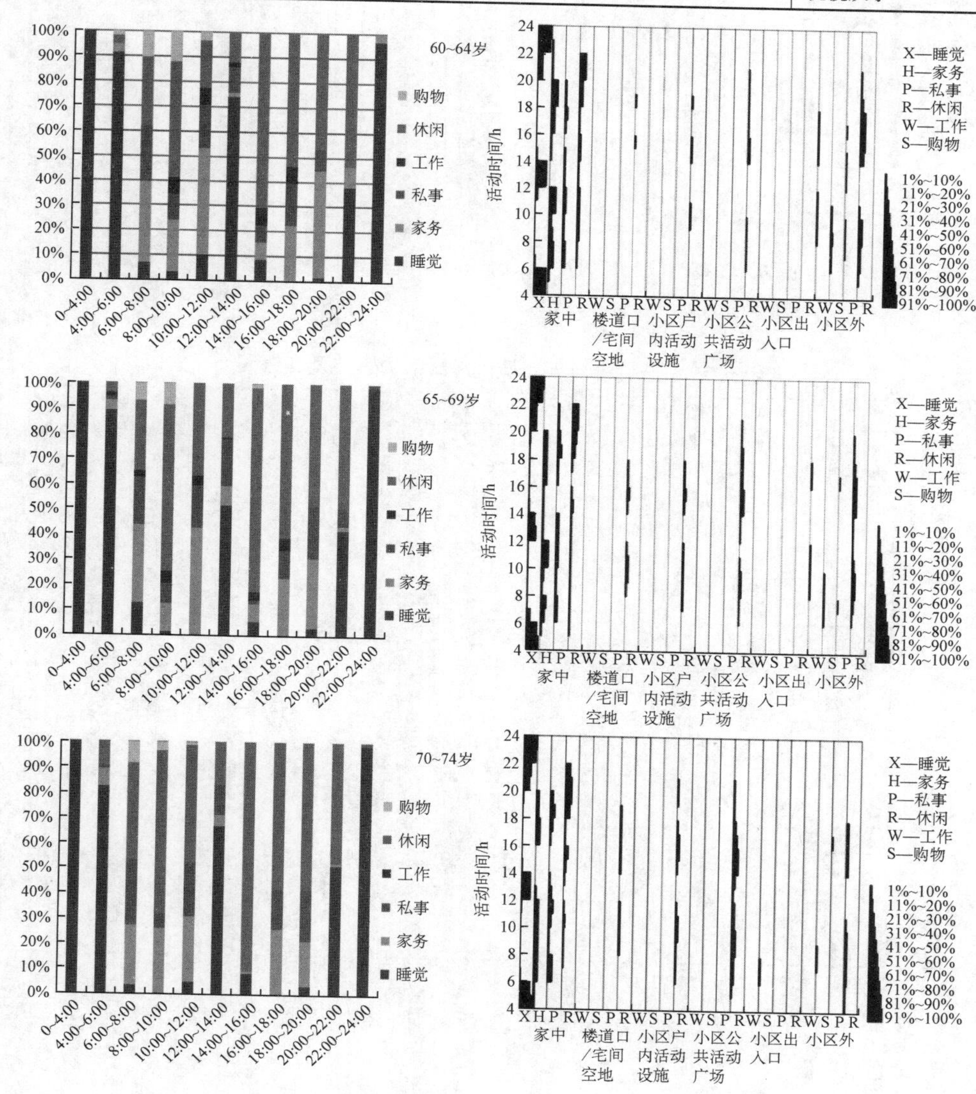

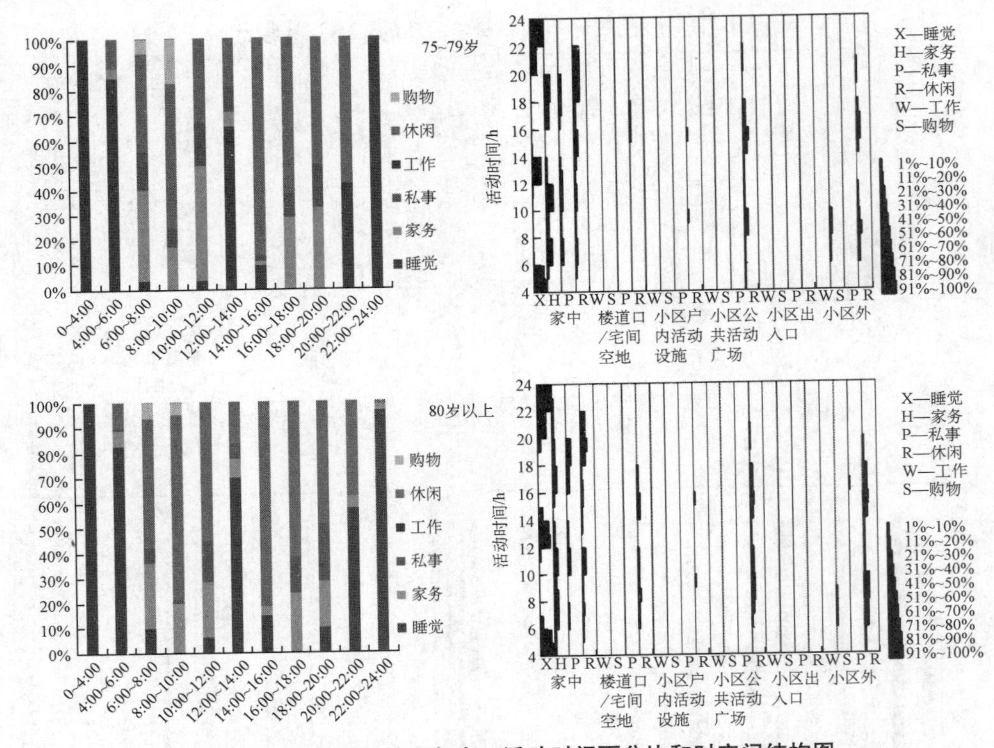

图 6.26　不同年龄的老年人口活动时间百分比和时空间结构图

*资料来源:课题组关于南京市老年人口日常活动的抽样调研数据(2014 年)。

表 6.12　年龄对老年人口日常活动的影响及其原因

日常活动类型	年龄对老年人口日常活动的影响	主要原因
睡觉活动	[时间] 相比于低龄老年人口,年龄较大的老年人口在睡觉活动的时间上出现了一定变化——更倾向于"早睡早起"。 [空间] 均以家中为主	随着年龄的增长,老年人口的生理状况会发生变化,其生物钟也会作出相应的调整
家务活动	[时间] 相比于低龄老年人口,年龄较大的老年人口参与家务活动的比重在逐渐减少。调查显示,80 岁以上的高龄老年人口只有在一日三餐的饭前饭后才伴有少量家务活动。 [空间] 均以家中为主	随着年龄的增长,老年人口的生理机能和体能方面逐渐衰减,已无力更多地承担各类家务活动
休闲活动	[时间] 相比于低龄老年人口,年龄较大的老年人口在休闲活动上投入时间在逐步增加。 [空间] 相比于低龄老年人口,年龄较大的老年人口活动地点更靠近家中(绝大多数 60~64 岁的老年人口选择社区外公园为活动场所,65~69 岁的老年人口活动场所多为社区外公园和社区广场,70~74 岁、75~79 岁的老年人口活动场所分散于社区外公园、社区广场以及家中,而 80 岁以上的老年人口活动场所则分散于社区外公园、社区广场、小区楼道口以及家中)	随着年龄的增长,老年人口对于出行便利的需求在不断提升,与日俱增的富余时间也使这类老年人口把更多的活动时间投入到距家更近的活动场地上
工作活动	[时间] 相比于低龄老年人口,年龄较大的老年人口更普遍地退出了工作舞台。调查显示,只有部分 60~69 岁的老年人口还依旧从事工作活动,而 70 岁以上的则几乎不参与工作活动。 [空间] 均以小区外为主	受到自身生理机能和身体条件的限制以及社会需求的影响,高龄老年人口已鲜有继续工作者

(3) 收入水平对老年人口日常活动的影响

通过对比可以看出,收入水平差异对于老年人口日常活动时空特征的影响主要体现在以下几个方面(图 6.27,表 6.13):

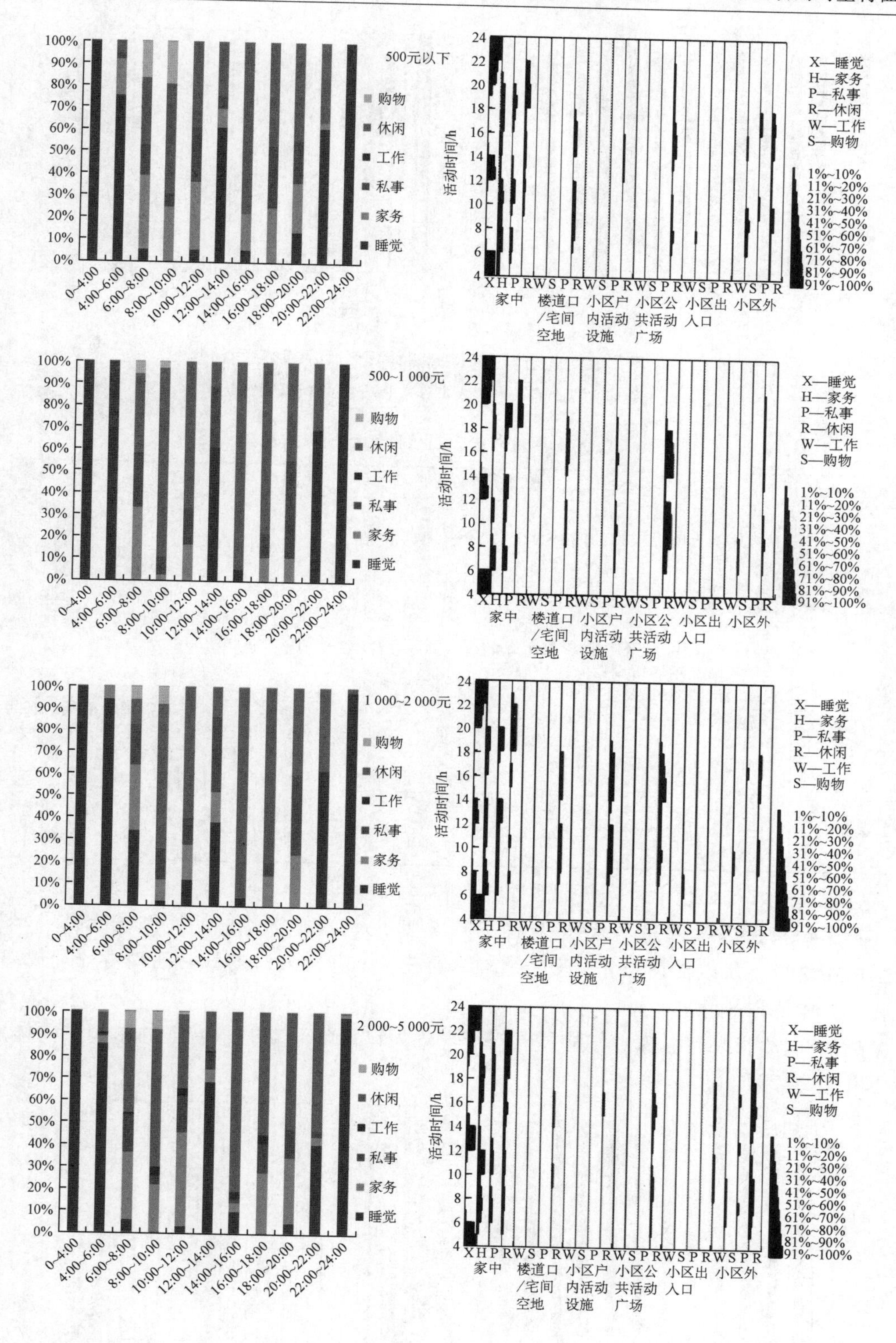

500元以下
500~1 000元
1 000~2 000元
2 000~5 000元
购物
休闲
工作
私事
家务
睡觉
0~4:00
4:00~6:00
6:00~8:00
8:00~10:00
10:00~12:00
12:00~14:00
14:00~16:00
16:00~18:00
18:00~20:00
20:00~22:00
22:00~24:00
活动时间/h
X—睡觉
H—家务
P—私事
R—休闲
W—工作
S—购物
1%~10%
11%~20%
21%~30%
31%~40%
41%~50%
51%~60%
61%~70%
71%~80%
81%~90%
91%~100%
家中
楼道口/宅间空地
小区户内活动设施
小区公共活动广场
小区出入口
小区外

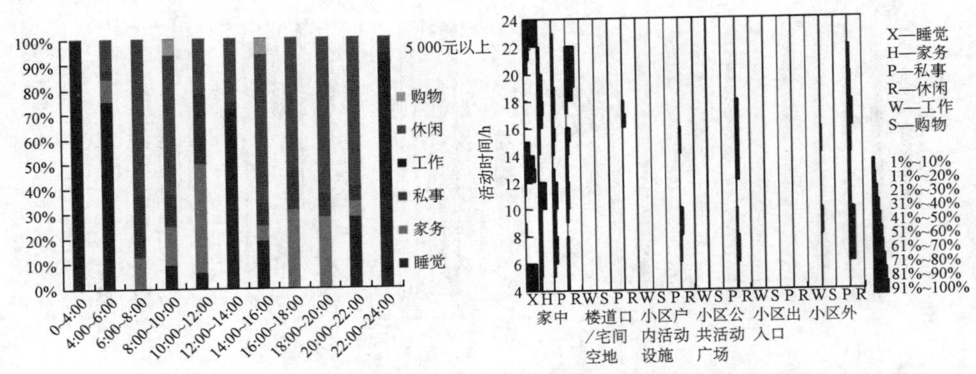

图 6.27　不同收入的老年人口活动时间百分比和时空间结构图

＊资料来源：课题组关于南京市老年人口日常活动的抽样调研数据(2014 年)。

表 6.13　收入水平对老年人口日常活动的影响及其原因

日常活动类型	收入水平对老年人口日常活动的影响	主要原因
休闲活动	[时间] 相比于中高收入老年人口，低收入老年人口在休闲活动上投入的时间较少(尤其是月收入500元以下的老年人口)。 [空间] 相比于低收入老年人口，中高收入老年人口的活动地点更为固定。调查显示，中高收入(2 000～5 000 元和 5 000 元以上)的老年人口活动场所多为家中、社区广场、社区外公园；而低收入的老年人口活动场所则遍布家中、楼道口、社区户内设施、社区广场以及社区外公园，相对灵活和广泛	低收入老年人口受制于经济能力，其休闲活动时间被购物、家务及私事等活动挤占。一般来说，中高收入老年人口所接触的群体圈子相对固定，平日里的生活习惯也更有规律可循，因此活动场所也相对固定一些
工作活动	[时间] 继续从事工作活动的老年人口收入普遍介于 2 000～5 000 元之间，而其他收入水平的老年人口则很少再从事工作。 [空间] 均以小区外为主	高收入老年人口的长期积累已无需在晚年继续工作；低收入老年人口因为技术上的原因，退休后已很难继续在工作中发挥余热；只有收入中档的老年人口有能力，也有意愿从事工作
购物活动	[时间] 相比于中高收入老年人口，低收入老年人口在平日从事购物活动的比例更大。 [空间] 均以小区外为主	低收入老年人口受制于经济能力，其购物普遍拥有“低档次、高频次、类杂量少”等特点

(4) 家庭结构对老年人口日常活动的影响

考虑到家庭结构中“假三代”一项样本数只有 2 人，占样本总体的比例太低(1.0%)，其较强的特殊性不足以描述和分析家庭结构为假三代的老年人口的日常活动特征和规律，因此在研究中加以剔除。

通过对比可以看出，家庭结构差异对于老年人口日常活动时空特征的影响主要体现在以下几个方面(图 6.28，表 6.14)：

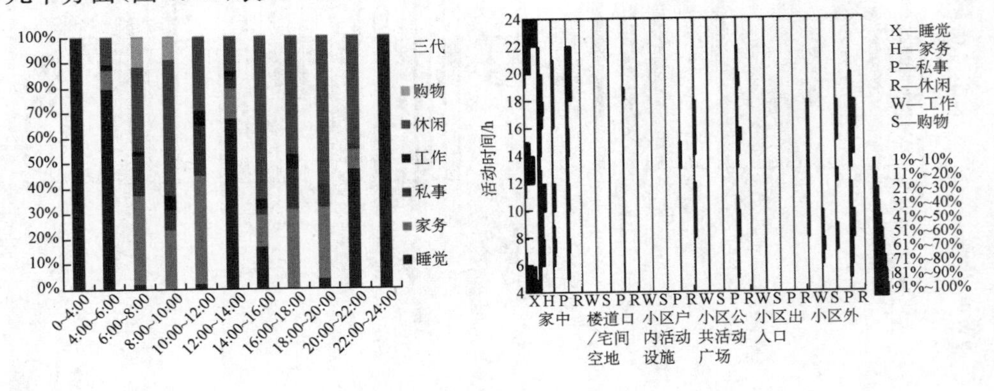

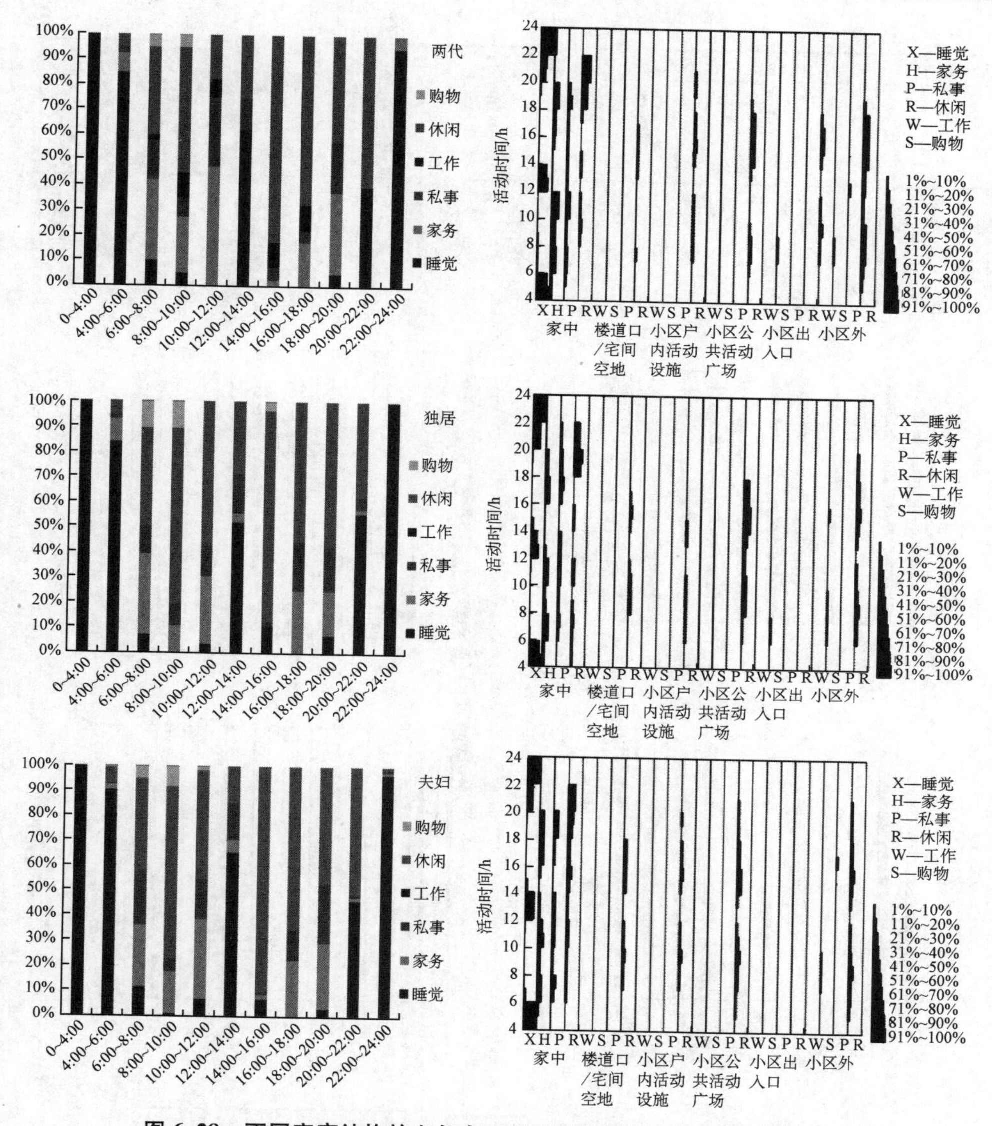

图 6.28 不同家庭结构的老年人口活动时间百分比和时空间结构图

* 资料来源:课题组关于南京市老年人口日常活动的抽样调研数据(2014 年)。

表 6.14 家庭结构对老年人口日常活动的影响及其原因

日常活动类型	家庭结构对老年人口日常活动的影响	主要原因
睡觉活动	[时间] 家庭带有子辈的(两代和三代)老年人口在晚上休息时间上普遍要晚一些,其中又以两代时间为最晚,而独居结构的老年人口晚上休息时间最早 [空间] 均以家中为主	照顾子女的日常生活以及子女们不规律的晚睡习惯,都在一定程度上影响和迟滞了老年人口的正常睡眠时间
休闲活动	[时间] 休闲活动时间较少的是三代结构的家庭,休闲时间较多的则是夫妇结构和独居结构的老年人口 [空间] 相比于其他结构家庭的老年人口,三代结构老年人口的休闲活动较少发生于楼道口/宅间空地和小区的户内活动设施	三代结构家庭的老年人口由于子辈大多忙于事业,只能把生活重心更多地放在孙辈的抚养之上,进而挤占和消耗了老年人口自身的休闲时间,也在很大程度上限制了老年人口活动空间的选择;而夫妇和独居结构家庭中的老年人口则可相对自由地投身各类休闲活动

续表 6.14

日常活动类型	家庭结构对老年人口日常活动的影响	主要原因
工作活动	[时间] 工作活动时间比重较大的是两代结构的老年人口 [空间] 均以小区外为主	主要是因为两代结构家庭中的老年人口岁数一般不大，且在家庭中的表现更为独立，有能力有条件也有意愿继续参与工作

(5) 文化程度对老年人口日常活动的影响

通过对比可以看出，文化程度差异对于老年人口日常活动时空特征的影响主要体现在以下几个方面(图 6.29，表 6.15)：

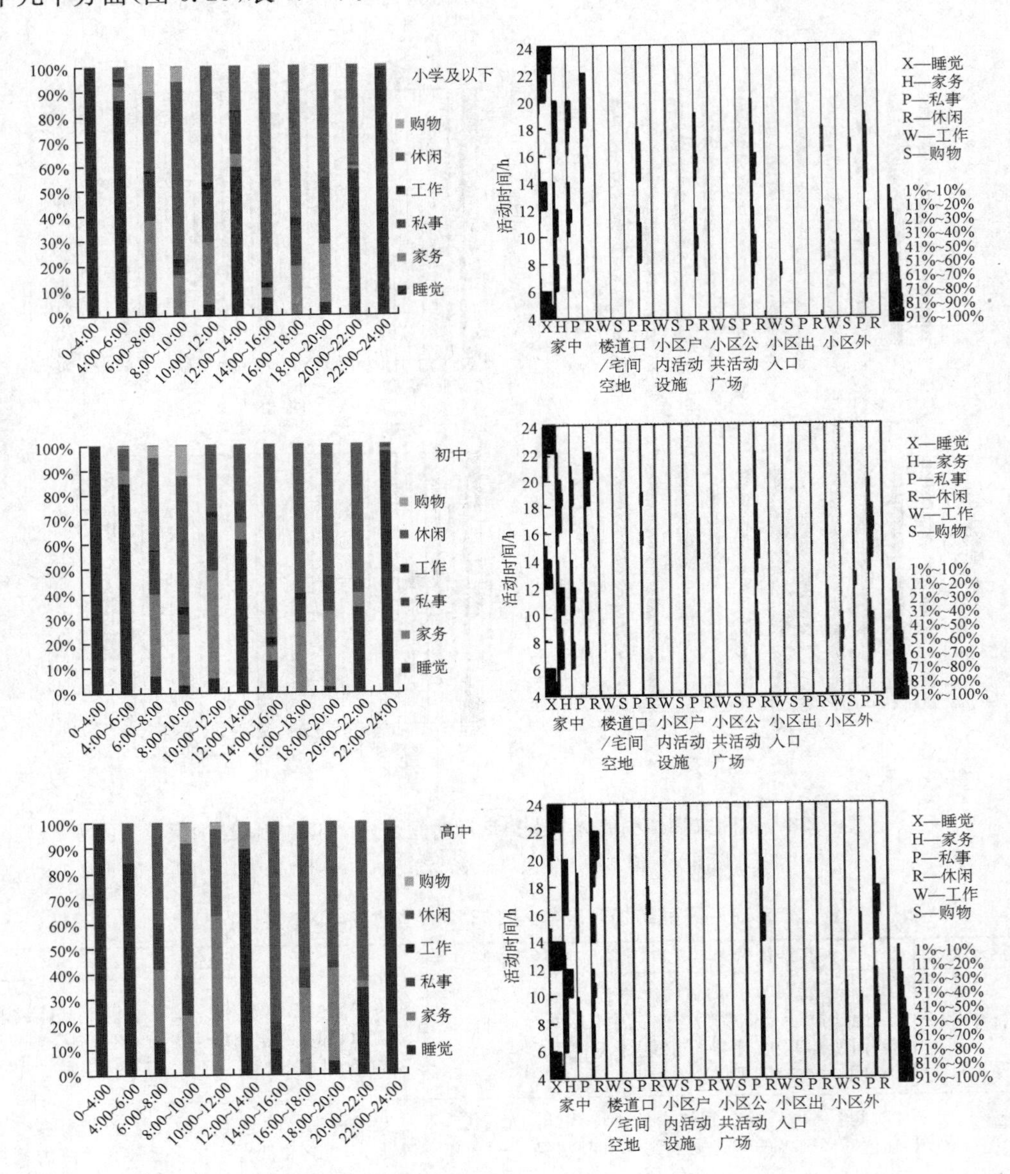

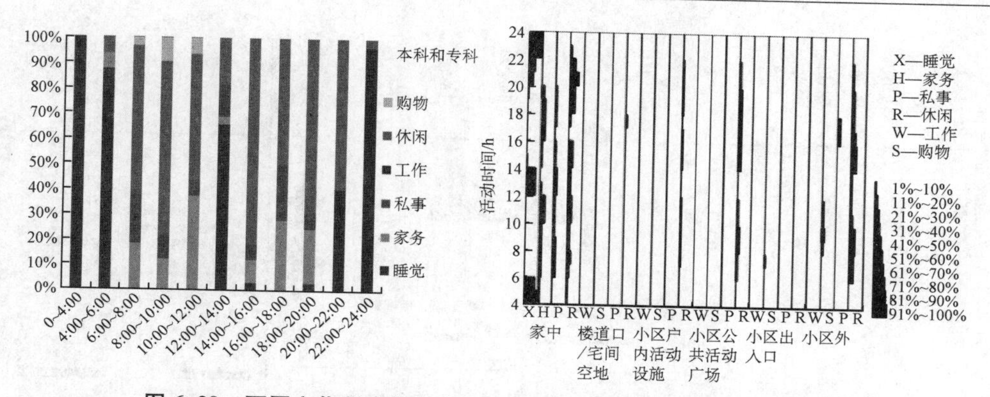

图 6.29　不同文化程度的老年人口活动时间百分比和时空间结构图

＊资料来源:课题组关于南京市老年人口日常活动的抽样调研数据(2014 年)。

表 6.15　文化程度对老年人口日常活动的影响及其原因

日常活动类型	文化程度对老年人口日常活动的影响	主要原因
私事活动	[时间] 相比于文化程度较低的老年人口,文化程度较高的老年人口私事活动所占生活比重较小 [空间] 相比于文化程度较低的老年人口,文化程度较高的老年人口主要活动场所除家中外,还包括小区外	文化程度高的老年人口有更多的生活祈求和心理预期,因而公共活动参与性和开放性更高,而私事相对较少;其私事活动也不仅仅为常规的一日三餐,还包括接送子孙一辈上学放学
休闲活动	[时间] 均有较充足的休闲活动时间,彼此差异性不大 [空间] 相比于文化程度较低的老年人口,文化程度较高的老年人口活动地点更为固定。调查显示,文化程度高的老年人口活动场所多集中于家中、社区广场、社区外公园;而文化程度低的老年人口活动场所则遍布家中、楼道口、社区户内设施、社区外等各处,相对灵活	文化程度高的老年人口平日的生活习惯更规律,其活动内容、活动场所也相对固定
工作活动	[时间] 相比于文化程度较低的老年人口,文化程度较高的老年人已很少继续从事工作 [空间] 均以小区外为主	文化程度较低的老年人口通常也收入有限,其继续工作和发挥余热也多是源于对自身和家庭生活保障的需求

6.4　老年人口亚类活动的局域时空特征:以购物活动和休闲活动为重点

1) *购物活动*

(1) 老年人口购物活动的时空特征

在本次统计回收的 200 份有效问卷中,共有 59 位老年人口在日常生活中参与购物活动。购物活动的内容种类方面,老年人口均以蔬菜食品类和日常用品类为主;购物活动的出行方式方面,绝大多数老年人口选择步行,有少量选择自行车或是电动车(图 6.30,表 6.16)。

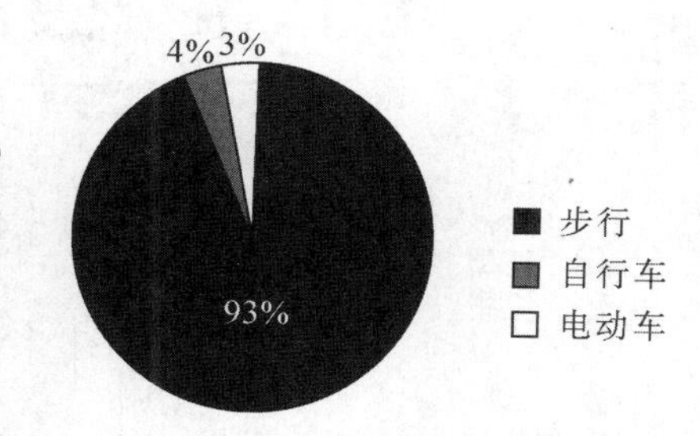

图 6.30　老年人口日常购物活动的交通方式

＊资料来源:课题组关于南京市老年人口日常活动的抽样调研数据(2014)。

① 购物活动的时间特征

可以看出,老年人口的购物活动在时间方面存在一定规律特征:一方面,老年人口的购物活动在其日常活动中所占比重较少(峰值低于 10%),且集中出现在早上 6:00～10:00 的

表 6.16　南京市老年人口日常活动的时空分异总结

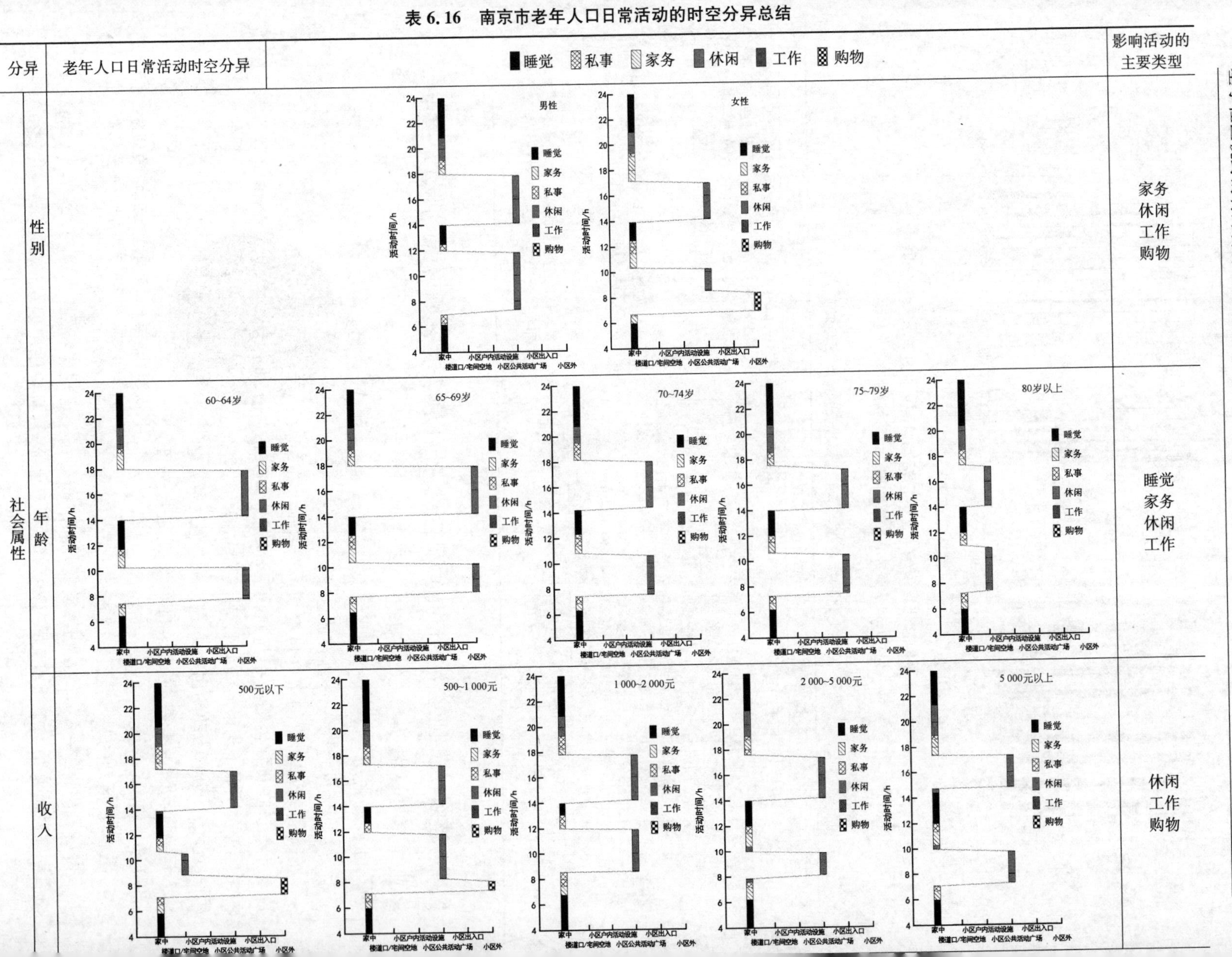

分异		老年人口日常活动时空分异	影响活动的主要类型
社会属性	性别	男性；女性	家务 休闲 工作 购物
	年龄	60~64岁；65~69岁；70~74岁；75~79岁；80岁以上	睡觉 家务 休闲 工作
	收入	500元以下；500~1 000元；1 000~2 000元；2 000~5 000元；5 000元以上	休闲 工作 购物

续表 6.16

分异		老年人口日常活动时空分异	影响活动的主要类型
社会属性	家庭结构	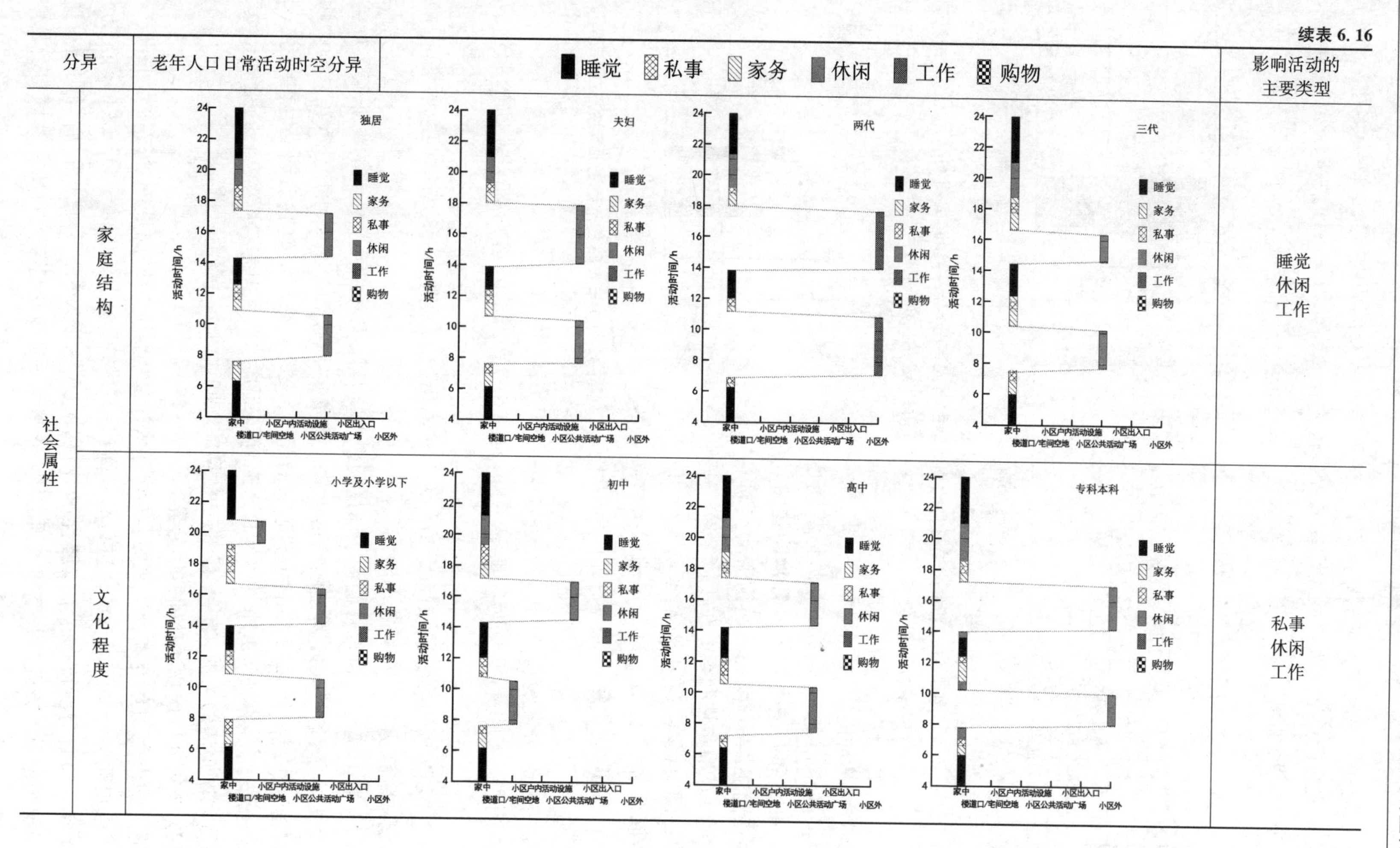	睡觉 休闲 工作
	文化程度		私事 休闲 工作

时间段内,有避开高峰期人流的倾向;另一方面,老年人口的购物持续时间大多在一个小时以内,这主要是因为老年人口购物活动的内容多为食品或日用品,目的性较强且数量有限,无需花费太多时间(图 6.31)。

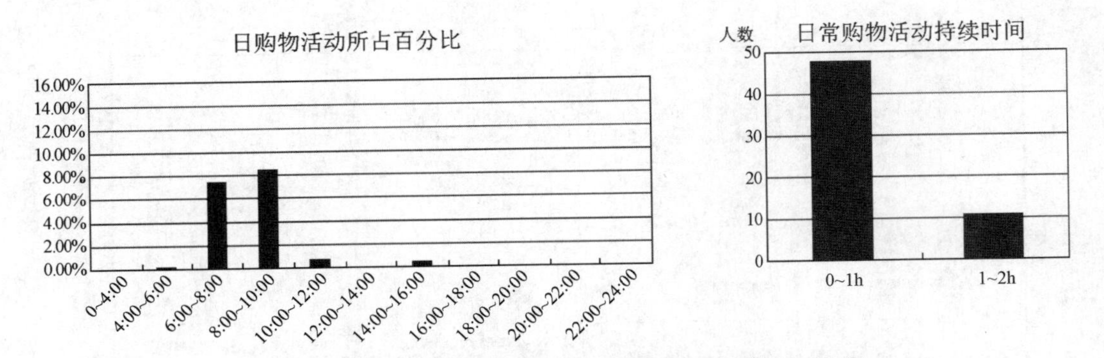

图 6.31　老年人口日常购物活动的时间百分比和持续时间图

* 资料来源:课题组关于南京市老年人口日常活动的抽样调研数据(2014 年)。

② 购物活动的空间特征

根据南京市老年人口日常购物活动情况,可以抽象和归纳老年人口日常购物活动空间的三圈层结构,发现其购物活动空间具有较为明显的收敛性和集中性(图 6.32)。

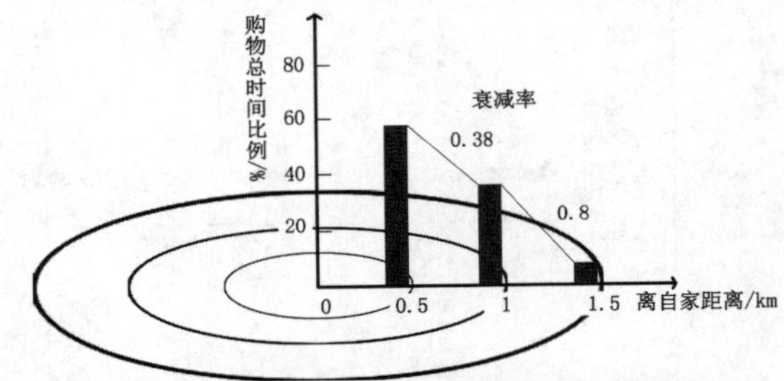

图 6.32　老年人口日常购物活动的空间结构

* 资料来源:课题组关于南京市老年人口日常活动的抽样调研数据(2014)。

第一圈层:集中购物带(离家 0.5 km 以内的空间范围)。集中了约 57%的购物活动时间,是南京市老年人口最为主要的购物圈。

第二圈层:分散购物带(离家 0.5～1 km 的空间范围)。购物活动总时间明显下降,衰减率达 0.38,只有约 35%左右的购物活动时间。

第三圈层:购物边缘带(离家 1 km 以上的空间范围)。购物活动总时间急剧下降,降幅较大,衰减率高达为 0.8,购物总时间只占约 7%。

可以看出,老年人口日常购物活动是紧密围绕社区周边或社区内部的商业服务设施而展开,数据显示:老年人口 57%的购物活动时间发生在距家 0.5 km 的范围,35%的购物活动时间发生在距家 0.5～1 km 的范围,只有很少一部分(约 7%)购物活动发生在距家 1 km 以外的场所。总的来说,老年人口的日常购物活动基本服从"以自家为中心的距离衰减"规律:随着离家距离的增加,老年人口购物活动的时间比例也会逐渐降低。

(2) 老年人口购物活动的群体分异

基于城市规划角度和社区视野,本节将从社会属性和空间属性两个方面入手,进一步对老年人口购物活动的时空特征进行分异探讨:其中,前者主要借助于圈层式的研究方法,针对老年人口自身所特有的个体属性(如性别、收入水平)展开影响分析;后者则通过实地调研和现场记录的方式展开空间方面的影响分析,主要涉及老年人口所在社区自身的空间属性(如网点特征和连通深度)。

① 社会属性

诚如前文所述，性别和收入水平这两项社会属性对老年人口购物活动的时空特征和规律有着较大影响，因此下文将有针对性地从性别和收入方面对老年人口购物活动的时空特征进行二次分异探讨，以进一步把握老年人口的时空特征规律。

【性别：时间层面】

可以看出，男性老年人口和女性老年人口的购物活动有所不同：首先，诚如前文所述，相比于男性老年人口，有更多的女性老年人口从事相关的购物活动，其日购物活动的时间比重也远大于男性老年人口；其次，相比于男性老年人口，女性老年人口的购物活动时间更为集中，规律特征也更为显著；最后，相比于男性老年人口，女性老年人口的购物持续时间更为紧促和集中，基本控制在一个小时以内，而男性老年人口则相对随意(图 6.33)。

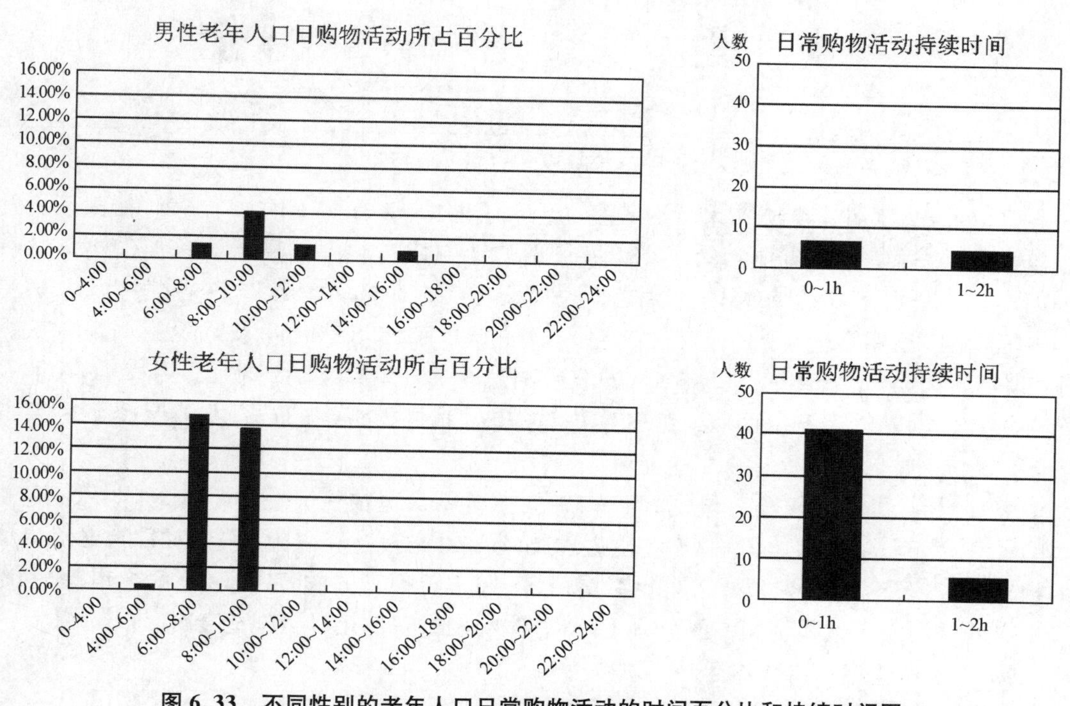

图 6.33 不同性别的老年人口日常购物活动的时间百分比和持续时间图

*资料来源：课题组关于南京市老年人口日常活动的抽样调研数据(2014 年)。

究其原因，可能是由于传统社会分工和家庭角色不同的惯性影响。相比于男性老年人口，有更多的女性老年人口统揽购物与家务类活动，其更能代表和反映老年人口的购物时间规律；而且由于其购物活动(买菜)往往是和家务活动(做饭)相连接，因此也更需要统筹安排时间，将购物持续时间压缩得紧凑些。

【性别：空间层面】

根据南京市男性和女性老年人口日常购物活动的情况，分别研究并抽象各自日常购物活动空间的三圈层结构如下(表 6.17)。

表 6.17　不同性别的老年人口日常购物活动的空间结构

<table>
<tr><th>男性老年人口的日常购物活动空间圈层</th><th>女性老年人口的日常购物活动空间圈层</th></tr>
<tr><td>

【第一圈层】集中购物带(离家 0.5 km 以内)。集中了约 47％的购物活动时间,成为南京市男性老年人口最主要的购物圈。

【第二圈层】分散购物带(离家 0.5～1 km)。购物活动总时间明显下降,衰减率达 0.38,只有约 29％左右的购物活动时间。

【第三圈层】购物边缘带(离家 1 km 以上)。购物活动总时间小幅下降,降幅较大,衰减率只有 0.2,购物总时间只占约 23％

</td><td>

【第一圈层】集中购物带(离家 0.5 km 以内)。集中了约 60％的购物活动时间,成为南京市女性老年人口最主要的购物圈。

【第二圈层】分散购物带(离家 0.5～1 km)。购物活动总时间明显下降,衰减率达 0.38,只有约 38％左右的购物活动时间。

【第三圈层】购物边缘带(离家 1 km 以上)。购物活动总时间急剧下降,降幅很大,衰减率高达为 0.95,购物总时间只有不到 2％

</td></tr>
<tr><td>

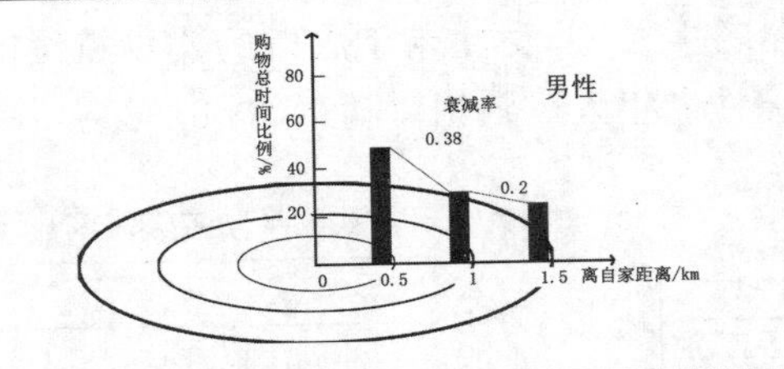

</td><td>

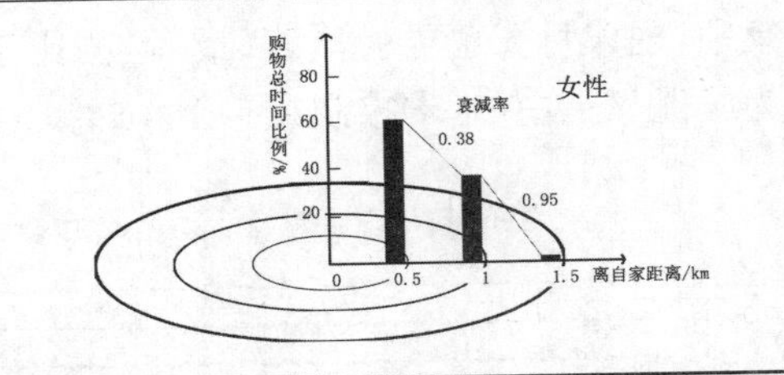

</td></tr>
</table>

＊资料来源:课题组关于南京市老年人口日常活动的抽样调研数据(2014 年)。

可以看出,男性老年人口和女性老年人口的购物活动有所不同:一方面,相比于男性老年人口,女性老年人口更倾向于在距家较近的地方购物。数据显示,在距家 1 km 的范围内实际上集中了高达 98％的女性老年人口购物活动时间,而男性同一数据为 76％;另一方面,相比于男性老年人口,女性老年人口的日常购物活动时间衰减更为明显。数据显示,其从 0.5～1 km 到 1～1.5 km 的衰减高达 0.95,而男性同一数据只有 0.2,说明女性老年人口的购物活动空间收敛性和集中性更强,其购物空间的选择更容易受到距离的影响。

究其原因,可能是相较于男性老年人口,女性老年人口往往会在购物、家务上承担起更多的家庭分工和职责;但同时限于女性生理体能上的先天性局限,往往会对日常必需品的购物出行有着较大的便利需求,因此多选择社区周边近距离的农贸市场、社区超市等,并随着距离的增加而导致购物频率的急剧下降,总体购物时间也相对急剧地衰减。

② 收入对老年人口购物活动的影响

【收入:时间层面】

可以看出,低收入老年人口(月收入 2 000 元以下)和中高收入老年人口(月收入 2 000 元以上)的购物活动大体相同:其购物活动在日常活动中所占比重均有限(峰值低于 10％),且多集中于早上 6:00～10:00 的时间段内,所持续时间也多以一个小时为主(图 6.34)。

【收入:空间层面】

根据南京市低收入(月收入 2 000 元以下)和中高收入(月收入 2 000 元以上)老年人口的日常购物活动情况,分别研究并总结其日常购物活动空间的三圈层结构如下(表 6.18)——

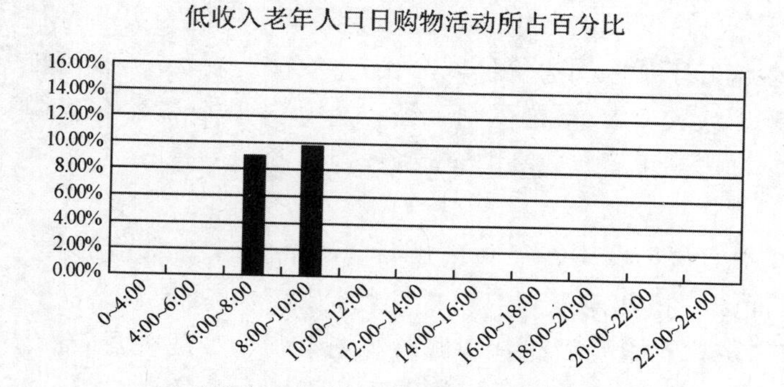

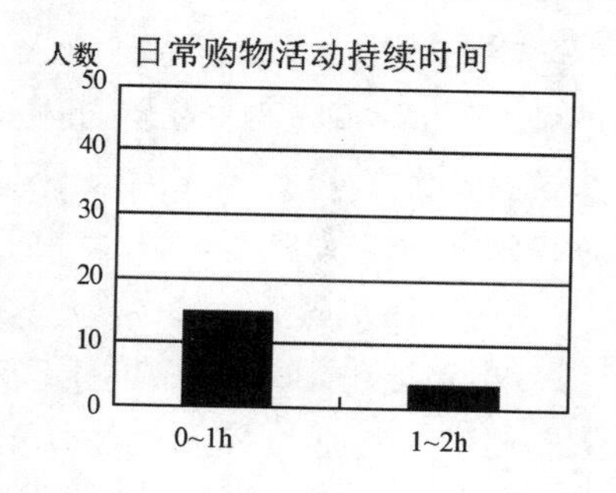

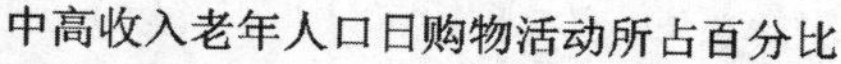

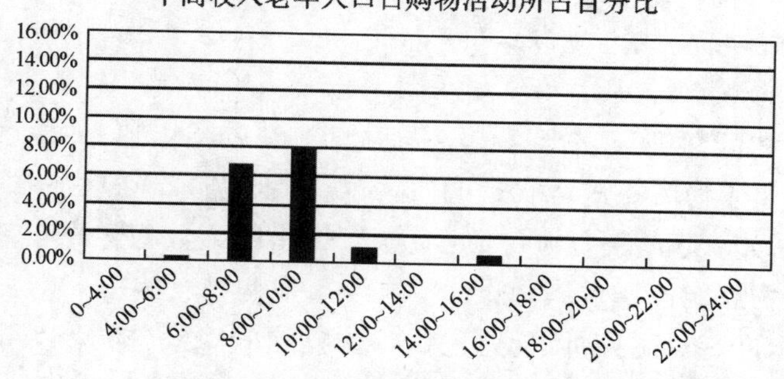

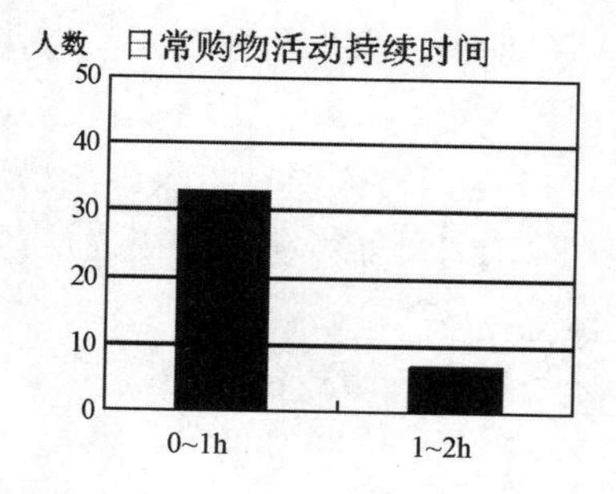

图 6.34　不同收入的老年人口日常购物活动的时间百分比和持续时间图

*资料来源:课题组关于南京市老年人口日常活动的抽样调研数据(2014 年)。

表 6.18　不同收入的老年人口日常购物活动的空间结构

低收入老年人口的日常购物活动空间圈层	中高收入老年人口的日常购物活动空间圈层
【第一圈层】集中购物带(离家 0.5 km 以内)。集中了约 70%的购物活动时间,成为南京市低收入老年人口最主要的购物圈。 **【第二圈层】**分散购物带(离家 0.5～1 km)。购物活动总时间明显下降,降幅较大,衰减率达 0.63,只有约 26%左右的购物活动时间。 **【第三圈层】**购物边缘带(离家 1 km 以上)。购物活动总时间明显下降,降幅依然较大,衰减率高达为 0.83,购物总时间只占约 4%	**【第一圈层】**集中购物带(离家 0.5 km 以内)。集中了约 42%的购物活动时间,成为南京市中高收入老年人口最主要的购物圈。 **【第二圈层】**分散购物带(离家 0.5～1 km)。购物活动总时间小幅下降,衰减率为 0.21,只有约 33%左右的购物活动时间。 **【第三圈层】**购物边缘带(离家 1 km 以上)。购物活动总时间急剧下降,降幅较大,衰减率高达 0.79,购物总时间只占约 7%
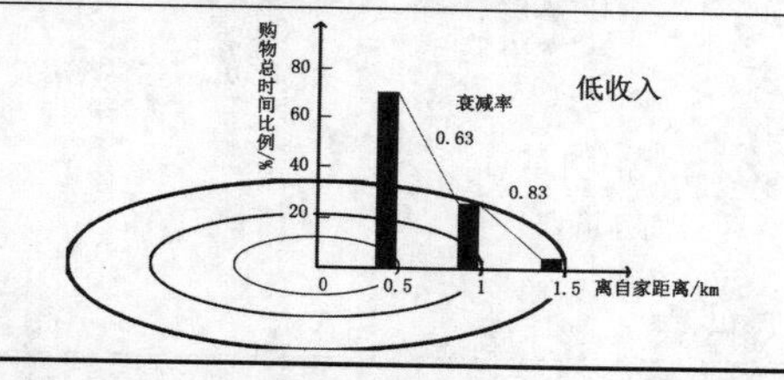	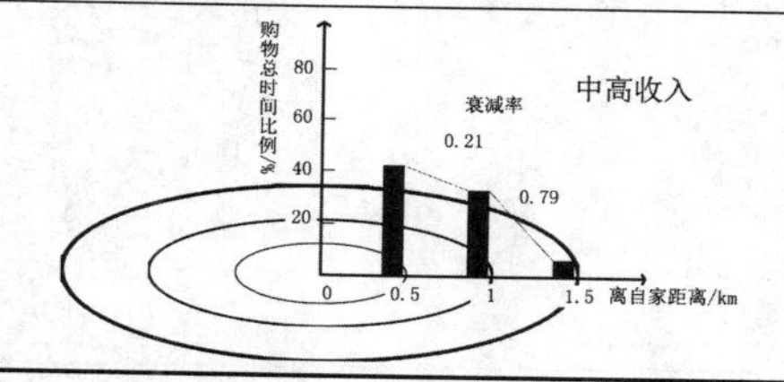

*资料来源:课题组关于南京市老年人口日常活动的抽样调研数据(2014 年)。

可以看出,低收入老年人口和中高收入老年人口的购物活动有所不同:一方面,相比于中高收入老年人口,低收入老年人口更倾向于在距家较近的社区周边购物。数据显示,在距家 0.5 km 的范围内集中了约 70%的低收入老年人口购物活动时间,而中高收入人口同一数据仅为 42%;另一方面,相比于中高收入老年人口,低收入老年人口的日常购物活动时间衰减更为明显。数据显示,其两次衰减 0.63 和 0.83 均高于中高收入老年人口,说明低收入老年人口的购物活动空间收敛性和集中性更强,其购物空间的选择更容易受到距离的影响。

究其原因，相较于中高收入老年人口，低收入老年人口由于受限于自身的购买能力和消费水平，购买蔬菜食品等日用品多偏好于社区周边价位低廉、出行便捷的农贸市场，而较少选择到距离较远、价格也更高的超市或大卖场；同样受制于经济能力，考虑到随着距离增加而增长的通勤成本，其日常购物活动时间也有着较高的衰减率。

② 空间属性

老年人口购物活动的空间属性主要包括网点特征和连通深度两个方面。同之前老年人口社会属性的分异结论相比，空间属性虽然对老年人口的购物活动有着较为显著的影响，但对老年人口购物活动的时间却影响有限。因此基于城市规划角度和社区视野，有针对性地从上述两个方面入手，对老年人口购物活动的空间影响进行二次分异探讨，可进一步把握老年人口购物活动在空间方面的特征规律。

【网点特征对老年人口购物活动的影响】

在空间上对宝塔桥街道（方家营社区）、朝天宫街道（止马营社区）和南湖街道（文体社区和康福社区）内三片社区附近的主要购物网点进行实地调研，分析发现：方家营社区中购物点 BTQ01 的人数最多，其次为 BTQ03；止马营社区中购物点 CTG01 的人数明显高于其他购物点；文体社区和康福社区中购物点 NH01 的人数也明显高于其他购物点（图 6.35）。

从网点特征上对各购物点进一步进行对比分析，具体包括各购物点的规模、档次、类型以及售卖品种。由此，可以看出选择人数较多的购物点网点共性为：规模中等以上、档次偏中低档、类型以菜市场为主、主要售卖品种偏蔬菜鱼肉等日用食品；而选择人数较少的购物点多为档次偏中高档的超市（表 6.19）。

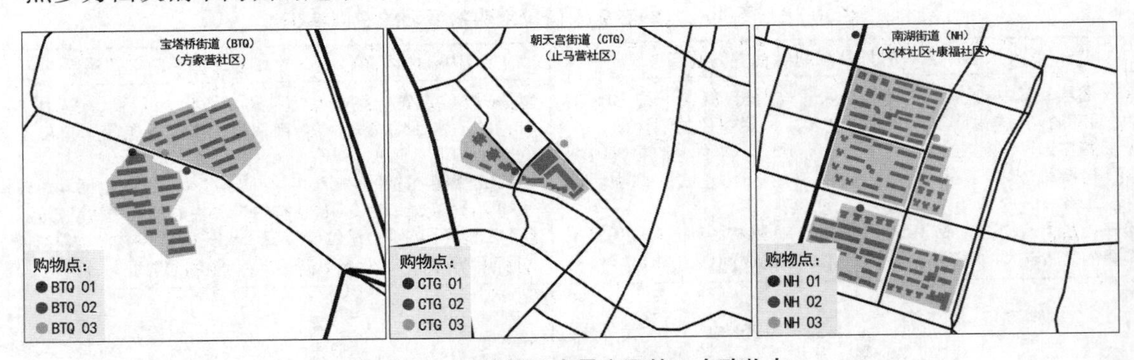

图 6.35　三片社区内最主要的三个购物点

＊资料来源：课题组关于南京市老年人口日常活动的抽样调研数据（2014 年）。

表 6.19　各购物点特征表

统计项目	BTQ 01	BTQ 02	BTQ 03	CTG 01	CTG 02	CTG 03	NH 01	NH 02	NH 03
规模	中	中	小	中偏大	中	中偏小	大	小	小
档次	中偏低	中	低	中偏低	中	中	中偏低	中	中
类型	菜市场	超市	摊贩	菜市场	超市	超市	菜市场	超市	便利店
品种	蔬菜、肉	零售	蔬菜	蔬菜、肉	零售	零售杂货	蔬菜、肉、杂货	零售	零售
人数(%)	16.9%	2.1%	12.0%	22.5%	2.1%	0.7%	39.4%	2.8%	1.4%

进一步依托于 SPSS 技术平台对网点各特征展开相关性分析（表 6.20），通过 Spearman 相关分析发现：网点的档次与参与购物活动的老年人口数之间的相关性系数为－0.786、通过 5%（0.012）的显著性检验，说明档次与老年人口的购物活动呈显著的负相关（即老年人口偏好于档次更低的购物网点）；网点的规模与参与购物活动的老年人口数之间的相关性系数为 0.589，未通过 5%（0.095）的显著性检验，说明规模与老年人口的购物活动并不呈显著的正/负相关（即规模越大/越小并不一定有利于促进老年人口的购物活动）；同理，网点的规模（0.050）、类型（0.033）、品种（0.005）均通过 5%的显著性检验，说明以上三者均对老年人口的购物活动产生显著影响。由此可见，网点特征中的规模、档次、类型以及品种均是老年人口购物活动的决定性因素，能够显著影响老年人口购物活动的展开（表 6.20）。

表 6.20　网点特征的相关分析表

相关性分析方式		档次	规模	类型	品种
Spearman 相关分析	相关性系数	－0.786	0.589	—	
	显著性（双侧）	0.012	0.095		
单因素方差分析	F	—	5.618	6.746	15.720
	显著性		0.050	0.033	0.005

＊资料来源：笔者根据课题组抽样调研数据应用 SPSS 软件绘制。

究其原因，一方面老年人口受到传统生活习惯的影响，日常购物的内容多以蔬菜肉类等日常食品为主；另一方面老年人口受限于自身的购买能力，在购买蔬菜食品时多偏好于社区周边档次偏低且价格较为低廉、有一定规模且种类较为齐全、也更易满足一次性购物需求的菜市场。

【连通深度对老年人口购物活动的影响】

从连通深度上对各购物点进一步进行对比分析（所谓连通深度①，主要是指以小区出入口邻接的轴线段为起点，购物点所在轴线段为终点，空间转折次数即为该出入口的连通深度值），在三片社区中选取共计 9 个小区，分别计算其与各主要购物点间的路径连通深度（图 6.36），对比分析后可以发现：在空间距离相近的前提下，连通深度（尤其是小区最近出入口的连通深度）

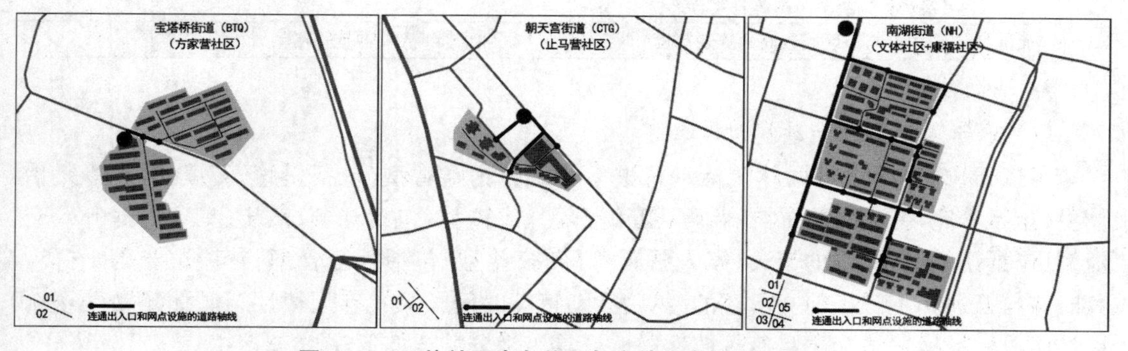

图 6.36　三片社区内各住区与主购物点的连通关系

＊资料来源：课题组关于南京市老年人口日常活动的抽样调研数据（2014 年）。

① 杨东峰，刘正莹．邻里建成环境对老年人身体活动的影响——日常购物行为的比较案例分析[J]．规划师，2015，31（3）：101－105.

越高的小区，老年人口的购物活动发生得越少。如 NH03 和 NH05 两个小区尽管在空间距离上较为相近，但由于连通深度的不同，前者吸引了更多的老年人口购物。这说明，购物点与小区之间较高的连通深度（即路径迂回）并不利于老年人口购物活动的高频率产生（表 6.21）。

表 6.21　主要购物点与各小区出入口的连通深度

统计项目	BTQ 01	BTQ 02	CTG 01	CTG 02	NH 01	NH 02	NH 03	NH 04	NH 05
小区出入口的平均连通深度	1	1	1.5	1	2	2	1.8	3	3
小区最近出入口的连通深度	1	1	1	1	1	2	1	3	3
人数(%)	9.7%	13.6%	11.7%	10.7%	17.5%	9.7%	14.6%	6.8%	5.8%

究其原因，老年人口可能是因为生理体能上的局限，对购物出行活动多有便利舒适的需求，而小区与购物点之间较差的路径连通性会明显降低老年人口购物出行的便捷性，进而抑制了老年人口购物出行的积极性和频率（表 6.22）。

表 6.22　南京市老年人口购物活动时空分异总结

分异		老年人口购物活动时空分异	主要影响
社会属性	性别	相比于男性老年人口： **【时间】**① 女性老年人口的购物活动时间更为集中，规律特征也更为明显； ② 女性老年人口的购物持续时间更为紧促。 **【空间】**① 女性老年人口更倾向于在距家较近的地方购物； ② 女性老年人口的日常购物活动时间的衰减率更高	
	收入	相比于中高收入老年人口： **【时间】**大体相同。 **【空间】**① 低收入老年人口更倾向于在距家较近的社区周边购物； ② 低收入老年人口的日常购物活动时间的衰减率更高	
空间属性	网点特征	购物点的网点特征对老年人口的购物活动选择会产生主导性影响。其中，规模、档次、类型以及品种均是老年人口购物活动的决定性因素，能够显著影响老年人口购物活动的展开。老年人口青睐的网点特征包括： **【规模】**中等以上； **【档次】**偏中低档； **【类型】**以菜市场为主； **【品种】**偏蔬菜鱼肉等日用食品	
	连通深度	购物点与小区间较高的连通深度（即路径迂回）不利于老年人口的购物活动	

2）休闲活动

（1）老年人口休闲活动的时空特征

可以看出，老年人口的休闲活动可进一步细分为益智型（包括棋牌、阅读、影视等）、怡情型（包括养宠物、制作与书画、收藏、逛市场等）、康体型（包括球类、散步、专项健身等）、交流型（包括访友、有组织的聚会、家人聊天等）和公益型（包括社区管理、专项服务等）五类，其时空特征总体上除了前文所述的"休闲活动持续时间长且具有规律性"和"休闲活动场所以社区内和社区周边为主且有规律性"外，还具有细分特征如下（图 6.37）：

① 老年人口对各类休闲活动的时间投入和偏好差别较大

一方面，老年人口在活动时间的投入上，更偏好于益智型和康体型的休闲活动。数据显示，无论从每个时段来看还是从全天整体来看，这两类活动均占据了绝大部分的休闲活动比例；但另一方面，公益性的休闲活动则相当不受老年人口的青睐，只有极个别的老年人口会选择参与公益性的休闲活动。

② 各类休闲活动发生的主要空间场所较为固定且有规律性

老年人口参与各类休闲活动的空间场所相对固定：益智型休闲活动的主要场所是家中，少部分发生于小区配建的户内活动设施；康体型休闲活动的主要场所是小区公共活动广场和小区外；怡情型休闲活动的主要场所也是小区公共活动广场和小区外；交流型休闲活动的主要场所则包括楼道口/宅间空地、小区公共活动广场和小区外。

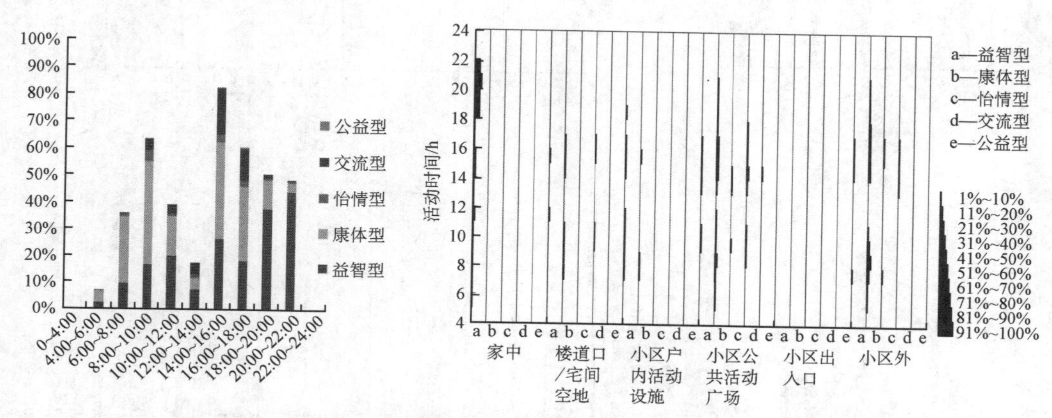

图 6.37　老年人口日常休闲活动的活动时间百分比和时空间结构图

＊资料来源：课题组关于南京市老年人口日常活动的抽样调研数据(2014 年)。

(2) 老年人口休闲活动的群体分异

基于城市规划角度和社区视野，从社会属性和空间属性两个方面入手，进一步分别对老年人口休闲活动的时空特征进行分异探讨：其中，前者主要借助于时间地理学的技术手段，针对老年人口自身所特有的个体属性(如性别、年龄等)展开影响分析；后者则通过实地调研和现场记录的方式展开空间方面的影响分析，既包括老年人口所在社区与城市空间的关系(如周边环境)，也包括老年人口所在社区自身的空间属性(如节点形态、空间品质)。

① 社会属性

诚如前文所述，性别、年龄和家庭结构这三项属性对老年人口休闲活动的时空特征和规律有着较大的影响，因此下文将有针对性地聚焦于上述三个方面分别对老年人口休闲活动的时空特征进行二次分异探讨，以便于进一步把握老年人口的日常活动规律。

【性别对老年人口休闲活动的影响】

通过对比可以看出，性别差异会影响老年人口休闲活动的时空特征，除前文所述的休闲活动总时间和休闲活动场所外，还体现在以下几个方面(图 6.38，表 6.23)——

【年龄对老年人口休闲活动的影响】

通过对比可以看出，年龄差异(60～79 岁为低龄、80 岁及以上为高龄①)影响着老年人口休闲活动的时空特征，除前文所述的休闲活动总时间和休闲活动场所外，还体现在以下几个方面(图 6.39，表 6.24)：

① 李彭亮，王裔艳．上海高龄独居老人研究[J]．南方人口，2010，25(5)：24．

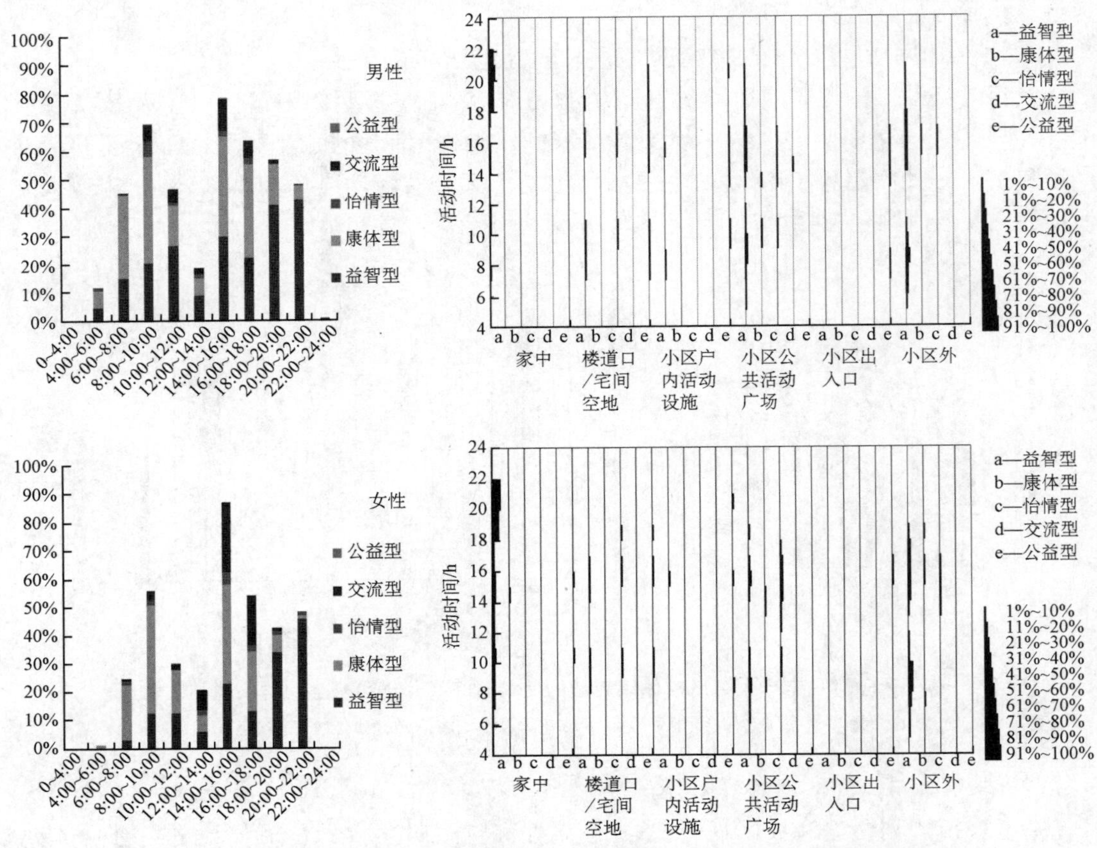

图 6.38　不同性别的老年人口日常休闲活动的活动时间百分比和时空间结构图

* 资料来源:课题组关于南京市老年人口日常活动的抽样调研数据(2014 年)。

表 6.23　性别对老年人口休闲活动的影响及其原因

活动时空		性别对老年人口日常活动的影响	主要原因
各类活动时间		相比于男性老年人口,女性老年人口更偏好于交流型的休闲活动,而益智型的休闲活动则相对较少;更进一步发现,其上午的休闲活动内容以益智型为主,下午的休闲活动内容则以交流型为主	女性老年人口从性格和心理角色上看,更偏重和擅长于外向性的表达和社交,也更倾向于以交流的方式进行休闲活动,尤其是在活动人数相对较多的下午时间
各类活动空间	益智型	男性老年人口的益智型休闲活动较为集中地发生于家中和小区户内活动设施,而女性则相对分散凌乱	男性老年人口益智型活动的内容多以棋牌类为主,需要一个相对静态封闭、受到外界干扰较少的空间环境
	康体型	男性老年人口的康体型休闲活动的主要活动场所是小区公共活动广场和小区外,而女性则以小区外为主	男性老年人口以个体化行为或是小规模活动为主,而女性则以集聚性的大规模活动(如广场舞、健身操等)为主,对活动空间的需求更大

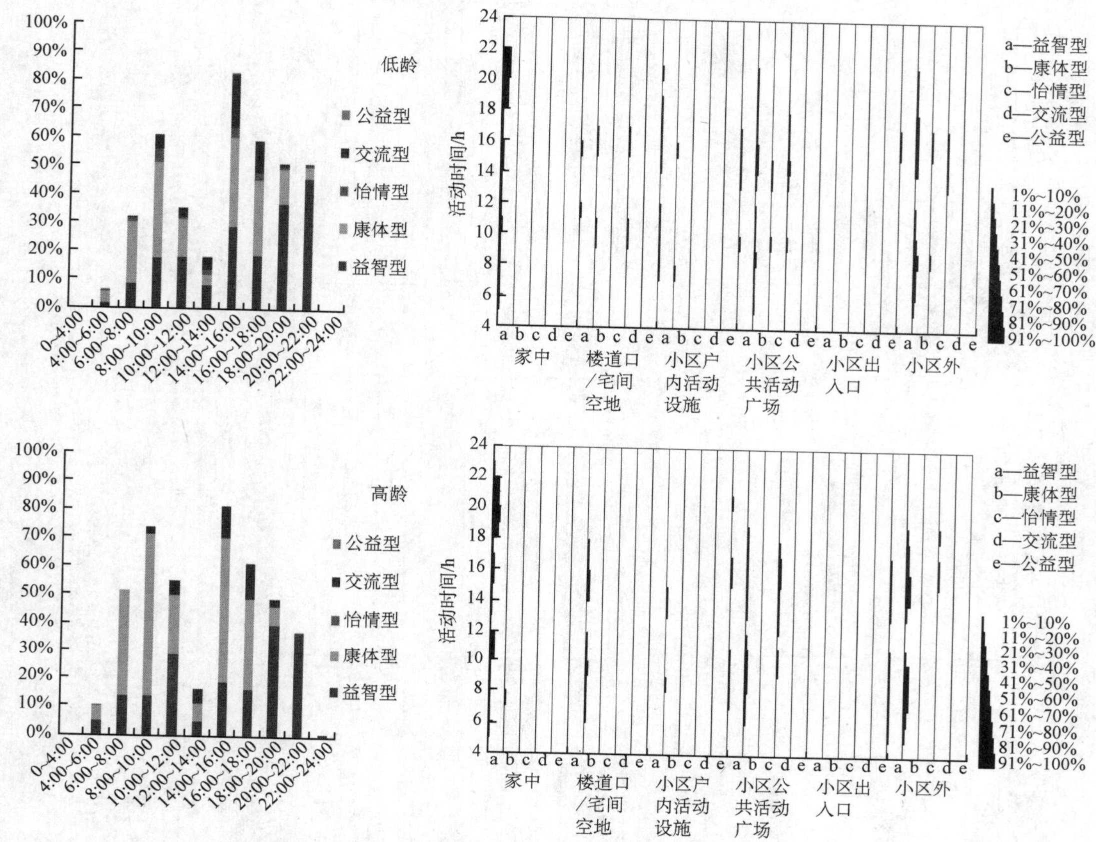

图 6.39　不同年龄的老年人口日常休闲活动的活动时间百分比和时空间结构图

＊资料来源:课题组关于南京市老年人口日常活动的抽样调研数据(2014 年)。

表 6.24　年龄对老年人口休闲活动的影响及其原因

活动时空		年龄对老年人口日常活动的影响	主要原因
各类活动时间		相比于高龄老年人口,低龄老年人口的休闲活动类别更为丰富,且以益智型和康体型休闲活动为主,同时对怡情型休闲活动也有一定的参与率;而高龄老年人口以康体型休闲活动为主,却很少参与怡情型休闲活动	生理机能方面的退化使高龄老年人口不便于继续从事遛鸟(怡情型活动)、打牌、下棋(益智型活动)等相对复杂的休闲活动,转而选择了较为简单的身体锻炼方式(康体型活动)
各类活动空间	益智型	低龄老年人口的益智型休闲活动场所以家中和小区户内活动设施为主,而高龄老年人口则更多地在家中参与益智型休闲活动	心智生理机能等方面的退化,使高龄老年人口在益智型活动上多选择了看电视看报纸等宅家活动,而低龄老年人口所偏好的棋牌类活动,则因其团体性和特定的环境要求而多展开于小区配建的户内设施
	康体型	低龄老年人口的康体型休闲活动场所是小区公共活动广场和小区外,而高龄老年人口是楼道口/宅间空地、小区公共活动广场等	出于安全和便利的需求,较多的高龄老年人口选择了在离家不远的社区周边锻炼身体

【家庭结构对老年人口休闲活动的影响】

通过对比可以看出,家庭结构差异影响着老年人口休闲活动的时空特征,除前文所述的休闲活动总时间外,还体现在以下几个方面(图 6.40,表 6.25)——

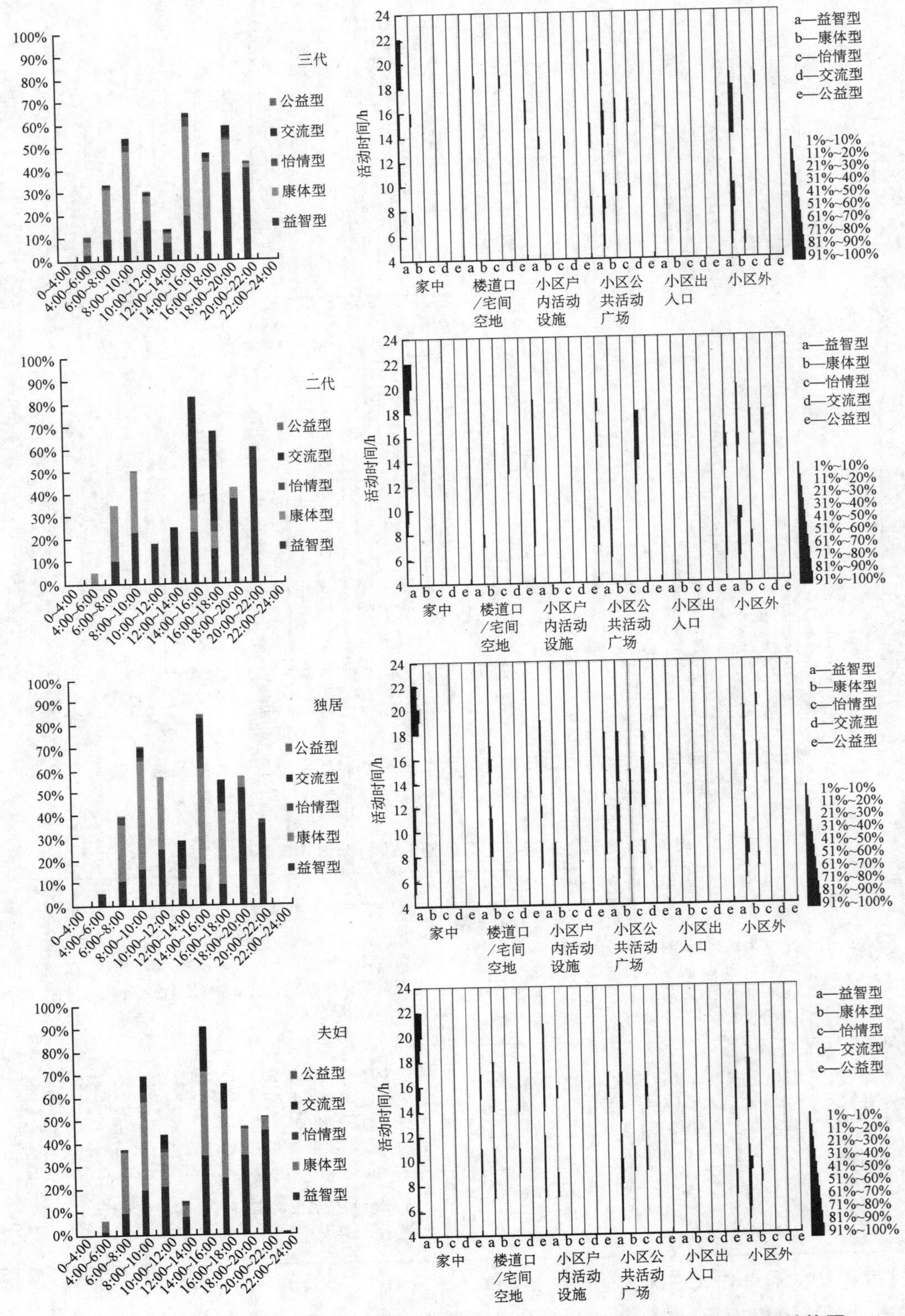

图 6.40　不同家庭结构的老年人口日常休闲活动的活动时间百分比和时空间结构图

*资料来源：课题组关于南京市老年人口日常活动的抽样调研数据(2014 年)。

表 6.25 家庭结构对老年人口休闲活动的影响及其原因

活动时空		家庭结构对老年人口日常活动的影响	主要原因
各类活动时间		相比于三代结构家庭的老年人口，二代结构家庭的老年人口更偏好于交流型的休闲活动，而较少参与康体型的休闲活动（其上午的休闲活动内容以康体型为主，下午的休闲活动内容则以交流型为主）；独居结构家庭的老年人口多参与怡情型的休闲活动；夫妇结构家庭的老年人口则较少参与怡情型的休闲活动	三代结构家庭的老年人口在休闲活动中多以陪伴子女孙辈为主，而少有时间和机会同社区其他人交流；二代结构家庭的老年人口由于时常面临子女忙碌在外的“空巢”感，而在休闲活动时表现出较强的交流意愿，尤其是在活动人数相对较多的下午时间；独居结构家庭的老年人口则多通过养鸟遛鸟（怡情型活动）来充实生活和消除心理上的孤寂感
各类活动空间	益智型	三代结构家庭的老年人口益智型活动相对集中地发生于家中，其他结构家庭的老年人口则零散地发生于家中和小区的户内活动设施	三代结构家庭的老年人口生活重心以照顾子女孙辈为主，其活动也多伴随孙辈在家中展开，而没条件也没时间从事打牌下棋等常见于小区户内活动设施的益智型活动
各类活动空间	康体型	三代结构家庭的老年人口的康体型活动相对集中地发生于小区外和小区公共广场，二代结构家庭的老年人口集中发生于小区外，其他结构家庭的老年人口则零散地发生于楼道口/宅家空地、小区公共活动广场和小区外	三代结构家庭的老年人口活动大多伴随孙辈展开，其活动空间的选择也受到孙辈的牵制，多选择儿童小孩集聚较多的广场和小区外；二代结构家庭的老年人口交流意愿较为强烈，因此在小区内（归属感、认同感较强）多参与交流型活动而少展开康体型活动
	交流型	二代结构家庭的老年人口的交流型活动大部分发生于小区公共活动广场，少部分发生于小区外，独居结构家庭的老年人口集中发生于小区公共活动广场，其他结构家庭的老年人口则零散地发生于各活动场所	二代和独居结构家庭的老年人口交流愿望更为强烈，主动寻求人流集聚、交往机会更多的公共广场，而其他结构家庭的老年人口交流主动性有限，随机性较强，在空间上零散分布

② 空间属性

老年人口休闲活动的空间属性主要包括周边环境、节点形态和空间品质度三个方面。同之前老年人口社会属性的分异结论相比，空间属性虽然对老年人口休闲活动空间有着较为显著的影响，但对老年人口休闲活动时间的影响却并不明显。因此基于城市规划角度和社区视野，有针对性地从上述三个方面入手，对老年人口休闲活动的空间影响进行二次分异探讨，可进一步把握老年人口休闲活动在空间方面的特征规律。

【周边环境对老年人口休闲活动的影响】

在空间上对宝塔桥街道（方家营社区）、朝天宫街道（止马营社区）和南湖街道（文体社区和康福社区）内三片社区周边的主要休闲活动网点进行实地调研和对比分析，发现：一方面，周边有绿地公园或大型市民广场的社区，从绝对数量上讲，会吸引更多的老年人口参与到休闲活动中（方家营 69 人，止马营 259 人，文体和康福 191 人）；但另一方面，上述社区的老年人口更偏好于在绿地公园和市民广场（而非社区内部）进行休闲活动[止马营 87%，文体和康福 77%，方家营 0%（无绿地）]（图 6.41）。

图 6.41 三片社区与周边环境的关系

* 资料来源：课题组关于南京市老年人口日常活动的抽样调研数据（2014 年）。

究其原因，主要是相对于小区内的公共广场、宅间空地/楼道口等活动场地，绿地公园和市民广场有着相对优越的环境品质和规模更大的开放空间，更有利于老年人口休闲活动（尤其打牌、跳舞等集群性活动）的展开，而这种集群性活动的展开又进一步吸引了更多的老年人口参与其间，在提升老年人口参与规模的同时，也使很多原本在小区内活动的老年人口受其“休闲引力”的影响，转而选择在社区外的周边绿地公园和市民广场进行活动。

【节点形态对老年人口休闲活动的影响】

从节点形态上对各休闲活动点进行对比分析，在三片社区内选取空间等级相似、规模大小相近的 6 个休闲活动节点，观察发现（图 6.42）：各活动节点处参与休闲活动的老年人口数量相差较大，有些空间即便配备有设施器材，也不受老年人口的青睐；相反，有的地方虽无设施器材，老年人口却会自携板凳桌椅等设施自发形成活动空间的节点。进一步抽象各类活动节点的空间形态（表 6.26），发现：活动人数较少的休闲活动节点大多位于一条道路或是街巷的尽端和中间，而活动人数较多的休闲活动点则多位于多条道路或街巷的交叉口，且往往与活力较强的商业设施紧邻。

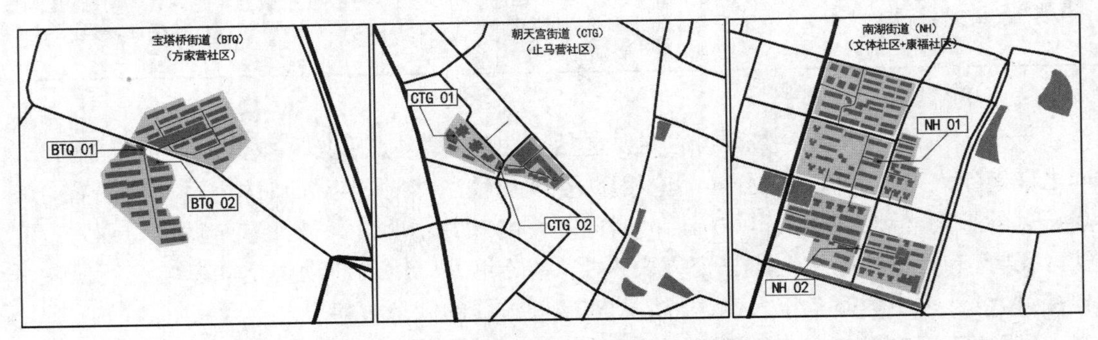

图 6.42　三片社区内主要的休闲活动点

＊资料来源：课题组关于南京市老年人口日常活动的抽样调研数据（2014 年）。

表 6.26　各休闲节点的形态抽象图

	BTQ 01	BTQ 02	CTG 01	CTG 02	NH 01	NH 02
节点形态抽象图				超市		店铺
参与人数（%）	28.6%（交流型）	3.6%（康体型）	3.6%（怡情型）	32.1%（交流型）	7.1%（康体型）	25.0%（益智型）

究其原因，主要是因为相较于位于道路或街巷尽端的休闲活动点，位于多条道路或街巷交叉口的休闲活动节点拥有更好的空间聚合性和交通可达性，也更符合老年人口对集聚性活动方式的偏好，而富有活力的商业设施则锦上添花地强化了该节点的集聚效应，这一切均在一定程度上催生了老年人口的休闲集群活动。

【空间品质对老年人口休闲活动的影响】

从空间品质上对各休闲活动点进行对比分析，在止马营社区内选取同样位于朝天宫景区、空间等级相似且规模大小相近的 6 个休闲活动点，在文体社区和康福社区内选取分别位于南北两处水系附近的 2 条休闲活动带，对比分析发现（图 6.43）：选择人数较多的休闲活动

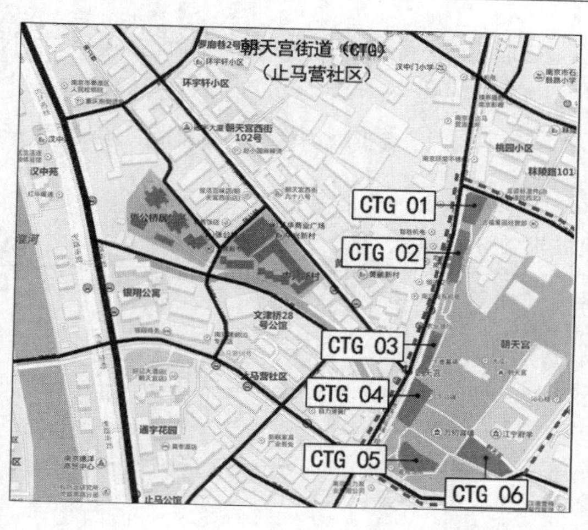

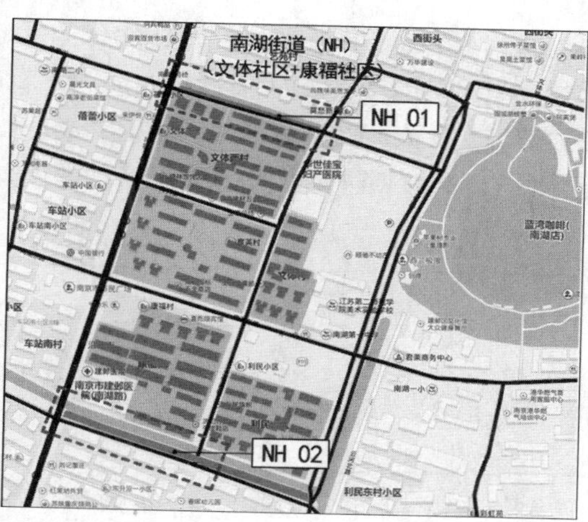

图 6.43　社区内所选的 8 个休闲活动点

＊资料来源：课题组关于南京市老年人口日常活动的抽样调研数据(2014 年)。

点空间品质共性为硬质场地规模中等以上(块状空间)或有较宽的步道(线性空间)、界面以凹形为宜、有基本的可供休息的座椅、有遮蔽的树荫且地面高差较少等(表 6.27)。

表 6.27　各休闲活动点空间品质特征

统计项目	CTG 01	CTG 02	CTG 03	CTG 04	CTG 05	CTG 06	NH 01	NH 02
规模	硬质场地较小	硬质场地小	硬质场地中等	硬质场地中等	硬质场地大	硬质场地较大	无栈道	有较宽的步道
界面								
设施	无	无	石凳、凉亭、报亭	少量石凳	石凳	石凳	小品	石凳、木椅、小品
环境	有高差 无树荫	有高差 无树荫	有高差 无树荫	无高差 有树荫	无高差 无树荫	无高差 有树荫	无高差 有树荫	无高差 有树荫
人数	益智：0% 交流：0% 康体：0.4% 怡情：0%	益智：0% 交流：0% 康体：0.8% 怡情：0%	益智：0% 交流：6.7% 康体：1.2% 怡情：0%	益智：23.9% 交流：3.1% 康体：0.8% 怡情：0%	益智：0% 交流：10.6% 康体：2.7% 怡情：0.8%	益智：20.8% 交流：15.7% 康体：1.6% 怡情：0%	益智：0% 交流：0% 康体：0.8% 怡情：0.4%	益智：2.0% 交流：1.2% 康体：5.9% 怡情：0.8%

进一步研究发现：对于老年人口来说，不同的休闲活动内容有着不同的空间品质需求。益智型活动的空间需要一定规模的硬质场地、非完全开放型的界面、有可供休息的座椅、有遮蔽的树荫且地面高差较少；交流型活动的空间需要一定规模的硬质场地和可供休息的座椅；康体型活动的空间需要较大规模的硬质场地(块状空间)或较宽的步道(线性空间)。

进一步依托于 SPSS 技术平台对休闲点各空间品质展开相关性分析(表 6.28)——通过 Spearman 相关分析发现：休闲点的规模与参与休闲活动的老年人口数之间的相关性系数为 0.819、通过 5%(0.013)的显著性检验，说明规模与老年人口的休闲活动呈显著的正相关(即老年人口偏好于规模更大的休闲点)；通过单因素方差分析发现：休闲点的设施(有无)通过 5%的显著性检验(0.050)，而高差(有无)(0.140)和树荫(有无)(0.186)未通过 5%的显著性检验，说明前者对老年人口的休闲活动产生显著影响，而后两者并不对老年人口的休闲活动产生显著影响。由此可见，空间品质中的规模、设施是老年人口休闲活动的决定性因素，能够显著影响老年人口休闲活动的展开，而高差、树荫是老年人口休闲活动的非决定性因素，能够促进老年人口休闲活动的展开。

表 6.28　空间品质相关分析表

相关性分析方式		规模	设施(有无)	高差(有无)	树荫(有无)
Spearman 相关分析	相关系数	0.819	—		
	显著性(双侧)	0.013			
单因素方差分析	F		5.878	2.888	2.231
	显著性		0.050	0.140	0.186

* 资料来源：笔者根据课题组抽样调研数据应用 SPSS 软件绘制。

究其原因，在规模上，老年人口更偏好于集群性的活动方式，对活动场地的规模往往有较大的需求，另一方面规模较小的硬质场地不利于空间活动的组织，尤其是对空间规模需求较大的康体型活动，因此规模成为了决定老年人口休闲活动展开与否的关键因素；在界面上，由于生理和心理上的需求，除康体型活动对界面要求较小外，参与益智型和康体型活动的老年人口更青睐于“凹形”这类具有一定私密感、围合感以及安全感的半开放界面；在设施上，木椅石凳等设施能够满足老年人口最基本的活动需求，因此也成为决定老年人口休闲活动展开与否的关键因素；在环境上，由于生理上的不便，老年人口偏好于较为平坦且无高差的活动空间，而树荫的遮蔽作用恰好可以为益智型和交流型(尤其是益智型)活动提供避受太阳直射的环境，两者虽然无法决定老年人口休闲活动的展开与否，但均可在一定程度上满足老年人口对舒适性的需求，能够吸引更多的老年人口参与休闲活动，也因此成为了老年人口休闲活动的促进性因素(表 6.29)。

表 6.29　南京市老年人口休闲活动时空分异总结

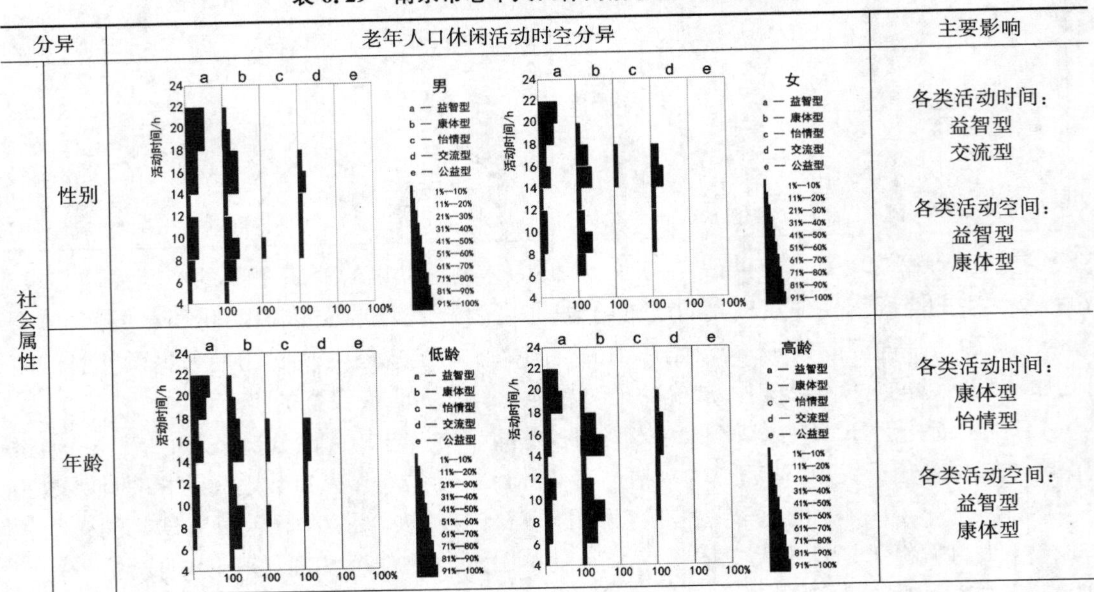

分异		老年人口休闲活动时空分异	主要影响
社会属性	性别	(男、女活动时间分布图)	各类活动时间：益智型 交流型 各类活动空间：益智型 康体型
	年龄	(低龄、高龄活动时间分布图)	各类活动时间：康体型 怡情型 各类活动空间：益智型 康体型

续表 6.29

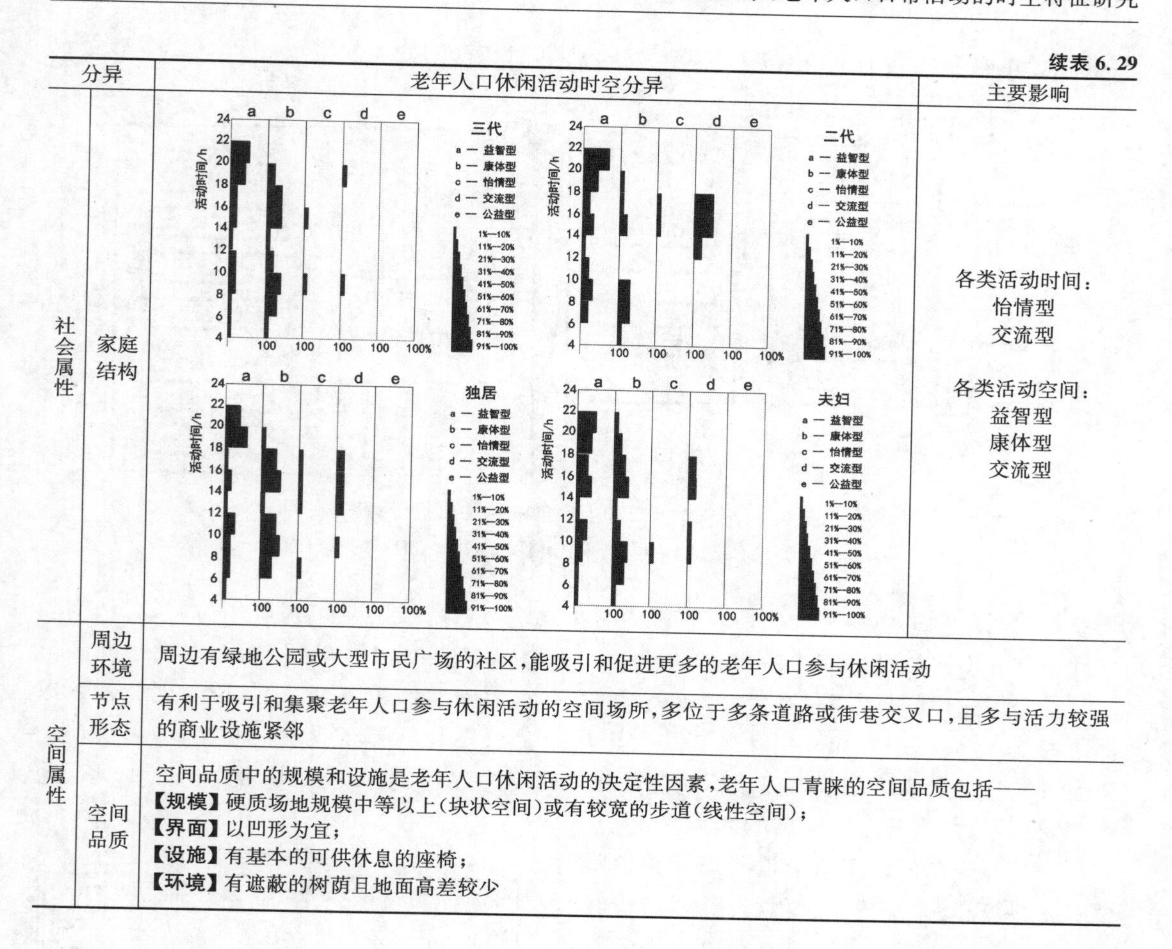

分异		老年人口休闲活动时空分异	主要影响
社会属性	家庭结构	（图）	各类活动时间： 怡情型 交流型 各类活动空间： 益智型 康体型 交流型
空间属性	周边环境	周边有绿地公园或大型市民广场的社区，能吸引和促进更多的老年人口参与休闲活动	
	节点形态	有利于吸引和集聚老年人口参与休闲活动的空间场所，多位于多条道路或街巷交叉口，且多与活力较强的商业设施紧邻	
	空间品质	空间品质中的规模和设施是老年人口休闲活动的决定性因素，老年人口青睐的空间品质包括—— **【规模】** 硬质场地规模中等以上（块状空间）或有较宽的步道（线性空间）； **【界面】** 以凹形为宜； **【设施】** 有基本的可供休息的座椅； **【环境】** 有遮蔽的树荫且地面高差较少	

6.5 老年人口日常活动的时空提升策略：以购物活动和休闲活动为重点

1）时间层面：问题及策略

（1）关于购物活动

① 现存问题剖析

通过之前的研究发现，老年人口的购物时间较集中地出现在早上 6:00～10:00 的时间段内，虽然有错开高峰期人流的倾向，但是在大城市里（尤其是 7:30～9:30 的上班高峰期）依然存在着这么一个显著问题：老年人口的出行不可避免地会与上班族的时间局部重叠，这无疑加剧了公共交通的压力，也为老年人口健康和安全的出行带来了隐患。

② 提升策略初探

首先建议老年人口在时间规划上适当推迟或者提前外出购物活动，从时间维度上避开上班族高峰期。可以看出，由于对网点特征和购物时间选择上的差异，老年人口和上班族在日常的购物活动中其实并不冲突，但老年人口的购物出行时间却与上班族的上班出行时间存在大幅冲突。考虑到绝大多数老年人口都有早起的习惯（多集中在早上 6:00 左右），而上班族的高峰期则集中在早上 7:30～9:30 之间，因此建议老年人口可结合早起习惯也适当提前自己的购物出行时间，以早上 6:00～7:30 之间为宜(图 6.44)。

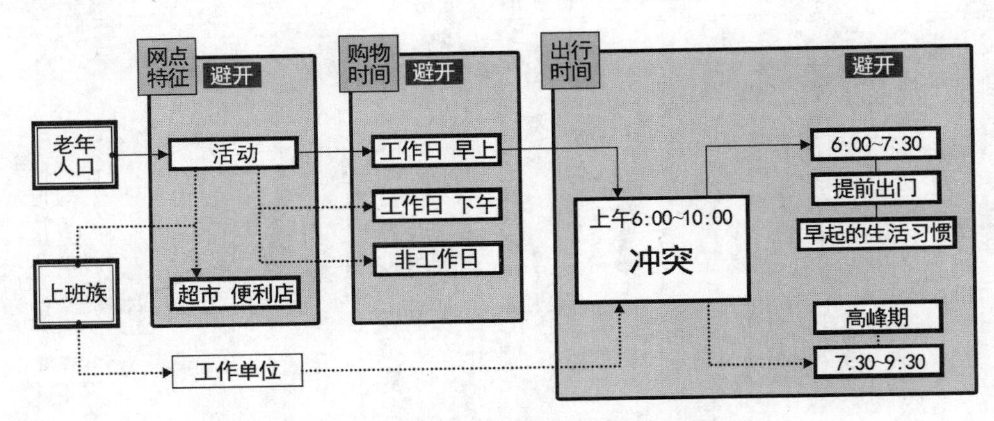

图 6.44　老年人口和上班族的购物出行示意图

＊资料来源：笔者根据老年人口和上班族的购物出行规律习惯自绘。

其次通过合理规划和增加社区周边的商业设施布点来鼓励老年人口步行购物，从空间维度上避开上班族高峰期。考虑到老年人口的集中购物带为“离家 0.5 km 以内的空间范围”，且老年人口的日常购物活动基本遵循“以自家为中心的距离衰减”规律。因此建议以社区为基本单元，加大和优化社区周边菜市场、超市、便利店等商业设施的建设，尽量使老年人口的日常购物活动能够以步行的方式在社区周边顺利展开，进而从根本上减少其远距离购物出行，并避开与上班族的冲突。

同时通过在公共交通上设置老年人口限时段专座，减轻其非步行购物出行压力，减少其购物安全隐患。传统的方法是在公共交通工具中设置老弱病残专座，但专座数量毕竟有限，高峰期到来时，对有限座位的挤占依然不可避免。因此，可以考虑增添限时段的老年人口专座，限定老年人口在 6:00～7:30 的时间段内享有一些固定的专座，其他时间段内这些座位则为公共性的(图 6.45)。这样既可以给予老年人口特殊的关照，满足其对出行安全和舒适的需求，又可以鼓励老年人口适当提前出行，避开上班族进而减少出行时间上的冲突。

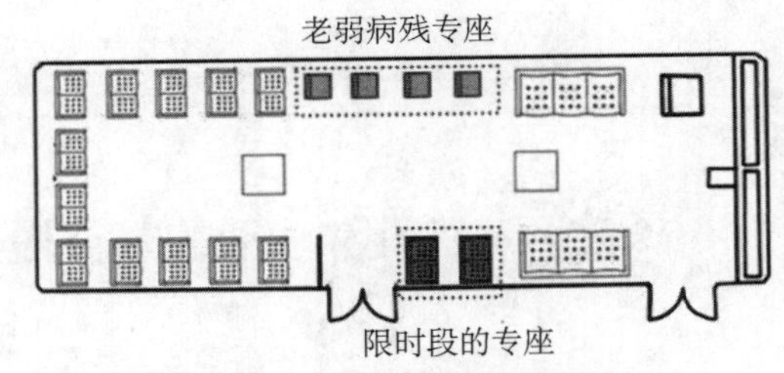

图 6.45　公共交通专座示意图

＊资料来源：笔者自绘。

最后在经济允许的情况下，超市经营者和社区管理者可以为部分距离网点较远(尤其是 1km 以上)的老龄化社区，定时定点地开设一定频率的免费班车。

(2) 关于休闲活动

① 现存问题剖析

除了完成必要的家务活动外，老年人口可自由支配的时间相对较多，休闲活动的时间也相对充裕，且持续时间普遍较长，内容上多以益智型和康体型的休闲活动为主。可以说，从时间层面上来看，老年人口的休闲活动在整体上尚属良好，但也有一些不尽如人意之处，主要体现在以下几个方面：

其一，老年人口的休闲方式和活动内容略显单一。通过之前的研究发现，老年人口在活动时间的投入上更偏好于以打牌、下棋、看电视为主的益智型和以锻炼、散步为主的康体型的休闲活动，而怡情型和公益性的休闲活动则不太受老年人口的欢迎。

其二，部分老年人口因为自身属性的原因，参与活动的时间较少。像女性老年人口由于在生活中所承担的家务压力较大，可支配的活动时间相对较少；再如三代结构家庭的老年人口，由于将生活重心放在了孩子(孙辈)身上，反而挤占和消耗了大量自身的休闲时间。

其三，老年活动场地由于承载了碎片化的活动时间而导致空间的低利用率。老年人口在休闲活动上有着明显的3个非连续时间段(上午8:00～10:00、下午14:00～18:00、晚上19:00～22:00)，在宅间空地、小区公共活动广场、小区外公园都可以看到明显集聚的老年人口活动，而这些活动场地在其他时段却大多乏人问津，使用效率低下。因此，如何将"场地"资源最大化利用是一个新的现实问题。

② 提升策略初探

首先，提高老年人口的文化程度，拓宽其广泛的兴趣爱好，丰富其活动方式和内容。通过之前的研究发现，老年人口的文化程度对休闲活动方式有较大的影响，这主要体现在其对休闲活动类型的多样性选择上：一方面，文化程度高的老年人口在生活中有着更良好的活动习惯，也培养了更多的兴趣爱好；另一方面从生理上说，文化程度高的老年人口在认知方面的机能衰退较为缓慢，有条件从事更多样性的休闲活动。因此一方面建议在社区中加大老年人口的教育培养，提升其文化素养和活动兴趣，鼓励其参与诸如才艺表演、书画展示等更加丰富多彩的休闲活动，而不仅仅是打牌下棋、跳操锻炼、聊天唠嗑等；另一方面，老年人口虽然多数远离了学校和工作岗位，但依然可以通过读书、看新闻、老年大学等方式丰富自己的阅历，提高自己的文化程度。

然后，通过对空间的定向改造和特殊关怀来弥补部分老年人口在活动参与时间上的不足。在社区中对老年人口日常活动空间进行规划布点时，除了常规多样性和大众性要求外，更需要在一定程度上考虑部分老年人口的特殊需求，比如说可以通过在楼道口/宅间空地等距家较近的场所多布置一些活动空间和配套设施，同时兼顾女性老年人口(活动持续时间较短)和高龄老年人口(不便于远距离活动)的特殊活动需要，再比如说可以在社区幼儿园出入口处设置广场或是在广场中多布置一些同样能够吸引儿童光顾的器材设施，创造一系列适合老年人口和孩子(孙辈)共同参与休闲活动的空间，使老年人口在进行休闲活动的同时，能够对孩子(孙辈)有所照料。

最后，通过合理的层级配给和时段分配，来强化社区休闲设施的利用效率和城市休闲设施的充分共享。根据老年人口日常休闲活动的发生频率、发生时段、持续时间以及场地的可达性，在城市和社区中建设系统的、分级的、合理的休闲空间和休闲设施，具体建议：以社区为单元，重点建设小区级别的休闲设施、组织小区级别的休闲活动，以提高老年人口对休闲活动空间的使用效率；同时，注重城市周边休闲场地和设施共享，老城区内很多小区由于受制于既定的空间和有限条件而无法直接扩建增设活动场所的，可分享和利用周边邻近的市民广场、城市公园等，甚至考虑到老年人口活动时间主要为上午8:00～10:00、下午14:00～18:00、晚上19:00～22:00，可以通过时段来分配使用活动场地——在部分时间段内，活动场地优先提供给老年人口活动，其余时间段则属于全体居民共用(表6.30)。

表 6.30 不同人群的广场使用时段

时间段	6:00～8:00	8:00～10:00	10:00～12:00	12:00～14:00	14:00～16:00	16:00～18:00	18:00～20:00	20:00～22:00
上班族	—			休憩	—			康体
儿童	—	玩耍	玩耍	—	玩耍	玩耍	—	
男性老年人口	康体	康体	—		益智＋康体	益智＋康体	—	康体
女性老年人口	康体	康体	—		交流	交流	—	康体
优先人群	老年人口		儿童	上班族	老年人口＋儿童		—	共用

2）空间层面：问题及策略

（1）关于购物活动

① 现存问题剖析

调查研究中发现，离家 0.5 km 以内的空间范围是老年人口的集中购物带，集中了绝大多数的购物活动时间，老年人口的日常购物活动也基本服从以自家为中心的距离衰减规律。但是现实的问题是：由于设施规划在网点特性及其连通路径等方面所存在的偏差和局限，仍有不少老年人口（尤其是低收入老年人口）不得不"舍近求远"而选择距离更远的购物出行，从而对老年人口的购物活动造成了消极影响。

② 提升策略初探

首先，营造同多数老年人口需求相匹配的网点特征。类似老龄化社区的设施配建需要兼顾两方面的基本需求：一方面需要满足一般居民的门槛性、普适性需求，可按照国家和地方的相关标准规范进行分类配置——对于新区，可参照《南京新建地区公共设施配套标准规划指引》中的规定，在居住社区级（服务人口 30 000 人，服务半径 400～500 m）的公共服务配套设施进行相应配置（表 6.31）；对于老城区，考虑到其现行社区管理组织为二级的"街道办事处—社区居委会"，则建议参照表 6.32 进行相应配置（表 6.32）；另一方面，则需在规

表 6.31 《南京新建地区公共设施配套标准规划指引》对居住社区级商业服务设施的要求

设施类型	经营内容品种	配套建筑规模（m^2）
菜市场	包括蔬菜、肉类、水产品、副食品、水果、熟食、净菜等售卖	2 000
社区商业金融服务设施	超市、餐饮、中西药店、书店、洗染、美容美发、综合修理；服装、鞋店、礼品、鲜花、照相、音像制品、日用杂品、五金电器、文具、洗浴等其他商业服务设施，银行储蓄所等金融服务设施	17 200～23 200

* 资料来源：《南京新建地区公共设施配套标准规划指引》。

表 6.32 南京老城社区级商业服务设施配建指标建议表

设施类别	社区级别	项目设置	基本建筑规模（m^2）	建筑千人指标（m^2/千人）	经营内容品种
商业服务设施	街道级（9～12 万人）	菜市场	4 770～6 000	53～60	蔬菜、肉类、水产品等
		大型超市	—	—	日用百货、家电、服装、文化用品、食品、蔬菜、肉类、水产品、副食品、水果、熟食、净菜等售卖。
		其他商业与金融服务	—	—	餐饮、中西药店、书店、洗染、美容美发、综合修理；服装、鞋店、礼品、鲜花、照相、音像制品、日用杂品、五金电器、文具、洗浴等其他商业服务设施，银行储蓄所等金融服务设施
	社委会级（1～1.5 万人）	便利店	240～1 000	24～100	日用百货、食品等
		社区食堂	—	—	饭店、快餐

* 资料来源：汪虹. 南京老城社区级公共服务设施配套规划研究[D]：[硕士学位论文]. 南京：南京工业大学，2013：69－90.

划中考虑老龄化社区的个性化差异，对老年人口时常光顾的商业设施网点规模、类型、档次等进行统筹规划①。因此，建议在收入较低的老龄化社区就近设置大卖场、农贸市场等中低档次的商业设施，而在收入较高的老龄化社区，则可通过分圈层、分层级的方式，增设类别品种较为丰富、档次稍高一些的商业设施（如社区便利店、社区超市、大型超市等）。

其次，在社区层面上进行科学合理的设施布点。一方面，应当建立完善的、科学的、分级的商业设施布点，综合考虑到现状配置与需求状况，进一步参照《南京市社区商业建设规范标准（试行）》②、国家相关规范以及《南京新建地区公共设施配套标准规划指引》③④，在空间布局中建议将商业设施与其他设施集中组合设置，并尽量与地铁站等重要公共交通节点相结合（建议结构模式见图 6.46）。另一方面，除了依照相应的指引规范外，同样应在规划中考虑不同老龄化社区的实际状况，综合考虑购物圈层、连通深度等影响要素，规划组织便捷、安全、舒适、符合老年人口生理心理特殊需求的社区步行系统，提升与老年人口相关的商业设施步行可达性，以有效控制老年人口购物路径的连通深度。

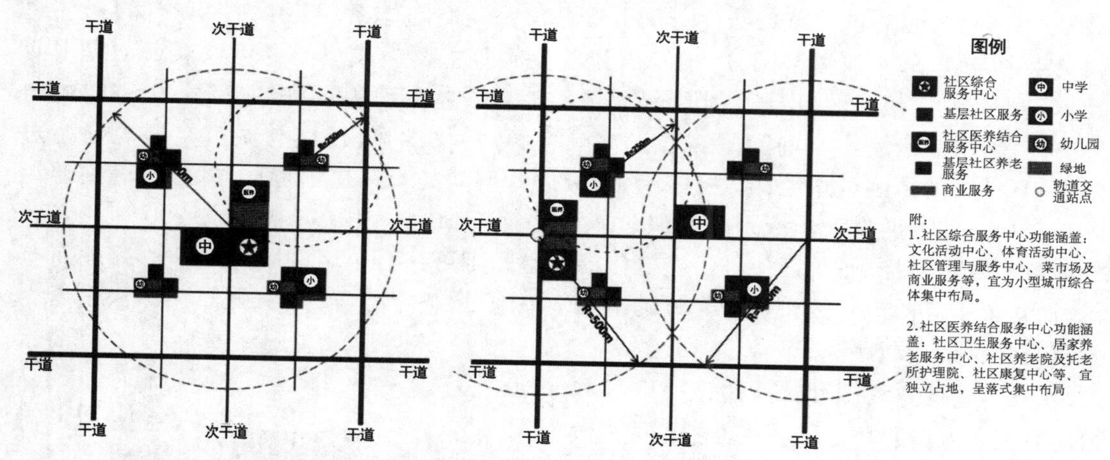

图 6.46　建议的居住社区中心空间布局结构模式（左：中心式；右：结合公交或地铁站点式）

＊资料来源：《南京新建地区公共设施配套标准规划指引》。

（2）关于休闲活动

① 现存问题剖析

老年人口趋向于在社区内和社区边的公园绿地进行休闲活动，空间场所相对固定且差异明显。然而在社区内部活动场所自存不足和社区外部广场公园“休闲引力”的双重冲击

① 正如前文研究所述，老年人口偏好的网点共性特征为：规模中等以上、档次偏中低档、类型以菜市场为主、售卖品种则偏于蔬菜鱼肉等日用食品。

② 标准中规定：大型社区商业业态一般在 15 种以上，商业设施配建必须包括 1 个菜市场（营业面积 2 000 m^2 以上，经营商品品种齐全）、1 个综合超市（营业面积 500 m^2 以上，经营商品品种不低于 6 000 种）、2～3 个连锁便利店（营业面积一般在 100 m^2 左右，经营商品品种不低于 2 500 种）和 1～2 个综合便民商业服务网点（金融、邮政等配套网点）；按此类推，中型社区的商业业态一般在 12 种以上，小型社区的商业业态则在 8 种以上。

③ 主要城市的社区级商业服务设施配置项目主要有：街道级设置超市、餐饮、菜市场及其他商业设施，社委会级设置便利店和餐饮设施等。

④ 《南京新建地区公共设施配套标准规划指引》对菜市场做出刚性规定，对其他商业金融服务设施要求弹性设置，主要由市场根据需求配置。

之下，老年人口的休闲活动情况依然不容乐观，主要体现在以下几个方面：

其一，老年人口休闲活动空间的节点设计不合理。通过之前的研究发现，主城区内很多小区的空间节点在设计上缺乏对安全性和可达性的考虑，加之常年缺乏管理，实际使用率极低，因此老年人口休闲活动的需求在难以满足的情况下，只好到周边的公园广场展开活动。

其二，老年人口休闲活动场所的空间品质堪忧。在规模上，很多休闲活动空间的规模过小且缺乏一定的硬质场地；在设施上，绝大多数休闲活动空间缺少必要的活动设施，且部分活动设施布置不合理；在环境上，许多休闲活动空间的环境条件不够完善（如设置不合理的高差、缺乏能够遮蔽的绿荫等），也难以满足老年人口的需求，进而影响了老年人口休闲活动的展开。

② 提升策略初探

首先，落实科学合理的活动设施布点。这包括三方面的内容如下：

第一，建设完善的宜老城市老年人口公共空间体系。根据主城区内的老年人口规模，在整个城区范围内统筹安排"市、区级——居住区（街道）级——居住小区（社区）级——居住组团（院落）级"四级完善的宜老城市公共空间体系。其中，院落空间、居住组团级绿地及广场、小区级公园、广场及居住区公园等主要为成组的老年人口活动提供活动空间，而市、区级公园、广场等则可满足老年人口群体活动的空间需求。各级空间的选址布局上，市区级公共空间除了需要远离噪音源、污染源等，还应与城市交通规划相协调，具有良好的休闲可达性；居住区（街道）级公共空间的布局应邻近居住区，考虑到老年人口在居住区内的最大步行距离为800 m，一些街头绿地、广场等布局应按700～1 000 m的服务半径进行控制；小区（社区）级老年活动空间则可结合小区（社区）级中心绿地而布局；而对于中高龄老年人口经常光顾的组团级绿地，服务半径应为180～220 m，满足老年人口五分钟的出行距离①。

第二，重视并利用社区周边市民广场和绿地公园对老年人口的"引力作用"。相比于一般小区内的活动空间，绿地公园和市民广场有着更好的空间品质和规模更大的开放空间，因而也更利于老年人口休闲活动（尤其打牌、跳舞等集群性活动）的展开。因此，对于周边有市民广场和绿地公园的小区，在适度鼓励老年人口到小区外休闲活动的同时，应对其安全出行有所保障，并在市民广场和绿地公园中更多地布置适合老年人口活动的场地和设施等；对于周边没有市民广场和绿地公园的小区，则应通过公共交通站点的设计加强小区与附近大型活动空间之间的可达性和连通性，以吸引更多的老年人口参与其中。

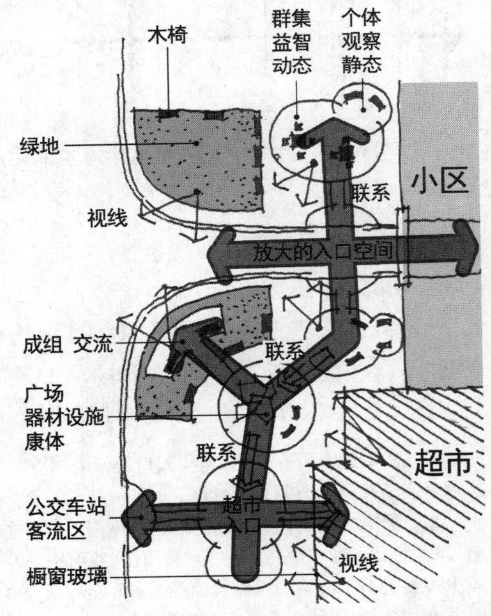

图 6.47　与商业服务设施结合的活动空间节点

*资料来源：笔者自绘。

第三，重点建设以小区为基本单元的老年人口休闲活动空间（图 6.47）。一方面，考虑到老年

① 陈喆. 老年友好城市导向下城市老年设施规划研究[D]:[硕士学位论文]. 西安：西北大学，2014:46－90.

人口出行活动范围较小（10 min 的步行半径），可以将活动场地分散布置在居民点周围 700 m 的范围内，各活动场地之间以 1 400 m 的距离为限，并以步行道相连而成网状体系，以增加各活动场地的可达性；另一方面，考虑到老年人口集群性活动和小规模成组活动的多重需求，宜在小区内对老年人口的活动空间进行分级设置，创造出层次较为丰富、公共性和私密性兼备、满足老年人口不同活动需求的空间场所。

其次，注重空间节点的规划设计。这同样包括三方面的内容如下：

第一，结合商业服务设施创造具有安全活力的活动空间节点。考虑到老年人口的活动范围大多集中在小区附近，同时会随着年龄的增长而愈发趋近于居所周边，因此需要重视老龄化小区内安全舒适的空间场所和步行环境的规划建设，建议：采取人车分流或是慢行交通的管制组织方式，减少老年人口的安全隐患；同时尽量将活动空间与超市、店铺等商业服务设施相结合，不仅可以集聚老年人口进而为活动空间增添活力，又可以为老年人口带来生活上的便利、为商家聚集人气。

第二，小区活动空间的设置应有助于提升节点的可达性。调查研究发现，当一个活动空间节点位于多条小区道路（尤其是直接连接活动空间与小区出入口的道路）交汇处时，会吸引较多的老年人口在此活动（表 6.33），由此可见可达性也是空间节点的比较优势之一。因此，在小区建设中应尽量结合道路交叉口设置合理的空间节点，同时考虑到各小区建筑楼栋的实际空间布局不同，提出三种活动空间节点布局模式（表 6.34）。

表 6.33　吸引老年人口活动的公共空间节点位置

位置	两个小区出入口的交接处	小区出入口和外界多条道路的交接处	小区内重要公共设施的入口处	小区内部各主要道路的交汇处
示意图	店铺　小区　小区	小区　超市	幼儿园　小区	小区

表 6.34　三种公共空间的节点布局模式

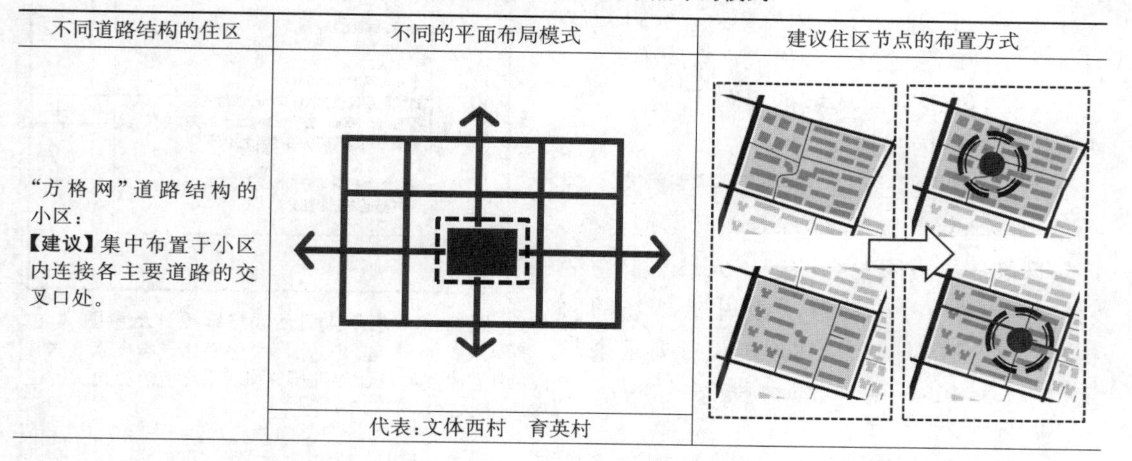

不同道路结构的住区	不同的平面布局模式	建议住区节点的布置方式
“方格网”道路结构的小区： **【建议】**集中布置于小区内连接各主要道路的交叉口处。	代表：文体西村　育英村	

续表 6.34

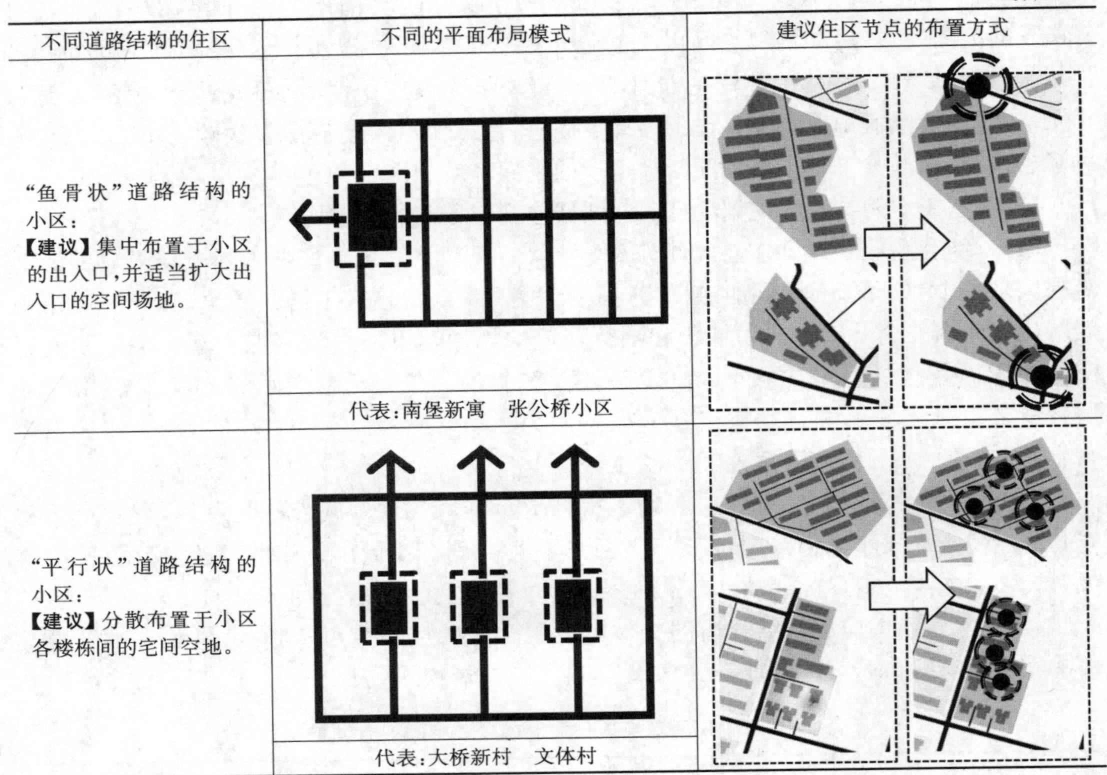

不同道路结构的住区	不同的平面布局模式	建议住区节点的布置方式
“鱼骨状”道路结构的小区： **【建议】**集中布置于小区的出入口，并适当扩大出入口的空间场地。	代表：南堡新寓　张公桥小区	
“平行状”道路结构的小区： **【建议】**分散布置于小区各楼栋间的宅间空地。	代表：大桥新村　文体村	

＊资料来源：笔者根据调研资料自绘。

第三，要注重小区出入口的规划设计。小区的出入口空间不仅仅关乎整个小区的门户形象，也是老年人口常进行各类休闲活动（尤其是交流型活动）的重要场所。因此在满足人车通行基本需求的前提下，应视其为老年人口重要的活动空间节点而设计，具体而言有三种模式：第一种出入口广场在门体之外，第二种是出入口广场在门体内，第三种是门体内外均设有广场①。综合考虑到经济性、实用性以及老年人口的偏好等因素，建议采用开放性和公共性较强的第一种出入口空间模式。

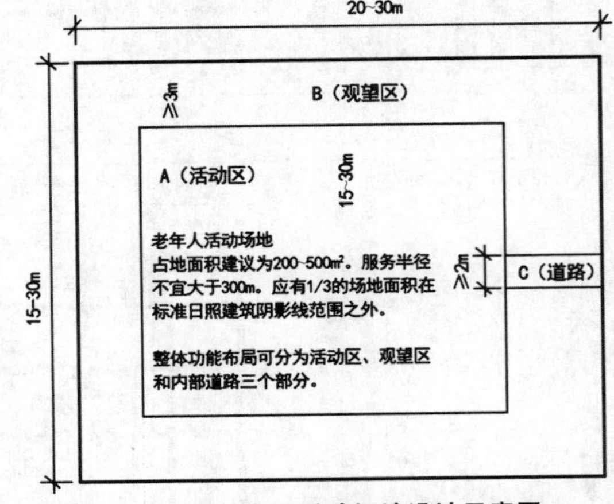

图 6.48　老年人口活动场地设计示意图

＊资料来源：陈竹. 基于社会环境健康性影响要素的居住区户外空间环境设计导则研究[D]：[硕士学位论文]. 上海：同济大学，2008：138.

最后，创造空间环境的良好品质。这也涉及四方面的内容如下：

第一，在规模上，一方面需要适度扩大规模较小的老年人口活动空间，尤其是健身操、广场舞等需求空间较大的老年人口集群性活动空间（图 6.48）。其中，小区中心广场的面积宜根据小区规模和具体规划设计要求来确定，一般为 400～800 m^2，边长 20～30 m 左

① 贾磊. 现代老年社区户外行为空间研究与设计策略[D]：[硕士学位论文]. 长沙：湖南大学，2009：49－50.

右；老年人口的活动场地，占地面积一般为 200～500 m^2，且应保证 1/3 的活动场地面积在标准日照阴影线范围之外，以方便健身器材的设置，并利于老年人口的户外锻炼及休憩活动①。另一方面，设计上还应当注重活动空间的动静分区。动态活动区域以硬质铺地为主，平坦防滑并配备绿荫和座椅，以方便老年人口进行各类益智型、康体型休闲活动；静态活动区域则宜安置在硬质铺地与软质铺地(绿地)的交界处，或是直接和软质铺地(绿地)结合，以供老年人口进行各类交流型、怡情型休闲活动；同时，动态和静态活动区域应保持一定的内部联系，使两者之间有所互动。

第二，在界面上，应根据老年人口对活动内容的不同需求，设置不同的活动界面以促进其活动的展开。诚如前文所述，完全开放型的界面有助于老年人口康体型活动的展开，而半私密半开放的"凹形"界面则有助于老年人口益智型和康体型活动的展开。因此，可通过界面不同方式的处理，助推老年人口各尽所需的参与各类休闲活动(图 6.49)；同时注重老年人口各片活动空间之间的有机联系，尤其是活动空间从私密到半私密，再从半私密到开放之间的有机联系和层次过渡。

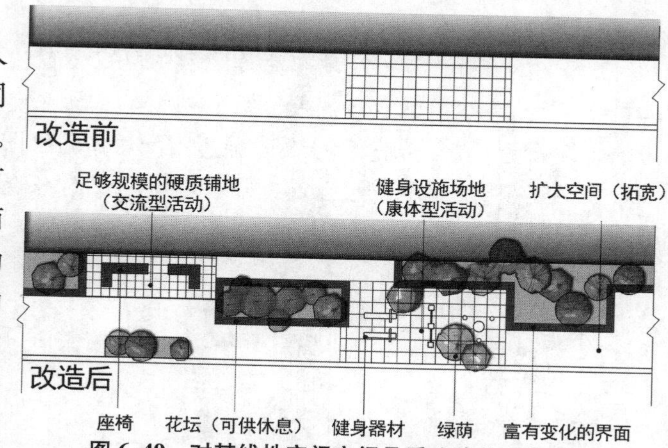

图 6.49 对某线性空间空间品质改造的示意图

*资料来源：笔者自绘。

第三，在环境上，一方面需要严格控制老年人口活动空间内的高差变化。出于对老年人口生理心理特征的特定考虑，在规划设计中应尽量减少场地内的高差变化。对于部分高差不可避免的活动场地，应增设较为平缓的坡道，而不是简单地设置台阶，甚至可以在老年人口承受的范围内设置略加迂回的小道，建议坡度在 1/10 以下，并进行完善的无障碍设计。另一方面，应当为老年人口提供有遮蔽的休闲活动空间。老年人口不宜受到太阳的直射，尤其是在下午 14:00～18:00 的活动时间段内，阳光中含有大量对人体有危害的紫外线 B 和 C。因此应当在老年人口时常光顾的休闲活动空间内提供绿荫遮蔽，绿荫的设置应保证人体对有益光线的吸收，同时有效避开有害光线的侵扰为宜。

第四，在设施上，一方面需要在活动空间中设置相应的老年活动设施，以满足老年人口对活动安全、便利、舒适及多样性的需求。活动场地内应保证有足够的基本坐息空间，可利用座椅、花坛、凉亭、廊道等创造出多功能、多层次的坐息空间，以满足老人基本的坐、卧、停、留需求，同时考虑到老年人活动空间的动静分区，可以根据功能的不同需要，在动态活动区域中多设置木椅、石凳、石桌、健身器材等可供老年人口进行益智型和康体型活动的设施。在静态活动区域设置长凳、凉亭、廊道等适合老年人口进行交流型活动的设施。另一方面，则需对活动设施进行合理科学的空间布局。以基本的坐息活动设施木椅石凳为例，在规划设计上即须考虑设置位置、设置方式和材料尺度三点，具体举例而言：

① 陈竹.基于社会环境健康性影响要素的居住区户外空间环境设计导则研究[D]:[硕士学位论文].上海:同济大学,2008:138-139.

【设置位置】

提供休憩的基本活动设施(靠椅、石凳、木椅等)宜布置在居民集中驻留的地点(块状空间)或者来往频繁的步行道沿线(线性空间)。具体来说,块状空间可以在老年人口常去的小区外公园和市民广场、小区公共活动广场、楼道口/宅间空地以及小区出入口区处设置,而线性空间考虑到老人的舒适行走距离仅有成年人的一半(约 150 m①),需要在动线沿途设置休息场所,故建议在较长的线性空间中每隔 150 m 设置一放大的"凹形"节点空间,并在其中设置休息椅或者休息区。

【设置方式】

对于块状空间来说,在动态活动区域中可以设置较为群集的、相对而坐的木椅石凳,适合打牌、下棋等益智型活动的展开,而在静态活动区域中,则可以设置较为疏散的、平行而坐的木椅石凳,适合唠嗑、聊天等交流型活动的展开(图 6.50);对于线性空间来说,如果空间较为局促,建议利用花坛设置或采取避风港式的木椅石凳设置方式,如果空间相对宽松,则建议设置"凹形"的空间节点,并在空间节点的边角处设置木椅石凳(图 6.51)。

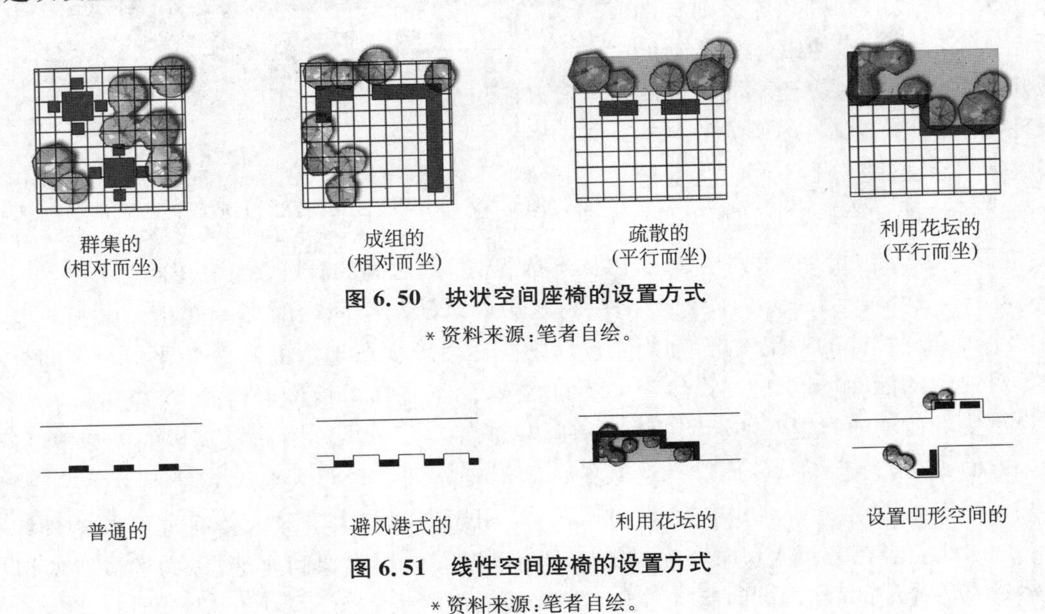

图 6.50 块状空间座椅的设置方式

*资料来源:笔者自绘。

图 6.51 线性空间座椅的设置方式

*资料来源:笔者自绘。

【材料尺度】

材料上宜使用木质或是复合材料,尽量避免容易老化变形或断裂的材料;尺度上,座椅的座面高度宜为 420～450 mm,扶手高 180～220 mm,而条凳以及没有扶手的长凳,考虑到老年人口由于生理机能的缺陷,久坐后站立很吃力,不宜久坐,起座面高度宜为 450 mm②。此外,考虑到特殊老年人口(需要坐轮椅、需要有人监护)的需求,建议在木椅石凳边留出一定的停驻空间。此外,还有部分有关宜老型设施的设置要点和原则另见表 6.35。

① 刘倩.老年社区及其居住环境研究[D]:[硕士学位论文].武汉:华中科技大学,2007:52-53.

② 贾磊.现代老年社区户外行为空间研究与设计策略[D]:[硕士学位论文].长沙:湖南大学,2009:60.

表 6.35 宜老型公共空间的配套设施设置要点

设施名称	设置要点
公共厕所	• 距老年活动场地半径 100 m 内应设置厕所,位置尽量明显易找,通往道路宽度宜≥1.5 m; • 公厕内设置扶手及可放置拐杖的地方等,以防老人滑倒
座椅	• 设置地点——通常设置在树下、道路旁、植栽旁、园林建筑等边界处,通风良好,可避免夏日暴晒,冬季不宜过于背阴或迎风,且要避免在危险道路旁布置; • 结合形式——结合植物、水面、地形等布置,以丰富休憩空间的景观,增加趣味性;同时,注意与其他活动空间的联系,保证视线通透,便于老年人欣赏周边的景色等; • 具体设计——座椅宜面对开放空间而设,背后设置依赖物,以减少人流从老人身边穿过而带来的干扰性和威胁感;座椅最好有遮盖物(或结合树木或结合园林建筑设置),形式宜多样化,尽量以木材制作,冬暖夏凉;考虑到轮椅使用者的需要,座椅旁需设置足够的可供轮椅活动和停留的空间
健身设施	• 集中设置在老年人易达的地方,如道路交叉口、入口、构筑物附近等; • 宜按照难易程度设置设施,难度较高的置于远处,难度较低的设置在近端;为防止老年人使用不当而造成伤害,附近应配有对其使用方法详细阐释的标志牌; • 设施布局需避免阳光直射,以保护老年人口并避免设施老化,附近要有树荫、构筑物等遮蔽物; • 设施场地应防滑且排水性良好,同时在周边配备坐息设施,为老人及其陪同人员提供休息的空间
照明设施	• 避免眩光,尽量将光照水平均匀散射;配置高度不等的照明灯光,同时减少刺目的强光,增强辨识能力;在减速带、踏步、斜坡等有地势变化的危险地段,应作为重点照明区域
标识设施	• 设置指示牌、路标、声音类引导,为老年人指引方向及交通,助其识别出入口,为其提供相关设施及服务信息等;标识色彩宜醒目鲜明,对比强烈;构图宜简洁明了,所表达的含义要易于被老年人接收; • 标识看板的高度应在 700～1 600 mm 内,且避免轮椅使用者的视线遮挡

*资料来源:陈喆.老年友好城市导向下城市老年设施规划研究[D]:[硕士学位论文].西安:西北大学,2014:89-91.

6.6 本章小结

本章首先界定了老龄化、老年人口、日常活动等相关概念,勾勒了老年人口在空间分布、生理心理、日常活动等方面所呈现出来的总体概貌;然后遴选南京市典型的老龄化社区,基于时间地理学的思路框架来发掘老年人口日常活动的时空特征及其群体分异规律;随后又以购物活动和休闲活动为重点,进一步细化剖析了老年人口亚类活动的时空局域特征及其群体分异规律;最后,依循时间为辅、空间为主的时空双线,归纳了南京市老年人口日常活动的时空问题,进而探讨了老年人口日常活动(以购物活动和休闲活动为代表)的时空提升策略。

本章主要结论包括:

(1) 在空间分布方面,南京市老年人口的规模分布呈现出内高外低大势下的“双核+扇形”结构,比重分布呈现出北高南低、西高东低大势下的“散点+半环”结构,密度分布呈现出内高外低大势下的“单核+扇形”结构,而重心分布于老城区的新街口街道,与南京市主城区的几何中心相距很近,反映出南京市老年人口在空间分布上整体相对比较均衡。

(2) 在空间集聚方面,南京市老年人口的高、中度集聚区数量较多,占统计单元总量的50%,在空间上呈现出较明显的“十字轴+扇形+半环带”结构;南京市老年人口分布存在显著的正的空间相关性并在主城中心形成明显的集聚区域。

(3) 在老年人口日常活动的总体时空特征方面,主要包括:作息时间规律性较强,从事家务活动的时间较长且有规律性;日常购物活动有避开高峰时段的倾向;休闲活动持续时间长且具有规律性;休闲活动场所以社区内和社区周边为主且有规律性;各类日常活动发生的空间场所较为固定且差异明显。在此基础上依托于 SPSS 技术平台，根据老年人口日常活动在时、空两个维度上的分布规律，可将老年人口样本聚类划分为较为常见的六类典型案例："家中・家务型""小区外・工作型""家中・活动型""接送孩子型""户内设施・休闲型"和"户外・休闲型"。

(4) 在老年人口日常活动的时空分异方面，社会属性的影响表现为：性别属性在时间层面上对家务、休闲、工作和购物活动有影响，在空间层面上对休闲活动有影响；年龄属性在时间层面上对睡觉、家务、休闲和工作活动有影响，在空间层面上对休闲活动有影响；收入属性在时间层面上对休闲、工作和购物活动有影响，在空间层面上对休闲活动有影响；家庭结构属性在时间层面上对睡觉、休闲和工作活动有影响，在空间层面上对休闲活动有影响；文化程度属性则在时间层面上对私事和工作活动有影响，在空间层面上对私事和休闲活动有影响。

(5) 在老年人口购物活动的时空特征方面，购物活动内容以蔬菜食品类和日常用品类为主；购物活动出行绝大多数选择步行，少量选择自行车或是电动车；购物活动时间在日常活动中所占百分比较少，且集中于早上 6～10 点的时间段内，持续时间多在一个小时以内；购物活动空间为三圈层结构，具有较为明显的收敛性和集中性，且日常购物活动基本服从以自家为中心的距离衰减规律。

(6) 在老年人口购物活动的群体分异方面，空间属性的影响表现为：网点特征对老年人口的购物活动选择产生主导影响，其规模、档次、类型以及品种均是老年人口购物活动的决定性因素。受老年人口青睐的网点特征共性为：规模中等以上、档次偏中低档、类型以菜市场为主、主要售卖品种偏蔬菜鱼肉等日用食品；购物点与小区之间较高的连通深度不利于老年人口购物活动的产生。

(7) 在老年人口休闲活动的时空特征方面，老年人口对各类休闲活动的时间投入和偏好差别较大，各类休闲活动发生的主要空间场所较为固定且有规律性。

(8) 在老年人口休闲活动的群体分异方面，空间属性的影响表现为：有绿地公园或市民广场的周边环境能够促进更多的老年人口参与休闲活动，并对社区内老年人口有休闲引力作用；多条道路或街巷交叉口节点形态的休闲活动点更有利于老年人口的休闲活动的展开；受老年人口青睐的空间品质共性包括硬质场地规模中等以上(块状空间)或有较宽的步道(线性空间)、界面以凹形为宜、有基本的可供休息的座椅、有遮蔽的树荫且地面高差较少。

(9) 老年人口日常活动的时间提升策略

在购物活动方面，建议老年人口在时间规划上适当推迟或者提前外出购物活动，并合理规划和增加社区周边的商业设施布点来鼓励老年人口步行购物，同时在公共交通上设置老年人口限时段专座，以及为老龄化社区定时定点开设一定频率的免费班车；在休闲活动方面，建议提高老年人口的文化程度，拓宽其兴趣爱好，丰富其活动方式和内容，并通过对空间的定向改造和特殊关怀来弥补部分老年人口在活动参与时间上的不足，同时通过合理的层级配给和时段分配，强化社区休闲设施的利用效率和城市休闲设施的充分共享。

(10) 老年人口日常活动的空间提升策略

在购物活动方面，建议营造同多数老年人口需求相匹配的网点特征，并在社区层面上进行科学合理的购物设施布点；在休闲活动方面，建议对老年人口的活动空间落实科学合理的活动设施布点，注重活动空间空间节点的规划设计，同时创造良好的活动空间环境品质。

7 公平化服务:保障性住区的公共服务设施供给研究

改革开放后,中国的经济运行和行政管理体制已然发生了重大变革,在变革传统福利分房制度的同时,建立了符合市场经济体制的"商品化"住房供应机制,但也造成了房价居高不下、数以万计的中低收入阶层难以承受其售价甚至租金的局面,从而在边缘化中日益陷入严峻的居住困境。在此背景下,由政府、公益性团体或是企业面向低收入阶层,组织和建立全覆盖、梯度化的住房保障体系,便成为一项势在必行的公益性福利项目。

目前,我国大规模的保障性住房建设加速在一定程度上缓解了低收入阶层的住房问题,但依然面临着一系列的问题:资金短缺、住房条件有限、选址不当、相关政策机制(如准入—退出机制)尚不健全、工程实践经验亦难言成熟等等。其中尤需提及的是,我国保障性住区的公共服务滞后问题,这除了社区本身必要的服务配套外,其实更普遍而突出地体现在了城市层面的公共服务设施供给之上。因此本章将基于对保障性住区居民不同出行范围的调研和评估对象的界定,对南京市保障性住区的公共服务设施(市级和地区级)供给进行更为细致深入的研究,分区、分类、分级地评估,比较和探讨其公共服务设施的供给水平、供给特征及其完善策略,这对我国保障性住区的规划建设和相关政策制定具有一定的借鉴意义。

7.1 研究对象的界定

1) 保障性住房相关概念界定

(1) 基本概念

顾名思义,"保障性住房"是指为保障居民居住权利所建的住房。与商品房不同,保障性住房是带有社会福利色彩的住房。目前,国外对"保障性住房"的称呼各不相同,如美国的"公共住房"(public house)、英国的政府公房(council housing)、日本的"公营住宅"、新加坡的"组屋"等,而国内学术界对保障性住房的界定也千差万别(表 7.1)。

表 7.1 国内外保障性住房界定标准

概念来源	概念界定
法国"社会住宅"①	在政府资助下,由公共部门、社会自治团体、私人以及非营利性住宅公司经营管理的,提供给低收入居民和家庭的低租金、低价格住宅,其中也包括在税收上得到国家优惠的大中型企业自筹资金而建造的职工住宅
美国"公共住房"②	为了实现城市中低收入阶层居民的基本居住权,由政府直接出资建造或收购的住房,或者直接由政府以一定方式对住房生产者提供补助,并由住房生产者建设并以较低价格或租金提供给中低收入家庭("补砖头"),或者由政府补贴中低收入家庭,并由中低收入家庭购买或租住的住房("补人头")

① 赵明,弗兰克·舍雷尔.法国社会住宅政策的演变及其启示[J].国际城市规划,2008,23(2):62-66.

② 李莉.美国公共住房政策的演变[D]:[博士学位论文].厦门:厦门大学,2008.

续表 7.1

概念来源	概念界定
日本“公营住宅”①	以都道府县、市町村为事业主体进行建设、管理和维护的住宅，国家给予资金、技术方面的援助。供应对象主要是全社会收入水准的25%以下群体，在25%～40%之间者可灵活掌握
新加坡“组屋”②	按照政府分配为主、市场出售为辅的原则，其建设用地来自于国有土地转让和私有土地征收，资金则来自于物业租赁、管理服务收入、政府贷款和组屋出售收入。组屋的类型包括新HDB组屋、乐龄公寓、私人组屋、执行共管公寓，通常是按照“先售后造”“按需而造”的方式来满足不同人群的需求
中国保障性住房③④	为了实现社会公平，实现中低收入阶层居民的基本居住权，由政府直接出资建造或收购，或者由政府以一定方式对建房机构提供补助、由建房机构建设，并以较低价格或租金向中低收入家庭进行出售或出租的住房。在我国现阶段主要指经济适用房和廉租房。 保障型住房指的是接受政府供给补贴或需求补贴，供难以依靠自身力量解决居住问题的中低收入居民居住的住房。它既包括政府通过直接建设提供给中低收入居民的廉租房或经济适用房，又包括政府通过发放住房补贴等形式间接为中低收入居民提供的住房

上述概念的表述虽不尽相同，但所阐述的要义概括起来说都具备以下三点共性：一是面向城市中低收入阶层；二是政府施以财政补贴、地价减免等资助；三是限定目标群体、建设标准、售价以及租金，可以说符合上述三个特征的城市住房都属于本文的研究范围。因此，本文所要研究的保障性住房是指政府为中低收入家庭所提供的限定目标群体、限定建设标准、限定价格或租金的，并施以财政补贴、地价减免等资助手段的，具有社会保障性质的住房。

(2) 保障性住房体系

我国城镇保障性住房分为廉租住房、经济适用住房、公共租赁住房、限价商品住房和棚户区改造安置住房五种⑤。由于社会经济背景不同，具体的操作方法也因城而异。

20世纪90年代至今，南京逐渐构建了较为成熟的保障性住房体系，具体包括公共租赁房、廉租房、经济适用房、限价房商品房和拆迁安置房等五种类型，而在保障过程中，还有租赁补贴和购房补贴两种货币形式的补贴保障形式。2015年，南京市出台了住房保障“1＋4”文件，将公共租赁房和廉租房合并为“公共租赁住房”。至此，南京市保障性住房主要包括公共租赁住房、经济适用房、限价商品房和拆迁安置房四类房源，而上述各类型保障性住房在目标家庭、保障方式和建设标准等方面均存在一定差异(表7.2)⑥。

表7.2　南京保障性住房体系一览表

	公共租赁住房	经济适用房	限价商品房	拆迁安置房
目标群体	中等偏下收入住房困难家庭⑦、低保户⑧、特困职工⑨、新就业人员⑩、进城务工人员	低收入住房困难家庭、国有或集体土地被拆迁家庭	中等偏下收入住房困难家庭、首次置业家庭、认定人才	城市被拆迁户(包括集体和国有土地拆迁)
保障方式	租赁补贴为主、实物配租和租金减免为辅	购房(保本微利，利润率3%以下)	购房(同地段商品房价格的90%)	实物补偿、货币补贴

① 周建高. 日本公营住宅体制初探[J]. 日本研究，2013，(2)：14－20.

② 刘晨宇，罗萌. 新加坡组屋的建设发展及启示[J]. 现代城市研究，2013，(10)：54－59.

③ 褚超孚. 城镇住房保障模式及其在浙江省的应用研究[D]：[博士学位论文]. 杭州：浙江大学，2005.

④ 郭玉坤. 中国城镇住房保障制度研究[D]：[博士学位论文]. 成都：西南财经大学，2006.

⑤ 国务院. 国务院关于城镇保障性住房建设和管理工作情况的报告[R]. 北京，2011.

⑥ 南京保障房网站. http://www.njszjw.gov.cn/ywtd/zfbz/bzfzt/.

⑦ 即“双困户”：家庭人均月收入在规定标准以下(现标准为1 513元)，家庭人均住房建筑面积在规定标准以下(现标准为15 m²)。

⑧ 持有本市常住户口的城市居民，其共同生活的家庭成员人均收入低于当地城市居民最低生活保障标准(每月500元)。

⑨ 特困企业中无房且持有市总工会核发的《特困职工证》的特困职工家庭。

⑩ 自大中专院校毕业不满5年，在本市有稳定职业的从业人员。

续表 7.2

	公共租赁住房	经济适用房	限价商品房	拆迁安置房
建设标准	2 人及 2 人以下户控制在 40 m^2 左右;3 人及 3 人以上户控制在 50 m^2 左右	建筑面积控制在 60 m^2 以内,其中一人户 40 m^2 左右,二人户 50 m^2 左右	以 65 m^2、75 m^2、85 m^2 左右的中小户型为主	以 75 m^2 左右为主要套型;一室半一厅房型,60 m^2 左右;两室半一厅房型,75 m^2 左右;三室一厅房型,90 m^2 内

* 资料来源:南京保障房网站. http://www.njszjw.gov.cn/ywtd/zfbz/bzfzt/.

因此,本文研究的保障性住房主要包含公共租赁住房、经济适用房、限价商品房和拆迁安置房四类房源。

2) 公共服务设施相关概念界定

(1) 概念辨析

国外有关公共服务设施的研究起步较早。早在 1944 年,保罗·萨缪尔就给出了公共产品的经典定义,他认为公共产品是具有消费的非排他性和非竞争性等特征的产品。而在此后的相关研究中,最常使用的表述是"公共服务"(Public Services)和"公共设施"(Public Facilities),两者的涵义基本相同,均指由政府直接或间接提供的、为所有人共享的服务和设施①。Lineberry 等(1974)将公共服务设施分为两类:一类是城市生活所必需的设施,包括交通设施、给水排水、治安和安保等;另一类是提高居民生活质量和发展水平的设施,包括医疗保健、图书馆、学校、公园绿地等。

国内不同学科针对公共服务设施的研究颇多,然而在相关国家标准中比较有权威性的《城市规划基本术语标准》(GB/T 50280—1998)中却没有对"公共服务设施"的概念表述,而对相关的"城市基础设施(Urban Infrastructure)"定义如下:城市基础设施分为工程性基础设施和社会性基础设施两类——工程性基础设施一般指能源供应、给水排水、交通运输、邮电通信、环境保护、防灾安全等工程设施;社会性基础设施则指文化教育、医疗卫生等设施。《城市居住区规划设计规范》(GB50180—1993)给出的定义是:能够满足各个阶层、不同群体的基本生活需要,并提供相应软硬件服务的所有设施总和,包括医疗、教育、文体、商业服务、社区服务、金融邮电、市政公用、行政管理等八大类。此外,相关概念还包括"公共设施"(Public Facilities)和"公用设施"(Municipal Utilities),其内涵分别同社会性基础设施和工程性基础设施大体保持了一致。

在国家标准以外,学术界通常将公共服务设施定义为:为满足居民日常教育、医疗、购物、文化娱乐和社交等活动需要,由政府部门直接或间接提供,供全体市民享用的服务或设施②。地方相关标准中,2011 年颁布的《南京市乡村地区基本公共服务设施配套标准规划指引》将公共服务设施定义为具有基本公共服务功能的设施,包括教育、卫生、问题、社会、行政管理、商业服务和市政设施等;2015 年出台的《南京市公共设施配套规划标准》则将公共服务设施分为教育、医疗卫生、文化娱乐、体育、社会福利与保障设施、行政管理与社区服务设施、商业金融服务设施七类,并将公园绿地、公交首末站、邮政电信等也一并考虑。

① 高军波. 转型期中国城市公共服务设施供给模式及其形成机制研究——以广州为例[D]:[博士学位论文]. 广州:中山大学,2010。

② 张大维,陈伟东,李雪萍,等. 城市社区公共服务设施规划标准与实施单元研究——以武汉市为例[J]. 城市规划学刊,2006(3):99-105.

总的来说，公共服务设施的相关定义包括了居民日常生活的方方面面，是使居民日常衣、食、住、行等事务能就近解决的各类设施，其概念定义或倾向于社会性基础设施，或更为全面地将工程性和社会性基础设施一并纳入研究范围。本文所研究的公共服务设施与上述广义的城市基础设施基本一致，是指由政府直接或间接提供的，供社会公众使用的公共物品或设备，包括工程性基础设施和社会性基础设施两类(图 7.1)。

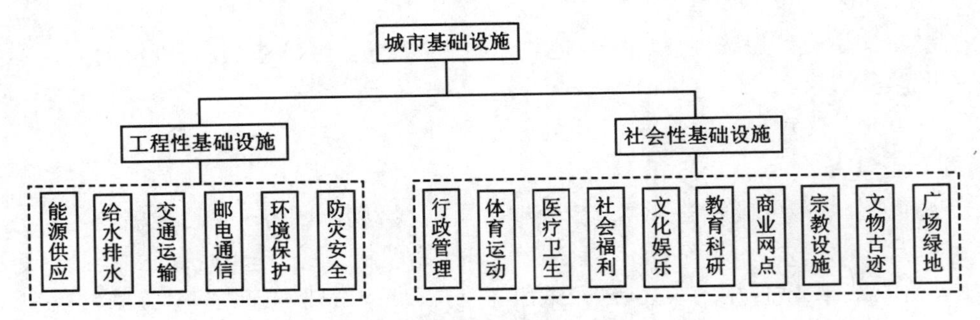

图 7.1　城市基础设施分类

＊资料来源：笔者根据《城市规划基本术语标准》(GB/T 50280—1998)绘制。

(2) 公共服务设施分级

“尺度”是各类学术研究中常用的一个术语，同一个物理空间中可能存在众多大小不同的社会空间单元，形成一个多层次、等级化的社会空间架构。因此，在深入研究公共服务设施之前，需要明确其在系统中所属的等级。

关于公共服务设施分级还没有统一的划分标准，大多数学者(陈友华等，2000；袁奇峰，马晓亚，2012)将城市公共服务设施分为市级和居住区两级，《南京新建地区公共设施配套标准指引(2006)》中则将公共设施分为四级配置，分别为市级、地区级、居住社区及基层社区级。

从服务性质和层次等级上来看，市级和地区级公共服务设施以政府投资为主体，而居住社区及基层社区级公共服务设施基本上源于市场经济调节为主的居住配套建设，其中后者是目前研究的热点，而针对市级和区级公共服务设施供给的研究则相对匮乏。因此本章所研究的“公共服务设施”层级将聚焦于市级和地区级设施的供给水平，而且在每一类公共服务设施下，还存在着更细层级的划分(如医疗设施还可分为三级医院和二级医院两类)，这一点将在后文详述(表 7.3)。

表 7.3　南京公共服务设施分级一览表

层级	市级	地区级	居住社区级	基层社区级
服务范围	全市及更大区域	功能完整、由自然地理边界和交通干线分割的功能、人口 20 万～30 万左右的功能型片区	服务半径 400～500 m、由城市干道或自然地理边界围合的、人口 3 万左右、以居住功能为主的片区	由城市支路以上道路围合、服务半径 200～250 m、人口规划 0.5 万～1 万的城市最小社区单元

＊资料来源：南京市规划局. 南京新建地区公共设施配套标准指引[S]. 2006.

(3) 公共服务设施分类

对公共服务设施的分类标准较多，有公益性、使用频率、投资主体、服务对象和使用性质等。高军波(2010)从空间布点角度将公共服务设施分为定点服务设施、网络服务设施、流动服务设施三类(表7.4)，其中，定点服务设施服务效益具有明显的距离衰减性，且易激发空间不均衡、社会不公平等问题，是国内外研究热点①，也是本文“公共服务设施”研究的重点，其下还包括教育、医疗、商业、文化、体育、交通站点等细分类型。

表7.4 公共服务设施空间布点分类

类型	定点服务设施	网络服务设施	流动服务设施
设施	教育、医疗、文体、交通站点、商业服务、公园绿地等	给排水、电力电信、能源供给等	安全巡逻、消防、街道环卫等

*资料来源：高军波.转型期中国城市公共服务设施供给模式及其形成机制研究——以广州为例[D]：[博士学位论文].广州：中山大学，2010.

7.2 保障性住区及公共服务设施概况

1) 南京市保障性住区建设概况

住房商品化刺激了经济快速增长，但也导致房价的居高不下，南京市政府也一直致力于解决中低收入家庭的住房问题，并为此展开了一系列的制度改革及实践探索，在此背景下保障房建设也从最初的探索阶段一步步发展并完善起来。

(1) 建设发展

① 建设历程

【2002年以前——起步探索，兼顾建设】

南京保障性住房建设最早可以追溯到1990年开始建设的“解困房”，到1995年共建设近100万m^2；1995—1998年间开展“安居房”建设，主要针对困难家庭、拆迁户及部分教职工的住房问题；1998年，随着住房制度的改革深化和房地产业的蓬勃发展，南京市面对中低收入家庭有限的住房支付能力，正式推进经济适用房建设，并同步建立了专门的经济适用房销售置换中心，南京市的住房保障体系逐步完善②。此时期为起步的探索阶段，保障性住房的建设总量尚为有限，同中低收入群体的居住规模而言还有不小差距。

【2002—2007年——全力推进，正式建设】

从2002年开始，南京开始大规模地建设保障性住房，2002年建设经济适用房20万m^2，2003年达到91万m^2，此后每年建设量都保持在120万m^2左右；至2006年年底，江南八区共完成29个经济适用房项目，总用地面积978公顷，总建筑面积达926万m^2，包括1.15万套住房，解决了5万余户城市“双困户”和被拆迁住房困难户的住房问题③；2007年又开工建设200万m^2经济适用房，建成约150万m^2，竣工量达到全市住房建设总量的1/4左右，建设总量达江苏省的1/3④。

① 高军波.转型期中国城市公共服务设施供给模式及其形成机制研究——以广州为例[D]：[博士学位论文].广州：中山大学，2010.

② 张建坤，李灵芝，李蓓，等.基于历史数据的南京保障房空间结构演化研究[J].现代城市研究，2013(3)：104-111.

③④ 郭菂.城市化背景下保障性住房规划设计研究——以南京为例[D]：[博士学位论文].南京：东南大学，2010.

【2007 年以后——快速发展,大规模建设】

"十一五"期间,南京提出全面建设小康社会的目标,并进一步完善和构建了合理的住房保障体系。2008 年以来,保障性住房的建设速度明显加快;2009 年,规划及在建保障房项目共计 36 个,总面积达 507 万 m^2;2010—2012 年更是南京市保障性住房建设的重要时期,集中建设了迈皋桥创业园、花岗、西善桥岱山西侧、江宁上坊四大片区保障房项目,总面积约 970 万 m^2,共计 8.28 万套①,在数量和规模上都有了明显而快速的增长(图 7.2)。

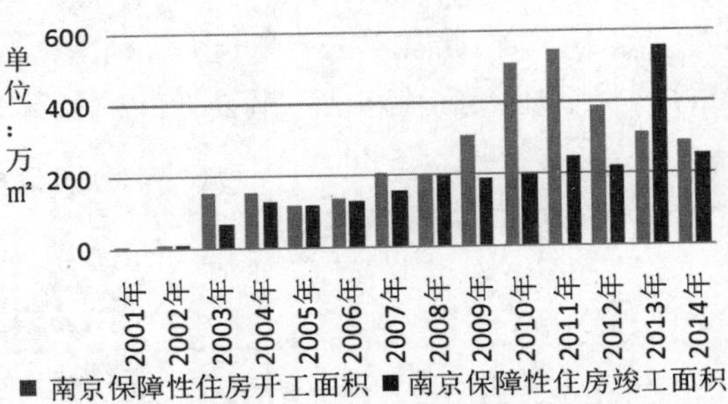

图 7.2 2001—2014 年南京市保障性住房建设情况

*资料来源:1. 张建坤,李灵芝,李蓓,等. 基于历史数据的南京保障房空间结构演化研究[J]. 现代城市研究,2013(3):104-111.

2. 南京市统计局. 南京统计年鉴[M]. 2012—2014.

② 供应结构

南京市住房保障包括两大方面:一方面是在城市发展过程中,对被拆迁家庭提供安置保障;另一方面是为城市中低收入住房困难家庭提供的基本住房保障。2012—2014 年南京新开工的保障房中,经济适用房分别占 82%、54%和 60%。目前保障的重点侧重于被拆迁家庭,而对城市中低收入群体住房的保障相对滞后(图 7.3,图 7.4)。这说明,南京保障性住房虽然总量大,但主要是以面向拆迁户的经济适用房为主体,也算契合了近几年来南京城市建设发展及快速化改造的发展需要,但是面向城市中低收入住房困难家庭、新就业和进城务工人员的公共租赁房、限价商品房等,却依然供应规模小、准入门槛较高,住房保障的力度及覆盖面仍然有限。

2015 年 5 月 15 日,南京又出台了住房保障体系转型发展的"1+4"政策②,提出加大对城市中低收入阶层的住房保障力度,切实解决中低收入住房困难家庭、新就业和进城务工人员的住房问题。

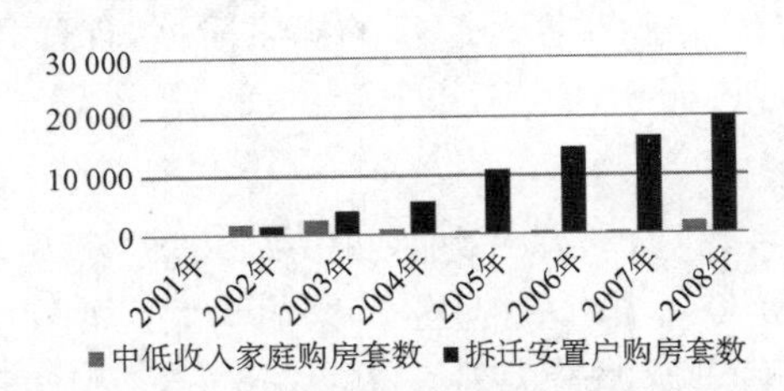

图 7.3 南京市保障性住房类型变化示意图

*资料来源:李阿萌. 保障性住区建设的社会空间效应及调控策略研究[D]:[硕士论文]. 南京:南京大学,2012.

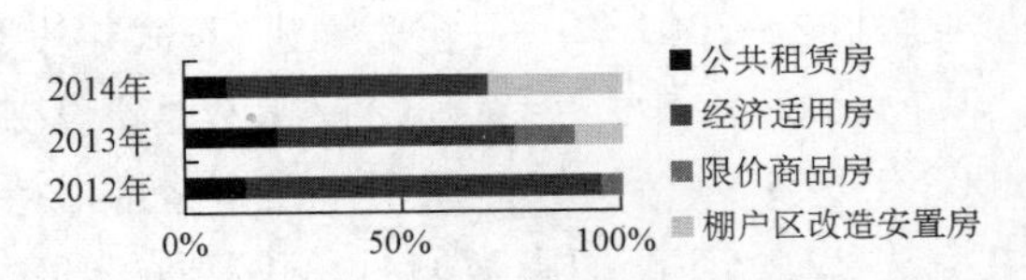

图 7.4 2012—2014 年南京保障性住房开工套数比

*资料来源:南京保障房网站 http://www.njszjw.gov.cn/ywtd/zfbz/bzfzt/.

(2) 总体布局

保障性住房的空间布局与居民的生活质量密切相关,不当的区位选址往往会造成居民就业困难、通勤距离长、设施共享难等一系列现实问题。因此,有必要先对南京市保障性住

① 杭兰旅,钱存华. 南京市保障房建设情况分析及建议[J]. 商业经济,2013(13):21-24.

② 南京政府网站:http://www.nanjing.gov.cn.

房的区位选址有所把握,而这也是本文案例和调研样本遴选的重要依据。

自1990年代开始建设保障房以来,南京保障房的规划布局大体经历了4个发展演变阶段:起步分散建设阶段——大力开发分散建设阶段——大力开发集中建设阶段——大规模保障性住区建设阶段(图7.5)。迄今为止,南京市保障性住房已在宏观布局上形成了一定的空间特征如下——

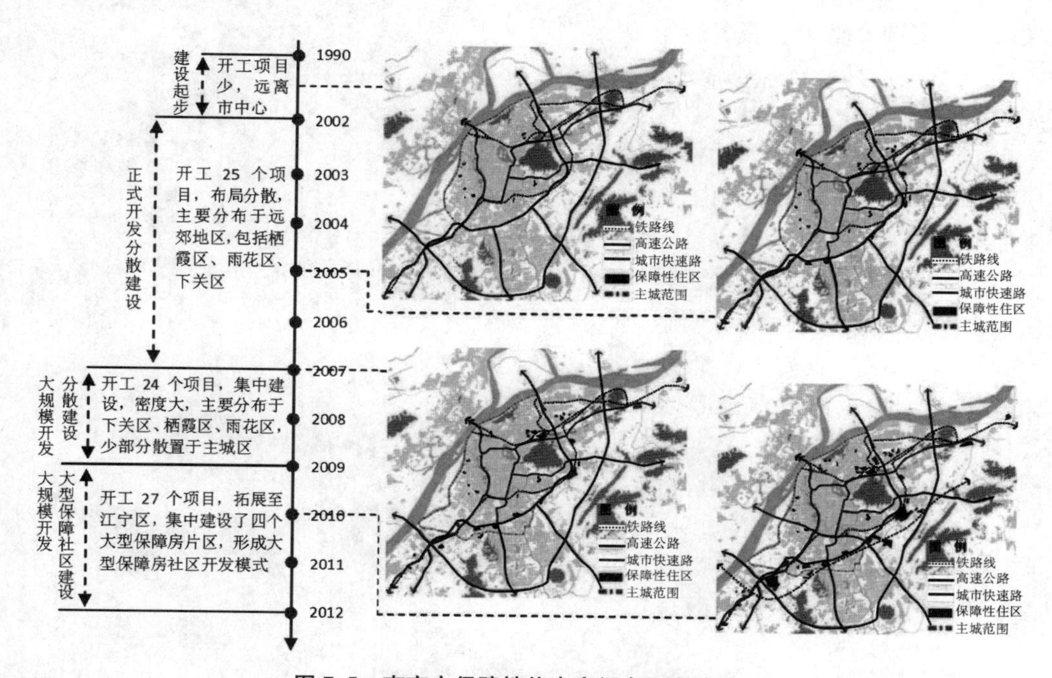

图7.5　南京市保障性住房空间布局发展特征

*资料来源:1. 张建坤,李灵芝,李蓓,等. 基于历史数据的南京保障房空间结构演化研究[J]. 现代城市研究,2013(3):104-111.

2. 陈双阳. 南京江南八区大型保障性住区空间模式研究[D]:[硕士学位论文]. 南京:东南大学,2012:25-31.

① 各行政区分布不均

目前,南京建成和拟建的保障性住房项目趋向于分布在城南、城北及城东地区,仅栖霞区、雨花台区和江宁区历年的保障性住房建设量就占到全市区总量的65%左右。其中,栖霞区每年承担约三分之一的建设量,雨花区建设量也占到30%左右①,而在鼓楼区、玄武区等拆迁量较大的老城地区则几乎没有分布,拆迁量同样很大的下关区、秦淮区也仅有少量且位置偏远的保障房项目(图7.6)。究其原因,主要是因为老城区人口密集,建设用地稀缺,而雨花台区和栖霞区的人口密度较低,土地供应量相对充足。

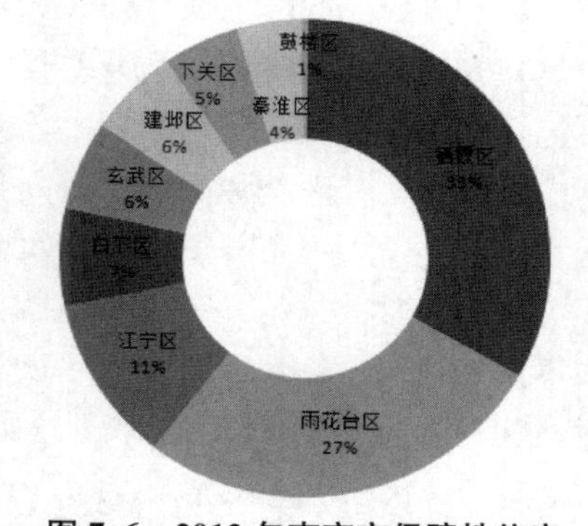

图7.6　2012年南京市保障性住房各区分布比例(行政区划调整前)

*资料来源:张建坤,李灵芝,李蓓,等. 基于历史数据的南京保障房空间结构演化研究[J]. 现代城市研究,2013,(3):104-111.

① 郭菂. 城市化背景下保障性住房规划设计研究——以南京为例[D]:[博士学位论文]. 南京:东南大学,2010.

② 主城边缘沿绕城公路向外带状分布

从南京市保障性住房的空间分布情况来看，其空间选址大多选择在远离中心城区的城郊结合地带，主要沿主城区东侧绕城公路及铁路线呈条带状布局(图 7.7)，且从选址动态来看，保障性住区有逐步外移之势。目前，在南京市已建及在建的保障性住房项目中，也只有 20%位于主城区内，另外 80%的项目均位于绕城公路以外的城市边缘区。因为保障性住房的建设用地一般由政府免费划拨，土地收益趋低，而城市边缘区及近郊一带低廉且富余的用地便成为了地方保障性住房建设的首选之地。

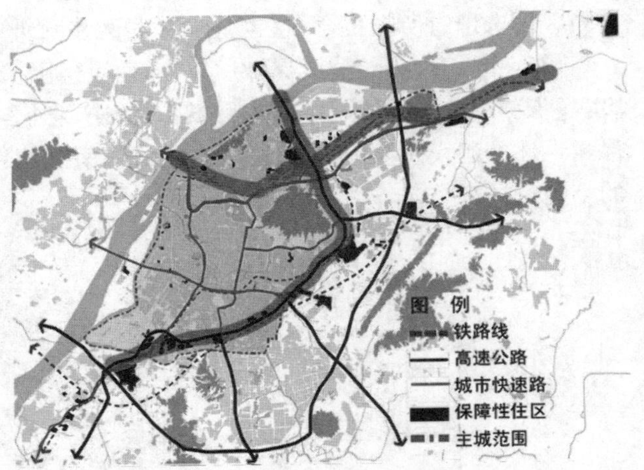

图 7.7　2015 年南京市保障性住房空间分布

＊资料来源：陈双阳. 南京江南八区大型保障性住区空间模式研究[D]：[硕士学位论文]. 南京：东南大学，2012：30.

③ 主城内点状分散，外围团块集聚

由于主城区建设面积有限，地价昂贵，主城区内的保障性住房项目不但规模较小，而且多呈点状零散分布(如位于鼓楼区的江东新村公寓，面积仅 5.5 hm^2)。与之相比，在建设空间富足、地价低廉的主城区周边及外围地区，多有保障性住房项目的集中联片建设，通过资源共享达到最大经济效益。南京现有的保障房项目主要包括雨花台板桥新城片区、雨花台西善桥片区、栖霞南湾营片区、栖霞仙鹤门片区等 18 个片区①，每个片区又包括多个保障性住房小区，呈现明显的团块状集聚特征(图 7.8)。近几年来，南京保障性住房项目的大型化趋势日益明显，如莲花新城建筑面积都在百万 m^2 以上，而 2010 年规划的四大保障房项目建筑面积也都在 150 万 m^2 以上，最大可达 380 万 $m^2$②(表 7.5)。

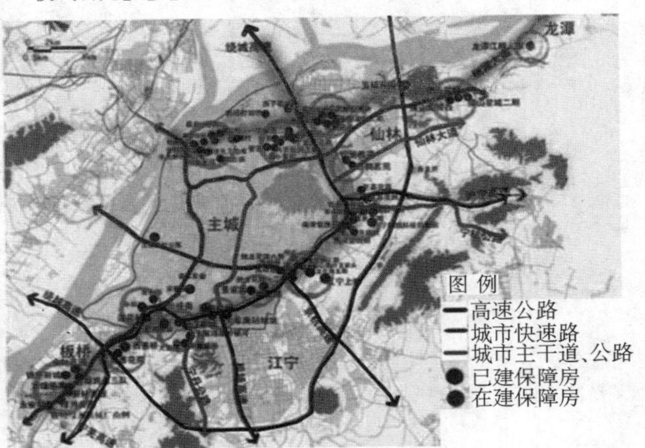

图 7.8　南京市保障性住房的团块集聚

＊资料来源：陈双阳. 南京江南八区大型保障性住区空间模式研究[D]：[硕士学位论文]. 南京：东南大学，2012：34.

表 7.5　南京市四大保障房片区项目建设情况

项目	区位	建筑面积
迈皋桥创业园项目	栖霞区迈皋桥街道	168 万 m^2
花岗项目	栖霞区马群街道	228 万 m^2
西善桥岱山项目	雨花台区西善桥街道岱山西侧	380 万 m^2
江宁上坊项目	江宁区上坊老镇北侧	200 万 m^2

①② 郭菂. 城市化背景下保障性住房规划设计研究——以南京为例[D]：[博士学位论文]. 南京：东南大学，2010.

保障性住房的集中建设一方面能够实现设施共享并带来效益最大化，但另一方面也会带来贫困集聚、社会分异等城市问题①。针对保障性住房集中建设的发展趋势，2015 年南京出台的“1+4”政策文件②便规定保障性住房的布局要充分考虑城市规划、产业布局、基础设施建设等因素，既要推进集中建设，又要加大分散建设和在商品住房项目中配套建设的力度。

（3）主要问题

经过 30 多年的发展和建设，南京市保障性住房事业取得了有目共睹的成效，住房施工套数逾 20 多万套，确实解决了许多住房困难户的安居问题；但与此同时，南京市保障性住房的既有建设模式和上述布局特征也带来了诸多现实问题。

① 就业困难与职住分离

目前，南京市保障性住房主要分布在城郊结合部，主城内仅散布着少量的小规模保障性住区，约 65%的保障房项目都位于绕城公路以外，其中，离新街口商圈最远的靖安保障房项目距离市中心达 45 km。与此同时，南京市的单中心结构仍然较为明显，虽然近几年河西副中心得到了很大发展，但仍无法取代主城中心，且浦口、仙林、江宁三个新市区也难以在短期内与主城中心分庭抗礼。因此，主城中心仍然是城市的职能中心和就业集聚地（图 7.9）③。由于保障房选址远离主城，且其周边就业机会少，保障房居民不得不牺牲通勤时间而选择在距离较远的主城区就业，这不仅降低了他们的生活质量，更为严峻的是，他们可能会因为无法及时到岗和满足上晚班需要而面临较大的失业风险，从而进一步阻碍了其向更上一阶层的社会流动。

② 空间分异与社会分化

由于城市建设需要被拆迁的中低收入家庭，因无法支付主城区高昂的房价而不得不择居保障性住房，但现实情况是，南京市的保障房项目大多集聚于绕城公路外围的雨花台区

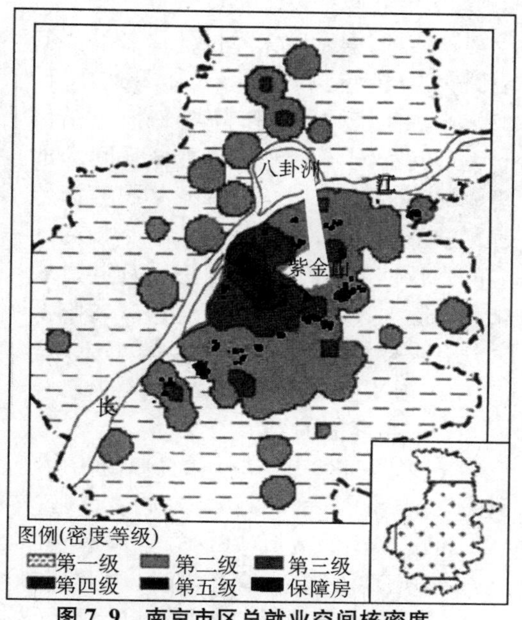

图 7.9 南京市区总就业空间核密度分布与保障性住房分布关系

*资料来源：王波，甄峰. 南京市区就业空间布局研究[J]. 人文地理，2011(4)：58－65.

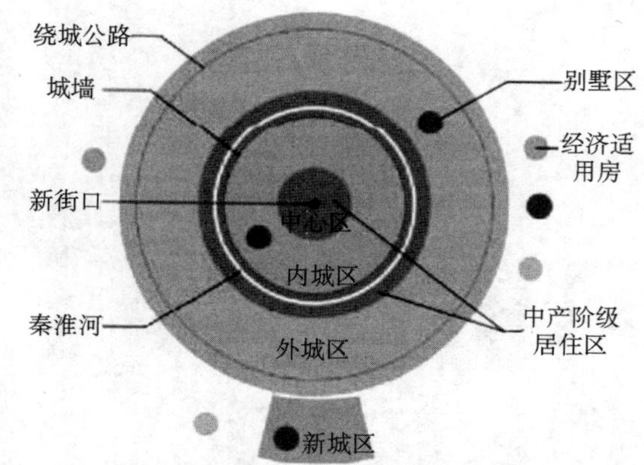

图 7.10 南京主城区居住空间圈层分异结构

*资料来源：宋伟轩，吴启焰，朱喜钢. 新时期南京居住空间分异研究[J]. 地理学报，2010，65(6)：685－694.

① 郭菂. 城市化背景下保障性住房规划设计研究——以南京为例[D]：[博士学位论文]. 南京：东南大学，2010.

② http://fy.nanjing.gov.cn/njszfnew/szf/201505/t20150526_3327700.html.

③ 王波，甄峰. 南京市区就业空间布局研究[J]. 人文地理，2011(4)：58－65.

和栖霞区，这就导致大规模中低收入阶层聚集于主城区外围，形成了有别于西方的“中国式郊区化”，而城市中上阶层多选择居住于设施供给、交通出行、职业岗位等方面较好的主城区，产生了自发自觉的“边缘化、集中化”的空间分异现象(图 7.10)，并进一步发展为“集中边缘化”的社会分化①。这不仅会造成社会隔阂，还可能造成保障房居民的心理隔阂和居住隔离。

③ 公共服务设施难以共享

一方面，南京市保障性住房多沿绕城公路外围布置，距离市中心多达 15～20 km，加之绕城公路和宁芜铁路的重合，于无形间加剧了保障房与主城区间的地理隔阂；而另一方面，城市公共服务设施多集中于主城区，距离远且出行不便的现实问题致使保障房居民无法充分共享城市公共服务设施，这势必又会进一步降低其社会福祉和生活品质(图 7.11)。

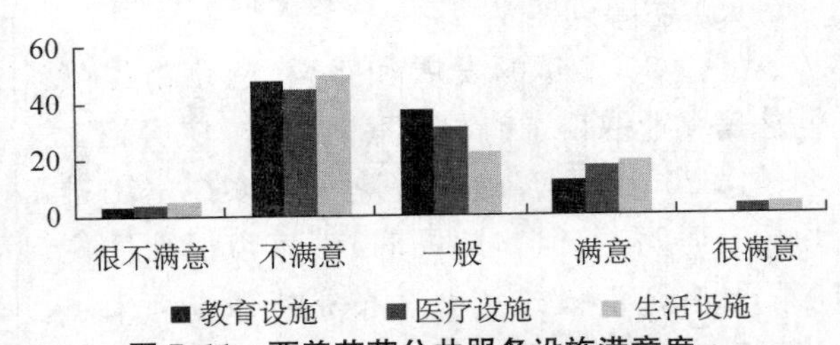

图 7.11　西善花苑公共服务设施满意度

＊资料来源：李阿萌. 保障性住区建设的社会空间效应及调控策略研究[D]：[硕士学位论文]. 南京：南京大学，2012.

2) *南京市公共服务设施供给概况——以主城区为例*

(1) 研究范围界定

本文以南京市主城区为例来探讨南京市公共服务设施的建设情况，其原因主要有二：其一，主城区是南京市经济发展最迅速、城市建设最繁荣的区域，也是各类设施建设特点和问题同样突出的区域，在研究上具有现实意义；其二，鉴于南京市域面积较大，全部研究工作的展开存在一定的操作困难，因此选择特征较为突出的主城区为研究对象，在研究上也具有典型意义和可行性。研究以行政区划的街道一级为空间统计单元，范围共包括 8 个区的 44 个街道②(图 7.12，图 7.13)。

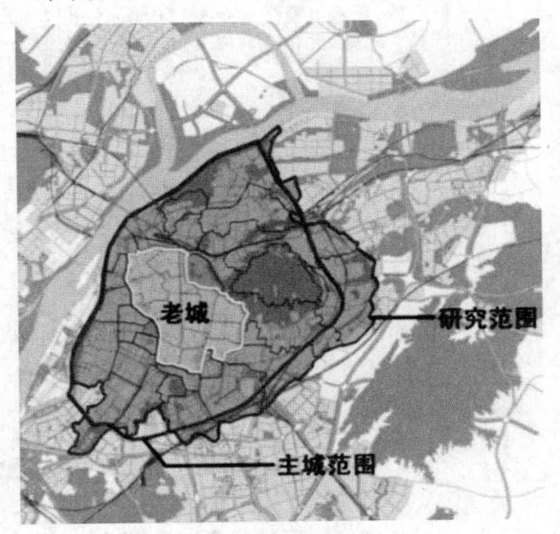

图 7.12　研究范围

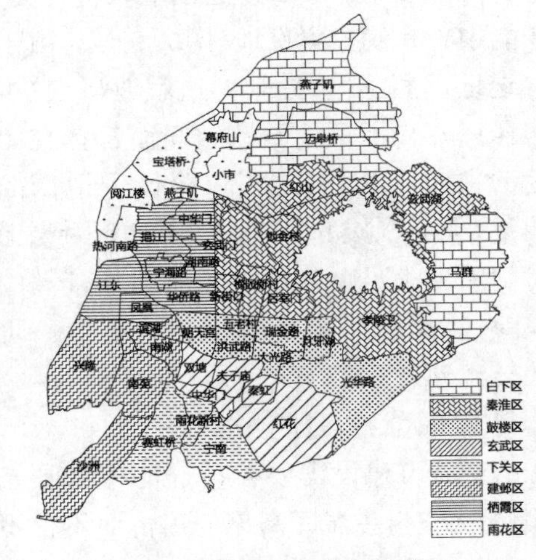

图 7.13　各研究单元的范围

＊资料来源：笔者自绘。

① 吴启焰. 大城市居住空间分异研究的理论与实践[M]. 北京：科学出版社，2001.

② 2013 年初，经国务院、江苏省政府批复同意，南京市行政区划进行了较大幅度的调整：撤销秦淮区、白下区，以原两区所辖区域设立新的秦淮区；撤销鼓楼区、下关区，以原两区所辖区域设立新的鼓楼区；撤销溧水县，设立南京市溧水区；撤销高淳县，设立南京市高淳区。但本章仍以“六普”数据统计时的南京市行政区划为准，以保持研究和统计口径上的一致。

本文研究对象为城市层级公共服务设施,包括市级和地区级两个层级,考虑到具体操作的可行性,本文拟选取与居民日常生活密切相关的设施类型进行研究分析,具体包括6类11种公共服务设施(表7.6)。遴选原则有三:其一,选择事关城市公共资源配置公平性的定点服务设施;其二,选择与日常生活密切相关的主要设施类型;其三,选择有可靠数据信息来源的设施类型(如规模、区位等)。

研究所需数据包括各街道的人口数据以及各类设施数据。其中人口数据来源于南京市第六次人口普查数据,而设施相关数据(如空间布点、设施规模等)具体来源见表7.6。

表7.6 设施类型及数据来源

设施分类	层级划分	数据来源
医疗设施	三级医院/二级医院	南京卫生年鉴2009、南京卫生局网站、谷歌地图、各医院官网
教育设施	普通高中/中等职业学校	南京教育局网站、谷歌地图、各学校官网
商业设施	大型商场/综合超市/专业市场	南京市土地利用现状图(2010版)、南京城区CAD图、谷歌地图、各单位官网
交通设施	地铁站/公交站(10条线路以上)	谷歌地图
文化设施	市级和区级影剧院/图书馆/博物馆	江苏省文化统计年鉴2013、谷歌地图、各单位官网、南京市土地利用现状图(2010版)
体育设施	市级体育馆/区级体育馆	南京体育局网站、谷歌地图、各单位官网、南京市土地利用现状图(2010版)

*注:文化设施与体育设施在下文中并无细分,分别按一种设施计算。

(2) 总体供给概况

南京市主城区面积约为274.78 km²,老城区面积约为43.56 km²,约占主城区面积15.85%,而在老城区范围内的设施共有210处,占设施总数的47.73%;细化到各类设施而言,主城区内交通设施有57处,占主城区总体的33.5%,体育设施有8处,占比约47.1%,教育、商业设施约占主城区的50%,而老城区的文化和医疗设施占比更是高达70%以上;细化至各级设施也可发现,老城区内的二级医院、普通高中和文化设施占主城区总体数量的65%以上,甚至三级医院的占比高达81%(图7.14)。

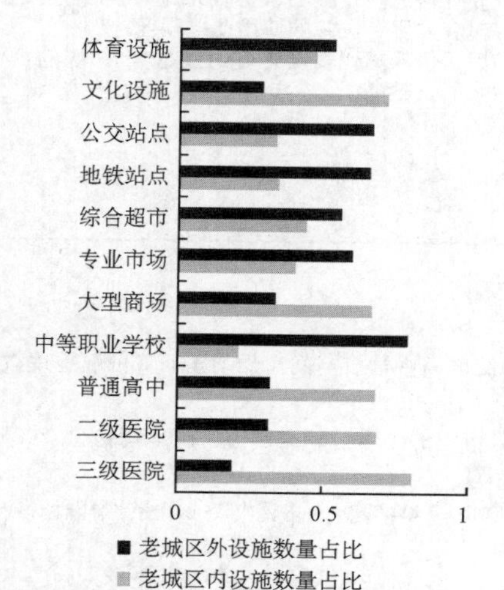

图7.14 南京市老城区内外设施数量占比

*资料来源:笔者自绘。

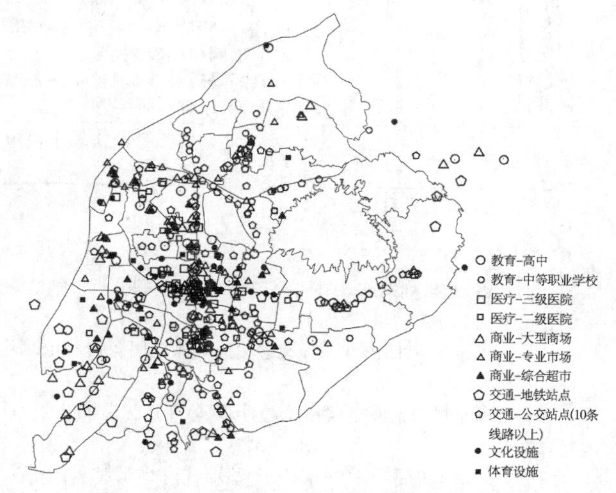

图7.15 南京市主城区的设施总体布点

*资料来源:笔者自绘。

由此可见,南京市主城区设施空间布局以老城区为中心,已呈现出较为明显的"核心—边缘"布局模式(图7.15)。

(3) 评估方法设计

① 单因子测度

关于设施分布空间特征的研究是对所获一手数据(包括人口数据和设施布点及规模数据)进行量化分析,揭示设施供给的客观状况。其中,涉及的量化指标包括密度、区位度、覆盖度和可达度四类空间因子,旨在从不同的层面和侧重点评估公共服务设施的供给水平,各因子的计算方法与内涵如下表所示(表 7.7)。

表 7.7 单因子测度方法

因子	计算公式	变量释义	含义与说明
密度	$D_{ij}=\frac{n_{ij}}{A_i}$	n_i:统计单元 i 内 j 类设施个数; A_i:统计单元 i 的面积(km^2)	表征街道内设施分布的疏密程度,反映的是公共服务设施供给的数量和规模。 值越大表征设施分布越密集,供给水平也就越高
区位度	$LQ_{ij}=\frac{m_{ij}/p_i}{M_j/P}$	m_{ij}:统计单元 i 内某类公共服务设施的规模; M_j:主城区内 j 类设施的总体规模; p_i:统计单元 i 的人口规模; P:主城区人口总体规模	表征街道内设施在整个主城区的优势度,反映的是公共服务设施供给的地位和作用。 区位度为非负值,区位度值越大,说明地位和作用越高,$LQ \geqslant 1$,说明该街道内某设施的地位或作用超过平均水平
覆盖度	$C_{ij}=\frac{a_{ij}}{A_i}$	a_{ij}:统计单元 i 内 j 类设施服务区覆盖的面积(操作借助 ArcGIS10 的网络分析功能获得基于道路网络的设施服务区多边形); A_i:统计单元 i 的总面积(km^2)	表征街道内设施服务区(教育设施辐射半径为 3 km[1];三级医院辐射半径 3 km,二级医院 2 km[2];大型商场和专业市场辐射半径 2.5 km,综合超市 2 km[3];地铁站点辐射半径 1.5 km,公交站点辐射半径 0.5 km[4])的覆盖程度,反映的是公共服务设施对人口的辐射程度。 因子值在 0 和 1 之间,值越小,表明街道内未被设施服务区覆盖的服务盲区占比越大,相应的供给水平就越小
可达度	$E_{ij(k)}=W_{j(k)} \cdot S_{ij}^{-\partial}$[5]	$E_{ij(k)}$:公共服务设施 $j(k)$ 对于街道单元 i 的可达度水平; $W_{j(k)}$:设施 $j_{(k)}$ 的吸引力指数,用规模(班级数、病床数、建筑面积、用地面积、站点数等)表示; S_{ij}:街道单元 i 的几何中心[6]到设施 $j_{(k)}$ 的空间隔离,(通过 ArcGIS10 提取街道网络距离表示); ∂:空间隔离参数,取值范围在 1 到 2 之间,其中取 2 较多[7]	表征街道内设施的可达性水平,反映的是人口对公共服务设施的使用便捷程度。 因子值越高代表设施可达性越好,相应的供给水平就越高
	$G_{ij}=\sum E_{ij}$	G_{ij}:j 类公共服务设施对于街道单元 i 的可达度水平	

*资料来源:笔者自绘。

① 张智涵,刘靖庭,王朴,等. 基于 GIS 空间分析技术的北京市海淀区高中学校空间布局均衡研究[J]. 地理教学,2012(12):59-62.

② 王远飞. GIS 与 Voronoi 多边形在医疗服务设施地理可达性分析中的应用[J]. 测绘与空间地理信息,2006,29(3):77-80.

③ 国家质量监督检验检疫局,国家标准化管理委员会. GB/T 18106—2004 零售业态分类[S]. 北京:中国标准出版社,2004.

④ 南京市交通局. 2014 年南京交通发展年度报告[R]. 南京,2014.

⑤ 高军波. 转型期中国城市公共服务设施供给模式及其形成机制研究——以广州为例[D]:[博士学位论文]. 广州:中山大学,2010.

⑥ Talen E, Anselin L. Assessing spatial equity: an evaluation of measures of accessibility to public playgrounds [J]. Environment and Planning, 1998, 30(4): 595-613.

⑦ 郭药. 城市化背景下保障性住房规划设计研究——以南京为例[D]:[博士学位论文]. 南京:东南大学,2010.

② 多因子综合测度

【评估方法】

目前，常用的因子综合评估方法主要有以下几类：主成分分析法、特尔斐法（专家调查法）、层次分析法、R 型因子分析法等。考虑到城市公共服务设施是一个多层次、多层级的复杂综合系统，且每类设施供给水平涉及多层面的评价因子，本研究选择了系统简洁且可实现定量分析的层次分析法，通过构建一个层次递阶结构，把公共服务设施供给的复杂问题分解为若干有序层次，通过对各层次因子之间的相对重要性进行比较分析，得出公共服务设施供给的现实状况①。

【评估体系】

鉴于公共服务设施多类型、多层级，且每类设施供给水平涉及多个单因子指标的特点，本研究构建以下三级指标体系：

一级指标包括医疗、教育、商业、交通、文化、体育六项，即为城市公共服务设施的主要类型；

二级指标是对上述六类设施的层级再细分，得到 13 个亚类设施，包括三级医院、二级医院、普通高中、中等职业学校、大型商场、综合超市、专业市场、地铁站、公交站（10 条线路以上）、市级文化设施、区级文化设施、市级体育设施、区级体育设施等；

三级单因子则包括由前述密度、区位度、覆盖度、可达度四类因子与 13 个二级指标交叉构成的 4 * 13 的基础指标矩阵，代表各类设施具体供给的基础指标（图 7.16）。

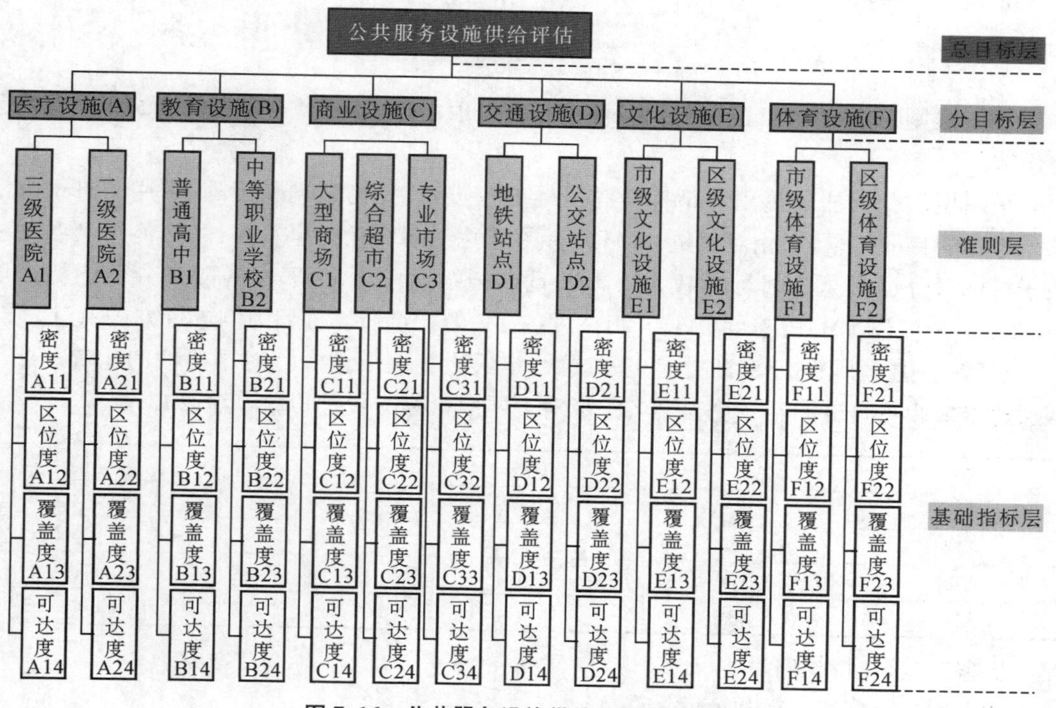

图 7.16　公共服务设施供给评估指标体系

* 资料来源：笔者自绘。

① 许树柏. 层次分析法原理：使用决策方法[M]. 天津：天津大学出版社，1995.

【评估权重】

利用层次分析法中的1—9分级比较标度方法，列出被打分对象的评估问卷：一方面，面向南京市普通市民发放和回收了各类设施权重打分表50份；另一方面，考虑到普通市民的专业知识往往有限，又基于专家打分方式面向城市规划专业人士补充发放和回收了四类因子权重打分表50份。根据评价结果的两两比较相对重要性，确定打“✓”的不同分值如下——

序号	重要性等级	赋值
1	两两指标同样重要	1
2	指标A比指标B稍显重要	3
3	指标A比指标B明显重要	5
4	指标A比指标B强烈重要	7
5	指标A比指标B极端重要	9
6	指标A比指标B稍显不重要	1/3
7	指标A比指标B明显不重要	1/5
8	指标A比指标B强烈不重要	1/7
9	指标A比指标B极端不重要	1/9

* 注：2、4、6、8表示重要性等级介于上述相邻判断的中值。

数据统计时，将表中各列打“✓”的人数乘以相应等级值后再求和，除以总人数后的值即为准则A对准则B的平均评分值。

$$Z=\frac{\sum(a\cdot n)}{N}$$

式中：Z—准则A对准则B的平均评分值；a—评分值；n—各评分打“✓”的人数；N—有效问卷份数。

采用层次分析法计算出各指标对总目标的权重：首先构造判断矩阵，再用中方根算法求出矩阵的特征向量，即相对权重，把打分者的定性判断转化为定量描述，最终得到各项单因子指标对分目标至总目标的权重。本文且以三级医院（A1）下面的四个分项指标密度（A11）、区位度（A12）、覆盖度（A13）、可达度（A14）的权重计算过程为例进行方法示意。

步骤一：建立判断矩阵，即针对上一层次，本层次相关要素间相对重要性的比较。此步骤通过专家权重打分问卷计算得到各指标对上层次目标的权重，判断矩阵如下：

A1	A11	A12	A13	A14
A11	1	0.56	0.47	0.32
A12	1.79	1	0.86	0.57
A13	2.13	1.16	1	0.67
A14	3.13	1.75	1.49	1

步骤二：求取特征向量

计算判断矩阵每一行数值的乘积 M_i

$$M_1=1\times0.56\times0.47\times0.32=0.084$$

$$M_2=1.79\times1\times0.86\times0.57=0.877$$

$$M_3=2.13\times1.16\times1\times0.67=1.655$$

$$M_4 = 3.13 \times 1.75 \times 1.49 \times 1 = 8.161$$

计算 M_i 的 n 次方根 $\overline{W}_i$

$$\overline{W}_1 = \sqrt[4]{M_1} = \sqrt[4]{0.084} = 0.54$$
$$\overline{W}_2 = \sqrt[4]{M_2} = \sqrt[4]{0.877} = 0.97$$
$$\overline{W}_3 = \sqrt[4]{M_3} = \sqrt[4]{1.655} = 1.13$$
$$\overline{W}_4 = \sqrt[4]{M_4} = \sqrt[4]{8.161} = 1.69$$

对向量 $\overline{W}_i$ 进行归一化处理

$$W_i = \frac{\overline{W}_i}{\sum_{i=1}^{n} \overline{W}_i} \quad (i = 1, 2, \cdots, n)$$

得出，$W_1 = 0.12$，$W_2 = 0.22$，$W_3 = 0.26$，$W_4 = 0.40$

所求的特征向量

$$W = (W_1, W_2, W_3, W_4)^{\mathrm{T}} = (0.12, 0.22, 0.26, 0.40)^{\mathrm{T}}$$

步骤三：求取特征根 AW

$$\begin{bmatrix} 1 & 0.56 & 0.47 & 0.32 \\ 1.79 & 1 & 0.86 & 0.57 \\ 2.13 & 1.16 & 1 & 0.67 \\ 3.13 & 1.75 & 1.49 & 1 \end{bmatrix} \quad \begin{bmatrix} 0.12 \\ 0.22 \\ 0.26 \\ 0.40 \end{bmatrix}$$

$$(AW)_1 = 1 \times 0.12 + 0.56 \times 0.22 + 0.47 \times 0.26 + 0.32 \times 0.40 = 0.4934$$
$$(AW)_2 = 1.79 \times 0.12 + 1 \times 0.22 + 0.86 \times 0.26 + 0.57 \times 0.40 = 0.8864$$
$$(AW)_3 = 2.13 \times 0.12 + 1.16 \times 0.22 + 1 \times 0.26 + 0.67 \times 0.40 = 1.0388$$
$$(AW)_4 = 3.13 \times 0.12 + 1.75 \times 0.22 + 1.49 \times 0.26 + 1 \times 0.40 = 1.5480$$

所求特征根为

$$\lambda_{\max} = \sum_{i=1}^{n} \frac{(AW)_i}{nW_i} = \frac{0.4934}{4 \times 0.12} + \frac{0.8864}{4 \times 0.22} + \frac{1.0388}{4 \times 0.26} + \frac{1.548}{4 \times 0.40} = 4.002$$

步骤四：一致性检验

A. 判断矩阵一致性指标 CI

$$CI = \frac{\lambda_{\max} - n}{n - 1} = 0.0007$$

B. 同阶平均随机一致性指标

平均随机一致性指标是500次以上重复进行随机判断矩阵特征值计算后算得的算术平均值①，进而获得判断矩阵的平均随机一致性指标 RI 的值。

阶数	1	2	3	4	5	6	7	8	9
RI	0.00	0.00	0.58	0.90	1.12	1.24	1.32	1.41	1.45

随机一致性比率 CR：

$$CR = \frac{CI}{RI} = \frac{0.0007}{0.58} = 0.0012 < 0.1$$

① 赵焕臣，许树柏，金生. 层次分析法——一种简易决策方法[M]. 北京：科学出版社，1996.

结果显示判断矩阵具有满意的一致性。

根据问卷打分基本情况、构造判断矩阵并计算权重，分别得到分目标层、准则层及基础指标层的各因子权重，最终算出各阶指标对总目标的权重如下(表 7.8)：

表 7.8　公共服务设施供给评估的指标体系及权重

总目标层 A	分目标层 B		准则层 C		基础指标层 D		对于分目标层权重	对于总目标层权重
	名称	权重	名称	权重	名称	权重		
公共服务设施供给水平评估	医疗设施(A)	0.31	三级医院(A1)	0.72	密度(A11)	0.12	0.086 4	0.026 8
					区位度(A12)	0.22	0.158 4	0.049 1
					覆盖度(A13)	0.26	0.187 2	0.058
					可达度(A14)	0.40	0.288	0.089 3
			二级医院(A2)	0.28	密度(A21)	0.12	0.033 6	0.010 4
					区位度(A22)	0.22	0.061 6	0.019 1
					覆盖度(A23)	0.26	0.072 8	0.022 6
					可达度(A24)	0.40	0.112	0.034 7
	教育设施(B)	0.28	普通高中(B1)	0.64	密度(B11)	0.12	0.076 8	0.021 5
					区位度(B12)	0.22	0.140 8	0.039 4
					覆盖度(B13)	0.26	0.166 4	0.046 6
					可达度(B14)	0.40	0.256	0.071 7
			中等职业学校(B2)	0.36	密度(B21)	0.12	0.043 2	0.003 9
					区位度(B22)	0.22	0.079 2	0.007 1
					覆盖度(B23)	0.26	0.093 6	0.008 3
					可达度(B24)	0.40	0.144	0.012 8
	商业设施(C)	0.11	大型商场(C1)	0.37	密度(C11)	0.12	0.044 4	0.004 9
					区位度(C12)	0.22	0.081 4	0.009
					覆盖度(C13)	0.26	0.096 2	0.010 6
					可达度(C14)	0.40	0.148	0.016 3
			综合超市(C2)	0.48	密度(C21)	0.12	0.058	0.006 3
					区位度(C22)	0.22	0.106	0.011 6
					覆盖度(C23)	0.26	0.125	0.013 7
					可达度(C24)	0.40	0.192	0.021 1
			专业市场(C3)	0.15	密度(C31)	0.12	0.018	0.002
					区位度(C32)	0.22	0.033	0.003 6
					覆盖度(C33)	0.26	0.039	0.004 3
					可达度(C34)	0.40	0.06	0.006 6
	交通设施(D)	0.15	地铁站(D1)	0.64	密度(D11)	0.12	0.077	0.011 5
					区位度(D12)	0.22	0.141	0.021 1
					覆盖度(D13)	0.26	0.166	0.025
					可达度(D14)	0.40	0.256	0.038 4
			公交站(10 条线路以上)(D2)	0.36	密度(D21)	0.12	0.043	0.006 5
					区位度(D22)	0.22	0.079	0.011 9
					覆盖度(D23)	0.26	0.094	0.014
					可达度(D24)	0.40	0.144	0.021 6

续表 7.8

总目标层A	分目标层B		准则层C		基础指标层D		对于分目标层权重	对于总目标层权重
	名称	权重	名称	权重	名称	权重		
公共服务设施供给水平评估	文化设施(E)	0.07	市级文化设施(E1)	0.57	密度(E11)	0.12	0.068	0.004 8
					区位度(E12)	0.22	0.125	0.008 8
					覆盖度(E13)	0.26	0.148	0.010 4
					可达度(E14)	0.40	0.228	0.016
			区级文化设施(E2)	0.43	密度(E21)	0.12	0.052	0.003 6
					区位度(E22)	0.22	0.095	0.006 6
					覆盖度(E23)	0.26	0.112	0.007 8
					可达度(E24)	0.40	0.172	0.012
	体育设施(F)	0.08	市级体育设施(F1)	0.41	密度(F11)	0.12	0.049	0.003 9
					区位度(F12)	0.22	0.09	0.007 2
					覆盖度(F13)	0.26	0.107	0.008 5
					可达度(F14)	0.40	0.164	0.013 1
			区级体育设施(F2)	0.59	密度(F21)	0.12	0.071	0.005 7
					区位度(F22)	0.22	0.13	0.010 4
					覆盖度(F23)	0.26	0.153	0.012 3
					可达度(F24)	0.40	0.236	0.018 9

* 资料来源:课题组关于南京市保障性住区公共服务设施的抽样调查数据(2015)。

【指标标准化】

由于服务设施供给评估的各项指标在计量单位和数量级上不尽相同,在计算前需对其进行无量纲化处理,避免因指标取值范围差异而造成权重夸大之现象。本文采用线性比例变化法进行指标无量纲化,公式为:

$$X_i=\frac{x_i}{x_{\max}}$$

公式中,x_i 为原始数据,$x_{\max}$为最大值,X_i 为标准化处理后的数据。

(4) 供给水平分布

① 单因子供给水平分布

以街道为单元,分别计算主城区各街道设施供给的密度、区位度、覆盖度和可达度水平,并绘制南京市主城区设施供给的单因子分布图,可以发现单因子分布具有如下特征(表 7.9)。

② 分类供给水平分布

以街道为单元,分别计算主城区各街道六类设施的供给水平,并绘制南京市主城区分类设施供给水平的分布图,可以发现南京市主城区各类设施供给水平具有如下特征(表 7.10)。

表 7.9　设施供给单因子的分布特征

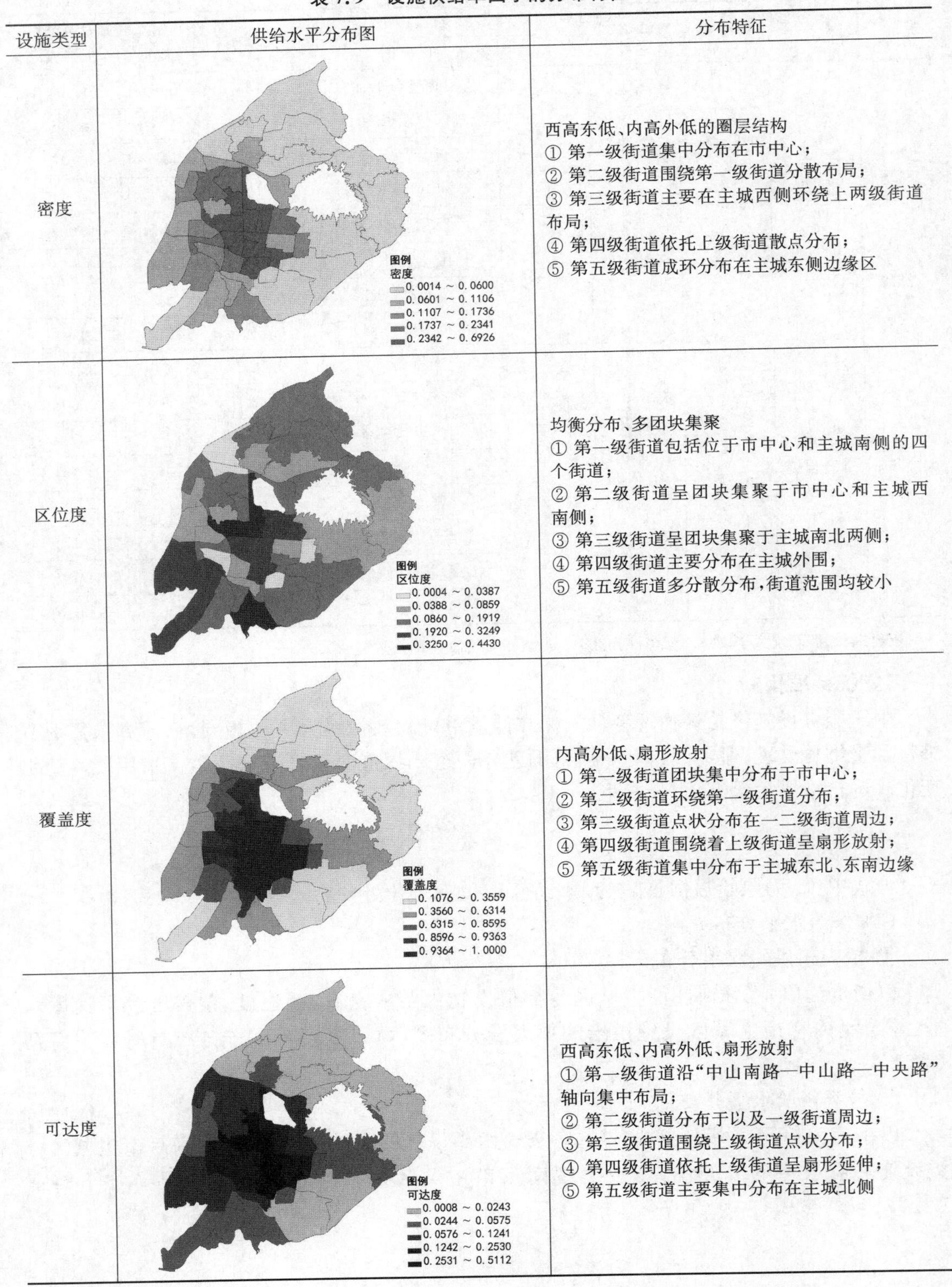

设施类型	供给水平分布图	分布特征
密度	图例 密度 0.0014 ～ 0.0600 0.0601 ～ 0.1106 0.1107 ～ 0.1736 0.1737 ～ 0.2341 0.2342 ～ 0.6926	西高东低、内高外低的圈层结构 ① 第一级街道集中分布在市中心； ② 第二级街道围绕第一级街道分散布局； ③ 第三级街道主要在主城西侧环绕上两级街道布局； ④ 第四级街道依托上级街道散点分布； ⑤ 第五级街道成环分布在主城东侧边缘区
区位度	图例 区位度 0.0004 ～ 0.0387 0.0388 ～ 0.0859 0.0860 ～ 0.1919 0.1920 ～ 0.3249 0.3250 ～ 0.4430	均衡分布、多团块集聚 ① 第一级街道包括位于市中心和主城南侧的四个街道； ② 第二级街道呈团块集聚于市中心和主城西南侧； ③ 第三级街道呈团块集聚于主城南北两侧； ④ 第四级街道主要分布在主城外围； ⑤ 第五级街道多分散分布，街道范围均较小
覆盖度	图例 覆盖度 0.1076 ～ 0.3559 0.3560 ～ 0.6314 0.6315 ～ 0.8595 0.8596 ～ 0.9363 0.9364 ～ 1.0000	内高外低、扇形放射 ① 第一级街道团块集中分布于市中心； ② 第二级街道环绕第一级街道分布； ③ 第三级街道点状分布在一二级街道周边； ④ 第四级街道围绕着上级街道呈扇形放射； ⑤ 第五级街道集中分布于主城东北、东南边缘
可达度	图例 可达度 0.0008 ～ 0.0243 0.0244 ～ 0.0575 0.0576 ～ 0.1241 0.1242 ～ 0.2530 0.2531 ～ 0.5112	西高东低、内高外低、扇形放射 ① 第一级街道沿“中山南路—中山路—中央路”轴向集中布局； ② 第二级街道分布于以及一级街道周边； ③ 第三级街道围绕上级街道点状分布； ④ 第四级街道依托上级街道呈扇形延伸； ⑤ 第五级街道主要集中分布在主城北侧

＊资料来源：笔者自绘。

表 7.10　各类设施供给水平的分布特征

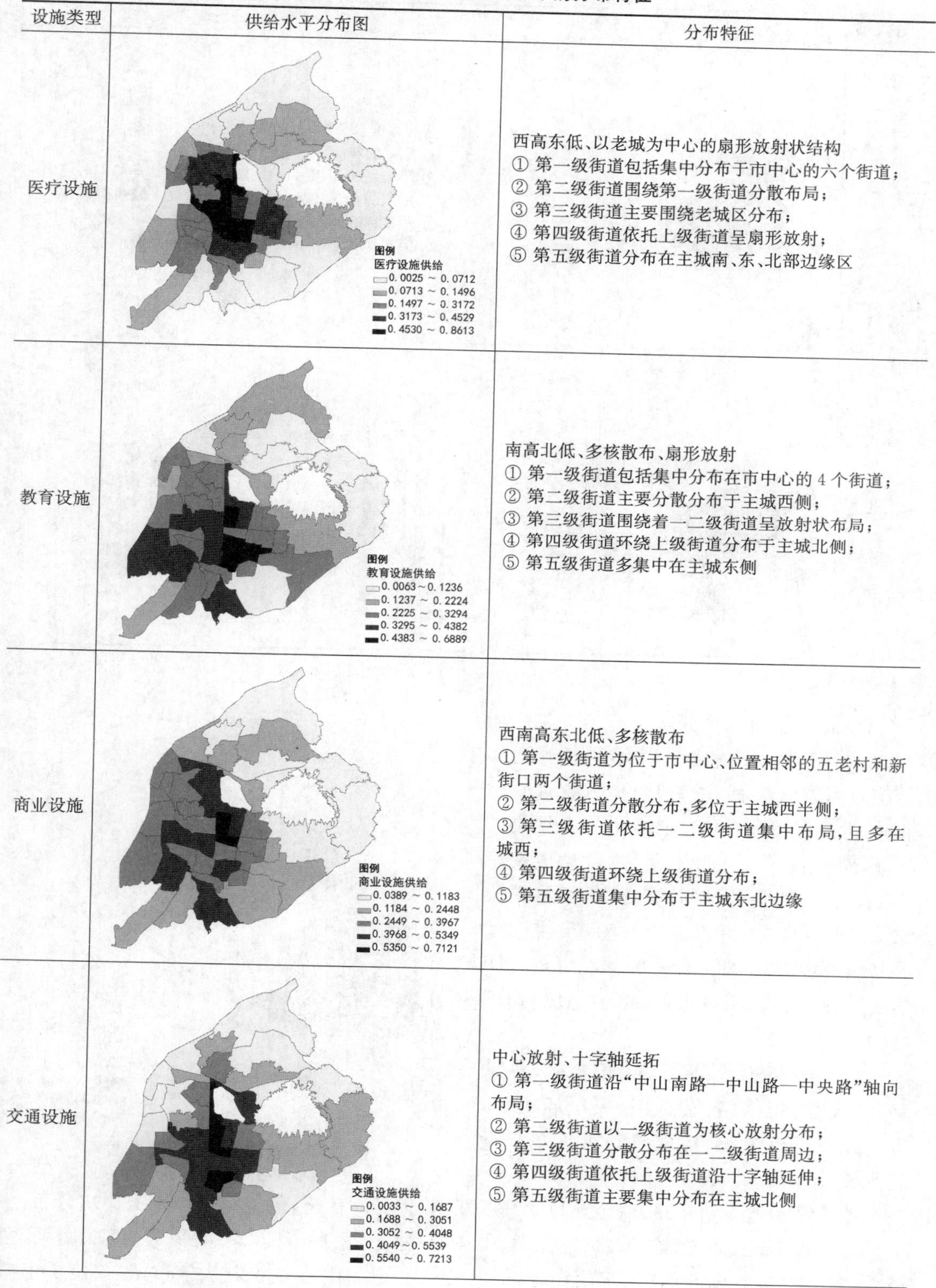

设施类型	供给水平分布图	分布特征
医疗设施		西高东低、以老城为中心的扇形放射状结构 ① 第一级街道包括集中分布于市中心的六个街道； ② 第二级街道围绕第一级街道分散布局； ③ 第三级街道主要围绕老城区分布； ④ 第四级街道依托上级街道呈扇形放射； ⑤ 第五级街道分布在主城南、东、北部边缘区
教育设施		南高北低、多核散布、扇形放射 ① 第一级街道包括集中分布在市中心的 4 个街道； ② 第二级街道主要分散分布于主城西侧； ③ 第三级街道围绕着一二级街道呈放射状布局； ④ 第四级街道环绕上级街道分布于主城北侧； ⑤ 第五级街道多集中在主城东侧
商业设施		西南高东北低、多核散布 ① 第一级街道为位于市中心、位置相邻的五老村和新街口两个街道； ② 第二级街道分散分布，多位于主城西半侧； ③ 第三级街道依托一二级街道集中布局，且多在城西； ④ 第四级街道环绕上级街道分布； ⑤ 第五级街道集中分布于主城东北边缘
交通设施		中心放射、十字轴延拓 ① 第一级街道沿“中山南路—中山路—中央路”轴向布局； ② 第二级街道以一级街道为核心放射分布； ③ 第三级街道分散分布在一二级街道周边； ④ 第四级街道依托上级街道沿十字轴延伸； ⑤ 第五级街道主要集中分布在主城北侧

续表 7.10

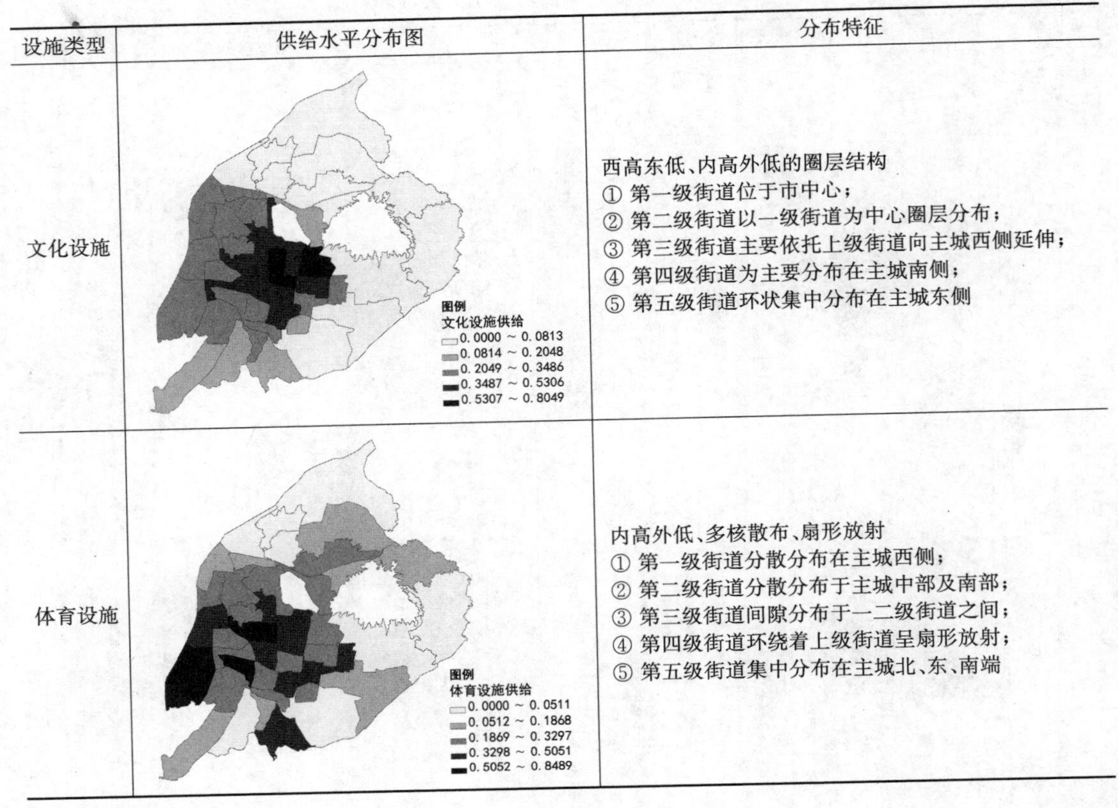

设施类型	供给水平分布图	分布特征
文化设施	图例 文化设施供给 0.0000 ~ 0.0813 0.0814 ~ 0.2048 0.2049 ~ 0.3486 0.3487 ~ 0.5306 0.5307 ~ 0.8049	西高东低、内高外低的圈层结构 ① 第一级街道位于市中心； ② 第二级街道以一级街道为中心圈层分布； ③ 第三级街道主要依托上级街道向主城西侧延伸； ④ 第四级街道为主要分布在主城南侧； ⑤ 第五级街道环状集中分布在主城东侧
体育设施	图例 体育设施供给 0.0000 ~ 0.0511 0.0512 ~ 0.1868 0.1869 ~ 0.3297 0.3298 ~ 0.5051 0.5052 ~ 0.8489	内高外低、多核散布、扇形放射 ① 第一级街道分散分布在主城西侧； ② 第二级街道分散分布于主城中部及南部； ③ 第三级街道间隙分布于一二级街道之间； ④ 第四级街道环绕着上级街道呈扇形放射； ⑤ 第五级街道集中分布在主城北、东、南端

*资料来源：笔者自绘。

③ 总体供给水平分布

以街道为单元来计算主城区各街道的设施总体供给水平，并基于 SPSS 统计平台和采用 Hierarchial Cluster、Ward's 聚类法将 44 个统计单元聚成 5 类，由此生成南京市主城区公共服务设施的总体供给水平分布图(图 7.17)。可以看出，南京市主城区公共服务设施总体供给水平呈现出较为明显的“南高北低、西高东低、单中心放射状”结构，其中：

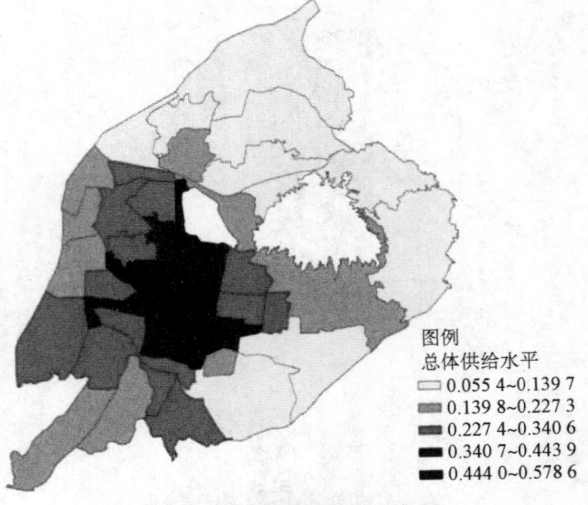

图 7.17　总体供给水平分布图

*资料来源：笔者自绘。

第一级街道为新街口、五老村、洪武路、朝天宫、华侨路、玄武门、夫子庙街道，集中分布于市中心，构成设施供给水平最高区域；

第二级街道为湖南路、梅园新村、滨湖、双塘、大光路街道，围绕第一级街道周边分布；

第三级街道为凤凰、宁海路、挹江门、中央门、建宁路、后宰门、瑞金路、月牙湖、南湖、南苑、兴隆、中华门、雨花新村、宁南街道，以一二级街道为中心呈放射状分布，主要位于主城西侧；

第四级街道为阅江楼、热河南路、江东、沙洲、赛虹桥、孝陵卫、锁金村、小市街道，总体上在主城西侧分布居多；

其余则为第五级街道，环绕主城从北到南大体形成半环状结构。

7.3　保障性住区的公共服务设施供给评估

基于上文对南京市保障性住区建设概况和主城区公共服务设施供给状况的分析，本节将遴选典型的保障性住区作为研究案例和样本，首先对保障房居民的社会属性进行简要阐述，然后依照“单因子—多因子”与“分级—分类—总体”层层递推、循序渐进的分析思路，来剖析保障性住房公共服务设施供给的现状特征，深入挖掘现存问题。

1) 研究对象界定

(1) 住区遴选

通过上文对南京市保障性住房空间分布概况的研究可以看出，由于城市建设扩张以及地价因素，经济效益较低的保障性住房多位于城市边缘区，沿绕城高速形成“城南—城东—城北”的半环状分布带，同时主城内也散置着少数小规模的保障性住区。

由于不同区域保障房的设施供给状况存在较大差异，为全面把握保障房的设施供给状况，本文结合南京保障房“城南—城东—城北”的分布特征，并与“主城—新市区—新城”的城市空间圈层相拟合，同时考虑到实际调查研究的可行性，选取 3 个较为典型的案例和样本进行深入调研。案例遴选原则主要如下：

① 所选的保障性住区区位要能反映保障性住房在南京的分布大势，既要涵盖城市东、北、南三个方位，又要遍及主城、新市区、新城三层空间结构；

② 所选的保障性住区既要有大型保障房片区，又要有主城内散布的小规模住区；

③ 所选的保障性住区最好分布于主城区或周边邻近区域，以便于深度调研的展开。

根据上述保障性住区的遴选原则和南京市保障性房的空间分布概况，本文选取了以下三个保障性住区案例作为研究样本：南京主城南侧岱山保障房片区的西善花苑祥和园（城南—新城—大型保障房片区）、南京主城东侧的仙鹤茗苑（城东—新市区—保障房集聚区）以及南京主城区北部的恒盛嘉园（城北—主城—点状散置）(图 7.18)。

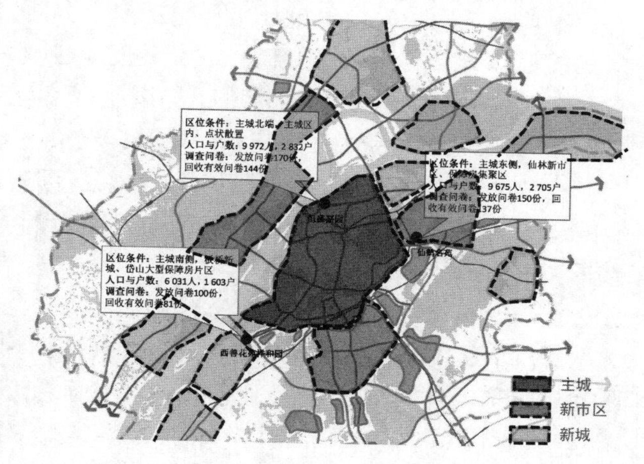

图 7.18　遴选的三个保障性住区分布图

*资料来源：笔者根据相关资料及实际调研整理绘制。

(2) 设施界定

限于本文研究的重点和篇幅,笔者将从各类公共服务设施中审慎遴选同保障性住区居民日常生活关联密切的设施类型进行重点研究。为了如实反映保障性住区居民这一特定群体的使用需求,本文利用层次分析法中的1～9分级比较标度方法,列出各类设施重要性评估问卷,并面向南京保障房居民发放和回收了各类设施权重打分表50份,最终计算得到各类设施的重要性权重(表7.11,具体评估计算方法详见前文)。

表7.11 设施的重要性权重(针对保障性住区居民)

分类设施权重		分级设施权重		总体权重
设施类型	权重	设施类型	权重	
医疗设施	0.30	三级医院	0.72	0.216 0
		二级医院	0.28	0.084 0
教育设施	0.27	普通高中	0.64	0.172 8
		中等职业学校	0.36	0.097 2
商业设施	0.11	大型商场	0.37	0.040 7
		综合超市	0.48	0.052 8
		专业市场	0.15	0.016 5
交通设施	0.15	地铁站点	0.64	0.096 0
		公交站点	0.36	0.054 0
体育设施	0.08	——		——
文化设施	0.06	——		——
福利设施	0.03	——		——

* 资料来源:课题组关于南京市保障性住区公共服务设施的抽样调查数据(2015)。

本节将遴选其中权重值最高的四类设施作为下一步研究的重点对象(重要性权重总和达82.80%),分别为医疗设施、教育设施、交通设施和商业设施。

(3) 数据采集

本章调查问卷的内容设计主要包括两个方面:其一是个人信息,重点在于了解保障房居民的基本情况,包括性别、年龄、文化程度、收入水平、家庭结构、房源性质、来源地分布等内容;其二是公共服务设施使用意愿与满意度,重点在于了解受访者前往各类公共服务设施的出行方式、可接受的最大出行时间及其现状设施供给的满意度。

在数据采集过程中,综合运用实地观察法、问卷调查法以及具体访谈法等多类方法,获得有关保障房居民及其设施使用情况的一手资料与基础数据,作为本章分析研究的基础数据。

在问卷调查方面,本章采用分类和分片相结合的抽样方法,以遴选的三个保障性住区为调研对象从中随机抽取400名被访者,而各案例被访者的抽样配比主要依据各住区的实际住户而定。对问卷进行整理与审核后,最终确定回收有效问卷362份,有效率达到86.19%;考虑到单户家庭出行方式的相近和类似,以户数为统计基准的总体抽样率也平均达到5.07%,符合抽样比例要求(表7.12)。

表 7.12　各保障性住区案例的人口户数规模和抽样问卷数量

保障性住区名称	人口与户数情况		问卷数量		抽样率
	总人口规模(人)	总户数规模(户)	问卷发放数量	问卷回收数量	
西善花苑祥和园	6 031	1 603	100	81	5.05%
仙鹤茗苑	9 675	2 705	150	137	5.06%
恒盛嘉园	9 972	2 832	170	144	5.08%

＊资料来源：笔者根据相关资料及实际调研整理绘制。

(4)区位分布

根据三个保障性住区案例和样本的自身特征及其分布情况，对其区位条件和具体特征详解如下(表 7.13)——

表 7.13　保障性住区案例概述

名称	西善花苑祥和园	仙鹤茗苑	恒盛嘉园
与主城区的关系	主城南侧	主城东侧	主城区内北端
与城市空间的关系	板桥新城	仙林新市区	主城区
分布特征	岱山大型保障房片区	主城边缘的保障房集聚区	点状散置
现状区位	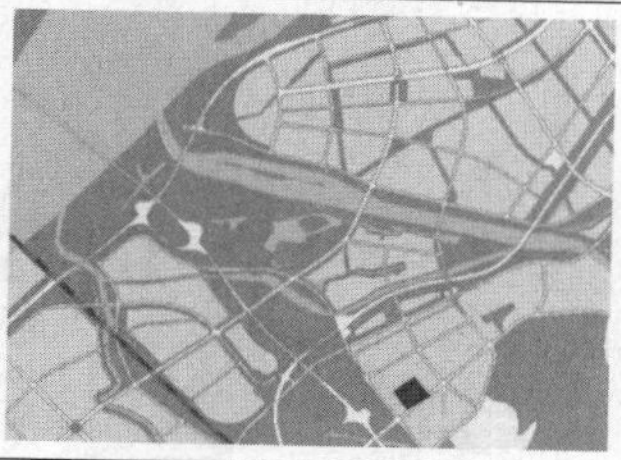	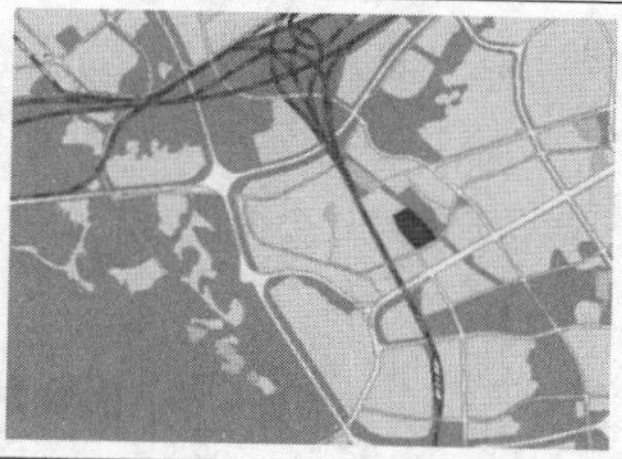	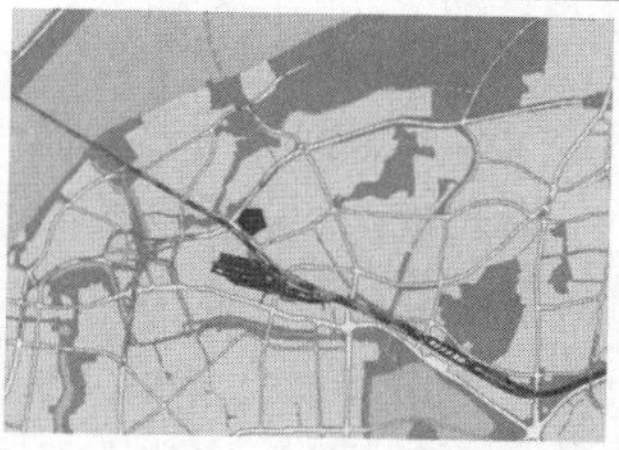
现状概况	位于雨花台区秦淮新河以南，沪蓉高速和宁芜公路交叉口东侧，岱山山脉以西，距离新街口约 16.6 km； 整个岱山保障房片区拥有普通商品房、中低价商品房、公共租赁住房、经济适用房、人才公寓等房源形式； 2006 年建成交房，目前二手房均价 8 140元/m²，主要用于安置当地居民	位于仙林新市区土城头路西侧，属于仙鹤门地区保障性住房集聚区，北侧紧邻宁镇公路，南临地铁二号线仙鹤门站，西侧为徐庄软件园，并有铁路线隔断，东侧为仙林大学城，距离新街口约 15.5 km； 房源性质包括普通商品房、经济适用房、产权调换房、公共租赁住房等； 2007 年建成交房，目前二手房均价 15 134元/m²	位于下关区宝塔桥街道，是南京市第一个位于主城区的保障房项目，北临幕府西路，南至郭家山，西接铁路桥，向东与吉呈花园相连，距离新街口约 8.9 km； 房源性质包括普通商品房、经济适用房、产权调换房、公共租赁住房等； 1999 年建成交房，目前二手房均价 16 581 元/m²
平面布局			

＊资料来源：笔者根据网站资料及 Google 地图整理绘制。

2）社会属性分析

基于所遴选的保障性住区典型案例，本节将从人口构成、年龄结构、文化程度、职业构成、收入构成等方面的社会属性出发，分别对各保障房居民的现状社会特征进行解析；然后通过三个案例间的横向比较，折射和归纳南京市保障房居民的普遍社会特征。相关数据信息主要源于问卷统计法、文献查阅法等。

(1) 人口来源

分别对三个案例的居民来源进行分析，发现：西善花苑祥和园的居民构成相对均衡，其中本市农村户口和进城务工人员占比最高，分别为 33.4%和 27.8%；仙鹤茗苑的居民构成主要为进城务工人员和本社区居民，其中进城务工人员达 40%，主要为新就业人员，一部分来自于西侧的徐庄软件园，另一部分则是被便利交通所吸引（南侧紧邻仙鹤门地铁站）；恒盛嘉园则以本社区居民为主，占 60.1%，这主要源于主城区优越的教育医疗资源和较好的社会福利待遇，居民一般会选择就地安置（图 7.19）。

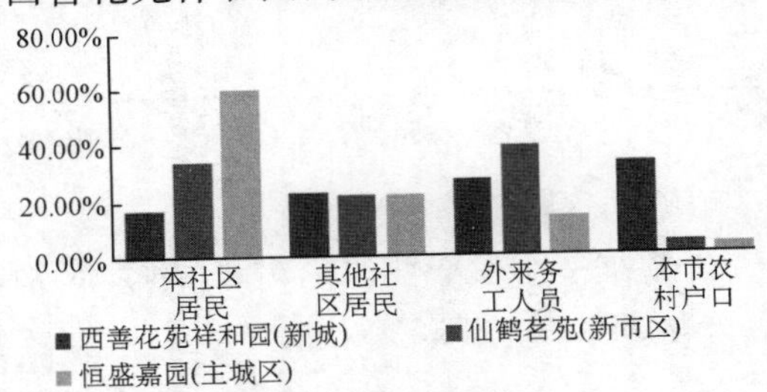

图 7.19　人口来源统计

＊资料来源：课题组关于南京市保障性住区公共服务设施的抽样调查数据(2015)。

(2) 年龄结构

分别对三个案例居民年龄结构进行分析，发现：西善花苑居民老龄化趋势较为明显，60 岁以上的居民占 38.7%[①]；仙鹤茗苑居民中，40 岁以下的占 62.8%，整体年龄结构偏年轻化；恒盛嘉园居民年龄结构则以中青年为主。同时，三个案例中 21～60 岁年龄段的人口分布都表现为两头高中间低的"V"型结构，且低谷都集中在 41～50 岁区间，表明保障房对青年（主要为进城务工人员）及中老年人群吸引力较大，而中年人群（主要为进城务工人员）更倾向于牺牲居住环境而选择在邻近就业地的城中村暂居（图 7.20）。

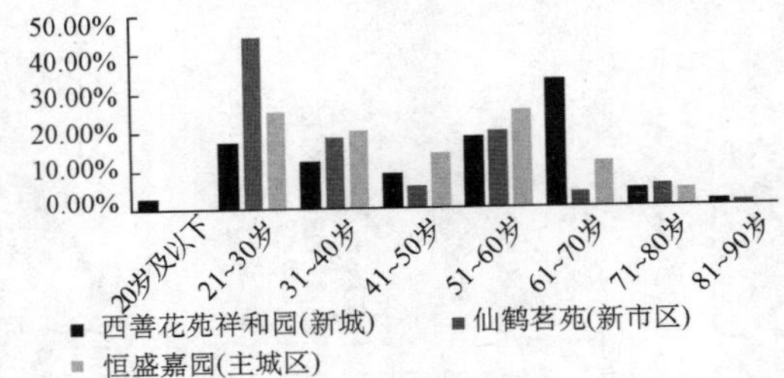

图 7.20　年龄结构统计

＊资料来源：课题组关于南京市保障性住区公共服务设施的抽样调查数据(2015)。

(3) 文化程度

分别对三个案例居民文化程度进行分析，发现：西善花苑居民受教育程度普遍偏低，初中及以下学历占比达 79.6%，其中小学及以下学历占 39.1%，受过高等教育人口比例仅为 8%；仙鹤茗苑居民文化程度普遍较高，表现为倒金字塔结构，文化程度越高，人数比重越大，高学历占 38.6%；恒盛嘉园居民受教育程度则介于两者之间，高中/中专及以上学历占 55.6%（图 7.21）。

(4) 家庭结构

分别对三个案例居民家庭结构进行分析，发现：调研对象家庭成员以 2～5 人居多，两口之家一般为老年夫妇，三口之家多为核心家庭，四口之家的成员主要是夫妻和儿女或儿媳，五口及以上则多是三代同堂或亲戚合租（主要为进城务工人员）。其中，西善花苑祥和园以两口之家居多，比例达 34.4%；仙鹤茗苑以三口之家居多；恒盛嘉园则以两口和三口之家为主（图 7.22）。

① 按照联合国标准，一个地区 60 岁以上老年人口达到总人口的 10%，即认为该地区进入老龄化社会。

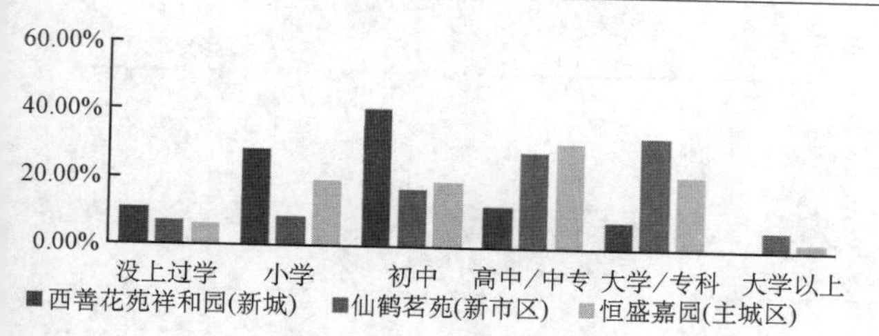

图 7.21　文化程度统计

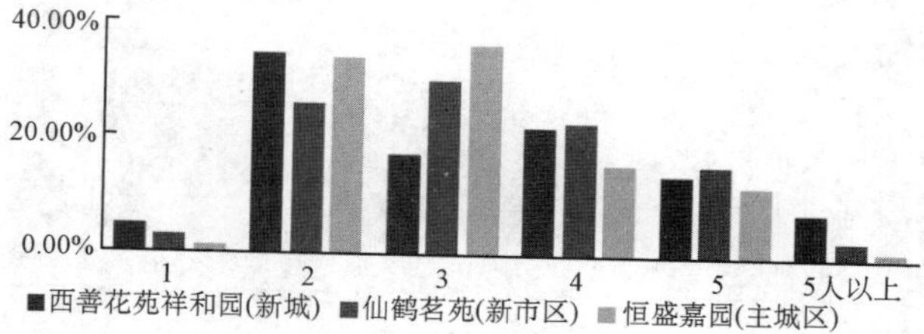

图 7.22　家庭构成统计

＊资料来源：课题组关于南京市保障性住区公共服务设施的抽样调查数据(2015)。

（5）职业构成

分别对三个案例居民职业构成进行分析，发现：西善花苑祥和园以中低阶层的农民、商业服务人员和退休及无业人员为主；仙鹤茗苑居民以商业服务人员和专业技术人员为主，社会地位较高，其中专业技术人员主要来自于住区西侧的徐庄软件园；恒盛嘉园则以商业服务人员、退休及无业人员和办事及相关人员为主(图 7.23)。

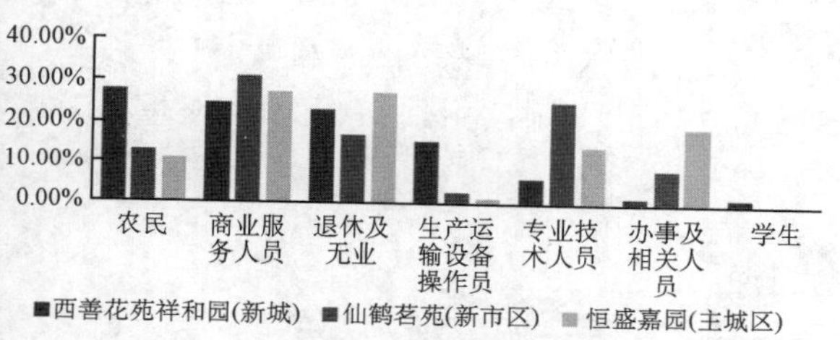

图 7.23　职业构成统计

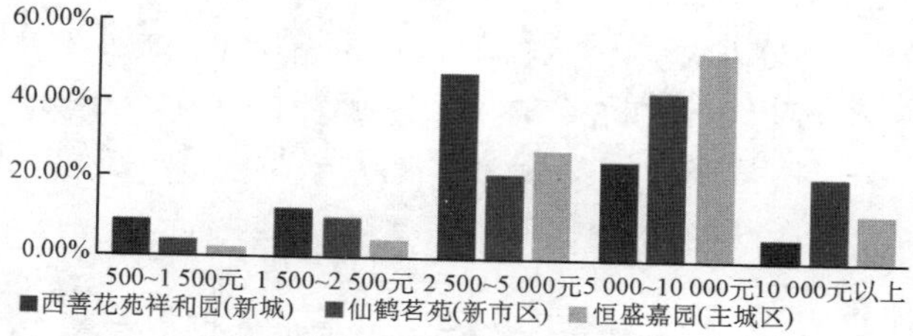

图 7.24　家庭月收入构成统计

＊资料来源：课题组关于南京市保障性住区公共服务设施的抽样调查数据(2015)。

（6）收入构成

分别对三个案例居民收入构成进行分析，发现：西善花苑祥和园平均家庭月收入约 3 940 元，集中在 2 500～5 000 元，且低收入区间(500～2 500 元)比重较大，占比约 24.1%；仙鹤茗苑平均家庭月收入约 6 671 元，以 5 000～10 000 元收入区间居多，高收入家庭(月入 10 000 以上)占比达 20%以上；而恒盛嘉园的平均家庭月收入约 6 674 元，以 5 000～10 000 元收入区间居多(图 7.24，表 7.14)。

表 7.14　所选保障性住区的居民社会属性汇总表

		西善花苑祥和园(新城)	仙鹤茗苑(新市区)	恒盛嘉园(主城区)
案例区位	与主城区的关系	主城南侧	主城东侧	主城区内北端
	与城市空间的关系	板桥新城	仙林新市区	主城区
	分布特征	岱山大型保障房片区	主城边缘的保障房集聚区	点状散置
社会属性	人口来源	本市农村户口和进城务工人员占比最高	主要为进城务工人员和本社区居民	以本社区居民为主
	年龄结构	老龄化趋势较为明显	整体年龄结构偏年轻化	以中青年为主
	文化程度	受教育程度普遍偏低	受教育程度高，倒金字塔结构	以中等偏高为主
	家庭结构	以老年夫妇的两口之家居多	以核心家庭的三口之家居多	以两口和三口之家居多

续表 7.9

		西善花苑祥和园(新城)	仙鹤茗苑(新市区)	恒盛嘉园(主城区)
社会属性	职业构成	以中低阶层的农民、商业服务人员和退休及无业人员为主	以中高阶层的商业服务人员和专业技术人员为主	以商业服务人员、退休及无业人员和办事及相关人员为主
	收入构成	集中在2 500～5 000元区间，低收入家庭比重较大	以5 000～10 000元收入区间居多，高收入家庭占比相对较大	以5 000～10 000元收入区间居多

＊资料来源：笔者自绘。

3）评估方法设计

保障性住区公共服务设施的供给水平相对不足已成共识，因此本文的重点并非重复和验证这一认知，而是更加细致地阐述和比较不同住区、不同类别、不同层级的设施供给水平在不同指标因子上的微妙差异和复杂变化，因此本节公共服务设施的供给水平除了同主城区相比外，将更注重不同保障性住区案例之间的横向比较，以系统深入地比较和揭示其供给特征。

（1）研究框架

本节设施供给水平的评估大致遵循前文的分析思路，即从“单因子—多因子”和“分级—分类—总体”两个维度出发：首先按序分别对三个层次（分级—分类—总体）的设施供给水平单因子进行定量计算，后一层级的计算则是在前一层级计算结果的基础上，按照设施权重叠加而成；然后分别对三个层次（分级—分类—总体）设施供给水平单因子按权重叠加，最终得到多因子综合评估结果（图7.25）。

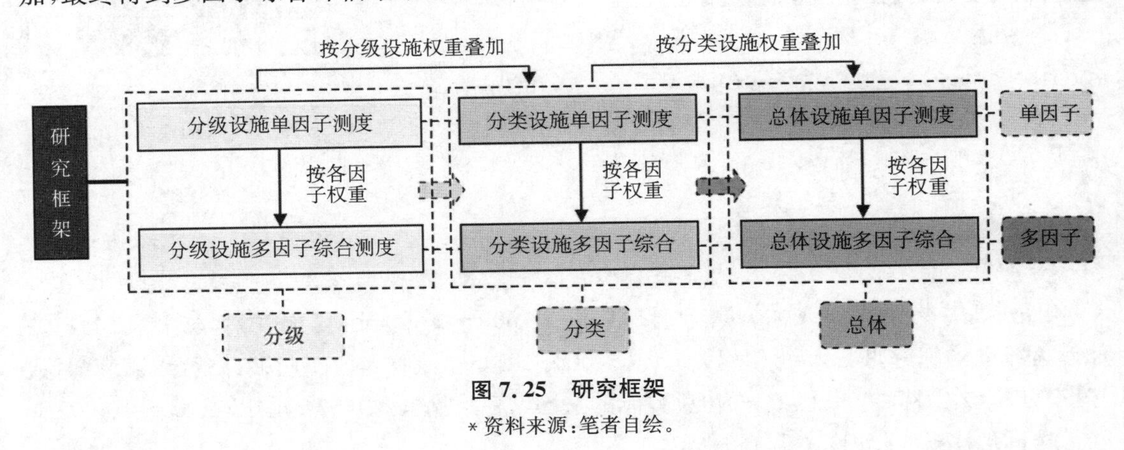

图 7.25 研究框架

＊资料来源：笔者自绘。

（2）评估方法

① 单因子测度

【医疗、教育、商业设施单因子评估方法】

由于出行的时空限制，并非主城区的所有设施都是本节的评估对象。考虑到各案例小区居民出行心理与习惯的不同，本文通过抽样调查与计算，确定各保障性住区居民对于不同类型设施的“最大容忍出行圈层”；然后以最大容忍出行圈层的范围来框定本节研究的设施对象，分别计算该圈层内所有设施的单因子指标值。其中涉及的单因子依然包括密度、区位度、覆盖度和可达度四类，具体而言，密度因子反映出行圈层内居民可选择的设施数量多寡，区位度因子反映出行圈层内设施供应的地位作用，覆盖度因子反映出行圈层内设施服务的辐射范围大小，可达度因子则反映出设施与住区的交通联系便捷与否（各指标因子算法详见前文）。

【交通设施单因子评估方法】

对于地铁站点而言，距离案例小区最近的地铁站点为本文研究对象，其评估因子为可达度；对于公交站点而言，抽样调查得到的最大出行圈层内的公交站点为本文研究对象。考虑到实际使用情况，公交站点的区位度因子统计对象为圈层内的公交线路数，覆盖度和可达度因子的研究对象则为各公交线路距离案例小区最近的站点(图 7.26)。

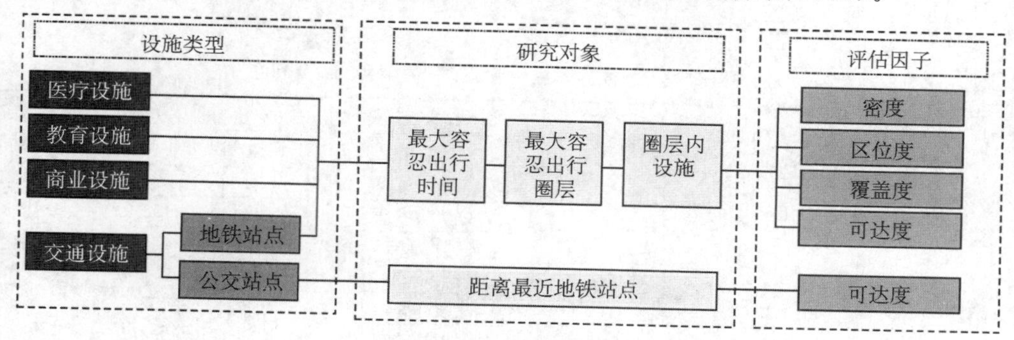

图 7.26　设施评估方法

＊资料来源：笔者自绘。

② 多因子综合测度

【评估体系】

运用层次分析法(AHP)，通过构建一个有序的多层次递阶结构(图 7.27)，对各层次因子之间的相对重要性进行比较分析，并按权重叠加，进而得到案例住区公共服务设施供给的现实状况。

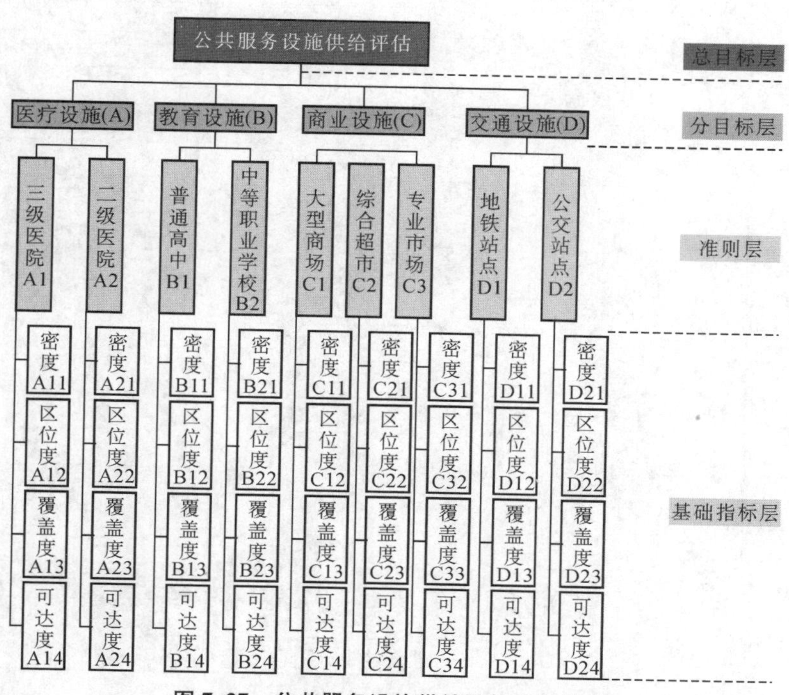

图 7.27　公共服务设施供给评估指标体系

＊资料来源：笔者自绘。

【评估权重】

按照前文所述的同样方法和步骤，一方面，针对设施重要性权重面向保障房居民发放和回收打分问卷 50 份；另一方面，针对单因子重要性权重面向专家发放和回收打分问卷 50 份，根据打分基本情况、构造判断矩阵并计算权重，分别得到分目标层、准则层及基础指标层的各因子权重，并最终算出各阶指标对总目标的权重（所涉具体技术参见前文，这里不再赘述）。评估权重如下表所示（表 7.15）——

表 7.15　公共服务设施供给评估的指标体系及权重

总目标层 A	分目标层 B		准则层 C		基础指标层 D		对于分目标层权重	对于总目标层权重
	名称	权重	名称	权重	名称	权重		
公共服务设施供给水平评估	医疗设施（A）	0.36	三级医院（A1）	0.72	密度（A11）	0.12	0.086 4	0.031 1
					区位度（A12）	0.22	0.158 4	0.057 0
					覆盖度（A13）	0.26	0.187 2	0.067 4
					可达度（A14）	0.40	0.288 0	0.103 7
			二级医院（A2）	0.28	密度（A21）	0.12	0.033 6	0.012 1
					区位度（A22）	0.22	0.061 6	0.022 2
					覆盖度（A23）	0.26	0.072 8	0.026 2
					可达度（A24）	0.40	0.112 0	0.040 3
	教育设施（B）	0.33	普通高中（B1）	0.64	密度（B11）	0.12	0.076 8	0.025 3
					区位度（B12）	0.22	0.140 8	0.046 5
					覆盖度（B13）	0.26	0.166 4	0.054 9
					可达度（B14）	0.40	0.256 0	0.084 5
			中等职业学校（B2）	0.36	密度（B21）	0.12	0.043 2	0.014 3
					区位度（B22）	0.22	0.079 2	0.026 1
					覆盖度（B23）	0.26	0.093 6	0.030 9
					可达度（B24）	0.40	0.144 0	0.047 5
公共服务设施供给水平评估	商业设施（C）	0.13	大型商场（C1）	0.36	密度（C11）	0.12	0.043 2	0.005 6
					区位度（C12）	0.22	0.079 2	0.010 3
					覆盖度（C13）	0.26	0.093 6	0.012 2
					可达度（C14）	0.40	0.144 0	0.018 7
			综合超市（C2）	0.48	密度（C21）	0.12	0.057 6	0.007 5
					区位度（C22）	0.22	0.105 6	0.013 7
					覆盖度（C23）	0.26	0.124 8	0.016 2
					可达度（C24）	0.40	0.192 0	0.025 0
			专业市场（C3）	0.15	密度（C31）	0.12	0.018 0	0.002 3
					区位度（C32）	0.22	0.033 0	0.004 3
					覆盖度（C33）	0.26	0.039 0	0.005 1
					可达度（C34）	0.40	0.060 0	0.007 8
	交通设施（D）	0.18	地铁站点（D1）	0.64	可达度（D11）	1.00	0.640 0	0.115 2
			公交站点（D2）	0.36	密度（D21）	0.12	0.043 2	0.007 8
					区位度（D22）	0.22	0.079 2	0.014 3
					覆盖度（D23）	0.26	0.093 6	0.016 8
					可达度（D24）	0.40	0.144 0	0.025 9

*资料来源：课题组关于南京市保障性住区公共服务设施的抽样调查数据（2015）。

4）供给水平测度

（1）评估对象划定

通过对不同保障性住区的问卷抽样，获得居民前往不同类型、不同级别设施的最大容忍出行时间及其出行方式构成，由此进一步计算保障房居民的最大容忍出行距离；然后基于GIS网络分析功能来界定最大容忍出行圈层，并以此作为关键性依据来圈定各类设施的最终评估对象。

① 最大容忍出行时间

居民对于出行时间的容忍限度会因性别、年龄、收入水平等社会属性的不同而有所差异，为使调研数据更加客观地反映真实状况，在实际抽样调查中，不同社会属性的居民需做到全覆盖和区别对待。基于抽样调查数据，分别统计不同保障性住区居民对于不同类型、不同级别设施的最大容忍出行时间如表7.16所示。

表7.16 保障性住区居民最大容忍出行时间

保障性住区名称			西善花苑祥和园（新城）	仙鹤茗苑（新市区）	恒盛嘉园（主城区）
与主城中心直线距离（km）			16.6	15.5	8.9
最大容忍出行时间（min）	教育设施	普通高中	51.39	38.58	33.70
		中等职业学校	53.09	40.31	30.21
	医疗设施	三级医院	53.48	44.07	39.40
		二级医院	39.79	28.73	26.30
	商业设施	大型商场	48.24	38.51	34.80
		综合超市	29.52	24.63	24.20
		专业市场	34.00	29.50	24.70
	交通设施	公交站点	16.13	12.73	11.45

＊资料来源：课题组关于南京市保障性住区公共服务设施的抽样调查数据（2015）。

对于不同保障性住区而言，居民最大容忍出行时间与距主城中心直线距离总体上呈正比：西善花苑距主城中心最远，居民对于各类型设施的最大容忍出行时间最长，其中对于普通高中、中等职业学校以及三级医院的出行时间容忍限度都接近一个小时；而位于主城区的恒盛嘉园距主城中心距离最近，居民的最大容忍出行时间也相对较小。

对于不同类型和层级设施而言，居民最大容忍出行时间同设施重要性、设施规模以及设施数量息息相关。从类别上看，教育设施和医疗设施作为最重要的两类设施，居民对其最大容忍出行时间最长；从层级上看，居民对于三级医院、大型商场等较高层级设施的最大容忍出行时间也要明显高于同类别的其他层级设施。

② 出行方式构成

分别对居民前往各类设施的出行方式进行抽样调查，发现：保障性住区居民的出行方式已呈现出“以公交和地铁为主，因设施类型而异，各住区构成各异”的结构特征：

总体而言，保障性住区居民前往各类设施的出行方式以公交车和地铁为主。其中对于教育设施和医疗设施而言，这两种出行方式合计占比达50%～70%，而对于大型商场而言，西善花苑祥和园的公交和地铁出行比例甚至高达87.1%。

对于不同类型设施而言，其出行方式结构因设施使用特征、数量与规模、区位分布等条件的不同而有所差异。教育设施和医疗设施资源点有限，多集中于主城区，由于地铁覆盖面有限，居民多选择公交出行方式（比例约为 35%～60%），并且出租车出行方式相比其他设施而言也比例较高；大型商业网点由于多结合地铁站点而布置（如新街口、夫子庙、湖南路等），居民前往上述设施则更多地选择地铁出行（占比高达 63.8%）；而交通设施如果距离保障性住区较近，居民一般会选择步行前往，反之，居民则多会乘公交车前往（如西善花苑）。

对于不同的保障性住区而言，影响居民出行方式结构的包括住区区位、交通设施状况、居民社会属性等因素。西善花苑祥和园的住户多为本地农村拆迁户和进城务工人员，收入水平相对较低，在日常出行方式中公交车占比最高（达 62.5%）；仙鹤茗苑距仙鹤门距地铁站仅 400 m，相比其他两个保障性住区，其住户选择地铁出行的比例最高（平均占比为 30.5%），而其他两个住区平均占比约 21.7%；至于小汽车出行由于成本最高，对于经济水平相对较低的西善花苑而言，其住户选择此类出行方式的比例最低（图 7.28～图 7.33）。

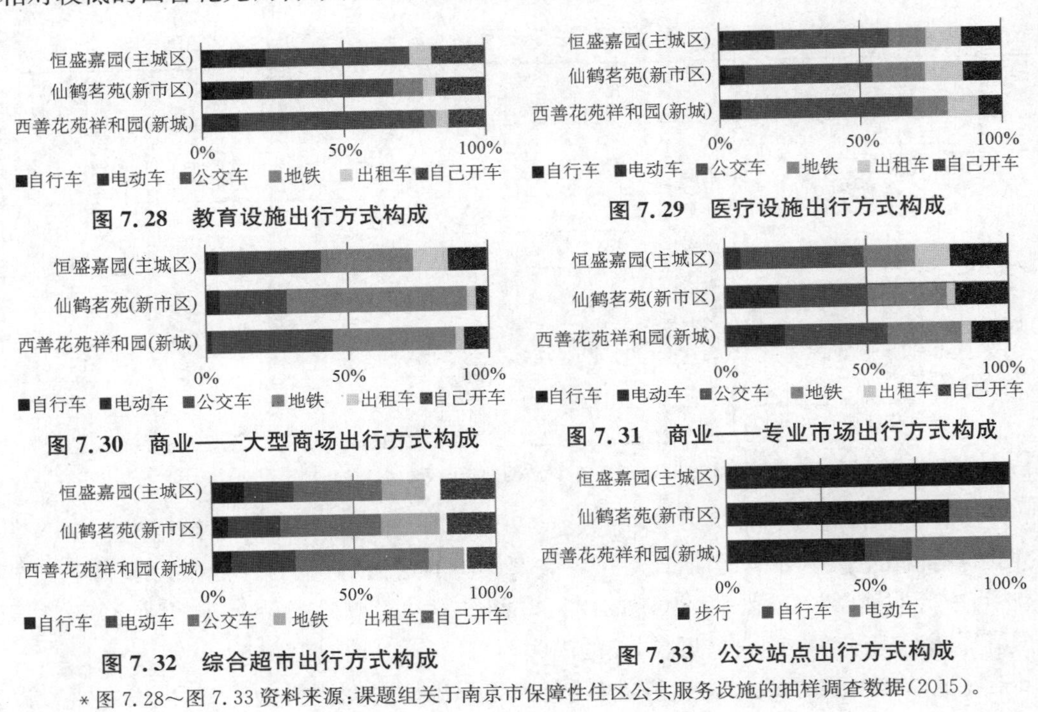

图 7.28　教育设施出行方式构成

图 7.29　医疗设施出行方式构成

图 7.30　商业——大型商场出行方式构成

图 7.31　商业——专业市场出行方式构成

图 7.32　综合超市出行方式构成

图 7.33　公交站点出行方式构成

* 图 7.28～图 7.33 资料来源：课题组关于南京市保障性住区公共服务设施的抽样调查数据（2015）。

③ 最大容忍出行距离

作为整个评估方法设计的关键步骤之一，主要是通过抽样调查获得各保障性住区居民对于各类型设施的最大容忍出行时间 t，以及居民前往各设施的出行方式，由此可测算出各出行方式的占比 $a_n\%$，最大容忍出行圈层 S 则按各类出行方式的实际抽样比例叠加来推算出行距离，公式如下：

$$S=a_1\%\cdot V_1\cdot t+a_2\%\cdot V_2\cdot t+\cdots+a_n\%\cdot V_n\cdot t$$

公式中：$a_n\%$表示各类出行方式抽样比例；V_n 表示各类交通方式的速度（南京公交车平均速度 20 km/h①；地铁平均速度 36.99 km/h②；小汽车（包括私家车、出租车）平均速度

① 南京市人民政府. 南京市公交改革与发展五年（2011—2015 年）行动计划[Z]. 南京，2011.

② www. ditiezu. com.

21.84 km/h[①];步行平均速度 4.6 km/h[②];非机动车(自行车、电动车)平均速度 15 km/h[③]等);t 为抽样调查得到的最大容忍出行时间。

由此可测算出各保障性住区居民对于不同类型设施的最大容忍出行距离,并以此来圈定各类设施的最终评估对象(表 7.17)。

表 7.17 保障性住区居民最大容忍出行距离

保障性住区名称			西善花苑祥和园(新城)	仙鹤茗苑(新市区)	恒盛嘉园(主城区)
与新街口直线距离(km)			16.6	15.5	8.9
最大容忍出行距离(km)	教育设施	普通高中	17.48	13.81	10.87
		中等职业学校	18.06	14.43	9.89
	医疗设施	三级医院	19.66	17.08	14.29
		二级医院	14.63	11.13	9.54
	商业设施	大型商场	20.52	18.72	14.93
		综合超市	10.29	9.31	8.72
		专业市场	13.44	11.87	9.65
	交通设施	公交站点	1.45	1.05	0.88

*资料来源:课题组关于南京市保障性住区公共服务设施的抽样调查数据(2015)。

(2) 单因子测度

下文且以西善花苑祥和园为例进行具体的评估操作演示,其余保障性住区的单因子测度则遵循同一流程而不再赘述。

① 医疗、教育、商业、交通(公交站点)

以调研得到的最大容忍出行距离为半径,运用 GIS 技术获得基于现实道路网络的居民最大容忍出行圈层,并以此出行圈层来框定各类设施的实际评估对象。且以三级医院为例进行单因子测度,如图 7.34 所示。

在完成关键步骤——“确定最大容忍出行圈层”之后,即可锁定待评估的医疗设施布点及其基本信息汇总如下(表 7.18)。其中,距离 D 是基于 GIS 数字技术平台而测算得到的基于现实交通网络的交通距离。

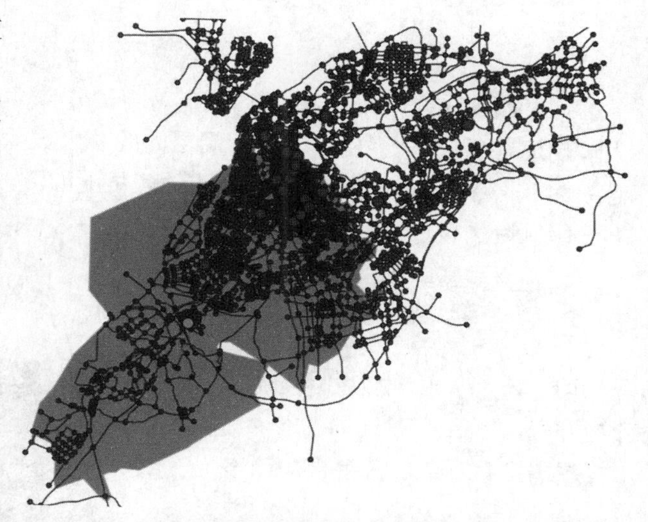

图 7.34 对三级医院的最大容忍出行圈层(西善花苑祥和园为例)

*资料来源:笔者自绘。

① 於昊,杨明,何小洲,等. 2014 年南京交通发展年度报告[R]. 南京:南京市城市与交通规划设计研究院有限责任公司,2015.

② 周涛,陈新. 特殊人群步行过街速度调查与信号设计[J]. 现代交通技术,2015,12(5):75-78.

③ 中华人民共和国国务院. 中华人民共和国道路交通安全法实施条例[Z]. 2004.

表 7.18　医疗设施评估对象基本信息(以西善花苑祥和园为例)

医院名称	病床数 W(床)	距离 D(km)	可达性 $E=W/D^2$
儿童医院河西分院	1 100	7.53	19.400 0
江苏省第二中医院	600	13.15	3.469 8
南京市第一医院	1 637	13.86	8.521 6
南京市中医院	700	14.91	3.148 8
中国人民解放军第四五四医院	430	15.85	1.711 6
南京八一医院	1 100	16.32	4.130 0
南京军区总医院	2 000	17.91	6.235 0
南京市妇幼保健医院	800	15.31	3.413 0
江苏省中医院	2 500	15.16	10.883 5
南京医科大学附属眼科医院	200	15.59	0.822 9
南京儿童医院	1 400	16.76	4.984 0
南京市鼓楼医院	1 460	17.46	4.789 2
南京市脑科医院	1 000	16.26	3.782 3
江苏省人民医院	3 000	16.04	11.660 4
南京市口腔医院	255	17.96	0.790 5
江苏省肿瘤医院	1 165	19.08	3.200 1
中大医院	1 800	19.02	4.975 7

＊资料来源:笔者根据相关资料整理绘制。

【密度】计算得到西善花苑居民对于三级医院的最大容忍出行圈层面积为 558.72 km²,圈层内共有 17 所三级医院,其分布密度如下:

三级医院分布密度:

$$D_{A1}=\frac{n_{A1}}{A_{A1}}=\frac{17}{558.72}=0.030\ 4$$

【区位度】将街道内的人口布局设定为均衡分布,可按比例大体分配各街道出行范围内的人口规模,由此叠加得到最大出行圈层内的总人数为 272.49 万,出行圈层内三级医院病床总数为 22 307 床,西善花苑三级医院的区位度如下:

三级医院区位度:

$$LQ_{ij}=\frac{m_{ij}/p_i}{M_j/P}=\frac{22\ 307/272.49}{26\ 327/561.77}$$
$$=1.746\ 8$$

M_j—主城区总人口数;P—主城区医院病床数。

【覆盖度】借助 GIS 平台的网络分析功能获得各设施的服务区,并运用地理处理工具中的相交分析工具测算圈层内设施的服务区面积(图 7.35),最后计算得到最大容忍出行圈层内三级医院的覆盖度如下:

图 7.35　出行圈层内设施服务区覆盖范围(西善花苑祥和园为例)
＊资料来源:笔者自绘。

三级医院覆盖度:

$$C_{A1}=\frac{a_{A1}}{A_{A1}}=\frac{79.45}{558.72}=0.142\ 2$$

【可达度】在评价医院可达度时引入“床位”的概念来表征该医院的规模（同理，可用班级数来表征教育设施规模，以建筑面积来表征商业设施规模，以公交线路数来表征公交站点规模），同时借助于 GIS 数字技术平台来计算各医院与目标住区间的最短网络距离。

三级医院平均可达度：

$$G_{A1}=\sum E_{A1}=19.400\,0+3.469\,8+\cdots+4.975\,7=95.918\,4$$

在完成上述 4 项单因子的测度后，同样依循前文方法来测算西善花苑祥和园最大出行范围内其他类型设施的单因子得分，其余保障性住区亦采纳同一方法测算结果如下（表 7.19）。

表 7.19　医疗、教育、商业设施单因子评估结果

设施类型		单因子	西善花苑祥和园（新城）	仙鹤茗苑（新市区）	恒盛嘉园（主城区）
医疗设施	三级医院	密度	0.029 4	0.034 0	0.053 7
		区位度	1.653 5	1.438 2	1.312 9
		覆盖度	0.132 2	0.155 5	0.251 8
		可达度	95.918 6	138.137 8	526.985 2
	二级医院	密度	0.026 5	0.017 2	0.059 2
		区位度	2.028 6	0.823 4	0.889 6
		覆盖度	0.141 4	0.087 9	0.246 8
		可达度	48.648 5	13.428 4	54.947 9
教育设施	普通高中	密度	0.029 0	0.039 4	0.051 5
		区位度	1.378 5	0.651 8	1.090 7
		覆盖度	0.174 5	0.243 0	0.342 7
		可达度	4.306 7	12.518 2	18.402 2
	中等职业学校	密度	0.027 6	0.027 5	0.085 7
		区位度	1.245 9	1.266 6	1.297 9
		覆盖度	0.194 2	0.242 9	0.561 3
		可达度	2.813 7	5.230 5	68.800 3
商业设施	大型商场	密度	0.072 0	0.077 5	0.130 7
		区位度	0.000 2	0.660 6	1.102 0
		覆盖度	0.164 0	0.189 8	0.297 1
		可达度	14 186.262 2	30 966.212 5	58 369.535 2
	综合超市	密度	0.035 0	0.018 8	0.088 8
		区位度	0.676 0	0.939 6	1.296 2
		覆盖度	0.129 4	0.104 3	0.388 7
		可达度	111.051 6	1 660.639 8	5 084.043 6
	专业市场	密度	0.019 2	0.033 6	0.186 8
		区位度	1.887 8	0.766 1	0.879 9
		覆盖度	0.122 2	0.127 4	0.566 1
		可达度	1 185.734 1	1 382.408 6	32 410.642 2
交通设施	公交站点	密度	1.519 2	6.560 9	6.814 0
		区位度	1.842 7	1.291 6	0.650 2
		覆盖度	0.278 5	0.330 9	0.519 9
		可达度	32.128 7	31.782 9	75.630 2

* 资料来源：课题组关于南京市保障性住区公共服务设施的抽样调查数据（2015）。

② 交通(地铁站点)

对距目标住区最近的地铁站进行可达度计算,结果如下(表 7.20)。

表 7.20 地铁站点可达度评估

	西善花苑祥和园(新城)	仙鹤茗苑(新市区)	恒盛嘉园(主城区)
最近地铁站	油坊桥	仙鹤门	五塘广场
距离 D(km)	5.48	0.58	1.17
可达度 $E=1/D^2$	0.033 3	2.972 7	0.730 5

* 资料来源:课题组关于南京市保障性住区公共服务设施的抽样调查数据(2015)。

(3) 多因子综合测度

① 评估参考标准(比照组)

为客观判断样本保障性住区的设施供给水平高低,本节拟以主城区住区的设施平均供给水平作为比照组,这就需要从主城区遴选几片具有代表性的居住区,并同样计算其设施的平均供给水平。主城居住区的遴选思路大体如下:

从南京市主城区居住用地的分布情况来看(图 7.36),大体呈现圈层式布局结构:老城区依然是居住用地的集聚地①,其中老城北部的鼓楼区以及老城南部地区明显集中了较多的居住人口和居住用地,除此之外河西地区的居住密度也明显高于其他地区②。因此本文分别在三个居住用地集聚区的几何中心位置(老城南部、老城北部以及河西地区)各选择一片代表性居住小区(分别为:来凤小区、紫竹林小区、凤凰花园城);同时在居住用地分布较为零散的地区(老城区南侧、北侧、东侧)也选择三片居住小区(分别为郁金香花园、金山花苑、万达紫金明珠),共计六片居住小区为比照的住区,计算各小区的设施供给水平,并以其平均值作为主城区平均水平的代表和保障性住区的比照组。

图 7.36 南京居住空间核密度分布

* 资料来源:黄莹,黄辉,叶忱,等.基于GIS的南京城市居住空间结构研究[J].现代城市研究,2011,26(4):47-52.

同样按照上述测度思路和方法,测算主城区各比照住区的单因子数值(图 7.37),取其平均值作为评估参考标准(表 7.21):

② 多因子综合得分

采用线性比例变化法,分别针对所选保障性住区(目标组)和主城代表性住区(比照组)的设施供给水平进行指标无量纲化;待评分指标统一后,再按照权重分别计算各目标层供给水平得分,结果汇总如下表(表 7.21)。

① 刘贤腾,顾朝林.解析城市用地空间结构:基于南京市的实证[J].城市规划学刊,2008(5):70-84.

② 黄莹,黄辉,叶忱,等.基于GIS的南京城市居住空间结构研究[J].现代城市研究,2011,26(4):47-52.

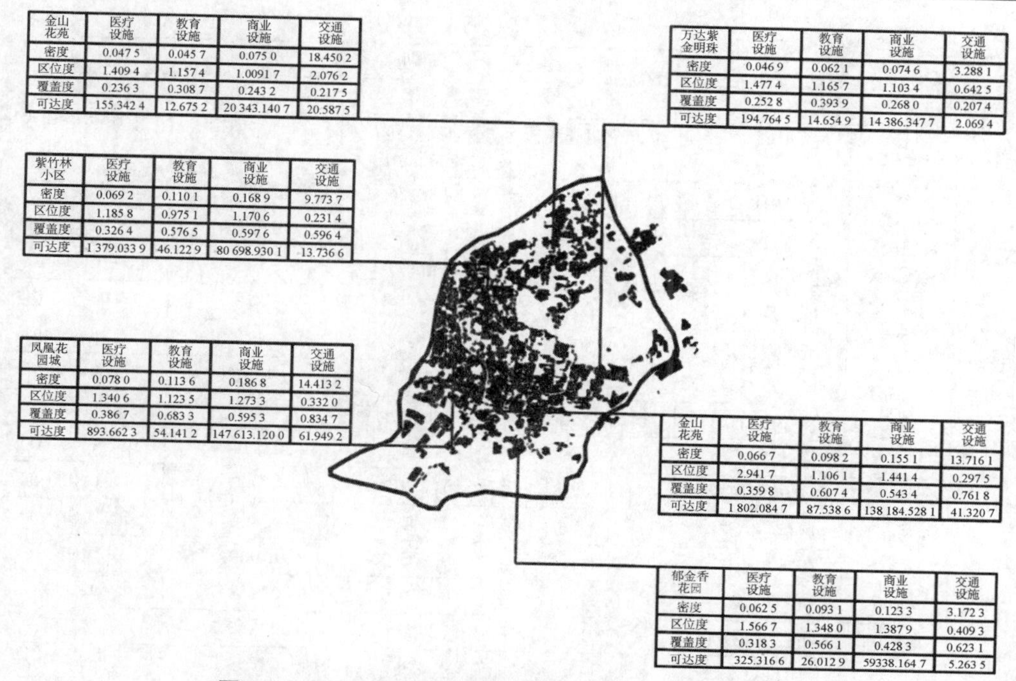

图 7.37　南京市主城区居住用地分布及比照组住区选点

*资料来源：笔者自绘。

表 7.21　设施供给水平评估汇总

基础指标层——单因子得分						
设施类型		单因子	保障性住区			主城区平均水平
分类	分级		西善花苑祥和园（新城）	仙鹤茗苑（新市区）	恒盛嘉园（主城区）	
医疗设施（A）	三级医院（A1）	密度(A11)	0.508 7	0.588 2	0.929 1	1.000 0
		区位度(A12)	1.000 0	0.869 8	0.794 0	0.907 7
		覆盖度(A13)	0.422 4	0.496 8	0.804 5	1.000 0
		可达度(A14)	0.092 8	0.133 7	0.510 1	1.000 0
	二级医院（A2）	密度(A21)	0.367 0	0.238 2	0.819 9	1.000 0
		区位度(A22)	0.991 3	0.402 4	0.434 7	1.000 0
		覆盖度(A23)	0.449 6	0.279 5	0.784 7	1.000 0
		可达度(A24)	0.284 7	0.078 6	0.321 5	1.000 0
教育设施（B）	普通高中（B1）	密度(B11)	0.293 5	0.398 8	0.521 3	1.000 0
		区位度(B12)	1.000 0	0.472 8	0.791 2	0.863 5
		覆盖度(B13)	0.335 8	0.467 6	0.659 4	1.000 0
		可达度(B14)	0.098 8	0.287 0	0.422 0	1.000 0
	中等职业学校(B2)	密度(B21)	0.322 1	0.320 9	1.000 0	0.774 8
		区位度(B22)	0.959 9	0.975 9	1.000 0	0.822 3
		覆盖度(B23)	0.346 0	0.432 7	1.000 0	0.940 7
		可达度(B24)	0.040 9	0.076 0	1.000 0	0.497 8

续表 7.21

基础指标层——单因子得分

设施类型		单因子	保障性住区			主城区平均水平
分类	分级		西善花苑祥和园（新城）	仙鹤茗苑（新市区）	恒盛嘉园（主城区）	
商业设施（C）	大型商场（C1）	密度(C11)	0.529 0	0.569 4	0.960 3	1.000 0
		区位度(C12)	0.000 2	0.553 3	0.922 9	1.000 0
		覆盖度(C13)	0.406 0	0.469 9	0.735 6	1.000 0
		可达度(C14)	0.090 7	0.198 0	0.373 2	1.000 0
	综合超市（C2）	密度(C21)	0.320 8	0.172 3	0.813 9	1.000 0
		区位度(C22)	0.511 6	0.711 1	0.981 0	1.000 0
		覆盖度(C23)	0.288 5	0.232 6	0.866 7	1.000 0
		可达度(C24)	0.006 9	0.102 7	0.314 4	1.000 0
	专业市场（C3）	密度(C31)	0.102 8	0.179 9	1.000 0	0.995 2
		区位度(C32)	1.000 0	0.405 8	0.466 1	0.595 9
		覆盖度(C33)	0.215 9	0.225 0	1.000 0	0.957 1
		可达度(C34)	0.016 0	0.018 6	0.437 0	1.000 0
交通设施（D）	地铁站	可达度(D11)	0.011 2	1.000 0	0.245 7	0.226 6
	公交站点（D2）	密度(D21)	0.145 1	0.626 7	0.650 9	1.000 0
		区位度(D22)	1.000 0	0.700 9	0.352 9	0.360 8
		覆盖度(D23)	0.471 9	0.560 7	0.880 9	1.000 0
		可达度(D23)	0.424 8	0.420 2	1.000 0	0.871 3

准则层——分级设施供给水平得分

设施类型		西善花苑祥和园（新城）	仙鹤茗苑（新市区）	恒盛嘉园（主城区）	主城区平均水平
医疗设施（A）	三级医院(A1)	0.428 0	0.444 6	0.699 4	0.979 7
	二级医院(A2)	0.492 9	0.221 2	0.526 6	1.000 0
教育设施（B）	普通高中(B1)	0.382 0	0.388 2	0.576 9	0.970 0
	中等职业学校(B2)	0.356 2	0.396 1	1.000 0	0.717 6
商业设施（C）	大型商场(C1)	0.205 4	0.391 4	0.658 8	1.000 0
	综合超市(C2)	0.228 8	0.278 7	0.664 6	1.000 0
	专业市场(C3)	0.294 9	0.176 8	0.657 3	0.899 4
交通设施（D）	地铁站点(D1)	0.011 2	1.000 0	0.245 7	0.226 6
	公交站点(D2)	0.555 1	0.568 1	0.843 9	0.859 4

分目标层——分类设施供给水平得分

设施类型	西善花苑祥和园（新城）	仙鹤茗苑（新市区）	恒盛嘉园（主城区）	主城区平均水平
医疗设施(A)	0.446 2	0.382 0	0.651 0	0.985 4
教育设施(B)	0.372 7	0.391 1	0.729 2	0.879 1
商业设施(C)	0.228 0	0.301 2	0.654 8	0.974 9
交通设施(D)	0.207 0	0.844 5	0.461 0	0.454 4

总目标层——总体供给水平得分

设施类型	西善花苑祥和园（新城）	仙鹤茗苑（新市区）	恒盛嘉园（主城区）	主城区平均水平
公共服务设施	0.350 5	0.457 7	0.643 1	0.853 4

* 资料来源：课题组关于南京市保障性住区公共服务设施的抽样调查数据(2015)。

5）供给水平评估

(1) 分级设施供给水平对比分析

① 单因子得分对比

【同主城区平均水平的比较】

就密度、区位度、覆盖度和可达度四类单因子而言，保障性住区同主城区相比就会发现（表7.22）。

表7.22　分级设施单因子得分对比

分类	分级	因子	西善花苑祥和园（新城）	仙鹤茗苑（新市区）	恒盛嘉园（主城区）	主城区平均水平	保障性住区平均水平	保障性住区平均得分/主城区平均得分
医疗设施	三级医院	密度	0.508 7	0.588 2	0.929 1	1.000 0	0.675 3	0.675 3
		区位度	1.000 0	0.869 8	0.794 0	0.907 7	0.887 9	0.978 2
		覆盖度	0.422 4	0.496 8	0.804 5	1.000 0	0.574 6	0.574 6
		可达度	0.092 8	0.133 7	0.510 1	1.000 0	0.245 5	0.245 5
	二级医院	密度	0.367 0	0.238 2	0.819 9	1.000 0	0.475 0	0.475 0
		区位度	0.991 3	0.402 4	0.434 7	1.000 0	0.609 5	0.609 5
		覆盖度	0.449 6	0.279 5	0.784 7	1.000 0	0.504 6	0.504 6
		可达度	0.284 7	0.078 6	0.321 5	1.000 0	0.228 3	0.228 3
教育设施	普通高中	密度	0.293 5	0.398 8	0.521 3	1.000 0	0.404 5	0.404 5
		区位度	1.000 0	0.472 8	0.791 2	0.863 5	0.754 7	0.874 0
		覆盖度	0.335 8	0.467 6	0.659 4	1.000 0	0.487 6	0.487 6
		可达度	0.098 8	0.287 0	0.422 0	1.000 0	0.269 3	0.269 3
	中等职业学校	密度	0.322 1	0.320 9	1.000 0	0.774 8	0.547 7	0.706 9
		区位度	0.959 9	0.975 9	1.000 0	0.822 3	0.978 6	1.190 1
		覆盖度	0.346 0	0.432 7	1.000 0	0.940 7	0.592 9	0.630 3
		可达度	0.040 9	0.076 0	1.000 0	0.497 8	0.372 3	0.747 9
商业设施	大型商场	密度	0.529 0	0.569 4	0.960 3	1.000 0	0.686 2	0.686 2
		区位度	0.000 2	0.553 3	0.922 9	1.000 0	0.492 1	0.492 1
		覆盖度	0.406 0	0.469 9	0.735 6	1.000 0	0.537 2	0.537 2
		可达度	0.090 7	0.198 0	0.373 2	1.000 0	0.220 6	0.220 6
	综合超市	密度	0.320 8	0.172 3	0.813 9	1.000 0	0.435 7	0.435 7
		区位度	0.511 6	0.711 1	0.981 0	1.000 0	0.734 6	0.734 6
		覆盖度	0.288 5	0.232 6	0.866 7	1.000 0	0.462 6	0.462 6
		可达度	0.006 9	0.102 7	0.314 4	1.000 0	0.141 3	0.141 3
	专业市场	密度	0.102 8	0.179 9	1.000 0	0.995 2	0.427 6	0.429 7
		区位度	1.000 0	0.405 8	0.466 1	0.595 9	0.624 0	1.047 2
		覆盖度	0.215 9	0.225 0	1.000 0	0.957 1	0.480 3	0.501 8
		可达度	0.016 0	0.018 6	0.437 0	1.000 0	0.157 2	0.157 2
交通设施	地铁站点	可达度	0.011 2	1.000 0	0.245 7	0.226 6	0.419 0	1.849 1
	公交站点	密度	0.145 1	0.626 7	0.650 9	1.000 0	0.474 2	0.474 2
		区位度	1.000 0	0.700 9	0.352 9	0.360 8	0.684 6	1.897 5
		覆盖度	0.471 9	0.560 7	0.880 9	1.000 0	0.637 8	0.637 8
		可达度	0.424 8	0.420 2	1.000 0	0.871 3	0.615 0	0.705 8

* 资料来源：课题组关于南京市保障性住区公共服务设施的抽样调查数据(2015)。

保障性住区四类因子得分均小于主城区平均水平的设施类型有：二级医院、大型商场和综合超市。其中就保障性住区平均供给水平与主城区平均水平的对比来看，可达度因子的得分差距最大（三类设施的得分比值分别为 0.228 3、0.220 6、0.141 3）。

保障性住区三类因子得分小于主城区平均水平的设施类型有：三级医院和普通高中，且都体现为区位度以外的三类因子。其中就保障性住区平均供给水平与主城区平均水平的对比来看，可达度因子的得分差距大（两类设施的得分比值分别为 0.245 5、0.269 3）。

保障性住区两类因子得分小于主城区平均水平的设施类型有：公交站点，分别体现为密度和覆盖度因子。

保障性住区仅一类因子得分小于主城区平均水平的设施类型有：专业市场，具体体现为可达度因子，且保障性住区平均水平与主城区平均水平差距较大（得分比值为 0.157 2）。

保障性住区因子得分大于主城区平均水平的设施类型有：中等职业学校（位于主城区的恒盛嘉园因子得分高于主城区平均水平）和地铁站点（位于新市区的仙鹤茗苑因子得分高于主城区平均水平）两类。

综上所述，密度、覆盖度和可达度因子多表现出保障性住区得分小于主城区平均水平的特征（分别有六类设施呈现此特征），而区位度因子的类似特征却不明显（仅三类设施呈现此特征）。

【各保障性住区的横向比较】本研究中 9 类分级设施与 4 类单因子交叉形成了 33 类情境，其供给水平评估的高低差异和大小排序可分为多种情况——

其一，新城＜新市区＜主城区

有 20 类情境得分排序呈现出“新城—新市区—主城区”依序递增的特点（图 7.38，表 7.22）：

四类因子得分按序递增的设施类型有：大型商场。其中密度和覆盖度因子呈现出“新城与新市区得分相近、与主城区得分相差较大”的特征，区位度和可达度的得分则跨度较大，尤以区位度因子最为明显（0.000 2、0.553 3、0.922 9）。

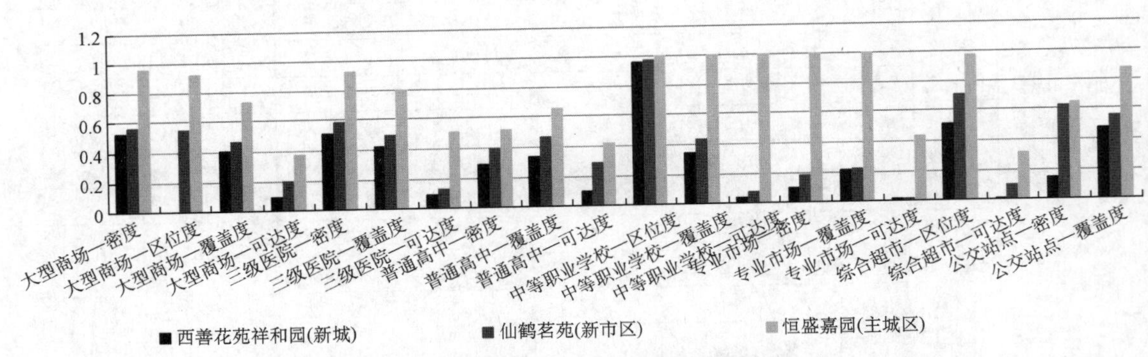

图 7.38　分级设施单因子得分横向对比（之一）

＊资料来源：课题组关于南京市保障性住区公共服务设施的抽样调查数据(2015)。

三类因子得分按序递增的设施类型有：三级医院（区位度除外）、普通高中（区位度除外）、中等职业学校（密度除外）和专业市场（区位度除外）。其中三级医院和专业市场的三个因子以及中等职业学校的两个因子（覆盖度和可达度）均表现出“新城与新市区得分相近，却同主城区得分相差较大”的特征，而中等职业学校的区位度因子却未受保障性住区布点的太大影响而得分趋近（0.959 9、0.975 9、1.000 0），普通高中则有三个因子的得分彼此相比跨度较大。

两类因子得分按序递增的设施类型有：综合超市和公交站点。其中公交站点密度因子表现出“新市区与主城区得分相近，却同新城得分差距大”的特点（0.145 1、0.626 7、0.650 9），其他因子得分的横向比较则跨度较大。

其二，新市区＜新城＜主城区

有7类情境得分排序呈现出“新市区—新城—主城区”依序递增的特点（图7.39，表7.22）：

三类因子得分按序递增的设施类型有：二级医院。其中可达度因子呈现出“新城与主城区得分相近，却同新市区差距大”的特点，密度和覆盖度因子的得分则横向跨度较大。

两类因子得分按序递增的设施类型有：综合超市。其中密度因子的得分横向跨度较大，而覆盖度因子呈现出“新市区和新城得分相近，却同主城区差距大”的特点。

一类因子得分按序递增的设施类型有：中等职业学校（密度）和公交站点（可达度），且都呈现出“新市区与新城得分相近，却同主城区差距大”的特点。

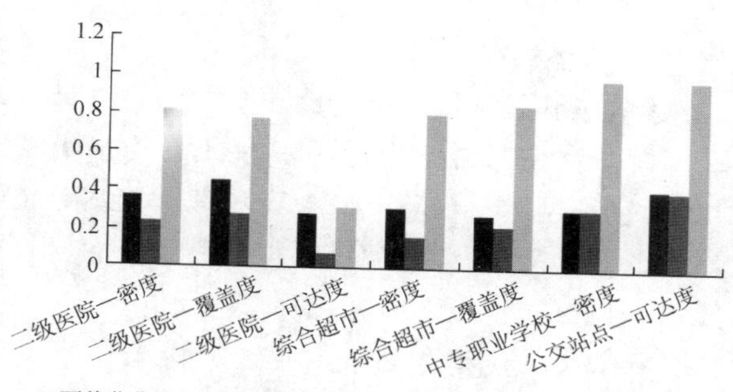

图7.39　分级设施单因子得分横向对比（之二）

＊资料来源：课题组关于南京市保障性住区公共服务设施的抽样调查数据(2015)。

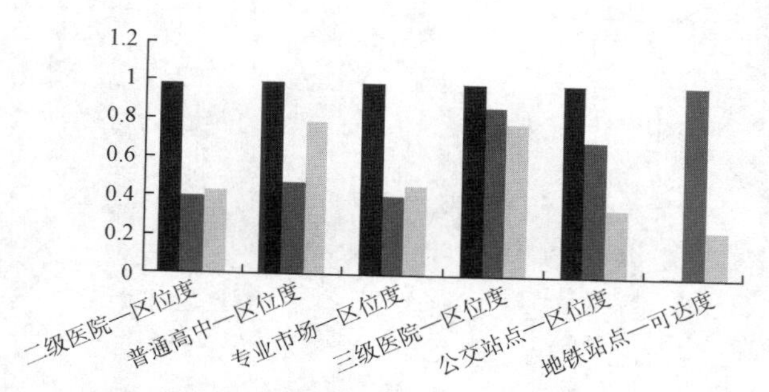

图7.40　分级设施单因子得分横向对比（之三）

＊资料来源：课题组关于南京市保障性住区公共服务设施的抽样调查数据(2015)。

其三，新市区＜主城区＜新城

有3类情境得分排序呈现出“新市区—主城区—新城”依序递增的特点（图7.40，表7.22）：

因子得分按序递增的设施类型包括：二级医院、普通高中和专业市场，且都限于区位度因子。其中二级医院和专业市场的区位度因子表现出“新市区与主城区得分相近、却同新城差距大”的特点，而普通高中区位度因子的得分横向跨度较大。

其四，主城区＜新市区＜新城

有2类情境得分排序呈现出“主城区—新市区—新城”依序递增的特点（图7.40，表7.22）：

因子得分按序递增的设施类型包括：三级医院和公交站点，且都限于区位度因子。其中三级医院区位度因子的得分受保障性住区的布点影响较小（0.794 0、0.869 8、1.000 0），而公交站点受住区布点影响较大（0.352 9、0.700 9、1.000 0）。

其他

有1类情境得分排序呈现出“新城—主城区—新市区”依序递增的特点（图7.40）：

因子得分按序递增的设施类型为：地铁站点（可达度），得分横向跨度较大（0.011 2、0.245 7、1.000 0）。

综上所述，有九类设施的密度、覆盖度和可达度因子的得分排序以“新城＜新市区＜主城区”为主（分别有五、六、六类设施呈现此特征），其次为“新市区＜新城＜主城区”（分别有三、二、二类设施呈现此特征）；而区位度因子的得分排序较为多样，分别有三类设施排序为“新城＜新市区＜主城区”和“新市区＜主城区＜新城”，有两类设施排序为“主城区＜新市区＜新城”。

② 总体得分对比

【同主城区平均水平的比较】

保障性住区得分均低于主城区平均水平的设施类型有：三级医院、二级医院、普通高中、大型商场、综合超市、专业市场和公交站点。就保障性住区平均供给水平与主城区平均水平的对比来看，综合超市的得分差距最大（得分比值为 0.390 7），公交站点的得分差距最小（得分比值为 0.763 0）。

保障性住区得分高于主城区平均水平的设施类型有：中等职业学校（位于主城区的恒盛家园供给水平得分高于主城区平均水平）和地铁站点（仅新城的西善花苑祥和园得分低于主城区平均水平）（表 7.23）两类。

表 7.23　分级设施总体得分对比

设施分类	设施分级	西善花苑祥和园（新城）	仙鹤茗苑（新市区）	恒盛嘉园（主城区）	主城区平均水平	保障性住区平均水平	保障性住区平均得分/主城区平均得分
医疗设施	三级医院	0.428 0	0.444 6	0.699 4	0.979 7	0.524 0	0.534 9
	二级医院	0.492 9	0.221 2	0.526 6	1.000 0	0.413 6	0.413 6
教育设施	普通高中	0.382 0	0.388 2	0.576 9	0.970 0	0.449 0	0.462 9
	中等职业学校	0.356 2	0.396 1	1.000 0	0.717 6	0.584 1	0.814 0
商业设施	大型商场	0.205 4	0.391 4	0.658 8	1.000 0	0.418 5	0.418 5
	综合超市	0.228 8	0.278 7	0.664 6	1.000 0	0.390 7	0.390 7
	专业市场	0.294 9	0.176 8	0.657 3	0.899 4	0.376 3	0.418 4
交通设施	地铁站点	0.011 2	1.000 0	0.245 7	0.226 6	0.419 0	1.849 1
	公交站点	0.555 1	0.568 1	0.843 9	0.859 4	0.655 7	0.763 0

＊资料来源：课题组关于南京市保障性住区公共服务设施的抽样调查数据（2015）。

【各保障性住区的横向比较】

总体得分按“新城—新市区—主城区”依序递增的设施类型有：三级医院、普通高中、中等职业学校、大型商场、综合超市和公交站点。其中，除大型商场外的各类设施均表现出“新城与新市区得分相近，但同主城区得分相差较大”的特点，尤以中等职业学校和综合超市最为明显。

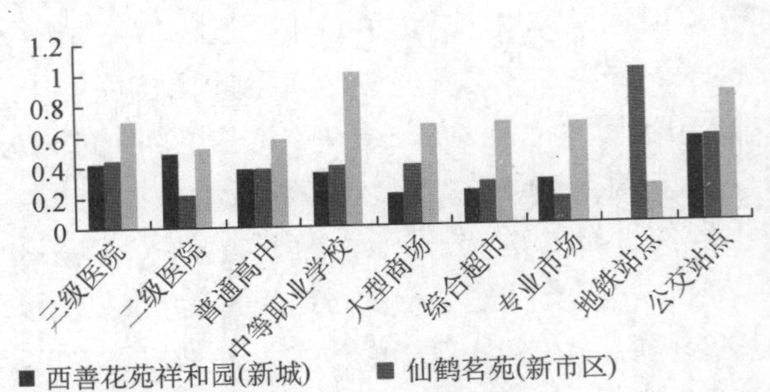

图 7.41　分级设施总体得分横向对比

＊资料来源：课题组关于南京市保障性住区公共服务设施的抽样调查数据（2015）。

总体得分按“新市区—新城—主城

区”依序递增的设施类型有：二级医院和专业市场，其中专业市场的供给水平得分跨度稍大。

总体得分按“新城—主城区—新市区”依序递增的设施类型有：地铁站点，且得分跨度大(0.011 2、0.245 7、1.000 0)(图7.41)。

(2) 分类设施供给水平对比分析

① 单因子得分对比

【同主城区平均水平的比较】

就密度、区位度、覆盖度和可达度四类单因子而言，保障性住区同主城区相比就会发现(表7.24)——

表7.24 分类设施单因子得分对比

分类	因子	西善花苑祥和园(新城)	仙鹤茗苑(新市区)	恒盛嘉园(主城区)	主城区平均水平	保障性住区平均水平	保障性住区平均得分/主城区平均得分
医疗设施	密度	0.469 0	0.490 2	0.898 5	1.000 0	0.619 2	0.619 2
	区位度	0.997 6	0.738 9	0.693 4	0.933 5	0.810 0	0.867 7
	覆盖度	0.430 0	0.436 0	0.799 0	1.000 0	0.555 0	0.555 0
	可达度	0.146 5	0.118 3	0.457 3	1.000 0	0.240 7	0.240 7
教育设施	密度	0.303 8	0.370 8	0.693 6	0.918 9	0.456 1	0.496 4
	区位度	0.985 6	0.653 9	0.866 4	0.848 7	0.835 3	0.984 2
	覆盖度	0.339 5	0.455 0	0.782 0	0.978 7	0.525 5	0.536 9
	可达度	0.078 0	0.211 0	0.630 1	0.819 2	0.306 4	0.374 0
商业设施	密度	0.359 8	0.314 7	0.886 4	0.989 3	0.520 3	0.525 9
	区位度	0.395 6	0.601 4	0.873 0	0.929 4	0.623 3	0.670 6
	覆盖度	0.317 0	0.314 6	0.830 8	0.983 6	0.487 5	0.495 6
	可达度	0.038 4	0.123 4	0.350 8	0.990 0	0.170 9	0.172 6
交通设施	密度	0.145 1	0.626 7	0.650 9	1.000 0	0.474 2	0.474 2
	区位度	1.000 0	0.700 9	0.352 9	0.360 8	0.684 6	1.897 5
	覆盖度	0.471 9	0.560 7	0.880 9	1.000 0	0.637 8	0.637 8
	可达度	0.182 7	0.813 6	0.570 4	0.505 0	0.522 2	1.034 1

* 资料来源：课题组关于南京市保障性住区公共服务设施的抽样调查数据(2015)。

保障性住区四类因子得分均低于主城区平均水平的设施类型有：商业设施。其中就保障性住区平均供给水平与主城区平均水平对比来看，可达度因子的得分差距最大(得分比值为0.172 6)。

保障性住区三类因子得分均小于主城区平均水平的设施类型有：医疗设施和教育设施，且都体现为区位度以外的三类因子。其中就保障性住区平均供给水平与主城区平均水平对比来看，医疗设施可达度因子的得分差距相对较大(得分比值分别为0.240 7)，而教育设施的得分差距相对较小(得分比值为0.374 0)。

保障性住区两类因子得分小于主城区平均水平的设施类型有：交通设施，分别体现为密度和覆盖度因子。

综上所述，密度和覆盖度因子均呈现出保障性住区得分小于主城区平均水平的特征，三类设施的可达度因子同样呈现出此类特征(交通设施除外)，仅一类设施的区位度因子呈现出此类特征(商业设施)。

【各保障性住区的横向比较】

本研究中4类设施与4类单因子交叉形成了16类情境，其供给水平评估的高低差异和大小排序同样包括多种情况。

其一，新城＜新市区＜主城区

有9类情境得分排序呈现出“新城—新市区—主城区”依序递增的特点(图7.42，表7.24)：

三类因子得分按序递增的设施有：教育设施(区位度除外)，且三类因子得分跨度均相对较大，尤以可达度为显(0.078 0、0.211 0、0.630 1)。

两类因子得分按序递增的设施有：医疗设施(密度、覆盖度)、商业设施(区位度、可达度)和交通设施(密度、覆盖度)。其中医疗设施两类因子均表现出“新城与新市区得分相近，但同主城区得分差距大”的特点，交通设施的密度因子则表现出“新市区与主城区得分相近，但同新城得分差距大”的特征，而其他因子的得分横向跨度较大。

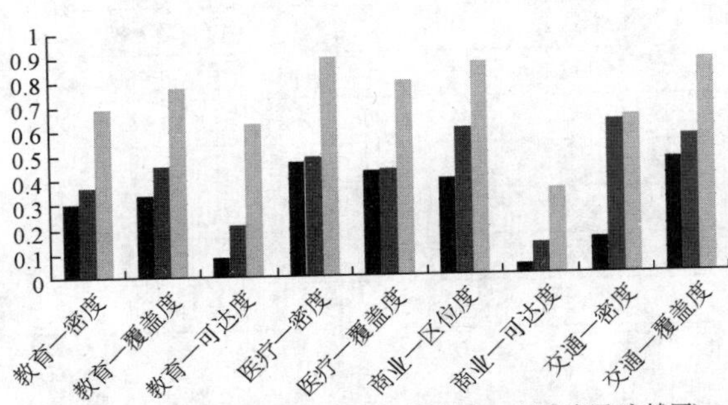

图7.42 分类设施单因子得分横向对比(之一)

＊资料来源：课题组关于南京市保障性住区公共服务设施的抽样调查数据(2015)。

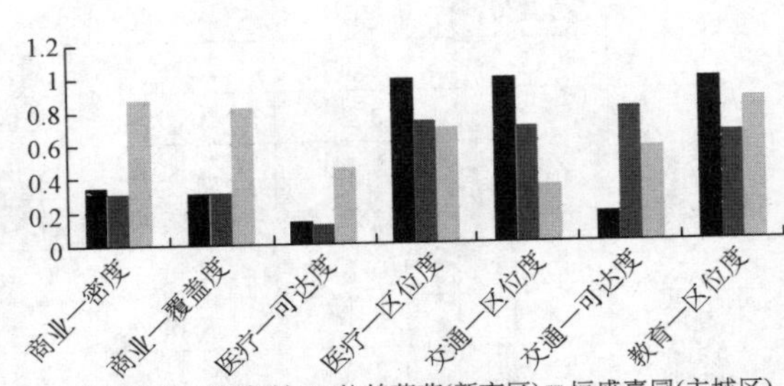

图7.43 分类设施单因子得分横向对比(之二)

＊资料来源：课题组关于南京市保障性住区公共服务设施的抽样调查数据(2015)。

其二，新市区＜新城＜主城区

有3类情境得分排序呈现出“新市区—新城—主城区”依序递增的特点(图7.43，表7.24)：

两类设施得分按序递增的设施有：商业设施(密度和覆盖度)，且都表现出“新市区与新城得分相近，但同主城区得分差距大”的特点。

一类设施得分按序递增的设施有：医疗设施(可达度)，同样表现出“新市区与新城得分相近，但同主城区得分差距大”的特点(0.118 3、0.146 5、0.457 3)。

其三，主城区＜新市区＜新城

有2类情境得分排序呈现出“主城区—新市区—新城”依序递增的特点(图7.43，表7.24)：

得分按序递增的设施包括：医疗和交通设施，且都体现为区位度因子，其中交通设施的区位度因子得分跨度较大(0.352 9、0.700 9、1.000 0)。

其他

有1类情境得分排序呈现出“新城—主城区—新市区”依序递增的特点(图7.43，表7.24)：交通(可达度)，且横向跨度相对较大(0.182 7、0.570 4、0.813 6)。

有1类情境得分排序呈现出“新市区—主城区—新城”依序递增的特点(图7.43，表7.24)：教育(区位度)。

综上所述，有四类设施的密度、覆盖度和可达度因子的得分排序以“新城＜新市区＜主城区”为主（均有三类设施呈现此特征），其余为“新市区＜新城＜主城区”；而区位度因子的得分排序较为多样，其中有两类设施排序为“主城区＜新市区＜新城”，其余两类设施分别为“新市区＜主城区＜新城”和“新城＜新市区＜主城区”。

② 总体得分对比

【同主城区平均水平的比较】

保障性住区得分均低于主城区平均水平的设施类型有：医疗设施、教育设施和商业设施。就平均供给水平来看，商业设施的得分差距最大（保障性住区平均得分与主城区平均得分比值为 0.404 9），教育设施的得分差距相对较小（保障性住区平均得分与主城区平均得分比值为 0.568 4）。

保障性住区得分高于主城区平均水平的设施类型有：交通设施（仅新城的西善花苑祥和园得分低于主城区平均水平）（表 7.25）。

表 7.25　分类设施总体得分对比

设施类型	西善花苑祥和园（新城）	仙鹤茗苑（新市区）	恒盛嘉园（主城区）	保障性住区平均水平	主城区平均水平	保障性住区平均得分/主城区平均得分
医疗设施	0.446 2	0.382 0	0.651 0	0.493 1	0.985 4	0.500 4
教育设施	0.372 7	0.391 1	0.729 2	0.497 7	0.879 1	0.568 4
商业设施	0.228 0	0.301 2	0.654 8	0.394 7	0.974 9	0.404 9
交通设施	0.207 0	0.844 5	0.461 0	0.504 2	0.454 4	1.109 6

＊资料来源：课题组关于南京市保障性住区公共服务设施的抽样调查数据（2015）。

【各保障性住区的横向比较】

得分按“新城—新市区—主城区”依序递增的设施类型有：教育设施和商业设施，且均表现出“新城与新市区得分相近，但同主城区得分相差较大”的特征（表 7.25，图 7.44）。

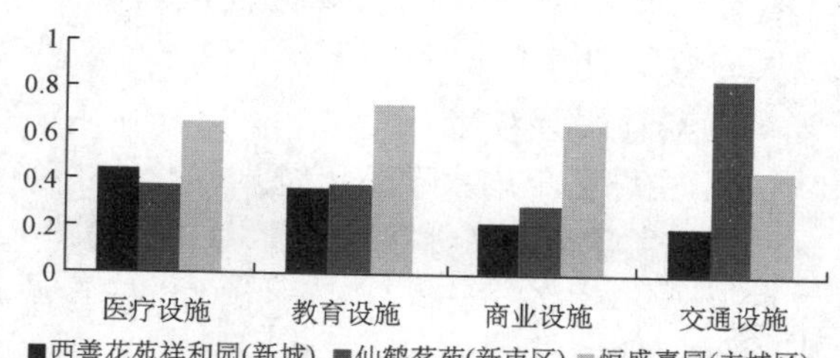

图 7.44　分类设施总体得分横向对比

＊资料来源：课题组关于南京市保障性住区公共服务设施的抽样调查数据（2015）。

得分按“新市区—新城—主城区”依序递增的设施类型有：医疗设施，且新城和新市区的得分趋近（表 7.25，图 7.44）。

得分按“新城—主城区—新市区”依序递增的设施类型有：交通设施，且得分跨度较大（0.207 0、0.461 0、0.844 5）（表 7.25，图 7.44）。

（3）总体供给水平对比分析

① 单因子得分对比

【同主城区平均水平的比较】

保障性住区得分均小于主城区平均水平的因子有：密度、覆盖度和可达度，其中就保障性住区平均水平而言，可达度因子的得分与主城区差距最大（得分比值 0.357 7）。

保障性住区得分均大于主城区平均水平的因子有：区位度因子（仅西善花苑祥和园得分大于主城区平均水平）（表 7.26）。

表 7.26 总体设施单因子得分对比

因子	西善花苑祥和园(新城)	仙鹤茗苑(新市区)	恒盛嘉园(主城区)	主城区平均水平	保障性住区平均水平	保障性住区平均得分/主城区平均得分
密度	0.325 3	0.380 3	0.709 8	0.856 7	0.471 8	0.550 7
区位度	0.800 6	0.605 4	0.671 9	0.760 3	0.692 6	0.911 0
覆盖度	0.338 6	0.384 3	0.710 8	0.875 6	0.477 9	0.545 8
可达度	0.116 4	0.274 7	0.520 8	0.849 9	0.304 0	0.357 7

* 资料来源:课题组关于南京市保障性住区公共服务设施的抽样调查数据(2015)。

综上所述,密度、覆盖度和可达度因子均呈现出“保障性住区得分小于主城区平均水平”的特征。

【各保障性住区的横向比较】

得分按“新城—新市区—主城区”依序递增的因子有:密度、覆盖度和可达度,其中,密度和覆盖度因子得分均表现出“新城与新市区得分相近,但同主城区得分差距大”的特点,可达度得分横向跨度相对较大(0.116 4、0.274 7、0.520 8)(表 7.26,图 7.45)。

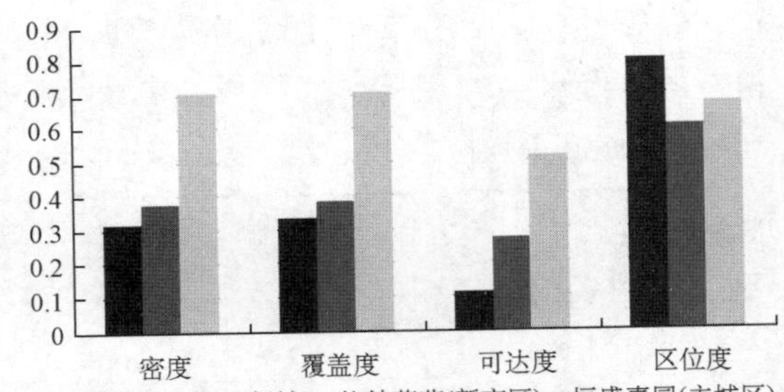

图 7.45 总体设施单因子得分横向对比

* 资料来源:课题组关于南京市保障性住区公共服务设施的抽样调查数据(2015)。

得分按“新市区—主城区—新城”依序递增的因子有:区位度,且新市区和主城区得分趋近(表 7.26,图 7.45)。

综上所述,密度、覆盖度和可达度的得分均呈现出“新城＜新市区＜主城区”的特征,区位度的得分则表现出“新市区＜主城区＜新城”的特征。

② 总体得分对比

【同主城区平均水平的比较】

保障性住区的总体供给水平得分均低于主城区平均水平,其中西善花苑祥和园的得分不足主城区平均水平的一半,而恒盛嘉园供给水平与主城区差距最小,但仍存 0.2 的差值(表 7.27)。

【各保障性住区的横向比较】

保障性住区总体供给水平得分按照“新城—新市区—主城区”依序递增,若进一步将各保障性住区的供给水平总体得分同其空间分布特征相对应,便会发现:越接近主城中心,其设施的总体供给水平得分越高(表 7.27)。

表 7.27 总体供给水平对比

保障性住区名称	西善花苑祥和园(新城)	仙鹤茗苑(新市区)	恒盛嘉园(主城区)	主城区平均水平
与主城区的关系	主城南侧	主城东侧	主城区内北端	——
分布特征	岱山大型保障房片区	主城边缘保障房集聚区	点状散置	——
与主城中心直线距离(km)	16.6	15.5	8.9	——
总体供给水平得分	0.350 5	0.457 7	0.643 1	0.853 4

* 资料来源:笔者自绘。

7.4　保障性住区的公共服务设施供给完善

通过前文对南京市保障性住区公共服务设施供给水平的测算和比较，可以从中把握南京市保障性住区公共服务设施供给的总体水平及其不同区位、不同类型、不同层级的设施供给水平高低差异，发现：保障性住区的公共服务设施供给普遍偏低，而具体的供给问题则因区、因类、因级而有异。因此，本节将在前文研究的基础上，从设施类型、设施级别、供给单因子等不同层面，深入挖掘在不同区位条件下，保障性住区公共服务设施供给所存在的问题，以此来探讨可能的完善策略。

1）现存问题

若将主城区设施供给的平均水平得分视为100分，各保障性住区的设施供给水平得分则可按比例缩放折算为不同区间：其中，用▬代表得分在0～20之间，表示低水平供给；用▬代表得分在21～40之间，表示中低水平供给；用▬代表得分在41～60之间，表示中等水平供给；用▬代表得分在61～80分之间，表示中高水平供给；用▬代表得分在80分以上，表示高水平供给。按此标准将各类保障性住区地设施供给水平得分汇总，并通过清晰明了的色块加以区分（表7.28）。

表7.28　保障性住区公共服务设施供给水平对比

保障性住区名称		西善花苑祥和园	仙鹤茗苑	恒盛嘉园
区位		新城	新市区	主城区
总体设施				
	总体			
	密度			
	区位度			
	覆盖度			
	可达度			
分类设施				
医疗设施	总体			
	密度			
	区位度			
	覆盖度			
	可达度			

分级设施			西善花苑祥和园	仙鹤茗苑	恒盛嘉园
			新城	新市区	主城区
医疗设施	三级医院	总体			
		密度			
		区位度			
		覆盖度			
		可达度			
	二级医院	总体			
		密度			
		区位度			
		覆盖度			
		可达度			

			西善花苑祥和园	仙鹤茗苑	恒盛嘉园
			新城	新市区	主城区
商业设施	综合超市	总体			
		密度			
		区位度			
		覆盖度			
		可达度			
	专业市场	总体			
		密度			
		区位度			
		覆盖度			
		可达度			

续表 7.28

保障性住区名称		西善花苑祥和园	仙鹤茗苑	恒盛嘉园
教育设施	总体			
	密度			
	区位度			
	覆盖度			
	可达度			
商业设施	总体			
	密度			
	区位度			
	覆盖度			
	可达度			
交通设施	总体			
	密度			
	区位度			
	覆盖度			
	可达度			

			西善花苑祥和园	仙鹤茗苑	恒盛嘉园
教育设施	普通高中	总体			
		密度			
		区位度			
		覆盖度			
		可达度			
	中等职业学校	总体			
		密度			
		区位度			
		覆盖度			
		可达度			
商业设施	大型商场	总体			
		密度			
		区位度			
		覆盖度			
		可达度			

			西善花苑祥和园	仙鹤茗苑	恒盛嘉园
交通设施	地铁站点	总体			
		可达度			
	公交站点	总体			
		密度			
		区位度			
		覆盖度			
		可达度			

*资料来源：笔者自绘。

根据前文关于南京市保障性住区公共服务设施供给水平的测度与评估，结合上表对供给水平的明晰化处理结果，可以从中梳理和归纳不同区位保障性住区在设施供给上所面临的主要问题及其成因，并以此为下文策略探讨提供先导性依据(表 7.29)。

进一步对上述三个层面的供给问题及其影响因素进行挖掘与总结，梳理出最主要的八方面成因，并针对问题和成因提出最核心的九方面改善策略(图 7.46)。下文将就问题成因和改善策略分别进行详细阐述。

2) 原因分析

(1) 城市开发政策导向的偏离

主城区在长期的建设历史中形成了良好的基础和积淀，其公共服务设施资源也相对充足。与之相比，作为城市功能拓展用地的新市区和新城为满足快速发展的需要，往往在建设初期会选择引擎型发展主体(如大学城、开发区等)来带动周边区域的发展。这种开发模式在初期注重招商引资以促进产业发展，因此在体现城市功能的公共服务设施建设方面则相对滞后(如仙林新市区公共服务设施用地比例为 13.23%，且大多为教育科研用地)；到了发展中后期，随着人口不断集聚而不得不补配和改善既有的设施建设，却因为用地空间所存零散有限，且管理权限混乱，而难以从整体角度进行全局性设施规划与优化配置，只得进行见缝插针式的添补和插建。

表 7.29 南京市保障性住区公共服务设施供给问题小结

保障性住区名称				西善花苑祥和园	仙鹤茗苑	恒盛嘉园
保障性住区区位				新城	新市区	主城区
问题层面	同主城区平均水平的比较	宏观层面		远低于主城区平均水平，供给情况极差	远低于主城区平均水平，供给情况极差	低于主城区平均水平，供给情况中等偏下
	各保障性住区的横向比较	中观层面		供给水平最低	供给水平中等；与主城区的保障房差距较大	—
	各保障性住区内部分设施比较	微观层面				
		医疗设施	三级医院	使用便捷程度极低	使用便捷程度极低	—
			二级医院	供给规模和使用便捷程度低	使用便捷程度极低；供给规模和辐射程度低	使用便捷程度低
		教育设施	普通高中	使用便捷程度极低；供给规模和辐射程度低	供给规模和使用便捷程度低	—
			中等职业学校	使用便捷程度极低；供给规模和辐射程度低	使用便捷程度极低	—
		商业设施	大型商场	设施地位作用和使用便捷程度极低	使用便捷程度极低	使用便捷程度低
			综合超市	使用便捷程度极低；供给规模和辐射程度低	供给规模和使用便捷程度极低；辐射程度低	使用便捷程度低
			专业市场	供给规模和使用便捷程度极低；辐射程度低	供给规模和使用便捷程度极低；辐射程度低	—
		交通设施	地铁站点	使用便捷程度极低	—	—
			公交站点	供给规模极低	—	—

＊资料来源：笔者自绘。

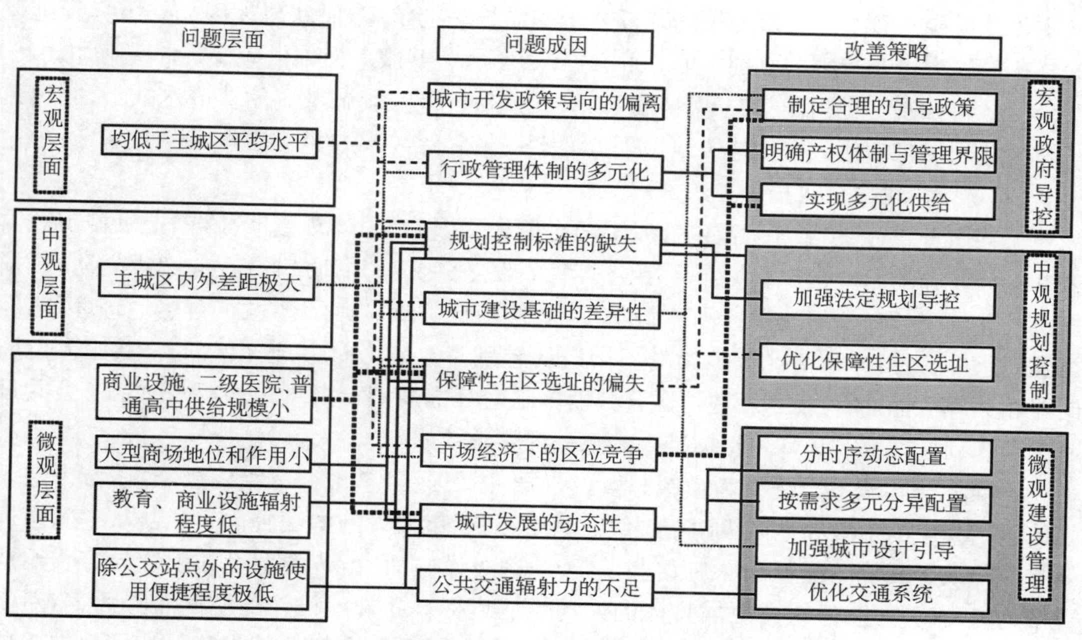

图 7.46 南京市保障性住区的公共服务设施供给改善策略推导

＊资料来源：笔者自绘。

由此可见，新市区和新城的服务设施配置由于缺乏有效的统筹与整合，其供应数量和供应质量往往远低于主城区的平均水平，故而无法满足保障性住区居民日常多层面的基本需求(图 7.47)。

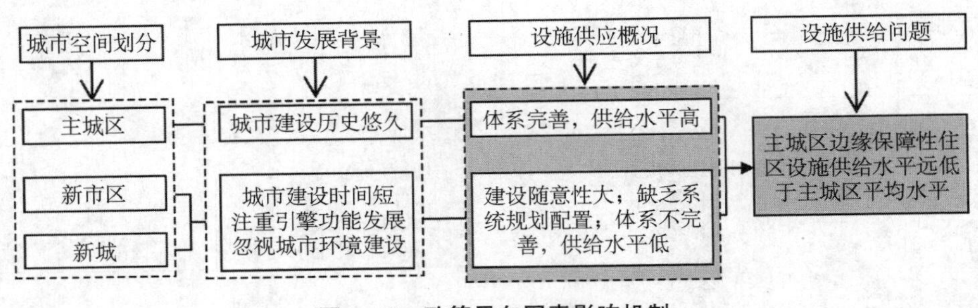

图 7.47　政策导向因素影响机制

＊资料来源：笔者自绘。

(2) 行政管理体制的多元化

栖霞区、雨花台区既和主城六区同属江南八区，同时又与江宁、六合、浦口、溧水、高淳等一并划属于七郊县范围，而市政府对栖霞区和雨花台区在土地出让方面的政策同主城六区一致，却在公共服务设施的投入上同主城六区存在较大差异，这便在客观上造成了栖霞区和雨花台区在公共服务设施建设上的投入相对不足。

另一方面，南京市新市区和新城的开发建设一般由当地开发区引导(如仙林新市区和板桥新城分别由仙林大学城管委会和板桥新城管委会引导开发)，并且存在着行政主体众多、产权体制复杂、管理体制混乱的大型建设载体(大学城、科技园、产业园、开发区等)，责任主体的模糊导致了公共服务设施建设处于相对被动的状态；而新建地区公共服务设施建设指标的缺失以及管理监督的失职，则又导致边缘区公共服务设施供应现状的雪上加霜。

因此，行政管理体制的多元混杂造成了新城和新市区设施供应的普遍化缺口，并导致集聚于此的保障性住区在设施供给水平上大多较为落后。

(3) 规划控制标准的缺失

公共服务设施的规划配置包括以下两个阶段：在城市总体规划阶段，需提供城市总体公共服务设施的用地指标和城市主要公共服务设施的分项用地指标；在详细规划阶段，须提供公共设施分项的用地指标和建筑指标，具体指标的确定则因各城市自然地理环境、经济发展条件、人口分布情况等因素的不同有所差别。目前，南京市已出台的公共服务设施配置相关规范标准有《南京新建地区公共设施配套标准规划指引》(2006)和《南京市公共设施配套规划标准》(2015)，现将标准中的相关内容总结如下(表 7.30)。

标准将公共服务设施分为市级、地区级、居住社区级、基层社区级四级配置，城市层级设施包括其中的市级和地区级两个层级。其中，对于市级设施的配置内容、规模、空间布局等方面都缺少明确的配置标准与要求；对于地区级设施而言，各类型设施配置内容和用地规模均有明确表述，但缺少更加具体的人均供应指标。此外就设施的空间布点而言，对于地区公共服务中心虽有明确的可达性要求，但对具体的医疗和商业等设施可达性也缺乏更为细致的约束和规定，同样对于在地区公共服务中心之外的教育和交通设施的空间布点，也没有具体的服务半径或是可达性要求等等。

表 7.30　南京市公共服务设施配套标准相关内容摘录

规范名称		《南京新建地区公共设施配套标准规划指引》(2006)	《南京市公共设施配套规划标准》(2015)
市级设施配套要求		市级设施的内容和规模应根据城市发展的阶段目标、总体布局和建设时序而确定	市级设施的内容和规模应根据城市发展的阶段目标、总体布局和建设时序而确定
地区级设施配套要求	配置内容要求	对包括教育、医疗、文化、体育、福利、行政管理、商业、邮电、公共绿地等在内的各类型设施配置内容均有具体规定	教育设施：科教馆、职业技术教育学校、特教学校、成人(社区)教育机构等； 医疗设施：300～500 床综合医院、各类专科医院、卫生防疫设施、妇幼保健所、残疾人康复中心、护理院等； 商业设施：大型综合超市、购物中心、银行、专业商场、旅馆及餐饮、电信分局等
	用地规模要求	教育设施 3～5 hm^2；医疗设施 6～8 hm^2；文化设施 2 hm^2；体育设施 3～5 hm^2；福利设施 1～2 hm^2；行政管理设施 2 hm^2；商业设施 5 hm^2；公共绿地 3 hm^2	教育设施 4～12 hm^2；医疗设施 7～9 hm^2；文化设施 2～3 hm^2；体育设施 3～5 hm^2；福利设施 3～5 hm^2；行政管理设施 2 hm^2；商业设施无具体规定
	规划实施要求	—	与服务范围内的首期住宅建设同步进行，在规定的公共设施配套建设完成前，用地不得占用
	规划布局要求	结合轨道交通、公交枢纽站点在公交便捷的区域中心设置，形成地区级公共设施中心，保证居民在步行 30 min，自行车 10 min，机动车 5 min 内到达； 地区中心必备的功能构成包括上述医疗、文化、社会福利与保障、行政管理与社区服务、商业金融、邮电及绿地广场等设施	结合轨道交通、公交枢纽站点在公交便捷的区域中心设置，形成地区级公共设施中心，保证居民在步行 30 min，自行车 10 min，机动车 5 min 内到达； 商业服务、公共文化、体育、行政管理、社会福利设施等可集中布局形成公共设施中心；教育、市政公用、交通设施等可相邻或独立设置

*资料来源：南京市规划局。

总之，人均供应规模、服务半径和可达性等核心标准的缺失，使得各地区公共服务设施配置缺少行之有效的规划依据与约束，这在一定程度上造成了南京市保障性住区集聚的新城和新市区在公共服务设施方面相对落后的供给现状。

(4) 城市建设基础的差异性

城市公共服务设施的供给水平与城市原有设施的建设基础有着较为密切的关系。主城区建设历史悠久，其设施门类、规模、布点等相较而言较为成熟，而新城和新市区设施的建设基础则相对薄弱。比如说，板桥新城是在原板桥镇基础上一直作为南京的工业重镇而发展起来的，驻有梅山钢铁厂、绿洲机器厂等大型工业集团，长期以来以第二产业为经济驱动力，但是建成环境的品质较为落后，公共服务设施的配置同样滞后(现有的少量公共服务设施大多由工业集团建设，如梅山医院、梅山高级中学等)，加之大型工业集团发展对于用地的制约，导致板桥新城的公共服务设施供给无法匹配和承载迁入的人口规模。再比如说，仙林新市区驻有中国成立最早的大学城——仙林大学城，不但以此为平台引入多片产业园、科技创新园、科学园等，还为之配备了南京外国语学校仙林分校、金陵中学仙林分校、鼓楼医院仙林分院、金鹰奥莱城等高水平的公共服务设施，其公共服务设施供给相比于板桥新城已有优势，但由于建设基础薄弱，其设施供给水平同主城区相比仍有巨大差距。

可以说，保障性住房集聚的新城和新市区由于建设基础相对薄弱，公共服务设施的供给远低于主城区水平；与此同时，不同新城与新市区之间由于规划定位、经济发展等条件的不同，其公共服务设施供给水平也存在一定差异。

(5) 保障性住区选址的偏失

南京市仅有少量的保障性住区位于主城区内，多数保障房项目均聚集于主城区外围的新城和新市区并沿绕城公路布置，这样不仅便于集中管理，同时也降低了保障房建设的土地成本。然而，边缘化的选址策略也造成了保障性住区公共服务设施供给不足的严峻问题。一方面，大多数保障房项目的选址相对孤立，周边配套设施尚未开发成熟，可借用的住区配套设施也相对有限，再加上开发建设时间较短，无法有效带动周边经济发展，这就造成了保障性住区公共服务设施的整体低水平供给。另一方面，保障房项目周边也多为待开发用地，或是类似的保障性住区，消费规模与消费能力有限而达不到相应设施设置的"最低门槛"，而已有的设施往往规模较小、功能简单，无法满足保障房居民的需求。

简言之，保障性住区选址的边缘化与孤立化倾向不仅阻碍了其对于现有公共服务设施的共享，同时也因区位所带来的人口规模门槛以及消费层次的限制而难以吸引新设施的投资与增建。

(6) 市场经济下的区位竞争

在公共设施的规划建设方面，相较于新市区以及新城而言，主城区由于有长期建设的良好积累，公共设施的配套体系相对完善，供给水平高；其次，设施配置水平还同城市组团的功能定位以及经济发展程度直接相关，等级越高的城市功能中心，其公共设施的供给水平越高；同时，在社会经济体制转型阶段，市场机制成为城市公共资源配置的主体方式，而公共设施的空间分布也由计划经济时期的均衡格局更多地转为市场经济时期的高收入指向。

在保障性住区的空间选址方面，主城区土地资源有限且地价昂贵，在级差地租和土地财政的影响下，由于保障性住房的经济效益较低，主城区通常被排除在保障性住区选址的目标区域之外；而在新市区和近郊新城，由于地价较低、拓展空间相对富余且交通设施相对成熟，通常会成为保障性住区集中规建的首选之地，如此也方便住区的集中管理以及设施共享。

因此，南京市保障性住区和公共服务设施因空间竞争而日趋背离和错位的空间布局，在客观上也造成了保障性住区公共服务设施供给水平较为低下的严峻现实(图 7.48)。

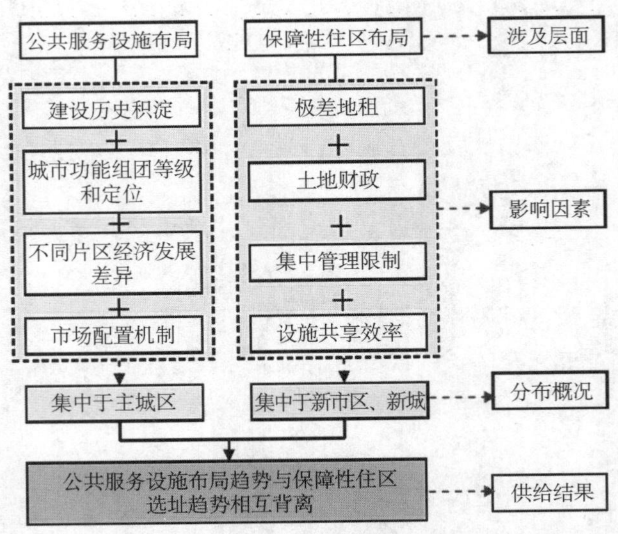

图 7.48　公共服务设施布局与保障性住区布局的关系

＊资料来源：笔者自绘。

(7) 城市发展的动态性

城市开发不可能在短时间内一蹴而就,往往需要根据城市发展目标、发展重点、人口规模、生态环境等要素来确定相应的建设时序。根据《南京市板桥新城总体规划(2010—2030 年)》①,板桥新城近期建设(2010—2015 年)的重点是:为莲花湖商贸商务区完善基础设施建设,提升科技的培训、孵化与服务能力,使中心区建设初具雏形(图 7.49)。可见,板桥新城近期建设的重点在于地区公共中心的建设和高新技术的提升两方面,但是对于公共服务设施的供给和完善则相对忽视。然而根据《南京市仙林副城总体规划(2010—2030 年)》②,仙林副城的近期建设重点却包括大型公共设施配套建设、先进产业培育等内容。

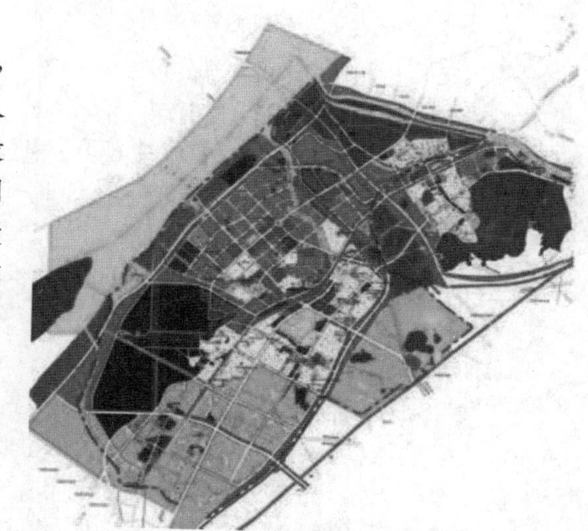

图 7.49 板桥新城近期建设规划

*资料来源:南京市规划局. 南京市板桥新城总体规划(2010—2030 年)[R]. 南京,2010.

由此可见,公共服务设施的建设同样是一个不断完善的动态过程,或许正因为建设时序以及近期建设重点的不同,仙林新市区的设施供给水平与板桥新城之间存在着现实的高低差异。

(8) 公共交通辐射力的不足

南京市保障性住区的人口构成主要包括三类:主城区拆迁安置人口、郊区征地农民和中等收入移民(外省市和本市)。他们多属于中低收入阶层,有限的社会经济地位和消费水平决定了其日常出行对于公共交通的强依赖性;然而,目前优质的公共服务设施多集聚于主城区,必然导致每天往返于主城区和保障性住区的人流规模巨大。因此对于保障性住区居民来说,便利的公交系统的重要性不言而喻。但是现实的情况却是,现有公交线路的覆盖范围根本无法满足实际需求,比如说板桥新城的西善花苑祥和园距离最近的地铁站点——油坊桥也有 5.4 km 远,约等于 30 min 公交车程,而距离住区最近的公交站台同样只有 3 条公交线路(图 7.50)。

换言之,是公共交通低下的服务水平和失衡的布局覆盖体系,从客观上阻碍了保障性住区居民使用公共服务设施的便捷程度,进而降低了他们应有的社会福祉。

图 7.50 西善花苑祥和园附近公交站线路

*资料来源:笔者自摄。

①② 资料来源:南京市规划局。

3）完善策略

从前文分析可知，南京市保障性住区多集中于主城区边缘的新市区和新城，而城市公共服务设施的服务范围往往是比社区层级更高的地区级或是市级，因此对其供应现状的改善不应局限于单一的保障性住区，而应在新城和新市区甚至全市范围内统筹考虑。因此，下文对于保障性住区公共服务设施供给状况的改善策略探讨将至少着眼于保障性住区所集聚的新城和新市区，并尝试从宏观政府导控、中观规划控制和微观建设管理三个层面加以阐述。

（1）宏观政府导控

① 制定合理的引导政策

新城和新市区建设作为城市空间拓展的重要方式，往往拥有相对独立的城市综合职能和一定规模的居住（甚至就业）人口，因此其公共服务设施的配置需要在一定程度上实现自我平衡与自给自足，而高品质的公共服务设施建设是体现其综合生活质量，并吸引人口和投资的重要前提条件，也是其发挥“反磁力”作用的关键要素。国外新城建设实践表明，公共服务设施导向的开发模式（SOD—Service Oriented Development）已成为新城开发重的要引导模式之一①。

在市场经济条件下，政府宏观政策的引导和调控对于城市级公共服务设施的建设具有举足轻重的作用：一方面，政府需要制定优惠政策并加大财政投入，分类引导并鼓励大型公共服务设施建设，如对于医疗和教育设施而言，可加大公共财政投入，对于商业和交通设施而言，则可通过一系列的优惠政策（如减少土地出让金、减税等）积极引入企业资本和社会资本，扩大建设资金来源，保证高品质公共服务设施的如期建设；另一方面，政府则需运用行政手段来制定相关法律法规和实施有效监督管理，保障公共服务设施用地的不被侵占和挪用，同时设定包括设施配置内容、规模、用地控制、空间布局等在内的强制性配置规定和引导要求（表7.31），以确保和提升保障性住区集聚的新城和新市区的公共服务设施供给水平。

② 明确产权体制与管理界限

公共服务设施的建设需要预留充足的建设用地，为了在用地权属与行政管理范围方面规避栖霞区和雨花区管理上类似的现实问题，可采纳以下两条改善建议：

一方面，改变撤县改区过程中出现的“市—区—街道办事处—居民委员会”和“市—区—镇—村民委员会”混杂并存的垂直管理体系和彼此推诿的现实管理困境，可严格按照“市—区—街道办事处—居民委员会”进行行政划分，明晰用地产权与行政管理权限，为预留公共服务设施用地提供良好的基础。

另一方面，鉴于新城和新市区拥有多个大型建设载体，公共服务设施管理权限混乱的现实问题，笔者认为，可通过建立对口组织机构来明晰责任主体和梳理产权体制，统筹新城内公共服务设施的建设，比如说可运用行政手段收回闲置地，并对区内现有公共服务设施进行统筹与规建，明确设施所需的门类、规模和布点要求。

① 刘佳燕，陈振华，王鹏，等.北京新城公共设施规划中的思考[J].城市规划，2006(4)：38－42.

表 7.31　设施配置的分类引导要点

设施类型	设施级别	规模控制要点	可达性控制要点	配置内容要点	空间布局要点
医疗设施	三级医院	千人城市级医院床位数、千人医生数、床均建设用地指标、用地总量指标①	适宜服务半径②	按行政区划分级分类配置； 体系完善，结构合理； 鼓励资源重组、内部优化	不必与人口分布严格一致，但需均衡担任周边社区医疗设施的指导中心； 新建院址需选择交通便利地段，可结合地区公共中心而设置； 避免与市场、学校、人口密集的公共场所相邻③等
	二级医院				
教育设施	普通高中	千人学位数、生均用地面积、用地总量指标④	不强调服务半径，布局应相对均衡⑤，且需遵循就近入学原则⑥	对普通高中与中等职业学校的学生构成比例的分析⑦	不应跨越铁路干线、高速公路及车流量大、无立交设施的的城市主干道； 应在交通便利的位置结合公共交通设施而布局，且需在学校主入口附近 100 m 内设公交车站
	中等职业学校	生均用地面积、用地总量指标	无服务半径要求		有相对独立的校园及用地储备； 同类型学校合并布置、规模化发展，形成中职教育园区⑧
商业设施	大型商场	占规划用地比例、人均用地指标、商业中心用地指标⑨	各级商业网点服务半径	—	交通便捷，不宜沿城市交通主干路两侧布局
	综合超市			—	临近交通主干道，交通便捷； 周边常住人口需达到一定标准； 避免同质近距竞争
	专业市场			—	交通便捷，除服务于当地的专业市场外，其他市场应向城市周边迁移； 考虑与物流中心区位布局的关系； 按情况划定必要的安全防护距离
交通设施	地铁站点	—	最大步行可达时间	—	—
	公交站点	—		—	

* 资料来源：笔者根据前文研究结论和相关文献资料整理绘制。

③ 实现多元化供给

对于为地区或全市服务的城市公共服务设施，政府确实需要在建设运营过程中扮演重要的角色。但过去那种包揽公共服务设施建设的做法却带有明显的“自上而下”的计划色彩，同样无法保证足够的建设资金和供给效率。因此在市场转型的经济条件下，公共服务设施的建设不宜全由政府包揽，而应充分发挥市场机制作用、调动社会各方积极性，政府可以在其中承担不同的角色分工，包括提供者、规划者、管理者等，以此提高设施的供给效率。

具体而言，应根据设施的供应特点和属性提倡多元化的供应主体和多样化的供应方式(图 7.51)：其一，按照配置标准将设施分为必备型和提升型，必备型设施即居民日常生活必须具备的类型(包括教育社、医疗设施、交通设施等)，提升型设施虽不是生活必须类型，却

①③　林伟鹏，闫整. 医疗卫生体系改革与城市医疗卫生设施规划[J]. 城市规划，2006，30(4)：47－50.
②　适宜服务半径需结合国内外案例、地区经济发展水平以及居民可承受最大出行距离来综合确定。
④　陈武，张静. 城市教育设施规划探索——以温州市城市教育设施规划为例[J]. 规划师，2005，21(7)：45－46.
⑤　郭展. 郑州市中心城区普通高中布局调整方法研究[D]：[硕士学位论文]. 郑州：郑州大学，2014.
⑥⑦　太仓市教育局. 太仓市教育设施规划布局(2014—2030 年)[R]. 太仓，2014.
⑧　石军. 中等职业学校布局规划[J]. 科技资讯，2008，20：133.
⑨　住房和城乡建设部. GB 50442—2008 城市公共设施规划规范[S]. 北京：中国计划出版社，2008.

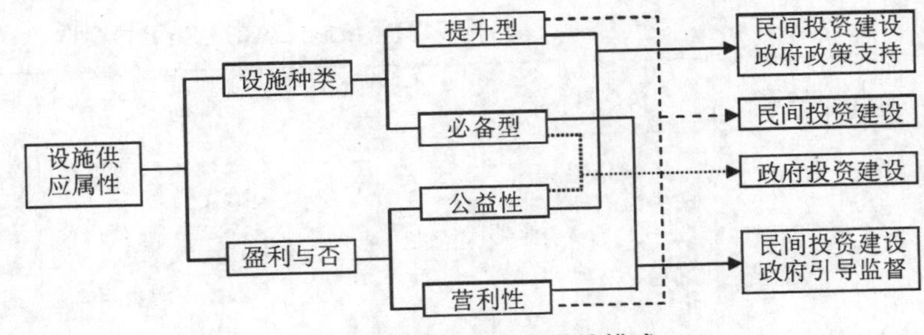

图 7.51　公共服务设施供给模式

*资料来源:笔者自绘。

可切实提升居民生活品质(如文化设施、体育设施、商业设施等);其二,根据设施盈利与否,又分为营利性和公益性,前者包括商业设施、经营性文化设施和体育设施等,后者则包括教育设施、医疗设施、社会福利设施等。与此相对应的多样化供给方式包括:对必备型设施中的公益性设施应严格控制配置指标并加强监督管理;对提升型设施中的公益性设施,则需政府建设或给予财政补贴、优惠等政策支持;而对于必备型设施中的营利性设施,政府应进行调控与引导,避免由于市场机制导致设施规模供应不足;对于提升型设施中的营利性设施,政府则要积极提供政策优惠,引导民间投资建设等。

(2) 中观规划控制

① 加强法定规划导控

城市规划对公共服务设施的规划和建设具有直接的引导与控制作用,不同层面规划的控制方法与内容各不相同(图 7.52)。

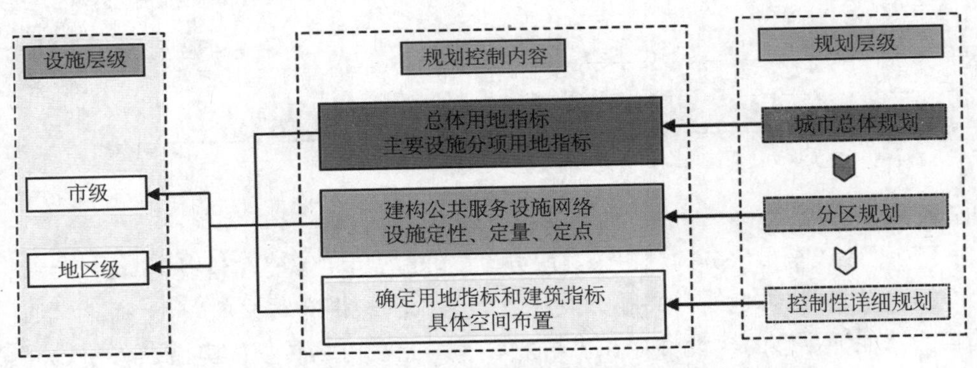

图 7.52　城市规划对公共服务设施建设的控制内容

*资料来源:笔者自绘。

在城市总体规划层面,需根据城市人口规模提供城市公共服务的总体用地指标和主要公共服务设施的分项用地指标。比如在板桥新城和仙林副城总体规划中,就需首先确定总体公共服务设施的人均用地指标,其次应明确教育、医疗、商业、文化、体育等主要设施类型的人均用地指标。

在分区一级的规划层面,首先要对片区内现有设施进行功能梳理和整合,以补充、置换、调整各类公共服务设施用地,优化空间布局,建构多等级的公共服务设施网络,形成功能复合和布局紧凑的服务网络;其次,应基于供求关系和城市间比较研究,分级分类拟定相应公共服务设施的功能定位和规模要求,并提出各类各级设施定点原则和初步选址,以确保设施的供应类型级别、数量规模、服务范围和便捷程度能满足居民需求。如在板桥新城和仙林副城相关分区规划中，一方面公共服务设施网络的建构应充分考虑保障性住区的需求，尤其需完善供给问题较为突出的医疗、教育和商业设施的供应网络，提高保障性住区的供给水平；另一方面对于供应规模较小的商业、二级医院、普通高中等设施，相关分区规划应确保此类设施的供应规模，满足保障性住区居民的基本使用需求。

在控制性详细规划层面，应确定各类、各级设施的用地指标和建筑指标以及公共服务设施项目的具体空间布点，旨在为建筑单体设计、地区公共服务设施总量计算及建设管理提供依据。比如说在板桥新城和仙林副城的控制详细规划中，考虑到保障性住区的设施供给问题较为突出，首先需要保证各类各级设施配置的数量、规模及其标准，尤需保证供给问题较为突出的商业设施、二级医院、普通高中等设施的数量及规模；其次，要充分考虑保障性住区空间布局的局限性，设施选址应结合保障性住区的选址有针对性地提高保障性住区的设施可达性，尤其是教育、医疗和商业等设施的可达性，以兼顾设施的使用效率和配置公平性。

② 优化保障性住区选址

关于保障性住区选址方面的研究成果相对丰硕，并因不同的城市区位而呈现出差异化的选址方向和策略，总结起来主要如下：

在主城区需按一定比例建设保障性住房，并提倡适度混居(图 7.53)，其选址策略包括：其一，借鉴天津经验，每年至少选择一块拆迁地块用来建设保障房；其二，借鉴英国等地经验，直接划定部分商品房作为保障房；其三，土地混合利用，即利用大型菜场、超市、公交首末站等上盖空间建设高层保障房；最后，可在老城区原有的低收入聚居地段进行更新与插建。

在新市区和新城的选址策略较为相似：宏观区位上，保障性住区选址应结合城市发展方向与时序，选择有发展潜力的新市区或新城适度展开集中建设，在避免边缘化的同时带动新城建设；在微观布局上需要结合考虑交通便捷性，一方面建设连接新城和主城的快速公交系统(如 BRT)，可直达主城交通的换乘节点(如地铁站)，另一方面则可发展公共交通主导下的居住模式，选择距离地铁站点步行 10～15 min 之间的地段进行高层高密度的保障房建设(图 7.54)；此外考虑职住平衡的需要，保障性住区还可结合产业园区而布局，如新加坡就在新城边缘预留 10%～20%的工业用地，并引进无污染的劳动密集型工业，这样不仅解决了中低收入阶层的居住和就业问题，还促进了新城的产业发展。

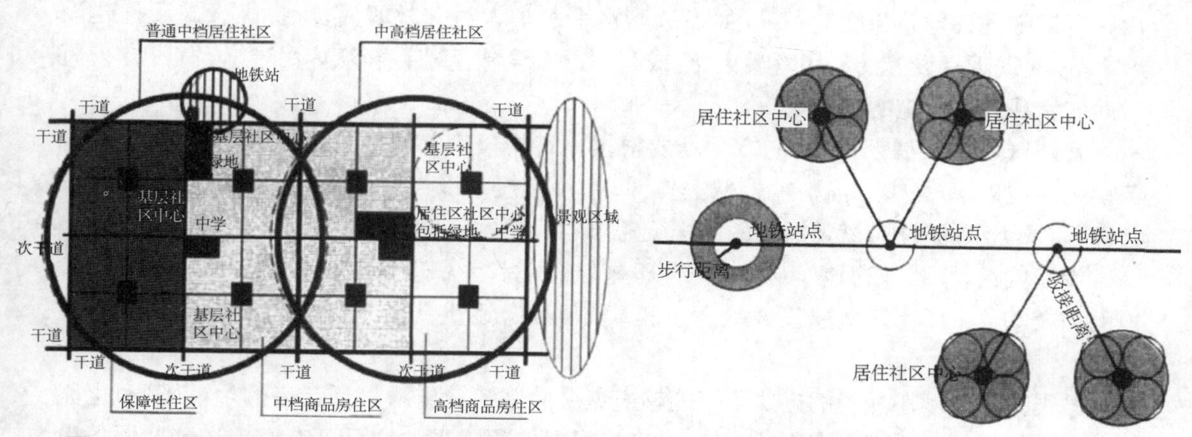

图 7.53 保障性住房与商品房分类梯度混合示意

图 7.54 地铁沿线保障性住房选址示意

*资料来源：杨靖，张嵩，汪冬宁. 保障性住房的选址策略研究[J]. 城市规划，2009(12)：53－58.

(3) 微观建设管理

① 分时序动态配置

公共服务设施的建设由于受到规划周期、资金筹集、建设周期等因素的影响，难以一蹴而就，那么又该如何解决居民需求迫切性与设施供应延迟性之间的矛盾呢？

首先，可根据各类设施的使用属性、居民需求的刚性/弹性以及共性/特性等标准，来划分和确定设施配置的轻重缓急程度(图 7.55)；然后根据上述轻重缓急程度，在保障性住区所集聚的新城和新市区定计划、分阶段地动态配置，即制定公共服务设施配置的时间准入门槛(以新城/新市区人口规模的大小作为划分设施配置时间的标准)，从初期的基本保障向后期的多样性延展，同时避免刚性缺失和弹性浪费，具体可将设施配置时间划分为三个阶段(表 7.32)：

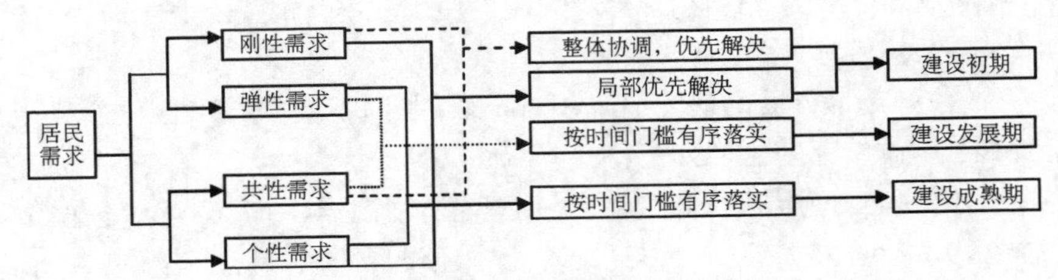

图 7.55　设施配置需求分类

*资料来源：笔者自绘。

表 7.32　按人口规模划分的新城/新市区公共服务设施配套时间建议

发展阶段	人口占规划人口百分比(%)	医疗设施		教育设施		商业设施			交通设施	
		三级医院	二级医院	普通高中	中等专业学校	大型商场	综合超市	专业市场	公交站点	地铁站点
建设初期	30～50		√	√			√		√	
发展期	50～70		√	√	√	√	√		√	
成熟期	＞70	√	√	√	√	√	√	√	√	√

*资料来源：笔者自绘。

就新城建设初期而言，片区层面的整体协调需优先落实刚性需求类型的设施，对片区内原有设施进行合并和质量提升，如引进高水平医护人员和教职人员、提高设施硬件建设水平等，实现现有设施的利用率最大化，或利用原有设施基础在新城内另建分部，可在较短时间内实现必备设施的有效供应。

就新城建设发展期而言，一方面需要根据人口规模完善刚性需求类型的设施，提高服务设施的覆盖率；另一方面则需按照具体需求、片区规划以及财政情况，有序建设“弹性＋共性”需求类型的设施，满足居民的多样化需求。

就新城建设成熟期而言，刚性需求的设施服务覆盖率需达到 100%，做到设施服务对人口的完美覆盖；有计划地建设并完善其他类型设施，逐步从满足大众需求走向满足个性需求。

这类分阶段动态配置的方式不仅能够避免公共服务设施缺失所带来的生活不便，也能避免设施使用效率低下而带来的浪费，在满足居民使用需求的情况下有序推进公共服务设施的高品质、多样化建设。

② 按需求多元分异配置

居民个体对于公共服务设施的使用需求可谓千差万别,因此在公共服务设施的配置过程中很难做到面面俱到、满足所有个体的使用需求;但是按照传统做法,仅仅以用地和人口规模作为参考依据来确定设施项目和规模的思路,目前同样会因忽视居民的属性差异而显得不合时宜。

因此,公共服务设施供给需以消费者的需求偏好为导向,既要归纳和关注居民的共有属性和共同需求,还需以此为配套标准的修正参数,实现量体裁衣式的差异性配置:一方面改变“自上而下”的设施供给方式,建立有效激励民众表达公共服务需求的机制,将居民的需求偏好作为设施供给的重要决策和纠偏因素,提高设施的供给效率;另一方面则是根据片主要人口来源、年龄构成、收入水平、教育程度等个体属性,有针对性地增减和校核各类设施的配套标准,包括设施配置内容、规模、空间布点等,兼顾设施供给的效率与公平。

就南京市新城和新市区而言,现阶段区内居住人口主要包括主城区拆迁安置人口、郊区征地农民、中等收入移民(外省市和本市)等社群,年龄层次普遍偏高,而教育水平和收入水平普遍偏低。针对这类人群的特殊性,片区内的医疗设施、社会福利设施等设施配备标准可适当提高,以满足高年龄层次人群的使用需求,而商业设施的等级定位可适当降低,以迎合中低收入阶层的切实需求和消费水平;此外,还可适度提升新城和新市区的公共服务设施配置标准,甚至可适当高于主城区平均水平,以发挥城郊结合区域的反磁力作用。

③ 加强城市设计引导

公共服务设施集中的城市公共中心不仅承担着重要的社会服务职能,同时也是展示城市形象和品质的重要载体,而良好的城市形象和空间品质又能提供良好的物质环境,吸引高层次人才和企业留驻,促进城市经济和产业的发展,并进一步优化公告服务设施供给、提高生活品质,如此形成良性循环发展。

因此,通过城市设计手段树立城市公共服务中心的整体形象,对于促进新城发展进而提高公共服务设施的供给品质有重要作用。具体的城市设计手法包括强化公共中心节点地标、沿道路江河构建主要景观轴线、建筑风格和体量展示区域形象、营造宜人且有趣味的城市空间等。

④ 优化交通系统

道路体系的通畅与否、公交系统的完善与否对保障性住区居民使用公共服务设施的便捷程度有直接影响,为提高设施使用便捷程度,可以从两方面着手:

在城市道路体系层面,增补连接新城和主城区的城市快速路或是主干道,保证与主城区快速便捷的交通联系;同时,完善新城内部路网体系,尤其是保证各片区与新城公共中心、大型公共服务设施间通畅的道路交通。

在公共交通系统层面,形成以轨道交通为骨架、常规交通为主体的公共交通系统,重点包括三点策略:其一,建立联系主城区与新城的快速公交线路(如BRT、轻轨等);其二,优化站点布局,保证居民5分钟步行可达,同时增补公交线路,尤其需要增加大型居住区与主城区、新城公共中心、大型公共服务设施间的公交线路,并结合轨道站点和公交枢纽布置公共服务设施,形成公共服务中心;其三,保障性住区可结合公共交通站点布局,形成公交社区,同时与自行车设施、慢行步道相结合(图7.56),使新城居民可以选择更多样化的交通方式(公共交通、自行车和步行),创造轻松舒适的城市生活环境。

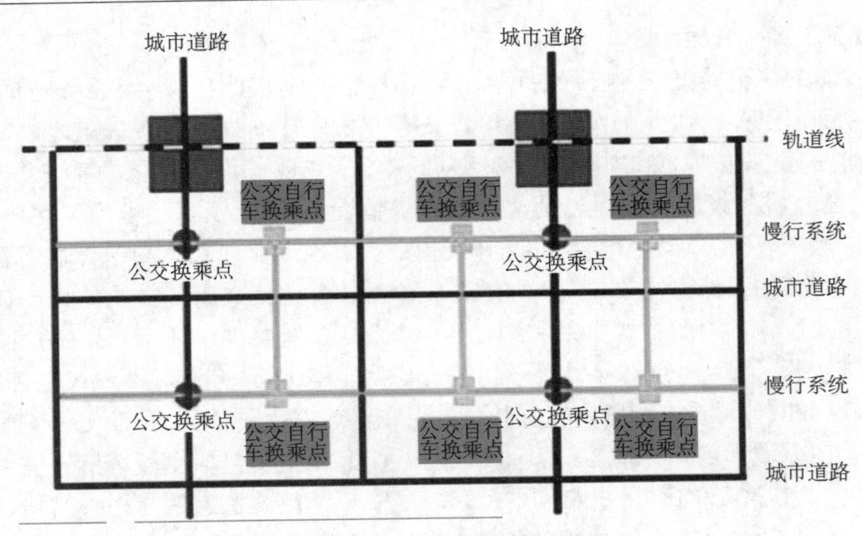

图 7.56　公交、自行车、步行换乘体系

＊资料来源：华芳，王沈玉. 公交导向的新区规划建设——以杭州艮北新区公交社区规划建设实践为例[C]//多元与包容——2012 中国城市规划年会论文集. 中国城市规划年会，2012.

7.5　本章小结

本章以保障性住区的公共服务设施（以城市层面的市级和地区级为主）作为特定研究对象，在对南京市保障性住区的建设概况和公共服务设施的供给现况进行概述的基础上，确定本章抽样研究的保障性住区及其相关设施类型；然后，基于居民“最大出行圈层”的调研来划定各类设施的评估对象，依照“单因子—多因子”与“分级—分类—总体”层层递推、循序渐进的分析思路评估设施供给水平，总结设施供给特征；最后，从“宏观—中观—微观”三个层面总结保障性住区相关设施供给的主要问题及其成因，综合探讨了保障性住区公共服务设施的供给完善策略。

本章主要结论包括：

(1) 在保障性住区建设方面：经历了“2002 年以前起步探索，兼顾建设——2002—2007 年全力推进，正式建设——2008 年以后快速发展，大规模建设”三大阶段之后，南京市保障房的供给结构以面向拆迁户的经济适用房为主体，保障力度和覆盖面依然有限；总体布局在主城内呈点状散布，在外围呈团块集聚，且主要分布于主城边缘并沿绕城公路呈带状布局；现存问题则包括就业困难与职住分离、空间分异与社会分化以及公共服务设施难以共享等。

(2) 在公共服务设施布局方面：南京市主城区内设施分布的密度表现为“西高东低、内高外低的圈层结构”，区位度呈现出“均衡分布、多团块集聚”的特征，覆盖度表现为“内高外低、扇形放射”，可达度则呈现出“西高东低、内高外低、扇形放射”的特征；其中按设施分类来看，医疗设施呈现出“西高东低、以老城为中心的扇形放射状结构”的特征，教育设施表现为“南高北低、多核散布、扇形放射”,商业设施呈现出“西南高东北低、多核散布”的特征,交通设施表现为“中心放射、十字轴延拓”,文化设施呈现出“西高东低、内高外低的圈层结构”,体育设施则表现为“内高外低、多核散布、扇形放射”;总体而言,主城区设施供给水平呈现较为明显的“南高北低、西高东低、单中心放射状”特征。

(3) 在分级设施供给水平方面:单因子得分特征——密度、覆盖度和可达度因子多表现出“保障性住区得分低于主城区平均水平”的特征,而区位度因子的类似趋向并不明显;九类设施的密度、覆盖度和可达度因子得分排序均以“新城＜新市区＜主城区”为主,其次为“新市区＜新城＜主城区”;而区位度因子得分排序较为多样,分别有三类设施排序为“新城＜新市区＜主城区”和“新市区＜主城区＜新城”,有两类设施排序为“主城区＜新市区＜新城”。

总体得分特征——九类设施中有七类设施的总体供给水平表现出“保障性住区小于主城区平均水平”的特征(中等职业学校和地铁站点除外);九类设施中有六类设施的总体供给水平表现出“新城＜新市区＜主城区”的特征,两类设施表现出“新市区＜新城＜主城区”的特征,一类设施表现出“新城＜主城区＜新市区”的特征。

(4) 在分类设施供给水平方面:单因子得分特征——密度和覆盖度因子均呈现出“保障性住区得分小于主城区平均水平”的特征,但仅有三类设施的可达度因子和一类设施的区位度因子呈现类似特征;四类设施的密度、覆盖度和可达度因子得分排序以“新城＜新市区＜主城区”为主,其余为“新市区＜新城＜主城区”,区位度因子得分排序较为多样,其中有两类设施排序为“主城区＜新市区＜新城”。

总体得分特征——四类设施中有三类设施的总体供给水平表现出“保障性住区小于主城区平均水平”的特征(交通设施除外);四类设施中有两类设施的总体供给水平表现出“新城＜新市区＜主城区”的特征,各有一类设施表现出“新市区＜新城＜主城区”和“新城＜主城区＜新市区”特征。

(5) 在总体设施供给水平方面:单因子得分特征——密度、覆盖度和可达度因子均呈现出“保障性住区得分小于主城区平均水平”的特征;密度、覆盖度和可达度得分均呈现出“新城＜新市区＜主城区”的特征,区位度得分则表现出“新市区＜主城区＜新城”的特征。

总体得分特征——保障性住区设施的总体供给水平均低于主城区平均水平,并在得分排序上呈现出“新城＜新市区＜主城区”的特征。

(6) 在政府导控策略(宏观)层面:建议政府制定优惠政策并加大财政投入,分类引导并鼓励大型公共服务设施建设,同时运用其行政手段来制定相关法律法规并实施有效监督管理;明确用地产权与行政管理权限,建立对口组织机构来明晰责任主体和梳理产权体制,统筹新城内公共服务设施的建设;根据设施性质的不同,引入包括政府、民间资本等在内的多元化供应方式。

(7) 在规划控制策略(中观)层面:建议城市总体规划对总体用地指标和主要设施用地指标进行控制,分区一级规划应实现各类各级设施的定性、定量和定点,并建构公共服务网络体系,控制性详细规划需确定设施的用地指标和建筑指标以及公共服务设施项目的具体空间布点;同时根据不同的城市区位做差异化优化选址,在主城区可通过利用拆迁地块、直接划定房源、土地混合利用、更新与插建等方式进行保障房建设,在新市区和新城则需要同城市发展方向及其时序保持一致，由快速公交系统连接主城，并考虑采用公共交通主导下的居住模式、结合产业园区布局等。

(8) 在建设管理策略(微观)层面：建议针对建设动态性，在建设初期保证刚性需求，发展期保证弹性需求中的共性问题，成熟期保证弹性需求中的个性问题；针对多元化需求，一方面建立有效激励民众表达公共服务需求的机制，将居民需求作为设施供给的重要决策和纠偏因素，另一方面则可根据居民个体属性，有针对性地增减和校核各类设施的配套标准；在城市设计方面，通过多元手段打造富有魅力的城市公共服务中心形象，吸引居民与投资，带动新城发展；在交通系统方面，优化城市道路系统，加强新城与主城联系，完善公共交通体系，提高站点可达性，发展公交社区，并构建步行、自行车、公交车于一体的换乘体系等。

主要参考文献

外文文献(学术专著)

[1] Burnett J. A Social History of Housing 1815—1985[M]. London: Methuen, 1986.

[2] Ellwood D T. The Spatial Mismatch Hypothesis: Are There Teenage Jobs Missing in the Ghetto? [M]. Chicago: University of Chicago Press, 1986.

[3] Fong P K W. A Comparative Study of Public Housing Policies in Hong Kong and Singapore[R]. Hong Kong: The University of Hong Kong, 1989.

[4] Frank A G. Capitalism and Underdevelopment in Latin American[M]. New York: Monthly Review Press, 1967.

[5] George E S, Yinger J M. Racial and Cultural Minorities: An Analysis of Prejudice and Discrimination[M]. 5th ed. Dordrecht: Kluwer Academic Group, 1985.

[6] Goodman J L. Urban Residential Mobility: Places, People, and Policy[M]. Washington, D. C.: The Urban Institute, 1978.

[7] Gordon M. Assimilation in American Life[M]. New York: Oxford University Press, 1964.

[8] Harvey D. Social Justice and the City[M]. Oxford: Blackwell, 1973.

[9] Logan J R, Molotch H L. Urban Fortunes: The Political Economy of Place [M]. Berkeley, CA: University of California Press, 1987.

[10] Meillassoux C. Maidens, Meal and Money: Capitalism and the Domestic Community [M]. Cambridge: Cambridge University Press, 1981.

[11] Michael J W. American Neighborhoods and Residential Differentiation[M]. New York: Russell Sage Foundation, 1987.

[12] Min Z. Chinatown: The Socioeconomic Potential of An Urban Enclave[M]. Philadelphia: Temple University Press, 1995.

[13] Pattillo M. Black Picket Fences: Privilege and Peril among the Black Middle Class [M]. Chicago: University of Chicago Press, 1999.

[14] Sauvy A. General Theory of Population[M]. New York: Basic Books, 1966.

外文文献(期刊论文)

[1] Agahi N, Parker M G. Are todays' older people more active than their predecessors? Participation in leisure-time activities in Sweden in 1992 and 2002[J]. Ageing & Society, 2005, 25(6): 925 - 941.

[2] Alba R D, Logan J. Variations on two themes: racial and ethnic patterns in the at-

tainment of suburban residence [J]. Demography, 1991, 28(3): 431 - 453.

[3] Arnott R. Rent control: the international experience[J]. Real Estate Finance and Economics, 1998(1): 203 - 215.

[4] Berry J W A. Psychology of Immigration [J]. Journal of Social Issues, 2001, 57(3): 615 - 631.

[5] Bevil C A, O'Connor P C, Mattoon P M. Leisure activity, life satisfaction, and perceived health status in older adults[J]. Gerontology & Geriatrics Education, 1994, 14 (2): 3 - 19.

[6] Boston D T. The effect of revitalization on public housing residents[J]. APA Journal, 2005, 71(4): 393 - 407.

[7] Chapman D S, A S Wohl. The history of working-class housing[J]. David and Charles, 1971,60(5):72 - 73.

[8] Castell M. Immigrants workers and class struggle in advanced capitalism: the west European experience[J]. Political and Society, 1975(5): 33 - 66.

[9] Chou K L, Chow N W S, Chi I. Leisure participation amongst Hong Kong Chinese older adults[J]. Ageing & Society, 2004, 24(4): 617 - 629.

[10] Day R. Local environments and older people's health: Dimensions from a comparative qualitative study in Scotland[J]. Health & Place, 2008, 14(2): 299 - 312.

[11] Denton N, Massey D S. Residential segregation of Blacks, Hispanics, and Asians by socioeconomic status and generation [J]. Social Science Quarterly, 1988, 69(4): 797 - 817.

[12] Emília M R. A methodology to approach immigrants' land use in metropolitan areas [J]. Cities, 2010, 27(3): 137 - 153.

[13] Eric F, Chiu L, Emi O. Spatial distribution of suburban ethnic businesses [J]. Social Science Research, 2005, 34(1): 215 - 235.

[14] Farley R, Frey W H. Changes in the segregation of whites from blacks during the 1980s: small steps toward a more integrated society [J]. American Sociological Review, 1994, 59(1): 23 - 45.

[15] Iceland J. Sharpe C, Steinmetz E. Class differences in African American residential patterns in US metropolitan areas: 1990—2000 [J]. Social Science Research, 2005, 34(1): 252 - 266.

[16] Jeffrey M T. Change in racial and ethnic residential inequality in American cities, 1970—2000 [J]. City & Community (December), 2007, 6(4): 335 - 365.

[17] Jopp D S, Hertzog C. Assessing adult leisure activities: an extension of a self-report activity questionnaire [J]. American Psychological Association, 2010, 22 (1): 108 - 120.

[18] Kain J F. Housing segregation, Negro employment and metropolitan decentralization [J]. Quarterly Journal of Economics, 1968(82): 175 - 197.

[19] Katz S, Ford A, Moskowitz R, et al. Studies of illness in the aged: the index of ADL: a standardized measure of biological and Psychosocial function[J]. JAMA, 1963, 185(12): 914 - 919.

[20] Kearney M. From the invisible hand to visible feet: anthropological studies of migration and development[J]. Annual Review of Anthropology, 1986(15): 331 - 361.

[21] Kim H. Ethnic enclave economy in urban China: The Korean immigrants in Yanbian [J]. Ethnic and Racial Studies, 2003, 26(5): 802 - 828.

[22] Kwan M P. Space-time and integral measures of individual accessibility: a comparative analysis using appoint-based framework[J]. Geographical Analysis, 1998, 30 (3): 191 - 216.

[23] Laws G. "The land of old age": Society's changing attitudes toward urban built environments for elderly people[J]. Annals of the Associations of American Geographers, 1993, 83(4):672 - 693.

[24] Lena M T, Terje W. Upwards, outwards and westwards: relocation of ethnic minority groups in the Oslo region [J]. Geografiska Annaler: Series B, Human Geography, 2013, 95(1): 1 - 16.

[25] Lenntorp B. Paths in space-time environments: A time geographic study of movement possibilities of individuals [M]. Lund Studies in Geography, 1976 (44): 147 - 150.

[26] Logan J R, Alba R D, Leung S-Y. Minority access to white suburbs: a multiregional comparison [J]. Social Forces, 1996, 74(3): 851 - 881.

[27] Logan J R, Stults B J, Farley R. Segregation of minorities in the metropolis: two decades of change [J]. Demography, 2004, 41(1): 1 - 22.

[28] Martens B. A political history of affordable housing[J]. Journal of Housing and Community Development, 2009(9): 6 - 12.

[29] Massey D S, Denton N A. Trends in the residential segregation of Blacks, Hispanics, and Asians: 1970—1980 [J]. American Sociological Review, 1987, 52(6): 802 - 825.

[30] Massey D S, Mullan B P. Processes of Hispanic and Black spatial assimilation [J]. American Journal of Sociology, 1988, 89(4): 836 - 873.

[31] Miller H J. Modeling accessibility using space-time prism concepts within geographical information systems[J]. International Journal of Geographical Information Systems, 1991, 5(3): 287 - 301.

[32] Oded S. The path of labor migration when workers differ in their skills and information is asymmetric [J]. The Scandinavian Journal of Economics, 1995, 97(1): 234 - 259.

[33] Panter J A, Jones M Hillsdon. Equity of access to physical activity facilities in an English city[J]. Preventive Medicine, 2008(46): 303 - 307.

[34] Peter A Rogerson. The geography of elderly minority populations in the United States[J]. International Journal of Geographical Information Science, 1998, 12(3): 687-698.
[35] Pooler J A. The use of spatial separation in the measurement of transportation accessibility[J]. Transportation Research, 1995, 29(3): 421-427.
[36] Putnam R. Bowling Alone: America's declining social capital[J]. Journal of Democracy, 1995, 6(1): 65-78.
[37] Radosveta D, Athanasios C, Michael B, et al. Collective identity and wellbeing of Roma minority adolescents in Bulgaria [J]. International Journal of Psychology, 2013, 48(4): 502-513.
[38] Ravenstein E G. The laws of migration [J]. Journal of the Royal Statistical Society, 1889, 52(2): 241-305.
[39] Scheer B C, Petkov M. Edge city morphology: a comparison of commercial centers [J]. APA Journal, 1998, 64(3): 298-310.
[40] Scott D M, He S Y. Modeling constrained destination choice for shopping: a GIS-based, time-geographic approach[J]. Journal of Transport Geography, 2012, 23: 60-71.
[41] Shaw S L, Yu H. A GIS-based time-geographic approach of studying individual activities and interactions in a hybrid physical-virtual space[J]. Journal of Transport Geography, 2009, 17(2): 141-149.
[42] Shusham M J. Housing in Perspective[J]. Public Interest, 1970 (Spring): 18-30.
[43] Takemi S, Catharine W T. Associations between characteristics of neighborhood open space and older people's walking[J]. Urban Forestry & Urban Greening, 2008 (7): 41-51.
[44] Talen E, Anselin L. Assessing spatial equity: an evaluation of measures of accessibility to public playgrounds[J]. Environment and planning, 1998, 30(4): 595-613.
[45] Thompson C W. Activity, exercise and the planning and design of outdoor spaces [J]. Journal of Environmental Psychology, 2013, 34: 79-96.
[46] Timmermans H, Arentze T A, Joh C H. Analysing space-time behavior: new approaches to old problems[J]. Progress in Human Geography, 2002, 26(2): 175-190.
[47] Tsou K W, Hung Y L. An accessibility-based integrated measure of relative spatial equity in urban public facilities[J]. Cities, 2005, 22(6): 424-435.
[48] Vidovicova L. To be active or not to be active, that is the question: the preference model of activity in advanced age[J]. Ageing International, 2005, 30(4): 343-362.
[49] Wallac M, Milroy B M. Ethno-racial diversity and planning practice in the greater Toronto area[J]. Plan Canada, 2001, 41(3): 31-33.
[50] Yin L, Shaw S L, Yu H. Potential effects of ICT on face-to-face meeting opportuni-

ties: a GIS-based time-geographic approach[J]. Journal of Transport Geography, 2011, 19(3): 422-433.
[51] Yumiko Horita. Local authority housing policy in Japan: is it secure to function as safety net? [J]. Housing Finance International, 2006(6): 34-42.

学术专著

[1] [清]毕沅. 续资治通鉴:卷二百一十三[M]. 长沙:岳麓书社,1999.
[2] [美]戴维·波普诺. 社会学[M]. 10 版. 李强,等,译. 北京:中国人民大学出版社,1999.
[3] [德]恩格斯. 英国工人阶级的生活状况[M]. 北京:人民出版社,1956.
[4] [德]恩格斯. 论住宅问题[M]. 北京:人民出版社,1951.
[5] [美]刘易斯·芒福德. 城市发展史——起源、演变和前景[M]. 倪文彦,宋俊岭,译. 北京:中国建筑工业出版社,1989.
[6] [美]简·雅各布斯. 美国大城市的死与生[M]. 金衡山,译. 南京:译林出版社,2005.
[7] [英]玛格丽特·柯尔. 费边社史[M]. 沈端方,译. 北京:商务印书馆,1984.
[8] [美]帕克,等. 城市社会学[M]. 宋俊岭,吴建华,王登斌,译. 北京:华夏出版社,1987.
[9] [日]森冈清美,望月嵩. 新家庭社会学[M]. 东京:培风馆,2003.
[10] [美]威廉·福斯特. 美国历史中的黑人[M]. 余家煌,译. 上海:三联书店,1960.
[11] [英]约翰·哈罗德·克拉潘. 现代英国经济史(上)[M]. 姚曾廙,译. 北京:商务印书馆,1997.
[12] 白友涛. 盘根草——城市现代化背景下的回族社区[M]. 银川:宁夏人民出版社,2005.
[13] 柴彦威. 中国城市的时空间结构[M]. 北京:北京大学出版社,2002.
[14] 费孝通. 乡土中国 & 生育制度[M]. 北京:北京大学出版社,1998.
[15] 高永久. 西北少数民族地区城市化及社区研究[M]. 北京:民族出版社,2005.
[16] 韩明谟,等. 中国社会与现代化[M]. 北京:中国社会出版社,1998.
[17] 黄兴文,蒋立红,等. 住房体制市场化改革——成就、问题、展望[M]. 北京:中国财政经济出版社,2009.
[18] 季羡林. 东亚与印度:亚洲两种现代化模式序言[M]//陈峰君. 东亚与印度:亚洲两种现代化模式. 北京:经济科学出版社,2000.
[19] 贾德裕,等. 现代化进程中的中国农民[M]. 南京:南京大学出版社,1998.
[20] 李惠斌,杨雪冬. 社会资本与社会发展[M]. 北京:社会科学文献出版社,2000.
[21] 李梦白,等. 流动人口对大城市发展的影响及对策[M]. 北京:经济日报出版社,1991.
[22] [宋]李心传. 建炎以来系年要录:卷二十[M]. 上海:上海古籍出版社,1992.
[23] 廉思. 蚁族:大学毕业生聚居村实录[M]. 桂林:广西师范大学出版社,2009.
[24] 梁漱溟. 中国文化要义[M]. 上海:上海人民出版社,2005.
[25] 刘渝林. 养老质量测评——中国老年人口生活质量评价与保障制度[M]. 北京:商务印书馆,2007.
[26] 陆学艺. 当代中国社会阶层研究报告[M]. 北京:社会科学文献出版社,2002.
[27] 吕俊华,[美]彼得·罗. 中国现代城市住宅(1840—2000)[M]. 北京:清华大学出版

社,2003.
[28] 罗荣渠.现代化新论——中国的现代化之路[M].上海:华东师范大学出版社,2013
[29] 马强.回坊内外:城市现代化进程中的西安伊斯兰教研究[M].北京:中国社会科学出版社,2011.
[30] 钱乘旦.世界现代化历程(东亚卷)[M].南京:江苏人民出版社,2012.
[31] 沈林,张继焦,杜宇,等. 中国城市民族工作的理论与实践[M].北京:民族出版社,2001.
[32] 田方,陈一筠.外国人口迁移[M].北京:北京知识出版社,1986.
[33] 王保畲,罗正齐.中国城市化的道路及其发展趋势[M].北京:学苑出版社,1993.
[34] 王春光.社会流动与社会重构——京城"浙江村"研究[M].杭州:浙江人民出版社,1995.
[35] 王江萍.老年人居住外环境规划与设计[M].北京:中国电力出版社,2009.
[36] 王兴中,等.中国城市社会空间结构研究[M].北京:科学出版社,2004.
[37] 王旭,黄柯可.城市社会的变迁——中美城市化及其比较[M].北京:中国社会科学出版社,1998.
[38] 王章辉,黄柯可.欧美农村劳动力的转移与城市化[M].北京:社会科学文献出版社,1998.
[39] 吴良镛.人居环境科学导论[M].北京:建筑工业出版社,2001.
[40] 吴启焰.大城市居住空间分异研究的理论与实践[M].北京:科学出版社,2001.
[41] 吴晓,魏羽力.城市规划社会学[M].南京:东南大学出版社,2010.
[42] 吴晓,等.我国大城市流动人口居住空间解析——面向农民工的实证研究[M].南京:东南大学出版社,2010.
[43] 项飚.跨越边界的社会——北京"浙江村"的生活史[M].北京:三联书店,2000.
[44] 许树柏.层次分析法原理:使用决策方法[M].天津:天津大学出版社,1995.
[45] 许学强,周一星,宁越敏.城市地理学[M].北京:高等教育出版社,1996.
[46] 阳建强,吴明伟.现代城市更新[M].南京:东南大学出版社,2000.
[47] 杨文炯.互动、调试与重构——西北城市回族社区及其文化变迁研究[M].北京:民族出版社,2007.
[48] 姚玲珍.中国公共住房政策模式研究[M].上海:上海财经大学出版社,2003.
[49] 叶剑平.弱势群体的住房保障、管理与政策[M].北京:中国人民大学出版社,2003.
[50] 于一凡.城市居住形态学[M].南京:东南大学出版社,2010.
[51] 余源鹏.中小户型开发与设计——90平方米以下畅销住宅套型[M].北京:机械工业出版社,2006.
[52] 袁媛.中国城市贫困的空间分异研究[M].北京:科学出版社,2014.
[53] 张琪,曲波.怎样让人人住有所居——如何理解住房制度改革[M].北京:人民出版社,2008.
[54] 赵树枫.世界乡村城市化与城乡一体化[M].北京:社会科学文献出版社,1998.
[55] 钟鸣,王逸.两极鸿沟?当代中国的贫富阶层[M].北京:中国经济出版社,1998.
[56] 周晓虹.传统与变迁:江浙农民的社会心理及其近代以来的嬗变[M].上海:三联书店,1998.

[57] 周敏.唐人街——深具社会经济潜质的华人社区[M].北京:商务印书馆,1995.

学位论文(博士)

[1] 褚超孚.城镇住房保障模式及其在浙江省的应用研究[D]:[博士学位论文].杭州:浙江大学,2005.
[2] 丁桂节.工人新村:"永远的幸福生活"[D]:[博士学位论文].上海:同济大学,2008.
[3] 冯健.转型期中国城市内部空间重构[D]:[博士学位论文].北京:北京大学,2003.
[4] 高军波.转型期中国城市公共服务设施供给模式及其形成机制研究——以广州为例.[D]:[博士学位论文].广州:中山大学,2010.
[5] 郭菂.城市化背景下保障性住房规划设计研究——以南京为例[D]:[博士学位论文].南京:东南大学,2010.
[6] 郭玉坤.中国城镇住房保障制度研究[D]:[博士学位论文].成都:西南财经大学,2006.
[7] 李莉.美国公共住房政策的演变[D]:[博士学位论文].厦门:厦门大学,2008.
[8] 刘洪辞.蚁族群体住房供给模式研究[D]:[博士学位论文].武汉:武汉大学,2012.
[9] 吴晓.我国城市化背景下的流动人口聚居形态研究——以京、宁、深三市为例[D]:[博士学位论文].南京:东南大学,2002.

学位论文(硕士)

[1] 陈双阳.南京江南八区大型保障性住区空间模式研究[D]:[硕士学位论文].南京:东南大学,2012.
[2] 陈喆.老年友好城市导向下城市老年设施规划研究[D]:[硕士学位论文].西安:西北大学,2014.
[3] 丁一.城市居住区公共服务设施现状研究与动态思考[D]:[硕士学位论文].郑州:郑州大学,2010.
[4] 郭展.郑州市中心城区普通高中布局调整方法研究[D]:[硕士学位论文].郑州:郑州大学,2014.
[5] 马迎雪.一个回族社区经济生活的变迁——以山东省青州市东后坡社区为例[D]:[硕士学位论文].北京:中央民族大学,2008.
[6] 贾琼.中国城镇"夹心层"住房问题研究[D]:[硕士学位论文].北京:首都师范大学,2007.
[7] 简玲.我国公共住房供给模式研究[D]:[硕士学位论文].杭州:浙江大学,2005.
[8] 李亚子.城市边缘拆迁安置型住区公共服务设施供需特征研究——以合肥市包河花园、芙蓉社区为例[D]:[硕士学位论文].合肥:合肥工业大学,2013.
[9] 梁晖.城市旧居住区结构形态与改造[D]:[硕士学位论文].南京:东南大学,1992.
[10] 李阿萌.保障性住区建设的社会空间效应及调控策略研究[D]:[硕士论文].南京:南京大学,2012.
[11] 李维霞.基于时间地理学中与T-GIS的南京休闲者时空行为研究[D]:[硕士学位论文].南京:南京师范大学,2012.

[12] 刘海. 重庆公共租赁房居住区公共服务设施设计研究[D]:[硕士学位论文]. 重庆:重庆大学,2012.

[13] 刘勰. 老年人户外交往行为及其空间模式研究——以成都地区为例[D]:[硕士学位论文]. 成都:西南交通大学,2011.

[14] 齐际. 适应青年人居住需求的公租房单体设计研究[D]:[硕士学位论文]. 北京:清华大学,2011.

[15] 覃文丽. 重庆市大型聚居区公共服务设施规划研究[D]:[硕士学位论文]. 重庆:重庆大学,2011.

[16] 邵啸鹏. 西北城市少数民族社区文化变迁研究——以兰州市某回族社区为例[D]:[硕士学位论文]. 兰州:西北师范大学,2010.

[17] 宋向奎. 城市社会空间结构转型下的少数民族流动人口城市适应研究——以兰州市为例[D]:[硕士学位论文]. 兰州:兰州大学,2012.

[18] 汪虹. 南京老城社区级公共服务设施配套规划研究[D]:[硕士学位论文]. 南京:南京工业大学,2013.

[19] 王思荀. 大理白族民居的演变与更新研究[D]:[硕士学位论文]. 昆明:昆明理工大学,2009.

[20] 王炜. 住宅小区老年人户外活动空间研究[D]:[硕士学位论文]. 上海:上海交通大学,2011.

[21] 王相鹏. 地方性生境下的东部回族社会——以平邑县回族社区为个案[D]:[硕士学位论文]. 兰州:西北民族大学 2008.

[22] 邢冬梅. 民族历史文化街区文化景观与旅游开发研究——以甘肃临夏回族八坊为例[D]:[硕士学位论文]. 大连:辽宁师范大学,2013.

[23] 杨驰. 壮族景观建筑的演变与传承研究[D]:[硕士学位论文]. 哈尔滨:东北农业大学,2009.

[24] 叶媚. 南京老年人社区生活环境设计研究[D]:[硕士学位论文]. 南京:南京航空航天大学,2013:23-24.

[25] 湛鹤. 我国城市新居住模式研究[D]:[硕士学位论文]. 长沙:湖南大学,2005.

[26] 赵强. 香港集合住宅——公屋研究[D]:[硕士学位论文]. 天津:天津大学,2008.

[27] 张帆. 社会转型期的单位大院形态演变、问题及对策研究——以北京市为例[D]:[硕士学位论文]. 南京:东南大学,2004.

[28] 张莹. 长沙市公共租赁住宅设计策略研究[D]:[硕士学位论文]. 长沙:中南大学,2012.

[29] 张彧. 流动人口城市住居——住区共生与同化[D]:[硕士学位论文]. 南京:东南大学,1999.

期刊论文

[1] 艾大宾,王力. 我国城市社会空间结构特征及演变趋势[J]. 人文地理,2001,16(2):7-11.

[2] 曹丽晓,柴彦威.上海城市老年人日常购物活动空间研究[J].人文地理,2006,21(2):50-54.
[3] 柴彦威,张艳,周千钧.中国城市单位大院的空间性及其变化[J].国际城市规划,2009,24(5):20-27.
[4] 柴彦威,陈零极,张纯.单位制度变迁:透视中国城市转型的重要视角[J].世界地理研究,2007(4):62-71.
[5] 柴彦威,李昌霞.中国城市老年人日常购物行为的空间特征——北京、深圳和上海为例[J].地理学报,2005,60(3):401-408.
[6] 陈金华,李洪波.历史文化名城老年人口休闲行为研究——以泉州市为例[J].泰山学院学报,2007,29(2):78-83.
[7] 陈武,张静.城市教育设施规划探索——以温州市城市教育设施规划为例[J].规划师,2005,21(7):45-46.
[8] 陈铁,吕斌,张纯,等.拉萨市河坝林地区回族聚居区社会空间特征及其成因[J].长江流域资源与环境,2013,22(1):32-39.
[9] 陈忠祥.宁夏回族社区空间结构特征及其变迁[J].人文地理,2000,15(5):39-42.
[10] 董卫.自由市场经济驱动下的城市变革——西安回民区自建更新研究初探[J].城市规划,1996(5):42-45.
[11] 费孝通.中华民族的多元一体格局[J].北京大学学报(哲学社会科学版),1989(4):1-19.
[12] 冯健,周一星.北京都市区社会空间结构及其演化[J].地理研究,2003,22(4):465-483.
[13] 冯健,周一星,程茂吉.南京市流动人口研究[J].城市规划,2001,25(1):16-22.
[14] 谷俊青.发展公共租赁住房的具体政策建议[J].中国建设信息,2010(11):45-53.
[15] 杭兰旅,钱存华.南京市保障房建设情况分析及建议[J].商业经济,2013,(13):21-24.
[16] 黄莹,黄辉,叶忱,等.基于GIS的南京城市居住空间结构研究[J].现代城市研究,2011,26(4):47-52.
[17] 贾倍思.香港公屋本质、公屋设计和居住实态[J].时代建筑,1998(3):58-62.
[18] 雷翔.青年居住方式与青年住宅形态[J].新建筑,1987(2):55-58.
[19] 李甫,孙秉军.社会问题空间化——为流动人口提供可出租住宅[J].世界建筑,1997(5):80-83.
[20] 李锡明.新扶贫标准和国际贫困线[J].学理论,2009(24):122-123.
[21] 李晓雨,白友涛.我国城市流动穆斯林社会适应问题研究——以南京和西安为例[J].青海民族学院学报,2009,35(1):80-84.
[22] 李志刚,薛德升,Lyons M,等.广州小北路黑人聚居区社会空间分析[J].地理学报,2008,63(2):207-218.
[23] 李志刚,吴缚龙.转型期上海社会空间分异研究[J].地理学报,2006,61(2):199-211.
[24] 良警宇.从封闭到开放:城市回族聚居区的变迁模式[J].中央民族大学学报(哲学社会

科学版),2003,30(1):73-78.
[25] 林伟鹏,闫整. 医疗卫生体系改革与城市医疗卫生设施规划[J]. 城市规划,2006,30(4): 47-50.
[26] 林勇强,史逸. 城市老年人室外休闲行为初探——老年人室外活动场地设计为例[J]. 规划师,2002,18(7):81-84.
[27] 刘晨宇,罗萌. 新加坡组屋的建设发展及启示[J]. 现代城市研究,2013,(10):54-59.
[28] 刘佳燕,陈振华,王鹏,等. 北京新城公共设施规划中的思考[J]. 城市规划,2006(4):38-42.
[29] 刘建洲. 传统产业工人阶级的"消解"与"再形成"[J]. 人文杂志,2009(6):176-185.
[30] 刘贤腾,顾朝林. 解析城市用地空间结构:基于南京市的实证[J]. 城市规划学刊,2008,(5):70-84.
[31] 刘志林,李劼. 公共租赁住房政策:基本模式、政策转型及其借鉴意义[J]. 现代城市研究,2010(10):21-26.
[32] 马惠娣,邓蕊,成素梅. 中国老龄化社会进程中的休闲问题[J]. 自然辩证法研究,2002,18(5):58-62.
[33] 乔永学. 北京"单位大院"的历史变迁及其对北京城市空间的影响[J]. 华中建筑,2004(5):91-95.
[34] 邱红. 发达国家人口老龄化及相关政策研究[J]. 求是学刊,2011,38(4):65-66.
[35] 饶小军,邵晓兆. 边缘社会:城市族群社会空间透视[J]. 城市规划,2001,25(9):47-51.
[36] 单文慧. 不同收入阶层混合居住模式——价值评判与实施策略[J]. 住区规划研究,2001,25(2):26-30.
[37] 沈原. 社会转型与工人阶级的再形成[J]. 社会学研究,2006(2):13-36.
[38] 石军. 中等职业学校布局规划[J]. 科技资讯,2008(20).
[39] 宋波,阚卫华. 当代中国工人阶级地位的演变[J]. 湖北行政学院学报,2007(3):183-184.
[40] 宋伟轩,吴启焰,朱喜钢. 新时期南京居住空间分异研究[J]. 地理学报,2010,65(6):685-694.
[41] 苏振民,林炳耀. 城市居住空间分异控制:居住模式与公共政策[J]. 城市规划,2007(2):45-49.
[42] 孙樱,陈田,韩英. 北京市区老年人口休闲行为的时空特征初探[J]. 地理研究,2001,20(5):537-546.
[43] 田野,栗德祥,毕向阳. 不同阶层居民混合居住及其可行性分析[J]. 建筑学报,2006(4):38-41.
[44] 万邦伟,李晨. 城市老龄化及老年公共活动设施规划研究[J]. 新建筑,1993(2):58-61.
[45] 万邦伟. 老年人行为活动特征之研究[J]. 新建筑,1994(4):23-25.
[46] 王波,甄峰. 南京市区就业空间布局研究[J]. 人文地理,2011(4):58-65.
[47] 王琛,周大鸣. 试论城市少数民族的社会交往与族际交流——以深圳市为例[J]. 广西民族研究,2004(2):37-42.
[48] 王远飞. GIS与Voronoi多边形在医疗服务设施地理可达性分析中的应用[J]. 测绘与空间地理信息,2006,29,(3): 77-80.

[49] 汪冬宁,汤小橹,金晓斌,等.基于土地成本和居住品质的保障住房选址研究——以江苏省南京市为例[J].城市规划,2010(2):57-61.
[50] 程丽辉,王兴中.西安市社会收入空间的研究[J].地理科学,2004(1):116-122.
[51] 魏立华,闫小培.转型期中国城市社会空间演进动力及其模式研究——以广州市为例[J].地理与地理信息科学,2006(1):67-72.
[52] 文静,彭华茂,王大华.社区老年人的日常活动偏好研究[J].中国老年学杂志,2010,30(13):1865-1867.
[53] 吴启焰,崔功豪.南京市居住空间分异特征及其形成机制[J].城市规划,1999,23(12):23-35.
[54] 吴鹏森.进城农民:中国社会特殊的身份集团[J].安徽师大学报(哲学社科版),1998(2):141-148.
[55] 吴晓.城市中的"农村社区"——流动人口聚居区的现状与整合研究[J] 城市规划,2001,25(12):25-29.
[56] 吴晓,吴明伟.物质性手段:作为我国流动人口聚居区一种整合思路的探析[J].城市规划汇刊,2002(2):17-20.
[57] 吴晓."边缘社区"探察——我国流动人口聚居区的现状特征透析[J].城市规划,2003,27(7):39-44.
[58] 吴晓,吴珏,王慧,等.现代化浪潮中少数民族聚居区的变迁实考——以南京市七家湾回族社区为例[J].规划师,2008,24(9):15-21.
[59] 吴玥,石铁矛.旧工业居住区的更新改造实践——沈阳市铁西区工人村更新改造设计[J].现代城市研究,2009,24(11):65-69.
[60] 许欣欣.中国城镇居民贫富差距演变趋势[J].社会学研究,1999(5):66-74.
[61] 徐月辉.北京市"浙江村"住宅设计[J].世界建筑,1998(5):70.
[62] 杨春.莲坂流动人口聚居地社会状况调查[J].城市规划,2003,27(11):65-69.
[63] 杨靖,张嵩,汪冬宁.保障性住房的选址策略研究[J].城市规划,2009(12):53-58.
[64] 姚凯.上海控制性编制单元规划的探索和实践——适应特大城市规划管理需要的一种新途径[J].城市规划,2007(8):52-57.
[65] 袁奇峰,马晓亚.保障性住区的公共服务设施供给——以广州市为例[J].城市规划,2012(2):24-30.
[66] 张成,米寿江.南京回族社区的消失与回族文化传承的思考[J].回族研究,2006(4):54-59.
[67] 张大维,陈伟东,李雪萍,等.城市社区公共服务设施规划标准与实施单元研究——以武汉市为例[J].城市规划学刊,2006,(3):99-105.
[68] 张棣,侯学钢.少数民族聚居城市开发与民族文化保护——以湖南省古丈县为例[J].规划师,2006(8):29-32.
[69] 张定河.自由土地与十九世纪晚期美国工人运动[J].山东师范大学学报,1987(1):34-37.
[70] 张高攀.城市"贫困聚居"现象分析及其对策探讨——以北京市为例[J].城市规划,2006,30(1):40-46,54.
[71] 张鸿雁,白友涛.大城市回族社区的社会文化功能——南京市七家湾回族社区研究

[J]. 民族研究,2004(4):38-47.
[72] 张红洲. 老年人常见心理活动过程和行为特点与对策[J]. 中国老年学杂志,2005,25(12):1578-1579.
[73] 张建坤,李灵芝,李蓓,等. 基于历史数据的南京保障房空间结构演化研究[J]. 现代城市研究,2013,(3):104-111.
[74] 张敏,石爱华,孙明洁,等. 珠江三角洲大城市外围流动人口聚居与分布——以深圳市平湖镇为例[J]. 城市规划,2002,26(5):63-65.
[75] 张庭伟. 社会资本、社区规划及公众参与[J]. 城市规划,1999(10):23-26.
[76] 张真理. 北京市单位自管房现存问题和解决方略[J]. 城市问题,2009(2):78-83.
[77] 张智涵,刘靖庭,王朴,等. 基于GIS空间分析技术的北京市海淀区高中学校空间布局均衡研究[J]. 地理教学,2012,(12):59-62.
[78] 赵民,朱志军. 论城市化与流动人口[J]. 城市规划汇刊,1998(1):8-12.
[79] 赵明,弗兰克・舍雷尔. 法国社会住宅政策的演变及其启示[J]. 国际城市规划,2008,23(2):62-66.
[80] 郑菲. 南京城市人口老龄化现状及发展趋势[J]. 江苏统计,2001(3):37-38.
[81] 郑思齐,龙奋杰,王轶军,等. 就业与居住的空间匹配——基于城市经济学角度的思考[J]. 城市问题,2007(6):56-62.
[82] 郑思齐,张英杰. 保障性住房的空间选址:理论基础、国际经验与中国现实[J]. 现代城市研究,2010(9):18-22.
[83] 周传斌,马雪峰. 都市回族社会结构的范式问题探讨——以北京回族社区的结构变迁为例[J]. 回族研究,2004(4):33-38.
[84] 周建高. 日本公营住宅体制初探[J]. 日本研究,2013,(2):14-20.
[85] 周竞红. 城市少数民族流动人口与城市民族工作[J]. 民族研究,2001(4):8-14.
[86] 周亮."夹心层"住房保障机制的研究[J]. 经济研究导刊,2010(3):140-141.
[87] 周尚意. 现代大都市少数民族聚居区如何保持繁荣——从北京牛街回族聚居区空间特点引出的布局思考[J]. 北京社会科学,1997(1):77-85.
[88] 周涛,陈新. 特殊人群步行过街速度调查与信号设计[J]. 现代交通技术,2015,12(5):75-78.
[89] 周晓虹. 流动与城市体验对中国农民现代性的影响——北京"浙江村"与温州一个农村社区的考察[J]. 社会研究,1998(5):58-71.
[90] 周志清. 城郊结合区域公共服务设施配置的理论思考[J]. 上海城市规划,2008(2):7-11.

附录一

新就业人员聚居区调查问卷表

您的性别________ 年龄________ 学历________ 所学专业________

1. **您的籍贯：**________省________市 毕业已经________年 来南京________年

2. 您的家庭所在地是：

□农村 □县城 □县级市 □地级市 □省会或直辖市

3. 您目前的平均月收入是：

□1 000 元以下 □1 001～1 500 元 □1 501～2 000 元 □2 001～3 000 元

□3 001～5 000 元 □5 001～8 000 元 □8 000 元以上 □其他

根据您目前的实际情况来看，您期望的平均月收入是（   ）

4. 您每月的开销是____________________元（除房租外）

5. 您目前的居住方式是：

□与陌生人合租（具体有________人） □与男（女）朋友同居

□与同事朋友合租（具体有________人） □单独居住 □其他

根据您目前的实际情况来看，您期望更愿意选择的居住方式是（   ）

6. 您目前住所的套型是________房________厅；

根据您目前的实际情况来看，您期望的理想户型是________房________厅

7. 您目前的居住面积是：

□10 m^2 以下 □10～15 m^2 □15～20 m^2 □20～30 m^2

□30～50 m^2 □50～70 m^2 □70～90 m^2 □90 m^2 以上 □其他

根据您目前的实际情况来看，您期望的住房面积是（   ）

8. 您目前的住房月租金是：

□300～400 元 □401～500 元 □501～600 元 □601～1 000 元

□1 000 元以上 □其他

根据您目前的实际情况来看，您期望的房租费用是（   ）

9. 您目前的工作地点是________，您从住所到工作地需要________分钟

根据您目前的实际情况来看，您期望的住所到单位的时间是________分钟

10. 您目前选择去工作的交通方式是：

□步行 □自行车 □公交 □地铁

□出租　　　　□其他

根据您目前的实际情况来看,您期望的工作出行方式是(　　　　　)

11. 您目前从住所到工作地点需要的车费是________元/天(单程)

根据您目前的实际情况来看,您期望去工作地的车费是________元/天(单程)

12. 您目前的房屋配套有:

□沙发　　　　□茶几　　　　□餐桌　　　　□椅子

□床　　　　□电视机　　　　□洗衣机　　　　□电冰箱

□空调　　　　□热水器　　　　□抽烟机　　　　□宽带

□书桌　　　　□其他

根据您目前的实际情况看,您期望的房屋配套有(　　　　　)(可多选)

13. 您目前居住的小区内配套服务设施有:

□超市　　　　□公交站　　　　□菜市场　　　　□银行

□餐厅　　　　□医院　　　　□学校　　　　□健身场所

□公园　　　　□其他

您期望住区应增加哪些配套设施(　　　　　)(可多选)

14. 您目前居住的小区周边配套服务设施有(城市级):

□行政办公　　　　□商业金融　　　　□文化娱乐　　　　□体育

□医疗卫生　　　　□教育科研设计　　　　□社会福利

15. 您期望居住的小区周边配套服务设施有(城市级):

□行政办公　　　　□商业金融　　　　□文化娱乐　　　　□体育

□医疗卫生　　　　□教育科研设计　　　　□社会福利

预期达到这些设施的最大时间是________分钟(区级)/________分钟(城市级)

附录二

工人新村调查问卷表

原住民问卷(注:本人或直系亲属通过单位分配获得此处住房)

您的年龄________　　性　　别________　　工作所在区________

婚　　姻________　　住房面积________

1. 您的文化程度是:

□小学及以下　□初中　□高中/中专　□大学/大专

□大学以上

2. 您现在的职业是:

□工人　□商业服务业职工　□公务员　□个体劳动者

□教师　□企事业单位人员　□学生　□离退休

□其他

3. 您是否在或者曾经在分配给您住房的企业就职:

□是

□否(您与本单位职工是:□父母　□子女　□夫妻　□亲戚　□朋友)

4. 您曾经从企业下岗吗:

□没有下岗过　□下岗过

(下岗时间:□1985—1989年　□1990—1995年　□1995—1999年　□2000年以后)

5. 您现有住房的来源是:

□企业直接分配　□从父母长辈处继承　□从亲戚处获得

6. 您在此社区居住的时间是:

□10年以下　□10～20年　□20～30年　□30～40年　□40年以上

7. 您在以下时间段的平均月收入分别是(请您从参加工作的时间段开始填写):

1960—1970年代:□20元以下　□20～50元　□50～100元　□100元以上

1980年左右:□20元以下　□20～50元　□50～100元　□100元以上

1985年左右:□60元以下　□60～100元　□100～200元　□200元以上

1995年左右:□200元以下　□200～400元　□400～600元　□600～1 000元

□1 000元以上

2005年左右:□500元以下　□500～1 000元　□1 000～2 000元　□2 000～3 000元

□3 000以上

8. 您在以下时间段住过的房型有(可多选):

1960—1976 年:□集体宿舍 □单室 □一室一厅 □两室一厅 □三室一厅

1976—1980 年:□集体宿舍 □单室 □一室一厅 □两室一厅 □三室一厅

1981—1998 年:□集体宿舍 □单室 □一室一厅 □两室一厅 □三室一厅

1998 年以来: □集体宿舍 □单室 □一室一厅 □两室一厅 □三室一厅

9. 您和家人在以下时间段经常使用社区内单位提供的公共设施包括(可多选):

1960—1970 年代末:□浴室 □食堂 □理发店 □杂货店 □户外活动设施 □老年活动中心 □幼儿园 □职工学校 □医疗卫生设施 □粮站 □都不怎么使用

1980 年代:□浴室 □食堂 □理发店 □百货店 □户外活动设施 □老年活动中心 □幼儿园 □职工学校 □医疗卫生设施 □粮站 □都不怎么使用

1990 年代:□浴室 □食堂 □理发店 □百货店 □户外活动设施 □老年活动中心 □幼儿园 □职工学校 □医疗卫生设施 □粮站 □都不怎么使用

2000 年以来:□浴室 □食堂 □理发店 □百货店 □户外活动设施 □老年活动中心 □幼儿园 □职工学校 □医疗卫生设施 □都不怎么使用

10. 您对工人新村在以下时间段的生活品质感受是:

1960—1970 年代末:您对卫生环境和安全秩序的评价:□好 □较好 □较差 □差

邻里交往频率:□每天交往 □每周几次 □每月几次 □基本不来往

您日常主要交往的对象:□邻居 □亲戚 □同事

1980 年代:您对卫生环境和安全秩序的评价:□好 □较好 □较差 □差

邻里交往频率:□每天交往 □每周几次 □每月几次 □基本不来往

您日常主要交往的对象:□邻居 □亲戚 □同事

1990 年代:您对卫生环境和安全秩序的评价:□好 □较好 □较差 □差

邻里交往频率:□每天交往 □每周几次 □每月几次 □基本不来往

您日常主要交往的对象:□邻居 □亲戚 □同事

2000 年以来:您对卫生环境和安全秩序的评价:□好 □较好 □较差 □差

邻里交往频率:□每天交往 □每周几次 □每月几次 □基本不来往

您日常主要交往的对象:□邻居 □亲戚 □同事

外来居民问卷(注:通过购房和租赁居住在此处的居民)

您的年龄________ 性别________ 文化程度________
工作所在区________ 婚姻________ 住房面积________

1. 您现在的职业是:
□工人 □商业服务业职工 □公务员 □个体劳动者
□教师 □企事业单位人员 □学生 □离退休
□其他

2. 您的户口所在地是:
□本地 □外地

3. 您现有住房的来源是:
□购买 □租赁 □其他

4. 您的住房户型是:
□集体宿舍 □单室 □一室一厅 □两室一厅
□三室一厅 □其他

5. 您在此工人新村居住的时间是:
□1 年以下 □1~3 年 □3~5 年 □5~10 年
□10 年以上

6. 您的收入大约是:
□500 元以下 □500~1 000 元 □1 000~2 000 元 □2 000~3 000 元
□3 000 以上

7. 您选择在此居住的原因是(可多选):
□离工作地点近 □租金或售价便宜 □环境好 □离亲属近
□其他________________________________

8. 您和家人常使用大院内的公共设施包括(可多选):
□浴室 □食堂 □理发店 □百货店
□户外活动设施 □老年活动中心 □幼儿园 □职工学校
□医疗卫生设施 □都不怎么使用

9. 您对住房周边生活环境和生活设施的感受是(可多选):
□满意 □不满意(原因:A. 环卫设施差 B. 缺少文体活动场所 C. 缺少医疗设施 D. 缺少商业设施 E. 交通出行不便 F. 其他)

10. 您在平时生活中邻里交往的频率是:
□每天交往 □每周几次 □每月几次 □基本不来往
主要交往的对象是:
□亲戚 □同乡 □同事 □上司
□雇主 □房东 □本地居民

附录三

回族聚居区调查问卷表

您的年龄________　　性别________　　文化程度________

在此居住的时间________　　配偶民族________

1. 您的职业为(请调查人员协助记录工作地点):

建国初期:□宗教相关　□餐饮服务业　□手工业　□工业　□副食品加工业　□事业单位　□退休或待业

1958—1978:□宗教相关　□餐饮服务业　□手工业　□工业　□副食品加工业　□事业单位　□退休或待业

1978—1990:□宗教相关　□餐饮服务业　□手工业　□工业　□副食品加工业　□事业单位　□退休或待业

1990—1998:□宗教相关　□餐饮服务业　□手工业　□工业　□副食品加工业　□事业单位　□退休或待业

1998 至今:□宗教相关　□餐饮服务业　□手工业　□工业　□副食品加工业　□事业单位　□退休或待业

2. 您的月收入是:

建国初期:□20 元以下　□20～50 元　□50～100 元　□100 元以上

1958—1978:□20 元以下　□20～50 元　□50～100 元　□100 元以上

1978—1990:□60 元以下　□60～100 元　□100～200 元　□200 元以上

1990—1998:□200 元以下　□200～400 元　□400～600 元　□600 元以上

1998 至今:□600 元以下　□600～1 000 元　□1 000～3 000 元　□3 000 元以上

3. 您的通勤时间是:

建国初期:□15 分钟以下　□15～30 分钟　□30～60 分钟　□60 分钟以上

1958—1978:□15 分钟以下　□15～30 分钟　□30～60 分钟　□60 分钟以上

1978—1990:□15 分钟以下　□15～30 分钟　□30～60 分钟　□60 分钟以上

1990—1998:□15 分钟以下　□15～30 分钟　□30～60 分钟　□60 分钟以上

1998 至今:□15 分钟以下　□15～30 分钟　□30～60 分钟　□60 分钟以上

4. 您的通勤交通工具是(请调查人员协助记录通勤成本):

建国初期:□步行　□自行车　□公交　□其他________

1958—1978:□步行　□自行车　□公交　□出租车　□私家车　□其他________

1978—1990:□步行 □自行车 □公交 □出租车 □私家车 □其他________
1990—1998:□步行 □自行车 □公交 □地铁 □出租车 □私家车 □其他________
1998 至今:□步行 □自行车 □公交 □地铁 □出租车 □私家车 □其他________

5. 您的住房来源是(请调查人员协助记录居住地点):
建国初期:□自建住房 □购买/租赁单位公房
1958—1978:□自建住房 □购买/租赁单位公房
1978—1990:□自建住房 □购买/租赁单位公房 □购买/租赁商品房
1990—1998:□自建住房 □购买/租赁单位公房 □购买/租赁商品房 □购买/租赁经济适用房
1998 年至今:□自建住房 □购买/租赁单位公房 □购买/租赁商品房 □购买/租赁经济适用房

6. 您的居住状况是:
建国初期:□集体宿舍 □单室 □一室一厅 □两室一厅 □两室一厅以上 (建筑情况:一层/多层/高层)
1958—1978:□集体宿舍 □单室 □一室一厅 □两室一厅 □两室一厅以上 (建筑情况:一层/多层/高层)
1978—1990:□集体宿舍 □单室 □一室一厅 □两室一厅 □两室一厅以上 (建筑情况:一层/多层/高层)
1990—1998:□集体宿舍 □单室 □一室一厅 □两室一厅 □两室一厅以上 (建筑情况:一层/多层/高层)
1998 至今:□集体宿舍 □单室 □一室一厅 □两室一厅 □两室一厅以上 (建筑情况:一层/多层/高层)

7. 您和家人经常使用的社区公共服务设施包括(可选三项):
建国初期:□幼儿园 □小学 □蔬菜肉食店 □餐厅饭店 □五金杂货店 □裁缝店 □理发店 □医疗设施 □室内/外活动设施 □几乎不使用
1958—1978:□幼儿园 □小学 □蔬菜肉食店 □餐厅饭店 □五金杂货店 □裁缝店 □理发店 □医疗设施 □室内/外活动设施 □几乎不使用
1978—1990:□幼儿园 □小学 □蔬菜肉食店 □餐厅饭店 □五金杂货店 □裁缝店 □理发店 □医疗设施 □室内/外活动设施 □几乎不使用
1990—1998:□幼儿园 □小学 □蔬菜肉食店 □餐厅饭店 □五金杂货店 □裁缝店 □理发店 □医疗设施 □室内/外活动设施 □几乎不使用
1998 至今:□幼儿园 □小学 □蔬菜肉食店 □餐厅饭店 □五金杂货店 □裁缝店 □理发店 □医疗设施 □室内/外活动设施 □几乎不使用

8. 您的家庭结构是:
建国初期:□与配偶同住 □与子女同住 □两对以上子女或兄弟姐妹同住 □其他

1958—1978:□与配偶同住 □与子女同住 □两对以上子女或兄弟姐妹同住 □其他

1978—1990:□与配偶同住 □与子女同住 □两对以上子女或兄弟姐妹同住 □其他

1990—1998:□与配偶同住 □与子女同住 □两对以上子女或兄弟姐妹同住 □其他

1998年至今:□与配偶同住 □与子女同住 □两对以上子女或兄弟姐妹同住 □其他

9. 您和家人是否严格遵守宗教禁忌(饮食、服饰、卫生、婚姻、丧葬、商业、人际交往、精神生活):

建国初期:□是 □否 1958—1978:□是 □否 1978—1990:□是 □否

1990—1998:□是 □否 1998至今:□是 □否

10. 您参加清真寺礼拜活动的频率是:

建国初期:□每日1—5次 □每周1—5次 □每月1—3次 □每月1次以下 □几乎不

1958—1978:□每日1—5次 □每周1—5次 □每月1—3次 □每月1次以下 □几乎不

1978—1990:□每日1—5次 □每周1—5次 □每月1—3次 □每月1次以下 □几乎不

1990—1998:□每日1—5次 □每周1—5次 □每月1—3次 □每月1次以下 □几乎不

1998至今:□每日1—5次 □每周1—5次 □每月1—3次 □每月1次以下 □几乎不

11. 您的日常交往对象包括:

建国初期:□亲戚 □邻居 □同事 □其他(多数为回族/汉族)

1958—1978:□亲戚 □邻居 □同事 □其他(多数为回族/汉族)

1978—1990:□亲戚 □邻居 □同事 □其他(多数为回族/汉族)

1990—1998:□亲戚 □邻居 □同事 □其他(多数为回族/汉族)

1998年至今:□亲戚 □邻居 □同事 □其他(多数为回族/汉族)

12. 您的邻里交往频率是:

建国初期:□每天 □每周1—5次 □每月1—3次 □几乎无交往

1958—1978:□每天 □每周1—5次 □每月1—3次 □几乎无交往

1978—1990:□每天 □每周1—5次 □每月1—3次 □几乎无交往

1990—1998:□每天 □每周1—5次 □每月1—3次 □几乎无交往

1998至今:□每天 □每周1—5次 □每月1—3次 □几乎无交往

附录四

老年人口日常活动调查问卷表

您的性别________ 年龄________ 文化程度________

1. 您的个人月收入是：

□5 000 元以上 □2 000～5 000 元 □1 000～2 000 元 □500～1 000 元
□500 元以下

2. 您的家庭结构是：

□三代 □两代(子辈) □假三代(孙辈) □夫妇 □独居

3. 时空活动情况(可多选)

0～4 点

做:□家务 □睡觉 □私事 □工作 □休闲(益智型/康体型/怡情型/交流型/公益型) □购物

交通方式是________

距离(km)是:□0.5 以内 □0.5～1 □1～1.5 □1.5～3 □3 以上

在:□家中 □楼道口 □小区室外活动广场 □小区室内活动中心 □小区出入口 □小区外

4～6 点

做:□家务 □睡觉 □私事 □工作 □休闲(益智型/康体型/怡情型/交流型/公益型) □购物

交通方式是________

距离(km)是:□0.5 以内 □0.5～1 □1～1.5 □1.5～3 □3 以上

在:□家中 □楼道口 □小区室外活动广场 □小区室内活动中心 □小区出入口 □小区外

6～8 点

做:□家务 □睡觉 □私事 □工作 □休闲(益智型/康体型/怡情型/交流型/公益型) □购物

交通方式是________

距离(km)是:□0.5 以内 □0.5～1 □1～1.5 □1.5～3 □3 以上

在:□家中 □楼道口 □小区室外活动广场 □小区室内活动中心 □小区出入口 □小区外

8～10 点

做:□家务　□睡觉　□私事　□工作　□休闲(益智型/康体型/怡情型/交流型/公益型)　□购物

交通方式是________

距离(km)是:□0.5 以内　□0.5～1　□1～1.5　□1.5～3　□3 以上

在:□家中　□楼道口　□小区室外活动广场　□小区室内活动中心　□小区出入口　□小区外

10～12 点

做:□家务　□睡觉　□私事　□工作　□休闲(益智型/康体型/怡情型/交流型/公益型)　□购物

交通方式是________

距离(km)是:□0.5 以内　□0.5～1　□1～1.5　□1.5～3　□3 以上

在:□家中　□楼道口　□小区室外活动广场　□小区室内活动中心　□小区出入口　□小区外

12～14 点

做:□家务　□睡觉　□私事　□工作　□休闲(益智型/康体型/怡情型/交流型/公益型)　□购物

交通方式是________

距离(km)是:□0.5 以内　□0.5～1　□1～1.5　□1.5～3　□3 以上

在:□家中　□楼道口　□小区室外活动广场　□小区室内活动中心　□小区出入口　□小区外

14～16 点

做:□家务　□睡觉　□私事　□工作　□休闲(益智型/康体型/怡情型/交流型/公益型)　□购物

交通方式是________

距离(km)是:□0.5 以内　□0.5～1　□1～1.5　□1.5～3　□3 以上

在:□家中　□楼道口　□小区室外活动广场　□小区室内活动中心　□小区出入口　□小区外

16～18 点

做:□家务　□睡觉　□私事　□工作　□休闲(益智型/康体型/怡情型/交流型/公益型)　□购物

交通方式是________

距离(km)是:□0.5 以内　□0.5～1　□1～1.5　□1.5～3　□3 以上

在:□家中　□楼道口　□小区室外活动广场　□小区室内活动中心　□小区出入口　□小区外

18～20 点

做:□家务 □睡觉 □私事 □工作 □休闲(益智型/康体型/怡情型/交流型/公益型) □购物

交通方式是________

距离(km)是:□0.5 以内 □0.5～1 □1～1.5 □1.5～3 □3 以上

在:□家中 □楼道口 □小区室外活动广场 □小区室内活动中心 □小区出入口 □小区外

20～22 点

做:□家务 □睡觉 □私事 □工作 □休闲(益智型/康体型/怡情型/交流型/公益型) □购物

交通方式是________

距离(km)是:□0.5 以内 □0.5～1 □1～1.5 □1.5～3 □3 以上

在:□家中 □楼道口 □小区室外活动广场 □小区室内活动中心 □小区出入口 □小区外

22～24 点

做:□家务 □睡觉 □私事 □工作 □休闲(益智型/康体型/怡情型/交流型/公益型) □购物

交通方式是________

距离(km)是:□0.5 以内 □0.5～1 □1～1.5 □1.5～3 □3 以上

在:□家中 □楼道口 □小区室外活动广场 □小区室内活动中心 □小区出入口 □小区外

*注:益智型(包括棋牌、阅读、影视等)

怡情型(包括养宠物、制作与书画、收藏、逛市场等)

康体型(包括球类、散布、专项健身等)

交流型(包括访友、有组织的聚会、家人聊天等)

公益型(包括社区管理、专项服务等)

附录五

保障性住区调查问卷表

您的性别________ 年龄________ 民族________ 婚姻状况________

1. 文化程度：
□没上过学 □小学 □初中 □高中、中专
□大学或专科 □大学以上

2. 您在此居住时间：________

3. 您目前的工作单位或经营活动：
□无业 □土地承包者 □机关团体事业单位
□国有及国有控股企业 □集体企业 □个体工商户
□私营企业 □外商、港澳台投资企业 □其他类型单位
□其他

4. 您目前的职业身份：
□管理阶层 □专业技术人员 □办事人员□商业服务人员
□农林牧渔人员 □建筑业 □生产运输设备操作人员
□其他________

5. 家庭月收入：
□低于500元 □500～1 500元 □1 500～2 500元 □2 500～5 000元
□5 000～10 000元 □10 000元以上

6. 您(家)的户籍：
□本社区城镇居民 □其他社区城镇户口 □本市农村户口 □外来务工人员

7. 收入主要来源：
□低保 □养老、退休金 □工资收入 □经营生意收入
□房产出租 □银行理财、证券投资收益

8. 您家原来住在________街，原来的住房面积：________

9. 目前住房类型：
□城市国有土地上的拆迁安置房(城市拆迁户)
□城市集体土地上的拆迁安置房(农村拆迁户)
□申购的经济适用房 □购买的中低价商品房

□购买二手房　□廉租住房　□拆迁过渡房　□租住
□其他

10. 目前居住方式：
□独居或合租　□夫妻居住(无子女或子女居住在外地)
□与子女共同住　□与父母、子女共同住
□与子女、孙辈同住□与孙辈同住　□其他

11. 有几名家庭成员长期居住于此：共________人；其中有工作的________人

12. 住所套型：________房________厅；住所居住面积：________

13. 住房产权：
□有部分产权　□有全部产权　□没有产权

14. 您从住所到工作地需要________分钟，您通常选择的交通方式是：
□步行　□自行车　□公交　□自己开车
□地铁　□电动车　□其他

15. 搬迁前后生活水平是否有改善：
□很大提高　□一点提高　□无变化　□一点下降
□很大下降

16. 设施使用意愿(请在相应选框下打"√")

设施类型		出行方式							最大容忍出行时间(min)	现状设施使用满意度		
		步行	自行车	电动车	公交车	地铁	出租车	自己开车		满意	一般	不满意
教育	高中/中专											
医疗	三级医院											
	二级医院											
交通	地铁站点											
	公交站点											
商业	超市											
	商场											
	市场											

后　记

相比于西方成熟悠久、成果丰硕的社区研究体系而言，国内的城市规划学界正处于一个从“住区研究”到“社区研究”的转型期和成长期；而相比于我国城市错综复合的社会变迁而言，特殊群体的聚居空间无疑是推启了另一扇洞察城市社会空间的特色窗口。尤其是十八大以来中央政府关于加强社会建设、创新社会治理、调谐社会关系、改善民生状况等社会性议题的系列探讨，在强力彰显“人本”主线的同时，预示着我国将在发展理念、模式和导向上做出不同以往的重大调整，也意味着城乡规划领域将在促进城乡统筹协调、提升民众福祉、推演社会正义等方面，承载起较以往更为艰巨的社会职能和专业挑战。

在此背景下，本研究聚焦于我国城市社会变迁大背景下普遍萌生或是正在经历剧烈变化的典型空间，就是希望以“社区”视野来串联、汇集和解析各类典型的特殊群体聚居空间，展开一段理论和实证研究相结合、静态与动态研究相结合、定性与定量研究相结合、社会属性与空间属性相结合的跨学科探究之路，并尝试以此来勾勒和审视当代中国城市社会空间的宏观概貌。

“社区视野下的特殊群体空间”作为项目组长期追踪和重点关注的又一研究方向，十五年来不但已针对多类特殊群体（包括新就业人员、传统产业工人、流动人口、少数民族、老年人口等）渐次展开了类型化、专项化的社区研究，还通过相关课题承担、论文论著发表、成果获奖、人才培养、方法创新和提升等路径积累了较为丰厚的数据资料和研究基础，逐步在这一方向上构筑起自身具有一定特色和影响的学术框架和成果体系——这首先要归功于开启本人学术之路的引路人吴明伟先生，是您老的博学锐思、严谨教诲和长期扶助无时不在地影响和激励着我跋涉在路上；这同时也离不开多年来项目组的王承慧老师、孙世界老师、胡明星老师等和一批批博士生、硕士生的艰辛付出及其所提供的研究基础和技术保障，是你们的学术启益、专业态度和团队支持赋予我希望和力量，使本人的学术征程虽艰难却不至孤单和沉沦，谨在此致以深切的敬意和谢意！

在这一启窗探微的漫漫长路中，同样有许多学者和师长同仁在研究体系的架构、技术路线的应用、专项研究的推进以及研究生学位论文的评定等方面，给予了高屋建瓴的专业指引和茅塞顿开的权威点拨，这里首先要感谢的是王建国院士多年来的扶助提携和拨冗撰序，还需特别提及和致谢的有——崔功豪教授、罗小龙教授（南京大学建筑与规划学院）、曹蔼秋女士（南京大学城市规划设计研究院有限公司）、姚士谋教授、沈道齐教授（中科院南京地理与湖泊研究所）、朱东风所长（江苏省住房与城乡建设厅）、施梁教授（南京工业大学建筑与城市规划学院），以及仲德昆教授、韩冬青教授、杜顺宝教授、阳建强教授、孔令龙教授、刘博敏教授、王海卉副教授、马晓甦副研究员（东南大学建筑学院）等资深学者和专家同仁。

同时由于管理或是统计口径上的问题，使本研究以一手资料和基础数据为支撑的实证道路时不时地面临着数据资料制约而带来的重重关隘和挑战。在此困境下，本项目组一方面综合应用实地观察法、问卷统计法、访谈法等手段，自主完成了京、沪、宁、常、锡、深等典例城市的相关数据采集和样本处理工作，另一方面则有幸得到不同城市相关职能部门、管理人员以及同仁的无私帮助和热情支持，特此一并表示感谢！它们是——

上海市普陀区曹杨街道办事处等；江苏省伊斯兰教协会，南京市规划局，南京市统计局，南京市建委，南京市住房制度改革办公室，南京市住房保障和房产局，南京市城市建设开发(集团)有限公司，南京市公房管理中心，南京市建邺区和秦淮区档案馆，南京市建邺区所街村流动人口管理站，南京市净觉寺、草桥清真寺和吉兆营清真寺，南京市红山街道办事处，南京市三步两桥社区居委会、线路新村居委会、七家湾居委会、仓巷居委会、评事街居委会、绒庄新村居委会等；无锡市广益镇派出所；深圳市福田区梅林街道办事处及下梅居委会和渔民村居委会，深圳市规划设计研究院等。

实际上，本书的撰写是同项目组课题的长期摸索和多届研究生的持续培育相伴相生的，这无疑是一段漫长而煎熬的探寻、优化和增补的路程，因此能在一路的走走停停和反反复复中终告一段落，并付诸出版，诚然是离不开东南大学出版社的耐心和协助。只是由于种种主客观原因，该书作为项目组多年研究进展的阶段性回溯和集成，不免尚存主观、片面和错漏待证之处，还要敬请学界前辈与同仁不吝赐教。

虽说书已出，但研究终不会止，希望有更多的群体关注中，希望有更多的成果续补中，希望是永远绽放在路上……

吴晓

2016 年 5 月于文昌桥